几何新展

New Outlook on Geometry

桂祖华 著

内容提要

本书属初等几何范畴，探索了倍角、组合角与互组合角等类型的三角形，并以矢量为工具对三角形的内在固有性质进行了深入研究。引入 $n(=3,4)$ 维角，将三角形的许多性质移植与推广到 $n(=3,4)$ 维空间，得到具有实际应用价值的理论，方法独到，思想新颖，结果新奇和有趣。

本书可供数学爱好者以及有志于研究数学的大中学生，研究生，教师及科研工作者学习或参考。

图书在版编目(CIP)数据

几何新展／桂祖华著．—上海：上海交通大学出版社，2015

ISBN 978-7-313-12167-7

Ⅰ．①几… Ⅱ．①桂… Ⅲ．①三角形—几何学—研究
Ⅳ．①O123.6

中国版本图书馆 CIP 数据核字(2014)第 236256 号

几何新展

著　　者：桂祖华
出版发行：上海交通大学出版社　　地　　址：上海市番禺路 951 号
邮政编码：200030　　电　　话：021-64071208
出 版 人：韩建民
印　　制：常熟市梅李印刷有限公司　　经　　销：全国新华书店
开　　本：787 mm×960 mm　1/16　　印　　张：18.75
字　　数：312 千字
版　　次：2015 年 4 月第 1 版　　印　　次：2015 年 4 月第 1 次印刷
书　　号：ISBN 978-7-313-12167-7/O
定　　价：58.00 元

版权所有　侵权必究
告读者：如发现本书有印装质量问题请与印刷厂质量科联系
联系电话：0512-52661481

前　　言

本书是作者继《微积分新探》(New Exploration on Calculus)(上海交通大学出版基金资助,上海交通大学出版社出版,2004)、《矢量新说》(A New View on Vectors)(上海交通大学学术出版基金资助,上海交通大学出版社出版,2009)之后,《数学新论》(New Research on Mathematics)系列著作之三。

本书汇集了作者多年来对初等几何的研究报告,它同样是一本有趣和值得深入探讨的学术著作。在阅读本书之前,首先提出如下一些问题:

问题 1

众所周知平面几何学中有三类特殊三角形:等腰三角形、正三角形和直角三角形。它们的内角分别与其对应的三条边有内蕴关系。

我们的问题:除了上述三类特殊的三角形,是否存在其他类型三角形,它们的角与边也具有那样的内蕴关系?

问题 2

(1) $n(\geqslant 2)$ 个空间三角形 $A_iB_iC_i(i=2, \cdots, n)$ 之间是否存在几何内蕴关系?

(2) $n(\geqslant 2)$ 个空间四面体 $A_iB_iC_iD_i(i=2, \cdots, n)$ 之间是否存在几何内蕴关系?

问题 3

(1) 平面上相交于 O 点的两条射线 $L_i: OR_i(i=1, 2)$ 所夹区域称为**平面角**(常规称为**角**),记作 $\theta=(L_1, L_2)=\angle R_1OR_2$(见图 1)。

(2) 空间中相交于 D 点的不在一平面上的三条射线 DA, DB 与 DC,其相邻两条射线组成的三平面所围三维区域称为**三面三维角**,记作 $\boldsymbol{\delta} \equiv D(ABC) \equiv D(DA, DB, DC)$(见图 2)。

引入这样的特殊三维角新概念究竟会给研究四面体的几何内在性质带来什么新的结果呢?

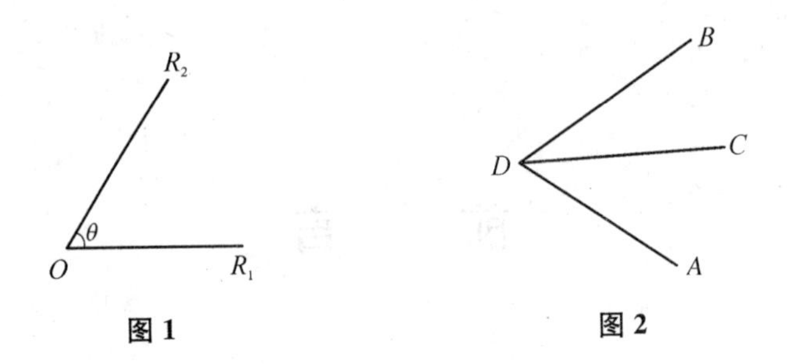

图 1　　图 2

问题 4

(1) 如何用公式计算平面上的多边形的面积?

(2) 空间多边形的面积是怎么回事? 它有面积吗?

(3) 如何用公式计算空间多面体的表面积?

(4) 如何用公式计算空间多面体的体积?

问题 5　如何将平面几何的**勾股**、**海因**、**棣美弗**、**德扎克**等诸多著名定理与公式推广到三维与四维空间几何中去?

问题 6　如何用几何方法解合理配比问题?

问题 7　如何用几何方法解线性规划问题?

问题 8　对称图形区域和边界有何相关性?

本书内容都是首次发表,旨在抛砖引玉,使读者在学习与教学,数学研究与实践工作中,能开拓思路,活跃思维,提高创新能力。本书得出了不少新的结果,提出了许多新概念,书中若存在不足,甚至于错误,恳请读者批评与指正。

上海交通大学胡毓达教授,复旦大学陈天平教授为本书进行审阅,作者对两位教授提出的宝贵意见和热情推荐表示衷心感谢。

作者爱子桂宗栋先生在本书的著写过程中提出了许多有益的见解,尤其是在三维角方面,他将这一全新的几何概念运用到物理领域中并推出静力球理论。

本书的出版寄托了作者对爱女桂蕾的怀念。

作者桂祖华写于
美国弗吉尼亚
2013 年 4 月

目　　录

第1章　三角形

1.1　问题提出

1.1.1　三角形的基本知识

设在三角形 ABC[记作 $\triangle ABC$ 或 $\triangle(a, b, c)$ 或 $\triangle ABC(\alpha, \beta, \gamma; a, b, c)$]中，三个角记为 α, β 与 γ，其对应的三条边 BC, CA 与 AB 的长度分别为 a, b 与 c。$\triangle_s ABC$ 表示 $\triangle ABC$ 的面积。$\triangle ABC$ 中 α, β 与 γ 均小于(或其中有一个大于或等于)$\pi/2$ 称为**锐角**(或**钝角**或**直角**)$\triangle ABC$(见图 1-1)。

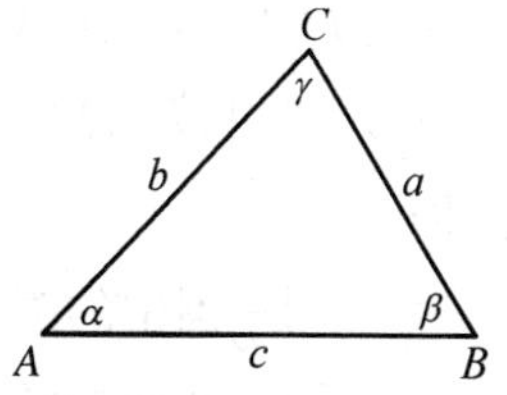

在平面几何学有下面的已知定理：

图 1-1

定理 1

在 $\triangle ABC$ 中，$\alpha = \gamma$ 的充分必要条件是 $a = c$，这类三角形称为**等腰三角形**。

定理 2

在 $\triangle ABC$ 中，$\alpha = \beta = \gamma$ 的充分必要条件是 $a = b = c$，这类三角形称为**正三角形**。

定理 3(勾股定理)

在 $\triangle ABC$ 中，$\alpha + \beta = \gamma$ 的充分必要条件是 $a^2 + b^2 = c^2$，这类三角形称为**直角三角形**。

定理 4

(1) 三角形的三个内角之和等于 π(即 180°)；

(2) 三角形的外角等于两个内对角之和；

(3) 三角形的大角对大边，小角对小边，等角对等边，反之亦然；

(4) 三角形的两边之和大于第三边，两边之差小于第三边；

(5) CD 是$\triangle ABC$ 的$\angle C$ 的角平分线段(或 $\sin\gamma_1 = \sin\gamma_2$，其中 $\angle ACD = \gamma_1$，$\angle DCB = \gamma_2$)的充分必要条件是满足下面条件之一：

① $a:b=DB:AD$(D 称为线比内点)；

② CD 上任意点 P 到两边 CA，CB 的距离 PB'，PA' 相等(见图 1-2)；

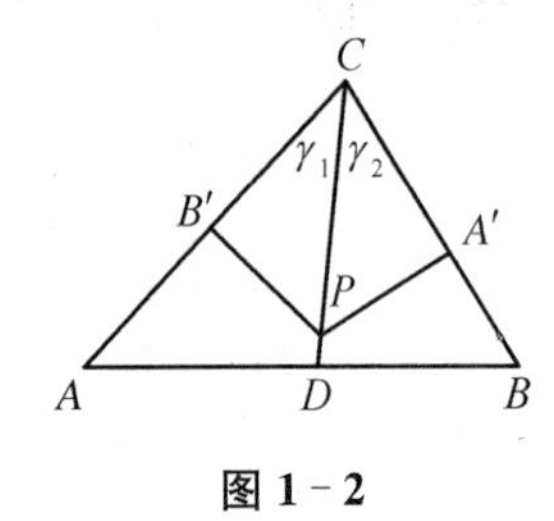

图 1-2

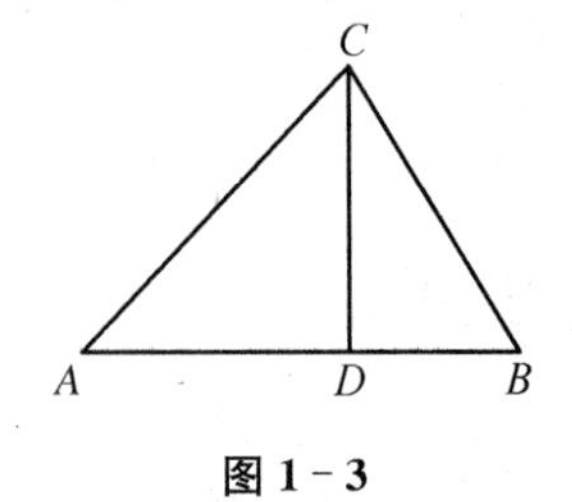

图 1-3

(6) 设 CD 是 $\triangle ABC$ 边 AB 上的高，$\gamma=\pi/2$，则满足下列三个条件：

$a^2=c\cdot DB$，$b^2=c\cdot AD$，$CD^2=AD\cdot DB$(见图 1-3)。反之，在 $\triangle ABC$ 中，$\gamma=\pi/2$，CD 是 AB 上的高(利用 $b^2/a^2=AD/DB=CD^2/DB^2$，$b/a=CD/DB=AD/CD$，$\triangle CAD\sim\triangle BCD$，$\angle BDC=\angle ACB=\gamma=\pi/2$)；

(7) 圆内接三角形的大圆弧对大弦，小圆弧对小弦，等圆弧对等弦，反之亦然；

(8) 同一圆中的圆周角是与其所对应等圆弧的圆心角的一半；

(9) 同一圆中的圆周角等于与其所对应等圆弧的弦切角；

(10) 同一圆中的等弦对应的圆周角相等，反之亦然；

(11) 平面上动点到两固定点距离之和为常数的轨迹是椭圆；

(12) 平面上动点到两固定点距离之差的绝对值为常数的轨迹是双曲线。

定理 5

设有 $\triangle ABC$，则

(1) $\sin\alpha:\sin\beta:\sin\gamma=a:b:c$(**正弦定理**)；

(2) $\cos\alpha=(b^2+c^2-a^2)/2bc$，$\cos\beta=(c^2+a^2-b^2)/2ca$，$\cos\gamma=(a^2+b^2-c^2)/2ab$(**余弦定理**)；

(3) $\triangle_s ABC=bc\sin\alpha/2=ca\sin\beta/2=ab\sin\gamma/2$；

(4) $\triangle_s ABC=[l(l-a)(l-b)(l-c)]^{1/2}=\{[(a+b)^2-c^2][c^2-(a-b)^2]\}^{1/2}/4=[2a^2b^2+2b^2c^2+2c^2a^2-a^4-b^4-c^4]^{1/2}/4$，$[l=(a+b+c)/2]$(**海因公式**)；

(5) 记 m_u, h_u 与 d_u $(u=a, b, c)$ 分别为 $\triangle ABC$ 的三条边上的中线、高与角平分线，则

$m_a=(2b^2+2c^2-a^2)^{1/2}/2$, $m_b=(2c^2+2a^2-b^2)^{1/2}/2$, $m_c=(2a^2+2b^2-c^2)^{1/2}/2$,

反之，$a=2(2m_b^2+2m_c^2-m_a^2)^{1/2}/3$, $b=2(2m_c^2+2m_a^2-m_b^2)^{1/2}/3$, $c=2(2m_a^2+2m_b^2-m_c^2)^{1/2}/3$;

(6) $h_a=T/2a$, $h_b=T/2b$, $h_c=T/2c$，其中 $T=[2a^2b^2+2b^2c^2+2c^2a^2-a^4-b^4-c^4]^{1/2}$;

(7) $d_a=[bc(a+b+c)(b+c-a)]^{1/2}/(b+c)$, $d_b=[ca(a+b+c)(c+a-b)]^{1/2}/(c+a)$, $d_c=[ab(a+b+c)(a+b-c)]^{1/2}/(a+b)$。

证 仅证

(5) 利用 $\cos\gamma=(a^2+b^2-c^2)/2ab=[a^2+(b/2)^2-m_b^2]/ab$ 得 $m_b=(2c^2+2a^2-b^2)^{1/2}/2$;

(6) $h_b=a\sin\gamma=a(1-\cos^2\gamma)^{1/2}=T/2b$ 利用(2);

(7) 利用定理4(5)$a:b=DB:AD$, $DB=c_1$, $AD=c_2$（见图1-3），得 $c_1=c-c_2$, $c_1=ac/(a+b)$, $(a^2+c^2-b^2)/2ac=\cos\beta=(a^2+c_1^2-d_c^2)/2ac_1$（在 $\triangle ABC$、$\triangle DCB$ 中利用(2)），得 $d_c=[ab(a+b+c)(a+b-c)]^{1/2}/(a+b)$。

定理6（正弦和、余弦和与正切和定理）

(1) $\sin(\alpha+\beta)=\sin\alpha\cos\beta+\sin\beta\cos\alpha$;

(2) $\cos(\alpha+\beta)=\cos\alpha\cos\beta-\sin\alpha\sin\beta$;

(3) $\tan(\alpha+\beta)=(\tan\alpha+\tan\beta)/(1-\tan\alpha\tan\beta)$, $\tan\alpha=\sin\alpha/\cos\alpha$;

(4) $(\cos\alpha+\mathrm{i}\sin\alpha)^n=\cos n\alpha+\mathrm{i}\sin n\alpha$ [$\mathrm{i}=(-1)^{1/2}$ 虚数]（**棣美弗公式**）。

证 仅证(1) 令 $OA=1$, $\angle EOD=\alpha$, $\angle AOE=\beta$, AD 垂直于 OD, AC 垂直于 OC, EF 平行于 DB,

$\sin(\alpha+\beta)=AD=AE+ED=AF\cos\alpha+OE\sin\alpha=(AC+CF)\cos\alpha+(OC-EC)\sin\alpha=(\sin\beta+CF)\cos\alpha+(\cos\beta-EC)\sin\alpha=\sin\alpha\cos\beta+\sin\beta\cos\alpha$。

因为 $CF\cos\alpha-EC\sin\alpha=0$, $CF=EF\sin\alpha$, $EC=EF\cos\alpha$（见图1-4）。

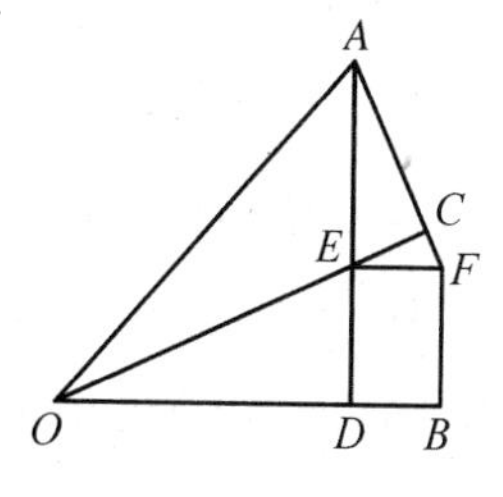

图1-4

下面约定 $\triangle A_jB_jC_j$ 即为 $\triangle(a_j, b_j, c_j)$。

定理 7

设两个$\triangle A_jB_jC_j(j=1, 2)$,则$\triangle A_1B_1C_1 \sim \triangle A_2B_2C_2$(相似)的充分必要条件是满足下面条件之一:

(1) $a_1 : b_1 : c_1 = a_2 : b_2 : c_2$(三边成比例);

(2) $a_1 : b_1 = a_2 : b_2, \gamma_1 = \gamma_2$(任意一角相等,两夹边成比例);

(3) $\alpha_1 = \alpha_2, \beta_1 = \beta_2$(任意两角相等);

(4) 三组对应边分别平行。

定理 7(1)

设有两个$\triangle A_jB_jC_j(j=1, 2)$,则$\triangle A_1B_1C_1 \sim \triangle A_2B_2C_2$(相似)的充分必要条件是满足下面条件之一:

(1) $\alpha_1 = \alpha_2, b_1^2 : b_2^2 = S_1 : S_2[S_j \equiv \triangle_s A_jB_jC_j(j=1, 2)]$

(2) $\alpha_1 = \alpha_2, a_1^2 : a_2^2 = S_1 : S_2$

(3) $\alpha_1 = \alpha_2, a_1 : a_2 = l_1 : l_2[l_j = (a_j + b_j + c_j)/2(j=1, 2)]$

(4) $\alpha_1 = \alpha_2, b_1 : b_2 = l_1 : l_2$

(5) $S_1 : S_2 = a_1^2 : a_2^2 = l_1^2 : l_2^2$

(6) $b_1 + c_1 : c_1 + a_1 : a_1 + b_1 = b_2 + c_2 : c_2 + a_2 : a_2 + b_2, \cdots, [b_1^n + c_1^n : c_1^n + a_1^n : a_1^n + b_1^n = b_2^n + c_2^n : c_2^n + a_2^n : a_2^n + b_2^n(n=1, 2, \cdots)]$

(7) $\alpha_1 = \alpha_2, S_1 : S_2 = l_1^2 : l_2^2$

(8) $m_{1a} : m_{1b} : m_{1c} = m_{2a} : m_{2b} : m_{2c}$,其中$m_{iu}$为$\triangle A_iB_iC_i(i=1, 2; u=a, b, c)$对应边上的中线;

(9) $h_{1a} : h_{1b} : h_{1c} = h_{2a} : h_{2b} : h_{2c}$,其中$h_{iu}$为$\triangle A_iB_iC_i(i=1, 2; u=a, b, c)$对应边上的高。

证 必要性是显然的,下面仅证充分性:

(1) $b_1^2 : b_2^2 = S_1 : S_2 = b_1c_1\sin\alpha_1/2 : b_2c_2\sin\alpha_2/2 = b_1c_1 : b_2c_2$[定理 5(3)]$\Rightarrow b_1 : c_1 = b_2 : c_2 \Rightarrow \triangle A_1B_1C_1 \sim \triangle A_2B_2C_2$(定理 7);

(2) $a_1^2 : a_2^2 = S_1 : S_2 = b_1c_1\sin\alpha_1 : b_2c_2\sin\alpha_2 = b_1c_1 : b_2c_2$[定理 5(3)];

$(b_1^2 + c_1^2 - a_1^2)/b_1c_1 = 2\cos\alpha_1 = 2\cos\alpha_2 = (b_2^2 + c_2^2 - a_2^2)/b_2c_2$[定理 5(2)]$\Rightarrow (b_1^2 + c_1^2 - a_1^2)/(b_2^2 + c_2^2 - a_2^2) = b_1c_1/b_2c_2 = a_1^2/a_2^2, (b_1^2 + c_1^2)/(b_2^2 + c_2^2) = a_1^2/a_2^2 \Rightarrow (b_1^2 + c_1^2)/b_1c_1 = (b_2^2 + c_2^2)/b_2c_2 \Rightarrow (b_1^2 + c_1^2)/b_1c_1 \pm 2 = (b_2^2 + c_2^2)/b_2c_2 \pm 2 \Rightarrow [(b_1 -$

$c_1)/(b_1+c_1)]^2=[(b_2-c_2)/(b_2+c_2)]^2\Rightarrow(b_1-c_1)/(b_1+c_1)=(b_2-c_2)/(b_2+c_2)$ 或 $(b_1-c_1)/(b_1+c_1)=-(b_2-c_2)/(b_2+c_2)\Rightarrow b_1/b_2=c_1/c_2$ 或 $b_1/c_1=c_2/b_2\Rightarrow\triangle A_1B_1C_1\sim\triangle A_2B_2C_2$ 或 $\triangle A_1B_1C_1\sim\triangle A_2C_2B_2$；

(3) 令 $l_1=\lambda l_2$，$a_1=\lambda a_2$，由 $\alpha_1=\alpha_2\Rightarrow(b_1^2+c_1^2-a_1^2)/b_1c_1=2\cos\alpha_1=2\cos\alpha_2=(b_2^2+c_2^2-a_2^2)/b_2c_2$[定理5(2)]$\Rightarrow b_2c_2[b_1^2+c_1^2-a_1^2]=b_1c_1[b_2^2+c_2^2-a_2^2]\Rightarrow b_2c_2[(b_1+c_1)^2-2b_1c_1-a_1^2]=b_1c_1[(b_2+c_2)^2-2b_2c_2-a_2^2]\Rightarrow(\lambda^2b_2c_2-b_1c_1)[(b_2+c_2)^2-a_2^2]=0\Rightarrow b_1c_1=\lambda^2b_2c_2$，利用 $(b_1+c_1)=\lambda(b_2+c_2)\Rightarrow(b_1-c_1)^2=\lambda^2(b_2-c_2)^2$、$(b_1-c_1)=\lambda(b_2-c_2)$ 或 $(b_1-c_1)=\lambda(c_2-b_2)\Rightarrow a_1=\lambda a_2$，$b_1=\lambda b_2$，$c_1=\lambda c_2$ 或 $a_1=\lambda a_2$，$b_1=\lambda c_2$，$c_1=\lambda b_2$；

(4) 令 $b_1=\lambda b_2$，$l_1=\lambda l_2\Rightarrow a_1=\lambda(c_2+a_2)-c_1$，由(3)$\alpha_1=\alpha_2\Rightarrow b_2c_2[(b_1+c_1)^2-a_1^2]=b_1c_1[(b_2+c_2)^2-a_2^2]\Rightarrow\lambda b_2c_2(b_1+c_1-a_1)=b_1c_1(b_2+c_2-a_2)=\lambda b_2c_1(b_2+c_2-a_2)$；

$c_2(b_1-a_1)=c_1(b_2-a_2)$，$b_2(c_1-\lambda c_2)=c_1a_2-c_2a_1=c_1a_2-c_2(\lambda c_2+\lambda a_2)-c_1\Rightarrow(a_2+c_2-b_2)(c_1-\lambda c_2)=0\Rightarrow c_1-\lambda c_2$ 或 $a_1=2l_1-b_1-c_1=\lambda(2l_2-b_2-c_2)=\lambda a_1$；

(5) 令 $a_1=\lambda a_2$，$l_1=\lambda l_2\Rightarrow S_1=\lambda^2S_2$；

$\lambda l_2(\lambda l_2-\lambda a_2)(\lambda l_2-\lambda b_2)(\lambda l_2-\lambda c_2)=\lambda^4S_2^2=S_1^2=l_1(l_1-a_1)(l_1-b_1)(l_1-c_1)\Rightarrow(l_1-\lambda b_2)(l_1-\lambda c_2)=(l_1-b_1)(l_1-c_1)\Rightarrow$ 利用 $\lambda(b_2+c_2)=b_1+c_1\Rightarrow\lambda^2b_2c_2=b_1c_1\Rightarrow\lambda^2(b_2-c_2)^2=(b_1-c_1)^2\Rightarrow\lambda(b_2-c_2)=b_1-c_1$，$\lambda(b_2-c_2)=c_1-b_1\Rightarrow a_1=\lambda a_2$，$b_1=\lambda b_2$，$c_1=\lambda c_2$ 或 $a_1=\lambda a_2$，$b_1=c\lambda_2$，$c_1=\lambda b_2$；

(6) 令 $(b_1+c_1)/(b_2+c_2)=(c_1+a_1)/(c_2+a_2)=(a_1+b_1)/(a_2+b_2)=\lambda\Rightarrow(b_1+c_1)=\lambda(b_2+c_2)$，$(c_1+a_1)=\lambda(c_2+a_2)\Rightarrow(b_1-a_1)=\lambda(b_2-a_2)$，因 $(b_1+a_1)=\lambda(b_2+a_2)\Rightarrow b_1=\lambda b_2\Rightarrow a_1=\lambda a_2$，$c_1=\lambda c_2$；

(7) $l_1=\lambda l_2$，$S_1=\lambda^2S_2$ 由 $\alpha_1=\alpha_2\Rightarrow b_1c_1\sin\alpha_1=2S_1=2\lambda^2S_2=\lambda^2b_2c_2\sin\alpha_2\Rightarrow b_1c_1=\lambda^2b_2c_2$；

由 $(b_1^2+c_1^2-a_1^2)/b_1c_1=2\cos\alpha_1=2\cos\alpha_2=(b_2^2+c_2^2-a_2^2)/b_2c_2\Rightarrow(b_1+c_1)^2-2b_1c_1-a_1^2=\lambda^2[(b_2+c_2)^2-2b_2c_2-a_2^2]\Rightarrow(l_1-a_1)^2-2b_1c_1-a_1^2=\lambda^2[(l_2-a_2)^2-2b_2c_2-a_2^2]\Rightarrow l_1^2-2l_1a_1-2b_1c_1=\lambda^2(l_2^2-2l_2a_2-2b_2c_2)\Rightarrow a_1=\lambda a_2$，利用(3)得证；

(8) 必要性　易证。

充分性　由定理5(5)可知，$m_{ia}=(2b_i^2+2c_i^2-a_i^2)^{1/2}/2$，$m_{ib}=(2c_i^2+2a_i^2-b_i^2)^{1/2}/2$，$m_{ic}=(2a_i^2+2b_i^2-c_i^2)^{1/2}/2(i=1,2)\Rightarrow a_i=2(2m_{ib}^2+2m_{ic}^2-m_{ia}^2)^{1/2}/3$，$b_i=2(2m_{ic}^2+2m_{ia}^2-m_{ib}^2)^{1/2}/3$，$c_i=2(2m_{ia}^2+2m_{ib}^2-m_{ic}^2)^{1/2}/3(i=1,2)$，设$m_{2u}=\lambda m_{1u}(u=a,b,c)\Rightarrow a_2=\lambda a_1$，$b_2=\lambda b_1$，$c_2=\lambda c_1$，得证；

(9) 必要性　易证。

充分性　由定理5(6)可知，$h_{ia}=T_i/2a_i$，$h_{ib}=T_i/2b_i$，$h_{ic}=T_i/2c_i$，其中$T_i=[2a_i^2b_i^2+2b_i^2c_i^2+2c_i^2a_i^2-a_i^4-b_i^4-c_i^4]^{1/2}\Rightarrow a_i^2=T_i^2/4h_{ia}^2$，$b_i^2=T_i^2/4h_{ib}^2$，$c_i^2=T_i^2/4h_{ic}^2\Rightarrow 2a_i^2b_i^2=T_i^4/8h_{ia}^2h_{ib}^2$，$2b_i^2c_i^2=T_i^4/8h_{ib}^2h_{ic}^2$，$2c_i^2a_i^2=T_i^4/8h_{ic}^2h_{ia}^2$，$-a_i^4=-T_i^4/4h_{ia}^4$，$-b_i^4=-T_i^4/4h_{ib}^4$，$-c_i^4=-T_i^4/4h_{ic}^4$，此六式相加$\Rightarrow T_i^2=72[1/h_{ia}^2h_{ib}^2+1/h_{ib}^2h_{ic}^2+1/h_{ic}^2h_{ia}^2-1/2h_{ia}^2-1/2h_{ib}^4-1/2h_{ic}^2]^{1/2}$，设$h_{2u}=\lambda h_{1u}(u=a,b,c)\Rightarrow \lambda^2T_2=T_1$，$u_1=T_1/2h_{1u}=\lambda^3T_2/2h_{2u}=\lambda^3u_2(u=a,b,c)$，得证。

定理7[2]

设两个$\triangle A_jB_jC_j(j=1,2)$。

(1) 若$\triangle_sA_1B_1C_1=\triangle_sA_2B_2C_2$，$a_1+b_1+c_1=a_2+b_2+c_2$，则$1/a_1+1/b_1+1/c_1=1/a_2+1/b_2+1/c_2$；

(2) 若$a_1+b_1+c_1=a_2+b_2+c_2$，$1/a_1+1/b_1+1/c_1=1/a_2+1/b_2+1/c_2$，则$\triangle_sA_1B_1C_1=\triangle_sA_2B_2C_2$。

证　(1) 设$l_1(l_1-a_1)(l_1-b_1)(l_1-c_1)=\triangle_s^2A_1B_1C_1=\triangle_s^2A_2B_2C_2=l_2(l_2-a_2)(l_2-b_2)(l_2-c_2)$，由$l_1=(a_1+b_1+c_1)/2=(a_2+b_2+c_2)/2=l_2$，则$1=l_1/l_2=a_1b_1c_1(c_2a_2+b_2c_2+a_2b_2)/a_2b_2c_2(c_1a_1+b_1c_1+a_1b_1)$，$1/a_1+1/b_1+1/c_1=1/a_2+1/b_2+1/c_2$，得证；

(2) 易证。

定理7[3]

设三个$\triangle A_jB_jC_j(j=1,2,3)$，它们彼此相似的充分必要条件是$a_1:a_2:a_3=b_1:b_2:b_3=c_1:c_2:c_3$。

证　必要性　三个$\triangle A_jB_jC_j(j=1,2,3)$彼此相似，由定理7$\Rightarrow a_1:b_1:c_1=a_2:b_2:c_2=a_3:b_3:c_3$。设$a_1:a_2=b_1:b_2=c_1:c_2=\lambda$；$a_2:a_3=b_2:b_3=c_2:c_3=\mu\Rightarrow a_1:a_2:a_3=b_1:b_2:b_3=c_1:c_2:c_3=\lambda\mu:\mu:1$。

充分性

设 $a_1:a_2:a_3=b_1:b_2:b_3=c_1:c_2:c_3=\lambda:\mu:\nu\Rightarrow a_1=p\lambda,\ a_2=p\mu,\ a_3=p\nu$；$b_1=q\lambda,\ b_2=q\mu,\ b_3=q\nu$；$c_1=r\lambda,\ c_2=r\mu,\ c_3=r\nu\Rightarrow a_1:b_1:c_1=a_2:b_2:c_2=a_3:b_3:c_3=p:q:r$，

由定理 7(1)$\Rightarrow\triangle A_jB_jC_j(j=1,2,3)$ 彼此相似。

定理 7[4]

设三个 $\triangle A_jB_jC_j(j=1,2,3)$，则它们彼此相似的充分必要条件是：

(1) $a_1:a_2=b_1:b_2$；$b_2:b_3=c_2:c_3$；$c_3:c_1=a_3:a_1$；

(2) $a_1b_2c_3=a_2b_3c_1=a_3b_1c_2$。

证 必要性 由 $\triangle A_jB_jC_j(j=1,2,3)$ 彼此相似，由定理 7(1)，

$\Rightarrow a_1:a_2:a_3=b_1:b_2:b_3=c_1:c_2:c_3\cdots(1)^*$

设 $a_1:a_2=b_1:b_2=\lambda$；$b_2:b_3=c_2:c_3=\mu$；$c_3:c_1=a_3:a_1=\nu\cdots(2)^*$

$\Rightarrow a_1:b_1:c_1=\lambda a_2:\lambda b_2:c_3/\nu=\lambda a_2:\lambda b_2:c_2/\mu\nu=a_2:b_2:c_2/\lambda\mu\nu\cdots(3)^*$

由$(1)^*$，$(3)^*\Rightarrow\lambda\mu\nu=1$，$\cdots(4)^*$

由$(2)^*$，$(4)^*\Rightarrow a_1b_2c_3=a_2b_3c_1=a_3b_1c_2\Rightarrow(2)$。

充分性 由$(1)^*\Rightarrow(2)^*$ 和$(3)^*$；由$(2)^*\Rightarrow(4)^*\Rightarrow(1)^*$。由定理 7(1)$\Rightarrow$ $\triangle A_jB_jC_j(j=1,2,3)$ 彼此相似。

定理 7[5]

设有三个 $\triangle A_jB_jC_j(j=1,2,3)$，则它们彼此相似的充分必要条件是满足下面两个条件之一：

(1) $S_1:S_2:S_3=a_1^2:a_2^2:a_3^2=l_1^2:l_2^2:l_3^2$；

(2) ① $S_1:S_2=a_1^2:a_2^2$，$a_2^2:a_3^2=l_2^2:l_3^2$；

$l_3^2:l_1^2=S_3:S_1$；

② $S_1a_2^2l_3^2=S_2a_3^2l_1^2=S_3a_1^2l_2^2$ $[l_j=(a_j+b_j+c_j)/2(j=1,2,3)]$。

证明方法如同定理 7[1]，定理 7[3] 与定理 7[4]。

定理 8

设有两个 $\triangle A_jB_jC_j(j=1,2)$，则 $\triangle A_1B_1C_1\equiv\triangle A_2B_2C_2$（全等）的充分必要条件是满足下面条件之一：

(1) $a_1=a_2$，$b_1=b_2$，$c_1=c_2$（三边相等）；

(2) $a_1 = a_2$, $b_1 = b_2$, $\gamma_1 = \gamma_2$(两边夹一角相等);

(3) $\alpha_1 = \alpha_2$, $\beta_1 = \beta_2$, $c_1 = c_2$(两角夹一边相等);

(4) 两组边分别平行,第三组边平行且相等。

定理 8[1]

设两个$\triangle A_jB_jC_j(j=1, 2)$,则$\triangle A_1B_1C_1 \backsim \triangle A_2B_2C_2$或$\triangle A_2C_2B_2$(相似)的充分必要条件是满足下面条件之一:

(1) $\alpha_1 = \alpha_2$, $b_1 = b_2$, $S_1 = S_2[S_j \equiv \triangle_s A_jB_jC_j(j=1, 2)]$;

(2) $\alpha_1 = \alpha_2$, $a_1 = a_2$, $S_1 = S_2$;

(3) $\alpha_1 = \alpha_2$, $a_1 = a_2$, $l_1 = l_2[l_j = (a_j + b_j + c_j)/2(j=1, 2)]$;

(4) $\alpha_1 = \alpha_2$, $a_1 = a_2$, $l_1 = l_2$;

(5) $S_1 = S_2$, $b_1 = b_2$, $l_1 = l_2$;

(6) $b_1 + c_1 = b_2 + c_2$, $c_1 + a_1 = c_2 + a_2$, $a_1 + b_1 = a_2 + b_2$;

(7) $\alpha_1 = \alpha_2$, $l_1 = l_2$, $S_1 = S_2$;

(8) $m_{1a} = m_{2a}$, $m_{1b} = m_{2b}$, $m_{1c} = m_{2c}$,其中m_{iu}为$\triangle A_iB_iC_i(i=1, 2; u=a, b, c)$对应边上的中线;

(9) $h_{1a} = h_{2a}$, $h_{1b} = h_{2b}$, $h_{1c} = h_{2c}$,其中h_{iu}为$\triangle A_iB_iC_i(i=1, 2; u=a, b, c)$对应边上的高;

(10) $\alpha_1 = \alpha_2$, $\beta_1 = \beta_2$, $S_1 = S_2$;

(11) $\alpha_1 = \alpha_2$, $\beta_1 = \beta_2$, $l_1 = l_2$。

证 必要性是显然的,下面仅证充分性:

(1) $b_1c_1\sin\alpha_1 = 2S_1 = 2S_2 = b_2c_2\sin\alpha_2 \Rightarrow c_1 = c_2 \Rightarrow \triangle A_1B_1C_1 \equiv \triangle A_2B_2C_2$[定理 8(2)];

(2) **[几何解释]**作$\triangle A_1B_1C_1$的外接圆C,由于$\angle A_1 = \alpha_1 = \angle A_2 = \alpha_2$, $a_1 = a_2 = B_1C_1$, $B_1 = B_2$, $C_1 = C_2$,过点A_1作平行于B_1C_1的直线,其相交于圆周C上仅一点A_2(其使$S_1 = S_2$)$\Rightarrow b_1 = b_2$, $c_1 = c_2$或$b_1 = c_2$, $b_2 = c_1 \Rightarrow \triangle A_1B_1C_1 \equiv \triangle A_2B_2C_2$或$\triangle A_2C_2B_2$(全等)。

[代数解释]$b_1c_1\sin\alpha_1 = 2S_1 = 2S_2 = b_2c_2\sin\alpha_2 \Rightarrow b_1c_1 = b_2c_2$, $(b_1^2 + c_1^2 - a_1^2)/b_1c_1 = 2\cos\alpha_1 = 2\cos\alpha_2 = (b_2^2 + c_2^2 - a_2^2)/b_2c_2$[定理5(2)]$\Rightarrow b_1^2 + c_1^2 = b_2^2 + c_2^2 \Rightarrow (b_1 + c_1)^2 = (b_2 + c_2)^2 \Rightarrow b_1 + c_1 - b_2 + c_2$或$b_1 + c_1 = -b_2 - c_2 \Rightarrow b_1 = b_2$, $c_1 =$

c_2 或 $b_1 = c_2$，$b_2 = c_1 \Rightarrow \triangle A_1B_1C_1 \equiv \triangle A_2B_2C_2$ 或 $\triangle A_2C_2B_2$(全等)；

(3) ～ (9) 在定理 7 中取 $\lambda = 1$；

(10) 由 $\alpha_1 = \alpha_2$，$\beta_1 = \beta_2 \Rightarrow \triangle A_1B_1C_1 \sim \triangle A_2B_2C_2 \Rightarrow a_1 = \lambda a_2$，$b_1 = \lambda b_2$，$c_1 = \lambda c_2 \Rightarrow a_2 + b_2 + c_2 = 2l_2$，$a_1 + b_1 + c_1 = 2l_1 \Rightarrow l_1 = \lambda l_2 = \lambda l_1 \Rightarrow \lambda = 1$；

(11) 由 $\alpha_1 = \alpha_2$，$\beta_1 = \beta_2 \Rightarrow \triangle A_1B_1C_1 \sim \triangle A_2B_2C_2 \Rightarrow a_1 = \lambda a_2$，$b_1 = \lambda b_2$，$c_1 = \lambda c_2 \Rightarrow b_1c_1\sin\alpha_1 = 2S_1 = 2S_2 = b_2c_2\sin\alpha_2 \Rightarrow \lambda^2 b_2c_2 = b_1c_1 = b_2c_2 \Rightarrow \lambda = 1$。

定理 $8^{(2)}$

设在三个 $\triangle A_jB_jC_j (j = 1, 2, 3)$ 中，则它们彼此全等的充分必要条件是 $\triangle A_iB_iC_i (i = 1, 2)$ 中，$a_1 = a_2$，$b_1 = b_2$；$\triangle A_jB_jC_j (j = 2, 3)$ 中，$b_2 = b_3$，$c_2 = c_3$；$\triangle A_kB_kC_k (k = 3, 1)$ 中，$c_3 = c_1$，$a_3 = a_1$。

证 必要性是显然的。

充分性由 $a_1 = a_2$，$b_1 = b_2$，$c_2 = c_3 = c_1 \Rightarrow \triangle A_jB_jC_j (j = 1, 2)$ 全等，同理得 $\triangle A_jB_jC_j (j = 1, 2, 3)$ 彼此全等。

定理 $8^{(3)}$

设有 $\triangle A_1B_1C_1(\alpha_1, \beta_1, \gamma_1; a_1, b_1, c_1)$(见图 1-5) 和 $\triangle A_2B_2C_2(\alpha_2, \beta_2, \gamma_1; a_1, b_2, c_1)$，则

(1) $\triangle A_1B_1C_1 \equiv \triangle A_2B_2C_2$；或

(2) $b_2 = b_1 - (b_1^2 + c_1^2 - a_1^2)/b_1$。

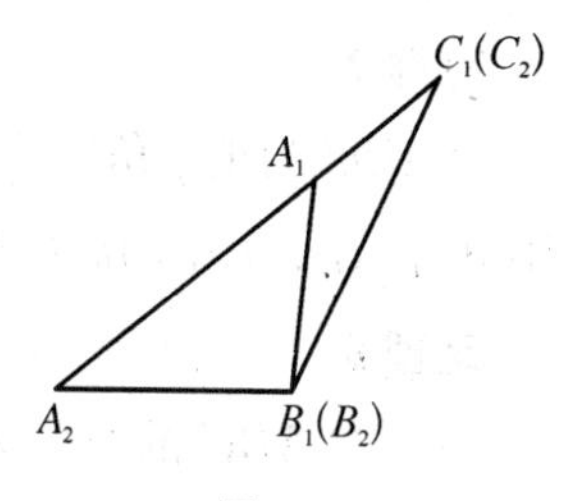

图 1-5

证 记 $-A_1A_2 = 2c_1\cos\alpha_1 = (b_1^2 + c_1^2 - a_1^2)/b_1$，$b_2 = b_1 + A_1A_2$。

1.1.2 问题提出

问题 1 探讨除了上面的已知(定理 1～定理 3)特殊三角形情况外，对于其他更一般三角形是否还有类似的边与角的内在关系？先看两例：

例 1 $\triangle ABC$ 中 $\alpha = \pi/6$，$\beta = \pi/3$，$\gamma = \pi/2$ 的充分必要条件是满足下面两个条件：

(1) $b, c > a$；

(2) ① $b^2 - a^2 = ca$；② $c > a$，$(c-a)^2(c+a) = ab^2$；③ $c > b$，$(c^2 - b^2)^2 + ac(c^2 - b^2) = a^2b^2$[①,②,③ 中任意满足两个]。

例 2 设 R 为正十边形的外接圆半径，则正十边形的边长 $a = \left(\dfrac{\sqrt{5}-1}{2}\right)R$

(例 1，例 2 证明见下节。)

问题 2 三角形的内在几何性质是什么?

问题 3 多个三角形之间是否有相关性?

1.2 倍角三角形

1.2.1 倍角三角形

定义 1

$\gamma = p\alpha$(p 为正整数) 的 $\triangle ABC$ 称为 **p 倍角三角形**,简记 $\triangle_p ABC$ 或 $\triangle_p(a, b, c)$。

现在可将定理 1,定理 2 等价地写成:

定理 1[1]

$\triangle_1 ABC$ 的充分必要条件是 $c = a$,即 $F_1(a, b, c) = 0$,其中 $F_1(a, b, c) \equiv c - a$。

定理 2[1]

$\triangle ABC$ 为正三角形的充分必要条件是 $a = b = c$,即 $F_1(a, b, c) = F_1(b, a, c) = 0$,其中 $F_1(a, b, c)$ 按定理 1[1] 约定。

定理 9

(1) $\triangle_2 ABC$ 的充分必要条件是 $c^2 - a^2 = ab$,即 $F_2(a, b, c) = 0$,其中 $F_2(a, b, c) \equiv F_1(a_1, b, c_1)$, $a_1 = ab/c$, $c_1 = (c^2 - a^2)/c$, $F_1(u, v, w)$ 按定理 1[1] 约定;

(2) $\triangle_3 ABC$ 的充分必要条件是:① $c > a$;② $(c - a)^2(c + a) = ab^2$。

即 $F_3(a, b, c) = 0$,其中 $F_3(a, b, c) \equiv F_2(a_1, b, c_1)$, $a_1 = ab/c$, $c_1 = (c^2 - a^2)/c$, $F_2(u, v, w)$ 按(1) 约定。

证

(1) 必要性 [在 $\triangle_2 ABC$ 中,取辅助直线 CB_1,使 $\angle BCB_1 = \angle B_1CA = \alpha$。由 $\triangle_2 ABC \sim \triangle CBB_1 \Rightarrow a : b : c = b_1 : a_1 : a$。其中 $CB_1 = a_1$, $B_1B = b_1 = a^2/c$, $AB_1 = c_1 = c - b_1$](见图 1-6)。

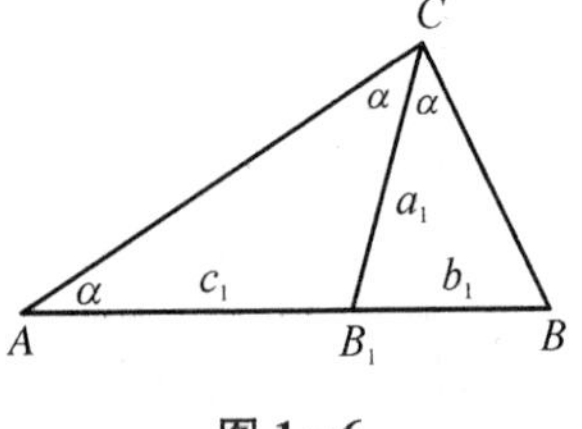

图 1-6

下文将上述操作过程记为操作 $\mathbf{W}(\alpha)$,利用 $\triangle_1 AB_1C \Rightarrow F_1(a_1, b, c_1) = c_1 - a_1 = 0$,即得 $F_2(a,$

$b, c) = (c^2 - a^2 - ab)/c = 0$。

充分性 $c^2 = a^2 + ab \Rightarrow c > a$[定理4(3)]$\Rightarrow \gamma > \alpha$,由操作$\boldsymbol{W}(\alpha)$,利用必要性证明的可逆性$\Rightarrow \triangle_1 AB_1C \Rightarrow \triangle_2 ABC$。

(2) **必要性** ① 显然的[定理4(3)]。

由操作 $\boldsymbol{W}(\alpha)$(见图 1-7) 利用(1) $\Rightarrow \triangle_2 AB_1C \Rightarrow F_2(a_1, b, c_1) = 0 \Rightarrow (c_1^2 - a_1^2 - a_1 b)/c_1 = 0 \Rightarrow$② $F_3(a, b, c) = 0$。

充分性 由① $c > a$[定理4(3)],$\gamma > \alpha$,由操作$\boldsymbol{W}(\alpha)$(见图1-7),利用②及必要性证明的可逆性$\Rightarrow \triangle_2 AB_1C \Rightarrow \triangle_3 ABC$。

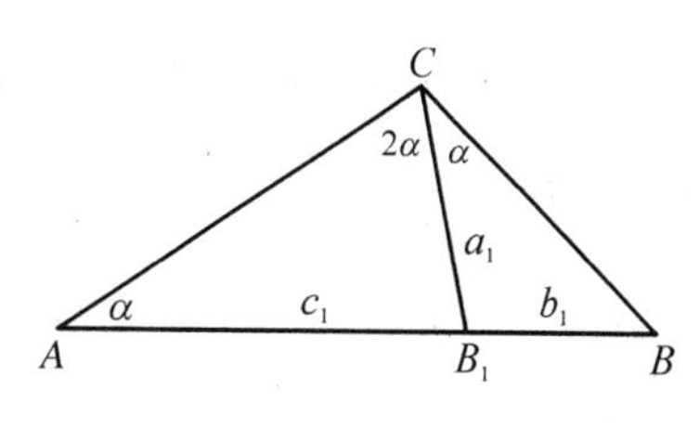

图1-7

定理 10

$\triangle_p ABC (p > 2)$ 的充分必要条件是:① $c_i > a_i (i = 0, 1, 2, \cdots, p-3)$;② $F_p(a, b, c) \equiv c_{p-1} - a_{p-1} = 0$。其中 $a_0 = a$, $b_0 = b$, $c_0 = c$; $a_i = a_{i-1}b/c_{i-1}$, $b_i = a_{i-1}^2/c_{i-1}$, $c_i = c_{i-1} - b_i (i = 1, 2, \cdots, p-1)$, $c_p = b_p$。

一般情况下,条件①可减弱为$c>a$。

证 在$\triangle ABC$中(见图1-8)取辅助直线 $CB_i = a_i (i = 1, 2, \cdots, p-1)$,使 $\angle BCB_1 = \angle B_1CB_2 = \cdots = \angle B_{p-1}CA = \alpha$, $B_iB_{i-1} = b_i (i = 1, 2, \cdots, p)$, $B_0 = B$, $B_p = A$。重复利用定理9(1)得 $F_p(a, b, c) = F_{p-1}(a_1, b, c_1) = F_{p-2}(a_2, b, c_2) = \cdots = F_1(a_{p-1}, b, c_{p-1}) = c_{p-1} - a_{p-1} = 0$,反之亦然。

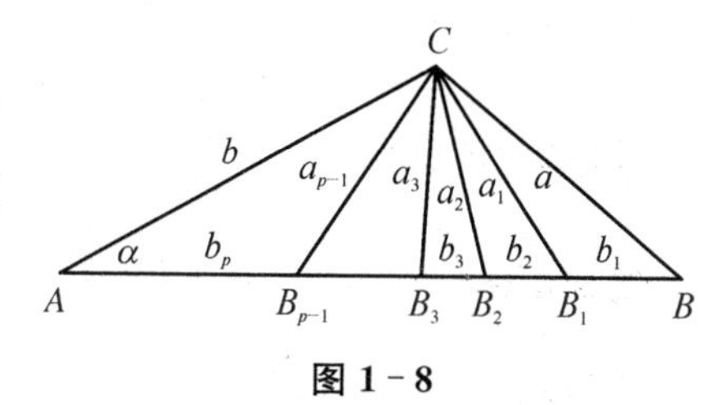

图1-8

例3 (1) $\triangle_4 ABC$ 的充分必要条件是:① $c > a$;② $(c^2 - a^2 - ab)^2 (c^2 - a^2 + ab) = ab^3c^2$。

即 $F_4(a, b, c) = 0$,其中 $F_4(a, b, c) \equiv F_3(a_1, b, c_1)$, $a_1 = ab/c$, $c_1 = (c^2 - a^2)/c$, $F_3(u, v, w)$ 按定理9(2)约定。

(2) $\triangle_5 ABC$ 的充分必要条件是:

① $c > a$;② $[(c^2 - a^2)^2 - a^2b^2 - ab^2c]^2 [(c^2 - a^2)^2 - a^2b^2 + ab^2c] = ab^4c^3(c^2 - a^2)^2$,或$[(c-a)^2(c+a) - ab^2]^2 [(c-a)(c+a)^2 + ab^2] = ab^4c^3(c-a)$。

即 $F_5(a, b, c)=0$，其中 $F_5(a, b, c)\equiv F_4(a_1, b, c_1)$，$a_1=ab/c$，$c_1=(c^2-a^2)/c$，$F_4(u, v, w)$ 按(1)。

定理 11

$\triangle_p ABC(p=1, 2, 3, \cdots)$的必要条件是：

(1) 当 $p=2q+1$ 为奇数时，$2^{2q}b^{2q}c^{2q+1}=a\sum_{j=0}^{q}(-1)^j C_{2q+1}^{2j+1}(b^2+c^2-a^2)^{2(q-j)}[4b^2c^2-(b^2+c^2-a^2)^2]^j(q=0, 1, 2, 3, \cdots)$；

(2) 当 $p=2q$ 为偶数时，$2^{2q-1}b^{2q-1}c^{2q}=a\sum_{j=0}^{q}(-1)^j C_{2q}^{2j+1}(b^2+c^2-a^2)^{2(q-j)-1}[4b^2c^2-(b^2+c^2-a^2)^2]^j(q=1, 2, 3, \cdots)$，其中 $C_q^j=q!/j!(q-j)!$。

证 由定理6(4)棣美弗公式

$(\cos\alpha+i\sin\alpha)^p=\cos p\alpha+i\sin p\alpha$ $[i=(-1)^{1/2}$ 虚数$]$

(1) ① $\cos(2q+1)\alpha=\sum_{j=0}^{q}(-1)^j C_{2q+1}^{2j}\cos^{2(q-j)+1}\alpha\sin^{2j}\alpha$

② $\sin(2q+1)\alpha=\sum_{j=0}^{q}(-1)^j C_{2q+1}^{2j+1}\cos^{2(q-j)}\alpha\sin^{2j+1}\alpha$

(2) ① $\cos 2q\alpha=\sum_{j=0}^{q}(-1)^j C_{2q}^{2j}\cos^{2(q-j)}\alpha\sin^{2j}\alpha$

② $\sin 2q\alpha=\sum_{j=0}^{q}(-1)^j C_{2q}^{2j+1}\cos^{2(q-j)-1}\alpha\sin^{2j+1}\alpha$

对(1)②，(2)②，由定理5(1)，(2)得 $\cos\alpha=(b^2+c^2-a^2)/2bc$，$\sin\alpha/\sin(2q+1)\alpha=a/c$ 或 $\sin\alpha/\sin 2q\alpha=a/c$，即证。特别(1)中取 $q=1$，可得$\triangle_3 ABC$的必要条件是$[ab^2-(c^2-a^2)(c-a)](b^2-a^2-ac)=0$[也可由定理9(2)的$(c^2-a^2)(c-a)=ab^2$得证]。

(2)中取 $q=1$，可得$\triangle_2 ABC$的必要条件是$b^2c-ab^2-ac^2+a^3=0$，即$(c^2-a^2-ab)(b-a)=0$[也可由定理9(1)的$c^2-a^2=ab$得证]。

例 4 $\triangle ABC$为$\triangle_3 ABC$且不为$\triangle_2 ACB$的充分必要条件是$(c-a)^2(c+a)=ab^2$的另一证法。

证 由定理11，取 $p=3\Rightarrow[ab^2-(c^2-a^2)(c-a)](b^2-a^2-ac)=0$，因$\triangle ABC\neq\triangle_2 ACB$，由定理9(1)$\Rightarrow b^2-a^2-ca\neq 0\Rightarrow(c-a)^2(c+a)=ab^2$[即定理9(2)]。

注 约定$\triangle ABC$为$\triangle_0 ABC$的充分必要条件是$F_0(a, b, c)=0$，其中$F_0(a, b, c) \equiv c$。

1.2.2 有理倍角三角形

例5 $\triangle_{1/3}ABC$的充分必要条件是$(c-a)^2(c+a)=cb^2$，即：① $a>c$；② $F_3(c, b, a)=0$。按定理9(2)约定。

例6 $\triangle_{3/2}ABC$的充分必要条件是：① $c>a$；② $a^2b^2=(c^2-a^2)^2+bc(c^2-a^2)$。

证 必要性 $\gamma>\alpha$是显然的[定理4(3)]，由操作$\boldsymbol{W}(\alpha)$（见图1-6），利用$\triangle_2 CB_1A \Rightarrow F_2(c_1, b, a_1)=0$, $a_1=ab/c$, $b_1=a^2/c$, $c_1=c-b_1 \Rightarrow a_1^2-c_1^2-bc_1=0 \Rightarrow a^2b^2=(c^2-a^2)^2+bc(c^2-a^2)$[定理9(1)]。

充分性 易证。

例7

(1) 设$\triangle ABC$的$a=3^{1/2}b$, $c=2b$，则$\alpha=\pi/3$, $\beta=\pi/6$, $\gamma=\pi/2$，反之亦然；

(2) 设$\triangle ABC$的$a=2^{1/2}$, $b=1+3^{1/2}$, $c=2$，则$\triangle_{3/2}ABC$。

证

(1) $(3^{1/2})^2-1^2=1\cdot 2$, $a^2-b^2=bc \Rightarrow \triangle_2 BCA$, $\alpha=2\beta$。$1^2(3^{1/2})^2=[2^2-(3^{1/2})^2]^2+1\cdot 2\cdot[2^2-(3^{1/2})^2]$, $a^2b^2=(c^2-a^2)^2+bc(c^2-a^2) \Rightarrow \triangle_{3/2}ABC \Rightarrow \gamma=3\alpha/2 \Rightarrow \alpha=\pi/3$, $\beta=\pi/6$, $\gamma=\pi/2$（利用$\alpha+\beta+\gamma=\pi$），反之亦然；

(2) $(2^{1/2})^2(1+3^{1/2})^2=[2^2-(2^{1/2})^2]^2+2(1+3^{1/2})[2^2-(2^{1/2})^2]$, $a^2b^2=(c^2-a^2)^2+bc(c^2-a^2) \Rightarrow \triangle_{3/2}ABC$。

定理12

(1) $\triangle_{p/q}ABC(p \geqslant q)$的充分必要条件是：

① $c>a$；② $F_{p/q-1}(a_1, b, c_1)=0$, $a_1=ab/c$, $c_1=(c^2-a^2)/c$。

(2) 设$\triangle_{p/q}(b, a, c)=0$, $\triangle_{q/r}(a, c, b)=0$，则$\triangle_{p/r}(a, b, c)=0(p>q>r)$。

证 (1) 设$\alpha=q\delta$, $\gamma=p\delta$由$\boldsymbol{W}(\alpha)$（见图1-7）$\Rightarrow \triangle_{p/q-1}AB_1C \Rightarrow F_{p/q-1}(a_1, b, c_1)=0$。$\Rightarrow \triangle_{p/q}ABC(p \geqslant q)$必要条件是$F_{p/q}(a, b, c)=F_{p/q-1}(a_1, b, c_1)=0$，反之亦然；

(2) 易知的。

定理13

$\triangle_{p/q}ABC(p>q, p$和$q$为正整数)的充分必要条件是：① $c>a$；② $F_{p/q}(a, b,$

$c) = F_{q/p}(c, b, a) = 0$。

例 8 $\triangle_{5/2}ABC$ 的充分必要条件是：① $c > a$；② $a^2b^4c^2 - [(c^2 - a^2)^2 - a^2b^2]^2 = bc(c^2 - a^2)[(c^2 - a^2)^2 - a^2b^2]$。

证 (1) $c > a$ 是显然的[定理 4(3)]，$F_{5/2}(a, b, c) = F_{3/2}[ab/c, b, (c^2 - a^2)/c] = F_{1/2}\{ab^2/(c^2 - a^2), b, [(c^2 - a^2)^2 - a^2b^2]/c(c^2 - a^2)\} = F_2\{[(c^2 - a^2)^2 - a^2b^2]/c(c^2 - a^2), b, ab^2/(c^2 - a^2)\} = 0 \Rightarrow (2)$，反之亦然。

例 9 设$\triangle ABC$，则 $a : b : c = (2 - 3^{1/2})^{1/2} : 1 : 1$ 的充分必要条件是 $\alpha = \pi/6$，$\beta = \gamma = 5\pi/12$。

证 设 $b = c = 1$，$a = (2 - 3^{1/2})^{1/2}$（见图 1-9）。

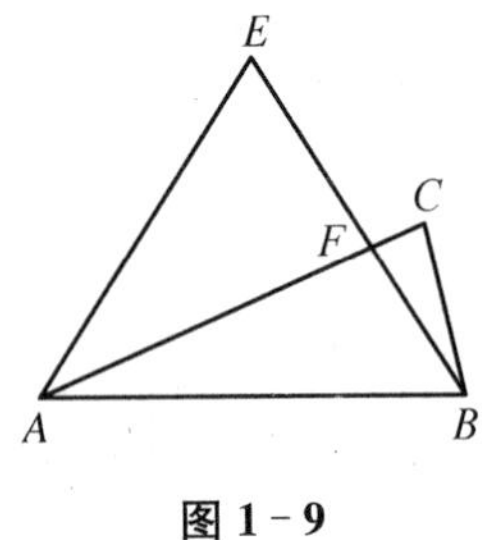

图 1-9

必要性 $c = 1 > (2 - 3^{1/2})^{1/2} = a$，$a^2 - [(1 - a^2)^2 - a^2]^2 = (1 - a^2)[(1 - a^2)^2 - a^2] \Rightarrow a^2b^4c^2 - [(c^2 - a^2)^2 - a^2b^2]^2 = bc(c^2 - a^2)[(c^2 - a^2)^2 - a^2b^2] \Rightarrow \triangle_{5/2}ABC \Rightarrow \alpha = \pi/6$，$\beta = \gamma = 5\alpha/2$。

充分性 设$\triangle ABC$ 的 $\alpha = \pi/6$，$\beta = \gamma = 5\pi/12$，$AB = BE = EA = AC = b = c$，$BC = a$，$\angle BAC = \alpha = \pi/6$，$AF = 3^{1/2}/2$，$BF = 1/2$，$FC = AC - AF = 1 - 3^{1/2}/2$，$a^2 = BC^2 = BF^2 + FC^2 = 2 - 3^{1/2}$ $\cos\alpha = (2b^2 - a^2)/2b^2 \Rightarrow 3^{1/2}/2 = [2b^2 - a^2]/2b^2$，$b = c$，$a = (2 - 3^{1/2})^{1/2}b$。

1.2.3 两个同倍角三角形的相似与全等

定理 14

设$\triangle_pABC$，则 $F_p(a, b, c) = 0$ 的充分必要条件是 $F_p(\lambda a, \lambda b, \lambda c) = 0$（$\lambda \neq 0$ 为实数）。

证法 1 $F_p(a, b, c)$ 为关于 a, b, c 的齐次方程。

证法 2 当 $p = 1$ 时，$F_1(\lambda a, \lambda b, \lambda c) = \lambda c - \lambda a = \lambda(c - a) = \lambda F_1(a, b, c)$，设 $p = n$ 时，成立 $F_n(\lambda a, \lambda b, \lambda c) = \lambda F_n(a, b, c)$，则 $F_{n+1}(a, b, c) \equiv F_n(a_1, b, c_1)$，$a_1 = ab/c$，$c_1 = (c^2 - a^2)/c$，$F_{n+1}(\lambda a, \lambda b, \lambda c) = F_n(\lambda ab/c, \lambda b, \lambda(c^2 - a^2)/c) = \lambda F_n(ab/c, b, (c^2 - a^2)/c) = \lambda F_{n+1}(a, b, c)$。

由数学归纳法，即知定理成立。

定理 15

设 $\triangle_pABC$，则 $F_p(a, b, c) = 0$。

(1) 若已知 a、b,则 c 是唯一确定的;(2) 若已知 b、c,则 a 是唯一确定的。

证 (1) 在 $\triangle_p ABC$ 中,若固定 C(见图 1-10),

① 若 $a \geqslant b$,则以 C 点为中心,a 为半径画圆弧 $B'B''$, $CB = CB' = CB'' = a$。

在 $\triangle AB'C$ 中, $\angle ACB' > \angle ACB$, $\angle CAB' < \angle CAB$, $\triangle AB'C \neq \triangle_p AB'C$。

在 $\triangle AB''C$ 中, $\angle ACB'' < \angle ACB$, $\angle CAB'' > \angle CAB$, $\triangle AB''C \neq \triangle_p AB''C$。

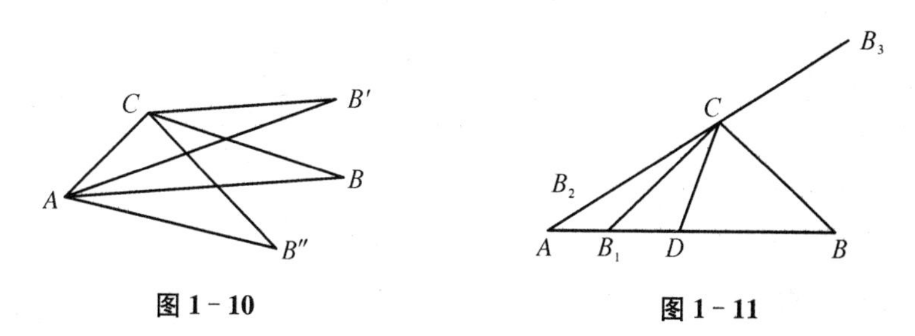

图 1-10　　图 1-11

② 若 $a < b$,以 $p \geqslant 2$(见图 1-11),取 $\angle ACD = \angle A = \alpha$, $\angle DCB = (p-1)\alpha$,以 C 为中心,a 为半径画圆弧 $BB_1B_2B_3$, AB 的交点 D_1, AC 的交点 B_2, $CB_1 = a(i=1, 2, 3)$,由于 a, b 为固定的,$\triangle_p AB^* C$ 的 B^* 不能在圆弧 B_1BB_2 上。如同 ①$\Rightarrow \triangle_p AB^* C$不成立,$B^*$ 也不能在圆弧 B_1B_2 上。因为显然 $\triangle_p AB^* C$ 不成立,所以命题正确。

(2) 证法如同(1)。

定理 16

设有两个二倍角三角形: $\triangle_2 ABC[\triangle_2(a, b, c)]$, $\triangle_2 A'B'C'[\triangle_2(a', b', c')]$,则 $\triangle_2 ABC \sim \triangle_2 A'B'C'$(相似)的充分必要条件是满足下面条件之一:

(1) 它们的任意两组对应边成比例;

(2) $l' : l = u' : u$(u 取自 a, b, c 之一),$l' = (a'+b'+c')/2$, $l = (a+b+c)/2$;

(3) $c^2/ab = c'^2/a'b'$。

证

(1) *必要性* (定理 7) 得证。

充分性

① 设 $a'/a = c'/c = \lambda$, $a'b' = c'^2 - a'^2 \Rightarrow \lambda ab' = \lambda^2(c^2 - a^2) = \lambda^2 ba \Rightarrow b' = \lambda b$;

② 设 $a'/a=b'/b=\lambda$，$c'^2=a'^2+a'b'=\lambda^2(a^2+ab)=\lambda^2c^2\Rightarrow c'=\lambda c$；

③ 设 $b'/b=c'/c=\lambda$，$c'^2=a'^2+a'b'$，$\lambda^2c^2=a'^2+\lambda a'b$，$\lambda^2(c^2-a^2-ab)=0\Rightarrow(a\lambda-a')[(a+b)\lambda+a']=0\Rightarrow a'=\lambda a$。

(定理 7)得证；

(2) 必要性 (定理 7)得证。

充分性

① 设 $l'=\lambda l$，$a'=\lambda a$，$b'=\lambda(b+c)-c'$，$\triangle_2A'B'C'\Rightarrow c'^2=a'^2+a'b'\Rightarrow c'^2=\lambda^2a^2+\lambda a[\lambda(b+c)-c']$，$\triangle_2ABC\Rightarrow c^2=a^2+ab\Rightarrow c'^2-\lambda^2c^2=\lambda a[\lambda c-c']\Rightarrow(c'-\lambda c)[c'+\lambda(c+a)]=0\Rightarrow c'=\lambda c$，由 $b'=\lambda(b+c)-c'\Rightarrow b'=\lambda b$。

② 设 $l'=\lambda l$，$b'=\lambda b$，$c'=\lambda(c+a)-a'$，$\triangle_2A'B'C'\Rightarrow c'^2=a'^2+a'b'\Rightarrow \lambda^2(c+a)^2=\lambda a'b+2\lambda a'(c+a)$，$\triangle_2ABC\Rightarrow c^2=a^2+ab\Rightarrow(c+a)^2=ab+2a(c+a)\Rightarrow(\lambda a-a')(2a+b+2c)\Rightarrow a'=\lambda a\Rightarrow c'=\lambda c$。

③ 设 $l'=\lambda l$，$c'=\lambda c$，$b'=\lambda(b+a)-a'$，$\triangle_2A'B'C'\Rightarrow c'^2=a'(a'+b')$，$\triangle_2ABC\Rightarrow c^2=a(a+b)\Rightarrow a'(a'+b')=\lambda^2a(a+b)\Rightarrow\lambda(a+b)(\lambda a-a')=0$，$a'=\lambda a\Rightarrow b'=\lambda b$(定理 7) 命题得证；

(3) 必要性 (定理 7)得证。

充分性

$c^2=a^2+ab(\triangle_2ABC)$，$c'^2=a'^2+a'b'(\triangle_2A'B'C')\Rightarrow c^2/ab=c'^2/a'b'\Rightarrow a'/a=b'/b=\lambda$。

$c'^2-a'^2-a'b'=0$，$\lambda^2(c^2-a^2-ab)=0\Rightarrow c'=\lambda c$(定理 7)，命题得证。

定理 16[1]

设有两个二倍角三角形：$\triangle_2ABC[\triangle_2(a,b,c)]$，$\triangle_2A'B'C'[\triangle_2(a',b',c')]$，则 $\triangle_2ABC\equiv\triangle_2A'B'C'$(全等) 的充分必要条件是满足下面条件之一：

(1) 它们的任意两组对应边相等；

(2) $l'=l$，$u'=u'$(u 取自 a，b，c 之一)，$l'=(a'+b'+c')/2$，$l=(a+b+c)/2$。

证 在定理 16 证明中取 $\lambda=1$。

定理 17

设有两个 $p(p=2,3,\cdots)$ 倍角三角形：$\triangle_pABC[\triangle_p(a,b,c)]$，$\triangle_pA'B'C'[\triangle_p(a',b',c')]$，则

(1) $\triangle_p ABC \sim \triangle_p A'B'C'$(相似)的充分必要条件是它们任意的两组对应边成比例;

(2) $\triangle_p ABC \equiv \triangle_p A'B'C'$(全等)的充分必要条件是它们任意的两组对应边相等。

证 (1) 采用数学归纳法:

设两个 $p=2$ 倍角三角形已成立(定理16),设命题在 $p=n$ 时成立。现证在 $p=n+1$ 时,命题是否成立?

必要性 是显然的[定理7(1)]。

充分性

① 当 $a'/a=b'/b=\lambda$ 时,分别由 $\triangle_p ABC$, $\triangle_p A'B'C' \Rightarrow F_p(a, b, c)=0$, $F_p(a', b', c')=0 \Rightarrow F_p(a\lambda, b\lambda, c')=0$(定理14) $F_p(a, b, c'/\lambda)=0$[定理15(1)]$\Rightarrow b'=b\lambda$。

② 当 $b'/b=c'/c=\lambda$ 时,如同②[定理14,定理15(2)]$\Rightarrow a'=a\lambda$ 即证。

③ 当 $a'/a=c'/c=\lambda$ 时,设 $p=n$ 命题成立。现证明 $p=n+1$ 时命题也正确,分别对 $\triangle_p ABC$, $\triangle_p A'B'C'$ 由操作 $\boldsymbol{W}(\alpha)$ 得 $a:b:c=b_1:a_1:a$; $a':b':c'=b'_1:a'_1:a'$, $\Rightarrow b'/b=a'_1/a_1$。按设 $p=n$ 时命题成立,得 $\triangle_n ADC \sim \triangle_n A'D'C'$,按数学归纳法则,得 $b:a_1:c-b_1=b':a'_1:c'-b'_1$; $cb_1=a^2$, $c'b'_1=a'^2$, $b'/b=a'_1/a_1=(c'-b'_1)/(c-b_1)=c(c^{2\prime}-a^{2\prime})/c'(c^2-a^2)=\lambda \Rightarrow a:b:c=a':b':c' \Rightarrow \triangle_{n+1} ABC \sim \triangle_{n+1} A'B'C'$。由数学归纳法得知命题成立;

(2) 在(1)中取 $\lambda=1$ 即证。

注 (猜测)定理14～定理17中,若取 p 为有理数也成立。

例1的证明。$\triangle ABC=\triangle_2 ACB=\triangle_3 ABC=\triangle_{3/2} BAC$,由定理9(1)、(2)定理11(1),即证。$F_2(a, c, b)=0=b^2-a^2-ca=0$, $F_3(a, b, c)=(c-a)^2(c+a)-ab^2=0$, $F_{3/2}(b, a, c)=F_{1/2}[ab/c, b, (c^2-a^2)/c]=F_2[(c^2-a^2)/c, b, ab/c]=0 \Rightarrow a^2b^2-(c^2-b^2)^2-ac(c^2-b^2)=0 \Rightarrow c=2a$, $b=3^{1/2}a$, $a^2+b^2=c^2 \Rightarrow \alpha=\pi/6$, $\beta=\pi/3$, $\gamma=\pi/2$,反之亦然。

例2的证明。

设正十边形边长 a 所对 $\triangle ABC$ 的 $\alpha=\pi/5$,两条半径 $AB=AC=R$ 所对 $\beta=\gamma=2\pi/5$, $\triangle ABC=\triangle_1 BAC=\triangle_2 ABC$。由定理1′,定理9(1) $R^2-a^2=Ra$,则 $a=\left[\dfrac{\sqrt{5}-1}{2}\right]R$。

1.3 组合角三角形

1.3.1 组合角三角形

定义 2

$\gamma = p\alpha + q\beta$($p$, q 为正整数) 的 $\triangle ABC$ 称为(p, q) 型组合角三角形，简记 $\triangle_{(p,q)}ABC$，或 $\triangle_{(p,q)}(a, b, c)$，它是倍角三角形的推广。特别有 $\triangle_p ABC = \triangle_{(p,0)}ABC$，$\triangle_q BAC = \triangle_{(0,q)}ABC$。

现可将定理 3 等价地写成

定理 3[1] （勾股定理）

$\triangle_{(1,1)}ABC$ 的充分必要条件是 $F_{(1,1)}(a, b, c) = 0$，其中 $F_{(1,1)}(a, b, c) \equiv c^2 - a^2 - b^2$。

定理 18

$\triangle_{(2,1)}ABC$ 的充分必要条件是：

(1) $c > a$；

(2) $F_{(2,1)}(a, b, c) = 0$，其中 $F_{(2,1)}(a, b, c) \equiv c^2 - a^2 - bc$。

证 必要性 由 $\gamma = 2\alpha + \beta > \alpha \Rightarrow c > a$[定理 4(3)]。在 $\triangle ABC$ 中，取辅助直线 CB_1，使 $\angle BCB_1 = \alpha$。由操作 $\boldsymbol{W}(\alpha)$(见图 1-6)$\Rightarrow \triangle ABC \sim \triangle CBB_1 \Rightarrow a : b : c \equiv b_1 : a_1 : a$，$a_1 = ab/c$，$B_1B = b_1 = a^2/c$，$AB_1 = c_1 = c - b_1 = c - a^2/c$。$\angle AB_1C = \angle ACB_1 = \alpha + \beta \Rightarrow \triangle B_1AC = \triangle_1 B_1AC \Rightarrow F_1(b, a_1, c_1) = c_1 - b = 0 \Rightarrow c^2 = a^2 + bc$。

充分性 由 $c^2 = a^2 + bc > a^2$，$c > a \Rightarrow \gamma > \alpha$[定理 4(3)]，对 $\triangle ABC$ 由操作 $\boldsymbol{W}(\alpha) \Rightarrow \triangle CAB_1 = \triangle_1 CAB_1$，$\angle AB_1C = \angle ACB_1 = \alpha + \beta \Rightarrow \gamma = 2\alpha + \beta \Rightarrow \triangle_{(2,1)}ABC$。

例 10

(1) $\triangle_{(3,1)}ABC$ 的充分必要条件是：

① $c > a$；② $(c^2 - a^2)^2 = b^2(a^2 + c^2)$。

(2) $\triangle_{(4,1)}ABC$ 的充分必要条件是：

① $c > a$；② $(c^2 - a^2)^2 - a^2b^2 = bc(c^2 - a^2)$。

(3) $\triangle_{(5,1)}ABC$ 的充分必要条件是：

① $c_i > a_i(i = 0, 1)$，其中 a_i，c_i 见定理 10 约定；

② $[(c^2 - a^2)^2 - a^2b^2]^2 = b^2c^2[(c^2 - a^2)^2 + a^2b^2]$。

证　(1) 必要性　$\gamma = 3\alpha + \beta > \alpha \Rightarrow c > a$，取辅助直线 CB_1 使 $\angle BCB_1 = \alpha$，由操作 $\boldsymbol{W}(\alpha)$(见图 1-6)，可知 $\triangle AB_1C = \triangle_{(1,1)}AB_1C \Rightarrow \angle ACB_1 = \angle B_1AC + \angle AB_1C = \alpha + (\alpha + \beta) \Rightarrow \triangle AB_1C \Rightarrow F_{(1,1)}(a_1, b, c_1) = c_1^2 - a_1^2 - b^2 = 0$(由定理 $3^{(1)}$，定理 9)，$a_1 = ab/c$，$b_1 = a^2/c$，$c_1 = c - b_1 = c - a^2/c$，即证。

充分性　利用 ① $c > a$，由操作 $\boldsymbol{W}(\alpha)$ 利用必要性证明中可逆结果；

(2) 必要性　$\gamma = 4\alpha + \beta > \alpha \Rightarrow c > a$，取辅助直线 CB_1 使 $\angle BCB_1 = \alpha$ 由操作 $\boldsymbol{W}(\alpha)$(见图 1-6)，$\triangle_{(2,1)}AB_1C \Rightarrow$ ② $F_{(2,1)}(a_1, b, c_1) = c_1^2 - a_1^2 - bc_1 = 0$ 即证。

充分性　利用 ① 由操作 $\boldsymbol{W}(\alpha)$ 利用必要性证明的可逆性；

(3) 证法如同(2)。

定理 19

$\triangle_{(p,1)}ABC$ 的充分必要条件是：① $c_i > a_i(i = 0, 1, 2, \cdots, p-4)$；② $F_{(p,1)}(a, b, c) = 0$ 其中 $F_{(p,1)}(a, b, c) = F_{(p-2,1)}[ab/c, b, (c^2 - a^2)/c]$(见图 1-12)。

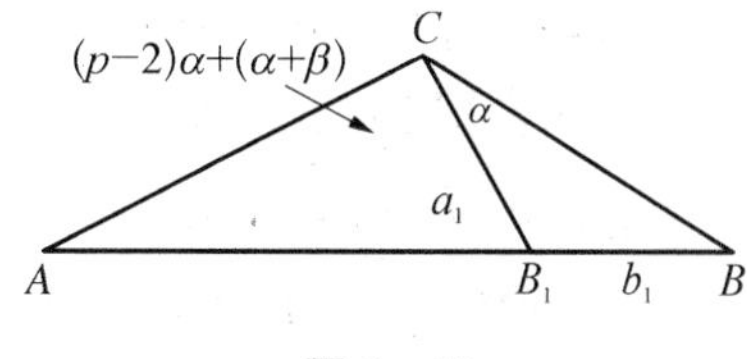

图 1-12

一般情况下，条件①可减弱为 $c > a$。

证　必要性　对$\triangle ABC$，由操作 $\boldsymbol{W}(\alpha)$ 取 $\angle B_1CB = \alpha$，$\angle ACB_1 = (p-1)\alpha + \beta = (p-2)\alpha + (\alpha + \beta) \Rightarrow \triangle_{(p-2,1)}AB_1C \Rightarrow F_{(p-2,1)}(a_1, b, c_1) = F_{(p-2,1)}[ab/c, b, (c^2 - a^2)/c] = 0$，反之亦然。

定理 20

$\triangle_{(3,2)}ABC$ 的充分必要条件是：① $c > a$；② $(c-a)^2(c+a) = b^2c$。

证　必要性　对$\triangle ABC$ 由 $\boldsymbol{W}(\alpha) \Rightarrow \triangle ABC \sim \triangle CBB_1 \Rightarrow a : b : c = b_1 : a_1 : a$；$c_1 = c - b_1$，$\angle AB_1C = \alpha + \beta$，$\angle ACB_1 = 2\alpha + 2\beta \Rightarrow \triangle B_1AC = \triangle_2 B_1AC$(见图1-7)$\Rightarrow F_2(b, a_1, c_1) = c_1^2 - b^2 - ba_1 = 0 \Rightarrow F_{(3,2)}(a, b, c) = 0$，$(c-a)^2(c+a) = b^2c$，反之亦然。

定理 21

$\triangle_{(p,q)}ABC(p > q)$ 的充分必要条件是：① $c > a, b$；② $F_{(p,q)}(a, b, c) = 0$，

其中 $F_{(p,q)}(a, b, c) = F_{(p-q-1,q)}(a_1, b, c_1)$，$a_1 = ab/c$，$c_1 = (c^2 - a^2)/c$。

证 必要性 对$\triangle ABC$由操作$\boldsymbol{W}(\alpha) \Rightarrow \angle ACB_1 = (p-1)\alpha + q\beta = (p-q-1)\alpha + q(\alpha+\beta) \Rightarrow \triangle_{(p-q-1,q)}AB_1C$，即证。

反之亦然。

例 11

(1) $\triangle_{(4,2)}ABC$ 的充分必要条件是：① $c > a$；② $(c^2-a^2)^2 - b^2c^2 = ab(c^2-a^2)$；

(2) $\triangle_{(4,3)}ABC$ 的充分必要条件是：

① $c > a$；② $c^2 - a^2 > ab$；③ $(c^2 - ba + a^2)^2(c^2 + ba - a^2) = a^2b^3c$；

(3) $\triangle_{(6,2)}ABC$ 的充分必要条件是：

① $c > a$；② $(c^2 - a^2 - ab)^2(c^2 - a^2 + ab) = b^2c^2(c^2 - a^2)$。

证

(1) 在定理 21 中取 $p = 4$，$q = 2$，必要性是显然的(定理 4)。$F_{(4,2)}(a, b, c) = F_{(1,2)}(a_1, b, c_1) = F_{(2,1)}(b, a_1, c_1) = 0$，由定理 18 即证，反之亦然；

(2) 在定理 21 中取 $p = 4$，$q = 3$，必要性是显然的(定理 4)。

$F_{(4,3)}(a, b, c) = F_{(0,3)}(a_1, b, c_1) = F_3(b, a_1, c_1) = 0 \Rightarrow c^2 - a^2 > ab(c_1 > b) \Rightarrow (c_1 - b)^2(c_1 + b) = ba_1^2$，由定理 9(2) 即证，其中 a_1，c_1 按定理 18 所示；

(3) **证 1** 由定理 20，定理 21 $\Rightarrow F_{(6,2)}(a, b, c) = F_{(3,2)}[ab/c, b, (c^2-a^2)/c] = 0 \Rightarrow (c^2 - a^2 - ab)^2(c^2 - a^2 + ab) = b^2c^2(c^2 - a^2)$。

证 2 (见图 1-12)。

取 $\angle B_1CB = 2\alpha$，$\angle ACB_1 = 4\alpha + 2\beta = 2\angle AB_1C \Rightarrow \triangle_2 B_1AC$，

$CB_1 = a_1$，$B_1B = b_1$，$AB_1 = c - b_1 \Rightarrow (c - b_1)^2 - b^2 = a_1 b$，　　(1)*

$\triangle AB_1C \Rightarrow \sin\alpha : \sin(2\alpha+\beta) = a_1 : b$，由定理 5(1)，(2) $\Rightarrow a_1 = ab^2/(c^2-a^2)$，　　(2)*

$\triangle BB_1C \Rightarrow \sin\beta : \sin 2\alpha = a_1 : b_1$，由定理 5(1) $\Rightarrow b_1 = a(b^2 + c^2 - a^2)a_1/b^2c$，　　(3)*

以(2)* 代入(3)* $\Rightarrow b_1 = a^2(b^2 + c^2 - a^2)/c(c^2 - a^2)$，　　(4)*

以(2)*，(4)* 代入(1)* $\Rightarrow (c^2 - a^2 - ab)^2(c^2 - a^2 + ab) = b^2c^2(c^2 - a^2)$。

例 12 设 $a = b$，$c = [(5 + 5^{1/2})/2]^{1/2}a$，则 $\alpha = \beta = \pi/10$，$\gamma = 4\pi/5$。

证 $c = [(5 + 5^{1/2})/2]^{1/2}a > a = b$，因为 $(1 + 5^{1/2})^2 = 2(3 + 5^{1/2}) \Rightarrow (c^2 -$

$a^2-ab)^2(c^2-a^2+ab)-b^2c^2(c^2-a^2)=0\Rightarrow\triangle_{(6,2)}ABC\Rightarrow\pi=\alpha+\beta+6\alpha+2\beta=10\alpha\Rightarrow\alpha=\beta=\pi/10$，$\gamma=4\pi/5$。

定理 22

$\triangle_{(p,p)}ABC(p=1,\cdots)$ 的充分必要条件是满足下面条件之一：

(1) ① $c>a, b$；② $F_{(p,p)}(a, b, c)\equiv F_{p-1}(a^*, b^*, c^*)=c_{p-2}^*-a_{p-2}^*=0$。

③ $c_i^*>a_i^*(i=0, 1, 2, \cdots, p-4)$，$a_0^*=a^*$，$b_0^*=b^*$，$c_0^*=c^*$；$a^*=b^*=ab/c$，$c^*=(c^2-a^2-b^2)/c$，

$a_i^*=a_{i-1}^*b^*/c_{i-1}^*$，$b_i^*=a^{*2}_{i-1}/c_{i-1}^*$，$c_i^*=c_{i-1}^*-b_i^*(i=1, 2, \cdots, p-2)$(见定理10)。

(2) ① $c>a, b$；

② $F_{(p,p)}(a, b, c)\equiv F_{[(p-1)/2,(p-1)/2]}[a^2c/(a^2+c^2-b^2), b^2c/(b^2+c^2-a^2), c-a^2c/(a^2+c^2-b^2)-b^2c/(b^2+c^2-a^2)]=0$。

证 (1) 必要性 ① 显然的，② 对$\triangle ABC$取两条辅助直线CB_1，CB_2，使$\angle BCB_1=\alpha$，$\angle ACB_2=\beta$，$\angle B_2CB_1=(p-1)(\alpha+\beta)$(见图1-13)，$\angle CB_1B_2=\angle CB_2B_1=\alpha+\beta$，记$B_1B=b_1$，$B_2B_1=b_2$，$CB_1=a_1$，$CB_2=a_2$，$AB_2=c-b_1-b_2$，

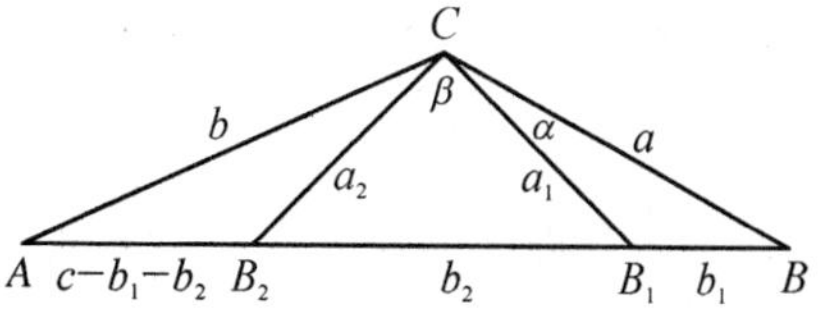

图 1-13

由$\triangle ABC\sim\triangle CBB_1\sim\triangle ACB_2\Rightarrow a:b:c=b_1:a_1:a=a_2:c-b_1-b_2:b$，$\triangle B_2CB_1=\triangle_1B_2CB_1$，$a_1=a_2=ab/c$，$b_2=c-a^2/c-b^2/c$，$\triangle_{p-1}B_2B_1C\Rightarrow F_{p-1}(a_1, a_2, b_2)=0$，即证。

充分性 按设，由(1)，(2)及必要性证法$F_{p-1}(a^*, b^*, c^*)=c_{p-2}^*-a_{p-2}^*=0\Rightarrow F_{(p,p)}(a, b, c)=0\Rightarrow\triangle_{(p,p)}ABC$。

(2) 必要性 对$\triangle ABC$取两条辅助直线CB_1^*，CB_2^*使$\angle B^*CB_1^*=\beta$，$\angle ACB_2^*=\alpha$，$\Rightarrow\triangle_1AB_2^*C$，$\triangle_1BB_1^*C$(见图1-14)，$B_1^*B=B_1^*C=b_1^*$，$AB_2^*=B_2^*C=b_2^*$，$B_2^*B_1^*=c_1^*=c-b_1^*-b_2^*$。$2\cos\alpha=b/b_2^*=(b^2+c^2-a^2)/bc$，$2\cos\beta=a/b_1^*=(a^2+c^2-b^2)/ac\Rightarrow b_1^*=a^2c/(a^2+$

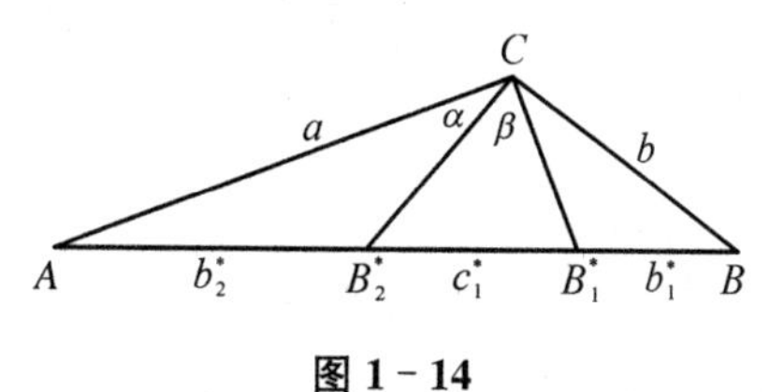

图 1-14

$c^2-b^2)$，$b_2^*=b^2c/(b^2+c^2-a^2)$，$\triangle B_2^*B_1^*C=\triangle_{[(p-1)/2,(p-1)/2]}B_2^*B_1^*C$，$\angle CB_2^*B_1^*=2\alpha$，$\angle CB_1^*B_2^*=2\beta$，$\angle B_2^*CB_1^*=(p-1)(\alpha+\beta)\Rightarrow F_{[(p-1)/2,(p-1)/2]}(a_1^*,a_2^*,c_1^*)=F_{[(p-1)/2,(p-1)/2]}(b_1^*,b_2^*,c_1^*)=0\Rightarrow F_{[(p-1)/2,(p-1)/2]}[a^2c/(a^2+c^2-b^2),b^2c/(b^2+c^2-a^2),c-a^2c/(a^2+c^2-b^2)-b^2c/(b^2+c^2-a^2)]=0$。

充分性　类同(1)的证法。

(1)与(2)的结果是一样的。

例 13

(1) $\triangle_{(1,1)}ABC$ 的充分必要条件是 $c^2=a^2+b^2$；

(2) $\triangle_{(2,2)}ABC$ 的充分必要条件是 $c^2-a^2-b^2=ab$；

(3) $\triangle_{(3,3)}ABC$ 的充分必要条件是 $(c^2-a^2-b^2)^2=2a^2b^2$。

证　(1) [定理 22(1)] $a^*=b^*$，$c^*=0\Rightarrow c^2=a^2+b^2$。

[定理 22(2)] $F_{(1,1)}(a,b,c)\equiv F_{(0,0)}[a^2c/(a^2+c^2-b^2),b^2c/(b^2+c^2-a^2),c-a^2c/(a^2+c^2-b^2)-b^2c/(b^2+c^2-a^2)]=0\Rightarrow(a^2+c^2-b^2)(b^2+c^2-a^2)-a^2(b^2+c^2-a^2)-b^2(a^2+c^2-b^2)=0\Rightarrow c^2=a^2+b^2$,反之亦然；

(2) [定理 22(1)] $F_{(2,2)}(a,b,c)\equiv F_1(ab,ab,c^2-a^2-b^2)=0$[定理 1′]，$ab=c^2-a^2-b^2$。

[按定理 22(2)] $F_{(2,2)}(a,b,c)\equiv F_{(1/2,1/2)}[a^2c/(a^2+c^2-b^2),b^2c/(b^2+c^2-a^2),c-a^2c/(a^2+c^2-b^2)-b^2c/(b^2+c^2-a^2)]\Leftrightarrow c^2-a^2-b^2=ab$；

(3) [定理 22(1)] $F_{(3,3)}(a,b,c)\equiv F_2[ab/c,ab/c,(c^2-a^2-b^2)/c]=0$[定理 9(2)],即$(c^2-a^2-b^2)^2=2a^2b^2$。

[定理 22(2)] $F_{(3,3)}(a,b,c)\equiv F_{(1,1)}[b_1^*,b_2^*,c_1^*]=0$。$b_1^*=a^2c/(a^2+c^2-b^2)$，$b_2^*=b^2c/(b^2+c^2-a^2)$，$c_1^*=c-b_1^*-b_2^*$；

(定理 3[(1)])$\Leftrightarrow b_1^{*2}+b_2^{*2}=c_1^{*2}$，$b_1^{*2}+b_2^{*2}=(c-b_1^*-b_2^*)^2\Leftrightarrow(a^2+c^2-b^2)(b^2+c^2-a^2)+2a^2b^2=2a^2(b^2+c^2-a^2)+2b^2(a^2+c^2-b^2)\Leftrightarrow(a^2+c^2-b^2)(b^2+c^2-a^2)=2b^2(c^2-b^2)\Leftrightarrow(c^2-a^2)^2-b^4=2b^2(c^2-b^2)\Leftrightarrow(c^2-a^2-b^2)^2=2a^2b^2$。

注　约定$\triangle ABC$为$\triangle_{(0,0)}ABC$的充分必要条件是$F_{(0,0)}(a,b,c)=0$,其中$F_{(0,0)}(a,b,c)\equiv c$。

1.3.2 两个相同组合角三角形的相似与全等

定理 14[1]

设$\triangle_{(p,q)}ABC$，则$F_{(p,q)}(a, b, c)=0$的充分必要条件是$F_{(p,q)}(\lambda a, \lambda b, \lambda c)=0$($\lambda \neq 0$为实数)。

定理 15[1]

设$\triangle_{(p,q)}ABC$，在$F_{(p,q)}(a, b, c)=0$中

(1) 若已知a, b，则c是唯一确定的；

(2) 若已知b, c，则a是唯一确定的。

(定理14[1]，定理15[1]的证法如同定理14，定理15)

定理 23

(1) $\triangle_{(2,1)}ABC \sim$(相似)$\triangle_{(2,1)}A'B'C'$的充分必要条件是满足下面两个条件之一：

① 它们的任意两组对应边成比例；

② $l':l=u':u$(u取自a, b之一)，其中$l'=(a'+b'+c')/2$, $l=(a+b+c)/2$。

(2) $\triangle_{(2,2)}ABC \sim$(相似)$\triangle_{(2,2)}A'B'C'$或$\triangle_{(2,2)}B'A'C'$的充分必要条件是满足下面两个条件之一：

① 它们的任意两组对应边成比例；

② $l':l=u':u$(u取自a, b, c之一)，其中$l'=(a'+b'+c')/2$, $l=(a+b+c)/2$, $\triangle_{(2,1)}ABC \equiv$(全等)$\triangle_{(2,1)}A'B'C'$的充分必要条件是它们的任意两组对应边相等。

证

(1) 必要性 (定理7)。

充分性

① (a) 设$a'/a=c'/c=\lambda$[在$\triangle ABC$中，由操作$\mathbf{W}(\alpha)$取辅助直线CB_1，使$\angle BCB_1=\alpha$，由$\triangle ABC \sim \triangle CBB_1 \Rightarrow a:b:c=b_1:a_1:a$。其中$CB_1=a_1=ab/c$, $B_1B=b_1=a^2/c$, $AB_1=c_1=c-b_1=c-a^2/c$](见图1-15)，同理在对应的$\triangle A'B'C'$中(见图

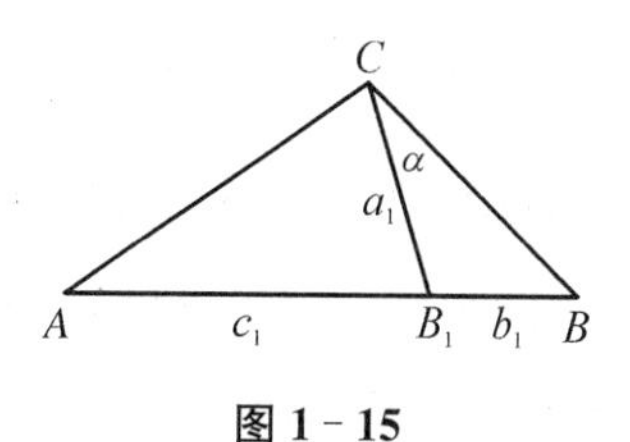

图1-15

1-16)，由操作$\mathbf{W}(\alpha)$得$a':b':c'=b_1':a_1':a'$，其中$C'B_1'=a_1'=a'b'/c'$，$B_1'B'=b_1'=a'^2/c'$，$A'B_1'=c_1'=c'-b_1'=c'-a'^2/c'$，$\triangle_1B_1AC=\triangle_1(b,a_1,c_1)$，$\triangle_1B_1'A'C'=\triangle_1(b',a_1',c_1')$，$b=c_1$，$b'=c_1'$，$b'/b=(c'-a'^2/c')/(c-a^2/c)=\lambda\Rightarrow a'/a=b'/b=c'/c=\lambda$。

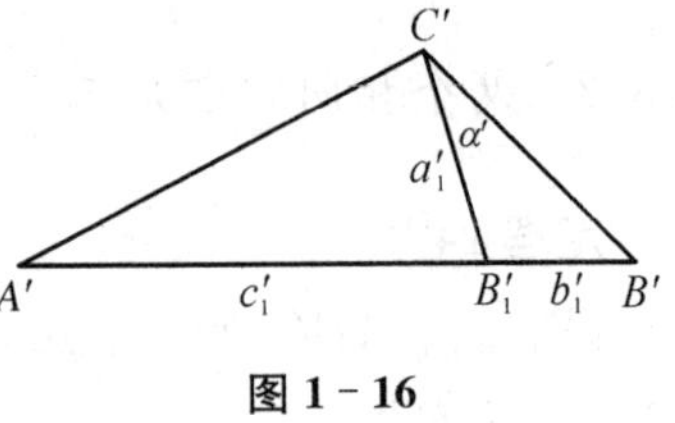

图 1-16

(b) 设$b'/b=c'/c=\lambda$，在$\triangle ABC$中，取辅助直线CB_1^*，使$\angle BCB_1^*=\beta$，由$\triangle_2AB_1^*C$(见图1-17)，$(c-b_1^*)^2-b_1^{*2}=b_1^*b$，$c^2=b_1^*(b+2c)$，$2\cos\beta=(a^2+c^2-b^2)/ac=a/b_1^*$，$b_1^*=a^2c/(a^2+c^2-b^2)\Rightarrow c^3-ca^2-cb^2=a^2b$，同理在对应的$\triangle A'B'C'$中(见图1-18)，得$c'^2=b_1^{*\prime}(b'+2c')$，$c'^3-c'a'^2-c'b'^2=a'^2b'\Rightarrow\lambda(b+c)(a'^2-\lambda^2a^2)=0\Rightarrow a'=\lambda a\Rightarrow a'/a=b'/b=c'/c=\lambda$。

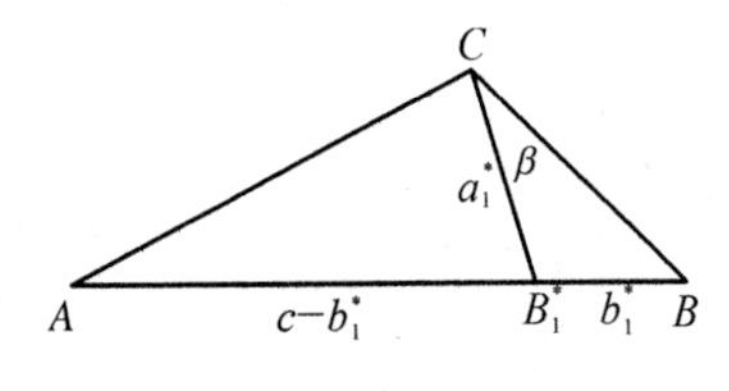

图 1-17

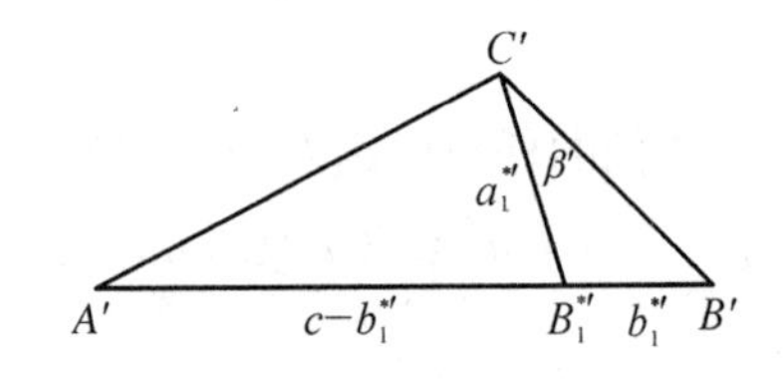

图 1-18

(c) 设$a'/a=b'/b=\lambda$，利用(b)的结果(见图1-17，图1-18)$\Rightarrow c^3-ca^2-cb^2=a^2b$，$c'^3-c'a'^2-c'b'^2=a'^2b'$，得$k(c'-\lambda c)=0$，$k=c'^2+\lambda cc'-2\lambda^2ab\cos\gamma$，$\cos\gamma=(a^2+b^2-c^2)/2ab$。设$\gamma\leqslant\pi/2$(此情形不发生)，因为$\gamma=2\alpha+\beta=\alpha+\pi-\gamma\Rightarrow\gamma>\pi/2$，设$\gamma>\pi/2\Rightarrow-\cos\gamma\geqslant0\Rightarrow k>0$，$c'=\lambda c\Rightarrow a'/a=b'/b=c'/c=\lambda$。

② (a) 若$a'=\lambda a$，$b'+c'=\lambda(b+c)$，$\triangle_{(2,1)}A'B'C'\Rightarrow c'^2-a'^2=b'c'$，$2c'^2-a'^2=c'(b'+c')$，$\triangle_{(2,1)}ABC\Rightarrow c^2-a^2=bc$，$2c^2-a^2=c(b+c)$，两式相除$(2c'^2-a'^2)/(2c^2-a^2)=\lambda c'/c$，$(c'-\lambda c)(2c'c+\lambda a^2)=0\Rightarrow c'=\lambda c\Rightarrow b'=\lambda b$。

(b) 若$b'=\lambda b$，$a'+c'=\lambda(a+c)$，$\triangle_{(2,1)}A'B'C'\Rightarrow(c'-a')(c'+a')=b'c'$，$\triangle_{(2,1)}ABC\Rightarrow(c-a)(c+a)=bc$，两式相除$(c'-a')/(c-a)=c'/c$，$c'/c=a'/a$，$(c'+a')/(c+a)=a'/a\Rightarrow a'=\lambda a\Rightarrow c'=\lambda c$。

(2) ① 利用$\triangle_{(2,2)}ABC$条件：$c^2-a^2-b^2=ab$，$\triangle_{(2,2)}A'B'C'$条件：$c'^2-a'^2-b'^2=a'b'$，即可证明命题成立。

② (a) 若$a'=\lambda a$，$b'+c'=\lambda(b+c)$，$\triangle_{(2,2)}A'B'C'\Rightarrow c'^2-a'^2-b'^2=a'b'$，$(c'-b')(c'+b')=a'(a'+b')$，$\triangle_{(2,2)}ABC\Rightarrow c^2-a^2-b^2=ab$，$(c-b)(c+b)=a(a+b)$，两式相除得$(c'-b')/(c-b)=(a'+b')/(a+b)$，$(c'-b')/2(a'+b')+1=(c-b)/2(a+b)+1$，$(c'+b'+2a')/2(a'+b')=(c+b+2a)/2(a+b)$，$a'+b'=\lambda(a+b)$，$b'=\lambda b\Rightarrow c'=\lambda c$。

(b) 若$b'=\lambda b$，$a'+c'=\lambda(a+c)$，$\triangle_{(2,2)}A'B'C'\Rightarrow c'^2-a'^2-b'^2=a'b'$，$(c'-a')(c'+a')=b'(a'+b')$，$\triangle_{(2,2)}ABC\Rightarrow c^2-a^2-b^2=ab$，$(c-a)(c+a)=b(a+b)$，两式相除得$(c'-a')/(c-a)=(a'+b')/(a+b)$，$(c'-a')/2(a'+b')+1=(c-a)/2(a+b)+1$，$(c'+a'+2b')/2(a'+b')=(c+a+2b)/2(a+b)$，$a'+b'=\lambda(a+b)$，$a'=\lambda a\Rightarrow c'=\lambda c$。

(c) 若$c'=\lambda c$，$a'+b'=\lambda(a+b)$，$\triangle_{(2,2)}A'B'C'\Rightarrow c'^2-(a'+b')^2=-a'b'$，$\triangle_{(2,2)}ABC\Rightarrow c^2-(a+b)^2=-ab$，两式相除得$a'b'=\lambda^2ab\Rightarrow(a'+b')^2-4a'b'=\lambda^2(a+b)^2-4\lambda^2ab\Rightarrow(a'-b')^2=\lambda^2(a-b)^2\Rightarrow a'-b'=\lambda(a-b)$[或$a'-b'=\lambda(b-a)$]$\Rightarrow a'=\lambda a$(或$a'=\lambda b$)$\Rightarrow b'=\lambda b$(或$b'=\lambda a$)$\Rightarrow\triangle_{(2,2)}ABC\sim$(相似)$\triangle_{(2,2)}A'B'C'$(或$\triangle_{(2,2)}B'A'C'$)。

定理 23[(1)]

$\triangle_{(2,i)}ABC\equiv\triangle_{(2,i)}A'B'C'(i=1,2)$全等的充分必要条件是它们的两组对应边相等。

定理 24

(猜测) 设两个相同组合角三角形：$\triangle_{(p,1)}ABC\ [\triangle_{(p,1)}(a,\ b,\ c)]$，$\triangle_{(p,1)}A'B'C'[\triangle_{(p,1)}(a',\ b',\ c')]$($p\geqslant 2$为自然数)

(1) $\triangle_{(p,1)}ABC\sim\triangle_{(p,1)}A'B'C'$(相似)的充分必要条件是它们的任意两组对应边成比例；

(2) $\triangle_{(p,1)}ABC\equiv\triangle_{(p,1)}A'B'C'$(全等)的充分必要条件是它们的任意两组对应边相等。

证 (1) 必要性 (定理 7)。

充分性，按数学归纳法，因$n=2$成立，设命题对$p=n-1$成立。

采用定理22的相同操作过程，得

① 设$a'/a=c'/c=\lambda$，

[在$\triangle_{(n,1)}ABC$中，取辅助直线CB_1使$\angle BCB_1=\alpha$由$\triangle ABC\sim\triangle CBB_1\Rightarrow a:b:c\equiv b_1:a_1:a$。其中$CB_1=a_1=ab/c$，$B_1B=b_1=a^2/c$，$AB_1=c_1=c-b_1=c-a^2/c$。] 同理在$\triangle_{(n,1)}A'B'C'$中，由操作W得$a':b':c'=b'_1:a'_1:a'$。其中$C'B'_1=a'_1=a'b'/c'$，$B'_1B'=b'_1=a'^2/c'$，$A'B'_1=c'_1=c'-b'_1=c'-a'^2/c'$] $\Rightarrow\angle ACB_1=(n-2)\alpha+(\alpha+\beta)$，即$\triangle_{(n-2,1)}AB_1C=\triangle_{(n-2,1)}(a_1,b,c_1)$，$\angle A'C'B'_1=(n-2)\alpha'+(\alpha'+\beta')$，即$\triangle_{(n-2,1)}A'B'_1C'=\triangle_{(n-2,1)}(a'_1,b',c'_1)$。设$b'/b=\mu\Rightarrow a'_1/a_1=(a'b'/c')/(ab/c)=b'/b=\mu$，设$\triangle_{(n-2,1)}(a_1,b,c_1)\sim$(相似)$\triangle_{(n-2,1)}(a'_1,b',c'_1)$，即$\triangle_{(n-2,1)}AB_1C\sim$(相似)$\triangle_{(n-2,1)}A'B'_1C'\Rightarrow\alpha'=\angle C'A'B'_1=\angle CAB_1=\alpha$，$\alpha'+\beta'=\angle A'B'_1C'=\angle AB_1C=\alpha+\beta\Rightarrow\beta'=\beta\Rightarrow\triangle_{(n,1)}ABC\sim$(相似)$\triangle_{(n,1)}A'B'C'$，[定理7(3)] 命题得证；

② 设$a'/a=b'/b$；③ 设$b'/b=c'/c$，也可由定理15(1) $\Rightarrow\triangle_{(n,1)}ABC)\sim$(相似)$\triangle_{(n,1)}A'B'C'$。

(2) 在(1)中取$\lambda=1$即证。

(猜测定理)设两个相同组合角三角形：$\triangle_{(p,q)}ABC$ [$\triangle_{(p,q)}(a,b,c)$]，$\triangle_{(p,q)}A'B'C'$[$\triangle_{(p,q)}(a',b',c')$]，$p$与$q$为任意正整数，但$p\neq 1$，$q=0$；$p=0$，$q\neq 1$；$p\neq 1$，$q\neq 1$。

(1) 若它们的两组对应边成比例，则$\triangle_{(p,q)}ABC\sim\triangle_{(p,q)}A'B'C'$(相似)；

(2) 若它们的两组对应边相等，则$\triangle_{(p,q)}ABC\equiv\triangle_{(p,q)}A'B'C'$(全等)。

1.3.3 列式

设$\triangle ABC$为$\triangle_p ABC$

(1)(倍角三角形)$c>a$的情况

$F_1(a,b,c)\equiv c-a=0$，

$F_2(a,b,c)\equiv c^2-a^2-ab=0$，

$F_3(a,b,c)\equiv(c-a)^2(c+a)-ab^2=0$，

$F_4(a,b,c)\equiv(c^2-a^2-ab)^2(c^2-a^2+ab)-ab^3c^2=0$，

……

$F_{3/2}(a, b, c) \equiv (c^2-a^2)^2+bc(c^2-a^2)-a^2b^2=0$,

$F_{5/2}(a, b, c) \equiv a^2b^4c^2-[(c^2-a^2)^2-a^2b^2]^2-bc(c^2-a^2)[(c^2-a^2)^2-a^2b^2]=0$。

(2)(组合角三角形)$c>a, b$ 的情况

$F_{(1,1)}(a, b, c) \equiv c^2-a^2-b^2=0$,

$F_{(2,1)}(a, b, c) \equiv c^2-a^2-bc=0$,

$F_{(3,1)}(a, b, c) \equiv (c^2-a^2)^2-b^2(c^2+a^2)=0$,

$F_{(4,1)}(a, b, c) \equiv (c^2-a^2)^2-a^2b^2-bc(c^2-a^2)=0$,

$F_{(5,1)}(a, b, c) \equiv [(c^2-a^2)^2-a^2b^2]^2-b^2c^2[(c^2-a^2)^2+a^2b^2]=0$,

$F_{(2,2)}(a, b, c) \equiv c^2-a^2-b(a+b)=0$,

$F_{(3,2)}(a, b, c) \equiv (c-a)^2(c+a)-b^2c=0$,

$F_{(4,2)}(a, b, c) \equiv (c^2-a^2)^2-b^2c^2-ab(c^2-a^2)=0$,

$F_{(5,2)}(a, b, c) \equiv (c^2-a^2)^2-b^2(c^2+ca+a^2)=0$,

$F_{(3,3)}(a, b, c) \equiv (c^2-a^2-b^2)^2-2a^2b^2=0$,

$F_{(4,3)}(a, b, c) \equiv (ab-c^2+a^2)^2(ab+c^2-a^2)-b^2c^2(c^2-a^2)=0$,

$F_{(4,4)}(a, b, c) \equiv (c^2-a^2-b^2-ab)^2(c^2-a^2-b^2+ab)-a^3b^3=0$。

请注意如下差别

(1) $F_{(3,2)}(a, b, c)=(c-a)^2(c+a)-b^2c(c>a)$。对此式交换 a, c 得 $F_{(3,2)}(c, b, a)=(c-a)^2(c+a)-ab^2(a>c)$,而 $F_3(a, b, c)=(c-a)^2(c+a)-ab^2(c>a)$。它们虽然有相同的关系式,由于 a, c 大小不同而意义不同。

(2) $F_{3/2}(a, b, c)=(c^2-a^2)^2+bc(c^2-a^2)-a^2b^2(c>a)$,而 $F_{(4,2)}(c, b, a)=(c^2-a^2)^2+bc(c^2-a^2)-a^2b^2(a>c)$。它们虽然有相同的关系式,由于 a, c 大小不同而意义不同,类似的情况还有很多。

例 14

(1) 设 $\triangle ABC$ 中,$b=2^{1/2}a$, $c=(6^{1/2}+2^{1/2})a/2 \Rightarrow c>a$, $c^2-a^2=bc \Rightarrow \gamma=2\alpha+\beta$(如 $\alpha=\pi/6$, $\beta=\pi/4$, $\gamma=7\pi/12$);

(2) 设 $\triangle ABC$ 中,$b=a$, $c=(5^{1/2}+1)a/2 \Rightarrow c>a$, $c^2-a^2=bc(\gamma=2\alpha+\beta)$, $(c-a)^2(c+a)=ab^2(\gamma=3\alpha) \Rightarrow \alpha=\beta=\pi/5$, $\gamma=3\pi/5$;

(3) 设 $\triangle ABC$ 中,$b=a$, $c=3^{1/2}a \Rightarrow c>a \Rightarrow (c^2-a^2)^2=b^2(c^2+a^2) \Rightarrow \gamma=$

$3\alpha+\beta=4\alpha(c^2-a^2-ab)^2(c^2-a^2+ab)=ab^3c^2\Rightarrow\gamma=4\alpha\Rightarrow\alpha=\beta=\pi/6,\ \gamma=2\pi/3$；

(4) 设$\triangle ABC$中，$b=a,\ c=3^{1/2}a\Rightarrow c>a\Rightarrow c^2-a^2=b(a+b)\Rightarrow\gamma=2\alpha+2\beta=4\alpha\Rightarrow\alpha=\beta=\pi/6,\ \gamma=2\pi/3$；

(5) 设$\triangle ABC$中，$\beta=2\alpha,\ \gamma=4\alpha\Rightarrow\beta=2\alpha,\ b^2-a^2=ac$；$\gamma=2\beta,\ c^2-b^2=ab$；$\gamma=2\alpha+\beta,\ c^2-a^2=bc$；$\gamma=4\beta,\ (c^2-a^2-ab)^2(c^2-a^2+ab)=ab^3c^2\Rightarrow a(b+c)=bc,\ (c-a)^2(c+a)=ac^2$；

(6) 设$\triangle ABC$中，$\beta=3\alpha,\ \gamma=5\alpha\Rightarrow\beta=3\alpha,\ [(c-a)^2(c+a)=ab^2]$；$\gamma=2\alpha+\beta(c^2-a^2=bc)$；$\Rightarrow(c^2-a^2-ab)^2(c^2-a^2+ab)=ac^5$。

例 15

设$\triangle ABC$中，$a=(6^{1/2}-2^{1/2})/2,\ b=1,\ c=2^{1/2}$，求三个角$\alpha,\ \beta$与$\gamma$。

解

(1) $b=1>2^{1/2}(3^{1/2}-1)/2=a,\ b^2-a^2=ca\Rightarrow\beta=2\alpha$；

(2) $c=2^{1/2}>2^{1/2}(3^{1/2}-1)/2=a,\ c=2^{1/2}>1=b,\ (c^2-a^2-b^2)^2=2a^2b^2\Rightarrow\gamma=3\alpha+3\beta$；

(3) $c>a,\ (c^2-b^2)^2=a^2b^2+ac(c^2-b^2)\Rightarrow\gamma=\alpha+4\beta$；

(4) $c>a,\ (c^2-a^2)^2=b^2(c^2+ca+a^2)\Rightarrow\gamma=5\alpha+2\beta$，从(1)，(2)，(3)[或(4)]$\Rightarrow\alpha=\pi/12,\ \beta=\pi/6,\ \gamma=3\pi/4$。

1.3.4 另证定理19～定理21与例13

(1) 定理19的另证$F_{(p,1)}(a,b,c)=0$

证 取辅助直线CB_1^*，使$\angle BCB_1^*=\beta\Rightarrow\triangle_1BB_1^*C[F_1(a_1^*,a,b_1^*)=b_1^*-a_1^*=0]$，$\angle B_1^*CA=p\alpha\Rightarrow\triangle_pAB_1^*C[F_p(a_1^*,b,c-b_1^*)=0]$，其中$B_1^*B=CB_1^*=b_1^*$，$AB_1^*=c_1^*=c-b_1^*$(见图1-19)。

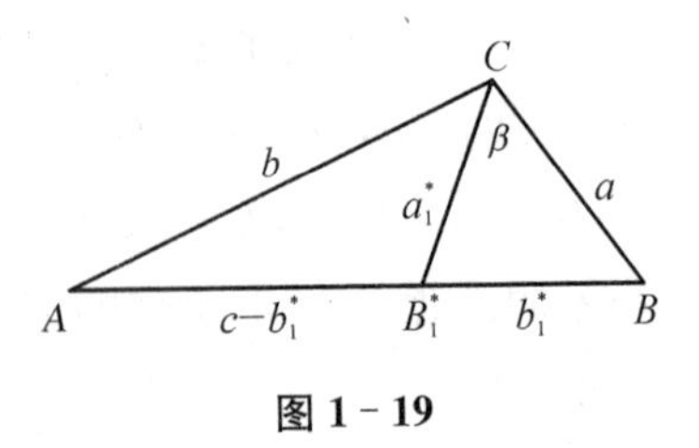

图 1-19

由定理,8 $2\cos\beta=a/b_1^*=(a^2+c^2-b^2)/ac\Rightarrow b_1^*=a_1^*=a^2c/(a^2+c^2-b^2)$。

由定理,10 $F_{(p,1)}(a,b,c)=F_p(a_1^*,b,c_1^*)=F_p[a^2c/(a^2+c^2-b^2),b,c(c^2-b^2)/(a^2+c^2-b^2)]=0\Rightarrow F_{(p-2,1)}[ab/c,b,(c^2-a^2)/c]=0$。

例 16 在定理19中取

① $p=1$，$\triangle_{(1,1)}ABC \Rightarrow F_1[a^2c/(a^2+c^2-b^2), b, c(c^2-b^2)/(a^2+c^2-b^2)]=0$。$a^2c=c(c^2-b^2) \Leftrightarrow c^2=a^2+b^2$（定理3[(1)]）。

② $p=2$，$\triangle_{(2,1)}ABC \Rightarrow F_{(2,1)}(a, b, c)=F_2[a^2c/(a^2+c^2-b^2), b, c(c^2-b^2)/(a^2+c^2-b^2)]=0$。由定理9(1)$\Leftrightarrow [c(c^2-b^2)]^2-[a^2c]^2=a^2bc(a^2+c^2-b^2) \Leftrightarrow c(c^2-b^2)^2-ca^4=a^2b(a^2+c^2-b^2) \Leftrightarrow (b+c)(a^2+c^2-b^2)(a^2+bc-c^2)=0$，$(b+c)(a^2+c^2-b^2)\neq 0$，否则 $\gamma=2\alpha+\beta$，$\beta=\alpha+\gamma \Rightarrow \alpha=0$（不合）$\Leftrightarrow a^2=c^2-bc$。

③ $p=3$，$\triangle_{(3,1)}ABC \Rightarrow F_{(3,1)}(a, b, c)=F_3[a^2c/(a^2+c^2-b^2), b, c(c^2-b^2)/(a^2+c^2-b^2)]=0$。

(2) 定理20的另证 $\triangle_{(3,2)}ABC \Rightarrow c(c^2-a^2-ac)^2(c^2-a^2+ac)=a^3b^2(a^2+c^2-b^2-ac) \Rightarrow (c-a)^2(c+a)=b^2c$。

证　取辅助直线 CB_1^*（见图1-19），使 $\angle BCB_1^*=2\beta \Rightarrow \triangle_2 BB_1^*C \Rightarrow F_2(a_1^*, a, b_1^*)=b_1^{*2}-a_1^{*2}-aa_1^*=0$；$\angle ACB_1^*=3\alpha$，$\triangle_3 AB_1^*C \Rightarrow F_3(a_1^*, b, c-b_1^*)=0 \Rightarrow (c-b_1^*-a_1^*)^2(c-b_1^*+a_1^*)-b^2a_1^*=0$，由 $2\cos\beta=(a^2+c^2-b^2)/ac$[$\triangle ABC$，定理5(2)]，$2\cos\beta=\sin 2\beta/\sin\beta=b_1^*/a_1^*$[$\triangle BCB_1^*$，定理5(1)]$\Rightarrow a_1^*=kb_1^*$，$b_1^*=ak/(1-k^2)$，$k=ac/(a^2+c^2-b^2)$，得 $U=VW=0$，其中 $U\equiv c(c^2-a^2-ac)^2(c^2-a^2+ac)-a^2b^3(a^2+c^2-b^2-ac)$，$V\equiv(c-a)^2(c+a)-b^2c$，$W\equiv(c^2-b^2-ab)(c^2-b^2+ab)\neq 0$，$\triangle ABC$ 不为 $\triangle_2 CAB$，$\triangle_2 BAC$，$U=0 \Leftrightarrow V=0$。

(3) 定理21的另证 $\triangle_{(p,q)}ABC \Rightarrow F_{(p,q)}(a, b, c)=0$（见图1-19）。

证　取辅助直线 CB_1^*，使 $\angle BCB_1^*=q\beta \Rightarrow \triangle_q BB_1^*C[F_q(a_1^*, a, b_1^*)=0]$；因 $\angle AB_1^*C=p\alpha \Rightarrow \triangle_p AB_1^*C$，$[F_p(a_1^*, b, c-b_1^*)=0]$，由定理5，$2\cos\beta=(a^2+b_1^{*2}-a_1^{*2})/ab_1^*=(a^2+c^2-b^2)/ac \Rightarrow ca_1^{*2}=c(a^2+b_1^{*2})-b_1^*(a^2+c^2-b^2)$，$\triangle_p AB_1^*C \Rightarrow F_p(a_1^*, b, c-b_1^*)=F_{p-1}[a_1^*b, b(c-b_1^*), (c-b_1^*)^2-a_1^*]=0$。$\triangle_q BB_1^*C \Leftrightarrow F_q(a_1^*, a, b_1^*)=F_{q-1}(aa_1^*, ab_1^*, b_1^{*2}-a_1^{*2})=0$。由上述三式消去 a_1^*，b_1^*，得 $F_{(p,q)}(a, b, c)=0$，即定理21 $F_{(p,q)}(a, b, c)=F_{(p-q-1,q)}(ab, bc, c^2-a^2)=0$。

(4) 例13(2)的另证 $\triangle_{(2,2)}ABC \Rightarrow (b^2-c^2)^2=a^2(ab+c^2) \Leftrightarrow c^2-a^2-b^2=ab$。

证　取辅助直线 CB_1^*（见图1-19），使

$\angle BCB_1^* = 2\beta \Rightarrow \triangle_2 BB_1^* C \Rightarrow F_2(a_1^*, a, b_1^*) = b_1^{*2} - a_1^{*2} - aa_1^* = 0$ (1)*

因 $\angle B_1^* BA = 2\alpha \Rightarrow \triangle_2 AB_1^* C \Rightarrow F_2(a_1^*, b, c - b_1^*) = (c - b_1^*)^2 - a_1^{*2} - ba_1^* = 0$ (2)*

由上两式(1)*，(2)* 相减得 $c^2 - 2cb_1^* = (b-a)a_1^*$ (3)*

又 $2\cos\beta = (a^2 + c^2 - b^2)/ac$ [$\triangle ABC$ 定理 5(2)]，$2\cos\beta = \sin 2\beta/\sin\beta = b_1^*/a_1^*$[$\triangle BCB_1^*$ 定理 5(1)]

$\Rightarrow a_1^* = kb_1^*,\ b_1^* = ak/(1-k^2), k = ac/(a^2 + c^2 - b^2)$ (4)*

以(4)* 代入(3)* $\Rightarrow (b^2 - c^2)^2 - a^2(ab + c^2) = (c^2 - a^2 - b^2 - ab)(c^2 - b^2 + ab) = 0 \Leftrightarrow c^2 - a^2 - b^2 = ab$。

利用 $c^2 - b^2 + ab \neq 0$，$F(c, a, b) \neq F_{(2, 1)}(c, a, b)$。

1.3.5 $\triangle_{(p, -q)} ABC(1 > q)$

定理 25

$\triangle_{(p, -q)} ABC(1 > q)$ 的充分必要条件是：$F_{(p, -q)}(a, b, c) = 0$。

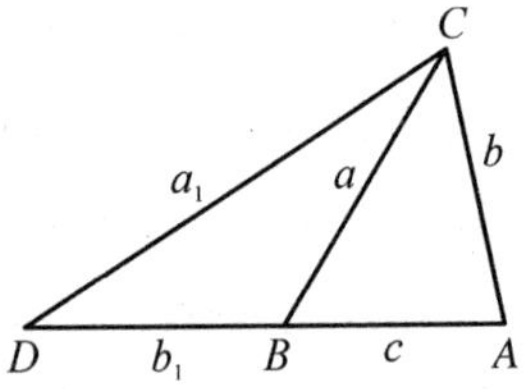

证 设 $\triangle_{(p, -q)} ABC(1 > q)$(见图 1-20)。

令 $\angle ACD = p\alpha$，$\angle BCD = q\beta$，$DB = b_1, DC = a_1$，$\triangle DBC = \triangle_{(1-q)/q} DBC \Leftrightarrow F_{(1-q)/q}(a, a_1, b_1) = 0$。$\triangle ADC = \triangle_p ADC \Leftrightarrow F_p(a_1, b, b_1 + c) = 0$。$2\cos\alpha =$

图 1-20

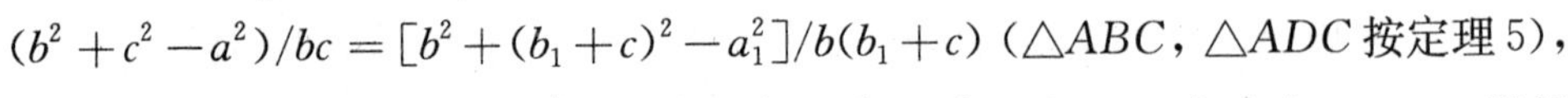

$(b^2 + c^2 - a^2)/bc = [b^2 + (b_1 + c)^2 - a_1^2]/b(b_1 + c)$ ($\triangle ABC$，$\triangle ADC$ 按定理 5)，即 $c[a_1^2 + c^2 - a^2 - (b_1 + c)^2] = b_1(a^2 - b^2 - c^2)$，由上三式消去 a_1，b_1，即得 $F_{(p, -q)}(a, b, c) = F_{(1-q)/q}(a, a_1, b_1) = 0$。

例 17 设 $\triangle_{(1, -1/2)} ABC$，$\triangle_1 DBC \Leftrightarrow F_1(a, a_1, b_1) = 0 \Leftrightarrow b_1 = a$，$\triangle_1 ADC \Leftrightarrow F_1(a_1, b, b_1 + c) = 0 \Leftrightarrow a_1 = b_1 + c$，$\triangle_{(1, -1/2)}(a, b, c) \Leftrightarrow F_{(1, -1/2)}(a, b, c) = a(a^2 - b^2 - c^2) - c(c^2 - a^2) = 0$。特别设 $\triangle ABC$ 的 $a = 1 + 3^{1/2}$，$b = 6^{1/2}$，$c = 2 \Leftrightarrow F_{(1, -1/2)}(1 + 3^{1/2}, 6^{1/2}, 2) \equiv 0 \Leftrightarrow \triangle_{(1, -1/2)} ABC$ 的 $\alpha = 5\pi/12$，$\beta = \pi/3$，$\gamma = \pi/4$，$\gamma = \alpha - \beta/2$。

例 18 $\triangle ABC$ 的 $\alpha : \beta : \gamma = 1 : 3 : 5$ 的充分必要条件是 $(c^2 - a^2 - ac)^2(c^2 - a^2 + ac) = ac^5$。

证 $\triangle_3 ACB \Leftrightarrow F_3(a, c, b)=0 \Leftrightarrow (b-a)^2(b+a)=ac^2$，$\triangle_{(2,1)}ABC \Leftrightarrow F_{(2,1)}(a, b, c)=0 \Leftrightarrow c^2-a^2=bc$，得$(c^2-a^2-ac)^2(c^2-a^2+ac)=ac^5$。

例 19 $\triangle ABC$ 的 $\alpha:\beta:\gamma=1:2:4$ 的充分必要条件是 $c^3-2ac^2-a^2c+a^3=0$。

证 $F_{(2,1)}(a, b, c)=0$，$F_2(a, c, b)=0$，得 $c^2-a^2=bc$，$b^2-a^2=ac$，两式中消去 b 得

$c^3-2ac^2-a^2c+a^3=0$，$t^3-2t^2-t+1=0(t=c/a)$，此式表示 $\alpha=\pi/7$。反之亦然(由 $\triangle_3 ACB$ 及条件得 $\triangle_{(2,1)}ABC$)。

1.3.6 $F_p(a, b, c)$的另一种计算法

定理 26

$\triangle_p ABC$ 的充分必要条件是

① $c>a$；

② $F_p(a, b, c)=F_{(p-1)/2}[a, b^2c/(b^2+c^2-a^2), c(c^2-a^2)/(b^2+c^2-a^2)]=0$。

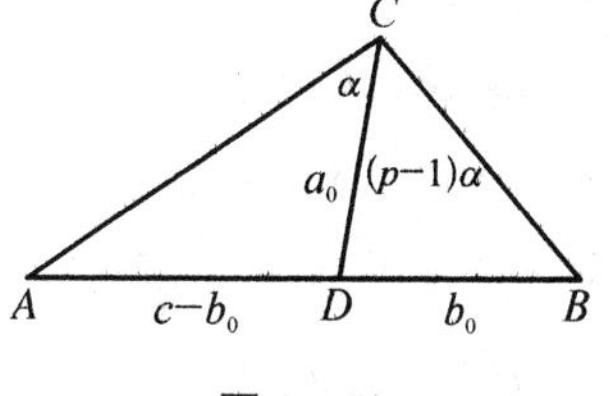

图 1-21

证 设 $\triangle_p ABC$ 中，取辅助直线 CD 使 $\angle ACD=\alpha$。$DB=b_0$，$CD=AD=c-b_0$，$\angle CDB=2\alpha$(见图 1-21)，则 $\triangle_p ABC \Leftrightarrow \triangle_{(p-1)/2} DBC$，$F_{(p-1)/2}(a, c-b_0, b_0)=0$。由 $\triangle ABC$，$\triangle ADC \Rightarrow \cos\alpha=(b^2+c^2-a^2)/2bc=b/2(c-b_0)$，$b_0=c(c^2-a^2)/(b^2+c^2-a^2)$。

定理 26[(1)]

$\triangle_p ABC(p>q;q=1, 2, \cdots)$ 的必要条件是存在 a_0，b_0 使满足如下三个方程：

(1) $F_q(a_0, b, c-b_0)=0$；

(2) $F_{(p-q)/(q+1)}(a, a_0, b_0)=0$；

(3) $ca_0^2=b^2b_0+(c-b_0)(a^2-b_0c)$。

证 令 $\angle ACD=q\alpha$，$\angle DCB=(p-q)\alpha$，$\angle CDB=(q+1)\alpha$(见图1-21)，$\triangle_q ADC \Rightarrow (1)$，$\triangle_{(p-q)/(q+1)} DBC \rightarrow (2)$，

由 $\triangle ABC$，$\triangle ADC \Rightarrow \cos\alpha=(b^2+c^2-a^2)/2bc=[(c-b_0)^2+b^2-a_0^2]/$

$2b(c-b_0)\to(3)$,

① 若设 $p=5$, $q=2$,由

(1) $F_1(a, a_0, b_0)=0\Rightarrow b_0=a$;

(2) $F_2(a_0, b, c-b_0)=0\Rightarrow(c-b_0)^2-a_0^2=ba_0\Rightarrow a_0=[(c-a)^2(c+a)-ab^2]/bc$;

(3) $\Rightarrow a_0^2=a[b^2-(c-a)^2]/c$,经计算得$[(c-a)^2(c+a)-ab^2]^2=ab^2c[b^2-(c-a)^2]$。

② 若设 $p=5$, $q=1$,由

(1) $F_1(a, a_0, b_0)=0\Rightarrow c-b_0=a$;

(2) $F_2(a_0, b, c-b_0)=0\Rightarrow b_0^2-a^2=aa_0\Rightarrow a_0^2=[b^2b_0+(c-b_0)(a^2-b_0c)]/c$;

(3) $\Rightarrow a_0^2=a[b^2-(c-a)^2]/c$,经计算得$[(c-a)^2(c+a)-ab^2]^2=ab^2c[b^2-(c-a)^2]\Rightarrow a_0=b^2c/(b^2+c^2-a^2)$, $b_0=c(c^2-a^2)/(b^2+c^2-a^2)\Rightarrow c^2(c^2-a^2)^2=a(b^2+c^2-a^2)(ac^2+ab^2+b^2c+a^3)$。

例 20 (1) $p=2$, $F_2(a, b, c)=F_{1/2}[a, b^2c/(b^2+c^2-a^2), c(c^2-a^2)/(b^2+c^2-a^2)]=F_2[c(c^2-a^2)/(b^2+c^2-a^2), b^2c/(b^2+c^2-a^2), a]=0$。$a^2(b^2+c^2-a^2)^2-c^2(c^2-a^2)^2=b^2c^2(c^2-a^2)$, $(b^2+c^2-a^2)(c^2-a^2-ab)(c^2-a^2+ab)=0$。$b^2+c^2-a^2\neq 0$, $c^2-a^2+ab\neq 0$。因为$\gamma=2\alpha>\alpha$, $c>a$,所以$c^2-a^2=ab$,即定理 9(1)。

(2) $p=3$, $F_3(a, b, c)=F_1[a, b^2c/(b^2+c^2-a^2), c(c^2-a^2)/(b^2+c^2-a^2)]=0$。$c(c^2-a^2)=a(b^2+c^2-a^2)$,所以$(c-a)^2(c+a)=ab^2$,即定理 9(2)。或取操作$\boldsymbol{W}(\alpha)$,使$\angle BCB_1=\alpha$, $\angle CB_1B=3\alpha$, $\triangle_3 CBD$ 的充分必要条件是$F_3(a, b, c)=F_3(b_1, a_1, a)=F_3(a^2/c, ab/c, a)=0$, $(ca-a^2)^2(ca+a^2)=a^4b^2\Leftrightarrow(c-a)^2(c+a)=ab^2$。

(3) $p=4$, $F_4(a, b, c)=F_{3/2}[a, b^2c/(b^2+c^2-a^2), c(c^2-a^2)/(b^2+c^2-a^2)]=0$。

① $[c^2(c^2-a^2)^2-a^2(b^2+c^2-a^2)^2]^2+b^2c^2(c^2-a^2)[c^2(c^2-a^2)^2-a^2(b^2+c^2-a^2)^2]=a^2b^4c^2(b^2+c^2-a^2)^2$;

② $(c^2-a^2-ab)^2(c^2-a^2+ab)=ab^3c^2$。

如$\triangle_4 ABC$ 中取$\alpha=\beta=\pi/6$, $\gamma=2\pi/3$,取 $a=b=1$, $c=12^{1/2}$ 代入

① $(3\cdot 2^2-9)^2+3\cdot 2(3\cdot 2^2-9)=27$；

② $(3\cdot 2^2-8)^2\cdot 3\cdot 2^2=3\cdot 2^2\cdot 16$，得上述两结果均正确。

(4) $p=5$，$F_5(a, b, c)=F_2[a, b^2c/(b^2+c^2-a^2), c(c^2-a^2)/(b^2+c^2-a^2)]=0$。

① $c^2(c^2-a^2)^2-a^2(b^2+c^2-a^2)^2=ab^2c(b^2+c^2-a^2)$；

② $[(c^2-a^2-ab)^2(c^2-a^2+ab)-ab^3c^2][(c^2-a^2-ab)(c^2-a^2+ab)^2+ab^3c^2]=ab^4c^3(c^2-a^2)^2$。

(5) $p=7$，$F_7(a, b, c)=F_3[a, b^2c/(b^2+c^2-a^2), c(c^2-a^2)/(b^2+c^2-a^2)]=0$。

$[c(c^2-a^2)-a(b^2+c^2-a^2)]^2[c(c^2-a^2)+a(b^2+c^2-a^2)]=ab^4c(b^2+c^2-a^2)$。

1.3.7 再谈组合角三角形

定义 2[1]

若$\triangle ABC$中$\gamma=p\alpha+q\beta$(p, q为有理数)，称$\triangle ABC$为(p, q)组合角三角形，简记$\triangle_{(p,q)}ABC$(见图1-22)。在$\triangle ABC$中，取辅助直线CD，使$\angle ACD=p\alpha$，$\angle BCD=q\beta$。$CD=a_0$，$DB=b_0$，$AD=AB-DB=c-b_0$，$\triangle_p ADC\Leftrightarrow F_p(a_0, b, c_0)=0$。$\triangle_q BDC\Leftrightarrow F_q(a_0, a, b_0)=0$，$c_0=c-b_0$。

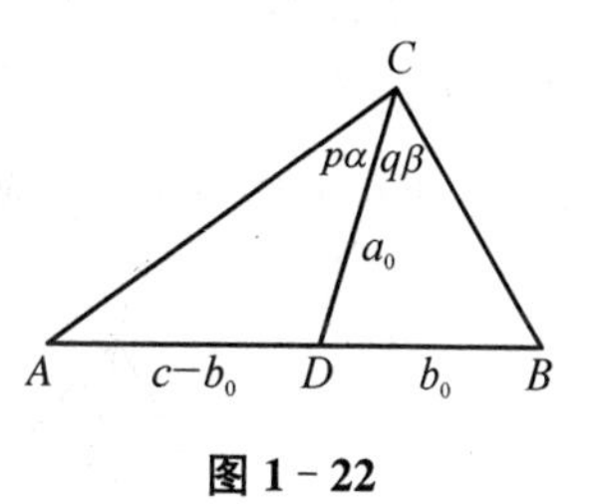

图 1-22

$\cos\beta=(a^2+c^2-b^2)/2ac=(a^2+b_0^2-a_0^2)/2ab_0$，$b_0(a^2+c^2-b^2)=c(a^2+b_0^2-a_0^2)$。

上述三式中消去a_0，b_0，得$F_{(p,q)}(a, b, c)=0$。

例 21 若$\triangle ABC$中$\gamma=\alpha/2+\beta/2$，

$\triangle_{1/2}ADC\Leftrightarrow F_{1/2}(a_0, b, c_0)=F_2(c_0, b, a_0)=0\Leftrightarrow a_0^2-(c-b_0)^2=b(c-b_0)$ (1)*

$\triangle_{1/2}BDC$，$F_{1/2}(a_0, a, b_0)=F_2(b_0, a, a_0)=0\Leftrightarrow a_0^2-b_0^2=ab_0$ (2)*

$b_0(a^2+c^2-b^2)=c(a^2+b_0^2-a_0^2)$ (3)*

以(2)*代入(1)*，(3)*，得$c(b+c-2b_0)=b_0(a+b)$ (4)*

$$ca(a-b_0)=b_0(c^2+a^2-b^2) \tag{5}^*$$

由(4)*，(5)* 消去 a_0，b_0，得 $F_{(1/2,\ 1/2)}(a,\ b,\ c)=a^2(a+b+2c)-(b+c)(c^2+a^2-b^2+ac)=0$。

1.4 其他类型三角形

1.4.1 互组合角三角形

定义 3

两个 $\triangle ABC$，$\triangle A'B'C'$ 称为 $(p,\ q)$ 型互组合角三角形，若它们的 $\gamma'=p\alpha+q\beta$，$\gamma=p\alpha'+q\beta'$，记为 $(\triangle ABC,\ \triangle A'B'C')_{(p,\ q)}$。特别 $(\triangle ABC\quad \triangle A'B'C')_{(p,\ 0)}$ 称为互 p 倍角三角形。

定理 27

两个 $\triangle ABC$，$\triangle A'B'C'$ 为互二倍角三角形的充分必要条件是 $a'b'[a^2c^2(a'+b')^2+b^2c'^2(a+b)^2-a^2(a'+b')^2(a+b)^2]=ab\ [a'^2c'^2(a+b)^2+b'^2c^2(a'+b')^2-a'^2(a'+b')^2(a+b)^2]$（见图 1-23，图 1-24）。

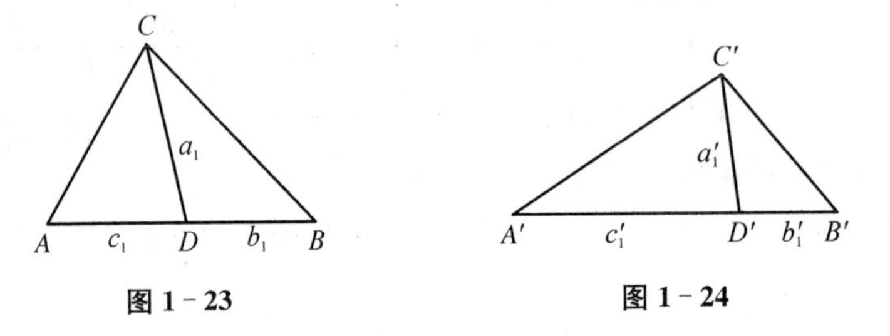

图 1-23　　图 1-24

证　必要性　取 CD 与 $C'D'$ 分别为 $\triangle ABC$ 与 $\triangle A'B'C'$ 中的角平分线。$CD=a_1$，$DB=b_1$，$AD=c_1=c-b_1$，$C'D'=a_1'$，$D'B'=b_1'$，$A'D'=c_1'=c'-b_1'$，由定理 4(5)（角平分线）及 $\triangle ACD\sim\triangle C'A'D'$，得 $b:a=c_1:b_1$，$b':a'=c_1':b_1'$，$a_1:b:c_1=c_1':b':a_1'$，$bb_1/a=c_1=c-b_1\Rightarrow b_1=ca/(a+b)$，$c_1=c-b_1=bc/(a+b)$，由对称性 $b_1'=c'a'/(a'+b')$，$c_1'=b'c'/(a'+b')$，$a_1=bc_1'/b'=bc'/(a'+b')$，根据对称性 $a_1'=b'c/(a+b)$，代入（$\angle CDB=\angle C'D'B'=\alpha+\alpha'$），$2\cos(\alpha+\alpha')=(a_1'^2+b_1'^2-a'^2)/a_1'b_1'=(a_1^2+b_1^2-a^2)/a_1b_1$，命题得证。

充分性 令 $a_1=bc'/(a'+b')$，$a'_1=b'c/(a+b)$，$b_1=ca/(a+b)$，$b'_1=c'a'/(a'+b')\Rightarrow c_1=c-b_1=bc/(a+b)$，$c'_1=c'-b'_1=b'c'/(a'+b')$，由已知条件$\Rightarrow(a'^2_1+b'^2_1-a'^2)/a'_1b'_1=(a_1^2+b_1^2-a^2)/a_1b_1$，由 $a_1:b:c_1=c'_1:b':a'_1\Rightarrow\angle ACD=\alpha'$，$\angle A'C'D'=\alpha$。由 $b:a=c_1:b_1$；$b':a'=c'_1:b'_1\Rightarrow\gamma=2\alpha'$，$\gamma'=2\alpha$，两个$\triangle ABC$，$\triangle A'B'C'$ 为互二倍角三角形$(\triangle ABC,\triangle A'B'C')_{(2,0)}$。

例 22 试证两个 $\triangle ABC=\triangle(a,b,c)=\triangle(1,3^{1/2},2)$ 与 $\triangle A'B'C'=\triangle(a',b',c')=\triangle(2,1+3^{1/2},6^{1/2})$ 为互二倍角三角形，且计算α,β,γ；α',β',γ'（见图 1-25，图 1-26）。

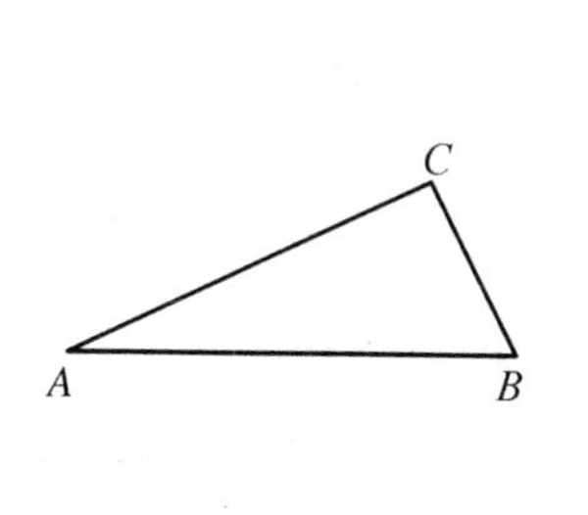

图 1-25

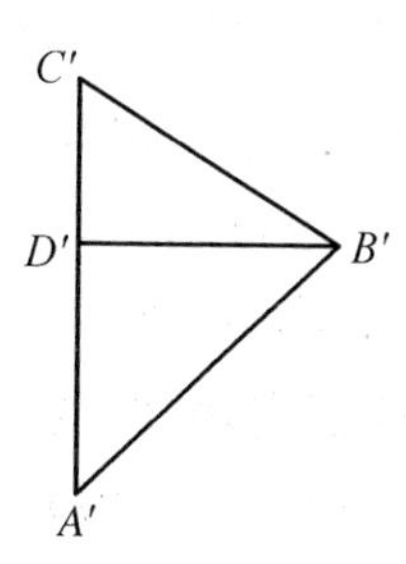

图 1-26

解 易验证定理 27 的充分条件成立 $\Rightarrow(\triangle ABC,\triangle A'B'C')_{(2,0)}$，由 $\triangle ABC=\triangle(1,3^{1/2},2)\Rightarrow\alpha=\pi/6$，$\beta=\pi/3$，$\gamma=\pi/2$，由 $\triangle A'B'C'=\triangle(2,1+3^{1/2},6^{1/2})\Rightarrow\cos\alpha'=(b'^2+c'^2-a'^2)/2b'c'=2^{-1/2}$，$\cos\gamma'=(a'^2+b'^2-c'^2)/2a'b'=1/2\Rightarrow\alpha'=\pi/4$，$\beta'=5\pi/12$，$\gamma'=\pi/3$，$\gamma'=2\alpha$，$\gamma=2\alpha'\Rightarrow$两个$\triangle ABC$ 与 $\triangle A'B'C'$ 为互二倍角三角形。

定理 28

$(\triangle ABC,\triangle A'B'C')_{(1,1)}$ 的充分必要条件是满足下面要求的三者之二

(1) $b[(ab'+a'b)^2+a'^2c^2-a^2c'^2]=a'(ab'+a'b)(b^2+c^2-a^2)$；

(2) $b'[(ab'+a'b)^2+a^2c'^2-a'^2c^2]=a(ab'+a'b)(b'^2+c'^2-a'^2)$；

(3) $a'b'(b^2+c^2-a^2)+ab(b'^2+c'^2-a'^2)=2bb'(ab'+a'b)$。

证 必要性 (1)（见图 1-23，图 1-24）CD 与 $C'D'$ 分别使 $\angle ACD=\alpha'$ 与 $\angle A'C'D'=\alpha$，$CD=a_1$，$DB=b_1$，$AD=c_1=c-b_1$，$C'D'=a'_1$，$D'B'=b'_1$，$A'D'=c'_1=c'-b'_1$，由 $\angle DCB=\beta'$，$\angle D'C'B'=\beta\Rightarrow\triangle BCD\sim\triangle C'B'D'\Rightarrow a_1:b_1:a=b'_1:a'_1:a'\Rightarrow b_1=aa'_1/a'$，$b'_1=a'a_1/a$，由 $\triangle ACD\sim$

$\triangle C'A'D' \Rightarrow a_1 : c_1 : b = c'_1 : a'_1 : b' \Rightarrow a_1 = bc'_1/b' = b(c'-b'_1)/b' = b(c'-a'a_1/a)/b'$，$a_1 = abc'/(ab'+a'b)$，$a'_1 = a'b'c/(ab'+a'b)$，又从 $b_1 = aa'_1/a'$，$b' = a'a_1/a$，得 $b_1 = ab'c/(ab'+a'b)$，$b'_1 = a'bc'/(ab'+a'b)$。由 $\triangle ABC$ 与 $\triangle C'A'D' \Rightarrow 2\cos\alpha = (b^2+c^2-a^2)/bc = (a'^2_1+b'^2-c'^2_1)/a'_1b' \Rightarrow b[(ab'+a'b)^2 + a'^2c^2 - a^2c'^2] = a'(ab'+a'b)(b^2+c^2-a^2)$。

(2) $b'[(ab'+a'b)^2 + a^2c'^2 - a'^2c^2] = a(ab'+a'b)(b'^2+c'^2-a'^2)$（利用对称性）。

(3) 由(1)，(2)即证。

充分性 如同定理 27 的充分性证明法得证。

例 23 试证两个 $\triangle ABC = \triangle(a, b, c) = \triangle(3^{1/2}, 1, 2)$ 与 $\triangle A'B'C' = \triangle(a', b', c') = \triangle(1, 1, 2^{1/2})$ 为 $(\triangle ABC, \triangle A'B'C')_{(1,1)}$，且计算 $\alpha, \beta, \gamma; \alpha', \beta', \gamma'$。

解 易验证定理 28 的充分条件成立 $\Rightarrow (\triangle ABC, \triangle A'B'C')_{(1,1)}$（见图 1-27），

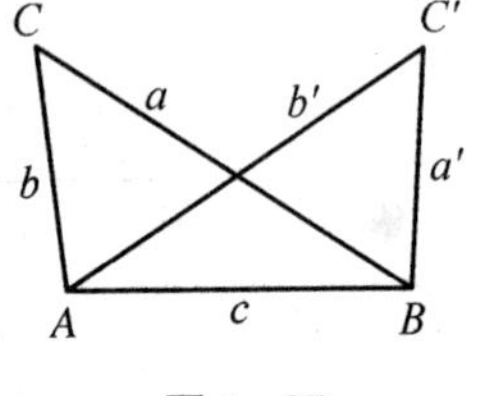

图 1-27

由 $\triangle ABC = \triangle(3^{1/2}, 1, 2) \Rightarrow \alpha = \pi/3, \beta = \pi/6, \gamma = \pi/2$。

$\triangle A'B'C' = \triangle(1, 1, 2^{1/2}) \Rightarrow \alpha' = \beta' = \pi/4, \gamma' = \pi/2$。$\gamma' = \alpha + \beta, \gamma = \alpha' + \beta'$。

定理 29

$(\triangle ABC, \triangle A'B'C')_{(1,q)}$（$2 \leqslant q$ 正整数）的充分必要条件是

(1) $\mu > \lambda$；

(2) $F_q(\lambda, 1, \mu) = 0$，

其中 $\lambda = bb'(a'c-ac')/(a'^2b^2-a^2b'^2)$，$\mu = (a'b^2c'-ab'^2c)/(a'^2b^2-a^2b'^2)$。

下面仅证 $q = 2$ 的情况。

定理 29(1)

$(\triangle ABC, \triangle A'B'C')_{(1,2)}$ 的充分必要条件是 $(a'b^2c'-ab'^2c)^2 = bb'(a'c-ac')[(a'^2b^2-a^2b'^2)+bb'(a'c-ac')]$。

证 *必要性* 由 $(\triangle ABC, \triangle A'B'C')_{(1,2)} \Rightarrow \gamma' = \alpha + 2\beta, \gamma = \alpha' + 2\beta'$（因为 $\alpha+\beta+\gamma = \alpha'+\beta'+\gamma' = \pi$）$\Rightarrow \beta = \beta'$，（见图 1-23，图 1-24）取 CD 与 $C'D'$ 分

别使$\angle ACD=\alpha'$与$\angle A'C'D'=\alpha$，

$CD=a_1, DB=b_1$，$AD=c_1=c-b_1$，$C'D'=a'_1, D'B'=b'_1$，$A'D'=c'_1=c'-b'_1$ (1)*

由$\triangle ACD\sim\triangle C'A'D'\Rightarrow a_1:b:c_1=c'_1:b':a'_1$，$b_1=c-c_1=c-a'_1b/b'$ (2)*

$b_1=(b'c-a'_1b)/b'$，$b'_1=(bc'-a_1b')/b$ (3)*

由$\triangle_2BDC\sim\triangle_2B'D'C'\Rightarrow a_1:b_1:a=a'_1:b'_1:a'$ (4)*

$\Rightarrow a_1=\lambda a$，$a'_1=\lambda a'$，$b_1=\mu a$，$b'_1=\mu a'$ (5)*

$a'/a=b'_1/b_1=b'(bc'-a_1b')/b(b'c-a'_1b)=b'(bc'-\lambda ab')/b(b'c-\lambda a'b)\Rightarrow\lambda=bb'(a'c-ac')/(a'^2b^2-a^2b'^2)$ (6)*

$\mu=b_1/a=(b'c-a'_1b)/ab'=(b'c-\lambda a'b)/ab'$ $\mu=(a'b^2c'-ab'^2c)/(a'^2b^2-a^2b'^2)$ (7)*

由$\triangle_2BDC$，$\triangle_2B'D'C'\Rightarrow b_1^2-a_1^2=aa_1$(及$b'^2_1-a'^2_1=a'a'_1$)$\Rightarrow\mu^2-\lambda^2=\lambda$ (8)*

反之亦然。

有兴趣的读者可自行研究一般$(\triangle ABC,\triangle A'B'C')_{(p,q)}$的必要条件。

例 24 设$\triangle ABC$，$\triangle A'B'C'$中，$a=2$，$b=(2/3)^{1/2}$，$c=3^{1/2}+6^{-1/2}$，$a'=b'=2$，$c'=12^{1/2}$，易检验满足定理 29(1) 的充分条件$(a'b^2c'-ab'^2c)^2=bb'(a'c-ac')[(a'^2b^2-a^2b'^2)+bb'(a'c-ac')]\Rightarrow(\triangle ABC,\triangle A'B'C')_{(1,2)}$，事实上$\alpha=\pi/3$，$\beta=\pi/6$，$\gamma=\pi/2$；$\alpha'=\beta'=\pi/6$，$\gamma'=2\pi/3$。$\gamma'=\alpha+2\beta$，$\gamma=\alpha'+2\beta'[(\triangle ABC,\triangle A'B'C')_{(1,2)}]$，反之亦然。

定理 30

设$\triangle ABC(\alpha,\beta,\gamma;a,b,c)$及变动的$\triangle ABC'(\alpha',\beta',\gamma';a',b',c)$，

(1) 若$\alpha+\beta=\alpha'+\beta'=\theta_0$(常角)，则$C'$的轨迹是二次曲线$C^*$[$\triangle ABC(\alpha,\beta,\gamma;a,b,c)$的外接圆]；

(2) 若$\alpha-\beta=\alpha'-\beta'=\theta_0$(常角)，则$C'$的轨迹是二次曲线$C^{**}$：$x^2+2xy-y^2=c(x+y)$。

[请与定理 4(11) 比较]

证 (1) 由 $\gamma=\pi-\alpha-\beta=\pi-\alpha'-\beta'=\gamma'$ 及定理 4(10)，即证 C' 的轨迹是 $\triangle ABC$ 的外接圆 C^*；

(2) 取原点 $A(0,0)$，$B(c,0)$ 直线 AC 为：$y=x\tan\alpha$；直线 BC 为：$y=(c-x)\tan\beta=(c-x)\tan(\alpha+\theta_0)$，由定理 6(3)⇒二次曲线 C^{**}：$2xy-cy=\tan\theta_0(y^2-x^2+cx)$。

特别当 $\theta_0=0$ 时，则 C^{**}：$x=c/2$；$\theta_0=\pi/4$ 时，则 C^*：$x^2+2xy-y^2=c(x+y)$。

1.4.2 其他类型三角形

定义 4

设 $\triangle(a,b,c)$，$(a\leqslant b\leqslant c)$，若存在 $\triangle(1/c,1/b,1/a)$ 或存在 $\triangle(ab,ac,bc)$，则称它们分别为 $\triangle(a,b,c)$ 的**边倒三角形**或**边积三角形**。

[$\triangle(a,b,c)$ 与 $\triangle^-(a,b,c)$ **互为边倒三角形**，$\triangle(a,b,c)$ 的两次**边倒三角形** $(\triangle^-)^-(a,b,c)\equiv\triangle(a,b,c)$]

例 25 ① 设 $\triangle(a,b,c)=\triangle(1,1.1,1.21)$ 则 $\triangle(1/c,1/b,1/a)=\triangle(1/1.21,1/1.1,1)$ 及 $\triangle(ab,ac,bc)=(1.1,1.21,1.331)$ 均存在(按第 1 章定理 4(4))。

② 设 $\triangle(a,b,c)=\triangle(2,4,5)$，则 $\triangle(1/c,1/b,1/a)=\triangle(1/5,1/4,1/2)$ 及 $\triangle(ab,ac,bc)=\triangle(8,10,12)$ 均不存在。

定义 5

设 $\triangle(a,b,c)(a\leqslant b\leqslant c)$，若存在 $\triangle(a^2,b^2,c^2)$ 或存在 $\triangle(ab/c,ac/b,bc/a)$，则它们分别称为 $\triangle(a,b,c)$ 的**边方三角形**或**边倒积三角形**。

例 26 ① 设 $\triangle(a,b,c)=(1,5/4,25/16)$，则 $\triangle(1,25/16,625/196)$ 及 $\triangle(ab/c,ac/b,bc/a)=\triangle(4/5,5/4,125/64)$ 均存在。

② 设 $\triangle(a,b,c)=\triangle(2,3,4)$，则 $\triangle(a^2,b^2,c^2)=\triangle(4,9,16)$ 及 $\triangle(ab/c,ac/b,bc/a)=\triangle(3/2,8/3,12)$ 均不存在。

定义 6

满足 $b/a=c/b=1+\lambda$，$0\leqslant\lambda<\sigma=(\sqrt{5}-1)/2\doteq 0.618$ 的 $\triangle(a,b,c)$ 称为**黄金三角形**。

(易知，$b+c>a$，$c+a>b$ 及 $a+b-c=(1-\lambda-\lambda^2)a>(1-\sigma-\sigma^2)a\doteq 0$)。

定理 31

三个三角形：$\triangle(a, b, c)(a \leqslant b \leqslant c)$，$\triangle(1/c, 1/b, 1/a)$ 与 $\triangle(ab, ac, bc)$ 中任意两个相似的充分必要条件是它们均为黄金三角形。

证 $\triangle(1/c, 1/b, 1/a) \backsim \triangle\left(\frac{ac}{c}, \frac{ac}{b}, \frac{ac}{a}\right) = \triangle(a, b, c)$。

$\triangle(ab, ac, bc) \backsim \triangle\left(ab/b, ac/b, \frac{bc}{b}\right)$，$b^2 = ac$，$\left(\frac{1}{b}\right)^2 = (1/a)(1/c)$，$(ac)^2 = (ab)(bc)$。

定理 32

设黄金 $\triangle(a, b, c)$，则 $\triangle(a^2, b^2, c^2)$ 存在的充分必要条件是$\triangle(ab/c, ac/b, bc/a)$ 存在。

证 按设 $b^2 = ac$，且 $\triangle(a^2, b^2, c^2)$ 存在$\Rightarrow a^2 + b^2 > c^2$，$a^2 + c^2 > b^2$，$b^2 + c^2 > a^2 \Rightarrow a^2b^2 + a^2c^2 = b^2(a^2 + b^2) > b^2c^2 \Rightarrow ab/c + ac/b > bc/a$。$a^2b^2 + b^2c^2 = b^2(a^2 + c^2) > b^4 = a^2c^2 \Rightarrow ab/c + bc/a > ac/b$。$a^2c^2 + b^2c^2 = b^2(b^2 + c^2) > b^2a^2 \Rightarrow ac/b + bc/a > ab/c$。

$\Rightarrow \triangle(ab/c, ac/b, bc/a)$ 存在，反之亦然。

定理 33

$\triangle(a^2, b^2, c^2)(a \leqslant b \leqslant c)$ 与 $\triangle(ab/c, ac/b, bc/a)$ 相似的充分必要条件是 $\triangle(a, b, c)$ 为黄金三角形。

证 *必要性* $\triangle(a^2, b^2, c^2) \backsim \triangle(ab/c, ac/b, bc/a) \Rightarrow (ab/c)/a^2 = (ac/b)/b^2 = (bc/a)/c^2 \Rightarrow b^2 = ac$。

充分性 $\triangle(a^2, b^2, c^2) = \triangle\left(\left(\frac{ab}{c}\right)\left(\frac{ac}{b}\right), \left(\frac{ac}{b}\right)\left(\frac{ac}{b}\right), \left(\frac{bc}{a}\right)\left(\frac{ac}{b}\right)\right) \backsim \triangle(ab/c, ac/b, bc/a)$

定理 34

五个黄金 $\triangle(a, b, c)(a \leqslant b \leqslant c)$，$\triangle(1/c, 1/b, 1/a)$，$\triangle(ab, ac, bc)$，$\triangle(a^2, b^2, c^2)$ 与 $\triangle(ab/c, ac/b, bc/a)$ 同时(或同时不) 为(p, q) 型组合角三角形。

证 利用 $\triangle_{(p,q)}(a, b, c) = \triangle_{(p,q)}(a(1/ca), b(1/ca), c(1/ca)) = \triangle_{(p,q)}(1/c, 1/b, 1/a) = \triangle_{(p,q)}(abc/c, abc/b, abc/a) = \triangle_{(p,q)}(ab, ac, bc) = \triangle_{(p,q)}(ab/c, ca/b, bc/a) = \triangle((ab/c)(ac/b), (ca/b)(ca/b), (bc/a)(ca/b)) = \triangle_{(p,q)}(a^2, b^2, c^2)$。

定理 35

两个黄金 $\triangle_i(a_i, b_i, c_i)(a_i \leqslant b_i \leqslant c_i;\ i=1, 2)$，则它们相似(或全等)的充分必要条件是它们的任意两组对应边成比例(或相等)。

证 必要性是显然的。充分性，按设 $b_i^2 = c_i a_i (i=1, 2)$，当 $a_2/a_1 = b_2/b_1 = \lambda \Rightarrow a_2^2/a_1^2 = b_2^2/b_1^2 = a_2c_2/a_1c_1 \Rightarrow c_2/c_1 = \lambda$；同理 $b_2/b_1 = c_2/c_1 = \lambda \Rightarrow a_2/a_1 = \lambda$；$c_2/c_1 = a_2/a_1 = \lambda \Rightarrow b_2/b_1 = \lambda \Rightarrow$ 两个 $\triangle_i(a_i, b_i, c_i)(i=1, 2)$ 相似。特别当 $\lambda = 1$，则全等。

定义 7

$\mathbf{V} \equiv \mathbf{V}[\triangle ABC]$ 或 $\mathbf{V}[\triangle(a, b, c)] = ((a+b+c)^6, (bc+ca+ab)^3, a^2b^2c^2)$ 为 $\triangle ABC$ 的内蕴矢量。

定理 36

设 $\mathbf{V}_i \equiv \mathbf{V}_i[\triangle(a_i, b_i, c_i)] = ((a_i+b_i+c_i)^6, (b_ic_i+c_ia_i+a_ib_i)^3, a_i^2b_i^2c_i^2)$ 为 $\triangle A_iB_iC_i(i=1, 2)$ 的内蕴矢量，则它们相似(或全等)的充分必要条件是 $\mathbf{V}_2$ 与 $\mathbf{V}_1$ 平行或相等。

必要性 若 $a_2 = \lambda a_1$, $b_2 = b_1\lambda$, $c_2 = c_1\lambda$，易证 $\mathbf{V}_2 = \lambda^6\mathbf{V}_1$。

充分性 设 $x^3 - (a_2+b_2+c_2)x^2 + (c_2a_2+b_2c_2+a_2b_2)x - a_2b_2c_2 = 0$，得 $x = a_2, b_2, c_2$，由 $x^3 - \lambda(a_1+b_1+c_1)x^2 + \lambda^2(c_1a_1+b_1c_1+a_1b_1)x - \lambda^3a_1b_1c_1 = 0$，得 $x = \lambda a_1, \lambda b_1, \lambda c_1$，因此 $a_2 = \lambda a_1$, $b_2 = \lambda b_1$, $c_2 = \lambda c_1$，得证。

定理 37

设两个黄金 $\triangle_i(a_i, b_i, c_i)(a_i \leqslant b_i \leqslant c_i;\ i=1, 2)$，则它们相似(或全等)的充分必要条件是 $b_2/b_1 = l_2/l_1$(或等于 1)，$l_i = (a_i+b_i+c_i)/2$。

证 *必要性* 是显然的。

充分性 按设 $b_i^2 = c_ia_i(i=1, 2)$，当 $b_2/b_1 = l_2/l_1 = \lambda \Rightarrow a_2^2b_2^2c_2^2 = b_2^6 = \lambda^6 b_1^6 = \lambda^6 a_1^2b_1^2c_1^2$。

$2(a_2b_2+b_2c_2+c_2a_2) = l_2^2 - a_2^2 - b_2^2 - c_2^2 = \lambda^2(l_1^2 - a_1^2 - b_1^2 - c_1^2) = 2\lambda^2(a_1b_1 + b_1c_1 + c_1a_1)$，

仅需证明：$a_2^2 + c_2^2 = \lambda^2(a_1^2 + c_1^2)$ 即可

由 $l_2 = \lambda l_1$, $b_2 = \lambda b_1 \Rightarrow a_2 + c_2 = \lambda(a_1 + c_1)$, $(a_2+c_2)^2 = \lambda^2(a_1^2 = c_1^2)$，利用 $b_i^2 = a_ic_i$ 即证。$\Rightarrow \mathbf{V}[\triangle(a_2, b_2, c_2)] = \lambda^6\mathbf{V}[\triangle(a_1, b_1, c_1)]$ 由定理 36 得证。

下文将以矢量为工具来进一步讨论我们的话题，为此假定读者对于三维空间里的矢量概念已经熟悉。知道如何在直角坐标系里，利用矢量的分量来表示矢量，知道有关矢量代数的各种运算。这里仅对矢量概念做简介。

1.5 矢量知识

1.5.1 矢量简介

从点 T 到点 U 的一个有向直线段，用矢量 $\boldsymbol{TU}$ 表示它具有长度和方向(见图 1-28)。

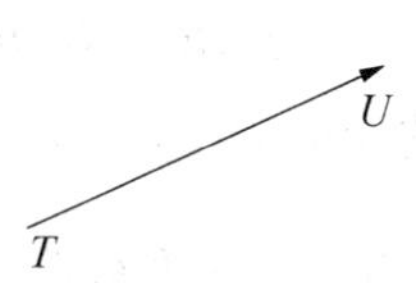

图 1-28

两个矢量相等是指它们有相同长度和相同方向(与矢量的起点无关，即自由矢量)。

为方便起见，我们用粗斜体大写英文字母来表示矢量。

如 $\boldsymbol{A}=\boldsymbol{TU}=a_1\boldsymbol{i}+a_2\boldsymbol{j}+a_3\boldsymbol{k}=(a_1, a_2, a_3)$，其中 $\boldsymbol{i}=(1, 0, 0)$，$\boldsymbol{j}=(0, 1, 0)$，$\boldsymbol{k}=(0, 0, 1)$ 为三个**基矢量**。

一个矢量的大小称为矢量的**模**，记 $|\boldsymbol{A}|=\tau(a)\equiv(a_1^2+a_2^2+a_3^2)^{1/2}$。

若 $|\boldsymbol{A}|=1$，$\boldsymbol{A}$ 称为**单位矢量**；若 $|\boldsymbol{A}|=0$，$\boldsymbol{A}=\boldsymbol{0}=0\boldsymbol{i}+0\boldsymbol{j}+0\boldsymbol{k}=(0, 0, 0)$ 称为没有长度和方向的**零矢量**；若 $|\boldsymbol{A}|\neq 0$，$\boldsymbol{A}/|\boldsymbol{A}|$ 称为与 $\boldsymbol{A}$ **同方向的单位矢量**。

1.5.2 矢量的四个积

设三个矢量 $\boldsymbol{A}=(a_1, a_2, a_3)$，$\boldsymbol{B}=(b_1, b_2, b_3)$，$\boldsymbol{C}=(c_1, c_2, c_3)$。记 θ 为 $\boldsymbol{A}$，$\boldsymbol{B}$ 之夹角 $0\leqslant\theta\leqslant\pi$，矢量 $\boldsymbol{E}$ 同时垂直于 $\boldsymbol{A}$，$\boldsymbol{B}$，且 $|\boldsymbol{E}|=1$。

(1) $\boldsymbol{A}\cdot\boldsymbol{B}=|\boldsymbol{A}||\boldsymbol{B}|\cos\theta=a_1b_1+a_2b_2+a_3b_3$，称为两个矢量 $\boldsymbol{A}$ 与 $\boldsymbol{B}$ 的**数量积**。$\cos\theta=\boldsymbol{A}\cdot\boldsymbol{B}/|\boldsymbol{A}||\boldsymbol{B}|=(a_1b_1+a_2b_2+a_3b_3)/\tau(a)\tau(b)$ 称为两个矢量 $\boldsymbol{A}$ 与 $\boldsymbol{B}$ **夹角的余弦**。$\boldsymbol{i}\cdot\boldsymbol{i}=\boldsymbol{j}\cdot\boldsymbol{j}=\boldsymbol{k}\cdot\boldsymbol{k}=1$，$\boldsymbol{i}\cdot\boldsymbol{j}=\boldsymbol{j}\cdot\boldsymbol{i}=\boldsymbol{j}\cdot\boldsymbol{k}=\boldsymbol{k}\cdot\boldsymbol{j}=\boldsymbol{k}\cdot\boldsymbol{i}=\boldsymbol{i}\cdot\boldsymbol{k}=0$。

(2) $\boldsymbol{A}\times\boldsymbol{B}=|\boldsymbol{A}||\boldsymbol{B}|\sin\theta\boldsymbol{E}=(a_2b_3-a_3b_2, a_3b_1-a_1b_3, a_1b_2-a_2b_1)$($\boldsymbol{E}=\boldsymbol{A}\times\boldsymbol{B}/|\boldsymbol{A}\times\boldsymbol{B}|$) 称为两个矢量 $\boldsymbol{A}$ 与 $\boldsymbol{B}$ 的**矢量积**。$\sin\theta=|\boldsymbol{A}\times\boldsymbol{B}|/|\boldsymbol{A}||\boldsymbol{B}|=$

$[(a_2b_3-a_3b_2)^2+(a_3b_1-a_1b_3)^2+(a_1b_2-a_2b_1)^2]^{1/2}/\tau(a)\tau(b)$ 称为两个矢量 $\boldsymbol{A}$ 与 $\boldsymbol{B}$ **夹角的正弦**。$\boldsymbol{i}\times\boldsymbol{i}=\boldsymbol{j}\times\boldsymbol{j}=\boldsymbol{k}\times\boldsymbol{k}=\boldsymbol{0}$, $\boldsymbol{i}\times\boldsymbol{j}=-\boldsymbol{j}\times\boldsymbol{i}=\boldsymbol{k}$, $\boldsymbol{j}\times\boldsymbol{k}=-\boldsymbol{k}\times\boldsymbol{j}=\boldsymbol{i}$, $\boldsymbol{k}\times\boldsymbol{i}=-\boldsymbol{i}\times\boldsymbol{k}=\boldsymbol{j}$。

(3) $[\boldsymbol{A},\boldsymbol{B},\boldsymbol{C}]=(\boldsymbol{A}\times\boldsymbol{B})\cdot\boldsymbol{C}=a_1b_2c_3+a_2b_3c_1+a_3b_1c_2-a_1b_3c_2-a_2b_1c_3-a_3b_2c_1$ 称为三个矢量 $\boldsymbol{A}$, $\boldsymbol{B}$ 与 $\boldsymbol{C}$ 的**混合积**。$[\boldsymbol{i},\boldsymbol{j},\boldsymbol{k}]=[\boldsymbol{j},\boldsymbol{k},\boldsymbol{i}]=[\boldsymbol{k},\boldsymbol{i},\boldsymbol{j}]=1$, $[\boldsymbol{i},\boldsymbol{j},\boldsymbol{k}]=-[\boldsymbol{j},\boldsymbol{i},\boldsymbol{k}]$, $[\boldsymbol{j},\boldsymbol{k},\boldsymbol{i}]=-[\boldsymbol{k},\boldsymbol{j},\boldsymbol{i}]$, $[\boldsymbol{k},\boldsymbol{i},\boldsymbol{j}]=-[\boldsymbol{i},\boldsymbol{k},\boldsymbol{j}]$, $[\boldsymbol{i},\boldsymbol{i},\boldsymbol{i}]=[\boldsymbol{i},\boldsymbol{i},\boldsymbol{j}]=[\boldsymbol{i},\boldsymbol{i},\boldsymbol{k}]=[\boldsymbol{j},\boldsymbol{j},\boldsymbol{i}]=[\boldsymbol{j},\boldsymbol{j},\boldsymbol{j}]=[\boldsymbol{j},\boldsymbol{j},\boldsymbol{k}]=[\boldsymbol{k},\boldsymbol{k},\boldsymbol{i}]=[\boldsymbol{k},\boldsymbol{k},\boldsymbol{j}]=[\boldsymbol{k},\boldsymbol{k},\boldsymbol{k}]=\cdots=0$。

(4) $\boldsymbol{AB}=(a_1b_1, a_2b_2, a_3b_3)$ 称为两个矢量 $\boldsymbol{A}$ 与 $\boldsymbol{B}$ 的**倍积**(见作者**《矢量新说》**的新定义)。$\boldsymbol{ii}=\boldsymbol{i}$, $\boldsymbol{jj}=\boldsymbol{j}$, $\boldsymbol{kk}=\boldsymbol{k}$, $\boldsymbol{ij}=\boldsymbol{ji}=\boldsymbol{jk}=\boldsymbol{jk}=\boldsymbol{ki}=\boldsymbol{ik}=\boldsymbol{0}$。

1.5.3 重要结果

设四个矢量 $\boldsymbol{A}$, $\boldsymbol{B}$, $\boldsymbol{C}$, $\boldsymbol{D}$,则

(1) ① $(\boldsymbol{A}\times\boldsymbol{B})\cdot(\boldsymbol{C}\times\boldsymbol{D})=(\boldsymbol{A}\cdot\boldsymbol{C})(\boldsymbol{B}\cdot\boldsymbol{D})-(\boldsymbol{A}\cdot\boldsymbol{D})(\boldsymbol{B}\cdot\boldsymbol{C})$(**拉格朗日公式**);

② $(\boldsymbol{A}\times\boldsymbol{B})\times\boldsymbol{C}=(\boldsymbol{A}\cdot\boldsymbol{C})\boldsymbol{B}-(\boldsymbol{B}\cdot\boldsymbol{C})\boldsymbol{A}$。

(2) ① $\boldsymbol{A}$, $\boldsymbol{B}$ 垂直的充分必要的条件是 $\boldsymbol{A}\cdot\boldsymbol{B}=0$;

② $\boldsymbol{A}$, $\boldsymbol{B}$ 平行的充分必要的条件是满足下面两者之一:(a) $\boldsymbol{A}\times\boldsymbol{B}=\boldsymbol{0}$;(b) $[\boldsymbol{A},\boldsymbol{B},\boldsymbol{A}\times\boldsymbol{B}]=0$;

(3) ① $\boldsymbol{A}$, $\boldsymbol{B}$, $\boldsymbol{C}$ 共面的充分必要条件是 $[\boldsymbol{A},\boldsymbol{B},\boldsymbol{C}]=0$;

② 若 $[\boldsymbol{A},\boldsymbol{B},\boldsymbol{C}]=0$,且 $\boldsymbol{A}$, $\boldsymbol{B}$ 不平行,则存在唯一的两个实数 a, b,使 $\boldsymbol{C}=a\boldsymbol{A}+b\boldsymbol{B}$。

(4) 若 $[\boldsymbol{A},\boldsymbol{B},\boldsymbol{C}]\neq 0$,对于任意矢量 $\boldsymbol{V}$ 都可用三个矢量 $\boldsymbol{A}$, $\boldsymbol{B}$, $\boldsymbol{C}$ 唯一线性表示,即存在唯一的三个实数 a, b, c, 使 $\boldsymbol{V}=a\boldsymbol{A}+b\boldsymbol{B}+c\boldsymbol{C}$。

(5) $\boldsymbol{A}$, $\boldsymbol{B}$ 为同向(或异向)矢量的充分必要的条件是 $|\boldsymbol{A}+\boldsymbol{B}|=|\boldsymbol{A}|+|\boldsymbol{B}|$(或 $|\boldsymbol{A}-\boldsymbol{B}|=||\boldsymbol{A}|-|\boldsymbol{B}||$)。

1.5.4 几何元素的矢量表示及其相关性

1) 点,直线与平面的标准方程

(1) 点方程 R_0: $\boldsymbol{R}_0$;

(2) 直线方程 L: $\boldsymbol{R}\times\boldsymbol{E}=\boldsymbol{A}$, $|\boldsymbol{E}|=1$;

(3) 平面方程 M: $\boldsymbol{R}\cdot\boldsymbol{N}=p$, $|\boldsymbol{N}|=1$。

其中 $\boldsymbol{R}_0$, $\boldsymbol{E}$, $\boldsymbol{A}$, $\boldsymbol{N}$ 为已知矢量,p 为已知数量, $\boldsymbol{R}$ 为活动矢量。

注 下文约定: $\boldsymbol{U}=\boldsymbol{OU}$(矢量),其中 O 为空间坐标系的原点,U 为空间上点。

2) 点,直线与平面之间的距离

(1) 两点距离 设两点 R_i: $\boldsymbol{R}_i(i=1, 2)$,则它们的距离 $d=|\boldsymbol{R}_1-\boldsymbol{R}_2|$。

(2) 点到直线的距离

设点 R_0: $\boldsymbol{R}_0$;直线 L: $\boldsymbol{R}\times\boldsymbol{E}=\boldsymbol{A}$, $|\boldsymbol{E}|=1$,则它们的距离 $d=|\boldsymbol{R}_0\times\boldsymbol{E}-\boldsymbol{A}|$。

(3) 点到平面的距离

设点 R_0: $\boldsymbol{R}_0$; 平面 M: $\boldsymbol{R}\cdot\boldsymbol{N}=p$, $|\boldsymbol{N}|=1$,则它们的距离 $d=|p-\boldsymbol{R}_0\cdot\boldsymbol{N}|$。

(4) 两异面直线的距离

设两异面直线 L_j: $\boldsymbol{R}\times\boldsymbol{E}_j=\boldsymbol{A}_j(j=1, 2)$,则它们的距离 $d=|\boldsymbol{A}_1\cdot\boldsymbol{E}_2+\boldsymbol{A}_2\cdot\boldsymbol{E}_1|/|\boldsymbol{E}_1\times\boldsymbol{E}_2|$。

(5) 直线到平面的距离

设直线 L: $\boldsymbol{R}\times\boldsymbol{E}=\boldsymbol{A}$, $|\boldsymbol{E}|=1$;平面 M: $\boldsymbol{R}\cdot\boldsymbol{N}=p$, $|\boldsymbol{N}|=1$, $\boldsymbol{E}\cdot\boldsymbol{N}=0$,则它们的距离 $d=|p\boldsymbol{E}-\boldsymbol{A}\times\boldsymbol{N}|$。

(6) 两平面距离 设 M_j: $\boldsymbol{R}\cdot\boldsymbol{N}_j=p_j$, $|\boldsymbol{N}_j|=1(j=1, 2)$

① $\boldsymbol{N}_1$, $\boldsymbol{N}_2$ 不平行,则它们的距离 $d=0$;

② $\boldsymbol{N}_1$, $\boldsymbol{N}_2$ 平行($\boldsymbol{N}_1=\boldsymbol{N}_2$),则它们的距离 $d=|p_1-p_2|$。

3) 直线与共面的相关性

(1) 两直线共面与交点

① 两直线 L_j: $\boldsymbol{R}\times\boldsymbol{E}_j=\boldsymbol{A}_j(j=1, 2)$ 共面的充分必要条件是满足下面四个条件之一:

(a) $\boldsymbol{A}_1\cdot\boldsymbol{E}_2+\boldsymbol{A}_2\cdot\boldsymbol{E}_1=0$;

(b) $\boldsymbol{E}_2\times\boldsymbol{A}_2-\boldsymbol{E}_1\times\boldsymbol{A}_1+q\boldsymbol{E}_1+p\boldsymbol{E}_2=\boldsymbol{0}$;

(c) $|\boldsymbol{E}_2\times\boldsymbol{A}_2-\boldsymbol{E}_1\times\boldsymbol{A}_1|=|\boldsymbol{E}_2\times\boldsymbol{A}_1-\boldsymbol{E}_1\times\boldsymbol{A}_2|=|q\boldsymbol{E}_1+p\boldsymbol{E}_2|$;

(d) $(\boldsymbol{E}_2-\boldsymbol{E}_1)\times(\boldsymbol{A}_2+\boldsymbol{A}_1)=\boldsymbol{0}$ 或$(\boldsymbol{E}_2+\boldsymbol{E}_1)\times(\boldsymbol{A}_2-\boldsymbol{A}_1)=\boldsymbol{0}$。

其中,$p=e\{[\boldsymbol{A}_2, \boldsymbol{E}_1, \boldsymbol{E}_2](\boldsymbol{E}_1\cdot\boldsymbol{E}_2)-[\boldsymbol{A}_1, \boldsymbol{E}_1, \boldsymbol{E}_2]\}$,

$q=e\{[\boldsymbol{A}_1, \boldsymbol{E}_1, \boldsymbol{E}_2](\boldsymbol{E}_1\cdot\boldsymbol{E}_2)-[\boldsymbol{A}_2, \boldsymbol{E}_1, \boldsymbol{E}_2]\}$,$e=1/|\boldsymbol{E}_1\times\boldsymbol{E}_2|^2$($\boldsymbol{E}_1$, $\boldsymbol{E}_2$ 不平行)。

② 两共面直线 $L_j(j=1, 2)$ 不平行的交点 R_0：$\boldsymbol{R}_0$

(a) $\boldsymbol{R}_0=\{[\boldsymbol{E}_1, \boldsymbol{E}_2, \boldsymbol{A}_2]\boldsymbol{E}_1+[\boldsymbol{E}_2, \boldsymbol{E}_1, \boldsymbol{A}_1]\boldsymbol{E}_2+(\boldsymbol{A}_1\cdot\boldsymbol{E}_2)\boldsymbol{E}_1\times\boldsymbol{E}_2\}/|\boldsymbol{E}_1\times\boldsymbol{E}_2|^2$。

(b) 若 $\boldsymbol{A}_1\times\boldsymbol{A}_2\neq\boldsymbol{0}$,则 $\boldsymbol{R}_0=\boldsymbol{A}_1\times\boldsymbol{A}_2/(\boldsymbol{A}_1\cdot\boldsymbol{E}_2)$；

若 $\boldsymbol{A}_1=\boldsymbol{A}_2=\boldsymbol{0}$,则 $\boldsymbol{R}_0=\boldsymbol{0}$；

若 $\boldsymbol{A}_1\times\boldsymbol{A}_2=\boldsymbol{0}$,且 $\boldsymbol{A}_1$, $\boldsymbol{A}_2$ 中至少有一个不为零时,则

$\boldsymbol{R}_0=e\{[\boldsymbol{E}_1, \boldsymbol{E}_2, \boldsymbol{A}_2]\boldsymbol{E}_1+[\boldsymbol{E}_2, \boldsymbol{E}_1, \boldsymbol{A}_1]\boldsymbol{E}_2\}$(见作者《**矢量新说**》)。

③ 两直线 L_j：$\boldsymbol{R}\times\boldsymbol{E}_j=\boldsymbol{A}_j(j=1, 2)$ 共面的方程

(a) 当两直线 $L_j(j=1, 2)$ 不平行时,平面方程 M: $\boldsymbol{R}\cdot(\boldsymbol{E}_1\times\boldsymbol{E}_2)=\boldsymbol{A}_1\cdot\boldsymbol{E}_2$；

(b) 当两直线 $L_j(j=1, 2)$ 平行时,平面方程 M: $\boldsymbol{R}\cdot[\boldsymbol{A}_2-(\boldsymbol{E}_1\cdot\boldsymbol{E}_2)\boldsymbol{A}_1]=[\boldsymbol{E}_2, \boldsymbol{A}_1, \boldsymbol{A}_2]$。

(2) 三平面的相关性

设三平面 M_j：$\boldsymbol{R}\cdot\boldsymbol{N}_j=p_j$, $|\boldsymbol{N}_j|=1(j=1, 2, 3)$,

① 三平面相交一点的充分必要条件是 $[\boldsymbol{N}_1, \boldsymbol{N}_2, \boldsymbol{N}_3]\neq 0$,其相交点 R_0：$\boldsymbol{R}_0=\{p_1\boldsymbol{N}_2\times\boldsymbol{N}_3+p_2\boldsymbol{N}_3\times\boldsymbol{N}_1+p_3\boldsymbol{N}_1\times\boldsymbol{N}_2\}/[\boldsymbol{N}_1, \boldsymbol{N}_2, \boldsymbol{N}_3]$。

② 三平面相交一直线的充分必要条件是满足下面三个条件：

(a) $[\boldsymbol{N}_1, \boldsymbol{N}_2, \boldsymbol{N}_3]=0$(或存在三实数 λ, μ, ν,使 $\lambda\boldsymbol{N}_1+\mu\boldsymbol{N}_2+\nu\boldsymbol{N}_3=\boldsymbol{0}$, $\lambda p_1+\mu p_2+\nu p_3=0$)；

(b) $\boldsymbol{N}_j(j=1, 2, 3)$ 相互不平行；

(c) $p_1\boldsymbol{N}_2\times\boldsymbol{N}_3+p_2\boldsymbol{N}_3\times\boldsymbol{N}_1+p_3\boldsymbol{N}_1\times\boldsymbol{N}_2=\boldsymbol{0}$。

③ 三平面相交于无穷远直线的充分必要条件是 $\boldsymbol{N}_j(j=1, 2, 3)$ 相互平行。

④ 三平面相交两直线的充分必要条件是 $\boldsymbol{N}_j(j=1, 2, 3)$ 仅有两个平行。

⑤ 三平面相交三直线的充分必要条件是满足下面两个条件：

(a) $[\boldsymbol{N}_1, \boldsymbol{N}_2, \boldsymbol{N}_3]=0$(或存在三实数 λ, μ, ν,使 $\lambda\boldsymbol{N}_1+\mu\boldsymbol{N}_2+\nu\boldsymbol{N}_3=\boldsymbol{0}$, $\lambda p_1+\mu p_2+\nu p_3=0$)；

(b) $\boldsymbol{N}_j(j=1, 2, 3)$ 相互不平行；

(c) $p_1\boldsymbol{N}_2\times\boldsymbol{N}_3+p_2\boldsymbol{N}_3\times\boldsymbol{N}_1+p_3\boldsymbol{N}_1\times\boldsymbol{N}_2\neq\boldsymbol{0}$。

(3) 三直线的交点

三直线 L_j：$\boldsymbol{R}\times\boldsymbol{E}_j=\boldsymbol{A}_j(j=1, 2, 3)$ 相交一点的充分必要条件是 $\boldsymbol{A}_i\cdot\boldsymbol{E}_j+\boldsymbol{A}_j\cdot\boldsymbol{E}_i=0(i, j=1, 2, 3)$, $[\boldsymbol{E}_1, \boldsymbol{E}_2, \boldsymbol{E}_3]\neq 0$。

(4) 直线与平面的交点

设直线 L：$\boldsymbol{R}\times\boldsymbol{E}=\boldsymbol{A}$，$|\boldsymbol{E}|=1$；平面 M：$\boldsymbol{R}\cdot\boldsymbol{N}=p$，$|\boldsymbol{N}|=1$，则直线 L 与平面 M 的交点 R_0：$\boldsymbol{R}_0=(p\boldsymbol{E}-\boldsymbol{A}\times\boldsymbol{N})/\boldsymbol{E}\cdot\boldsymbol{N}$。

(5) 直线落在平面上

设直线 L：$\boldsymbol{R}\times\boldsymbol{E}=\boldsymbol{A}$，$|\boldsymbol{E}|=1$；平面 M：$\boldsymbol{R}\cdot\boldsymbol{N}=p$，$|\boldsymbol{N}|=1$，则 $L\in M$ 的充分必要条件是满足下面三个条件之一：

① $p\boldsymbol{E}-\boldsymbol{A}\times\boldsymbol{N}=\boldsymbol{0}$，$\boldsymbol{E}\cdot\boldsymbol{N}=0$；

② $[\boldsymbol{A}, \boldsymbol{N}, \boldsymbol{E}]=p$，$\boldsymbol{E}\cdot\boldsymbol{N}=0$；

③ $p\boldsymbol{N}+(\boldsymbol{A}\cdot\boldsymbol{N})(\boldsymbol{E}\times\boldsymbol{N})-\boldsymbol{E}\times\boldsymbol{A}=\boldsymbol{0}$，$\boldsymbol{E}\cdot\boldsymbol{N}=0$(见作者《**矢量新说**》)。

1.6 三角形的内在性质

1.6.1 三角形的信息

定义 8

设空间直角坐标系以 O 为原点，$\triangle ABC$ 在平面 M 上，$\boldsymbol{OU}=\boldsymbol{U}$，平面 M 上的点 $F_j^*(j=0, 1, 2, 3, 4, 5, 6)$，$\boldsymbol{F}_j^*$ 代表原点 O 到 F_j^* 点的矢量；

$\boldsymbol{F}_0^*\equiv\boldsymbol{F}_0^*(\lambda, \mu, \nu)=(\lambda\boldsymbol{A}+\mu\boldsymbol{B}+\nu\boldsymbol{C})/(\lambda+\mu+\nu)$；$\lambda, \mu, \nu$(实数) $\geqslant 0$ 称为 $\triangle ABC$ 关于 λ, μ, ν 的内点；

$\boldsymbol{F}_1^*\equiv\boldsymbol{F}_1^*(\lambda, \mu, \nu)=(-\lambda\boldsymbol{A}+\mu\boldsymbol{B}+\nu\boldsymbol{C})/(-\lambda+\mu+\nu)(\mu+\nu>\lambda;\lambda, \mu, \nu\geqslant 0)$；

$\boldsymbol{F}_2^*\equiv\boldsymbol{F}_2^*(\lambda, \mu, \nu)=(\lambda\boldsymbol{A}-\mu\boldsymbol{B}+\nu\boldsymbol{C})/(\lambda-\mu+\nu)(\nu+\lambda>\mu;\lambda, \mu, \nu\geqslant 0)$；

$\boldsymbol{F}_3^*\equiv\boldsymbol{F}_3^*(\lambda, \mu, \nu)=(\lambda\boldsymbol{A}+\mu\boldsymbol{B}-\nu\boldsymbol{C})/(\lambda+\mu-\nu)(\lambda+\mu>\nu;\lambda, \mu, \nu\geqslant 0)$ 称为 $\triangle ABC$ 关于 λ, μ, ν 的(三个) **外点**；

$\boldsymbol{F}_4^*\equiv\boldsymbol{F}_4^*(\lambda, \mu, \nu)=(-\lambda\boldsymbol{A}+\mu\boldsymbol{B}+\nu\boldsymbol{C})/(-\lambda+\mu+\nu)(\mu+\nu<\lambda;\lambda, \mu, \nu\geqslant 0)$；

$\boldsymbol{F}_5^*\equiv\boldsymbol{F}_5^*(\lambda, \mu, \nu)=(\lambda\boldsymbol{A}-\mu\boldsymbol{B}+\nu\boldsymbol{C})/(\lambda-\mu+\nu)(\nu+\lambda<\mu;\lambda, \mu, \nu\geqslant 0)$；

$\boldsymbol{F}_6^*\equiv\boldsymbol{F}_6^*(\lambda, \mu, \nu)=(\lambda\boldsymbol{A}+\mu\boldsymbol{B}-\nu\boldsymbol{C})/(\lambda+\mu-\nu)(\lambda+\mu<\nu;\lambda, \mu, \nu\geqslant 0)$ 称为 $\triangle ABC$ 关于 λ, μ, ν 的(三个) **虚外点**。

定义 9

按定义 8 的 F_0^*，$F_j^*(j=1, 2, \cdots, 5, 6)$ 分别称为 $\triangle ABC$ 的内心，(六个) 外心，它们具有关于 $\triangle ABC$ 的几何内在性质，其中 λ, μ, ν 由 $\triangle ABC$ 的三边确定。

定义 10

$\triangle A'B'C'$称为$\triangle ABC$的内接三角形，若A'，B'和C'分别落在BC，AC和AB的边上。

常用结果：

定理 38

空间三点A，B与C共线的充分必要条件是$\boldsymbol{A}\times\boldsymbol{B}+\boldsymbol{B}\times\boldsymbol{C}+\boldsymbol{C}\times\boldsymbol{A}=\boldsymbol{0}$。

定理 39

设直线L上的两点A，B(见图 1－29)，

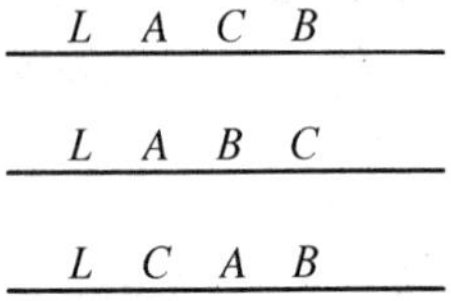

L A C B

L A B C

L C A B

图 1－29

(1) C点在两点A，B之间的充分必要条件是$\boldsymbol{C}=(\lambda\boldsymbol{A}+\mu\boldsymbol{B})/(\lambda+\mu)$，$\lambda$，$\mu$(实数)$\geqslant 0$；

(2) C点在B点右侧的充分必要条件是$\boldsymbol{C}=(-\lambda\boldsymbol{A}+\mu\boldsymbol{B})/(-\lambda+\mu)$，$\lambda<\mu$；

(3) C点在B点左侧的充分必要条件是$\boldsymbol{C}=(-\lambda\boldsymbol{A}+\mu\boldsymbol{B})/(-\lambda+\mu)$，$\mu<\lambda$。

证 (1) $\boldsymbol{B}-\boldsymbol{C}=p(\boldsymbol{B}-\boldsymbol{A})$，$0\leqslant p\leqslant 1\Rightarrow\boldsymbol{C}=(1-p)\boldsymbol{B}+p\boldsymbol{A}$，令$p=\lambda/(\lambda+\mu)$，$\lambda$，$\mu\geqslant 0$；

(2) 在(1)交换$\boldsymbol{B}$，$\boldsymbol{C}$得$\boldsymbol{B}=(p\boldsymbol{A}+q\boldsymbol{C})/(p+q)$，令$p=\lambda\geqslant 0$，$q=-\lambda+\mu\geqslant 0\Rightarrow\boldsymbol{C}=(-\lambda\boldsymbol{A}+\mu\boldsymbol{B})/(-\lambda+\mu)$；

(3) 在(1)交换$\boldsymbol{C}$，$\boldsymbol{A}$得$\boldsymbol{A}=(p\boldsymbol{C}+q\boldsymbol{B})/(p+q)$，令$p=\lambda-\mu\geqslant 0$，$q=\mu\geqslant 0\Rightarrow\boldsymbol{C}=(-\lambda\boldsymbol{A}+\mu\boldsymbol{B})/(-\lambda+\mu)$。

定理 40

设$\triangle ABC$(见图 1－30)，则

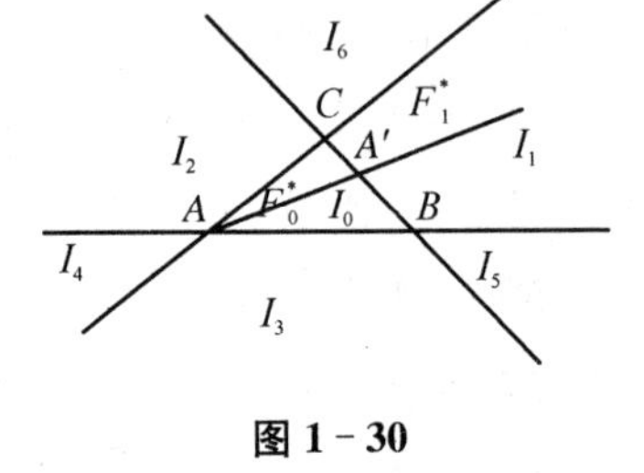

图 1－30

(1) 点F_0^*落在平面M上$\triangle ABC$内的I_0(包括边)区域的充分必要条件是$\boldsymbol{F}_0^*\equiv\boldsymbol{F}_0^*(\lambda,\mu,\nu)=(\lambda\boldsymbol{A}+\mu\boldsymbol{B}+\nu\boldsymbol{C})/(\lambda+\mu+\nu)(\lambda,\mu,\nu\geqslant 0)$；

(2) 点F_1^*落在平面M上$\triangle ABC$外的I_1区域的充分必要条件是$\boldsymbol{F}_1^*\equiv\boldsymbol{F}_1^*(\lambda,\mu,\nu)=(-\lambda\boldsymbol{A}+\mu\boldsymbol{B}+\nu\boldsymbol{C})/(-\lambda+\mu+\nu)(\mu+\nu>\lambda;\lambda,\mu,\nu\geqslant 0)$；

(3) 点F_2^*落在平面M上$\triangle ABC$外的I_2区域的充分必要条件是$\boldsymbol{F}_2^*\equiv\boldsymbol{F}_2^*(\lambda,\mu,\nu)=(\lambda\boldsymbol{A}-\mu\boldsymbol{B}+\nu\boldsymbol{C})/(\lambda-\mu+\nu)(\lambda+\nu>\mu;\lambda,\mu,\nu\geqslant 0)$；

(4) 点F_3^*落在平面M上$\triangle ABC$外的I_3是区域的充分必要条件是$\boldsymbol{F}_3^*\equiv$

$\boldsymbol{F}_3^*(\lambda, \mu, \nu) = (\lambda\boldsymbol{A} + \mu\boldsymbol{B} - \nu\boldsymbol{C})/(\lambda + \mu - \nu)(\lambda + \mu > \nu; \lambda, \mu, \nu \geqslant 0)$;

(5) 点F_4^*落在平面M上$\triangle ABC$外的I_4区域的充分必要条件是$\boldsymbol{F}_4^* \equiv \boldsymbol{F}_4^*(\lambda, \mu, \nu) = (-\lambda\boldsymbol{A} + \mu\boldsymbol{B} + \nu\boldsymbol{C})/(-\lambda + \mu + \nu)(\mu + \nu < \lambda; \lambda, \mu, \nu \geqslant 0)$;

(6) 点F_5^*落在平面M上$\triangle ABC$外的I_5区域的充分必要条件是$\boldsymbol{F}_5^* \equiv \boldsymbol{F}_5^*(\lambda, \mu, \nu) = (\lambda\boldsymbol{A} - \mu\boldsymbol{B} + \nu\boldsymbol{C})/(\lambda - \mu + \nu)(\lambda + \nu < \mu; \lambda, \mu, \nu \geqslant 0)$;

(7) 点F_6^*落在平面M上$\triangle ABC$外的I_6区域的充分必要条件是$\boldsymbol{F}_6^* \equiv \boldsymbol{F}_6^*(\lambda, \mu, \nu) = (\lambda\boldsymbol{A} + \mu\boldsymbol{B} - \nu\boldsymbol{C})/(\lambda + \mu - \nu)(\lambda + \mu < \nu; \lambda, \mu, \nu \geqslant 0)$[$I_1$为$\angle BAC$区域除去$\triangle ABC$;$I_2$为$\angle CBA$区域除去$\triangle ABC$;$I_3$为$\angle ACB$区域除去$\triangle ABC$;$I_4$为$\angle BAC$的对顶区域;$I_5$为$\angle CBA$的对顶区域;$I_6$为$\angle ACB$的对顶区域]。

证　(1) 取直线AF_0^*A',点A'在BC边上,利用定理39

$\boldsymbol{A}' = (\mu\boldsymbol{B} + \nu\boldsymbol{C})/(\mu + \nu)$, $\boldsymbol{F}_0^* = (\lambda\boldsymbol{A} + \sigma\boldsymbol{A}')/(\lambda + \sigma)$, $\sigma = \mu + \nu$, 反之亦然,即证。

(2) 取直线$AA'F_1^*$,点A'在BC边上,利用定理39

$\boldsymbol{A}' = (\mu\boldsymbol{B} + \nu\boldsymbol{C})/(\mu + \nu)$, $\boldsymbol{F}_1^* = (-\lambda\boldsymbol{A} + \tau\boldsymbol{A}')/(-\lambda + \tau)$, $\tau = \mu + \nu$, 反之亦然,即证,其他证明相仿。

证　因$\boldsymbol{C} \times (\boldsymbol{F}_1^* - \boldsymbol{F}_2^*) - \boldsymbol{F}_2^* \times \boldsymbol{F}_1^* = \boldsymbol{C} \times [(-\lambda\boldsymbol{A} + \mu\boldsymbol{B} + \nu\boldsymbol{C})/(-\lambda + \mu + \nu) - (\lambda\boldsymbol{A} - \mu\boldsymbol{B} + \nu\boldsymbol{C})/(\lambda - \mu + \nu)] - [(\lambda\boldsymbol{A} - \mu\boldsymbol{B} + \nu\boldsymbol{C})/(\lambda - \mu + \nu)] \times [(-\lambda\boldsymbol{A} + \mu\boldsymbol{B} + \nu\boldsymbol{C})/(-\lambda + \mu + \nu)] = [-2\lambda\mu\boldsymbol{C} \times \boldsymbol{A} + 2\mu\nu\boldsymbol{C} \times \boldsymbol{B} + 2\lambda\mu\boldsymbol{C} \times \boldsymbol{A} - 2\mu\nu\boldsymbol{C} \times \boldsymbol{B}]/(-\lambda + \mu + \nu)(\lambda - \mu + \nu) = \boldsymbol{0} \Rightarrow F_1^*CF_2^*$为直线,同理$F_2AF_3$, F_1BF_2也为直线。

定理41

设$\triangle ABC$(见图1-31),则$B'C : C'A : A'B = BC' : CA' : AB' = \lambda : \mu : \nu$(其中$A'$, B'与C'分别在BC ∶ CA与AB上)的充分必要条件是三线AA', BB', CC'相交一点F_0^*,且$\boldsymbol{F}_0^* \equiv \boldsymbol{F}_0^*(\lambda, \mu, \nu) = (\lambda\boldsymbol{A} + \mu\boldsymbol{B} + \nu\boldsymbol{C})/(\lambda + \mu + \nu)(\lambda, \mu, \nu \geqslant 0)$。

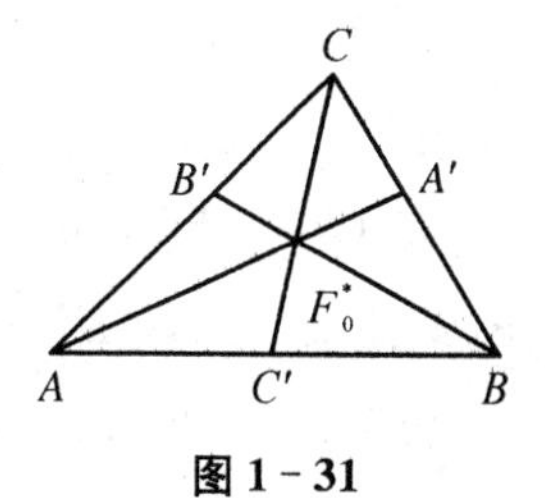

图1-31

证　AA', BB'相交于一点F_0^*满足:$\boldsymbol{F}_0^* \times (\boldsymbol{B}' - \boldsymbol{B}) = \boldsymbol{B} \times \boldsymbol{B}'$, $\boldsymbol{F}_0^* \times (\boldsymbol{C}' - \boldsymbol{C}) = \boldsymbol{C} \times \boldsymbol{C}'$,由$\boldsymbol{B}' = (\lambda\boldsymbol{A} + \nu\boldsymbol{C})/(\lambda + \nu)$, $\boldsymbol{C}' = (\lambda\boldsymbol{A} + \mu\boldsymbol{B})/(\lambda + \mu) \Rightarrow \boldsymbol{F}_0^* = (\boldsymbol{B} \times \boldsymbol{B}') \times (\boldsymbol{C} \times \boldsymbol{C}')/(\boldsymbol{B} \times \boldsymbol{B}') \cdot (\boldsymbol{C}' - \boldsymbol{C}) = (\lambda\boldsymbol{A} + \mu\boldsymbol{B} + \nu\boldsymbol{C})/(\lambda + \mu + \nu)$　$\boldsymbol{A}' = (\mu\boldsymbol{B} + \nu\boldsymbol{C})/(\mu + \nu) \Rightarrow \boldsymbol{F}_0^* \times (\boldsymbol{A}' - \boldsymbol{A}) = \boldsymbol{A} \times \boldsymbol{A}' \Rightarrow$三线$AA'$, BB'与CC'相交一点F_0^*。反之AF_0^*, BC相交一点A',由$\boldsymbol{R} \times (\boldsymbol{F}_0^* - \boldsymbol{A}) = \boldsymbol{A} \times \boldsymbol{F}_0^*$, $\boldsymbol{R} \times (\boldsymbol{B} - \boldsymbol{C}) = \boldsymbol{C} \times \boldsymbol{B} \Rightarrow$

$\boldsymbol{A}' = (\boldsymbol{A} \times \boldsymbol{F}_0^*) \times (\boldsymbol{C} \times \boldsymbol{B})/(\boldsymbol{A} \times \boldsymbol{F}_0^*) \cdot (\boldsymbol{B} - \boldsymbol{C}) = \{[\boldsymbol{A}, \boldsymbol{F}_0^*, \boldsymbol{B}]\boldsymbol{C} - [\boldsymbol{A}, \boldsymbol{F}_0^*, \boldsymbol{C}]\boldsymbol{B}\}/\{[\boldsymbol{A}, \boldsymbol{F}_0^*, \boldsymbol{B}] - [\boldsymbol{A}, \boldsymbol{F}_0^*, \boldsymbol{C}]\} = (\mu\boldsymbol{B} + \nu\boldsymbol{C})/(\mu + \nu)$。

同理得 $\boldsymbol{B}' = (\lambda\boldsymbol{A} + \nu\boldsymbol{C})/(\lambda + \nu)$，$\boldsymbol{C}' = (\lambda\boldsymbol{A} + \mu\boldsymbol{B})/(\lambda + \mu) \Rightarrow B'C : C'A : A'B = BC' : CA' : AB' = \lambda : \mu : \nu$。

定理 42

按定理 40，设$\triangle ABC$ 的内点 F_0^*，三个外点 F_j^* $(j = 1, 2, 3)$ 和三个虚外点 F_j^* $(j = 4, 5, 6)$，其中 λ, μ, ν(实数) $\geqslant 0$，记(F_i^*, F_j^*, F_k^*) $(i, j, k = 1, 2, 3, 4, 5, 6; i, j, k \neq)$，表示三点 F_i^*, F_j^*, F_k^* 构成一组，共 $C_6^3 = 6!/(6-3)!3! = 20$ 组，则 4 组：(F_1^*, F_2^*, F_3^*)，(F_1^*, F_2^*, F_6^*)，(F_4^*, F_2^*, F_3^*)，(F_1^*, F_5^*, F_3^*) 相容，其余 16 组不相容。

证 (1) 相容的 4 组可分两类：

① (F_1^*, F_2^*, F_3^*)，按设 $\mu + \nu > \lambda$, $\nu + \lambda > \mu$, $\lambda + \mu > \nu$ 三式相加 $\Rightarrow \lambda + \mu + \nu > 0$ 与假设 $\lambda, \mu, \nu \geqslant 0$ 相容。

② (F_1^*, F_2^*, F_6^*)，(F_1^*, F_5^*, F_3^*)，(F_4^*, F_2^*, F_3^*) 仅证(F_1^*, F_2^*, F_6^*)，其余两组证法相仿。按设 $\mu + \nu > \lambda$, $\lambda + \mu < \nu \Rightarrow \nu > \lambda + \mu > \lambda + \lambda - \nu \Rightarrow \nu > \lambda$; $\nu + \lambda > \mu$, $\lambda + \mu < \nu \Rightarrow \nu > \lambda + \mu > \mu - \nu + \mu \Rightarrow \nu > \mu$ 与设 $\lambda, \mu, \nu \geqslant 0$ 相容。

(2) 不相容的 16 组可分三类：

① (F_4^*, F_5^*, F_6^*)；

按设 $\mu + \nu < \lambda$, $\nu + \lambda < \mu$, $\lambda + \mu < \nu$ 三式相加 $\Rightarrow \lambda + \mu + \nu < 0$ 与设 $\lambda, \mu, \nu \geqslant 0$ 不合。

② (F_1^*, F_2^*, F_4^*)，(F_1^*, F_2^*, F_5^*)，(F_2^*, F_3^*, F_5^*)，(F_2^*, F_3^*, F_6^*)，(F_3^*, F_1^*, F_4^*)，(F_3^*, F_1^*, F_6^*)；

仅证(F_1^*, F_2^*, F_4^*)，其余 5 组证法相仿，按设 $\mu + \nu > \lambda$ 与设 $\mu + \nu < \lambda$ 不合。

③ (F_4^*, F_5^*, F_1^*)，(F_4^*, F_5^*, F_2^*)，(F_4^*, F_5^*, F_3^*)，(F_5^*, F_6^*, F_1^*)，(F_5^*, F_6^*, F_2^*)，(F_5^*, F_6^*, F_3^*)，(F_6^*, F_4^*, F_1^*)，(F_6^*, F_4^*, F_2^*)，(F_6^*, F_4^*, F_3^*)，仅证(F_4^*, F_5^*, F_1^*)，其余 8 组证法相仿，按设 $\mu + \nu < \lambda < \mu - \nu \Rightarrow \nu < 0$ 与设 $\lambda, \mu, \nu \geqslant 0$ 不合。

定理 43

按定理 40，设 $\boldsymbol{F}_j^*(\lambda, \mu, \nu)$ $(j = 0, 1, 2, 3)$，则 $AF_0^*F_1^*$，$BF_0^*F_2^*$，$CF_0^*F_3^*$ 为

三直线。$\boldsymbol{A}\times\boldsymbol{F}_1^*+\boldsymbol{F}_1^*\times\boldsymbol{F}_0^*+\boldsymbol{F}_0^*\times\boldsymbol{A}=\boldsymbol{A}\times(\boldsymbol{F}_1^*-\boldsymbol{F}_0^*)+\boldsymbol{F}_1^*\times\boldsymbol{F}_0=\boldsymbol{A}\times[(-\lambda\boldsymbol{A}+\mu\boldsymbol{B}+\nu\boldsymbol{C})/(-\lambda+\mu+\nu)-(\lambda\boldsymbol{A}+\mu\boldsymbol{B}+\nu\boldsymbol{C})/(\lambda+\mu+\nu)]-(\lambda\boldsymbol{A}+\mu\boldsymbol{B}+\nu\boldsymbol{C})\times(-\lambda\boldsymbol{A}+\mu\boldsymbol{B}+\nu\boldsymbol{C})/(-\lambda+\mu+\nu)(\lambda+\mu+\nu)=\boldsymbol{0}\Rightarrow AF_0^*F_1^*$ 为直线，同理 $BF_0^*F_2^*$，$CF_0^*F_3^*$ 也为三直线。

1.6.2 三角形的面积

海因公式[见定理5(4)]。

定理 44

(1) ① 设平面坐标系原点为 O，则 $\triangle_s OAB=|\boldsymbol{A}\times\boldsymbol{B}|/2$。

② 设空间坐标系原点为 O，则空间 $\triangle_s ABC=|\boldsymbol{A}\times\boldsymbol{B}+\boldsymbol{B}\times\boldsymbol{C}+\boldsymbol{C}\times\boldsymbol{A}|/2$[在①中令 $\boldsymbol{A}$，$\boldsymbol{B}$ 分别为 $\boldsymbol{C}-\boldsymbol{A}$，$\boldsymbol{C}-\boldsymbol{B}$ 即得]。特别地，三点 A，B 与 C 共线的充分必要条件是 $\boldsymbol{A}\times\boldsymbol{B}+\boldsymbol{B}\times\boldsymbol{C}+\boldsymbol{C}\times\boldsymbol{A}=\boldsymbol{0}$。

(2) 设平面坐标系原点为 O，三直线 AB，OA 与 OB 的方程分别为：$\boldsymbol{R}\times\boldsymbol{E}_1=\boldsymbol{A}_1$，$\boldsymbol{R}\times\boldsymbol{E}_2=\boldsymbol{0}$，$\boldsymbol{R}\times\boldsymbol{E}_3=\boldsymbol{0}$，两直线 AB 与 OA 的交点 A 满足 $\boldsymbol{A}\times\boldsymbol{E}_1=\boldsymbol{A}_1$，$\boldsymbol{A}\times\boldsymbol{E}_2=\boldsymbol{0}$，记 $\boldsymbol{A}=\lambda\boldsymbol{E}_2\Rightarrow\lambda\boldsymbol{E}_2\times\boldsymbol{E}_1=\boldsymbol{A}_1$，分别以 $\boldsymbol{E}_2\times\boldsymbol{E}_1$，$\boldsymbol{A}_1$ 点积上式可分别得 $\lambda|\boldsymbol{E}_2\times\boldsymbol{E}_1|^2=[\boldsymbol{A}_1,\boldsymbol{E}_2,\boldsymbol{E}_1]$，$\lambda[\boldsymbol{A}_1,\boldsymbol{E}_2,\boldsymbol{E}_1]=\boldsymbol{A}_1^2\Rightarrow\lambda=|\boldsymbol{A}_1|/|\boldsymbol{E}_2\times\boldsymbol{E}_1|$，$\boldsymbol{A}=|\boldsymbol{A}_1|\boldsymbol{E}_2/|\boldsymbol{E}_2\times\boldsymbol{E}_1|$。

同理，两直线 AB 与 OB 的交点 B 为 $\boldsymbol{B}=|\boldsymbol{A}_1|\boldsymbol{E}_3/|\boldsymbol{E}_3\times\boldsymbol{E}_1|\Rightarrow\triangle_s OAB=|\boldsymbol{A}\times\boldsymbol{B}|/2=|\boldsymbol{A}_1|^2|\boldsymbol{E}_2\times\boldsymbol{E}_3|/2|\boldsymbol{E}_2\times\boldsymbol{E}_1||\boldsymbol{E}_3\times\boldsymbol{E}_1|$。

(3) 设平面四边形 $ABCD$，平面坐标系原点为 O，则(平面四边形的面积) $ABCD=|(\boldsymbol{D}-\boldsymbol{B})\times(\boldsymbol{C}-\boldsymbol{A})|/2=|\boldsymbol{A}\times\boldsymbol{B}+\boldsymbol{B}\times\boldsymbol{C}+\boldsymbol{C}\times\boldsymbol{D}+\boldsymbol{D}\times\boldsymbol{A}|/2$(见第2章定理4(2))。

(4) (三点坐标法) 设平面 $\triangle ABC$，$A(x_1, y_1)$，$B(x_2, y_2)$，$C(x_3, y_3)$，则 $\triangle_s ABC=|T|/2$，

$$T=\begin{vmatrix}1 & x_1 & y_1\\ 1 & x_2 & y_2\\ 1 & x_3 & y_3\end{vmatrix}=x_{1\wedge}y_{2\wedge}+x_{2\wedge}y_{3\wedge}+x_{3\wedge}y_{1\wedge}\text{，其中 } x_{i\wedge}y_{j\wedge}=x_iy_j-x_jy_i$$

[令 $\boldsymbol{A}=(x_1, y_1, 0)$，$\boldsymbol{B}=(x_2, y_2, 0)$，$\boldsymbol{C}=(x_3, y_3, 0)$，即得(1)①。]

特别当 $\boldsymbol{C}(0, 0, 0)$ 时，则 $\triangle_s ABC=|x_{1\wedge}y_{2\wedge}|/2$。

(5)（三点坐标法）设空间 $\triangle ABC$，$A(x_1, y_1, z_1)$，$B(x_2, y_2, z_2)$，$C(x_3, y_3, z_3)$，则 $\triangle_s ABC = |T|/2$，

$T = [(x_{1\wedge}y_{2\wedge} + x_{2\wedge}y_{3\wedge} + x_{3\wedge}y_{1\wedge})^2 + (y_{1\wedge}z_{2\wedge} + y_{2\wedge}z_{3\wedge} + y_{3\wedge}z_{1\wedge})^2 + (z_{1\wedge}x_{2\wedge} + z_{2\wedge}x_{3\wedge} + z_{3\wedge}x_{1\wedge})^2]^{1/2}$。

(6)（三线坐标法）设 $\triangle ABC$ 的三条边 BC，CA 与 AB 直线方程分别为

$a_jx + b_jy + c_j = 0 (j = 1, 2, 3)$，则 $\triangle_s ABC = U^2/2|W|$，

其中 $U \equiv U(a, b, c \mid 1, 2, 3) = \begin{vmatrix} a_1 & b_1 & c_1 \\ a_2 & b_2 & c_2 \\ a_3 & b_3 & c_3 \end{vmatrix}$，$W = (a_{1\wedge}b_{2\wedge})(a_{2\wedge}b_{3\wedge})(a_{3\wedge}b_{1\wedge})$。

证　仅证(6)。

设 $A(x_1, y_1)$，$B(x_2, y_2)$，$C(x_3, y_3)$，其中 $x_1 = b_{2\wedge}c_{3\wedge}/a_{2\wedge}b_{3\wedge}$；$x_2 = b_{3\wedge}c_{1\wedge}/a_{3\wedge}b_{1\wedge}$；$x_3 = b_{1\wedge}c_{2\wedge}/a_{1\wedge}b_{2\wedge}$；$y_1 = c_{2\wedge}a_{3\wedge}/a_{2\wedge}b_{3\wedge}$；$y_2 = c_{3\wedge}a_{1\wedge}/a_{3\wedge}b_{1\wedge}$；$y_3 = c_{1\wedge}a_{2\wedge}/a_{1\wedge}b_{2\wedge}$，代入(4)即得。

1.6.3 三角形的心

定理 45(重心)

(1) 设 A'，B' 与 C' 分别为 $\triangle ABC$ 三边 BC，CA 与 AB 的中点，则三条中线 AA'，BB' 与 CC' 相交一点(内重心)M_0^*，且 $|AM_0^*|/|M_0^*A'| = |BM_0^*|/|M_0^*B'| = |CM_0^*|/|M_0^*C'| = 2$，$OM_0^* = \boldsymbol{M}_0^* = (\boldsymbol{A} + \boldsymbol{B} + \boldsymbol{C})/3$(见图 1-32)。

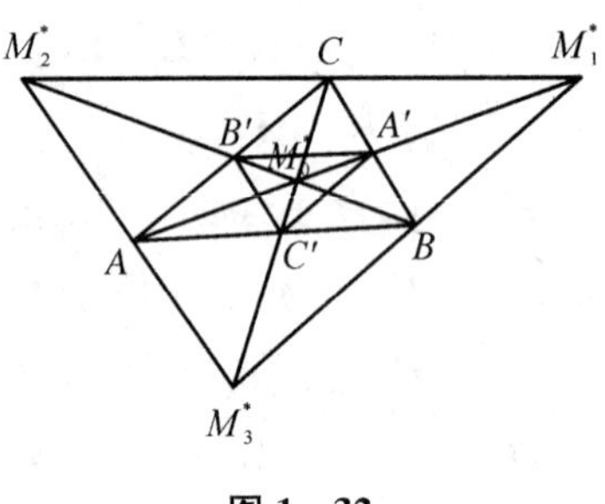

图 1-32

(2) 约定$\triangle ABC$ 的三个一阶外重心 $M_j^* (j = 1, 2, 3)$ $\boldsymbol{M}_1^* = -\boldsymbol{A} + \boldsymbol{B} + \boldsymbol{C}$，$\boldsymbol{M}_2^* = \boldsymbol{A} - \boldsymbol{B} + \boldsymbol{C}$，$\boldsymbol{M}_3^* = \boldsymbol{A} + \boldsymbol{B} - \boldsymbol{C}$，则

① A，B 与 C 分别是 $\triangle M_1^*M_2^*M_3^*$ 三边 $M_2^*M_3^*$，$M_3^*M_1^*$ 与 $M_1^*M_2^*$ 的中点；

② $\triangle M_1^*M_2^*M_3^*$ 的内重心也是 M_0^*；

③ 三个外重心 $M_j^* (j = 1, 2, 3)$ 的几何意义：

M_1^*A'，M_2^*B' 与 M_3^*C' 三中线相交于 M_0^*[其中 A'，B' 与 C' 分别为$\triangle ABC$ 的三边 BC，CA 与 AB 的中点]。

(3) 约定$\triangle ABC$的三个n阶外重心M_j^{n*}($j=1,2,3;n=1,2,\cdots$) $\boldsymbol{M}_1^{n*}=(-1)^n2^n\boldsymbol{A}+[1+(-1)^{n+1}2^n](\boldsymbol{A}+\boldsymbol{B}+\boldsymbol{C})/3$,$\boldsymbol{M}_2^{n*}=(-1)^n2^n\boldsymbol{B}+[1+(-1)^{n+1}2^n](\boldsymbol{A}+\boldsymbol{B}+\boldsymbol{C})/3$,$\boldsymbol{M}_3^{n*}=(-1)^n2^n\boldsymbol{C}+[1+(-1)^{n+1}2^n](\boldsymbol{A}+\boldsymbol{B}+\boldsymbol{C})/3$,令$M_j^{1*}=M_j^*$,则

① $|M_1^{n*}M_0^*|=2^n|AM_0^*|$,$|M_2^{n*}M_0^*|=2^n|BM_0^*|$,$|M_3^{n*}M_0^*|=2^n|CM_0^*|$;

② $\triangle M_1^{n*}M_2^{n*}M_3^{n*}$的内重心也是$M_0^*$。

(4) ① 约定M_0^*到$\triangle ABC$的三边BC,CA与AB的距离分别为记m_{01}^*,m_{02}^*与m_{03}^*,则$am_{01}^*=bm_{02}^*=cm_{03}^*=S/3$,$S=\triangle_s ABC$;

② M_i^{n*}到$\triangle ABC$的三边BC,CA与AB的距离分别为记m_{i1}^{n*},m_{i2}^{n*}与m_{i3}^{n*}($i=1,2,3$),则$am_{j1}^{n*}=bm_{j2}^{n*}=cm_{j3}^{n*}=2|1+(-1)^n2^{n+1}|S/3(j=1,2,3)$;

③ A,B,C到$\triangle A'B'C'$边$B'C'$的距离分别为记m'_{j1};A,B,C到$\triangle A'B'C'$三边$C'A'$的距离分别为记m'_{j2},A,B,C到$\triangle A'B'C'$三边$A'B'$的距离分别为记m'_{j3},则$am'_{j1}=bm'_{j2}=cm'_{j3}=S$。

证 (1) 记$\boldsymbol{A}'=(\boldsymbol{B}+\boldsymbol{C})/2$,$\boldsymbol{B}'=(\boldsymbol{C}+\boldsymbol{A})/2$,$\boldsymbol{C}'=(\boldsymbol{A}+\boldsymbol{B})/2$。

中线AA'的方程分别为:$\boldsymbol{R}\times(\boldsymbol{A}'-\boldsymbol{A})=\boldsymbol{A}\times\boldsymbol{A}'$,$\boldsymbol{M}_0^*\times(\boldsymbol{A}'-\boldsymbol{A})=[(\boldsymbol{A}+\boldsymbol{B}+\boldsymbol{C})/3]\times[(\boldsymbol{B}+\boldsymbol{C})/2-\boldsymbol{A}]=\boldsymbol{A}\times\boldsymbol{A}'\Rightarrow M_0^*\in AA'$由对称性即得$M_0^*\in BB'$,$CC'\Rightarrow$三条中线$AA'$,$BB'$与$CC'$相交一点(内)重心$M_0^*$,$|AM_0^*|=|\boldsymbol{M}_0^*-\boldsymbol{A}|=|\boldsymbol{B}+\boldsymbol{C}-2\boldsymbol{A}|/3=2|\boldsymbol{A}'-\boldsymbol{M}_0^*|=2|M_0^*A'|$,同理可得$|BM_0^*|=2|M_0^*A'|$,$|CM_0^*|=2|M_0^*C'|$。

(2) ① 由$\boldsymbol{C}\times(\boldsymbol{M}_1^*-\boldsymbol{M}_2^*)=2\boldsymbol{C}\times(\boldsymbol{B}-\boldsymbol{A})=(\boldsymbol{A}-\boldsymbol{B}+\boldsymbol{C})\times(-\boldsymbol{A}+\boldsymbol{B}+\boldsymbol{C})=\boldsymbol{M}_2^*\times\boldsymbol{M}_1^*$(表明$C\in M_1^*M_2^*$),

$|M_1^*C|=|\boldsymbol{M}_1^*-\boldsymbol{C}|=|\boldsymbol{C}-\boldsymbol{M}_2^*|=|M_2^*C|=|\boldsymbol{A}-\boldsymbol{B}|\Rightarrow C$是$M_1^*M_2^*$的中点。

同理$\Rightarrow A$,B分别为$M_2^*M_3^*$,$M_3^*M_1^*$的中点。

② $(\boldsymbol{M}_1^*+\boldsymbol{M}_2^*+\boldsymbol{M}_3^*)/3=[(-\boldsymbol{A}+\boldsymbol{B}+\boldsymbol{C})+(\boldsymbol{A}-\boldsymbol{B}+\boldsymbol{C})+(\boldsymbol{A}+\boldsymbol{B}-\boldsymbol{C})]/3=(\boldsymbol{A}+\boldsymbol{B}+\boldsymbol{C})/3=\boldsymbol{M}_0^*$。

(3) 易证。

(4) 仅证② $am_{11}^*=|\boldsymbol{M}_1^{n*}\times(\boldsymbol{B}-\boldsymbol{C})-\boldsymbol{C}\times\boldsymbol{B}|=|1+(-1)^n2^{n+1}||\boldsymbol{A}\times\boldsymbol{B}+$

$\boldsymbol{B}\times\boldsymbol{C}+\boldsymbol{C}\times\boldsymbol{A}\mid/3=2\mid 1+(-1)^n 2^{n+1}\mid S/3$。

③ $am'_{11}=\mid\boldsymbol{A}\times(\boldsymbol{B}'-\boldsymbol{C}')-\boldsymbol{C}'\times\boldsymbol{B}'\mid=\mid\boldsymbol{A}\times\boldsymbol{B}+\boldsymbol{B}\times\boldsymbol{C}+\boldsymbol{C}\times\boldsymbol{A}\mid/2=S$。

定理 46(垂心)

(1) $\triangle ABC$ 的三条高相交一点 H_0^*（内垂心为 $\triangle ABC$ 三边 BC, CA 与 AB 上三条高的相交点)(见图 1-33)。

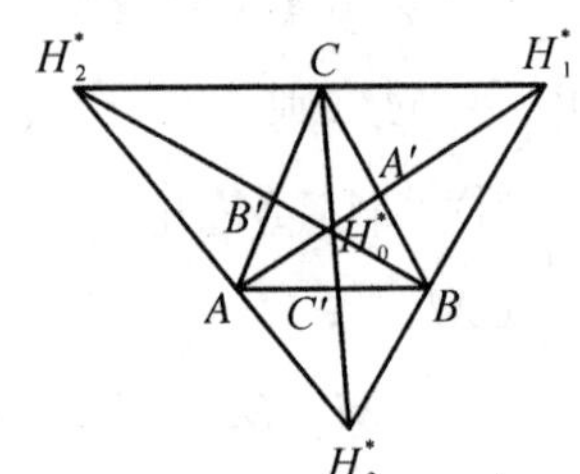

图 1-33

(2) $\triangle ABC$ 的内垂心 H_0^*：$\boldsymbol{H}_0^*=(\lambda\boldsymbol{A}+\mu\boldsymbol{B}+\nu\boldsymbol{C})/(\lambda+\mu+\nu)=\lambda\boldsymbol{A}+\mu\boldsymbol{B}+\nu\boldsymbol{C}$,其中 $\lambda=(b^2-a^2-c^2)(c^2-a^2-b^2)/16S^2$, $\mu=(c^2-b^2-a^2)(a^2-b^2-c^2)/16S^2$, $\nu=(a^2-c^2-b^2)(b^2-c^2-a^2)/16S^2$, $\lambda+\mu+\nu=1$, $S=\triangle_s ABC=[l(l-a)(l-b)(l-c)]^{1/2}$, $l=(a+b+c)/2$[见定理 5(4)],或 $\boldsymbol{H}_0^*=abc[a\cos\beta\cos\gamma\boldsymbol{A}+b\cos\gamma\cos\alpha\boldsymbol{B}+c\cos\alpha\cos\beta\boldsymbol{C}]/4S^2$。

(3) 约定 $\triangle ABC$ 的三个外垂心 H_j^* ($j=1, 2, 3$)：$\boldsymbol{H}_1^*=(-\lambda\boldsymbol{A}+\mu\boldsymbol{B}+\nu\boldsymbol{C})/(-\lambda+\mu+\nu)$, $\boldsymbol{H}_2^*=(\lambda\boldsymbol{A}-\mu\boldsymbol{B}+\nu\boldsymbol{C})/(\lambda-\mu+\nu)$, $\boldsymbol{H}_3^*=(\lambda\boldsymbol{A}+\mu\boldsymbol{B}-\nu\boldsymbol{C})/(\lambda+\mu-\nu)$,记 H_i^* 到 $\triangle ABC$ 的三边 BC, CA 与 AB 的距离分别为 h_{i1}^*, h_{i2}^* 与 h_{i3}^* ($i=0, 1, 2, 3$),则① $A\in H_2^*H_3^*$, $B\in H_3^*H_1^*$, $C\in H_1^*H_2^*$（下文均称为 $\triangle ABC$ 是 $\triangle H_1^*H_2^*H_3^*$ 的内接三角形)。事实上,对于任意的 λ, μ, ν,此结论也成立。

② $h_{i1}^*:h_{i2}^*:h_{i3}^*=\lambda/a:\mu/b:\nu/c$ ($i=0, 1, 2, 3$)。

(4) 外垂心 H_j^* ($j=1, 2, 3$) 的几何意义：H_1^*, H_2^* 与 H_3^* 分别至 $\triangle ABC$ 的三边 BC, CA 与 AB 的垂线相交点为 H_0^*。

证 (1) $(\boldsymbol{H}_0^*-\boldsymbol{A})\cdot(\boldsymbol{B}-\boldsymbol{C})+(\boldsymbol{H}_0^*-\boldsymbol{B})\cdot(\boldsymbol{C}-\boldsymbol{A})+(\boldsymbol{H}_0^*-\boldsymbol{C})\cdot(\boldsymbol{A}-\boldsymbol{B})=0$ 为恒等式。若 $(\boldsymbol{H}_0^*-\boldsymbol{A})\cdot(\boldsymbol{B}-\boldsymbol{C})=(\boldsymbol{H}_0^*-\boldsymbol{B})\cdot(\boldsymbol{C}-\boldsymbol{A})=0\Rightarrow(\boldsymbol{H}_0^*-\boldsymbol{C})\cdot(\boldsymbol{A}-\boldsymbol{B})=0$,即证 $\triangle ABC$ 的三条高相交一点 H_0^*。

(2) 设 $\triangle ABC$,坐标原点为 O,使 $\boldsymbol{C}'-\boldsymbol{A}=\kappa(\boldsymbol{B}-\boldsymbol{A})$, $(\boldsymbol{C}'-\boldsymbol{C})\cdot(\boldsymbol{B}-\boldsymbol{A})=0$, $\boldsymbol{C}'=\boldsymbol{A}+\kappa(\boldsymbol{B}-\boldsymbol{A})$, $\kappa=(\boldsymbol{C}-\boldsymbol{A})\cdot(\boldsymbol{B}-\boldsymbol{A})/\mid\boldsymbol{B}-\boldsymbol{A}\mid^2=b\cos\alpha/c$,同理 $\boldsymbol{A}'=\boldsymbol{B}+\tau(\boldsymbol{C}-\boldsymbol{B})$, $\tau=(\boldsymbol{A}-\boldsymbol{B})\cdot(\boldsymbol{C}-\boldsymbol{B})/\mid\boldsymbol{C}-\boldsymbol{B}\mid^2=c\cos\beta/a$, $\boldsymbol{B}'=\boldsymbol{C}+\sigma(\boldsymbol{A}-\boldsymbol{C})$, $\sigma=(\boldsymbol{B}-\boldsymbol{C})\cdot(\boldsymbol{A}-\boldsymbol{C})/\mid\boldsymbol{A}-\boldsymbol{C}\mid^2=a\cos\gamma/b$, $\boldsymbol{H}_0^*$ 在直线 AA' 与 CC' 上,满足 $\boldsymbol{H}_0^*\times(\boldsymbol{A}'-\boldsymbol{A})=\boldsymbol{A}\times\boldsymbol{A}'$, $\boldsymbol{H}_0^*\times(\boldsymbol{C}'-\boldsymbol{C})=\boldsymbol{C}\times\boldsymbol{C}'$,即 $\boldsymbol{H}_0^*=(\boldsymbol{A}\times\boldsymbol{A}')\times(\boldsymbol{C}\times\boldsymbol{C}')/(\boldsymbol{A}\times\boldsymbol{A}')\cdot(\boldsymbol{C}'-\boldsymbol{C})=\{[\boldsymbol{A}, \boldsymbol{A}', \boldsymbol{C}']\boldsymbol{C}-[\boldsymbol{A}, \boldsymbol{A}', \boldsymbol{C}]\boldsymbol{C}'\}/\{[\boldsymbol{A}, \boldsymbol{A}', \boldsymbol{C}']-[\boldsymbol{A},

$\boldsymbol{A}', \boldsymbol{C}]\}$ $[(1-\kappa)(1-\tau)\boldsymbol{A}+\kappa(1-\tau)\boldsymbol{B}+\kappa\tau\boldsymbol{C}]/(\kappa\tau+1-\tau)$[见第1章1.5.4 3)(1)② (b)]。$\boldsymbol{A}, \boldsymbol{B}, \boldsymbol{C}$ 的混合积$[\boldsymbol{A}, \boldsymbol{B}, \boldsymbol{C}]\neq 0$(设坐标原点为$O$不在$\triangle ABC$上)易核实$\lambda+\mu+\nu=1$(利用$\boldsymbol{U}\cdot\boldsymbol{V}=|\boldsymbol{U}||\boldsymbol{V}|\cos\theta$, θ为两个矢量$\boldsymbol{U}, \boldsymbol{V}$之夹角, $2bc\cos\alpha=b^2+c^2-a^2$, $2ca\cos\beta=c^2+a^2-b^2$, $2ab\cos\gamma=a^2+b^2-c^2$)。$\boldsymbol{H}_0^*=abc[a\cos\beta\cos\gamma\boldsymbol{A}+b\cos\gamma\cos\alpha\boldsymbol{B}+c\cos\alpha\cos\beta\boldsymbol{C}]/4S^2=\lambda\boldsymbol{A}+\mu\boldsymbol{B}+\nu\boldsymbol{C}$。

(3) ① $\boldsymbol{C}\times(\boldsymbol{H}_1^*-\boldsymbol{H}_2^*)=\boldsymbol{C}\times[(-\lambda\boldsymbol{A}+\mu\boldsymbol{B}+\nu\boldsymbol{C})/(-\lambda+\mu+\nu)-(\lambda\boldsymbol{A}-\mu\boldsymbol{B}+\nu\boldsymbol{C})/(\lambda-\mu+\nu)]=[(\lambda\boldsymbol{A}-\mu\boldsymbol{B}+\nu\boldsymbol{C})/(\lambda-\mu+\nu)]\times[(-\lambda\boldsymbol{A}+\mu\boldsymbol{B}+\nu\boldsymbol{C})/(-\lambda+\mu+\nu)]=\boldsymbol{H}_2^*\times\boldsymbol{H}_1^*\Rightarrow C\in H_1^*H_2^*$,同理可得$A\in H_2^*H_3^*$, $B\in H_3^*H_1^*$。

② $h_{11}^*=|\boldsymbol{H}_1^*\times(\boldsymbol{B}-\boldsymbol{C})-\boldsymbol{C}\times\boldsymbol{B}|/a=|(-\lambda\boldsymbol{A}+\mu\boldsymbol{B}+\nu\boldsymbol{C})\times(\boldsymbol{B}-\boldsymbol{C})/(-\lambda+\mu+\nu)-\boldsymbol{C}\times\boldsymbol{B}|/a=2\lambda S/a(-\lambda+\mu+\nu)$,$[2S=|\boldsymbol{A}\times\boldsymbol{B}+\boldsymbol{B}\times\boldsymbol{C}+\boldsymbol{C}\times\boldsymbol{A}|]$,

$h_{12}^*=|\boldsymbol{H}_1^*\times(\boldsymbol{C}-\boldsymbol{A})-\boldsymbol{A}\times\boldsymbol{C}|/b=|(-\lambda\boldsymbol{A}+\mu\boldsymbol{B}+\nu\boldsymbol{C})\times(\boldsymbol{C}-\boldsymbol{A})/(-\lambda+\mu+\nu)-\boldsymbol{A}\times\boldsymbol{C}|/b=2\mu S/b(-\lambda+\mu+\nu)$,

$h_{13}^*=|\boldsymbol{H}_1^*\times(\boldsymbol{A}-\boldsymbol{B})-\boldsymbol{B}\times\boldsymbol{A}|/c=|(-\lambda\boldsymbol{A}+\mu\boldsymbol{B}+\nu\boldsymbol{C})\times(\boldsymbol{A}-\boldsymbol{B})/(-\lambda+\mu+\nu)-\boldsymbol{B}\times\boldsymbol{A}|/c=2\nu S/c(-\lambda+\mu+\nu)$;同理可得

$h_{21}^*=2\lambda S/a(\lambda-\mu+\nu)$,$h_{22}^*=2\mu S/b(\lambda-\mu+\nu)$,$h_{23}^*=2\nu S/c(\lambda-\mu+\nu)$;

$h_{31}^*=2\lambda S/a(\lambda+\mu-\nu)$,$h_{32}^*=2\mu S/b(\lambda+\mu-\nu)$,$h_{33}^*=2\nu S/c(\lambda+\mu-\nu)$;

$h_{01}^*=2\lambda S/a(\lambda+\mu+\nu)$,$h_{02}^*=2\mu S/b(\lambda+\mu+\nu)$,$h_{03}^*=2\nu S/c(\lambda+\mu+\nu)$;

$h_{i1}^*:h_{i2}^*:h_{i3}^*=\lambda/a:\mu/b:\nu/c(i=0, 1, 2, 3)$。

(4) 由$\boldsymbol{A}\times(\boldsymbol{H}_0^*-\boldsymbol{H}_1^*)-\boldsymbol{H}_1^*\times\boldsymbol{H}_0^*=\boldsymbol{A}\times[(\lambda\boldsymbol{A}+\mu\boldsymbol{B}+\nu\boldsymbol{C})/(\lambda+\mu+\nu)-(-\lambda\boldsymbol{A}+\mu\boldsymbol{B}+\nu\boldsymbol{C})/(-\lambda+\mu+\nu)]-[(-\lambda\boldsymbol{A}+\mu\boldsymbol{B}+\nu\boldsymbol{C})/(-\lambda+\mu+\nu)]\times[(\lambda\boldsymbol{A}+\mu\boldsymbol{B}+\nu\boldsymbol{C})/(\lambda+\mu+\nu)]=\boldsymbol{0}$,得证$AH_0^*H_1^*$为直线。

其次$(\boldsymbol{H}_1^*-\boldsymbol{A})\cdot(\boldsymbol{B}-\boldsymbol{C})=[(-\lambda\boldsymbol{A}+\mu\boldsymbol{B}+\nu\boldsymbol{C})/(-\lambda+\mu+\nu)-\boldsymbol{A}]\cdot(\boldsymbol{B}-\boldsymbol{C})=[\mu(\boldsymbol{B}-\boldsymbol{A})-\nu(\boldsymbol{A}-\boldsymbol{C})]\cdot(\boldsymbol{B}-\boldsymbol{C})/(-\lambda+\mu+\nu)=[\mu(a^2+c^2-b^2)-\nu(b^2+a^2-c^2)]/2(-\lambda+\mu+\nu)=0$,

[利用$2(\boldsymbol{B}-\boldsymbol{A})\cdot(\boldsymbol{B}-\boldsymbol{C})=2ac\cos\beta=a^2+c^2-b^2$, $2(\boldsymbol{A}-\boldsymbol{C})\cdot(\boldsymbol{B}-\boldsymbol{C})=2ab\cos\gamma=a^2+b^2-c^2$,已知$\mu, \nu$]$\Rightarrow AH_0^*H_1^*$与$BC$垂直,类似可证$BH_0^*H_2^*$与$CA$垂直;$CH_0^*H_3^*$与$AB$垂直。

$\Rightarrow H_1^*$,H_2^*与H_3^*分别与$\triangle ABC$的三边BC, CA与AB垂直相交点为H_0^*。

定理 47(拟垂心)

记$\triangle ABC$的拟垂心为F_0^*，$F_j^*(j=0, 1, 2, 3, 4, 5, 6)$：

$\boldsymbol{F}_0^* \equiv \boldsymbol{F}_0^*(\lambda, \mu, \nu)=(\lambda\boldsymbol{A}+\mu\boldsymbol{B}+\nu\boldsymbol{C})/(\lambda+\mu+\nu)$；$\lambda, \mu, \nu$(实数)$\geqslant 0$称为$\triangle ABC$关于$\lambda, \mu, \nu$的**拟内垂心**；

$\boldsymbol{F}_1^* \equiv \boldsymbol{F}_1^*(\lambda, \mu, \nu)=(-\lambda\boldsymbol{A}+\mu\boldsymbol{B}+\nu\boldsymbol{C})/(-\lambda+\mu+\nu)(\mu+\nu>\lambda;\lambda, \mu, \nu\geqslant 0)$；

$\boldsymbol{F}_2^* \equiv \boldsymbol{F}_2^*(\lambda, \mu, \nu)=(\lambda\boldsymbol{A}-\mu\boldsymbol{B}+\nu\boldsymbol{C})/(\lambda-\mu+\nu)(\nu+\lambda>\mu;\lambda, \mu, \nu\geqslant 0)$；

$\boldsymbol{F}_3^* \equiv \boldsymbol{F}_3^*(\lambda, \mu, \nu)=(\lambda\boldsymbol{A}+\mu\boldsymbol{B}-\nu\boldsymbol{C})/(\lambda+\mu-\nu)(\lambda+\mu>\nu;\lambda, \mu, \nu\geqslant 0)$称为$\triangle ABC$关于$\lambda, \mu, \nu$的(三个)**拟外垂心**；

$\boldsymbol{F}_4^* \equiv \boldsymbol{F}_4^*(\lambda, \mu, \nu)=(-\lambda\boldsymbol{A}+\mu\boldsymbol{B}+\nu\boldsymbol{C})/(-\lambda+\mu+\nu)(\mu+\nu<\lambda;\lambda, \mu, \nu\geqslant 0)$；

$\boldsymbol{F}_5^* \equiv \boldsymbol{F}_5^*(\lambda, \mu, \nu)=(\lambda\boldsymbol{A}-\mu\boldsymbol{B}+\nu\boldsymbol{C})/(\lambda-\mu+\nu)(\nu+\lambda<\mu;\lambda, \mu, \nu\geqslant 0)$；

$\boldsymbol{F}_6^* \equiv \boldsymbol{F}_6^*(\lambda, \mu, \nu)=(\lambda\boldsymbol{A}+\mu\boldsymbol{B}-\nu\boldsymbol{C})/(\lambda+\mu-\nu)(\lambda+\mu<\nu;\lambda, \mu, \nu\geqslant 0)$称为$\triangle ABC$关于$\lambda, \mu, \nu$的(三个)**拟虚外垂心**；

F_i^*到$\triangle ABC$的三边BC，CA与AB的距离分别为f_{i1}^*，f_{i2}^*与$f_{i3}^*(i=0, 1, 2, 3, 4, 5, 6)$，则(1) $A\in F_2^*F_3^*$，$B\in F_3^*F_1^*$，$C\in F_1^*F_2^*$(称为$\triangle ABC$是$\triangle F_1^*F_2^*F_3^*$的内接三角形)。

(2) $f_{i1}^* : f_{i2}^* : f_{i3}^*=\lambda/a : \mu/b : \nu/c(i=0, 1, 2, 3, 4, 5, 6)$。

证明方法如同定理 39～46。

定理 48(内切圆内心，亦称内心)

(1) $\triangle ABC$的内切圆内心D_0^*：$\boldsymbol{D}_0^*=(a\boldsymbol{A}+b\boldsymbol{B}+c\boldsymbol{C})/(a+b+c)$(见图 1-34)；

(2) $\triangle ABC$的内切圆半径(即内心距)为$\triangle_s ABC/l$，$l=(a+b+c)/2$。

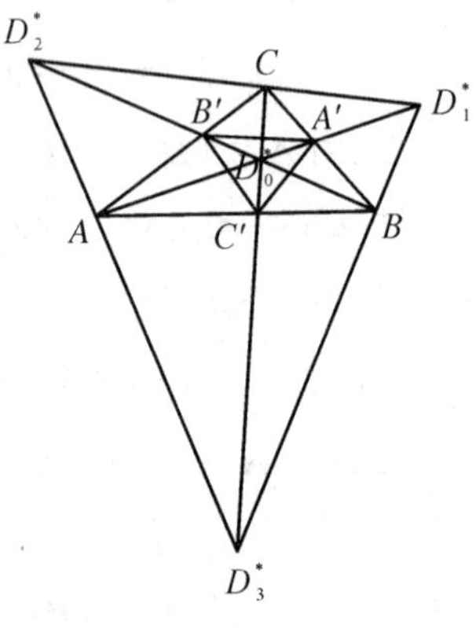

图 1-34

证 (1) 设$\triangle ABC$的内角分线AA'的方程为：$\boldsymbol{R}\times(\boldsymbol{A}'-\boldsymbol{A})=\boldsymbol{A}\times\boldsymbol{A}'$，

由平面几何学$|BA'|/|A'C|=c/b$，$\boldsymbol{A}'=(b\boldsymbol{B}+c\boldsymbol{C})/(b+c)$，易得$\boldsymbol{D}_0^*\times(\boldsymbol{A}'-\boldsymbol{A})=\boldsymbol{A}\times\boldsymbol{A}'\Rightarrow D_0^*\in AA'$。

由对称性即得$|CB'|/|B'A|=a/c$，$\boldsymbol{B}'=(c\boldsymbol{C}+a\boldsymbol{A})/(c+a)$，$|AC'|/|B'A|=b/a$，$\boldsymbol{C}'=(a\boldsymbol{A}+b\boldsymbol{B})/(a+b)\Rightarrow D_0^*\in BB'$，$CC'$。三条内角平分线$AA'$，

BB' 与 CC' 相交一点 D_0^*（内心）。

(2) 设 $\triangle ABC$ 的直线 BC：$\boldsymbol{R}\times(\boldsymbol{C}-\boldsymbol{B})=\boldsymbol{B}\times\boldsymbol{C}$；直线 CA：$\boldsymbol{R}\times(\boldsymbol{A}-\boldsymbol{C})=\boldsymbol{C}\times\boldsymbol{A}$；直线 AB：$\boldsymbol{R}\times(\boldsymbol{B}-\boldsymbol{A})=\boldsymbol{A}\times\boldsymbol{B}$。

易证 $d_0^*=|\boldsymbol{D}_0^*\times(\boldsymbol{C}-\boldsymbol{B})-\boldsymbol{B}\times\boldsymbol{C}|/a=|\boldsymbol{D}_0^*\times(\boldsymbol{A}-\boldsymbol{C})-\boldsymbol{C}\times\boldsymbol{A}|/b=|\boldsymbol{D}_0^*\times(\boldsymbol{B}-\boldsymbol{A})-\boldsymbol{A}\times\boldsymbol{B}|/c=|\boldsymbol{B}\times\boldsymbol{C}+\boldsymbol{C}\times\boldsymbol{A}+\boldsymbol{A}\times\boldsymbol{B}|/2l=\triangle_s ABC/l$。

得知 D_0^* 到 $\triangle ABC$ 的三边距离相等，所以 D_0^* 是 $\triangle ABC$ 的内切圆内心，d_0^* 称为 $\triangle ABC$ 的**内心距**。

定理 49(内切圆外心)

设$\triangle ABC$ 的三个内切圆外心：

D_j^*：$\boldsymbol{D}_j^*\ (j=1,2,3)$，

$\boldsymbol{D}_1^*=(-a\boldsymbol{A}+b\boldsymbol{B}+c\boldsymbol{C})/(-a+b+c)$，

$\boldsymbol{D}_2^*=(a\boldsymbol{A}-b\boldsymbol{B}+c\boldsymbol{C})/(a-b+c)$，

$\boldsymbol{D}_3^*=(a\boldsymbol{A}+b\boldsymbol{B}-c\boldsymbol{C})/(a+b-c)$。

(1) D_0^* 也是 $\triangle D_1^*D_2^*D_3^*$ 的垂心；

(2) 三个外心 $D_j^*\ (j=1,2,3)$ 的几何意义：D_1^*，D_2^* 与 D_3^* 分别到 $\triangle ABC$ 三边 BC，CA 与 AB 的距离相等。

证 (1) $\angle D_1^*BD_2^*=[\angle B(\triangle ABC$ 的内角$)+(\pi-\angle B)(\triangle ABC$ 的 $\angle B$ 之外角$)]/2=\pi($平角$)/2$。

同理 $\angle D_2^*CD_3^*=\angle D_3^*AD_1^*=\pi/2$。

$\triangle D_1^*D_2^*D_3^*$ 的三条高相交 D_0^* 点(见定理 48)。

(垂心 H_0^* 为 $\triangle ABC$ 三边 BC，CA 与 AB 上三条高的相交点。)

(2) 可以验证 $d_1^*=|\boldsymbol{D}_1^*\times(\boldsymbol{C}-\boldsymbol{B})-\boldsymbol{B}\times\boldsymbol{C}|/a=|\boldsymbol{D}_1^*\times(\boldsymbol{A}-\boldsymbol{C})-\boldsymbol{C}\times\boldsymbol{A}|/b=|\boldsymbol{D}_1^*\times(\boldsymbol{B}-\boldsymbol{A})-\boldsymbol{A}\times\boldsymbol{B}|/c=|\boldsymbol{B}\times\boldsymbol{C}+\boldsymbol{C}\times\boldsymbol{A}+\boldsymbol{A}\times\boldsymbol{B}|/(-a+b+c)$，

$d_2^*=|\boldsymbol{D}_2^*\times(\boldsymbol{C}-\boldsymbol{B})-\boldsymbol{B}\times\boldsymbol{C}|/a=|\boldsymbol{D}_2^*\times(\boldsymbol{A}-\boldsymbol{C})-\boldsymbol{C}\times\boldsymbol{A}|/b=|\boldsymbol{D}_2^*\times(\boldsymbol{B}-\boldsymbol{A})-\boldsymbol{A}\times\boldsymbol{B}|/c=|\boldsymbol{B}\times\boldsymbol{C}+\boldsymbol{C}\times\boldsymbol{A}+\boldsymbol{A}\times\boldsymbol{B}|/(a-b+c)$，

$d_3^*=|\boldsymbol{D}_3^*\times(\boldsymbol{C}-\boldsymbol{B})-\boldsymbol{B}\times\boldsymbol{C}|/a=|\boldsymbol{D}_3^*\times(\boldsymbol{A}-\boldsymbol{C})-\boldsymbol{C}\times\boldsymbol{A}|/b=|\boldsymbol{D}_3^*\times(\boldsymbol{B}-\boldsymbol{A})-\boldsymbol{A}\times\boldsymbol{B}|/c=|\boldsymbol{B}\times\boldsymbol{C}+\boldsymbol{C}\times\boldsymbol{A}+\boldsymbol{A}\times\boldsymbol{B}|/(a+b-c)$，

得知 $D_j^*\ (j=1,2,3)$ 到 $\triangle ABC$ 的三边距离相等。它们分别是 $d_j^*\ (j=1,2,3)$，并称为 $\triangle ABC$ 的三个**外心距**。

其中D_1^*为$\triangle ABC$的内角A的一条角平分线和B，C外角的两条角平分线的交点，

D_2^*为$\triangle ABC$的内角B的一条角平分线和C，A外角的两条角平分线的交点，

D_3^*为$\triangle ABC$的内角C的一条角平分线和A，B外角的两条角平分线的交点。

直线$D_1^* D_3^*$：$\boldsymbol{R}\times(\boldsymbol{D}_1^*-\boldsymbol{D}_3^*)=\boldsymbol{D}_3^*\times\boldsymbol{D}_1^*$，易验证$\boldsymbol{B}\times(\boldsymbol{D}_1^*-\boldsymbol{D}_3^*)=\boldsymbol{D}_3^*\times\boldsymbol{D}_1^*$成立，即$D_1^* B D_3^*$为直线。同理可证$D_2^* C D_1^*$，$D_3^* A D_2^*$为两直线。

可以验证：$\boldsymbol{D}_1^*\times(\boldsymbol{A}-\boldsymbol{D}_0^*)=\boldsymbol{D}_0^*\times\boldsymbol{A}$表明$D_1^*$在$\triangle ABC$的内角$A$的角平分线上，同理$D_2^*$和$D_3^*$分别在$\triangle ABC$的内角$B$和$C$的角平分线上。

定理 50

三角形的内心距，三个外心距之连积等于三角形面积之平方。

证 由定理5(4)，定理48，定理49得

$S=\triangle_s ABC=[l(l-a)(l-b)(l-c)]^{1/2}=|\boldsymbol{B}\times\boldsymbol{C}+\boldsymbol{C}\times\boldsymbol{A}+\boldsymbol{A}\times\boldsymbol{B}|/2$，$l=(a+b+c)/2$，

$2S=2ld_0^*=(-a+b+c)d_1^*=(a-b+c)d_2^*=(a+b-c)d_3^*$，即$d_0^* d_1^* d_2^* d_3^*=S^2$。

定理 51

设$\triangle ABC$的六组广义内切圆内心，内切圆外心$D_{jk}^*(j=1, 2, 3, 4, 5, 6; k=1, 2, 3, 4)$：

(1) $\boldsymbol{D}_{11}^*=(a\boldsymbol{A}+b\boldsymbol{B}+c\boldsymbol{C})/(a+b+c)$，$\boldsymbol{D}_{12}^*=(-a\boldsymbol{A}+b\boldsymbol{B}+c\boldsymbol{C})/(-a+b+c)$，
$\boldsymbol{D}_{13}^*=(a\boldsymbol{A}-b\boldsymbol{B}+c\boldsymbol{C})/(a-b+c)$，$\boldsymbol{D}_{14}^*=(a\boldsymbol{A}+b\boldsymbol{B}-c\boldsymbol{C})/(a+b-c)$
[见定理49令$\boldsymbol{D}_{1(k+1)}^*\equiv\boldsymbol{D}_k^*(k=0, 1, 2, 3)$]；

(2) $\boldsymbol{D}_{21}^*=(a\boldsymbol{A}+b\boldsymbol{C}+c\boldsymbol{B})/(a+b+c)$，$\boldsymbol{D}_{22}^*=(-a\boldsymbol{A}+b\boldsymbol{C}+c\boldsymbol{B})/(-a+b+c)$，
$\boldsymbol{D}_{23}^*=(a\boldsymbol{A}-b\boldsymbol{C}+c\boldsymbol{B})/(a-b+c)$，$\boldsymbol{D}_{24}^*=(a\boldsymbol{A}+b\boldsymbol{C}-c\boldsymbol{B})/(a+b-c)$；

(3) $\boldsymbol{D}_{31}^*=(a\boldsymbol{B}+b\boldsymbol{C}+c\boldsymbol{A})/(a+b+c)$，$\boldsymbol{D}_{32}^*=(-a\boldsymbol{B}+b\boldsymbol{C}+c\boldsymbol{A})/(-a+b+c)$，
$\boldsymbol{D}_{33}^*=(a\boldsymbol{B}-b\boldsymbol{C}+c\boldsymbol{A})/(a-b+c)$，$\boldsymbol{D}_{34}^*=(a\boldsymbol{B}+b\boldsymbol{C}-c\boldsymbol{A})/(a+b-c)$；

(4) $\boldsymbol{D}_{41}^*=(a\boldsymbol{B}+b\boldsymbol{A}+c\boldsymbol{C})/(a+b+c)$，$\boldsymbol{D}_{42}^*=(-a\boldsymbol{B}+b\boldsymbol{A}+c\boldsymbol{C})/(-a+b+c)$，
$\boldsymbol{D}_{43}^*=(a\boldsymbol{B}-b\boldsymbol{A}+c\boldsymbol{C})/(a-b+c)$，$\boldsymbol{D}_{44}^*=(a\boldsymbol{B}+b\boldsymbol{A}-c\boldsymbol{C})/(a+b-c)$；

(5) $\boldsymbol{D}_{51}^*=(a\boldsymbol{C}+b\boldsymbol{A}+c\boldsymbol{B})/(a+b+c)$，$\boldsymbol{D}_{52}^*=(-a\boldsymbol{C}+b\boldsymbol{A}+c\boldsymbol{B})/(-a+b+c)$，
$\boldsymbol{D}_{53}^*=(a\boldsymbol{C}-b\boldsymbol{A}+c\boldsymbol{B})/(a-b+c)$，$\boldsymbol{D}_{64}^*=(a\boldsymbol{C}+b\boldsymbol{A}-c\boldsymbol{B})/(a+b-c)$；

(6) $\boldsymbol{D}_{61}^*=(a\boldsymbol{C}+b\boldsymbol{B}+c\boldsymbol{A})/(a+b+c)$，$\boldsymbol{D}_{62}^*=(-a\boldsymbol{C}+b\boldsymbol{B}+c\boldsymbol{A})/(-a+b+c)$，

$\boldsymbol{D}_{63}^{*}=(a\boldsymbol{C}-b\boldsymbol{B}+c\boldsymbol{A})/(a-b+c)$，$\boldsymbol{D}_{64}^{*}=(a\boldsymbol{C}+b\boldsymbol{B}-c\boldsymbol{A})/(a+b-c)$，则可得出以下结论：

(1) $D_{13}^{*}AD_{14}^{*}$，$D_{23}^{*}AD_{24}^{*}$，$D_{32}^{*}AD_{34}^{*}$，$D_{42}^{*}AD_{43}^{*}$，$D_{52}^{*}AD_{54}^{*}$，$D_{62}^{*}AD_{63}^{*}$，

$D_{12}^{*}BD_{13}^{*}$，$D_{22}^{*}BD_{23}^{*}$，$D_{33}^{*}BD_{34}^{*}$，$D_{43}^{*}BD_{44}^{*}$，$D_{52}^{*}BD_{53}^{*}$，$D_{62}^{*}BD_{64}^{*}$，

$D_{12}^{*}CD_{13}^{*}$，$D_{22}^{*}CD_{24}^{*}$，$D_{32}^{*}CD_{33}^{*}$，$D_{42}^{*}CD_{44}^{*}$，$D_{53}^{*}CD_{54}^{*}$，$D_{63}^{*}CD_{64}^{*}$ 均为直线；

(2) $\triangle ABC$ 的内重心$[\boldsymbol{M}_0^{*}=(\boldsymbol{A}+\boldsymbol{B}+\boldsymbol{C})/3]$是下面八个三角形 $\triangle D_{1k}^{*}D_{3k}^{*}D_{5k}^{*}$，$\triangle D_{2k}^{*}D_{4k}^{*}D_{6k}^{*}(k=1,2,3,4)$ 的公共内重心；

(3) 记 $d(D^{*},UV)$ 为点 D^{*} 到直线 UV 的距离，$S=\triangle_{s}ABC$ 则有下表

$d(D_{jk}^{*},UV)$ \ UV / D_{jk}^{*}	BC	CA	AB
D_{11}^{*}	$d_0=2S/(a+b+c)$	d_0	d_0
D_{12}^{*}	$d_1=2S/(-a+b+c)$	d_1	d_1
D_{13}^{*}	$d_2=2S/(a-b+c)$	d_2	d_2
D_{14}^{*}	$d_3=2S/(a+b-c)$	d_3	d_3
D_{21}^{*}	d_0	cd_0/b	bd_0/c
D_{22}^{*}	d_1	cd_1/b	bd_1/c
D_{23}^{*}	d_2	cd_2/b	bd_2/c
D_{24}^{*}	d_3	cd_3/b	bd_3/c
D_{31}^{*}	cd_0/a	ad_0/b	bd_0/c
D_{32}^{*}	cd_1/a	ad_1/b	bd_1/c
D_{33}^{*}	cd_2/a	ad_2/b	bd_2/c
D_{34}^{*}	cd_3/a	ad_3/b	bd_3/c
D_{41}^{*}	bd_0/a	ad_0/b	d_0
D_{42}^{*}	bd_1/a	ad_1/b	d_1
D_{43}^{*}	bd_2/a	ad_2/b	d_2
D_{44}^{*}	bd_3/a	ad_3/b	d_3
D_{51}^{*}	bd_0/a	cd_0/b	ad_0/c

（续　表）

$d(D_{jk}^*, UV)$ \ UV / D_{jk}^*	BC	CA	AB
D_{52}^*	bd_1/a	cd_1/b	ad_1/c
D_{53}^*	bd_2/a	cd_2/b	ad_2/c
D_{54}^*	bd_3/a	cd_3/b	ad_3/c
D_{61}^*	cd_0/a	d_0	ad_0/c
D_{62}^*	cd_1/a	d_1	ad_1/c
D_{63}^*	cd_2/a	d_2	ad_2/c
D_{64}^*	cd_3/a	d_3	ad_3/c

$d(D_{1k}^*, BC) : d(D_{1k}^*, CA) : d(D_{1k}^*, AB) = 1 : 1 : 1$,

$d(D_{2k}^*, BC) : d(D_{2k}^*, CA) : d(D_{2k}^*, AB) = 1 : c/b : b/c$,

$d(D_{3k}^*, BC) : d(D_{3k}^*, CA) : d(D_{3k}^*, AB) = c/a : a/b : b/c$,

$d(D_{4k}^*, BC) : d(D_{4k}^*, CA) : d(D_{4k}^*, AB) = b/a : a/b : 1$,

$d(D_{5k}^*, BC) : d(D_{5k}^*, CA) : d(D_{5k}^*, AB) = b/a : c/b : a/c$,

$d(D_{6k}^*, BC) : d(D_{6k}^*, CA) : d(D_{6k}^*, AB) = c/a : 1 : a/c(k = 1, 2, 3, 4)$,

还可得 $d(D_{jk}^*, BC)d(D_{jk}^*, CA)d(D_{jk}^*, AB) = 1(j = 1, 2, 3, 4, 5, 6; k = 1, 2, 3, 4)$。

证

(1) 仅证 $D_{12}^*AD_{13}^*$ 为直线。

$\mathbf{A} \times (\mathbf{D}_{12}^* - \mathbf{D}_{13}^*) - \mathbf{D}_{13}^* \times \mathbf{D}_{12}^* = \mathbf{A} \times [(a\mathbf{A} - b\mathbf{C} + c\mathbf{B})/(a-b+c) - (a\mathbf{A} + b\mathbf{C} - c\mathbf{B})/(a+b-c)] - (a\mathbf{A} + b\mathbf{C} - c\mathbf{B}) \times (a\mathbf{A} - b\mathbf{C} + c\mathbf{B})/(a-b+c)(a+b-c) = \mathbf{0}$ 即证。

(2) 仅证 $\triangle D_{13}^*D_{33}^*D_{53}^*$。

$(\mathbf{D}_{13}^* + \mathbf{D}_{33}^* + \mathbf{D}_{53}^*)/3 = [(a\mathbf{A} - b\mathbf{B} + c\mathbf{C})/(a-b+c) + (a\mathbf{B} - b\mathbf{C} + c\mathbf{A})/(a-b+c) + (a\mathbf{C} - b\mathbf{A} + c\mathbf{B})/(a-b+c)]/3 = (\mathbf{A} + \mathbf{B} + \mathbf{C})/3 = \mathbf{M}_0^*$。

(3) 仅证 $d(D_{32}^*, CA) = ad_1/b$。

$d(D_{32}^*, CA) = |[(-a\mathbf{B} + b\mathbf{C} + c\mathbf{A})/(-a+b+c)] \times [\mathbf{A} - \mathbf{C}] - \mathbf{C} \times \mathbf{A}|/b =$

$a\,|(\boldsymbol{A}\times\boldsymbol{B}+\boldsymbol{B}\times\boldsymbol{C}+\boldsymbol{C}\times\boldsymbol{A})/b(-a+b+c)|=ad_1/b$。

定理 52(积心)

设 $\boldsymbol{P}_0^*=(bc\boldsymbol{A}+ca\boldsymbol{B}+ab\boldsymbol{C})/(bc+ca+ab)$,则 $a\triangle_s BCP_0^*=b\triangle_s CAP_0^*=c\triangle_s ABP_0^*$(称 P_0^* 为 $\triangle ABC$ 的**内积心**)(见图 1-35)。

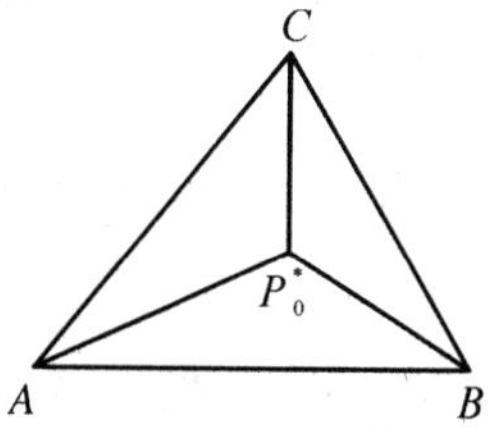

证 令 $\triangle ABC$ 的三直线 BC, CA 与 AB 方程为:$\boldsymbol{R}\times\boldsymbol{E}_j=\boldsymbol{A}_j$, $|\boldsymbol{E}_j|=1(j=1,2,3)$。

$a\boldsymbol{E}_1=\boldsymbol{C}-\boldsymbol{B}$, $b\boldsymbol{E}_2=\boldsymbol{A}-\boldsymbol{C}$, $c\boldsymbol{E}_3=\boldsymbol{B}-\boldsymbol{A}$; $a\boldsymbol{A}_1=\boldsymbol{B}\times\boldsymbol{C}$, $b\boldsymbol{A}_2=\boldsymbol{C}\times\boldsymbol{A}$, $c\boldsymbol{A}_3=\boldsymbol{A}\times\boldsymbol{B}$。

图 1-35

其满足:$a^2(\boldsymbol{P}_0^*\times\boldsymbol{E}_1-\boldsymbol{A}_1)=b^2(\boldsymbol{P}_0^*\times\boldsymbol{E}_2-\boldsymbol{A}_2)$,

$b^2(\boldsymbol{P}_0^*\times\boldsymbol{E}_2-\boldsymbol{A}_2)=c^2(\boldsymbol{P}_0^*\times\boldsymbol{E}_3-\boldsymbol{A}_3)$,

即 $a^2\,|\boldsymbol{P}_0^*\times\boldsymbol{E}_1-\boldsymbol{A}_1|=b^2\,|\boldsymbol{P}_0^*\times\boldsymbol{E}_2-\boldsymbol{A}_2|=c^2\,|\boldsymbol{P}_0^*\times\boldsymbol{E}_3-\boldsymbol{A}_3|$。

这里 $|\boldsymbol{P}_0^*\times\boldsymbol{E}_i-\boldsymbol{A}_i|\,(i=1,2,3)$ 表示是 P_0^* 到 $\triangle ABC$ 边 BC, CA 与 AB 的距离[见第 1 章 1.5.4 2)(2)],

得 $a\triangle_s BCP_0^*=b\triangle_s CAP_0^*=c\triangle_s ABP_0^*$。

令三个**外积心** $P_j^*\,(j=1,2,3)$:

$\boldsymbol{P}_1^*=(-bc\boldsymbol{A}+ca\boldsymbol{B}+ab\boldsymbol{C})/(-bc+ca+ab)$,

$\boldsymbol{P}_2^*=(bc\boldsymbol{A}-ca\boldsymbol{B}+ab\boldsymbol{C})/(bc-ca+ab)$,

$\boldsymbol{P}_3^*=(bc\boldsymbol{A}+ca\boldsymbol{B}-ab\boldsymbol{C})/(bc+ca-ab)$,可以验证它们分别满足:

$a^2(\boldsymbol{P}_1^*\times\boldsymbol{E}_1-\boldsymbol{A}_1)=-b^2(\boldsymbol{P}_1^*\times\boldsymbol{E}_2-\boldsymbol{A}_2)$, $b^2(\boldsymbol{P}_1^*\times\boldsymbol{E}_2-\boldsymbol{A}_2)=c^2(\boldsymbol{P}_1^*\times\boldsymbol{E}_3-\boldsymbol{A}_3)$,

$a^2(\boldsymbol{P}_2^*\times\boldsymbol{E}_1-\boldsymbol{A}_1)=-b^2(\boldsymbol{P}_2^*\times\boldsymbol{E}_2-\boldsymbol{A}_2)$, $b^2(\boldsymbol{P}_2^*\times\boldsymbol{E}_2-\boldsymbol{A}_2)=-c^2(\boldsymbol{P}_2^*\times\boldsymbol{E}_3-\boldsymbol{A}_3)$,

$a^2(\boldsymbol{P}_3^*\times\boldsymbol{E}_1-\boldsymbol{A}_1)=b^2(\boldsymbol{P}_3^*\times\boldsymbol{E}_2-\boldsymbol{A}_2)$, $b^2(\boldsymbol{P}_3^*\times\boldsymbol{E}_2-\boldsymbol{A}_2)=-c^2(\boldsymbol{P}_3^*\times\boldsymbol{E}_3-\boldsymbol{A}_3)$。

同样得 $a^2\,|\boldsymbol{P}_j^*\times\boldsymbol{E}_1-\boldsymbol{A}_1|=b^2\,|\boldsymbol{P}_j^*\times\boldsymbol{E}_2-\boldsymbol{A}_2|=c^2\,|\boldsymbol{P}_j^*\times\boldsymbol{E}_3-\boldsymbol{A}_3|\,(j=0,1,2,3)$,也得 $a\triangle_s BCP_j^*=b\triangle_s CAP_j^*=c\triangle_s ABP_j^*\,(j=0,1,2,3)$。

由三个**外积心** $P_j^*\,(j=1,2,3)$ 组成 $\triangle P_1^*P_2^*P_3^*$ 的内接三角形,即 $P_2^*AP_3^*$, $P_3^*BP_1^*$ 与 $P_1^*P_2^*C$ 为三条直线。

如 $\boldsymbol{A}\times(\boldsymbol{P}_2^*-\boldsymbol{P}_3^*)-\boldsymbol{P}_3^*\times\boldsymbol{P}_2^*=\boldsymbol{A}\times[(bc\boldsymbol{A}-ca\boldsymbol{B}+ab\boldsymbol{C})/(bc-ca+ab)-(bc\boldsymbol{A}+ca\boldsymbol{B}-ab\boldsymbol{C})/(bc+ca-ab)]-[(bc\boldsymbol{A}+ca\boldsymbol{B}-ab\boldsymbol{C})/(bc+ca-ab)]\times[(bc\boldsymbol{A}-ca\boldsymbol{B}+ab\boldsymbol{C})/(bc-ca+ab)]=\boldsymbol{0}$,$P_2^*AP_3^*$ 为直线。

另外还有**广义积心** $P_j^*(\lambda,\mu,\nu)(j=0,1,2,3)$。

$\boldsymbol{P}_0^* = \boldsymbol{P}_0^*(\lambda, \mu, \nu) = (\mu\nu\boldsymbol{A} + \nu\lambda\boldsymbol{B} + \lambda\mu\boldsymbol{C})/(\mu\nu + \nu\lambda + \lambda\mu)$,

$\boldsymbol{P}_1^* = \boldsymbol{P}_1^*(\lambda, \mu, \nu) = (-\mu\nu\boldsymbol{A} + \nu\lambda\boldsymbol{B} + \lambda\mu\boldsymbol{C})/(-\mu\nu + \nu\lambda + \lambda\mu)$,

$\boldsymbol{P}_2^* = \boldsymbol{P}_2^*(\lambda, \mu, \nu) = (\mu\nu\boldsymbol{A} - \nu\lambda\boldsymbol{B} + \lambda\mu\boldsymbol{C})/(\mu\nu - \nu\lambda + \lambda\mu)$,

$\boldsymbol{P}_3^* = \boldsymbol{P}_3^*(\lambda, \mu, \nu) = (\mu\nu\boldsymbol{A} + \nu\lambda\boldsymbol{B} - \lambda\mu\boldsymbol{C})/(\mu\nu + \nu\lambda - \lambda\mu)$,可以验证它们分别满足:

$a\lambda(\boldsymbol{P}_1^* \times \boldsymbol{E}_1 - \boldsymbol{A}_1) = -b\mu(\boldsymbol{P}_1^* \times \boldsymbol{E}_2 - \boldsymbol{A}_2)$, $b\mu(\boldsymbol{P}_1^* \times \boldsymbol{E}_2 - \boldsymbol{A}_2) = c\nu(\boldsymbol{P}_1^* \times \boldsymbol{E}_3 - \boldsymbol{A}_3)$,

$a\lambda(\boldsymbol{P}_2^* \times \boldsymbol{E}_1 - \boldsymbol{A}_1) = -b\mu(\boldsymbol{P}_2^* \times \boldsymbol{E}_2 - \boldsymbol{A}_2)$, $b\mu(\boldsymbol{P}_2^* \times \boldsymbol{E}_2 - \boldsymbol{A}_2) = -c\nu(\boldsymbol{P}_2^* \times \boldsymbol{E}_3 - \boldsymbol{A}_3)$,

$a\lambda(\boldsymbol{P}_3^* \times \boldsymbol{E}_1 - \boldsymbol{A}_1) = b\mu(\boldsymbol{P}_3^* \times \boldsymbol{E}_2 - \boldsymbol{A}_2)$, $b\mu(\boldsymbol{P}_3^* \times \boldsymbol{E}_2 - \boldsymbol{A}_2) = -c\nu(\boldsymbol{P}_3^* \times \boldsymbol{E}_3 - \boldsymbol{A}_3)$。

同样得 $\lambda a \mid \boldsymbol{P}_j^* \times \boldsymbol{E}_1 - \boldsymbol{A}_1 \mid = \mu b \mid \boldsymbol{P}_j^* \times \boldsymbol{E}_2 - \boldsymbol{A}_2 \mid = \nu c \mid \boldsymbol{P}_j^* \times \boldsymbol{E}_3 - \boldsymbol{A}_3 \mid (j = 0, 1, 2, 3)$。

也得 $\lambda\triangle_s BCP_j^* = \mu\triangle_s CAP_j^* = \nu\triangle_s ABP_j^* (j = 0, 1, 2, 3)$。

由三个**广义外积心** $P_j^*(\lambda, \mu, \nu)(j = 1, 2, 3)$ 组成 $\triangle P_1^* P_2^* P_3^*$ 的内接三角形,即 $P_2^* AP_3^*$,$P_3^* BP_1^*$ 与 $P_1^* P_2^* C$ 为三条直线。

如 $\boldsymbol{A} \times (\boldsymbol{P}_2^* - \boldsymbol{P}_3^*) - \boldsymbol{P}_3^* \times \boldsymbol{P}_2^* = \boldsymbol{A} \times [(\mu\nu\boldsymbol{A} - \nu\lambda\boldsymbol{B} + \lambda\mu\boldsymbol{C})/(\mu\nu - \nu\lambda + \lambda\mu) - (\mu\nu\boldsymbol{A} + \nu\lambda\boldsymbol{B} - \lambda\mu\boldsymbol{C})/(\mu\nu + \nu\lambda - \lambda\mu)] - [(\mu\nu\boldsymbol{A} + \nu\lambda\boldsymbol{B} - \lambda\mu\boldsymbol{C})/(\mu\nu + \nu\lambda - \lambda\mu)] \times [(\mu\nu\boldsymbol{A} - \nu\lambda\boldsymbol{B} + \lambda\mu\boldsymbol{C})/(\mu\nu - \nu\lambda + \lambda\mu)] = \boldsymbol{0}$,$P_2^* AP_3^*$ 为直线。

特别当取 $\lambda = (bc/a)^{1/2}$,$\mu = (ca/b)^{1/2}$,$\nu = (ab/c)^{1/2}$,

$\boldsymbol{P}_0^*(\lambda, \mu, \nu) = \boldsymbol{P}_0^*[(bc/a)^{1/2}, (ca/b)^{1/2}, (ab/c)^{1/2}] = (a\boldsymbol{A} + b\boldsymbol{B} + c\boldsymbol{C})/(a + b + c) = \boldsymbol{D}_0^*$,

$\boldsymbol{P}_1^*(\lambda, \mu, \nu) = (-a\boldsymbol{A} + b\boldsymbol{B} + c\boldsymbol{C})/(-a + b + c) = \boldsymbol{D}_1^*$,

$\boldsymbol{P}_2^*(\lambda, \mu, \nu) = (a\boldsymbol{A} - b\boldsymbol{B} + c\boldsymbol{C})/(a - b + c) = \boldsymbol{D}_2^*$,

$\boldsymbol{P}_3^*(\lambda, \mu, \nu) = (a\boldsymbol{A} + b\boldsymbol{B} - c\boldsymbol{C})/(a + b - c) = \boldsymbol{D}_3^*$,即定理 48 的内切圆内心与定理 49 的三个内切圆外心。

定义 11

按定义 8 约定$\triangle ABC$[即$\triangle(a, b, c)$]的

$F_0^*(\lambda, \mu, \nu)$:$\boldsymbol{F}_0^*(\lambda, \mu, \nu) = (\lambda\boldsymbol{A} + \mu\boldsymbol{B} + \nu\boldsymbol{C})/(\lambda + \mu + \nu)$,

$F_1^*(\lambda, \mu, \nu)$：$\boldsymbol{F}_1^*(\lambda, \mu, \nu) = (-\lambda\boldsymbol{A} + \mu\boldsymbol{B} + \nu\boldsymbol{C})/(-\lambda + \mu + \nu)$，

$F_2^*(\lambda, \mu, \nu)$：$\boldsymbol{F}_2^*(\lambda, \mu, \nu) = (\lambda\boldsymbol{A} - \mu\boldsymbol{B} + \nu\boldsymbol{C})/(\lambda - \mu + \nu)$，

$F_3^*(\lambda, \mu, \nu)$：$\boldsymbol{F}_3^*(\lambda, \mu, \nu) = (\lambda\boldsymbol{A} + \mu\boldsymbol{B} - \nu\boldsymbol{C})/(\lambda + \mu - \nu)$，$\lambda, \mu, \nu$为三个正实数。

我们可得

(1) $F_0^*(1, 1, 1) = M_0^*$(内重心)，$M_j^* = F_j^*(1, 1, 1)(j = 1, 2, 3)$(三个外重心)。

(2) $F_0^*(a, b, c) = D_0^*$(内切圆内心)，$F_1^*(-a, b, c) = D_1^*$，$F_2^*(a, -b, c) = D_2^*$，$F_3^*(a, b, -c) = D_3^*$(三个内切圆外心)，其中a, b, c为$\triangle ABC$的三边。

(3) $F_0^*(\lambda, \mu, \nu) = H_0^*$(内垂心)，$F_1^*(-\lambda, \mu, \nu) = H_1^*$，$F_2^*(\lambda, -\mu, \nu) = H_2^*$，$F_3^*(\lambda, \mu, -\nu) = H_3^*$(三个外垂心)，其中$\lambda = (b^2 - a^2 - c^2)(c^2 - a^2 - b^2)/16S^2$，$\mu = (c^2 - b^2 - a^2)(a^2 - b^2 - c^2)/16S^2$，$\nu = (a^2 - c^2 - b^2)(b^2 - c^2 - a^2)/16S^2$，$\lambda + \mu + \nu = 1$。$S = \triangle ABC_s = [l(l-a)(l-b)(l-c)]^{1/2}$，$l = (a+b+c)/2$。

(4) $F_0^*(\mu\nu, \nu\lambda, \lambda\mu) = P_0^*$(内积心)，$F_1^*(-\mu\nu, \nu\lambda, \lambda\mu) = P_1^*$，$F_2^*(\mu\nu, -\nu\lambda, \lambda\mu) = P_2^*$，$F_3^*(\mu\nu, \nu\lambda, -\lambda\mu) = P_3^*$，(三个外积心)$\lambda, \mu, \nu$为三个任意正实数。

定理 53

设$\triangle ABC$的F_0^*：$\boldsymbol{F}_0^*(\lambda, \mu, \nu) = (\lambda\boldsymbol{A} + \mu\boldsymbol{B} + \nu\boldsymbol{C})/(\lambda + \mu + \nu)$(见图1-36) $= \lambda\boldsymbol{A} + \mu\boldsymbol{B} + \nu\boldsymbol{C}$(不妨令$\lambda + \mu + \nu = 1$)。过点$F_0^*$作三线段$B_1F_0^*C_1$，$C_2F_0^*A_2$与$A_3F_0^*B_3$分别平行于$\triangle ABC$的三边$BC$，$CA$与$AB$，则

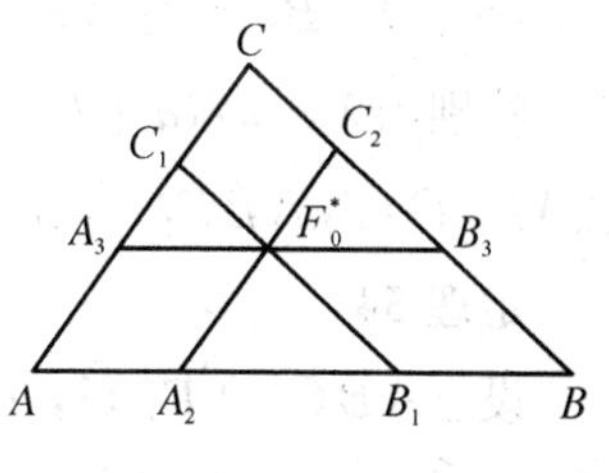

图1-36

(1) $\triangle_s AB_1C_1 : \triangle_s A_2BC_2 : \triangle_s A_3B_3C = (\mu + \nu)^2 : (\nu + \lambda)^2 : (\lambda + \mu)^2 = (1-\lambda)^2 : (1-\mu)^2 : (1-\nu)^2$；

(2) $\triangle_s AB_1C_1 = \triangle_s A_2BC_2 = \triangle_s A_3B_3C$的充分必要条件是

$\triangle_s AB_1C_1 = \triangle_s A_2BC_2 = \triangle_s A_3B_3C = \triangle_s ABC/4$，$\lambda = \mu = \nu = 1/3$；

(3) $\triangle_s F_0^*BC : \triangle_s AF_0^*C : \triangle_s ABF_0^* = \lambda : \mu : \nu(\lambda, \mu, \nu \geqslant 0$；$F_0^*$在$\triangle ABC$内部)。

证 (1) 由$A_3F_0^*B_3$得$\boldsymbol{B}_3 \times (\boldsymbol{B} - \boldsymbol{C}) = \boldsymbol{C} \times \boldsymbol{B}$，$\boldsymbol{B}_3 \times (\boldsymbol{B} - \boldsymbol{A}) = \boldsymbol{F}_0^* \times (\boldsymbol{B} - \boldsymbol{A})$

[第 1 章 1.5.4.3) (1)②(*b*)]$\Rightarrow \boldsymbol{B}_3=(\boldsymbol{C}\times\boldsymbol{B})\times[\boldsymbol{F}_0^*\times(\boldsymbol{B}-\boldsymbol{A})]/(\boldsymbol{C}\times\boldsymbol{B})\cdot(\boldsymbol{B}-\boldsymbol{A})=(\lambda+\mu)\boldsymbol{B}+\nu\boldsymbol{C}$,同理得 $\boldsymbol{A}_3=(\lambda+\mu)\boldsymbol{A}+\nu\boldsymbol{C}\Rightarrow\boldsymbol{B}_3-\boldsymbol{A}_3=(\lambda+\mu)(\boldsymbol{B}-\boldsymbol{A})$。

$|\boldsymbol{B}_3-\boldsymbol{A}_3|=(\lambda+\mu)c$。同理得 $|\boldsymbol{C}_3-\boldsymbol{B}_3|=(\mu+\nu)a$, $|\boldsymbol{A}_3-\boldsymbol{C}_3|=(\nu+\lambda)b$。

由定理 7(1) (2)$\Rightarrow\triangle_sAB_1C_1=(\mu+\nu)^2\triangle_sABC$, $\triangle_sA_2BC_2=(\nu+\lambda)^2\triangle_sABC$, $\triangle_sA_3B_3C=(\lambda+\mu)^2\triangle_sABC$,

$\Rightarrow\triangle_sAB_1C_1:\triangle_sA_2BC_2:\triangle_sA_3B_3C=(\mu+\nu)^2:(\nu+\lambda)^2:(\lambda+\mu)^2$。

(2) 若 $\triangle_sAB_1C_1=\triangle_sA_2BC_2=\triangle_sA_3B_3C=\triangle_sABC/4$,则 $\lambda=\mu=\nu=1/3$, F_0^* 为重心,反之亦然。

(3) $\boldsymbol{A}_3\times\boldsymbol{B}_3=[(\lambda+\mu)\boldsymbol{A}+\nu\boldsymbol{C}]\times[(\lambda+\mu)\boldsymbol{B}+\nu\boldsymbol{C}]=(\lambda+\mu)[\boldsymbol{A}\times\boldsymbol{B}-\nu(\boldsymbol{A}\times\boldsymbol{B}+\boldsymbol{B}\times\boldsymbol{C}+\boldsymbol{C}\times\boldsymbol{A})]$。

同理得

$\boldsymbol{B}_1\times\boldsymbol{C}_1=(\mu+\nu)[\boldsymbol{B}\times\boldsymbol{C}-\lambda(\boldsymbol{A}\times\boldsymbol{B}+\boldsymbol{B}\times\boldsymbol{C}+\boldsymbol{C}\times\boldsymbol{A})]$,

$\boldsymbol{C}_2\times\boldsymbol{A}_2=(\nu+\lambda)[\boldsymbol{C}\times\boldsymbol{A}-\mu(\boldsymbol{A}\times\boldsymbol{B}+\boldsymbol{B}\times\boldsymbol{C}+\boldsymbol{C}\times\boldsymbol{A})]$。

令 F_0^* 为坐标原点 $O\Rightarrow\boldsymbol{A}_3\times\boldsymbol{B}_3=\boldsymbol{B}_1\times\boldsymbol{C}_1=\boldsymbol{C}_2\times\boldsymbol{A}_2=\boldsymbol{0}$, $\lambda+\mu$, $\mu+\nu$, $\nu+\lambda\neq0(\lambda,\mu,\nu\geqslant0)\Rightarrow|\boldsymbol{A}\times\boldsymbol{B}|=\nu|\boldsymbol{A}\times\boldsymbol{B}+\boldsymbol{B}\times\boldsymbol{C}+\boldsymbol{C}\times\boldsymbol{A}|=2\nu\triangle_sABC$, $|\boldsymbol{B}\times\boldsymbol{C}|=2\lambda\triangle_sABC$, $|\boldsymbol{C}\times\boldsymbol{A}|=2\mu\triangle_sABC$,

$\Rightarrow\triangle_sF_0^*BC:\triangle_sAF_0^*C:\triangle_sABF_0^*=\lambda:\mu:\nu$。

特别当 $\lambda=a/(a+b+c)$, $\mu=b/(a+b+c)$, $\nu=c/(a+b+c)\Rightarrow\triangle_sF_0^*BC:\triangle_sAF_0^*C:\triangle_sABF_0^*=a:b:c$。

定理 54

设$\triangle ABC$ 的 $\boldsymbol{F}_1^*(\lambda,\mu,\nu)=(-\lambda\boldsymbol{A}+\mu\boldsymbol{B}+\nu\boldsymbol{C})/(-\lambda+\mu+\nu)$(见图 1-37),

$\boldsymbol{F}_2^*(\lambda,\mu,\nu)=(\lambda\boldsymbol{A}-\mu\boldsymbol{B}+\nu\boldsymbol{C})/(\lambda-\mu+\nu)$,

$\boldsymbol{F}_3^*(\lambda,\mu,\nu)=(\lambda\boldsymbol{A}+\mu\boldsymbol{B}-\nu\boldsymbol{C})/(\lambda+\mu-\nu)$。

过点 $F_j^*(j=1,2,3)$ 作九线段分别平行于$\triangle ABC$ 的三边 BC, CA 与 AB,则 $F_j^*(j=1,2,3)$ 称为 $\triangle ABC$ **平行面比外心**。

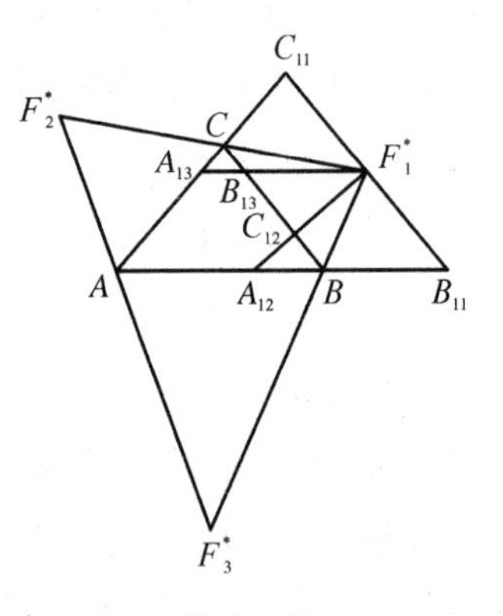

图 1-37

(1) $\triangle_sAB_{11}C_{11}:\triangle_sA_{12}BC_{12}:\triangle_sA_{13}B_{13}C=(\mu+\nu)^2:(\nu-\lambda)^2:(-\lambda+\mu)^2$,

$\triangle_s AB_{21}C_{21}$ ∶ $\triangle_s A_{22}BC_{22}$ ∶ $\triangle_s A_{23}B_{23}C = (-\mu+\nu)^2 : (\nu+\lambda)^2 : (\lambda-\mu)^2$,

$\triangle_s AB_{31}C_{31}$ ∶ $\triangle_s A_{32}BC_{32}$ ∶ $\triangle_s A_{33}B_{33}C = (\mu-\nu)^2 : (-\nu+\lambda)^2 : (\lambda+\mu)^2$;

(2) $F_1^* CF_2^*$，$F_2^* AF_3^*$，$F_1^* BF_2^*$ 为三直线；

(3) 与定理 53(3)的相仿结果。

证 (1)的证明如同定理 54；

(2) 因 $\boldsymbol{C}\times(\boldsymbol{F}_1^*-\boldsymbol{F}_2^*)-\boldsymbol{F}_2^*\times\boldsymbol{F}_1^* = \boldsymbol{C}\times[(-\lambda\boldsymbol{A}+\mu\boldsymbol{B}+\nu\boldsymbol{C})/(-\lambda+\mu+\nu)-(\lambda\boldsymbol{A}-\mu\boldsymbol{B}+\nu\boldsymbol{C})/(\lambda-\mu+\nu)]-[(\lambda\boldsymbol{A}-\mu\boldsymbol{B}+\nu\boldsymbol{C})/(\lambda-\mu+\nu)]\times[(-\lambda\boldsymbol{A}+\mu\boldsymbol{B}+\nu\boldsymbol{C})/(-\lambda+\mu+\nu)] = [-2\lambda\mu\boldsymbol{C}\times\boldsymbol{A}+2\mu\nu\boldsymbol{C}\times\boldsymbol{B}+2\lambda\mu\boldsymbol{C}\times\boldsymbol{A}-2\mu\nu\boldsymbol{C}\times\boldsymbol{B}]/(-\lambda+\mu+\nu)(\lambda-\mu+\nu) = \boldsymbol{0} \Rightarrow F_1^* CF_2^*$ 为三直线。同理，$F_2^* AF_3^*$，$F_1^* BF_2^*$ 也为三直线。

定理 55(拟积心)

记 P_0^{**} 到 $\triangle ABC$ 边 BC，CA 与 AB 的距离分别为 p_1, p_2 与 p_3，

若 $|P_0^{**}A|\cdot p_1 = |P_0^{**}B|\cdot p_2 = |P_0^{**}C|\cdot p_3$，则 P_0^{**} 称 $\triangle ABC$ 的**拟积心**(见图 1-38)。

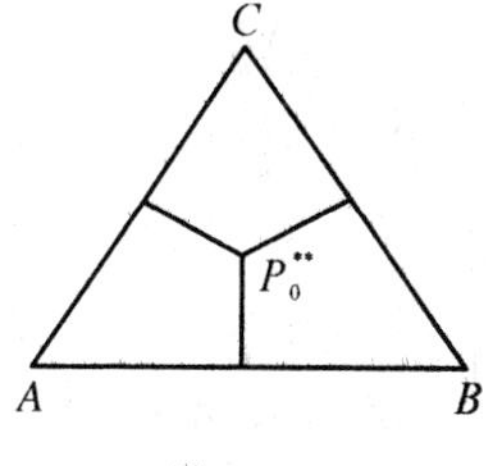

图 1-38

证 $\triangle ABC$ 的边 BC，CA 与 AB 方程：

$\boldsymbol{R}\times(\boldsymbol{C}-\boldsymbol{B}) = \boldsymbol{B}\times\boldsymbol{C}$，$\boldsymbol{R}\times(\boldsymbol{A}-\boldsymbol{C}) = \boldsymbol{C}\times\boldsymbol{A}$，$\boldsymbol{R}\times(\boldsymbol{B}-\boldsymbol{A}) = \boldsymbol{A}\times\boldsymbol{B}$，

P_0^{**} 到 $\triangle ABC$ 的边 BC 的距离 $p_1 = |\boldsymbol{P}_0^{**}\times(\boldsymbol{C}-\boldsymbol{B})-\boldsymbol{B}\times\boldsymbol{C}|/a$，同理得

$p_2 = |\boldsymbol{P}_0^{**}\times(\boldsymbol{A}-\boldsymbol{C})-\boldsymbol{C}\times\boldsymbol{A}|/b$，$p_3 = |\boldsymbol{P}_0^{**}\times(\boldsymbol{B}-\boldsymbol{A})-\boldsymbol{A}\times\boldsymbol{B}|/c$。

令 A 为原点 O，$\boldsymbol{A}=\boldsymbol{0}$，$\boldsymbol{P}_0^{**} = \lambda\boldsymbol{A}+\mu\boldsymbol{B}+\nu\boldsymbol{C} = \mu\boldsymbol{B}+\nu\boldsymbol{C}(\lambda+\mu+\nu=1)$，得

$|\boldsymbol{P}_0^{**}||\boldsymbol{P}_0^{**}\times(\boldsymbol{C}-\boldsymbol{B})-\boldsymbol{B}\times\boldsymbol{C}|/a = |\boldsymbol{P}_0^{**}-\boldsymbol{B}||\boldsymbol{P}_0^{**}\times(\boldsymbol{A}-\boldsymbol{C})-\boldsymbol{C}\times\boldsymbol{A}|/b = |\boldsymbol{P}_0^{**}-\boldsymbol{C}||\boldsymbol{P}_0^{**}\times(\boldsymbol{B}-\boldsymbol{A})-\boldsymbol{A}\times\boldsymbol{B}|/c$,

$|\mu+\nu-1||\mu\boldsymbol{B}+\nu\boldsymbol{C}|/a = |\mu||\mu\boldsymbol{B}+\nu\boldsymbol{C}-\boldsymbol{B}|/b = |\nu||\mu\boldsymbol{B}+\nu\boldsymbol{C}-\boldsymbol{C}|/c$，$2\boldsymbol{B}\cdot\boldsymbol{C} = b^2+c^2-a^2$，

μ，ν 由下列两方程求得

$(\mu+\nu-1)^2[b^2\mu^2+c^2\nu^2+\mu\nu(b^2+c^2-a^2)]/a^2 = \mu^2[b^2(\mu-1)^2+c^2\nu^2+\nu(\mu-1)(b^2+c^2-a^2)]/b^2 = \nu^2[b^2\mu^2+c^2(\mu-1)^2+\mu(\nu-1)(b^2+c^2-a^2)]/c^2$。

特别当 $b=c \Rightarrow \mu^2[b^2(\mu-1)^2+b^2\nu^2+\nu(\mu-1)(2b^2-a^2)] = \nu^2[b^2\mu^2+b^2(\nu-1)^2+\mu(\nu-1)(2b^2-a^2)] \Rightarrow \mu=\nu \Rightarrow (4b^2-a^2)^2\mu^2-(4b^2-a^2)^2\mu+2b^2(2b^2-$

$a^2)=0\Rightarrow$两个解：$\mu=(2b^2-a^2)/(4b^2-a^2)$，$P_1^{**}$：$\boldsymbol{P}_1^{**}=\mu(\boldsymbol{B}+\boldsymbol{C})$ 为**拟内积心**，而 $\mu=2b^2/(4b^2-a^2)$（不合，因为 $\lambda+\mu+\nu>\mu+\nu=2\mu=4b^2/(4b^2-a^2)>1$），特别当 $a=b=c$，$\mu=1/3$，$\boldsymbol{P}_1^{**}=(\boldsymbol{B}+\boldsymbol{C})/3$。

定理 56（外接圆内心，亦称外心）

(1) 设△ABC 的外接圆内心为 R_0^*：$\boldsymbol{R}_0^*=\lambda\boldsymbol{A}+\mu\boldsymbol{B}+\nu\boldsymbol{C}(\lambda+\mu+\nu=1)$，$|\boldsymbol{A}|=|\boldsymbol{B}|=|\boldsymbol{C}|$（△$ABC$ 中，使 $R_0^*A=R_0^*B=R_0^*C$ 的点 R_0^* 称为△ABC 的**外接圆内心**），

其中

$\lambda=(\boldsymbol{B}\times\boldsymbol{C})\cdot(\boldsymbol{B}\times\boldsymbol{C}+\boldsymbol{C}\times\boldsymbol{A}+\boldsymbol{A}\times\boldsymbol{B})/4S^2$，

$\mu=(\boldsymbol{C}\times\boldsymbol{A})\cdot(\boldsymbol{B}\times\boldsymbol{C}+\boldsymbol{C}\times\boldsymbol{A}+\boldsymbol{A}\times\boldsymbol{B})/4S^2$，

$\nu=(\boldsymbol{A}\times\boldsymbol{B})\cdot(\boldsymbol{B}\times\boldsymbol{C}+\boldsymbol{C}\times\boldsymbol{A}+\boldsymbol{A}\times\boldsymbol{B})/4S^2$，

$S=\triangle_s ABC$；

(2) 约定△ABC 的三个外接圆的外心

$\boldsymbol{R}_1^*=(-\lambda\boldsymbol{A}+\mu\boldsymbol{B}+\nu\boldsymbol{C})/(-\lambda+\mu+\nu)$，

$\boldsymbol{R}_2^*=(\lambda\boldsymbol{A}-\mu\boldsymbol{B}+\nu\boldsymbol{C})/(\lambda-\mu+\nu)$，

$\boldsymbol{R}_3^*=(\lambda\boldsymbol{A}+\mu\boldsymbol{B}-\nu\boldsymbol{C})/(\lambda+\mu-\nu)$，

$AR_0^*R_1^*$，$BR_0^*R_2^*$ 与 $CR_0^*R_3^*$ 为三直线（见图 1-39）；

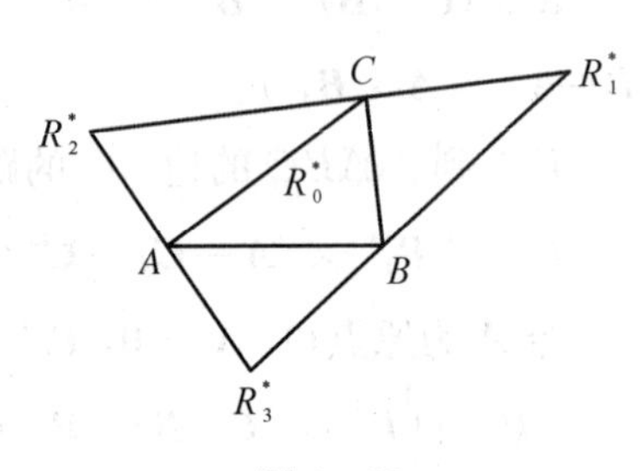

图 1-39

(3) 记 $R_j^*(j=1,2,3)$ 到△ABC 的三边 BC，CA 与 AB 的距离分别为 r_{i1}^*，r_{i2}^* 与 $r_{i3}^*(i=0,1,2,3)$，则① $A\in R_2^*R_3^*$，$B\in R_3^*R_1^*$，$C\in R_1^*R_2^*$，△ABC 是△$R_1^*R_2^*R_3^*$ 的内接三角形。

事实上，对于任意的 λ，μ，ν 此结论也成立。

② $r_{01}^*:r_{02}^*:r_{03}^*=r_{11}^*:r_{12}^*:r_{13}^*=r_{21}^*:r_{22}^*:r_{23}^*=r_{31}^*:r_{32}^*:r_{33}^*=\lambda/a:\mu/b:\nu/c$。

证 (1) 必要性 过点 $\boldsymbol{A}'=(\boldsymbol{C}+\boldsymbol{B})/2$ 作垂直于 $(\boldsymbol{C}-\boldsymbol{B})$ 的平面：

$[\boldsymbol{R}-(\boldsymbol{C}+\boldsymbol{B})/2]\cdot(\boldsymbol{C}-\boldsymbol{B})=\boldsymbol{0}$，$\boldsymbol{R}\cdot\boldsymbol{N}_1=p_1$，$p_1=(|\boldsymbol{C}|^2-|\boldsymbol{B}|^2)/2$，$\boldsymbol{N}_1=\boldsymbol{C}-\boldsymbol{B}$。

过点 $\boldsymbol{B}'=(\boldsymbol{A}+\boldsymbol{C})/2$ 作垂直于 $(\boldsymbol{A}-\boldsymbol{C})$ 的平面：

$[\boldsymbol{R}-(\boldsymbol{A}+\boldsymbol{C})/2]\cdot(\boldsymbol{A}-\boldsymbol{C})=\boldsymbol{0}$, $\boldsymbol{R}\cdot\boldsymbol{N}_2=p_2$, $p_2=(|\boldsymbol{A}|^2-|\boldsymbol{C}|^2)/2$, $\boldsymbol{N}_2=\boldsymbol{A}-\boldsymbol{C}$。

平面$\triangle ABC$：$(\boldsymbol{R}-\boldsymbol{A})\cdot\boldsymbol{N}_3=\boldsymbol{0}$, $\boldsymbol{N}_3=(\boldsymbol{B}-\boldsymbol{A})\times(\boldsymbol{C}-\boldsymbol{B})=\boldsymbol{B}\times\boldsymbol{C}+\boldsymbol{C}\times\boldsymbol{A}+\boldsymbol{A}\times\boldsymbol{B}$, $\boldsymbol{R}\cdot\boldsymbol{N}_3=p_3$, $p_3=[\boldsymbol{A},\boldsymbol{B},\boldsymbol{C}]$。

上述三平面的交点为

$\boldsymbol{R}_0^*=\{p_1\boldsymbol{N}_2\times\boldsymbol{N}_3+p_2\boldsymbol{N}_3\times\boldsymbol{N}_1+p_3\boldsymbol{N}_1\times\boldsymbol{N}_2\}/[\boldsymbol{N}_1,\boldsymbol{N}_2,\boldsymbol{N}_3]$ [见第1章1.5.4.3)(2)①],即证。

$\boldsymbol{R}_0^*=[\varphi(\boldsymbol{A},\boldsymbol{B},\boldsymbol{C})+\varphi(\boldsymbol{B},\boldsymbol{C},\boldsymbol{A})+\varphi(\boldsymbol{C},\boldsymbol{A},\boldsymbol{B})]/8S^2$,

$\varphi(\boldsymbol{A},\boldsymbol{B},\boldsymbol{C})=|\boldsymbol{A}|^2(\boldsymbol{B}\times\boldsymbol{C}+\boldsymbol{C}\times\boldsymbol{A}+\boldsymbol{A}\times\boldsymbol{B})\times(\boldsymbol{C}-\boldsymbol{B})+2[\boldsymbol{A},\boldsymbol{B},\boldsymbol{C}](\boldsymbol{B}\times\boldsymbol{C})$。

$S=\triangle_s ABC=|\boldsymbol{B}\times\boldsymbol{C}+\boldsymbol{C}\times\boldsymbol{A}+\boldsymbol{A}\times\boldsymbol{B}|/2$。

$\boldsymbol{R}_0^*$ 也可另外形式表示,如设 $\boldsymbol{R}_0^*=\lambda\boldsymbol{A}+\mu\boldsymbol{B}+\nu\boldsymbol{C}$,以 $\boldsymbol{B}\times\boldsymbol{C}$, $\boldsymbol{C}\times\boldsymbol{A}$, $\boldsymbol{A}\times\boldsymbol{B}$ 分别点积上式$\Rightarrow\boldsymbol{R}_0^*=\lambda\boldsymbol{A}+\mu\boldsymbol{B}+\nu\boldsymbol{C}(\lambda+\mu+\nu=1)([\boldsymbol{A},\boldsymbol{B},\boldsymbol{C}]\neq 0)$。

若选取坐标原点O在过外接圆内心R_0^*垂直于$\triangle ABC$的直线上,

但原点O不在$\triangle ABC$中$[\boldsymbol{A},\boldsymbol{B},\boldsymbol{C}]\neq 0\Rightarrow|\boldsymbol{A}|=|\boldsymbol{B}|=|\boldsymbol{C}|\Rightarrow\lambda,\mu,\nu$即证。

先证 $|\boldsymbol{R}_0^*-\boldsymbol{A}|=|\boldsymbol{R}_0^*-\boldsymbol{B}|$

$\Leftrightarrow|(\lambda-1)\boldsymbol{A}+\mu\boldsymbol{B}+\nu\boldsymbol{C}|=|(\lambda\boldsymbol{A}+(\mu-1)\boldsymbol{B}+\nu\boldsymbol{C})|$

$\Leftrightarrow(\lambda-1)^2\boldsymbol{A}^2+\mu^2\boldsymbol{B}^2+\nu^2\boldsymbol{C}^2+2(\lambda-1)\mu\boldsymbol{A}\cdot\boldsymbol{B}+2\mu\nu\boldsymbol{B}\cdot\boldsymbol{C}+2(\lambda-1)\nu\boldsymbol{A}\cdot\boldsymbol{C}=\lambda^2\boldsymbol{A}^2+(\mu-1)^2\boldsymbol{B}^2+\nu^2\boldsymbol{C}^2+2\lambda(\mu-1)\boldsymbol{A}\cdot\boldsymbol{B}+2(\mu-1)\nu\boldsymbol{B}\cdot\boldsymbol{C}+2\lambda\nu\boldsymbol{A}\cdot\boldsymbol{C}$

$\Leftrightarrow\boldsymbol{A}^2-\boldsymbol{B}^2+2(\boldsymbol{B}-\boldsymbol{A})\cdot\boldsymbol{R}_0^*=0$,因为$(\boldsymbol{B}-\boldsymbol{A})\cdot\boldsymbol{R}_0^*=0$[不妨选取坐标原点$O$在过外接圆心$R_0^*$垂直于$\triangle ABC$的直线上],得$\boldsymbol{A}^2=\boldsymbol{B}^2\Rightarrow|\boldsymbol{A}|=|\boldsymbol{B}|$。

同理得 $|\boldsymbol{R}_0^*-\boldsymbol{A}|=|\boldsymbol{R}_0^*-\boldsymbol{B}|=|\boldsymbol{R}_0^*-\boldsymbol{C}|$。利用 $|\boldsymbol{A}|=|\boldsymbol{B}|=|\boldsymbol{C}|$ 得

$\lambda=[|\boldsymbol{A}|^2|\boldsymbol{B}-\boldsymbol{C}|^2+|\boldsymbol{B}|^2(\boldsymbol{B}-\boldsymbol{C})\cdot(\boldsymbol{C}-\boldsymbol{A})+|\boldsymbol{C}|^2(\boldsymbol{B}-\boldsymbol{C})\cdot(\boldsymbol{A}-\boldsymbol{B})]+2(\boldsymbol{B}\times\boldsymbol{C})\cdot(\boldsymbol{B}\times\boldsymbol{C}+\boldsymbol{C}\times\boldsymbol{A}+\boldsymbol{A}\times\boldsymbol{B})/8S^2=|\boldsymbol{A}|^2[|\boldsymbol{B}-\boldsymbol{C}|^2+(\boldsymbol{B}-\boldsymbol{C})\cdot(\boldsymbol{C}-\boldsymbol{A})+(\boldsymbol{B}-\boldsymbol{C})\cdot(\boldsymbol{A}-\boldsymbol{B})]+2(\boldsymbol{B}\times\boldsymbol{C})\cdot(\boldsymbol{B}\times\boldsymbol{C}+\boldsymbol{C}\times\boldsymbol{A}+\boldsymbol{A}\times\boldsymbol{B})/8S^2=|\boldsymbol{A}|^2[a^2-(a^2+b^2-c^2)/2-(a^2+c^2-b^2)/2]+2(\boldsymbol{B}\times\boldsymbol{C})\cdot(\boldsymbol{B}\times\boldsymbol{C}+\boldsymbol{C}\times\boldsymbol{A}+\boldsymbol{A}\times\boldsymbol{B})/8S^2=(\boldsymbol{B}\times\boldsymbol{C})\cdot(\boldsymbol{B}\times\boldsymbol{C}+\boldsymbol{C}\times\boldsymbol{A}+\boldsymbol{A}\times\boldsymbol{B})/4S^2$。

其中a, b, c为$\triangle ABC$的三条边,同理得

$\mu=(\boldsymbol{C}\times\boldsymbol{A})\cdot(\boldsymbol{B}\times\boldsymbol{C}+\boldsymbol{C}\times\boldsymbol{A}+\boldsymbol{A}\times\boldsymbol{B})/4S^2$,

$\nu=(\boldsymbol{A}\times\boldsymbol{B})\cdot(\boldsymbol{B}\times\boldsymbol{C}+\boldsymbol{C}\times\boldsymbol{A}+\boldsymbol{A}\times\boldsymbol{B})/4S^2$,

$\boldsymbol{R}_0^* = \lambda\boldsymbol{A} + \mu\boldsymbol{B} + \nu\boldsymbol{C}(\lambda + \mu + \nu = 1)$，$|\boldsymbol{A}| = |\boldsymbol{B}| = |\boldsymbol{C}|$。

(2) $AR_0^*R_1^*$，$BR_0^*R_2^*$ 与 $CR_0^*R_3^*$ 为三直线。

易证 $\boldsymbol{A}\times(\boldsymbol{R}_1^* - \boldsymbol{R}_0^*) - \boldsymbol{R}_0^*\times\boldsymbol{R}_1^* = \boldsymbol{0}$，$\boldsymbol{B}\times(\boldsymbol{R}_2^* - \boldsymbol{R}_0^*) - \boldsymbol{R}_0^*\times\boldsymbol{R}_2^* = \boldsymbol{0}$，$\boldsymbol{C}\times(\boldsymbol{R}_3^* - \boldsymbol{R}_0^*) - \boldsymbol{R}_0^*\times\boldsymbol{R}_3^* = \boldsymbol{0} \Rightarrow AR_0^*R_1^*$，$BR_0^*R_2^*$ 与 $CR_0^*R_3^*$ 为三直线。

(3) $\triangle ABC$ 三是 $\triangle R_1^*R_2^*R_3^*$ 的内接三角形证明方法如同定理 46(3)。

定理 57

$\triangle ABC$ 的外接圆内心为 $R_0^*(x_0, y_0)$，半径为 r；$A(x_1, y_1)$，$B(x_2, y_2)$，$C(x_3, y_3)$。圆方程为$(x - x_0)^2 + (y - y_0)^2 = r^2$，即

$$\begin{vmatrix} 1 & x & y & x^2 + y^2 \\ 1 & x_1 & y_1 & x_1^2 + y_1^2 \\ 1 & x_2 & y_2 & x_2^2 + y_2^2 \\ 1 & x_3 & y_3 & x_3^2 + y_3^2 \end{vmatrix} = 0,\ Q(x^2 + y^2) + 2Ux + 2Vy + T = 0,\text{其中}$$

$$Q = \begin{vmatrix} 1 & x_1 & y_1 \\ 1 & x_2 & y_2 \\ 1 & x_3 & y_3 \end{vmatrix},U = \begin{vmatrix} 1 & y_1 & x_1^2 + y_1^2 \\ 1 & y_2 & x_2^2 + y_2^2 \\ 1 & y_3 & x_3^2 + y_3^2 \end{vmatrix},V = \begin{vmatrix} x_1 & 1 & x_1^2 + y_1^2 \\ x_2 & 1 & x_2^2 + y_2^2 \\ x_3 & 1 & x_3^2 + y_3^2 \end{vmatrix},\ T = \begin{vmatrix} y_1 & x_1 & x_1^2 + y_1^2 \\ y_2 & x_2 & x_2^2 + y_2^2 \\ y_3 & x_3 & x_3^2 + y_3^2 \end{vmatrix},$$

$R_0^*(x_0, y_0) = R_0^*(-U/Q, -V/Q)$，$r = (U^2 + V^2 - QT)^{1/2}/Q$。

定理 58

(1) $\triangle ABC$ 为正三角形的充分必要条件是$\triangle ABC$ 的重心，内切圆心与垂心中的任意两个点重合；

(2) $\triangle ABC$ 为等腰三角形的充分必要条件是它的一条边上的分角线，中线与高中任意两条线重合。

证

(1) ① *必要性*　若内重心，内切圆内心两个点重合，得

$(a\boldsymbol{A} + b\boldsymbol{B} + c\boldsymbol{C})/2l = \boldsymbol{D}_0^* = \boldsymbol{M}_0^* = (\boldsymbol{A} + \boldsymbol{B} + \boldsymbol{C})/3 \Rightarrow (2a - b - c)\boldsymbol{A} + (2b - c - a)\boldsymbol{B} + (2c - a - b)\boldsymbol{C} = \boldsymbol{0}$，$l = (a + b + c)/2$。

令平面坐标原点为$O=A$则$\boldsymbol{A}=\boldsymbol{0}\Rightarrow(2b-c-a)\boldsymbol{B}+(2c-a-b)\boldsymbol{C}=\boldsymbol{0}\Rightarrow 2b-c-a=2c-a-b=0\Rightarrow a=b=c$。

若外重心,内切圆外心两个点重合,由定理45(2)与定理49,得

$(-a\boldsymbol{A}+b\boldsymbol{B}+c\boldsymbol{C})/(-a+b+c)=\boldsymbol{D}_1^*=\boldsymbol{M}_1^*=-\boldsymbol{A}+\boldsymbol{B}+\boldsymbol{C}\Rightarrow(2a-b-c)\boldsymbol{A}+(c-a)\boldsymbol{B}+(b-a)\boldsymbol{C}=\boldsymbol{0}$,

令平面坐标原点为$O=A$则$\boldsymbol{A}=\boldsymbol{0}\Rightarrow c-a=b-a=0\Rightarrow a=b=c$。同理$\boldsymbol{M}_j^*=\boldsymbol{D}_j^*(j=2,3)\Rightarrow a=b=c$,即证$\triangle ABC$为正三角形。

充分性　若$a=b=c\Rightarrow\boldsymbol{M}_j^*=\boldsymbol{D}_j^*(j=0,1,2,3)$得重心,内心两个点重合。

② 必要性　若内重心,内垂心两个点重合,由定理45与定理48,得

$\lambda\boldsymbol{A}+\mu\boldsymbol{B}+\nu\boldsymbol{C}=\boldsymbol{H}_0^*=\boldsymbol{M}_0^*=(\boldsymbol{A}+\boldsymbol{B}+\boldsymbol{C})/3\Rightarrow(3\lambda-1)\boldsymbol{A}+(3\mu-1)\boldsymbol{B}+(3\nu-1)\boldsymbol{C}=\boldsymbol{0}$。

令平面坐标原点为$O=A$,则$\boldsymbol{A}=\boldsymbol{0}\Rightarrow(3\mu-1)\boldsymbol{B}+(3\nu-1)\boldsymbol{C}=\boldsymbol{0}$,$3\mu-1=3\nu-1=0\Rightarrow\lambda=\mu=\nu=1/3$,$(c^2-b^2-a^2)(a^2-b^2-c^2)=(a^2-c^2-b^2)(b^2-c^2-a^2)=(b^2-a^2-c^2)(c^2-a^2-b^2)$。

(i) $a^2-b^2-c^2\neq0$,$c^2-b^2-a^2=b^2-c^2-a^2\Rightarrow b=c$代入$\mu=1/3$,

$\Rightarrow 3(c^2-b^2-a^2)(a^2-b^2-c^2)=(a+b+c)(-a+b+c)(a-b+c)(a+b-c)$

得$a=b\Rightarrow a=b=c$。

(ii) $a^2-b^2-c^2=0$,$b^2-c^2-a^2\neq0$,$a^2-c^2-b^2=c^2-a^2-b^2\Rightarrow a=c\Rightarrow a=b=c$。

(iii) $a^2-b^2-c^2=b^2-c^2-a^2=0\Rightarrow c=0$不可能。

同理$\boldsymbol{H}_j^*=\boldsymbol{M}_j^*(j=1,2,3)\Rightarrow a=b=c$,即证$\triangle ABC$为正三角形。

$\Rightarrow$充分性　若$a=b=c\Rightarrow\lambda=(b^2-a^2-c^2)(c^2-a^2-b^2)/16S^2=1/3$,同理$\mu=\nu=1/3$。

$\Rightarrow\boldsymbol{H}_j^*=\boldsymbol{M}_j^*(j=0,1,2,3)$。

③ 必要性　若内垂心,内切圆内心两个点重合,由定理45与定理46,得

$\lambda\boldsymbol{A}+\mu\boldsymbol{B}+\nu\boldsymbol{C}=\boldsymbol{H}_0^*=\boldsymbol{D}_0^*=(a\boldsymbol{A}+b\boldsymbol{B}+c\boldsymbol{C})/2l$,$2l=a+b+c$,同理令$\boldsymbol{A}=\boldsymbol{0}$得

$2l(\mu\boldsymbol{B}+\nu\boldsymbol{C})=b\boldsymbol{B}+c\boldsymbol{C}$,$2l\mu-b=2l\nu-c=0\Rightarrow c\mu=b\nu$。

由定理46约定的λ,μ,$\nu\Rightarrow c(c^2-b^2-a^2)=b(b^2-c^2-a^2)\Rightarrow 2l(b-c)(a-$

$b-c)=0 \Rightarrow b=c$。

由对称性得 $c=a$, $a=b \Rightarrow a=b=c$。

同理 $\boldsymbol{H}_j^*=\boldsymbol{D}_j^*$ $(j=1, 2, 3) \Rightarrow a=b=c$,即证$\triangle ABC$为正三角形。

充分性 易证。

(2) 设$\triangle ABC$中AA_1, AA_2与AA_3分别为边BC上的分角线,中线与高[见定理45,定理46与定理48]。

$\boldsymbol{A}_1=(b\boldsymbol{B}+c\boldsymbol{C})/(b+c)$, $\boldsymbol{A}_2=(\boldsymbol{B}+\boldsymbol{C})/2$, $\boldsymbol{A}_3=(a^2+b^2-c^2)\boldsymbol{B}/2a^2+(a^2-b^2+c^2)\boldsymbol{C}/2a^2$。

必要性 ① 当$\boldsymbol{A}_1=\boldsymbol{A}_2 \Rightarrow (b-c)(\boldsymbol{B}-\boldsymbol{C})=\boldsymbol{0} \Rightarrow b=c$;

② 当$\boldsymbol{A}_2=\boldsymbol{A}_3 \Rightarrow (b^2-c^2)(\boldsymbol{B}-\boldsymbol{C})=\boldsymbol{0} \Rightarrow b=c$;

③ 当$\boldsymbol{A}_1=\boldsymbol{A}_3 \Rightarrow b/(b+c)=(a^2+b^2-c^2)/2a^2$, $c/(b+c)=(a^2-b^2+c^2)/2a^2$,两式相加$\Rightarrow b^2-c^2=0 \Rightarrow b=c$。

充分性 当$b=c \Rightarrow \boldsymbol{A}_1=\boldsymbol{A}_2=\boldsymbol{A}_3$,命题得证。

1.6.4 三角形心的面积

定理 59

(1) $\triangle ABC$三边中点组成的$\triangle_s A'B'C'=\triangle_s ABC/4$;

(2) $\triangle ABC$的三条中线的等比分点$(t:1-t)$三点组成$\triangle_s A_* B_* C_*=\varepsilon_1 \triangle_s ABC$ $[\varepsilon_1=(3t-1)^2/4]$;

(3) $\triangle ABC$的三条中线为边长的三角形面积等于$3\triangle_s ABC/4$;

(4) $\triangle ABC$的三个(外)重心组成$\triangle_s M_1^* M_2^* M_3^*=4\triangle_s ABC$;

(5) (四边形面积) $\square_s A'CB'M_0^*=\square_s B'AC'M_0^*=\square_s C'BA'M_0^*=\triangle_s ABC/3$,其中$M_0^*$为$\triangle ABC$的重心。

证 (1) 令平面坐标原点为O,由定理45得$\triangle ABC$的三条边的中点分别为

$\boldsymbol{A}'=(\boldsymbol{B}+\boldsymbol{C})/2$, $\boldsymbol{B}'=(\boldsymbol{C}+\boldsymbol{A})/2$, $\boldsymbol{C}'=(\boldsymbol{A}+\boldsymbol{B})/2$(见图1-40),

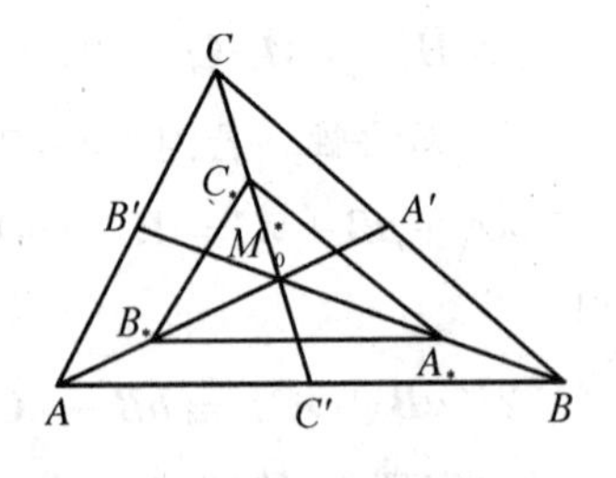

图 1-40

$\triangle_s \boldsymbol{A}'\boldsymbol{B}'\boldsymbol{C}'=|\boldsymbol{A}'\times\boldsymbol{B}'+\boldsymbol{B}'\times\boldsymbol{C}'+\boldsymbol{C}'\times\boldsymbol{A}'|/2=|\boldsymbol{A}\times\boldsymbol{B}+\boldsymbol{B}\times\boldsymbol{C}+\boldsymbol{C}\times\boldsymbol{A}|/8=\triangle_s ABC/4$。

(2) $\triangle ABC$ 的三条中线的等比分点 $(t:1-t)$ 三分点为 A_*，B_* 与 C_* 满足：

$|\boldsymbol{A}_*-\boldsymbol{A}'|/|\boldsymbol{A}-\boldsymbol{A}_*|=|\boldsymbol{B}_*-\boldsymbol{B}'|/|\boldsymbol{B}-\boldsymbol{B}_*|=|\boldsymbol{C}_*-\boldsymbol{C}'|/|\boldsymbol{C}-\boldsymbol{C}_*|=t/(1-t)$。

$\boldsymbol{C}_*=t\boldsymbol{C}+(1-t)\boldsymbol{C}'=t\boldsymbol{C}+(1-t)(\boldsymbol{A}+\boldsymbol{B})/2$，$\boldsymbol{A}_*=t\boldsymbol{A}+(1-t)\boldsymbol{A}'=t\boldsymbol{A}+(1-t)(\boldsymbol{B}+\boldsymbol{C})/2$，

$\boldsymbol{B}_*=t\boldsymbol{B}+(1-t)\boldsymbol{B}'=t\boldsymbol{B}+(1-t)(\boldsymbol{C}+\boldsymbol{A})/2$，

$\triangle_s A_*B_*C_*=|\boldsymbol{A}_*\times\boldsymbol{B}_*+\boldsymbol{B}_*\times\boldsymbol{C}_*+\boldsymbol{C}_*\times\boldsymbol{A}_*|/2=\varepsilon_1|\boldsymbol{A}\times\boldsymbol{B}+\boldsymbol{B}\times\boldsymbol{C}+\boldsymbol{C}\times\boldsymbol{A}|/2$，$\varepsilon_1=(3t-1)^2/4$。

特别地，① 当 $t=0$ 时，$\varepsilon_1=1/4$，即 $\triangle_s A_*B_*C_*=\triangle_s ABC/4$；

② 当 $t=1$ 时，$\varepsilon_1=1$，即 $\triangle A_*B_*C_*\equiv$（全等）$\triangle ABC$；

③ $\triangle_s A_*B_*C_*=0$ 的充分必要条件是 $t=1/3$，即三条中线的等比分点重合于重心 D^*。

(3) 以$\triangle ABC$ 的三条中线为三条边长

$\boldsymbol{AA}'=(\boldsymbol{B}+\boldsymbol{C}-2\boldsymbol{A})/2$，$\boldsymbol{BB}'=(\boldsymbol{C}+\boldsymbol{A}-2\boldsymbol{B})/2$，$\boldsymbol{CC}'=(\boldsymbol{A}+\boldsymbol{B}-2\boldsymbol{C})/2$，

组成的三角形（因为 $\boldsymbol{AA}'+\boldsymbol{BB}'+\boldsymbol{CC}'=\boldsymbol{0}$）的面积为

$|\boldsymbol{AA}'\times\boldsymbol{BB}'|/2=|(\boldsymbol{B}+\boldsymbol{C}-2\boldsymbol{A})\times(\boldsymbol{C}+\boldsymbol{A}-2\boldsymbol{B})|/8=3|\boldsymbol{A}\times\boldsymbol{B}+\boldsymbol{B}\times\boldsymbol{C}+\boldsymbol{C}\times\boldsymbol{A}|/8=3\triangle_s ABC/4$。

(4) 由定理45得$\triangle ABC$ 的三个（外）重心 M_j^* $(j=1,2,3)$：$\boldsymbol{M}_1^*=-\boldsymbol{A}+\boldsymbol{B}+\boldsymbol{C}$；$\boldsymbol{M}_2^*=\boldsymbol{A}-\boldsymbol{B}+\boldsymbol{C}$；$\boldsymbol{M}_3^*=\boldsymbol{A}+\boldsymbol{B}-\boldsymbol{C}$；

$\triangle_s M_1^*M_2^*M_3^*=|\boldsymbol{M}_2^*\times\boldsymbol{M}_3^*+\boldsymbol{M}_3^*\times\boldsymbol{M}_1^*+\boldsymbol{M}_1^*\times\boldsymbol{M}_2^*|/2=2|\boldsymbol{A}\times\boldsymbol{B}+\boldsymbol{B}\times\boldsymbol{C}+\boldsymbol{C}\times\boldsymbol{A}|=4\triangle_s ABC$。

$\triangle_s B'M_0^*A'=|\boldsymbol{A}'\times\boldsymbol{B}'+\boldsymbol{B}'\times\boldsymbol{M}_0^*+\boldsymbol{M}_0^*\times\boldsymbol{A}'|/2=|\boldsymbol{A}\times\boldsymbol{B}+\boldsymbol{B}\times\boldsymbol{C}+\boldsymbol{C}\times\boldsymbol{A}|/24$。

$\triangle_s A'CB'=|\boldsymbol{A}\times\boldsymbol{B}+\boldsymbol{B}\times\boldsymbol{C}+\boldsymbol{C}\times\boldsymbol{A}|/8$，$\boldsymbol{M}_0^*=(\boldsymbol{A}+\boldsymbol{B}+\boldsymbol{C})/3$。

$\square_s A'CB'M_0^*=\triangle_s A'CB'+\triangle_s B'M_0^*A'=|\boldsymbol{A}\times\boldsymbol{B}+\boldsymbol{B}\times\boldsymbol{C}+\boldsymbol{C}\times\boldsymbol{A}|/6=\triangle_s ABC/3$。

同理，$\square_s B'AC'M_0^*=\square_s C'BA'M_0^*=\triangle_s ABC/3$。

定理 60

设$\triangle ABC$ 的三条内角平分线与三条边的交点分别为 A'，B'与 C'。

(1) 三条内角平分线的等比例(t:$1-t$)三点 A_*, B_*, C_* 组成 $\triangle_s A_* B_* C_* = |\varepsilon_2|\triangle_s ABC$(见图 1-40),其中 $\varepsilon_2 = t(2t-1)+k(1-t)^2$, $k = 2abc/(b+c)(c+a)(a+b)$;

(2) 三点 A_*, B_*, C_* 共线的充分必要条件是

$t = [1+2k\pm(1-4k-3k^2)^{1/2}]/2(2+k)$。

证 (1) $|\boldsymbol{A}_*-\boldsymbol{A}'|/|\boldsymbol{A}-\boldsymbol{A}_*| = |\boldsymbol{B}_*-\boldsymbol{B}'|/|\boldsymbol{B}-\boldsymbol{B}_*| = |\boldsymbol{C}_*-\boldsymbol{C}'|/|\boldsymbol{C}-\boldsymbol{C}_*| = t/(1-t)$。

由平面几何得 $BA'/A'C = c/b$, $\boldsymbol{A}' = (b\boldsymbol{B}+c\boldsymbol{C})/(b+c)$,

同理 $\boldsymbol{B}' = (c\boldsymbol{C}+a\boldsymbol{A})/(c+a)$, $\boldsymbol{C}' = (a\boldsymbol{A}+b\boldsymbol{B})/(a+b)$。

$\boldsymbol{A}_* = t\boldsymbol{A}+(1-t)\boldsymbol{A}'$, $\boldsymbol{B}_* = t\boldsymbol{B}+(1-t)\boldsymbol{B}'$, $\boldsymbol{C}_* = t\boldsymbol{C}+(1-t)\boldsymbol{C}'$,

由 $\triangle_s A_* B_* C_* = |\boldsymbol{A}_*\times\boldsymbol{B}_*+\boldsymbol{B}_*\times\boldsymbol{C}_*+\boldsymbol{C}_*\times\boldsymbol{A}_*|/2 = \varepsilon_2|\boldsymbol{A}\times\boldsymbol{B}+\boldsymbol{B}\times\boldsymbol{C}+\boldsymbol{C}\times\boldsymbol{A}|/2 = \varepsilon_2\triangle_s ABC$。

其中,$\varepsilon_2 = t(2t-1)+2(1-t)^2 abc/(b+c)(c+a)(a+b)$,

特别地,① 当 $t=0$ 时,$\varepsilon_2 = 2abc/(b+c)(c+a)(a+b)$;

② 当 $t=1$ 时,$\varepsilon_2 = 1$,即 $\triangle A_* B_* C_* \equiv$(全等)$\triangle ABC$;

③ 当 $a=b=c$ 时,$\varepsilon_2 = (1-3t)^2/4$。

(2) 三点 A_*, B_*, C_* 共线 $\Leftrightarrow \varepsilon_2 = 0 \Leftrightarrow (2+k)t^2-(1+2k)t+k = 0 \Leftrightarrow t = [1+2k\pm(1-4k-3k^2)^{1/2}]/2(2+k)$。

定理 61

$\triangle ABC$ 的三个外心 D_j^* ($j=1, 2, 3$) 组成 $\triangle_s D_1^* D_2^* D_3^* = |\varepsilon_3|\triangle_s ABC$,

其中,$\varepsilon_3 = 4abc/(-a+b+c)(a-b+c)(a+b-c)$。

证 由定理 49 得

$\boldsymbol{D}_1^* = (-a\boldsymbol{A}+b\boldsymbol{B}+c\boldsymbol{C})/(-a+b+c)$, $\boldsymbol{D}_2^* = (a\boldsymbol{A}-b\boldsymbol{B}+c\boldsymbol{C})/(a-b+c)$, $\boldsymbol{D}_3^* = (a\boldsymbol{A}+b\boldsymbol{B}-c\boldsymbol{C})/(a+b-c)$。

由 $|\boldsymbol{D}_1^*\times\boldsymbol{D}_2^*+\boldsymbol{D}_2^*\times\boldsymbol{D}_3^*+\boldsymbol{D}_3^*\times\boldsymbol{D}_1^*| = |\varepsilon_3||\boldsymbol{A}\times\boldsymbol{B}+\boldsymbol{B}\times\boldsymbol{C}+\boldsymbol{C}\times\boldsymbol{A}|$,得 $\triangle_s D_1^* D_2^* D_3^* = |\varepsilon_3|\triangle_s ABC$,特别当 $a=b=c$ 时,$\varepsilon_3 = 4$。

定理 62

$\triangle ABC$ 的三个第一外积心 R_j^*:$\boldsymbol{R}_j^*(\lambda, \mu, \nu)$($j=1, 2, 3$) 的 $\triangle_s R_1^* R_2^* R_3^* = |\varepsilon_4|\triangle_s ABC$,

其中，$\varepsilon_4 = 4\lambda^2\mu^2\nu^2/(-\mu\nu+\nu\lambda+\lambda\mu)(\mu\nu-\nu\lambda+\lambda\mu)(\mu\nu+\nu\lambda-\lambda\mu)$。

证 由定理52证明方法如同定理61，特别当 $\lambda=\mu=\nu$ 时，$\varepsilon_5 = 1/4$。

定理63

(1) $\triangle ABC$ 三条边的三垂足点 A'，B' 与 C' 组成 $\triangle_s A'B'C' = |\varepsilon_5| \triangle_s ABC$，

其中，$\varepsilon_5 = 1+(a^2+b^2-c^2)(a^2-b^2+c^2)/4a^2b^2+(-a^2+b^2c^2)(b^2+a^2-c^2)/4b^2c^2+(a^2+c^2-b^2)(c^2+b^2-a^2)/4a^2c^2$。

(2) $\triangle ABC$ 的三条高的等比分 $(t:1-t)$ 三点组成 $\triangle_s A_* B_* C_* = |\varepsilon_5^*| \triangle_s ABC$ $[\varepsilon_5^* = t(2t-1)+(1-t)^2\varepsilon_4]$。

(3) $\boldsymbol{A}_*, \boldsymbol{B}_*, \boldsymbol{C}_*$ 三点共线的充分必要条件是 $t=[1+2\varepsilon_5 \pm (1-4\varepsilon_5)^{1/2}]/2(2+\varepsilon_5)$。

(4) 按定理46约定 $\triangle ABC$ 的三个(外)垂心 H_j^* $(j=1, 2, 3)$：

$\boldsymbol{H}_1^* = (-\lambda\boldsymbol{A}+\mu\boldsymbol{B}+\nu\boldsymbol{C})/(-\lambda+\mu+\nu)$，

$\boldsymbol{H}_2^* = (\lambda\boldsymbol{A}-\mu\boldsymbol{B}+\nu\boldsymbol{C})/(\lambda-\mu+\nu)$，

$\boldsymbol{H}_3^* = (\lambda\boldsymbol{A}+\mu\boldsymbol{B}-\nu\boldsymbol{C})/(\lambda+\mu-\nu)$，则 $\triangle_s H_1^* H_2^* H_3^* = |\varepsilon_6| \triangle_s ABC$。

其中，$\lambda = (b^2-a^2-c^2)(c^2-a^2-b^2)/16S^2$，

$\mu = (c^2-b^2-a^2)(a^2-b^2-c^2)/16S^2$，

$\nu = (a^2-c^2-b^2)(b^2-c^2-a^2)/16S^2$，$\lambda+\mu+\nu=1$。

$S = \triangle_s ABC = [l(l-a)(l-b)(l-c)]^{1/2}$，$l=(a+b+c)/2$[见定理5(4)]，

$\varepsilon_6 = |4\lambda\mu\nu/(-\lambda+\mu+\nu)(\lambda-\mu+\nu)(\lambda+\mu-\nu)|$。

证 (1) $\boldsymbol{A}' = \boldsymbol{B}+\sigma(\boldsymbol{C}-\boldsymbol{B}) \Rightarrow \boldsymbol{A}'\cdot(\boldsymbol{C}-\boldsymbol{B}) = \boldsymbol{B}\cdot(\boldsymbol{C}-\boldsymbol{B})+\sigma|\boldsymbol{C}-\boldsymbol{B}|^2$ 利用 $(\boldsymbol{A}'-\boldsymbol{A})\cdot(\boldsymbol{C}-\boldsymbol{B}) = 0$($AA'$ 为 BC 上的高) $\Rightarrow \sigma = (\boldsymbol{A}-\boldsymbol{B})\cdot(\boldsymbol{C}-\boldsymbol{B})/|\boldsymbol{C}-\boldsymbol{B}|^2 = (a^2-b^2+c^2)/2a^2$，[见定理5(2)]同理有

$\boldsymbol{B}' = \boldsymbol{C}+\tau(\boldsymbol{A}-\boldsymbol{C})$，$\tau = (\boldsymbol{B}-\boldsymbol{C})\cdot(\boldsymbol{A}-\boldsymbol{C})/|\boldsymbol{A}-\boldsymbol{C}|^2 = (a^2+b^2-c^2)/2b^2$，

$\boldsymbol{C}' = \boldsymbol{A}+\omega(\boldsymbol{B}-\boldsymbol{A})$，$\omega = (\boldsymbol{C}-\boldsymbol{A})\cdot(\boldsymbol{B}-\boldsymbol{A})/|\boldsymbol{B}-\boldsymbol{A}|^2 = (-a^2+b^2+c^2)/2c^2$。

$\triangle_s ABC = |\boldsymbol{A}\times\boldsymbol{B}+\boldsymbol{B}\times\boldsymbol{C}+\boldsymbol{C}\times\boldsymbol{A}|/2$，得

$\triangle_s A'B'C' = |\boldsymbol{A}'\times\boldsymbol{B}'+\boldsymbol{B}'\times\boldsymbol{C}'+\boldsymbol{C}'\times\boldsymbol{A}'|/2 = |\varepsilon_7||\boldsymbol{A}\times\boldsymbol{B}+\boldsymbol{B}\times\boldsymbol{C}+\boldsymbol{C}\times\boldsymbol{A}|/2 = |\varepsilon_7| \triangle_s ABC$，

$\varepsilon_7 = 1-\tau-\sigma-\omega+\tau\sigma+\sigma\omega+\omega\tau = 1+(a^2-b^2+c^2)(a^2-b^2-c^2)/4a^2b^2+(a^2+b^2-c^2)(-a^2+b^2-c^2)/4b^2c^2+(-a^2+b^2+c^2)(-a^2-b^2+c^2)/4a^2c^2$。

(2) 若 $|\boldsymbol{A}_*-\boldsymbol{A}'|/|\boldsymbol{A}-\boldsymbol{A}_*| = |\boldsymbol{B}_*-\boldsymbol{B}'|/|\boldsymbol{B}-\boldsymbol{B}_*| = |\boldsymbol{C}_*-\boldsymbol{C}'|/$

$|\boldsymbol{C}-\boldsymbol{C}_*|=t/(1-t)$,

$\boldsymbol{A}_*=t\boldsymbol{A}+(1-t)\boldsymbol{A}'=t\boldsymbol{A}+(1-t)(1-\sigma)\boldsymbol{B}+(1-t)\sigma\boldsymbol{C}$,

$\boldsymbol{B}_*=t\boldsymbol{B}+(1-t)\boldsymbol{B}'=t\boldsymbol{B}+(1-t)(1-\tau)\boldsymbol{C}+(1-t)\tau\boldsymbol{A}$,

$\boldsymbol{C}_*=t\boldsymbol{C}+(1-t)\boldsymbol{C}'=t\boldsymbol{C}+(1-t)(1-\omega)\boldsymbol{A}+(1-t)\omega\boldsymbol{B}$,经计算得

$\triangle_s A_*B_*C_*=|\boldsymbol{A}_*\times\boldsymbol{B}_*+\boldsymbol{B}_*\times\boldsymbol{C}_*+\boldsymbol{C}_*\times\boldsymbol{A}_*|/2=\varepsilon_5^*|\boldsymbol{A}\times\boldsymbol{B}+\boldsymbol{B}\times\boldsymbol{C}+\boldsymbol{C}\times\boldsymbol{A}|/2=|\varepsilon_5^*|\triangle_s ABC$。

特别地,① 当 $t=0$ 时,$\varepsilon_5^*=\varepsilon_5$ 即(1);② 当 $t=1$ 时,$\varepsilon_5^*=1$;③ 当 $t=1/2$ 时,$\varepsilon_5^*=\varepsilon_5/4$。

(3) 因为三点 A_*, B_*, C_* 共线 $\Leftrightarrow\triangle_s A^*B^*C^*=0\Leftrightarrow\varepsilon_5^*=(1-t)^2\varepsilon_5+t(2t-1)=0\Leftrightarrow(2+\varepsilon_5)t^2-(1+2\varepsilon_5)t+\varepsilon_5=0\Leftrightarrow t=[1+2\varepsilon_5\pm(1-4\varepsilon_5)^{1/2}]/2(2+\varepsilon_5)$。

特别当 $a=b=c$ 时,$\varepsilon_5=1/4$, $t=1/3$, $\varepsilon_5^*=0\Leftrightarrow\triangle_s A_*B_*C_*=0\Leftrightarrow\boldsymbol{A}_*$, $\boldsymbol{B}_*$, $\boldsymbol{C}_*$ 三点共线(共点)。

(4) 经计算可得

$\boldsymbol{H}_1^*\times\boldsymbol{H}_2^*=2\nu\boldsymbol{C}\times(\lambda\boldsymbol{A}-\mu\boldsymbol{B})/(-\lambda+\mu+\nu)(\lambda-\mu+\nu)$,

$\boldsymbol{H}_2^*\times\boldsymbol{H}_3^*=2\lambda\boldsymbol{A}\times(\mu\boldsymbol{B}-\nu\boldsymbol{C})/(\lambda-\mu+\nu)(\lambda+\mu-\nu)$,

$\boldsymbol{H}_3^*\times\boldsymbol{H}_1^*=2\mu\boldsymbol{B}\times(\nu\boldsymbol{C}-\lambda\boldsymbol{A})/(-\lambda+\mu+\nu)(\lambda+\mu-\nu)$,

$\triangle_s H_1^*H_2^*H_3^*=|\boldsymbol{H}_1^*\times\boldsymbol{H}_2^*+\boldsymbol{H}_2^*\times\boldsymbol{H}_3^*+\boldsymbol{H}_3^*\times\boldsymbol{H}_1^*|/2=|\varepsilon_6||\boldsymbol{A}\times\boldsymbol{B}+\boldsymbol{B}\times\boldsymbol{C}+\boldsymbol{C}\times\boldsymbol{A}|/2=|\varepsilon_6|\triangle_s ABC$。

定理 64

$\triangle ABC$ 的三个外接圆外心 R_j^* $(j=1, 2, 3)$ 组成 $\triangle_s R_1^*R_2^*R_3^*=|\varepsilon_8|\triangle_s ABC$,

$\varepsilon_8=4\lambda\mu\nu/(-\lambda+\mu+\nu)(\lambda-\mu+\nu)(\lambda+\mu-\nu)$,

$\boldsymbol{R}_1^*=(-\lambda\boldsymbol{A}+\mu\boldsymbol{B}+\nu\boldsymbol{C})/(-\lambda+\mu+\nu)$, $\boldsymbol{R}_2^*=(-\lambda\boldsymbol{A}+\mu\boldsymbol{B}+\nu\boldsymbol{C})/(\lambda-\mu+\nu)$, $\boldsymbol{R}_3^*=(-\lambda\boldsymbol{A}+\mu\boldsymbol{B}+\nu\boldsymbol{C})/(\lambda+\mu-\nu)$

{λ, μ, ν 由定理 56 约定}。

定理 65

设$\triangle ABC$ 中,取三个正实数 λ, μ, ν 和三边 BC, CA, AB 上的三点 A', B', C' 使 $|BA'|=\lambda|BC|$, $|CB'|=\mu|CA|$, $|AC'|=\nu|AB|$,三条直线 AA', BB', CC' 所围 $\triangle A^*B^*C^*$ (见图 1-41),

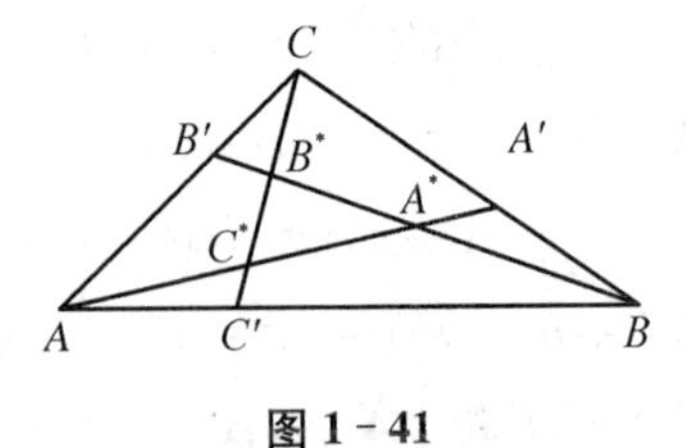

图 1-41

则(1) $\triangle_s A'B'C' = |\varepsilon_9| \triangle_s ABC$；

(2) $\triangle_s A_* B_* C_* = |\varepsilon_{10}| \triangle_s ABC$；

(3) $\triangle_s A^* B^* C^* = |\varepsilon_{11}| \triangle_s ABC$；

(4) $\triangle_s CB'B^* = \mu\nu^2 \triangle_s ABC/(1-\nu+\nu\mu)$，

$\triangle_s AC'C^* = \nu\lambda^2 \triangle_s ABC/(1-\lambda+\lambda\nu)$，

$\triangle_s BA'A^* = \lambda\mu^2 \triangle_s ABC/(1-\mu+\mu\lambda)$。

其中 A^*，B^* 与 C^* 分别为三直条线 AA'，BB' 与 CC' 的三个交点。

A_*，B_* 与 C_* 分别使 $|\boldsymbol{A}_* - \boldsymbol{A}'|/|\boldsymbol{A}-\boldsymbol{A}_*| = |\boldsymbol{B}_* - \boldsymbol{B}'|/|\boldsymbol{B}-\boldsymbol{B}_*| = |\boldsymbol{C}_* - \boldsymbol{C}'|/|\boldsymbol{C}-\boldsymbol{C}_*| = t/(1-t)$ 的三个点。

$\varepsilon_9 = 1-\lambda-\mu-\nu+\lambda\mu+\mu\nu+\nu\lambda$，

$\varepsilon_{10} = [(1-t)\varepsilon_9 - t](1-t)$，

$\varepsilon_{11} = [\lambda\mu\nu+(\lambda-1)(\mu-1)(\nu-1)]^2/(1-\lambda+\lambda\nu)(1-\mu+\mu\lambda)(1-\nu+\nu\mu)$。

特别地，当 $\lambda=\mu=\nu=1/3$ 时，$\varepsilon_{11}=1/7$；当 $\lambda=\mu=\nu=1/2$ 时，$\varepsilon_{11}=0$ 即 $\triangle A^* B^* C^*$ 收缩成一点(重心)。

证 (1) $\boldsymbol{A}' = \boldsymbol{B}+\lambda(\boldsymbol{C}-\boldsymbol{B}) = (1-\lambda)\boldsymbol{B}+\lambda\boldsymbol{C}$，$\boldsymbol{B}' = (1-\mu)\boldsymbol{C}+\mu\boldsymbol{A}$，$\boldsymbol{C}' = (1-\nu)\boldsymbol{A}+\nu\boldsymbol{B}$，

$\triangle_s A'B'C' = |\boldsymbol{A}'\times\boldsymbol{B}'+\boldsymbol{B}'\times\boldsymbol{C}'+\boldsymbol{C}'\times\boldsymbol{A}^*|/2 = |\varepsilon_9||\boldsymbol{A}\times\boldsymbol{B}+\boldsymbol{B}\times\boldsymbol{C}+\boldsymbol{C}\times\boldsymbol{A}|/2 = |\varepsilon_9|\triangle_s ABC$。

特别地，

① 当 $\lambda=\mu=\nu$ 时，$\varepsilon_7 = 1-3\lambda+3\lambda^2$；当 $\lambda=\mu=\nu=1/2$ 时，$\varepsilon_9=1/4$。

② 当 $\lambda=\mu=\nu=1/3$ 时，$\varepsilon_9=1/3$。

(2) $\boldsymbol{A}_* = t\boldsymbol{A}+(1-t)\boldsymbol{A}' = t\boldsymbol{A}+(1-t)(1-\lambda)\boldsymbol{B}+(1-t)\lambda\boldsymbol{C}$；

$\boldsymbol{B}_* = t\boldsymbol{B}+(1-t)\boldsymbol{B}' = t\boldsymbol{B}+(1-t)(1-\mu)\boldsymbol{C}+(1-t)\mu\boldsymbol{A}$；

$\boldsymbol{C}_* = t\boldsymbol{C}+(1-t)\boldsymbol{C}' = t\boldsymbol{C}+(1-t)(1-\nu)\boldsymbol{A}+(1-t)\nu\boldsymbol{B}$；

$\triangle_s A_* B_* C_* = |\boldsymbol{A}_*\times\boldsymbol{B}_*+\boldsymbol{B}_*\times\boldsymbol{C}_*+\boldsymbol{C}_*\times\boldsymbol{A}_*|/2 = |\varepsilon_{10}||\boldsymbol{A}\times\boldsymbol{B}+\boldsymbol{B}\times\boldsymbol{C}+\boldsymbol{C}\times\boldsymbol{A}|/2 = |\varepsilon_{10}|\triangle_s ABC$。

(3) **证1** 设 $\triangle ABC$ 的直线 UU'：$\boldsymbol{R}\times(\boldsymbol{U}'-\boldsymbol{U}) = \boldsymbol{U}\times\boldsymbol{U}'(U=A, B, C)$，

$\boldsymbol{A}^* = (\boldsymbol{A}\times\boldsymbol{A}')\times(\boldsymbol{B}\times\boldsymbol{B}')/\{(\boldsymbol{A}\times\boldsymbol{A}')\cdot(\boldsymbol{B}'-\boldsymbol{B})\} = \{[\boldsymbol{A}, \boldsymbol{A}', \boldsymbol{B}']\boldsymbol{B}-[\boldsymbol{A}, \boldsymbol{A}'\boldsymbol{B}]\boldsymbol{B}'\}/\{[\boldsymbol{A}, \boldsymbol{A}', \boldsymbol{B}']-[\boldsymbol{A}, \boldsymbol{A}', \boldsymbol{B}]\} = \{\lambda\mu\boldsymbol{A}+(1-\lambda)(1-\mu)\boldsymbol{B}+\lambda(1-\mu)$

$\boldsymbol{C}\}/(1-\mu+\mu\lambda)$（总可设$[\boldsymbol{A},\boldsymbol{B},\boldsymbol{C}]\neq 0$，即原点不取在$\triangle ABC$的所在平面上）。

同理可得，

$\boldsymbol{B}^*=\{\mu\nu\boldsymbol{B}+(1-\mu)(1-\nu)\boldsymbol{C}+\mu(1-\nu)\boldsymbol{A}\}/(1-\nu+\nu\mu)$，

$\boldsymbol{C}^*=\{\nu\lambda\boldsymbol{C}+(1-\nu)(1-\lambda)\boldsymbol{A}+\nu(1-\lambda)\boldsymbol{B}\}/(1-\lambda+\lambda\nu)$，

经计算$\boldsymbol{A}^*\times\boldsymbol{B}^*+\boldsymbol{B}^*\times\boldsymbol{C}^*+\boldsymbol{C}^*\times\boldsymbol{A}^*=\varepsilon_{11}\{\boldsymbol{A}\times\boldsymbol{B}+\boldsymbol{B}\times\boldsymbol{C}+\boldsymbol{C}\times\boldsymbol{A}\}$，

得$\triangle_s A^*B^*C^*=|\varepsilon_{11}|\triangle_s ABC$。

证 2 设$\triangle ABC$的直线AA'：$\boldsymbol{R}\times\boldsymbol{E}_1=\boldsymbol{A}_1$，直线$BB'$：$\boldsymbol{R}\times\boldsymbol{E}_2=\boldsymbol{A}_2$，直线$CC'$：$\boldsymbol{R}\times\boldsymbol{E}_3=\boldsymbol{A}_3$，

记$\boldsymbol{V}=AB$，$\boldsymbol{W}=BC$，令A为原点坐标，

$\boldsymbol{E}_1=\boldsymbol{V}+\lambda\boldsymbol{W}$，$\boldsymbol{E}_2=-\mu\boldsymbol{V}+(\mu-1)\boldsymbol{W}$，$\boldsymbol{E}_3=(1-\nu)\boldsymbol{V}+\boldsymbol{W}$。

由于直线AA'，直线BB'与直线CC'分别经过原点，B点与C'点，

可得$\boldsymbol{A}_1=\boldsymbol{0}$，$\boldsymbol{A}_2=(1-\mu)\boldsymbol{V}\times\boldsymbol{W}$，$\boldsymbol{A}_3=\nu\boldsymbol{V}\times\boldsymbol{W}$。

$\boldsymbol{A}^*=\{[\boldsymbol{E}_1,\boldsymbol{E}_2,\boldsymbol{A}_2]\boldsymbol{E}_1-[\boldsymbol{E}_1,\boldsymbol{E}_2,\boldsymbol{A}_1]\boldsymbol{E}_2+(\boldsymbol{A}_1\cdot\boldsymbol{E}_2)\boldsymbol{E}_1\times\boldsymbol{E}_2\}/|\boldsymbol{E}_1\times\boldsymbol{E}_2|^2=[\boldsymbol{E}_1,\boldsymbol{E}_2,\boldsymbol{A}_2]\boldsymbol{E}_1/|\boldsymbol{E}_1\times\boldsymbol{E}_2|^2=(1-\mu)(\boldsymbol{V}+\lambda\boldsymbol{W})/(1-\mu+\mu\lambda)$［见第1章1.5.4.3)(1)②(a)］，

$\boldsymbol{B}^*=\{[\boldsymbol{E}_2,\boldsymbol{E}_3,\boldsymbol{A}_3]\boldsymbol{E}_2-[\boldsymbol{E}_2,\boldsymbol{E}_3,\boldsymbol{A}_2]\boldsymbol{E}_3+(\boldsymbol{A}_2\cdot\boldsymbol{E}_3)\boldsymbol{E}_2\times\boldsymbol{E}_3\}/|\boldsymbol{E}_2\times\boldsymbol{E}_3|^2=\{[\boldsymbol{E}_2,\boldsymbol{E}_3,\boldsymbol{A}_3]\boldsymbol{E}_2-[\boldsymbol{E}_2,\boldsymbol{E}_3,\boldsymbol{A}_2]\boldsymbol{E}_3\}/|\boldsymbol{E}_2\times\boldsymbol{E}_3|^2=\{(1-\mu-\nu+2\mu\nu)\boldsymbol{V}+(1-\mu)(1-\nu)\boldsymbol{W}\}/(1-\nu+\nu\mu)$，

$\boldsymbol{C}^*=\{[\boldsymbol{E}_1,\boldsymbol{E}_3,\boldsymbol{A}_3]\boldsymbol{E}_1-[\boldsymbol{E}_1,\boldsymbol{E}_3,\boldsymbol{A}_1]\boldsymbol{E}_3+(\boldsymbol{A}_1\cdot\boldsymbol{E}_3)\boldsymbol{E}_1\times\boldsymbol{E}_3\}/|\boldsymbol{E}_1\times\boldsymbol{E}_3|^2=[\boldsymbol{E}_1,\boldsymbol{E}_3,\boldsymbol{A}_3]\boldsymbol{E}_1/|\boldsymbol{E}_1\times\boldsymbol{E}_3|^2=\nu(\boldsymbol{V}+\lambda\boldsymbol{W})/(1-\lambda+\lambda\nu)$，

即证$\triangle_s A^*B^*C^*=|\varepsilon_{11}|\triangle_s ABC$。

特别有：

① 当$\lambda=\mu=\nu$时，$\varepsilon_{11}=(2\lambda-1)^2/(\lambda^2-\lambda+1)$；当$\lambda=\mu=\nu=1/3$时，$\varepsilon_{11}=1/7$；当$\lambda=\mu=\nu=-1$时，$\varepsilon_{11}=3$；

② 当$\varepsilon_{11}=0$时，三直条线AA'，BB'与CC'相交一点，

当$\lambda=\mu=\nu=1/2$时，$\varepsilon_{11}=0$，则$\triangle ABC$三中线相交一点［见定理38～45］；

③ 当$\triangle ABC$其三条内角平分线为AA'，BB'与CC'，

利用$b|BA'|=c|CA'|$，$c|CB'|=a|AB'|$，$a|AC'|=b|BC'|$，由上述$c=(b+c)\lambda$，$a=(c+a)\mu$，$b=(a+b)\nu$，$\varepsilon_{11}=0$得

$\triangle ABC$ 三条内分角线 AA'，BB' 与 CC' 相交一点。同理可证 $\triangle ABC$ 一个内角的角平分线与另外两个内角所对应外角的两条外角平分线相交一点(见图1-34)。

④ 在 $\triangle ABC$ 中，取 AA' 垂直于 BC，BB' 垂直于 CA 与 CC' 垂直于 AB。

$|AA'|^2 = b^2 - a^2(\lambda-1)^2 = c^2 - \lambda^2 a^2$(**勾股定理**)，$2a^2\lambda = (a^2 - b^2 + c^2)$，

同理 $2b^2\mu = (b^2 - c^2 + a^2)$，$2c^2\nu = (c^2 - a^2 + b^2)$，$\varepsilon_{11} = 0$。

得在 $\triangle ABC$ 三条高 AA'，BB' 与 CC' 相交一点。

(4) 仅证 $\triangle_s CB'B^* = |\boldsymbol{C}\times\boldsymbol{B}' + \boldsymbol{B}'\times\boldsymbol{B}^* + \boldsymbol{B}^*\times\boldsymbol{C}|/2 = \mu\nu^2|\boldsymbol{A}\times\boldsymbol{B}+\boldsymbol{B}\times\boldsymbol{C}+\boldsymbol{C}\times\boldsymbol{A}|/2(1-\nu+\nu\mu) = \mu\nu^2\triangle_s ABC/(1-\nu+\nu\mu)$。

例 27 (1)(三直线所围的面积)

设 $\triangle ABC$ 的三条边：直线 BC：$\boldsymbol{R}\times\boldsymbol{E}_1 = \boldsymbol{A}_1$，直线 AC：$\boldsymbol{R}\times\boldsymbol{E}_2 = \boldsymbol{A}_2$ 与直线 AB：$\boldsymbol{R}\times\boldsymbol{E}_3 = \boldsymbol{A}_3$，$|\boldsymbol{E}_j| = 1(j=1,2,3)$，则 $\triangle_s ABC = \lambda w^2|\boldsymbol{E}_1\times\boldsymbol{E}_2|$，

其中，$\lambda = 1/2(b-ac)(a-bc)$，$w = [\boldsymbol{A}_3 - u\boldsymbol{A}_1 - v\boldsymbol{A}_2, \boldsymbol{E}_1, \boldsymbol{E}_2]$，$a = \boldsymbol{E}_2\cdot\boldsymbol{E}_3$，$b = \boldsymbol{E}_3\cdot\boldsymbol{E}_1$，$c = \boldsymbol{E}_1\cdot\boldsymbol{E}_2$，

$(1-c^2)u = (b-ac)$，$(1-c^2)v = (a-bc)$，

$2\triangle_s E_1E_2E_3 = |\boldsymbol{E}_1\times\boldsymbol{E}_2 + \boldsymbol{E}_2\times\boldsymbol{E}_3 + \boldsymbol{E}_3\times\boldsymbol{E}_1|/2 = \lambda\triangle_s ABC$，$\lambda = (a+b+c)/abc$；$a$，$b$，$c$ 为 $\triangle ABC$ 的三边长。

证 (1) 设 $\boldsymbol{E}_3 = u\boldsymbol{E}_1 + v\boldsymbol{E}_2$，$a = \boldsymbol{E}_2\cdot\boldsymbol{E}_3$，$b = \boldsymbol{E}_3\cdot\boldsymbol{E}_1$，$c = \boldsymbol{E}_1\cdot\boldsymbol{E}_2 \Rightarrow b = u + cv$，$a = cu + v \Rightarrow (1-c^2)u = (b-ac)$，$(1-c^2)v = (a-bc)$。

$\boldsymbol{A} = \boldsymbol{C} + k\boldsymbol{E}_2$，$\boldsymbol{B} = \boldsymbol{C} + h\boldsymbol{E}_1$，$(\boldsymbol{C}+k\boldsymbol{E}_2)\times\boldsymbol{E}_3 = \boldsymbol{A}_3 \Rightarrow \boldsymbol{A}_3 - \boldsymbol{C}\times\boldsymbol{E}_3 = k\boldsymbol{E}_2\times\boldsymbol{E}_3 \Rightarrow [\boldsymbol{A}_3, \boldsymbol{E}_2, \boldsymbol{E}_3] - (\boldsymbol{C}\times\boldsymbol{E}_3)\cdot(\boldsymbol{E}_2\times\boldsymbol{E}_3) = k|\boldsymbol{E}_2\times\boldsymbol{E}_3|^2 \Rightarrow w = -u(1-c^2)k = v(1-c^2)h$，

$\triangle_s ABC = |\boldsymbol{A}\times\boldsymbol{B}+\boldsymbol{B}\times\boldsymbol{C}+\boldsymbol{C}\times\boldsymbol{A}|/2 = |hk||\boldsymbol{E}_1\times\boldsymbol{E}_2|/2 = \lambda w^2|\boldsymbol{E}_1\times\boldsymbol{E}_2|$，即证。

(2) 利用 $a\boldsymbol{E}_1 = \boldsymbol{B}-\boldsymbol{C}$，$b\boldsymbol{E}_2 = \boldsymbol{C}-\boldsymbol{A}$，$c\boldsymbol{E}_3 = \boldsymbol{A}-\boldsymbol{B}$，$a\boldsymbol{A}_1 = \boldsymbol{C}\times\boldsymbol{B}$，$b\boldsymbol{B}_2 = \boldsymbol{A}\times\boldsymbol{C}$，$c\boldsymbol{C}_3 = \boldsymbol{B}\times\boldsymbol{A}$ 即证。

定理 66

设 $\triangle ABC$(见图1-42)，A^*，B^* 与 C^* 分别为 A，B 与 C 关于三边 BC，CA 与 AB 的对称点，$\triangle A^*B^*C^*$ 称为 $\triangle ABC$ 的**边对称三角形**，则 $\triangle_s A^*B^*C^* =$

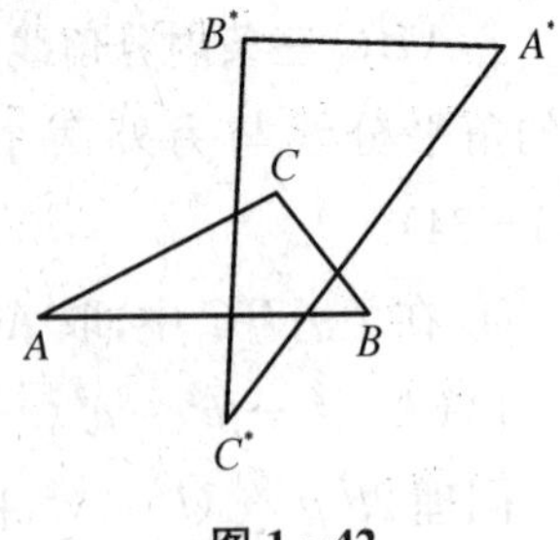

图 1-42

$|\varepsilon_{12}|\triangle_s ABC$，其中 $\varepsilon_{12}=1+[a^2(b^4+c^4)+b^2(c^4+a^4)+c^2(a^4+b^4)-a^6-b^6-c^6]/a^2b^2c^2$。

(a, b, c 为 $\triangle ABC$ 的三边。)

证 设 $\boldsymbol{A}^*=p\boldsymbol{A}+q\boldsymbol{B}+r\boldsymbol{C}$。

① 由 A^*, A, B, C 四点共面得

$[\boldsymbol{A},\boldsymbol{B},\boldsymbol{C}]-[\boldsymbol{A}^*,\boldsymbol{B},\boldsymbol{C}]-[\boldsymbol{A}^*,\boldsymbol{C},\boldsymbol{A}]-[\boldsymbol{A}^*,\boldsymbol{A},\boldsymbol{B}]=0\Rightarrow p+q+r=1$;

② $\boldsymbol{A}$, $\boldsymbol{A}^*$ 到边 BC 的距离相等，可得

$|\boldsymbol{A}\times(\boldsymbol{B}-\boldsymbol{C})-\boldsymbol{C}\times\boldsymbol{B}|=|\boldsymbol{A}^*\times(\boldsymbol{B}-\boldsymbol{C})-\boldsymbol{C}\times\boldsymbol{B}|\Rightarrow|p|=1$;

③ A^*A 垂直 $BC\Rightarrow(\boldsymbol{A}^*-\boldsymbol{A})\cdot(\boldsymbol{B}-\boldsymbol{C})=0\Rightarrow(1-p)\boldsymbol{A}\cdot(\boldsymbol{B}-\boldsymbol{C})+ra^2=0$

若 $p=1\Rightarrow A^*=A$ 不合；若 $p=-1$ 由 ①$\Rightarrow q+r=2$;

④ 利用**余弦定理** $2ac\cos\beta=a^2+c^2-b^2$，$2ab\cos\gamma=a^2+b^2-c^2$ 以及 ③$\Rightarrow$

$\boldsymbol{A}^*=-\boldsymbol{A}+(a^2+b^2-c^2)\boldsymbol{B}/a^2+(a^2+c^2-b^2)\boldsymbol{C}/a^2$，同理得

$\boldsymbol{B}^*=-\boldsymbol{B}+(b^2+c^2-a^2)\boldsymbol{C}/b^2+(b^2+a^2-c^2)\boldsymbol{A}/b^2$，

$\boldsymbol{C}^*=-\boldsymbol{C}+(c^2+a^2-b^2)\boldsymbol{A}/c^2+(c^2+b^2-a^2)\boldsymbol{B}/c^2$，

先计算 $\boldsymbol{A}^*\times\boldsymbol{B}^*=\{1-(a^2+b^2-c^2)^2/a^2b^2\}\boldsymbol{A}\times\boldsymbol{B}+\{b^2(a^2+c^2-b^2)-(a^2+b^2-c^2)(c^2+b^2-a^2)\}\boldsymbol{B}\times\boldsymbol{C}/a^2b^2+\{a^2(c^2+b^2-a^2)-(a^2+c^2-b^2)(a^2+b^2-c^2)\}\boldsymbol{C}\times\boldsymbol{A}/a^2b^2$。

同理得：

$\boldsymbol{B}^*\times\boldsymbol{C}^*=\{1-(b^2+c^2-a^2)^2/b^2c^2\}\boldsymbol{B}\times\boldsymbol{C}+\{c^2(b^2+a^2-c^2)-(b^2+c^2-a^2)(a^2+c^2-b^2)\}\boldsymbol{C}\times\boldsymbol{A}/b^2c^2+\{b^2(a^2+c^2-b^2)-(b^2+a^2-c^2)(b^2+c^2-a^2)\}\boldsymbol{A}\times\boldsymbol{B}/b^2c^2$，

$\boldsymbol{C}^*\times\boldsymbol{A}^*=\{1-(c^2+a^2-b^2)^2/c^2a^2\}\boldsymbol{C}\times\boldsymbol{A}+\{a^2(c^2+b^2-a^2)-(c^2+a^2-b^2)(b^2+a^2-c^2)\}\boldsymbol{A}\times\boldsymbol{B}/c^2a^2+\{c^2(b^2+a^2-c^2)-(c^2+b^2-a^2)(c^2+a^2-b^2)\}\boldsymbol{B}\times\boldsymbol{C}/c^2a^2$，经计算得

$\triangle_s A^*B^*C^*=|\boldsymbol{A}^*\times\boldsymbol{B}^*+\boldsymbol{B}^*\times\boldsymbol{C}^*+\boldsymbol{C}^*\times\boldsymbol{A}^*|/2=\varepsilon_{12}|\boldsymbol{A}\times\boldsymbol{B}+\boldsymbol{B}\times\boldsymbol{C}+\boldsymbol{C}\times\boldsymbol{A}/2|=|\varepsilon_{12}|\triangle_s ABC$。

特别对正 $\triangle ABC(a=b=c)$ 时，$\varepsilon_{12}=4$。

猜测：若记 A', B' 与 C' 分别为关于 $\triangle ABC$ 三边 BC, CA 与 AB 的垂足，令

$U^*U'=\lambda UU'(U=A,B,C)$,则$\triangle_s A^*B^*C^*=\varepsilon_{12}(\lambda)\triangle_s ABC$, $\varepsilon_{12}(1)=\varepsilon_{12}$。

定理 67

设$\triangle ABC$的三心:内重心,内垂心与内心分别为M_0^*,H_0^*与D_0^*,则$\triangle_s M_0^*H_0^*D_0^*=|\varepsilon_{13}|\triangle_s ABC$,

其中,$\varepsilon_{13}=-(b-c)(c-a)(a-b)(a+b+c)/24S^2$。

$S=\triangle_s ABC=[l(l-a)(l-b)(l-c)]^{1/2}$, $l=(a+b+c)/2$,

等腰$\triangle ABC$的三心在一直线上,正$\triangle ABC$的三心重合,反之亦然。

证 [见定理45,定理46与定理48]

已知$\boldsymbol{M}_0^*=(\boldsymbol{A}+\boldsymbol{B}+\boldsymbol{C})/3$, $\boldsymbol{H}_0^*=(\lambda\boldsymbol{A}+\mu\boldsymbol{B}+\nu\boldsymbol{C})/(\lambda+\mu+\nu)=\lambda\boldsymbol{A}+\mu\boldsymbol{B}+\nu C$和$\boldsymbol{D}_0^*=(a\boldsymbol{A}+b\boldsymbol{B}+c\boldsymbol{C})/(a+b+c)$,

$\lambda=(b^2-a^2-c^2)(c^2-a^2-b^2)/16S^2$, $\mu=(c^2-b^2-a^2)(a^2-b^2-c^2)/16S^2$, $\nu=(a^2-c^2-b^2)(b^2-c^2-a^2)/16S^2$,

$\lambda+\mu+\nu=1$。

经计算得

$\boldsymbol{H}_0^*\times\boldsymbol{D}_0^*=(\lambda\boldsymbol{A}+\mu\boldsymbol{B}+\nu C)\times(a\boldsymbol{A}+b\boldsymbol{B}+c\boldsymbol{C})/(a+b+c)=\{(b\lambda-a\mu)\boldsymbol{A}\times\boldsymbol{B}+(c\mu-b\nu)\boldsymbol{B}\times\boldsymbol{C}+(a\nu-c\lambda)\boldsymbol{C}\times\boldsymbol{A}\}/(a+b+c)$,

$\boldsymbol{D}_0^*\times\boldsymbol{M}_0^*=\{(a\boldsymbol{A}+b\boldsymbol{B}+c\boldsymbol{C})/(a+b+c)\}\times\{(\boldsymbol{A}+\boldsymbol{B}+\boldsymbol{C})/3\}=\{(a-b)\boldsymbol{A}\times\boldsymbol{B}+(b-c)\boldsymbol{B}\times\boldsymbol{C}+(c-a)\boldsymbol{C}\times\boldsymbol{A}\}/3(a+b+c)$,

$\boldsymbol{M}_0^*\times\boldsymbol{H}_0^*=\{(\boldsymbol{A}+\boldsymbol{B}+\boldsymbol{C})/3\}\times\{\lambda\boldsymbol{A}+\mu\boldsymbol{B}+\nu C\}=\{(\mu-\lambda)\boldsymbol{A}\times\boldsymbol{B}+(\nu-\mu)\boldsymbol{B}\times\boldsymbol{C}+(\lambda-\nu)\boldsymbol{C}\times\boldsymbol{A}\}/3$,

$\triangle_s M_0^*H_0^*D_0^*=|\boldsymbol{H}_0^*\times\boldsymbol{D}_0^*+\boldsymbol{D}_0^*\times\boldsymbol{M}_0^*+\boldsymbol{M}_0^*\times\boldsymbol{H}_0^*|/2=|[3(b\lambda-a\mu)+(a-b)(\lambda+\mu+\nu)+(a+b+c)(\mu-\lambda)]\boldsymbol{A}\times\boldsymbol{B}+[3(c\mu-b\nu)+(b-c)(\lambda+\mu+\nu)+(a+b+c)(\nu-\mu)]\boldsymbol{B}\times\boldsymbol{C}+[3(a\nu-c\lambda)+(c-a)(\lambda+\mu+\nu)+(a+b+c)(\lambda-\nu)]\boldsymbol{C}\times\boldsymbol{A}|/6(a+b+c)(\lambda+\mu+\nu)=T|\boldsymbol{A}\times\boldsymbol{B}+\boldsymbol{B}\times\boldsymbol{C}+\boldsymbol{C}\times\boldsymbol{A}|/6(a+b+c)(\lambda+\mu+\nu)=\varepsilon_{13}\triangle_s ABC$, $\lambda+\mu+\nu=1$。

$T=|a(\mu-\nu)+b(\nu-\lambda)+c(\lambda-\mu)|$, $\varepsilon_{13}=T/3(a+b+c)$。

定理 68

设$\triangle ABC$的三组心:[见定理45,定理46与定理48]

(1) $\boldsymbol{M}_1^* = -\boldsymbol{A}+\boldsymbol{B}+\boldsymbol{C}$(外重心)，$\boldsymbol{H}_1^* = (-\lambda\boldsymbol{A}+\mu\boldsymbol{B}+\nu\boldsymbol{C})/(-\lambda+\mu+\nu)$(外垂心)和 $\boldsymbol{D}_1^* = (-a\boldsymbol{A}+b\boldsymbol{B}+c\boldsymbol{C})/(-a+b+c)$(外心)，则 $\triangle_s M_1^* H_1^* D_1^* = |\varepsilon_{13|1}| \triangle_s ABC$，

其中，$\varepsilon_{13|1} = T/(-a+b+c)(-\lambda+\mu+\nu)$。$T$ 为定理 67 所示。

(2) $\boldsymbol{M}_2^* = \boldsymbol{A}-\boldsymbol{B}+\boldsymbol{C}$(外重心)，$\boldsymbol{H}_2^* = (\lambda\boldsymbol{A}-\mu\boldsymbol{B}+\nu\boldsymbol{C})/$(外垂心) 和 $\boldsymbol{D}_2^* = (a\boldsymbol{A}-b\boldsymbol{B}+c\boldsymbol{C})/(a-b+c)$(外心)，则 $\triangle_s M_2^* H_2^* D_2^* = |\varepsilon_{13|2}| \triangle_s ABC$，

其中，$\varepsilon_{13|2} = T/(a-b+c)(\lambda-\mu+\nu)$。

(3) $\boldsymbol{M}_3^* = \boldsymbol{A}+\boldsymbol{B}-\boldsymbol{C}$(外重心)，$\boldsymbol{H}_3^* = (\lambda\boldsymbol{A}+\mu\boldsymbol{B}-\nu\boldsymbol{C})/(\lambda+\mu-\nu)$(外垂心)和 $\boldsymbol{D}_3^* = (a\boldsymbol{A}+b\boldsymbol{B}-c\boldsymbol{C})/(a+b-c)$(外心)，则 $\triangle_s M_3^* H_3^* D_3^* = |\varepsilon_{13|3}| \triangle_s ABC$，

其中，$\varepsilon_{13|3} = T/(a+b-c)(\lambda+\mu-\nu)$。

[证法如同定理 67，$\triangle_s M_j^* H_j^* D_j^* = |\boldsymbol{M}_j^* \times \boldsymbol{H}_j^* + \boldsymbol{H}_j^* \times \boldsymbol{D}_j^* + \boldsymbol{D}_j^* \times \boldsymbol{M}_j^*| / |\varepsilon_{13|j}| \triangle_s ABC (j=1, 2, 3)$。]

$\boldsymbol{M}_j^*$，$\boldsymbol{H}_j^*$ 和 $\boldsymbol{D}_j^*$ $(j=1, 2, 3)$ 等腰 $\triangle ABC$ 的每组三外心在一直线上。正 $\triangle ABC$ 的每组三外心重合，因为当 a，b，c 中有两个以上相等时，则 $T=0$，反之亦然。

定理 69

设$\triangle ABC$，

R_1 至 BC，CA 与 AB 的距离分别记为 d_{11}，d_{12} 与 d_{13}；

R_2 至 CA，AB 与 BC 的距离分别记为 d_{21}，d_{22} 与 d_{23}；

R_3 至 AB，BC 与 CA 的距离分别记为 d_{31}，d_{32} 与 d_{33}。

$\boldsymbol{R}_1 = (\tau a\boldsymbol{A}+\omega b\boldsymbol{B}+\sigma c\boldsymbol{C})/(\tau a+\omega b+\sigma c)$，

$\boldsymbol{R}_2 = (\sigma a\boldsymbol{A}+\tau b\boldsymbol{B}+\omega c\boldsymbol{C})/(\sigma a+\tau b+\omega c)$，

$\boldsymbol{R}_3 = (\omega a\boldsymbol{A}+\sigma b\boldsymbol{B}+\tau c\boldsymbol{C})/(\omega a+\sigma b+\tau c)$，则

(1) $d_{11} : d_{12} : d_{13} = d_{21} : d_{22} : d_{23} = d_{31} : d_{32} : d_{33} = \tau : \omega : \sigma$；

(2) $\triangle_s R_1 R_2 R_3 = \varepsilon_{14} \triangle_s ABC$，

$\varepsilon_{14} = abc(\tau^3+\omega^3+\sigma^3-3\tau\omega\sigma)/(\tau a+\omega b+\sigma c)(\sigma a+\tau b+\omega c)(\omega a+\sigma b+\tau c)$；

(3) ① 若 $\tau=\omega=\sigma$，则三点 $R_j (j=1, 2, 3)$ 重合为内心；

② 若 $\tau^3+\omega^3+\sigma^3-3\tau\omega\sigma = (\tau+\omega+\sigma)(\tau^2+\omega^2+\sigma^2-\tau\omega-\omega\sigma-\sigma\tau) = 0$，则三点 $R_j (j=1, 2, 3)$ 成一直线。

(特别 $\tau+\omega+\sigma=0$。)

证 (1) 设$\triangle ABC$的

直线BC方程:$\boldsymbol{R}\times(\boldsymbol{C}-\boldsymbol{B})=\boldsymbol{B}\times\boldsymbol{C}$,

直线CA方程:$\boldsymbol{R}\times(\boldsymbol{A}-\boldsymbol{C})=\boldsymbol{C}\times\boldsymbol{A}$,

直线AB方程:$\boldsymbol{R}\times(\boldsymbol{B}-\boldsymbol{A})=\boldsymbol{A}\times\boldsymbol{B}$,

$d_{11}=|\boldsymbol{R}_1\times(\boldsymbol{C}-\boldsymbol{B})-\boldsymbol{B}\times\boldsymbol{C}|/a=\tau/(\tau a+\omega b+\sigma c)$,$d_{12}=|\boldsymbol{R}_1\times(\boldsymbol{A}-\boldsymbol{C})-\boldsymbol{C}\times\boldsymbol{A}|/b=\omega/(\tau a+\omega b+\sigma c)$,

$d_{13}=|\boldsymbol{R}_1\times(\boldsymbol{B}-\boldsymbol{A})-\boldsymbol{A}\times\boldsymbol{B}|/c=\sigma/(\tau a+\omega b+\sigma c)$;

$d_{21}=|\boldsymbol{R}_2\times(\boldsymbol{C}-\boldsymbol{B})-\boldsymbol{B}\times\boldsymbol{C}|/a=\sigma/(\sigma a+\tau b+\omega c)$,$d_{22}=|\boldsymbol{R}_2\times(\boldsymbol{A}-\boldsymbol{C})-\boldsymbol{C}\times\boldsymbol{A}|/b=\tau/(\sigma a+\tau b+\omega c)$,

$d_{23}=|\boldsymbol{R}_2\times(\boldsymbol{B}-\boldsymbol{A})-\boldsymbol{A}\times\boldsymbol{B}|/c=\omega/(\sigma a+\tau b+\omega c)$;

$d_{31}=|\boldsymbol{R}_3\times(\boldsymbol{C}-\boldsymbol{B})-\boldsymbol{B}\times\boldsymbol{C}|/b=\omega/(\omega a+\sigma b+\tau c)$,$d_{32}=|\boldsymbol{R}_3\times(\boldsymbol{A}-\boldsymbol{C})-\boldsymbol{C}\times\boldsymbol{A}|/c=\sigma/(\omega a+\sigma b+\tau c)$,

$d_{33}=|\boldsymbol{R}_3\times(\boldsymbol{B}-\boldsymbol{A})-\boldsymbol{A}\times\boldsymbol{B}|/a=\tau/(\omega a+\sigma b+\tau c)$。

(2) $\triangle_s R_1R_2R_3=|\boldsymbol{R}_2\times\boldsymbol{R}_3+\boldsymbol{R}_3\times\boldsymbol{R}_1+\boldsymbol{R}_1\times\boldsymbol{R}_2|/2=|(\tau a+\omega b+\sigma c)(\sigma a\boldsymbol{A}+\tau b\boldsymbol{B}+\omega c\boldsymbol{C})\times(\omega a\boldsymbol{A}+\sigma b\boldsymbol{B}+\tau c\boldsymbol{C})+(\sigma a+\tau b+\omega c)(\omega a\boldsymbol{A}+\sigma b\boldsymbol{B}+\tau c\boldsymbol{C})\times(\tau a\boldsymbol{A}+\omega b\boldsymbol{B}+\sigma c\boldsymbol{C})+(\omega a+\sigma b+\tau c)(\tau a\boldsymbol{A}+\omega b\boldsymbol{B}+\sigma c\boldsymbol{C})\times(\sigma a\boldsymbol{A}+\tau b\boldsymbol{B}+\omega c\boldsymbol{C})|/2(\tau a+\omega b+\sigma c)(\sigma a+\tau b+\omega c)(\omega a+\sigma b+\tau c)=\varepsilon_{14}|\boldsymbol{B}\times\boldsymbol{C}+\boldsymbol{C}\times\boldsymbol{A}+\boldsymbol{A}\times\boldsymbol{B}|/2=\varepsilon_{14}\triangle_s ABC$。

(3) ① 显然的,② 若$\varepsilon_{14}=0$,则$\triangle_s R_1R_2R_3=0$,则三点$R_j(j=1,2,3)$成一直线。

特别$\tau+\omega+\sigma=0$,三点$R_j(j=1,2,3)$成一直线。可有下列三种等价表示:

(i) $\boldsymbol{R}_1=[-(\omega+\sigma)a\boldsymbol{A}+\omega b\boldsymbol{B}+\sigma c\boldsymbol{C}]/[-(\omega+\sigma)a+\omega b+\sigma c]$,

$\boldsymbol{R}_2=[\sigma a\boldsymbol{A}-(\omega+\sigma)b\boldsymbol{B}+\omega c\boldsymbol{C}]/[\sigma a-(\omega+\sigma)b+\omega c]$,

$\boldsymbol{R}_3=[\omega a\boldsymbol{A}+\sigma b\boldsymbol{B}-(\omega+\sigma)c\boldsymbol{C}]/[\omega a+\sigma b-(\omega+\sigma)c]$;

(ii) $\boldsymbol{R}_1=[\tau a\boldsymbol{A}-(\sigma+\tau)b\boldsymbol{B}+\sigma c\boldsymbol{C}]/[\tau a-(\sigma+\tau)b+\sigma c]$,

$\boldsymbol{R}_2=[\sigma a\boldsymbol{A}+\tau b\boldsymbol{B}-(\sigma+\tau)c\boldsymbol{C}]/[\sigma a+\tau b-(\sigma+\tau)\omega c]$,

$\boldsymbol{R}_3=[-(\sigma+\tau)a\boldsymbol{A}+\sigma b\boldsymbol{B}+\tau c\boldsymbol{C}]/[-(\sigma+\tau)a+\sigma b+\tau c]$;

(iii) $\boldsymbol{R}_1=[\tau a\boldsymbol{A}+\omega b\boldsymbol{B}-(\omega+\tau)c\boldsymbol{C}]/[\tau a+\omega b-(\omega+\tau)c]$,

$\boldsymbol{R}_2=[-(\omega+\tau)a\boldsymbol{A}+\tau b\boldsymbol{B}+\omega c\boldsymbol{C}]/[-(\omega+\tau)a+\tau b+\omega c]$,

$\boldsymbol{R}_3=[\omega a\boldsymbol{A}-(\omega+\tau)b\boldsymbol{B}+\tau c\boldsymbol{C}]/[\omega a-(\omega+\tau)b+\tau c]$。

(1),(2),(3)的推广

若取 $\boldsymbol{R}'_1=(-\tau a\boldsymbol{A}+\omega b\boldsymbol{B}+\sigma c\boldsymbol{C})/(-\tau a+\omega b+\sigma c)$,

$\boldsymbol{R}'_2=(\sigma a\boldsymbol{A}-\tau b\boldsymbol{B}+\omega c\boldsymbol{C})/(\sigma a-\tau b+\omega c)$,

$\boldsymbol{R}'_3=(\omega a\boldsymbol{A}+\sigma b\boldsymbol{B}-\tau c\boldsymbol{C})/(\omega a+\sigma b-\tau c)$。

$d'_{11}=|\boldsymbol{R}'_1\times(\boldsymbol{C}-\boldsymbol{B})-\boldsymbol{B}\times\boldsymbol{C}|/a=\tau/(-\tau a+\omega b+\sigma c)$,$d'_{12}=|\boldsymbol{R}'_1\times(\boldsymbol{A}-\boldsymbol{C})-\boldsymbol{C}\times\boldsymbol{A}|/b=\omega/(-\tau a+\omega b+\sigma c)$,

$d'_{13}=|\boldsymbol{R}'_1\times(\boldsymbol{B}-\boldsymbol{A})-\boldsymbol{A}\times\boldsymbol{B}|/c=\sigma/(-\tau a+\omega b+\sigma c)$;

$d'_{21}=|\boldsymbol{R}'_2\times(\boldsymbol{C}-\boldsymbol{B})-\boldsymbol{B}\times\boldsymbol{C}|/a=\sigma/(\sigma a+\tau b+\omega c)$,$d'_{22}=|\boldsymbol{R}'_2\times(\boldsymbol{A}-\boldsymbol{C})-\boldsymbol{C}\times\boldsymbol{A}|/b=\tau/(\sigma a+\tau b+\omega c)$,

$d'_{23}=|\boldsymbol{R}'_2\times(\boldsymbol{B}-\boldsymbol{A})-\boldsymbol{A}\times\boldsymbol{B}|/c=\omega/(\sigma a+\tau b+\omega c)$;

$d'_{31}=|\boldsymbol{R}'_3\times(\boldsymbol{C}-\boldsymbol{B})-\boldsymbol{B}\times\boldsymbol{C}|/b=\omega/(\omega a+\sigma b+\tau c)$,$d'_{32}=|\boldsymbol{R}'_3\times(\boldsymbol{A}-\boldsymbol{C})-\boldsymbol{C}\times\boldsymbol{A}|/c=\sigma/(\omega a+\sigma b+\tau c)$,

$d'_{33}=|\boldsymbol{R}'_3\times(\boldsymbol{B}-\boldsymbol{A})-\boldsymbol{A}\times\boldsymbol{B}|/a=\tau/(\omega a+\sigma b+\tau c)$。

$d'_{11}:d'_{12}:d'_{13}=d'_{21}:d'_{22}:d'_{23}=d'_{31}:d'_{32}:d'_{33}=|\tau|:|\omega|:|\sigma|$,其中 τ, ω 和 σ 可取实数。

1.6.5 三角形与直线,平面的相关性

定理 70

平面三角形的三顶点到任意直线的距离代数和等于其重心到该直线距离的三倍。

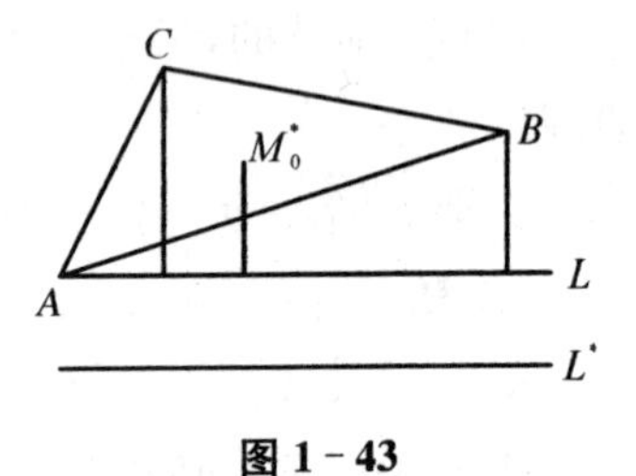

图 1-43

证 (1) 若经过点 $A=O$(总可取原点)与 $\triangle ABC$ 的边 BC 不相交直线 L(见图 1-43):

$\boldsymbol{R}\times\boldsymbol{E}=\boldsymbol{0}$, $|\boldsymbol{E}|=1$,

M_0^*($\triangle ABC$ 重心):$\boldsymbol{M}_0^*=(\boldsymbol{A}+\boldsymbol{B}+\boldsymbol{C})/3=(\boldsymbol{B}+\boldsymbol{C})/3$

三点 B, C, M_0^* 到直线 L 的距离为[见第1章 1.5.4.2)(2)]

$|\boldsymbol{B}\times\boldsymbol{E}|$, $|\boldsymbol{C}\times\boldsymbol{E}|$, $|\boldsymbol{M}_0^*\times\boldsymbol{E}|$,

$|\boldsymbol{B}\times\boldsymbol{E}|+|\boldsymbol{C}\times\boldsymbol{E}|=|\boldsymbol{B}\times\boldsymbol{E}+\boldsymbol{C}\times\boldsymbol{E}|=|(\boldsymbol{B}+\boldsymbol{C})\times\boldsymbol{E}|=3|\boldsymbol{M}_0^*\times\boldsymbol{E}|$。

若任意直线 L^* 与 $\triangle ABC$ 不相交则结论也成立。

仅取上述 L 平行 L^* 即可,因为 L 与 L^* 之间的距离相等。

(2) 若经过点 $A=O$(总可取原点) 与 $\triangle ABC$ 的边 BC 相交直线 L(见图 1-44):

$||\boldsymbol{B}\times\boldsymbol{E}|-|\boldsymbol{E}\times\boldsymbol{C}||=|\boldsymbol{B}\times\boldsymbol{E}-\boldsymbol{E}\times\boldsymbol{C}|=|(\boldsymbol{B}+\boldsymbol{C})\times\boldsymbol{E}|=3|\boldsymbol{M}_0^*\times\boldsymbol{E}|$。

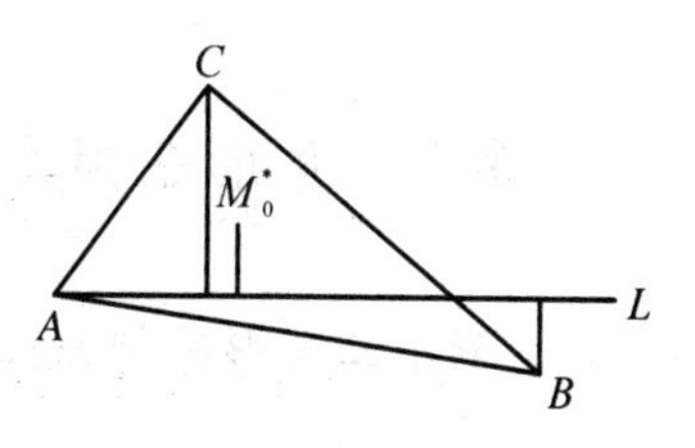

图 1-44

若任意直线 L^* 与 $\triangle ABC$ 相交而不经过点 $A=O$。

不妨作经过点 $A=O$ 直线 L,使其点平行 L^*,则结论也成立。

定理 71

平面上 n 点到任意直线的距离代数和等于其平均点到该直线距离的 n 倍。

[设 n 点 $\boldsymbol{R}_j(j=1, 2, \cdots, n)$ 的平均点为$(\boldsymbol{R}_1+\boldsymbol{R}_2+\cdots+\boldsymbol{R}_n)/n$。]

定理 72

平面三角形的三顶点到以其重心为中心任意半径圆上任意点的切线的距离和相等。

定理 73

空间三角形的三顶点到任意平面的距离代数和等于其重心到该平面距离的三倍(图省略)。

证 (1) 若 $\triangle ABC$ 平行于平面 M,则结论是显然的。

(2) 若 $\triangle ABC$ 不平行且不相交于平面 M,不妨取 M 经过点 $A=O$(不经过点 $A=O$ 结论也成立)。

令 M: $\boldsymbol{R}\cdot\boldsymbol{N}=\boldsymbol{0}$, $|\boldsymbol{N}|=1$。M_0^*($\triangle ABC$ 重心): $\boldsymbol{M}_0^*=(\boldsymbol{A}+\boldsymbol{B}+\boldsymbol{C})/3=(\boldsymbol{B}+\boldsymbol{C})/3$,

三点 B, C, M_0^* 到平面 M 的距离为 $|\boldsymbol{B}\cdot\boldsymbol{N}|$, $|\boldsymbol{C}\cdot\boldsymbol{N}|$, $|\boldsymbol{M}_0^*\cdot\boldsymbol{N}|$,

$|\boldsymbol{B}\cdot\boldsymbol{N}|+|\boldsymbol{C}\cdot\boldsymbol{N}|=|\boldsymbol{B}\cdot\boldsymbol{N}+\boldsymbol{C}\cdot\boldsymbol{N}|=|(\boldsymbol{B}+\boldsymbol{C})\cdot\boldsymbol{N}|=3|\boldsymbol{M}_0^*\cdot\boldsymbol{N}|$。

(3) 若 $\triangle ABC$ 不平行且相交于平面 M 结论也成立。

定理 74

空间三角形的三顶点到以其重心为中心任意半径球面上的任意点切平面的距离和相等。

定理 75

空间上 n 点到任意平面的距离代数和等于其平均点到该平面距离的 n 倍。

1.7 多个三角形的相关性

1.7.1 两个三角形的相关性

定理 76(德扎格定理)

(在平面几何学中已知定理)设平面上两个 $\triangle A_iB_iC_i(i=1, 2)$ 的三直线 A_1A_2, B_1B_2, C_1C_2 相交一点,则三点 $R_1(B_1C_1, B_2C_2)$[表示两直线 B_1C_1, B_2C_2 相交点],$R_2(C_1A_1, C_2A_2)$[表示两直线 C_1A_1, C_2A_2 相交点],$R_3(A_1B_1, A_2B_2)$ [表示两直线 A_1B_1, A_2B_2 相交点] 共线。

现在将上述定理 76 推广如下:

定理 77(德扎格定理 I)

空间中两个 $\triangle A_iB_iC_i(i=1, 2)$ 的三直线 A_1A_2, B_1B_2, C_1C_2 相交一点的充分必要条件是三点 $R_1(B_1C_1, B_2C_2)$,$R_2(C_1A_1, C_2A_2)$,$R_3(A_1B_1, A_2B_2)$ 共线。

下文记 L_{12}[三点 $R_1(B_1C_1, B_2C_2)$,$R_2(C_1A_1, C_2A_2)$,$R_3(A_1B_1, A_2B_2)$ 共线的直线],L_{12} 称为两个 $\triangle A_iB_iC_i(i=1, 2)$ 在三直线 A_1A_2, B_1B_2, C_1C_2 相交一点时的**内蕴直线**,简记 $L_{12}[\triangle A_iB_iC_i(i=1, 2)]$。

记 R_{12}[三直线 A_1A_2, B_1B_2, C_1C_2 相交点;当三点 $R_1(B_1C_1, B_2C_2)$,$R_2(C_1A_1, C_2A_2)$,$R_3(A_1B_1, A_2B_2)$ 共线,$\triangle A_iB_iC_i(i=1, 2)$]。$R_{12}$ 称为两个 $\triangle A_iB_iC_i(i=1, 2)$ 在三点 $R_1(B_1C_1, B_2C_2)$,$R_2(C_1A_1, C_2A_2)$,$R_3(A_1B_1, A_2B_2)$ 共线时的**内蕴点**,简记 $R_{12}[\triangle A_iB_iC_i(i=1, 2)]$(见图 1-45)。

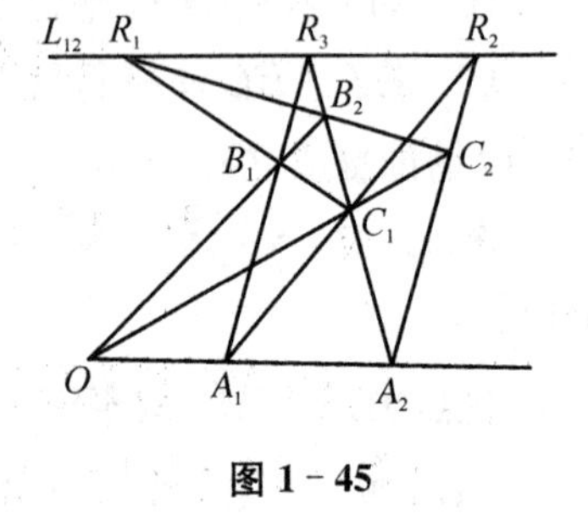

图 1-45

证 必要性 设三直线 A_1A_2, B_1B_2 与 C_1C_2 相交原点 O,记直线 A_1A_2: $\boldsymbol{R}\times(\boldsymbol{A}_1-\boldsymbol{A}_2)=\boldsymbol{A}_2\times\boldsymbol{A}_1$,直线 B_1B_2: $\boldsymbol{R}\times(\boldsymbol{B}_1-\boldsymbol{B}_2)=\boldsymbol{B}_2\times\boldsymbol{B}_1$,直线 C_1C_2: $\boldsymbol{R}\times(\boldsymbol{C}_1-\boldsymbol{C}_2)=\boldsymbol{C}_2\times\boldsymbol{C}_1$,直线 B_1C_1: $\boldsymbol{R}\times(\boldsymbol{C}_1-\boldsymbol{B}_1)=\boldsymbol{B}_1\times\boldsymbol{C}_1$,直线 B_2C_2: $\boldsymbol{R}\times(\boldsymbol{C}_2-\boldsymbol{B}_2)=\boldsymbol{B}_2\times\boldsymbol{C}_2$,直线 C_1A_1: $\boldsymbol{R}\times(\boldsymbol{A}_1-\boldsymbol{C}_1)=\boldsymbol{C}_1\times\boldsymbol{A}_1$,直线 C_2A_2: $\boldsymbol{R}\times(\boldsymbol{A}_2-\boldsymbol{C}_2)=\boldsymbol{C}_2\times$

$\boldsymbol{A}_2$，直线 A_1B_1：$\boldsymbol{R}\times(\boldsymbol{B}_1-\boldsymbol{A}_1)=\boldsymbol{A}_1\times\boldsymbol{B}_1$，直线 A_2B_2：$\boldsymbol{R}\times(\boldsymbol{B}_2-\boldsymbol{A}_2)=\boldsymbol{A}_2\times\boldsymbol{B}_2$。

$\boldsymbol{A}_2=a\boldsymbol{A}_1$，$\boldsymbol{B}_2=b\boldsymbol{B}_1$，$\boldsymbol{C}_2=c\boldsymbol{C}_1$，由 $a, b, c\neq$（即 a, b, c 互不相等）。

易检验 $R_1(B_1C_1, B_2C_2)$：$\boldsymbol{R}_1=[b(1-c)\boldsymbol{B}_1-c(1-b)\boldsymbol{C}_1]/(b-c)$，

$R_2(C_1A_1, C_2A_2)$：$\boldsymbol{R}_2=[c(1-a)\boldsymbol{C}_1-a(1-c)\boldsymbol{A}_1]/(c-a)$，

$R_3(A_1B_1, A_2B_2)$：$\boldsymbol{R}_3=[a(1-b)\boldsymbol{A}_1-b(1-a)\boldsymbol{B}_1]/(a-b)$。

得 $c_1\boldsymbol{R}_1+c_2\boldsymbol{R}_2+c_3\boldsymbol{R}_3=\boldsymbol{0}$，其中 $c_1=(b-c)(a-1)$，$c_2=(c-a)(b-1)$，$c_3=(a-b)(c-1)$。

L_{12}：$\boldsymbol{R}\times(\boldsymbol{R}_1-\boldsymbol{R}_2)=\boldsymbol{R}_2\times\boldsymbol{R}_1$，即 $\boldsymbol{R}\times\boldsymbol{E}=\boldsymbol{A}$，其中

$\boldsymbol{E}=a(b-c)\boldsymbol{A}_1+b(c-a)\boldsymbol{B}_1+c(a-b)\boldsymbol{C}_1$，$\boldsymbol{A}=ab(c-1)\boldsymbol{A}_1\times\boldsymbol{B}_1+bc(a-1)\boldsymbol{B}_1\times\boldsymbol{C}_1+ca(b-1)\boldsymbol{C}_1\times\boldsymbol{A}_1$，

(1) 若 $a=b=c$，得两个 $\triangle A_iB_iC_i(i=1, 2)$ 中对应边平行，则三交点无穷远共线。

(2) 若 $c\neq a=b=1$，$c_1=c_2=c_3=0$，因为 $\boldsymbol{A}_2=\boldsymbol{A}_1$，$\boldsymbol{B}_2=\boldsymbol{B}_1$，则三点 $R_i(i=1, 2, 3)$ 共线于直线 A_1B_1。

(3) 若 $c\neq a=b\neq 1$，则 $c_1=-c_2\neq 0$，$c_3=0$，$\boldsymbol{R}_1=\boldsymbol{R}_2$，$R_i(i=1, 2, 3)$ 共线。

(4) 若 $a\neq b\neq c$，则

① 若 $a-1$，$b-1$，$c-1$ 均不为零，得 $c_i(i=1, 2, 3)$ 均不为零，$R_i(i=1, 2, 3)$ 共线；

② 若 $a-1$，$b-1$ 不为零，$c=1$，则 $c_1=-c_2$，$c_3=0$，$\boldsymbol{R}_1=\boldsymbol{R}_2$，$R_i(i=1, 2, 3)$ 共线；

③ 若 $a\neq 1$，$b=c=1$ 与 $a, b, c\neq$ 矛盾，不合，即证 $R_i(i=1, 2, 3)$ 共线。

L_{12}[三点 $R_1(B_1C_1, B_2C_2)$，$R_2(C_1A_1, C_2A_2)$，$R_3(A_1B_1, A_2B_2)$ 共线的直线]：$\boldsymbol{R}\times(\boldsymbol{R}_2-\boldsymbol{R}_1)=\boldsymbol{R}_1\times\boldsymbol{R}_2$，即

$\boldsymbol{R}\times[a(b-c)\boldsymbol{A}_1+b(c-a)\boldsymbol{B}_1+c(a-b)\boldsymbol{C}_1]=ab(c-1)\boldsymbol{A}_1\times\boldsymbol{B}_1+bc(a-1)\boldsymbol{B}_1\times\boldsymbol{C}_1+ca(b-1)\boldsymbol{C}_1\times\boldsymbol{A}_1$。

充分性　设 $R_1(B_1C_1, B_2C_2)$ 满足 $\boldsymbol{R}_1\times(\boldsymbol{C}_1-\boldsymbol{B}_1)=\boldsymbol{B}_1\times\boldsymbol{C}_1$ 与 $\boldsymbol{R}_1\times(\boldsymbol{C}_2-\boldsymbol{B}_2)=\boldsymbol{B}_2\times\boldsymbol{C}_2$　(1)*

$R_2(C_1A_1, C_2A_2)$ 满足 $\boldsymbol{R}_2\times(\boldsymbol{A}_1-\boldsymbol{C}_1)=\boldsymbol{C}_1\times\boldsymbol{A}_1$ 与 $\boldsymbol{R}_2\times(\boldsymbol{A}_2-\boldsymbol{C}_2)=\boldsymbol{C}_2\times\boldsymbol{A}_2$　(2)*

$R_3(A_1B_1, A_2B_2)$ 满足 $\boldsymbol{R}_3 \times (\boldsymbol{B}_1 - \boldsymbol{A}_1) = \boldsymbol{A}_1 \times \boldsymbol{B}_1$ 与 $\boldsymbol{R}_3 \times (\boldsymbol{B}_2 - \boldsymbol{A}_2) = \boldsymbol{A}_2 \times \boldsymbol{B}_2$ (3)*

令 R_3 为原点 $O \Rightarrow \boldsymbol{R}_3 = \boldsymbol{0}$，由(3)* $\Rightarrow \boldsymbol{A}_1 \times \boldsymbol{B}_1 = \boldsymbol{A}_2 \times \boldsymbol{B}_2 = \boldsymbol{0} \Rightarrow \boldsymbol{B}_1 = \lambda \boldsymbol{A}_1, \boldsymbol{B}_2 = \mu \boldsymbol{A}_2$ (4)*

按设 $R_i (i = 1, 2, 3)$ 共线 $\Rightarrow \boldsymbol{R}_1 \times \boldsymbol{R}_2 + \boldsymbol{R}_2 \times \boldsymbol{R}_3 + \boldsymbol{R}_3 \times \boldsymbol{R}_1 = \boldsymbol{0} \Rightarrow \boldsymbol{R}_1 \times \boldsymbol{R}_2 = \boldsymbol{0} \Rightarrow \boldsymbol{R}_2 = \rho \boldsymbol{R}_1$ (5)*

由(1)*，(4)* $\Rightarrow \boldsymbol{R}_1 \times (\boldsymbol{C}_1 - \lambda \boldsymbol{A}_1) = \lambda \boldsymbol{A}_1 \times \boldsymbol{C}_1$ 与 $\boldsymbol{R}_1 \times (\boldsymbol{C}_2 - \mu \boldsymbol{A}_2) = \mu \boldsymbol{A}_2 \times \boldsymbol{C}_2$ (6)*

由(2)*，(5)* $\Rightarrow \rho \boldsymbol{R}_1 \times (\boldsymbol{A}_1 - \boldsymbol{C}_1) = \boldsymbol{C}_1 \times \boldsymbol{A}_1$ 与 $\rho \boldsymbol{R}_1 \times (\boldsymbol{A}_2 - \boldsymbol{C}_2) = \boldsymbol{C}_2 \times \boldsymbol{A}_2$ (7)*

由(6)*，(7)* $\Rightarrow (1 - \lambda\rho)\boldsymbol{C}_1 - \lambda(1-\rho)\boldsymbol{A}_1 = \omega \boldsymbol{R}_1, (1 - \mu\rho)\boldsymbol{C}_2 - \mu(1-\rho)\boldsymbol{A}_2 = \kappa \boldsymbol{R}_1$ (8)*

由(6)*，(8)* $\Rightarrow \rho(1-\lambda) = \omega, \rho(1-\mu) = \kappa, \lambda \neq 1, \mu \neq 1$ (9)*

因为 $(\boldsymbol{A}_1 - \boldsymbol{A}_2) \cdot (\boldsymbol{B}_2 \times \boldsymbol{B}_1) + (\boldsymbol{B}_1 - \boldsymbol{B}_2) \cdot (\boldsymbol{A}_2 \times \boldsymbol{A}_1) = 0$（两直线 A_1A_2，B_1B_2 共面） (10)*

设 R_0：$\boldsymbol{R}_0 = [\lambda(\mu-1)\boldsymbol{A}_1 - \mu(\lambda-1)\boldsymbol{A}_2]/\tau, \tau = \mu - \lambda$ (11)*

易检验 R_0 在直线 A_1A_2：$\boldsymbol{R}_0 \times (\boldsymbol{A}_1 - \boldsymbol{A}_2) = \boldsymbol{A}_2 \times \boldsymbol{A}_1$ (12)*

和直线 B_1B_2 上：$\boldsymbol{R}_0 \times (\boldsymbol{B}_1 - \boldsymbol{B}_2) = \boldsymbol{B}_2 \times \boldsymbol{B}_1$，即 $\boldsymbol{R}_0 \times (\lambda \boldsymbol{A}_1 - \mu \boldsymbol{A}_2) = \lambda\mu \boldsymbol{A}_2 \times \boldsymbol{A}_1$ (13)*

由(8)* $\Rightarrow \kappa[(1-\lambda\rho)\boldsymbol{C}_1 - \lambda(1-\rho)\boldsymbol{A}_1] = \omega[(1-\mu\rho)\boldsymbol{C}_2 - \mu(1-\rho)\boldsymbol{A}_2]$ (14)*

$\boldsymbol{C}_2 \times \boldsymbol{C}_1 \cdot$ (13)* $\Rightarrow \lambda(1-\mu)[\boldsymbol{C}_2, \boldsymbol{C}_1, \boldsymbol{A}_1] = \mu(1-\lambda)[\boldsymbol{C}_2, \boldsymbol{C}_1, \boldsymbol{A}_2]$ (15)*

记 $\boldsymbol{T} \equiv [\lambda(\mu-1)\boldsymbol{A}_1 - \mu(\lambda-1)\boldsymbol{A}_2] \times (\boldsymbol{C}_1 - \boldsymbol{C}_2) - \tau \boldsymbol{C}_2 \times \boldsymbol{C}_1$ (16)*

由(15)* $\Rightarrow \boldsymbol{C}_i \cdot \boldsymbol{T} = \boldsymbol{0} (i = 1, 2)$ (17)*

由(14)* $\Rightarrow (\boldsymbol{C}_2 \times \boldsymbol{C}_1) \cdot [\lambda(\mu-1)\boldsymbol{A}_1 - \mu(\lambda-1)\boldsymbol{A}_2] = 0$ (18)*

$\Rightarrow \lambda(\mu-1)\boldsymbol{A}_1 - \mu(\lambda-1)\boldsymbol{A}_2 = \varepsilon \boldsymbol{C}_1 - \eta \boldsymbol{C}_2$ (19)*

由(13)*，(14)*，(17)* $\Rightarrow \tau = \varepsilon - \eta$ (20)*

由(13)*，(16)*，(18)*，(20)*

因为$(\boldsymbol{C}_2\times\boldsymbol{C}_1)\cdot\{[\lambda(\mu-1)\boldsymbol{A}_1-\mu(\lambda-1)\boldsymbol{A}_2]\times(\boldsymbol{C}_1-\boldsymbol{C}_2)\}-\tau\,|\boldsymbol{C}_2\times\boldsymbol{C}_1|^2=0\Rightarrow(\boldsymbol{C}_2\times\boldsymbol{C}_1)\cdot\boldsymbol{T}=0$ (21)*

由(17)*，(21)* 及$[\boldsymbol{C}_2,\boldsymbol{C}_1,\boldsymbol{C}_2\times\boldsymbol{C}_1]\neq 0\Rightarrow\boldsymbol{T}=\boldsymbol{0}$ (22)*

由(15)* 及(22)* $\Rightarrow R_0$ 也在直线 C_1C_2 上：$\boldsymbol{R}_0\times(\boldsymbol{C}_1-\boldsymbol{C}_2)=\boldsymbol{C}_2\times\boldsymbol{C}_1$ (23)*

由(10)*，(11)*，(12)* 及(23)* $\Rightarrow$三直线 A_1A_2，B_1B_2，C_1C_2 相交一点 R_0。

定理 78

设平面上的两个 $\triangle A_iB_iC_i(i=1,2)$［约定：过 A_2 点垂直相交于 B_1C_1 边的直线，过 B_2 点垂直相交于 C_1A_1 边的直线，及过 C_2 点垂直相交于 A_1B_1 边的三直线相交一点即称为**$\triangle A_2B_2C_2$ 的顶边正交于 $\triangle A_1B_1C_1$**］，则 $\triangle A_2B_2C_2$ 的顶边垂直相交于 $\triangle A_1B_1C_1$ 充分必要条件是 $\triangle A_1B_1C_1$ 同时也顶边垂直相交于 $\triangle A_2B_2C_2$（见图 1-46）。

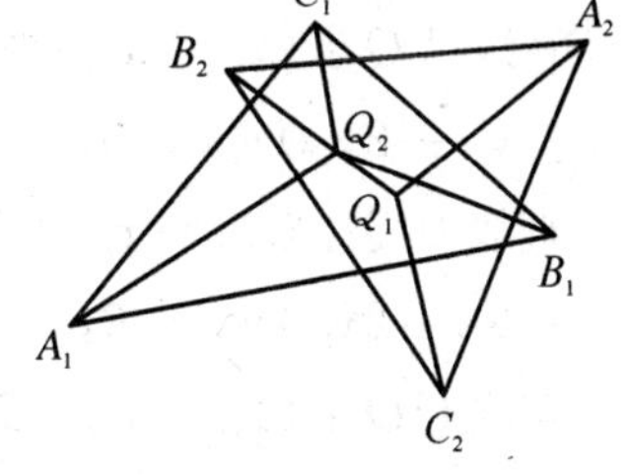

图 1-46

证 设 $A_i(x_{i1},y_{i1})$，$B_i(x_{i2},y_{i2})$，$C_i(x_{i3},y_{i3})(i=1,2)$，得

直线 A_iB_i：$(x-x_{i1})/(x_{i2}-x_{i1})=(y-y_{i1})/(y_{i2}-y_{i1})$，

直线 B_iC_i：$(x-x_{i2})/(x_{i3}-x_{i2})=(y-y_{i2})/(y_{i3}-y_{i2})$，

直线 C_iA_i：$(x-x_{i3})/(x_{i1}-x_{i3})=(y-y_{i3})/(y_{i1}-y_{i3})$，

直线 A_jQ_i：$(x_{i3}-x_{i2})x+(y_{i3}-y_{i2})y+(y_{i2}-y_{i3})y_{j1}+(x_{i2}-x_{i3})x_{j1}=0$，

直线 B_jQ_i：$(x_{i1}-x_{i3})x+(y_{i1}-y_{i3})y+(y_{i3}-y_{i1})y_{j2}+(x_{i3}-x_{i1})x_{j2}=0$，

直线 C_jQ_i：$(x_{i2}-x_{i1})x+(y_{i2}-y_{i1})y+(y_{i1}-y_{i2})y_{j3}+(x_{i1}-x_{i2})x_{j3}=0$，

若三直线 A_jQ_i，B_jQ_i，C_jQ_i 相交一点 Q_i，则行列式

$$\begin{vmatrix} x_{i3}-x_{i2} & y_{i3}-y_{i2} & (y_{i2}-y_{i3})y_{j1}+(x_{i2}-x_{i3})x_{j1} \\ x_{i1}-x_{i3} & y_{i1}-y_{i3} & (y_{i3}-y_{i1})y_{j2}+(x_{i3}-x_{i1})x_{j2} \\ x_{i2}-x_{i1} & y_{i2}-y_{i1} & (y_{i1}-y_{i2})y_{j3}+(x_{i1}-x_{i2})x_{j3} \end{vmatrix}=T_1\triangle_s A_iB_iC_i=0(i,j=1,2;i\neq j),$$

其中 $T_1\equiv(y_{12}-y_{13})y_{21}+(x_{12}-x_{13})x_{21}+(y_{13}-y_{11})y_{22}+(x_{13}-x_{11})x_{22}+(y_{11}-y_{12})y_{23}+(x_{11}-x_{12})x_{23}$，

$\triangle_s A_iB_iC_i=|x_{i1}y_{i2}+x_{i2}y_{i3}+x_{i3}y_{i1}-x_{i2}y_{i1}-x_{i3}y_{i2}-x_{i1}y_{i3}|/2\neq 0$，$T_1=$

0 得证。

定理 79

设平面上的两个 $\triangle A_iB_iC_i(i=1,2)$[约定：过 A_2 点垂直相交于 B_1C_1 边上的中线的直线，过 B_2 点垂直相交于 C_1A_1 边上的中线的直线，及过 C_2 点垂直相交于 A_1B_1 边上的中线的三条直线相交一点 Q_1 称为 $\triangle A_1B_1C_1$ **的顶中线垂直相交于** $\triangle A_2B_2C_2$]，则 $\triangle A_2B_2C_2$ 的顶中线垂直相交于 $\triangle A_1B_1C_1$ 的充分必要条件是 $\triangle A_1B_1C_1$ 同时也顶中线垂直相交于 $\triangle A_2B_2C_2$。

证 设 $A_i(x_{i1},y_{i1})$，$B_i(x_{i2},y_{i2})$，$C_i(x_{i3},y_{i3})(i=1,2)$，得

直线 A_iB_i：$(x-x_{i3})/(x_{i1}+x_{i2}-2x_{i3})=(y-y_{i3})/(y_{i1}+y_{i2}-2y_{i3})$，

直线 B_iC_i：$(x-x_{i1})/(x_{i2}+x_{i3}-2x_{i1})=(y-y_{i1})/(y_{i2}+y_{i3}-2y_{i1})$，

直线 C_iA_i：$(x-x_{i2})/(x_{i3}+x_{i1}-2x_{i2})=(y-y_{i2})/(y_{i3}+y_{i1}-2y_{i2})$，

直线 A_jQ_i：$(x_{i2}+x_{i3}-2x_{i1})x+(y_{i2}+y_{i3}-2y_{i1})y-(x_{i2}+x_{i3}-2x_{i1})x_{j1}-(y_{i2}+y_{i3}-2y_{i1})y_{j1}=0$，

直线 B_jQ_i：$(x_{i3}+x_{i1}-2x_{i2})x+(y_{i3}+y_{i1}-2y_{i2})y-(x_{i3}+x_{i1}-2x_{i2})x_{j2}-(y_{i3}+y_{i1}-2y_{i2})y_{j2}=0$，

直线 C_jQ_i：$(x_{i1}+x_{i2}-2x_{i3})x+(y_{i1}+y_{i2}-2y_{i3})y-(x_{i1}+x_{i2}-2x_{i3})x_{j3}-(y_{i1}+y_{i3}-2y_{i3})y_{j3}=0$，

若三直线 A_jQ_i，B_jQ_i，C_jQ_i 相交一点 Q_i，则行列式

$$\begin{vmatrix} x_{i2}+x_{i3}-2x_{i1} & y_{i2}+y_{i3}-2y_{i1} & -(x_{i2}+x_{i3}-2x_{i1})x_{j1}-(y_{i2}+y_{i3}-2y_{i1})y_{j1} \\ x_{i3}+x_{i1}-2x_{i2} & y_{i3}+y_{i1}-2y_{i2} & -(x_{i3}+x_{i1}-2x_{i2})x_{j2}-(y_{i3}+y_{i1}-2y_{i2})y_{j2} \\ x_{i1}+x_{i2}-2x_{i3} & y_{i1}+y_{i2}-2y_{i3} & -(x_{i1}+x_{i2}-2x_{i3})x_{j3}-(y_{i1}+y_{i2}-2y_{i3})y_{j3} \end{vmatrix}=$$

$T_2\triangle_s A_iB_iC_i=0$。

其中 $T_2\equiv(x_{i2}+x_{i3}-2x_{i1})x_{j1}+(y_{i2}+y_{i3}-2y_{i1})y_{j1}+(x_{i3}+x_{i1}-2x_{i2})x_{j2}+(y_{i3}+y_{i1}-2y_{i2})y_{j2}+(x_{i1}+x_{i2}-2x_{i3})x_{j3}+(y_{i1}+y_{i2}-2y_{i3})y_{j3}(i,j=1,2;i\neq j)$，

如将定理 78 与定理 79 中的平面上改为空间中的两个 $\triangle A_iB_iC_i(i=1,2)$，有兴趣读者可自行讨论是否有相同的结论？

定理 80

设空间中的两个 $\triangle A_iB_iC_i(i=1,2)$[约定若过 A_2 点正交于 B_1C_1 边的平面，过 B_2 点正交于 C_1A_1 边的平面，及过 C_2 点正交于 A_1B_1 边的平面，此三平面相交一

直线即称为 $\triangle A_2B_2C_2$ **的顶边面正交于** $\triangle A_1B_1C_1$]，则 $\triangle A_2B_2C_2$ 顶边面正交于 $\triangle A_1B_1C_1$ 的充分必要条件是 $\triangle A_1B_1C_1$ 同时也顶边面正交于 $\triangle A_2B_2C_2$。

证 记 $OU_j = \boldsymbol{U}_j (U = A, B, C; j = 1, 2)$

过 A_2 点正交于与 B_1C_1 边的平面：$\boldsymbol{R}\cdot\boldsymbol{N}_1 = p_1$，$\boldsymbol{N}_1 = \boldsymbol{C}_1 - \boldsymbol{B}_1$，$p_1 = \boldsymbol{A}_2\cdot(\boldsymbol{C}_1 - \boldsymbol{B}_1)$，

过 B_2 点正交于与 C_1A_1 边的平面：$\boldsymbol{R}\cdot\boldsymbol{N}_2 = p_2$，$\boldsymbol{N}_2 = \boldsymbol{A}_1 - \boldsymbol{C}_1$，$p_2 = \boldsymbol{B}_2\cdot(\boldsymbol{A}_1 - \boldsymbol{C}_1)$，

过 C_2 点正交于与 A_1B_1 边的平面：$\boldsymbol{R}\cdot\boldsymbol{N}_3 = p_3$，$\boldsymbol{N}_3 = \boldsymbol{B}_1 - \boldsymbol{A}_1$，$p_3 = \boldsymbol{C}_2\cdot(\boldsymbol{B}_1 - \boldsymbol{A}_1)$，

由第1章 1.5.4 3) (2)② 得知：

三平面相交一直线的充分必要条件是

$[\boldsymbol{N}_1, \boldsymbol{N}_2, \boldsymbol{N}_3] = [\boldsymbol{C}_1 - \boldsymbol{B}_1, \boldsymbol{A}_1 - \boldsymbol{C}_1, \boldsymbol{B}_1 - \boldsymbol{A}_1] = 0$，即 $\boldsymbol{N}_1 + \boldsymbol{N}_2 + \boldsymbol{N}_3 = (\boldsymbol{C}_1 - \boldsymbol{B}_1) + (\boldsymbol{A}_1 - \boldsymbol{C}_1) + (\boldsymbol{B}_1 - \boldsymbol{A}_1) = \boldsymbol{0}$，得 $\boldsymbol{N}_i (i = 1, 2, 3)$ 互不平行，

$$p_1\boldsymbol{N}_2\times\boldsymbol{N}_3 + p_2\boldsymbol{N}_3\times\boldsymbol{N}_1 + p_3\boldsymbol{N}_1\times\boldsymbol{N}_2 = k(\boldsymbol{A}_1\times\boldsymbol{B}_1 + \boldsymbol{B}_1\times\boldsymbol{C}_1 + \boldsymbol{C}_1\times\boldsymbol{A}_1) = \boldsymbol{0} \tag{1*}$$

$\boldsymbol{A}_1\times\boldsymbol{B}_1 + \boldsymbol{B}_1\times\boldsymbol{C}_1 + \boldsymbol{C}_1\times\boldsymbol{A}_1 \neq \boldsymbol{0}$，$k = \boldsymbol{A}_2\cdot(\boldsymbol{C}_1 - \boldsymbol{B}_1) + \boldsymbol{B}_2\cdot(\boldsymbol{A}_1 - \boldsymbol{C}_1) + \boldsymbol{C}_2\cdot(\boldsymbol{B}_1 - \boldsymbol{A}_1)$。

同理，

过 A_2 点正交于与 B_1C_1 边的平面：$\boldsymbol{R}\cdot\boldsymbol{N}_1^* = p_1^*$，$\boldsymbol{N}_1^* = \boldsymbol{C}_2 - \boldsymbol{B}_2$，$p_1^* = \boldsymbol{A}_1\cdot(\boldsymbol{C}_2 - \boldsymbol{B}_2)$，

过 B_2 点正交于与 C_1A_1 边的平面：$\boldsymbol{R}\cdot\boldsymbol{N}_2^* = p_2^*$，$\boldsymbol{N}_2^* = \boldsymbol{A}_2 - \boldsymbol{C}_2$，$p_2^* = \boldsymbol{B}_1\cdot(\boldsymbol{A}_2 - \boldsymbol{C}_2)$，

过 C_2 点正交于与 A_1B_1 边的平面：$\boldsymbol{R}\cdot\boldsymbol{N}_3^* = p_3^*$，$\boldsymbol{N}_3^* = \boldsymbol{B}_2 - \boldsymbol{A}_2$，$p_3^* = \boldsymbol{C}_1\cdot(\boldsymbol{B}_2 - \boldsymbol{A}_2)$，

三平面相交一直线的充分必要条件是

$[\boldsymbol{N}_1^*, \boldsymbol{N}_2^*, \boldsymbol{N}_3^*] = [\boldsymbol{C}_2 - \boldsymbol{B}_2, \boldsymbol{A}_2 - \boldsymbol{C}_2, \boldsymbol{B}_2 - \boldsymbol{A}_2] = 0$，即 $\boldsymbol{N}_1^* + \boldsymbol{N}_2^* + \boldsymbol{N}_3^* = (\boldsymbol{C}_2 - \boldsymbol{B}_2) + (\boldsymbol{A}_2 - \boldsymbol{C}_2) + (\boldsymbol{B}_2 - \boldsymbol{A}_2) = \boldsymbol{0}$，得 $\boldsymbol{N}_i^* (i = 1, 2, 3)$ 互不平行，

$$p_1^*\boldsymbol{N}_2^*\times\boldsymbol{N}_3^* + p_2^*\boldsymbol{N}_3^*\times\boldsymbol{N}_1^* + p_3^*\boldsymbol{N}_1^*\times\boldsymbol{N}_2^* = -k(\boldsymbol{A}_2\times\boldsymbol{B}_2 + \boldsymbol{B}_2\times\boldsymbol{C}_2 + \boldsymbol{C}_2\times\boldsymbol{A}_2) = \boldsymbol{0}。\tag{2*}$$

$\boldsymbol{A}_2\times\boldsymbol{B}_2 + \boldsymbol{B}_2\times\boldsymbol{C}_2 + \boldsymbol{C}_2\times\boldsymbol{A}_2 \neq \boldsymbol{0}$，显然当 $k = 0$ 时，则(1*)与(2*)同时成立。

定理 81

设空间上的两个$\triangle A_iB_iC_i(i=1, 2)$[约定若过$A_2$点正交于$B_1C_1$边上中线的平面,过$B_2$点正交于$C_1A_1$边上中线的平面,及过$C_2$点正交于与$A_1B_1$边上中线的这三平面相交一直线,称为$\triangle A_2B_2C_2$的**顶中线面正交于**$\triangle A_1B_1C_1$],则$\triangle A_2B_2C_2$顶中线面正交于$\triangle A_1B_1C_1$的充分必要条件是$\triangle A_1B_1C_1$同时也顶中线面正交于$\triangle A_2B_2C_2$。

证 过A_2点正交于B_1C_1边上中线的平面:$\boldsymbol{R}\cdot\boldsymbol{N}_1=p_1$, $\boldsymbol{N}_1=\boldsymbol{B}_1+\boldsymbol{C}_1-2\boldsymbol{A}_1$, $p_1=\boldsymbol{A}_2\cdot(\boldsymbol{B}_1+\boldsymbol{C}_1-2\boldsymbol{A}_1)$,

过B_2点正交于C_1A_1边上中线的平面:$\boldsymbol{R}\cdot\boldsymbol{N}_2=p_2$, $\boldsymbol{N}_2=\boldsymbol{C}_1+\boldsymbol{A}_1-2\boldsymbol{B}_1$, $p_2=\boldsymbol{B}_2\cdot(\boldsymbol{C}_1+\boldsymbol{A}_1-2\boldsymbol{B}_1)$,

过C_2点正交于A_1B_1边上中线的平面:$\boldsymbol{R}\cdot\boldsymbol{N}_3=p_3$, $\boldsymbol{N}_3=\boldsymbol{A}_1+\boldsymbol{B}_1-2\boldsymbol{C}_1$, $p_3=\boldsymbol{C}_2\cdot(\boldsymbol{A}_1+\boldsymbol{B}_1-2\boldsymbol{C}_1)$,

由第1章1.5.4.3)(2)② 得知:三平面相交一直线的充分必要条件是

$$[\boldsymbol{N}_1, \boldsymbol{N}_2, \boldsymbol{N}_3]=[\boldsymbol{B}_1+\boldsymbol{C}_1-2\boldsymbol{A}_1, \boldsymbol{C}_1+\boldsymbol{A}_1-2\boldsymbol{B}_1, \boldsymbol{A}_1+\boldsymbol{B}_1-2\boldsymbol{C}_1]=0$$

{即$\boldsymbol{N}_1+\boldsymbol{N}_2+\boldsymbol{N}_3=(\boldsymbol{B}_1+\boldsymbol{C}_1-2\boldsymbol{A}_1)+(\boldsymbol{C}_1+\boldsymbol{A}_1-2\boldsymbol{B}_1)+(\boldsymbol{A}_1+\boldsymbol{B}_1-2\boldsymbol{C}_1)=\boldsymbol{0}$,得$\boldsymbol{N}_i(i=1, 2, 3)$互不平行},

$$p_1\boldsymbol{N}_2\times\boldsymbol{N}_3+p_2\boldsymbol{N}_3\times\boldsymbol{N}_1+p_3\boldsymbol{N}_1\times\boldsymbol{N}_2=h(\boldsymbol{A}_1\times\boldsymbol{B}_1+\boldsymbol{B}_1\times\boldsymbol{C}_1+\boldsymbol{C}_1\times\boldsymbol{A}_1)=\boldsymbol{0} \tag{1*}$$

$h\equiv 3\{\boldsymbol{A}_2\cdot(\boldsymbol{B}_1+\boldsymbol{C}_1-2\boldsymbol{A}_1)+\boldsymbol{B}_2\cdot(\boldsymbol{C}_1+\boldsymbol{A}_1-2\boldsymbol{B}_1)+\boldsymbol{C}_2\cdot(\boldsymbol{A}_1+\boldsymbol{B}_1-2\boldsymbol{C}_1)\}$, $\boldsymbol{A}_1\times\boldsymbol{B}_1+\boldsymbol{B}_1\times\boldsymbol{C}_1+\boldsymbol{C}_1\times\boldsymbol{A}_1\neq\boldsymbol{0}$,

同理,

过A_1点正交于与B_2C_2边上中线的平面:$\boldsymbol{R}\cdot\boldsymbol{N}_1^*=p_1^*$, $\boldsymbol{N}_1^*=\boldsymbol{B}_2+\boldsymbol{C}_2-2\boldsymbol{A}_2$, $p_1^*=\boldsymbol{A}_1\cdot(\boldsymbol{B}_2+\boldsymbol{C}_2-2\boldsymbol{A}_2)$,

过B_1点正交于与C_2A_2边上中线的平面:$\boldsymbol{R}\cdot\boldsymbol{N}_2^*=p_2^*$, $\boldsymbol{N}_2^*=\boldsymbol{C}_2+\boldsymbol{A}_2-2\boldsymbol{B}_2$, $p_2^*=\boldsymbol{B}_1\cdot(\boldsymbol{C}_2+\boldsymbol{A}_2-2\boldsymbol{B}_2)$,

过C_1点正交于与A_2B_2边上中线的平面:$\boldsymbol{R}\cdot\boldsymbol{N}_3^*=p_3^*$, $\boldsymbol{N}_3^*=\boldsymbol{A}_2+\boldsymbol{B}_2-2\boldsymbol{C}_2$, $p_3^*=\boldsymbol{C}_1\cdot(\boldsymbol{A}_2+\boldsymbol{B}_2-2\boldsymbol{C}_2)$,

三平面相交一直线的充分必要条件是

$[\boldsymbol{N}_1^*, \boldsymbol{N}_2^*, \boldsymbol{N}_3^*]=[\boldsymbol{B}_2+\boldsymbol{C}_2-2\boldsymbol{A}_2, \boldsymbol{C}_2+\boldsymbol{A}_2-2\boldsymbol{B}_2, \boldsymbol{A}_2+\boldsymbol{B}_2-2\boldsymbol{C}_2]=0${即

$\boldsymbol{N}_1^* + \boldsymbol{N}_2^* + \boldsymbol{N}_3^* = (\boldsymbol{B}_2 + \boldsymbol{C}_2 - 2\boldsymbol{A}_2) + (\boldsymbol{C}_2 + \boldsymbol{A}_2 - 2\boldsymbol{B}_2) + (\boldsymbol{A}_2 + \boldsymbol{B}_2 - 2\boldsymbol{C}_2) = \boldsymbol{0}$ 得 $\boldsymbol{N}_i^*$ $(i=1, 2, 3)$ 互不平行},

$$p_1^* \boldsymbol{N}_2^* \times \boldsymbol{N}_3^* + p_2^* \boldsymbol{N}_3^* \times \boldsymbol{N}_1^* + p_3^* \boldsymbol{N}_1^* \times \boldsymbol{N}_2^* = -h(\boldsymbol{A}_2 \times \boldsymbol{B}_2 + \boldsymbol{B}_2 \times \boldsymbol{C}_2 + \boldsymbol{C}_2 \times \boldsymbol{A}_2) = \boldsymbol{0} \quad (2^*)$$

$\boldsymbol{A}_2 \times \boldsymbol{B}_2 + \boldsymbol{B}_2 \times \boldsymbol{C}_2 + \boldsymbol{C}_2 \times \boldsymbol{A}_2 \neq \boldsymbol{0}$,显然当 $h=0$ 时,则(1^*)与(2^*)同时成立。

定理 82

设空间上的两个 $\triangle A_iB_iC_i(i=1, 2)$,若 A_3, B_3 与 C_3 分别为 A_1A_2, B_1B_2 与 C_1C_2 相等比例的分点,则三个 $\triangle A_iB_iC_i(i=1, 2, 3)$ 的内重心和三个外重心分别在四条直线上。

证　令 $\boldsymbol{A}_3 = \lambda\boldsymbol{A}_1 + (1-\lambda)\boldsymbol{A}_2$, $\boldsymbol{B}_3 = \lambda\boldsymbol{B}_1 + (1-\lambda)\boldsymbol{B}_2$, $\boldsymbol{C}_3 = \lambda\boldsymbol{C}_1 + (1-\lambda)\boldsymbol{C}_2$,

由 $\boldsymbol{M}_{0j}^* = (\boldsymbol{A}_j + \boldsymbol{B}_j + \boldsymbol{C}_j)/3$, $\boldsymbol{M}_{1j}^* = -\boldsymbol{A}_j + \boldsymbol{B}_j + \boldsymbol{C}_j$, $\boldsymbol{M}_{2j}^* = \boldsymbol{A}_j - \boldsymbol{B}_j + \boldsymbol{C}_j$, $\boldsymbol{M}_{3j}^* = \boldsymbol{A}_j + \boldsymbol{B}_j - \boldsymbol{C}_j$,

$\boldsymbol{M}_{i3}^* = \lambda\boldsymbol{M}_{i1}^* + (1-\lambda)\boldsymbol{M}_{i2}^*(i=0, 1, 2, 3)$,得证。

1.7.2　多个三角形的相关性

定理 83

设空间中具有共同边 AB 的三个$\triangle ABC_j$, M_{0j}^* 为它们的内重心 $(j=1, 2, 3)$;M_{ij}^* 为它们外重心$(i=1, 2, 3;j=1, 2, 3)$,则

(1) $\triangle_s M_{01}^* M_{02}^* M_{03}^* = \triangle_s C_1C_2C_3/9$(见图 1-47)。

(2) $\triangle_s M_{i1}^* M_{i2}^* M_{i3}^* = \triangle_s C_1C_2C_3(i=1, 2, 3)$,

(3) $\square_s M_{1j}^* M_{2j}^* M_{3j}^* = 4\triangle_s ABC_j(j=1, 2, 3)$,

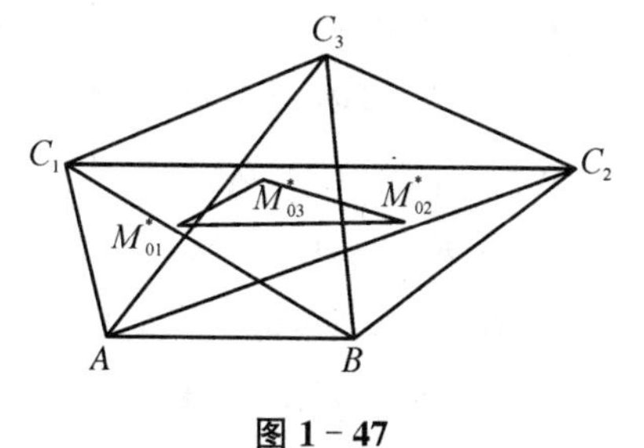

图 1-47

其中 $\boldsymbol{M}_{0j}^* = (\boldsymbol{A} + \boldsymbol{B} + \boldsymbol{C}_j)/3$,

$\boldsymbol{M}_{1j}^* = -\boldsymbol{A} + \boldsymbol{B} + \boldsymbol{C}_j$, $\boldsymbol{M}_{2j}^* = \boldsymbol{A} - \boldsymbol{B} + \boldsymbol{C}_j$, $\boldsymbol{M}_{3j}^* = \boldsymbol{A} + \boldsymbol{B} - \boldsymbol{C}_j$。

证

(1) $\triangle_s M_{01}^* M_{02}^* M_{03}^* = |M_{01}^* \times M_{02}^* + M_{02}^* \times M_{03}^* + M_{03}^* \times M_{01}^*|/2 = |(\boldsymbol{A} + \boldsymbol{B} + \boldsymbol{C}_1) \times (\boldsymbol{A} + \boldsymbol{B} + \boldsymbol{C}_2) + (\boldsymbol{A} + \boldsymbol{B} + \boldsymbol{C}_2) \times (\boldsymbol{A} + \boldsymbol{B} + \boldsymbol{C}_3) + (\boldsymbol{A} + \boldsymbol{B} + \boldsymbol{C}_3) \times (\boldsymbol{A} + \boldsymbol{B} +$

$\boldsymbol{C}_1)\mid/18=\mid\boldsymbol{C}_1\times\boldsymbol{C}_2+\boldsymbol{C}_2\times\boldsymbol{C}_3+\boldsymbol{C}_3\times\boldsymbol{C}_1\mid/18=\triangle_s C_1C_2C_3/9$。

(2) 同理。

定理 84(德扎格定理 II)

设空间中三个 $\triangle A_iB_iC_i(i=1,2,3)$ 的三直线 $A_1A_2A_3$，$B_1B_2B_3$，$C_1C_2C_3$ 相交一点，则三直线 L_{12},L_{13},L_{23} 相交一点，记为 $R_{123}[\triangle A_iB_iC_i(i=1,2,3)]$(见图 1-48)。并称为三个 $\triangle A_iB_iC_i(i=1,2,3)$ 的内蕴点

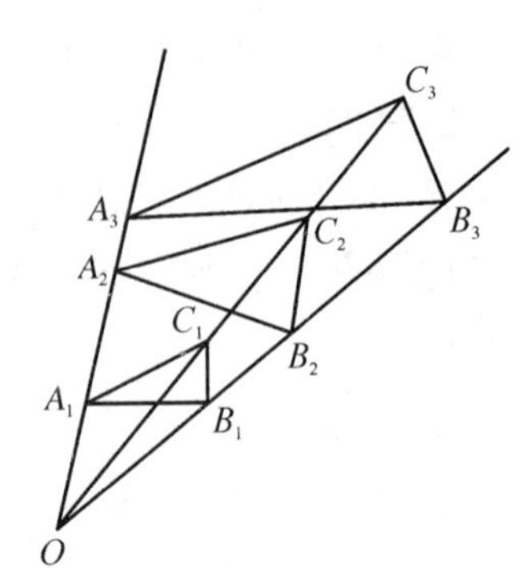

图 1-48

(按定理 77 $L_{12}[\triangle A_iB_iC_i(i=1,2)]$，$L_{13}[\triangle A_iB_iC_i(i=1,3)]$，$L_{23}[\triangle A_iB_iC_i(i=2,3)]$)。

证 不妨设三直线 $A_1A_2A_3$，$B_1B_2B_3$，$C_1C_2C_3$ 相交于空间坐标系原点 O，

$a_1\boldsymbol{A}_1=a_2\boldsymbol{A}_2=a_3\boldsymbol{A}_3$，$b_1\boldsymbol{B}_1=b_2\boldsymbol{B}_2=b_3\boldsymbol{B}_3$，$c_1\boldsymbol{C}_1=c_2\boldsymbol{C}_2=c_3\boldsymbol{C}_3$，

得三直线[按定理 77]，

L_{12}：$\boldsymbol{R}\times\boldsymbol{E}_{12}=\boldsymbol{A}_{12}$，$L_{13}$：$\boldsymbol{R}\times\boldsymbol{E}_{13}=\boldsymbol{A}_{13}$，$L_{23}$：$\boldsymbol{R}\times\boldsymbol{E}_{23}=\boldsymbol{A}_{23}$，

$\boldsymbol{A}_{12}=b_1c_1(a_2-a_1)\boldsymbol{B}_1\times\boldsymbol{C}_1+c_1a_1(b_2-b_1)\boldsymbol{C}_1\times\boldsymbol{A}_1+a_1b_1(c_2-c_1)\boldsymbol{A}_1\times\boldsymbol{B}_1$，

$\boldsymbol{E}_{12}=a_1(b_2c_1-b_1c_2)\boldsymbol{A}_1+b_1(c_2a_1-c_1a_2)\boldsymbol{B}_1+c_1(a_2b_1-a_1b_2)\boldsymbol{C}_1$，

$\boldsymbol{A}_{13}=b_1c_1(a_3-a_1)\boldsymbol{B}_1\times\boldsymbol{C}_1+c_1a_1(b_3-b_1)\boldsymbol{C}_1\times\boldsymbol{A}_1+a_1b_1(c_3-c_1)\boldsymbol{A}_1\times\boldsymbol{B}_1$，

$\boldsymbol{E}_{13}=a_1(b_3c_1-b_1c_3)\boldsymbol{A}_1+b_1(c_3a_1-c_1a_3)\boldsymbol{B}_1+c_1(a_3b_1-a_1b_3)\boldsymbol{C}_1$，

$\boldsymbol{A}_{23}=b_1c_1(a_3-a_2)\boldsymbol{B}_1\times\boldsymbol{C}_1+c_1a_1(b_3-b_2)\boldsymbol{C}_1\times\boldsymbol{A}_1+a_1b_1(c_3-c_2)\boldsymbol{A}_1\times\boldsymbol{B}_1$，

$\boldsymbol{E}_{23}=a_1(b_3c_2-b_2c_3)\boldsymbol{A}_1+b_1(c_3a_2-c_2a_3)\boldsymbol{B}_1+c_1(a_3b_2-a_2b_3)\boldsymbol{C}_1$，

$\boldsymbol{A}_{12}\cdot\boldsymbol{E}_{23}+\boldsymbol{A}_{23}\cdot\boldsymbol{E}_{12}=a_1b_1c_1[(a_2-a_1)(b_3c_2-b_2c_3)+(b_2-b_1)(c_3a_2-c_2a_3)+(c_2-c_1)(a_3b_2-a_2b_3)+(a_3-a_2)(b_2c_1-b_1c_2)+(b_3-b_2)(c_2a_1-c_1a_2)+(c_3-c_2)(a_2b_1-a_1b_2)][\boldsymbol{A}_1,\boldsymbol{B}_1,\boldsymbol{C}_1]=0$，

同理 $\boldsymbol{A}_{12}\cdot\boldsymbol{E}_{13}+\boldsymbol{A}_{13}\cdot\boldsymbol{E}_{12}=\boldsymbol{A}_{13}\cdot\boldsymbol{E}_{23}+\boldsymbol{A}_{13}\cdot\boldsymbol{E}_{23}=0$。

由第 1 章 1.5.4.3)(2)②(a) 得三直线 L_{12},L_{13},L_{23} 两两共面。

三直线交点 R_{123}：$\boldsymbol{R}_{123}=\boldsymbol{T}/m$。

$\boldsymbol{T}=a_1(b_1c_2-b_2c_1+b_2c_3-b_3c_2+b_3c_1-b_1c_3)\boldsymbol{A}_1+b_1(c_1a_2-c_2a_1+c_2a_3-c_3a_2+c_3a_1-c_1a_3)\boldsymbol{B}_1+c_1(a_1b_2-a_2b_1+a_2b_3-a_3b_2+a_3b_1-a_1b_3)\boldsymbol{C}_1$。

$$m=\begin{vmatrix}a_1 & a_2 & a_3\\ b_1 & b_2 & b_3\\ c_1 & c_2 & c_3\end{vmatrix}=[a_1(b_2c_3-b_3c_2)+b_1(a_2c_3-a_3c_2)+c_1(a_2b_3-a_3b_2)]\neq 0。$$

(易验证 $\boldsymbol{R}_{123}\times\boldsymbol{E}_{12}=\boldsymbol{A}_{12}$，$\boldsymbol{R}_{123}\times\boldsymbol{E}_{13}=\boldsymbol{A}_{13}$，$\boldsymbol{R}_{123}\times\boldsymbol{E}_{23}=\boldsymbol{A}_{23}$)

即 R_{123} 为三直线 L_{12}，L_{13}，L_{23} 的相交点，也可由第 1 章 1.5.4.3)(1)②(b)(α) 得 $\boldsymbol{R}_{123}=\boldsymbol{A}_{12}\times\boldsymbol{A}_{13}/\boldsymbol{A}_{12}\cdot\boldsymbol{E}_{13}=\boldsymbol{A}_{13}\times\boldsymbol{A}_{23}/\boldsymbol{A}_{13}\cdot\boldsymbol{E}_{23}=\boldsymbol{A}_{12}\times\boldsymbol{A}_{23}/\boldsymbol{A}_{12}\cdot\boldsymbol{E}_{23}=a_1(b_2c_3-b_3c_2+b_3c_1-b_1c_2+b_1c_2-b_2c_1)\boldsymbol{A}_1+b_1(c_2a_3-c_3a_2+c_3a_1-c_1a_2+c_1a_2-c_2a_1)\boldsymbol{B}_1+c_1(a_2b_3-a_3b_2+a_3b_1-a_1b_2+a_1b_2-a_2b_1)\boldsymbol{C}_1$，

若 $m=0\Rightarrow a_1\boldsymbol{A}_1=a_2\boldsymbol{A}_2=a_3\boldsymbol{A}_3$，$a_1\boldsymbol{B}_1=a_2\boldsymbol{B}_2=a_3\boldsymbol{B}_3$，$a_1\boldsymbol{C}_1=a_2\boldsymbol{C}_2=a_3\boldsymbol{C}_3\Rightarrow$ 三个 $\triangle A_iB_iC_i(i=1, 2, 3)$ 平行且相似 $\Rightarrow L_{12}$，L_{13} 与 L_{23}，相交于无穷远点，命题也成立。

下文称 R_{123} 为三个 $\triangle A_iB_iC_i(i=1, 2, 3)$ 的**内蕴点**，记 $R_{123}[\triangle A_iB_iC_i(i=1, 2, 3)]$。

定理 85(德扎格定理 III)

设空间三个 $\triangle A_iB_iC_i(i=1, 2, 3)$ 的三直线 $L_{12}[\triangle A_iB_iC_i(i=1, 2)]$，$L_{13}[\triangle A_iB_iC_i(i=1, 3)]$ 与 $L_{23}[\triangle A_iB_iC_i(i=2, 3)]$ 相交一点，则三点 R_1，R_2，R_3 共线。其中 L_{12}(三点 R_{31}，R_{32}，R_{33} 共线)，L_{23}(三点 R_{11}，R_{12}，R_{13} 共线)，L_{31}(三点 R_{21}，R_{22}，R_{23} 共线)，

$R_{31}(B_1C_1, B_2C_2)$，$R_{32}(C_1A_1, C_2A_2)$，$R_{33}(A_1B_1, A_2B_2)$，

$R_{11}(B_2C_2, B_3C_3)$，$R_{12}(C_2A_2, C_3A_3)$，$R_{13}(A_2B_2, A_3B_3)$，

$R_{21}(B_3C_3, B_1C_1)$，$R_{22}(C_3A_3, C_1A_1)$，$R_{23}(A_3B_3, A_1B_1)$。

R_3[三直线 A_1A_2，B_1B_2，C_1C_2 相交点 | 当三点 R_{31}，R_{32}，R_{33} 共线，$\triangle A_iB_iC_i(i=1, 2)$]，

R_1[三直线 A_2A_3，B_2B_3，C_2C_3 相交点 | 当三点 R_{11}，R_{12}，R_{13} 共线，$\triangle A_iB_iC_i(i=2, 3)$]，

R_2[三直线 A_3A_1，B_3B_1，C_3C_1 相交点 | 当三点 R_{21}，R_{22}，R_{23} 共线，$\triangle A_iB_iC_i(i=3, 1)$]。

证 按定理 77 若空间中两个 $\triangle A_iB_iC_i(i=1, 2)$ 的三点 $R_{31}(B_1C_1, B_2C_2)$，$R_{32}(C_1A_1, C_2A_2)$ 与 $R_{33}(A_1B_1, A_2B_2)$ 共线 L_{12}，则三直线 A_1A_2，B_1B_2，C_1C_2 相交

点为R_3：$\boldsymbol{R}_3 = [\lambda(\mu-1)\boldsymbol{A}_1 - \mu(\lambda-1)\boldsymbol{A}_2]/(\mu-\lambda)$，$\boldsymbol{B}_1 = \lambda\boldsymbol{A}_1$，$\boldsymbol{B}_2 = \mu\boldsymbol{A}_2$[按定理77(11)*]，

同理两个$\triangle A_iB_iC_i(i=2, 3)$的三点$R_{11}(B_2C_2, B_3C_3)$，$R_{12}(C_2A_2, C_3A_3)$，$R_{13}(A_2B_2, A_3B_3)$共线$L_{23}$，则三直线$A_2A_3$，$B_2B_3$，$C_2C_3$相交点为

R_1：$\boldsymbol{R}_1 = [\mu(\nu-1)\boldsymbol{A}_2 - \nu(\mu-1)\boldsymbol{A}_3]/(\nu-\mu)$，$\boldsymbol{B}_3 = \nu\boldsymbol{A}_3$，

两个$\triangle A_iB_iC_i(i=1, 2)$的三点$R_{21}(B_3C_3, B_1C_1)$，$R_{22}(C_3A_3, C_1A_1)$，$R_{23}(A_3B_3, A_1B_1)$共线$L_{31}$，则三直线$A_3A_1$，$B_3B_1$，$C_3C_1$相交点为

R_2：$\boldsymbol{R}_2 = [\nu(\lambda-1)\boldsymbol{A}_3 - \lambda(\nu-1)\boldsymbol{A}_1]/(\lambda-\nu)$，

经计算$\Rightarrow \boldsymbol{R}_1 \times \boldsymbol{R}_2 + \boldsymbol{R}_2 \times \boldsymbol{R}_3 + \boldsymbol{R}_3 \times \boldsymbol{R}_1 = [\lambda(\mu-1)\boldsymbol{A}_1 - \mu(\lambda-1)\boldsymbol{A}_2] \times [\mu(\nu-1)\boldsymbol{A}_2 - \nu(\mu-1)\boldsymbol{A}_3]/(\mu-\lambda)(\nu-\mu) + [\mu(\nu-1)\boldsymbol{A}_2 - \nu(\mu-1)\boldsymbol{A}_3] \times [\nu(\lambda-1)\boldsymbol{A}_3 - \lambda(\nu-1)\boldsymbol{A}_1]/(\nu-\mu)(\lambda-\nu) + [\nu(\lambda-1)\boldsymbol{A}_3 - \lambda(\nu-1)\boldsymbol{A}_1] \times [\lambda(\mu-1)\boldsymbol{A}_1 - \mu(\lambda-1)\boldsymbol{A}_2]/(\lambda-\nu)(\mu-\lambda) = \boldsymbol{0}$，

$\lambda, \mu, \nu \neq$ 否则三点R_1，R_2，R_3中有无穷远点，命题也成立$\Rightarrow$三点R_1，R_2，R_3共线。

1.8 直线与三角形的二重矢量表示

1.8.1 二重矢量简介

定义 12

矢量$\boldsymbol{A} = a_1\boldsymbol{i} + a_2\boldsymbol{j} + a_3\boldsymbol{k} = (a_1, a_2, a_3)$也可称为**行矢量**，其中$\boldsymbol{i} = (1, 0, 0)$，$\boldsymbol{j} = (0, 1, 0)$，$\boldsymbol{k} = (0, 0, 1)$，称为(**行**)**基矢量**。$\boldsymbol{0} = (0, 0, 0)$为**行零矢量**，$\boldsymbol{I} = (1, 1, 1) = \boldsymbol{i} + \boldsymbol{j} + \boldsymbol{k}$为**行么矢量**。

$$\boldsymbol{A}^{\mathrm{T}} = a_1\boldsymbol{i}^{\mathrm{T}} + a_2\boldsymbol{j}^{\mathrm{T}} + a_3\boldsymbol{k}^{\mathrm{T}} = \begin{bmatrix} a_1 \\ a_2 \\ a_3 \end{bmatrix}$$，称为矢量$\boldsymbol{A}$的**列矢量**。

用粗斜体大写英文字母$\boldsymbol{A}$及右角上方附上^{T}表示，即$\boldsymbol{A}^{\mathrm{T}}$。

其中$\boldsymbol{i}^{\mathrm{T}} = \begin{bmatrix} 1 \\ 0 \\ 0 \end{bmatrix}$，$\boldsymbol{j}^{\mathrm{T}} = \begin{bmatrix} 0 \\ 1 \\ 0 \end{bmatrix}$，$\boldsymbol{k}^{\mathrm{T}} = \begin{bmatrix} 0 \\ 0 \\ 1 \end{bmatrix}$称为**列基矢量**。

$\mathbf{0}^{\mathrm{T}}=\begin{bmatrix}0\\0\\0\end{bmatrix}$ **为列零矢量**；$\boldsymbol{I}^{\mathrm{T}}=\begin{bmatrix}1\\1\\1\end{bmatrix}=\boldsymbol{i}^{\mathrm{T}}+\boldsymbol{j}^{\mathrm{T}}+\boldsymbol{k}^{\mathrm{T}}$ **为列么矢量**。

定义 13

粗斜体小写英文字母积 $\boldsymbol{i}\boldsymbol{i}^{\mathrm{T}}$, $\boldsymbol{j}\boldsymbol{i}^{\mathrm{T}}$, $\boldsymbol{k}\boldsymbol{i}^{\mathrm{T}}$, $\boldsymbol{i}\boldsymbol{j}^{\mathrm{T}}$, $\boldsymbol{j}\boldsymbol{j}^{\mathrm{T}}$, $\boldsymbol{k}\boldsymbol{j}^{\mathrm{T}}$, $\boldsymbol{i}\boldsymbol{k}^{\mathrm{T}}$, $\boldsymbol{j}\boldsymbol{k}^{\mathrm{T}}$, $\boldsymbol{k}\boldsymbol{k}^{\mathrm{T}}$ 表示的三阶矩阵称为**二重矢量的基矢量**，其中

$$\boldsymbol{i}\boldsymbol{i}^{\mathrm{T}}=\begin{bmatrix}1&0&0\\0&0&0\\0&0&0\end{bmatrix},\ \boldsymbol{i}\boldsymbol{j}^{\mathrm{T}}=\begin{bmatrix}0&0&0\\1&0&0\\0&0&0\end{bmatrix},\ \boldsymbol{i}\boldsymbol{k}^{\mathrm{T}}=\begin{bmatrix}0&0&0\\0&0&0\\1&0&0\end{bmatrix},\ \boldsymbol{j}\boldsymbol{i}^{\mathrm{T}}=\begin{bmatrix}0&1&0\\0&0&0\\0&0&0\end{bmatrix},$$

$$\boldsymbol{j}\boldsymbol{j}^{\mathrm{T}}=\begin{bmatrix}0&0&0\\0&1&0\\0&0&0\end{bmatrix},\ \boldsymbol{j}\boldsymbol{k}^{\mathrm{T}}=\begin{bmatrix}0&0&0\\0&0&0\\0&1&0\end{bmatrix},\ \boldsymbol{k}\boldsymbol{i}^{\mathrm{T}}=\begin{bmatrix}0&0&1\\0&0&0\\0&0&0\end{bmatrix},\ \boldsymbol{k}\boldsymbol{j}^{\mathrm{T}}=\begin{bmatrix}0&0&0\\0&0&1\\0&0&0\end{bmatrix},\ \boldsymbol{k}\boldsymbol{k}^{\mathrm{T}}=\begin{bmatrix}0&0&0\\0&0&0\\0&0&1\end{bmatrix}。$$

$\boldsymbol{i}^{\mathrm{T}}\boldsymbol{i}=\boldsymbol{i}\boldsymbol{i}^{\mathrm{T}}$, $\boldsymbol{i}^{\mathrm{T}}\boldsymbol{j}=\boldsymbol{j}\boldsymbol{i}^{\mathrm{T}}$, $\boldsymbol{i}^{\mathrm{T}}\boldsymbol{k}=\boldsymbol{k}\boldsymbol{i}^{\mathrm{T}}$, $\boldsymbol{j}^{\mathrm{T}}\boldsymbol{i}=\boldsymbol{i}\boldsymbol{j}^{\mathrm{T}}$, $\boldsymbol{j}^{\mathrm{T}}\boldsymbol{j}=\boldsymbol{j}\boldsymbol{j}^{\mathrm{T}}$, $\boldsymbol{j}^{\mathrm{T}}\boldsymbol{k}=\boldsymbol{k}\boldsymbol{j}^{\mathrm{T}}$, $\boldsymbol{k}^{\mathrm{T}}\boldsymbol{i}=\boldsymbol{i}\boldsymbol{k}^{\mathrm{T}}$, $\boldsymbol{k}^{\mathrm{T}}\boldsymbol{j}=\boldsymbol{j}\boldsymbol{k}^{\mathrm{T}}$, $\boldsymbol{k}^{\mathrm{T}}\boldsymbol{k}=\boldsymbol{k}\boldsymbol{k}^{\mathrm{T}}$。

$\boldsymbol{i}\boldsymbol{i}=\boldsymbol{i}$, $\boldsymbol{j}\boldsymbol{j}=\boldsymbol{j}$, $\boldsymbol{k}\boldsymbol{k}=\boldsymbol{k}$, $\boldsymbol{i}\boldsymbol{j}=\boldsymbol{j}\boldsymbol{i}=\boldsymbol{j}\boldsymbol{k}=\boldsymbol{k}\boldsymbol{j}=\boldsymbol{k}\boldsymbol{i}=\boldsymbol{i}\boldsymbol{k}=\mathbf{0}$, $\boldsymbol{i}^{\mathrm{T}}\boldsymbol{i}^{\mathrm{T}}=\boldsymbol{i}^{\mathrm{T}}$, $\boldsymbol{j}^{\mathrm{T}}\boldsymbol{j}^{\mathrm{T}}=\boldsymbol{j}^{\mathrm{T}}$, $\boldsymbol{k}^{\mathrm{T}}\boldsymbol{k}^{\mathrm{T}}=\boldsymbol{k}^{\mathrm{T}}$, $\boldsymbol{i}^{\mathrm{T}}\boldsymbol{j}^{\mathrm{T}}=\boldsymbol{j}^{\mathrm{T}}\boldsymbol{i}^{\mathrm{T}}=\boldsymbol{j}^{\mathrm{T}}\boldsymbol{k}^{\mathrm{T}}=\boldsymbol{k}^{\mathrm{T}}\boldsymbol{j}^{\mathrm{T}}=\boldsymbol{i}^{\mathrm{T}}\boldsymbol{k}^{\mathrm{T}}=\boldsymbol{k}^{\mathrm{T}}\boldsymbol{i}^{\mathrm{T}}=\mathbf{0}^{\mathrm{T}}$。

定义 14

设 $\mathbf{A}_h=(a_{h1},\ a_{h2},\ a_{h3})=a_{h1}\boldsymbol{i}+a_{h2}\boldsymbol{j}+a_{h3}\boldsymbol{k}(h=1,\ 2,\ 3)$ 是三个(行) 矢量。

$\boldsymbol{\alpha}\equiv\mathbf{A}_1\boldsymbol{i}^{\mathrm{T}}+\mathbf{A}_2\boldsymbol{j}^{\mathrm{T}}+\mathbf{A}_3\boldsymbol{k}^{\mathrm{T}}=(a_{11}\boldsymbol{i}+a_{12}\boldsymbol{j}+a_{13}\boldsymbol{k})\boldsymbol{i}^{\mathrm{T}}+(a_{21}\boldsymbol{i}+a_{22}\boldsymbol{j}+a_{23}\boldsymbol{k})\boldsymbol{j}^{\mathrm{T}}+(a_{31}\boldsymbol{i}+a_{32}\boldsymbol{j}+a_{33}\boldsymbol{k})\boldsymbol{k}^{\mathrm{T}}=a_{11}\boldsymbol{i}\boldsymbol{i}^{\mathrm{T}}+a_{12}\boldsymbol{j}\boldsymbol{i}^{\mathrm{T}}+a_{13}\boldsymbol{k}\boldsymbol{i}^{\mathrm{T}}+a_{21}\boldsymbol{i}\boldsymbol{j}^{\mathrm{T}}+a_{22}\boldsymbol{j}\boldsymbol{j}^{\mathrm{T}}+a_{23}\boldsymbol{k}\boldsymbol{j}^{\mathrm{T}}+a_{31}\boldsymbol{i}\boldsymbol{k}^{\mathrm{T}}+a_{32}\boldsymbol{j}\boldsymbol{k}^{\mathrm{T}}+a_{33}\boldsymbol{k}\boldsymbol{k}^{\mathrm{T}}=\begin{bmatrix}a_{11}&a_{12}&a_{13}\\a_{21}&a_{22}&a_{23}\\a_{31}&a_{32}&a_{33}\end{bmatrix}\equiv(\mathbf{A}_1,\ \mathbf{A}_2,\ \mathbf{A}_3)$(简记)，称为**二重矢量**，用特粗斜体小写希腊字母 $\boldsymbol{\alpha}$ 表示。

$\mathbf{0}\equiv\mathbf{0}\mathbf{0}^{\mathrm{T}}=\mathbf{0}^{\mathrm{T}}\mathbf{0}=\begin{bmatrix}0&0&0\\0&0&0\\0&0&0\end{bmatrix}$ **为二重零矢量**，$\boldsymbol{I}\equiv\boldsymbol{I}\boldsymbol{I}^{\mathrm{T}}=\boldsymbol{I}^{\mathrm{T}}\boldsymbol{I}=\begin{bmatrix}1&1&1\\1&1&1\\1&1&1\end{bmatrix}$ **为二**

重么矢量。

下文设 $\boldsymbol{\alpha}=(\boldsymbol{A}_1, \boldsymbol{A}_2, \boldsymbol{A}_3)$，$\boldsymbol{\beta}=(\boldsymbol{B}_1, \boldsymbol{B}_2, \boldsymbol{B}_3)$，$\boldsymbol{\gamma}=(\boldsymbol{C}_1, \boldsymbol{C}_2, \boldsymbol{C}_3)$ 为三个二重矢量，其中 $\boldsymbol{A}_j=(a_{j1}, a_{j2}, a_{j3})$，$\boldsymbol{B}_j=(b_{j1}, b_{j2}, b_{j3})$，$\boldsymbol{C}_j=(c_{j1}, c_{j2}, c_{j3})(j=1, 2, 3)$ 为九个矢量。

两个二重矢量加法及数量与二重矢量乘法运算法则与数量矩阵运算法则相同。

约定两个二重矢量 $\boldsymbol{\alpha}$，$\boldsymbol{\beta}$ 的倍积为 $\boldsymbol{\alpha\beta}=(\boldsymbol{A}_1\boldsymbol{B}_1, \boldsymbol{A}_2\boldsymbol{B}_2, \boldsymbol{A}_3\boldsymbol{B}_3)$。

定义 15(运算法则)

设 $\boldsymbol{\alpha}$，$\boldsymbol{\beta}$ 为两个二重矢量，λ，μ 为两个实数。

(1) ① $\boldsymbol{\alpha}=\boldsymbol{\beta}\Leftrightarrow a_{ij}=b_{ij}(i, j=1, 2, 3)$；② $\boldsymbol{\alpha}=\boldsymbol{0}\Leftrightarrow a_{ij}=0(i, j=1, 2, 3)$。

(2) $\boldsymbol{\beta}=\lambda\boldsymbol{\alpha}\Leftrightarrow b_{ij}=\lambda a_{ij}(i, j=1, 2, 3)$。

(3) ① $\boldsymbol{\alpha}+\boldsymbol{\beta}=(\boldsymbol{A}_1+\boldsymbol{B}_1, \boldsymbol{A}_2+\boldsymbol{B}_2, \boldsymbol{A}_3+\boldsymbol{B}_3)$；② $(\boldsymbol{\alpha}+\boldsymbol{\beta})^{\mathrm{T}}=\boldsymbol{\alpha}^{\mathrm{T}}+\boldsymbol{\beta}^{\mathrm{T}}$。

(4) $(\boldsymbol{\alpha}+\boldsymbol{\beta})+\boldsymbol{\gamma}=\boldsymbol{\alpha}+(\boldsymbol{\beta}+\boldsymbol{\gamma})=(\boldsymbol{A}_1+\boldsymbol{B}_1+\boldsymbol{C}_1, \boldsymbol{A}_2+\boldsymbol{B}_2+\boldsymbol{C}_2, \boldsymbol{A}_3+\boldsymbol{B}_3+\boldsymbol{C}_3)$。

(5) ① $\lambda\boldsymbol{\alpha}=(\lambda\boldsymbol{A}_1, \lambda\boldsymbol{A}_2, \lambda\boldsymbol{A}_3)$；② $(\lambda\boldsymbol{\alpha})^{\mathrm{T}}=\lambda\boldsymbol{\alpha}^{\mathrm{T}}$。

(6) $\lambda(\boldsymbol{\alpha}+\boldsymbol{\beta})=\lambda\boldsymbol{\alpha}+\lambda\boldsymbol{\beta}$。

(7) $(\lambda+\mu)\boldsymbol{\alpha}=\lambda\boldsymbol{\alpha}+\mu\boldsymbol{\alpha}$。

[有关上述详细资料参见作者所著《**矢量新说**》。]

定义 16

设 n 个二重矢量(或矢量) $\boldsymbol{\alpha}_j(j=1, 2, \cdots, n)$，若存在 n 个不全为零的实数(或矢量或二重矢量) $c_j(j=1, 2, \cdots, n)$，使 $c_1\boldsymbol{\alpha}_1+c_2\boldsymbol{\alpha}_2+\cdots+c_n\boldsymbol{\alpha}_n=0$(广矢量)(或 $\boldsymbol{0}$ 矢量或 $\boldsymbol{\theta}$ 二重矢量)，则称 n 个二重矢量(或矢量) $\boldsymbol{\alpha}_j(j=1, 2, \cdots, n)$ 为**线性相关**，否则为**线性无关**。

定义 17

设 n 个二重矢量(或矢量或二重矢量) $\boldsymbol{\alpha}_j(j=1, 2, \cdots, n)$ 若存在 n 个不全为零的实数 $c_j(j=1, 2, \cdots, n)$，且 $c_1+c_2+\cdots+c_n=0$，使 $c_1\boldsymbol{\alpha}_1+c_2\boldsymbol{\alpha}_2+\cdots+c_n\boldsymbol{\alpha}_n=0$(或 $\boldsymbol{0}$ 或 $\boldsymbol{\theta}$)，则称 n 个二重矢量(或矢量)。

$\boldsymbol{\alpha}_j(j=1, 2, \cdots, n)$ 为**正则线性相关**，否则为**正则线性无关**。

1.8.2 直线与三角形的二重矢量表示

定义 18

(1) 若 $\boldsymbol{R}_1\times\boldsymbol{R}_2+\boldsymbol{R}_2\times\boldsymbol{R}_3+\boldsymbol{R}_3\times\boldsymbol{R}_1=\boldsymbol{0}$ 时，二重矢量 $\boldsymbol{R}_1\boldsymbol{i}^{\mathrm{T}}+\boldsymbol{R}_2\boldsymbol{j}^{\mathrm{T}}+\boldsymbol{R}_3\boldsymbol{k}^{\mathrm{T}}$ 表

示经过三点 R_j: $\boldsymbol{R}_j(j=1,2,3)$ 的直线，记 $\boldsymbol{L}=\boldsymbol{R}_1\boldsymbol{i}^{\mathrm{T}}+\boldsymbol{R}_2\boldsymbol{j}^{\mathrm{T}}+\boldsymbol{R}_3\boldsymbol{k}^{\mathrm{T}}$，其方程为：$\boldsymbol{R}\times(\boldsymbol{R}_2-\boldsymbol{R}_1)=\boldsymbol{R}_1\times\boldsymbol{R}_2$，或 $\boldsymbol{R}=\lambda\boldsymbol{R}_1+(1-\lambda)\boldsymbol{R}_2$（$\lambda$ 为实参数），或 $\boldsymbol{R}\times(\boldsymbol{R}_3-\boldsymbol{R}_2)=\boldsymbol{R}_2\times\boldsymbol{R}_3$，…

(2) 若 $\boldsymbol{R}_1\times\boldsymbol{R}_2+\boldsymbol{R}_2\times\boldsymbol{R}_3+\boldsymbol{R}_3\times\boldsymbol{R}_1\neq\boldsymbol{0}$ 时，二重矢量 $\boldsymbol{R}_1\boldsymbol{i}^{\mathrm{T}}+\boldsymbol{R}_2\boldsymbol{j}^{\mathrm{T}}+\boldsymbol{R}_3\boldsymbol{k}^{\mathrm{T}}$ 表示由三点 R_j: $\boldsymbol{R}_j(j=1,2,3)$ 所确定的 $\triangle R_1R_2R_3=\triangle\boldsymbol{R}_1\boldsymbol{R}_2\boldsymbol{R}_3$，记 $\Delta=\boldsymbol{R}_1\boldsymbol{i}^{\mathrm{T}}+\boldsymbol{R}_2\boldsymbol{j}^{\mathrm{T}}+\boldsymbol{R}_3\boldsymbol{k}^{\mathrm{T}}$，所在的平面方程为：$\boldsymbol{R}\cdot(\boldsymbol{R}_1\times\boldsymbol{R}_2+\boldsymbol{R}_2\times\boldsymbol{R}_3+\boldsymbol{R}_3\times\boldsymbol{R}_1)=[\boldsymbol{R}_1,\boldsymbol{R}_2,\boldsymbol{R}_3]$，或 $\boldsymbol{R}=\lambda\boldsymbol{R}_1+\mu\boldsymbol{R}_2+(1-\lambda-\mu)\boldsymbol{R}_3$（$0\leqslant\lambda,\mu$ 为实参数 $\leqslant 1$）。

(3) 按定义 14

$$\boldsymbol{R}_1\boldsymbol{i}^{\mathrm{T}}+\boldsymbol{R}_2\boldsymbol{j}^{\mathrm{T}}+\boldsymbol{R}_3\boldsymbol{k}^{\mathrm{T}}=\begin{bmatrix}x_1 & y_1 & z_1\\ x_2 & y_2 & z_2\\ x_3 & y_3 & z_3\end{bmatrix},$$

$$0\leqslant\pm\begin{bmatrix}x_1 & y_1 & z_1\\ x_2 & y_2 & z_2\\ x_3 & y_3 & z_3\end{bmatrix}=\pm[\boldsymbol{R}_1,\boldsymbol{R}_2,\boldsymbol{R}_3]\text{（四面体 }OR_1R_2R_3\text{ 体积的六倍）。}$$

记 $\operatorname{rank}(\boldsymbol{R}_1\boldsymbol{i}^{\mathrm{T}}+\boldsymbol{R}_2\boldsymbol{j}^{\mathrm{T}}+\boldsymbol{R}_3\boldsymbol{k}^{\mathrm{T}})$ 为矩阵的秩。

当 $\operatorname{rank}(\boldsymbol{R}_1\boldsymbol{i}^{\mathrm{T}}+\boldsymbol{R}_2\boldsymbol{j}^{\mathrm{T}}+\boldsymbol{R}_3\boldsymbol{k}^{\mathrm{T}})=2$ 时，$\boldsymbol{R}_1\times\boldsymbol{R}_2+\boldsymbol{R}_2\times\boldsymbol{R}_3+\boldsymbol{R}_3\times\boldsymbol{R}_1=\boldsymbol{0}$，$\boldsymbol{L}=\boldsymbol{R}_1\boldsymbol{i}^{\mathrm{T}}+\boldsymbol{R}_2\boldsymbol{j}^{\mathrm{T}}+\boldsymbol{R}_3\boldsymbol{k}^{\mathrm{T}}$ 表示直线，

当 $\operatorname{rank}(\boldsymbol{R}_1\boldsymbol{i}^{\mathrm{T}}+\boldsymbol{R}_2\boldsymbol{j}^{\mathrm{T}}+\boldsymbol{R}_3\boldsymbol{k}^{\mathrm{T}})=2$ 时，$\boldsymbol{R}_1\times\boldsymbol{R}_2+\boldsymbol{R}_2\times\boldsymbol{R}_3+\boldsymbol{R}_3\times\boldsymbol{R}_1\neq\boldsymbol{0}$，$\boldsymbol{\Delta}=\boldsymbol{R}_1\boldsymbol{i}^{\mathrm{T}}+\boldsymbol{R}_2\boldsymbol{j}^{\mathrm{T}}+\boldsymbol{R}_3\boldsymbol{k}^{\mathrm{T}}$ 表示三角形。

定义 19

设两个 $\boldsymbol{\Delta}_j=\boldsymbol{R}_{j1}\boldsymbol{i}^{\mathrm{T}}+\boldsymbol{R}_{j2}\boldsymbol{j}^{\mathrm{T}}+\boldsymbol{R}_{j3}\boldsymbol{k}^{\mathrm{T}}$，$\boldsymbol{R}_{j1}\times\boldsymbol{R}_{j2}+\boldsymbol{R}_{j2}\times\boldsymbol{R}_{j3}+\boldsymbol{R}_{j3}\times\boldsymbol{R}_{j1}\neq\boldsymbol{0}(j=1,2)$，则两个 $\boldsymbol{\Delta}_j(j=1,2)$ 倍积 $\boldsymbol{\Delta}_1\boldsymbol{\Delta}_2=\boldsymbol{R}_{11}\boldsymbol{R}_{21}\boldsymbol{i}^{\mathrm{T}}+\boldsymbol{R}_{12}\boldsymbol{R}_{22}\boldsymbol{j}^{\mathrm{T}}+\boldsymbol{R}_{13}\boldsymbol{R}_{23}\boldsymbol{k}^{\mathrm{T}}=$

$$\begin{bmatrix}x_{11}x_{21} & y_{11}y_{21} & z_{11}z_{21}\\ x_{12}x_{22} & y_{12}y_{22} & z_{12}z_{22}\\ x_{13}x_{23} & y_{13}y_{23} & z_{13}z_{23}\end{bmatrix}。$$

一般情况下也是三角形，

$(\boldsymbol{R}_{11}\boldsymbol{R}_{21})\times(\boldsymbol{R}_{12}\boldsymbol{R}_{22})+(\boldsymbol{R}_{12}\boldsymbol{R}_{22})\times(\boldsymbol{R}_{13}\boldsymbol{R}_{23})+(\boldsymbol{R}_{13}\boldsymbol{R}_{23})\times(\boldsymbol{R}_{11}\boldsymbol{R}_{21})\neq\boldsymbol{0}$。

定理 86

两个三角形 $\boldsymbol{\Delta}_i=\boldsymbol{R}_{i1}\boldsymbol{i}^{\mathrm{T}}+\boldsymbol{R}_{i2}\boldsymbol{j}^{\mathrm{T}}+\boldsymbol{R}_{i3}\boldsymbol{k}^{\mathrm{T}}$，$\boldsymbol{R}_{i1}\times\boldsymbol{R}_{i2}+\boldsymbol{R}_{i2}\times\boldsymbol{R}_{i3}+\boldsymbol{R}_{i3}\times\boldsymbol{R}_{i1}\neq$

$\boldsymbol{0}(i=1,2)$，(正则)线性相关的充分必要条件是两个三角形(重合)相似。

定理 87

设空间上的三点 R_j：$\boldsymbol{R}_j(j=1,2,3)$，则 $\boldsymbol{R}_1\times\boldsymbol{R}_2+\boldsymbol{R}_2\times\boldsymbol{R}_3+\boldsymbol{R}_3\times\boldsymbol{R}_1=\boldsymbol{0}$ 的充分必要条件是 $\boldsymbol{R}_3=\lambda\boldsymbol{R}_1+(1-\lambda)\boldsymbol{R}_2$。

证 必要性 (1) 当 $\boldsymbol{R}_1\times\boldsymbol{R}_2=\boldsymbol{0}$ 时，$\boldsymbol{R}_2=m\boldsymbol{R}_1(m\neq1)$，$\boldsymbol{R}_1\times\boldsymbol{R}_2+\boldsymbol{R}_2\times\boldsymbol{R}_3+\boldsymbol{R}_3\times\boldsymbol{R}_1=\boldsymbol{0}\Rightarrow(1-m)\boldsymbol{R}_3\times\boldsymbol{R}_1=\boldsymbol{0}\Rightarrow\boldsymbol{R}_3\times\boldsymbol{R}_1=\boldsymbol{0}$，$\boldsymbol{R}_3=h\boldsymbol{R}_1(h\neq1)\Rightarrow\boldsymbol{R}_3-\boldsymbol{R}_1=(h-1)\boldsymbol{R}_1$，$\boldsymbol{R}_2-\boldsymbol{R}_3=(m-h)\boldsymbol{R}_1\Rightarrow(\boldsymbol{R}_3-\boldsymbol{R}_1)/(\boldsymbol{R}_2-\boldsymbol{R}_3)=(h-1)/(m-h)\Rightarrow\boldsymbol{R}_3=\lambda\boldsymbol{R}_1+(1-\lambda)\boldsymbol{R}_2$，$\lambda=(m-h)/(m-1)$。

(2) 当 $\boldsymbol{R}_1\times\boldsymbol{R}_2\neq\boldsymbol{0}$ 时，$\boldsymbol{R}_1\times\boldsymbol{R}_2+\boldsymbol{R}_2\times\boldsymbol{R}_3+\boldsymbol{R}_3\times\boldsymbol{R}_1=\boldsymbol{0}\Rightarrow[\boldsymbol{R}_1\times\boldsymbol{R}_2+\boldsymbol{R}_2\times\boldsymbol{R}_3+\boldsymbol{R}_3\times\boldsymbol{R}_1]\cdot\boldsymbol{R}_3=\boldsymbol{0}\Rightarrow[\boldsymbol{R}_1,\boldsymbol{R}_2,\boldsymbol{R}_3]=0$。

$\boldsymbol{R}_3=\lambda\boldsymbol{R}_1+\mu\boldsymbol{R}_2\Rightarrow\boldsymbol{0}=\boldsymbol{R}_1\times\boldsymbol{R}_2+\boldsymbol{R}_2\times\boldsymbol{R}_3+\boldsymbol{R}_3\times\boldsymbol{R}_1=\boldsymbol{R}_1\times\boldsymbol{R}_2+(\lambda\boldsymbol{R}_1+\mu\boldsymbol{R}_2)\times(\boldsymbol{R}_1-\boldsymbol{R}_2)=(1-\lambda-\mu)\boldsymbol{R}_1\times\boldsymbol{R}_2\Rightarrow\mu=1-\lambda\Rightarrow\boldsymbol{R}_3=\lambda\boldsymbol{R}_1+(1-\lambda)\boldsymbol{R}_2$。

充分性 $\boldsymbol{R}_1\times\boldsymbol{R}_2+\boldsymbol{R}_2\times\boldsymbol{R}_3+\boldsymbol{R}_3\times\boldsymbol{R}_1=\boldsymbol{R}_1\times\boldsymbol{R}_2+\boldsymbol{R}_2\times[\lambda\boldsymbol{R}_1+(1-\lambda)\boldsymbol{R}_2]+[\lambda\boldsymbol{R}_1+(1-\lambda)\boldsymbol{R}_2]\times\boldsymbol{R}_1=\boldsymbol{0}$。

定理 88

(1) 两直线正则线性相关的充分必要条件是两直线重合；

(2) 两直线线性相关的充分必要条件是两直线平行。

证 设两直线 $\boldsymbol{L}_i=\boldsymbol{R}_{i1}\boldsymbol{i}^{\mathrm{T}}+\boldsymbol{R}_{i2}\boldsymbol{j}^{\mathrm{T}}+\boldsymbol{R}_{i3}\boldsymbol{k}^{\mathrm{T}}$，$\boldsymbol{R}_{i1}\times\boldsymbol{R}_{i2}+\boldsymbol{R}_{i2}\times\boldsymbol{R}_{i3}+\boldsymbol{R}_{i3}\times\boldsymbol{R}_{i1}=\boldsymbol{0}(i=1,2)$。

(1) $\lambda\boldsymbol{L}_1+\mu\boldsymbol{L}_2=\boldsymbol{0}$，$\lambda+\mu=0\Rightarrow\boldsymbol{L}_1=\boldsymbol{L}_2$，反之 $\boldsymbol{L}_1=\boldsymbol{L}_2$，令 $\lambda=1=-\mu\Rightarrow\lambda\boldsymbol{L}_1+\mu\boldsymbol{L}_2=\boldsymbol{0}$；

(2) $\lambda\boldsymbol{L}_1+\mu\boldsymbol{L}_2=\boldsymbol{0}\Rightarrow\boldsymbol{L}_2=k\boldsymbol{L}_1$(不妨设 $k=-\lambda/\mu$，$\mu\neq0$)$\Rightarrow\boldsymbol{R}_{2j}=k\boldsymbol{R}_{1j}\Rightarrow\boldsymbol{L}_1$，$\boldsymbol{L}_2$ 平行。

反之 $\boldsymbol{L}_1$，$\boldsymbol{L}_2$ 平行，任取 R_{ij} 属于 $\boldsymbol{L}_i(i=1,2;\ j=1,2,3)$ 使 $\boldsymbol{R}_{2j}=k\boldsymbol{R}_{1j}$，得两直线 $\boldsymbol{L}_i=\boldsymbol{R}_{i1}\boldsymbol{i}^{\mathrm{T}}+\boldsymbol{R}_{i2}\boldsymbol{j}^{\mathrm{T}}+\boldsymbol{R}_{i3}\boldsymbol{k}^{\mathrm{T}}(i=1,2)\Rightarrow\boldsymbol{L}_1=k\boldsymbol{L}_2\Rightarrow$ 两直线 $\boldsymbol{L}_i(i=1,2)$ 线性相关。

定理 89

设两条不平行的直线 $\boldsymbol{L}_i=\boldsymbol{R}_{i1}\boldsymbol{i}^{\mathrm{T}}+\boldsymbol{R}_{i2}\boldsymbol{j}^{\mathrm{T}}+\boldsymbol{R}_{i3}\boldsymbol{k}^{\mathrm{T}}$，$\boldsymbol{R}_{i1}\times\boldsymbol{R}_{i2}+\boldsymbol{R}_{i2}\times\boldsymbol{R}_{i3}+\boldsymbol{R}_{i3}\times\boldsymbol{R}_{i1}=\boldsymbol{0}(i=1,2)$。

(1) 当 $|\boldsymbol{R}_{11}-\boldsymbol{R}_{12}||\boldsymbol{R}_{22}-\boldsymbol{R}_{23}|=|\boldsymbol{R}_{21}-\boldsymbol{R}_{22}||\boldsymbol{R}_{12}-\boldsymbol{R}_{13}|$ 时，$\lambda\boldsymbol{L}_1+\mu\boldsymbol{L}_2$ 表示直线 $\boldsymbol{L}$；

(2) 当 $|\boldsymbol{R}_{11}-\boldsymbol{R}_{12}||\boldsymbol{R}_{22}-\boldsymbol{R}_{23}|\neq|\boldsymbol{R}_{21}-\boldsymbol{R}_{22}||\boldsymbol{R}_{12}-\boldsymbol{R}_{13}|$ 时，$\lambda\boldsymbol{L}_1+\mu\boldsymbol{L}_2$ 表示三角形 △。

证　取 $\boldsymbol{L}=\lambda\boldsymbol{L}_1+\mu\boldsymbol{L}_2=\boldsymbol{R}_{01}\boldsymbol{i}^{\mathrm{T}}+\boldsymbol{R}_{02}\boldsymbol{j}^{\mathrm{T}}+\boldsymbol{R}_{03}\boldsymbol{k}^{\mathrm{T}}$, $\boldsymbol{R}_{0j}=\lambda\boldsymbol{R}_{1j}+\mu\boldsymbol{R}_{2j}(j=1,2,3)$，记 $\boldsymbol{R}_{11}-\boldsymbol{R}_{12}=|\boldsymbol{R}_{11}-\boldsymbol{R}_{12}|\boldsymbol{E}_1$, $\boldsymbol{R}_{12}-\boldsymbol{R}_{13}=|\boldsymbol{R}_{12}-\boldsymbol{R}_{13}|\boldsymbol{E}_1$,

$\boldsymbol{R}_{21}-\boldsymbol{R}_{22}=|\boldsymbol{R}_{21}-\boldsymbol{R}_{22}|\boldsymbol{E}_2$, $\boldsymbol{R}_{22}-\boldsymbol{R}_{23}=|\boldsymbol{R}_{22}-\boldsymbol{R}_{23}|\boldsymbol{E}_2$, $|\boldsymbol{E}_j|=1(j=1,2)\Rightarrow$ $\boldsymbol{R}_{01}\times\boldsymbol{R}_{02}+\boldsymbol{R}_{02}\times\boldsymbol{R}_{03}+\boldsymbol{R}_{03}\times\boldsymbol{R}_{01}=(\boldsymbol{R}_{11}-\boldsymbol{R}_{12})\times(\boldsymbol{R}_{22}-\boldsymbol{R}_{23})+(\boldsymbol{R}_{12}-\boldsymbol{R}_{13})\times(\boldsymbol{R}_{21}-\boldsymbol{R}_{22})=\{|\boldsymbol{R}_{11}-\boldsymbol{R}_{12}||\boldsymbol{R}_{22}-\boldsymbol{R}_{23}|-|\boldsymbol{R}_{21}-\boldsymbol{R}_{22}||\boldsymbol{R}_{12}-\boldsymbol{R}_{13}|\}\boldsymbol{E}_1\times\boldsymbol{E}_2=\boldsymbol{0}$, $\boldsymbol{E}_1\times\boldsymbol{E}_2\neq\boldsymbol{0}$ 即证。

限于篇幅下面诸定理证明从略。

定理 90

设两直线 $\boldsymbol{L}_i=\boldsymbol{R}_{i1}\boldsymbol{i}^{\mathrm{T}}+\boldsymbol{R}_{i2}\boldsymbol{j}^{\mathrm{T}}+\boldsymbol{R}_{i3}\boldsymbol{k}^{\mathrm{T}}$, $\boldsymbol{R}_{i3}=\lambda_i\boldsymbol{R}_{i1}+(1-\lambda_i)\boldsymbol{R}_{i2}$, $\lambda_i(i=1,2)$ 为两实数，则 $\boldsymbol{L}=\mu\boldsymbol{L}_1+\nu\boldsymbol{L}_2$ 为直线的充分必要条件是 $\lambda_1=\lambda_2$ 或两直线 $\boldsymbol{L}_i(i=1,2)$ 平行。

定理 91

设三直线 $\boldsymbol{L}_i=\boldsymbol{R}_{i1}\boldsymbol{i}^{\mathrm{T}}+\boldsymbol{R}_{i2}\boldsymbol{j}^{\mathrm{T}}+\boldsymbol{R}_{i3}\boldsymbol{k}^{\mathrm{T}}$, $\boldsymbol{R}_{i3}=\lambda_i\boldsymbol{R}_{i1}+(1-\lambda_i)\boldsymbol{R}_{i2}$, $\lambda_i(i=1,2,3)$ 为三实数，且三直线不共面，则 $\boldsymbol{L}=\lambda\boldsymbol{L}_1+\mu\boldsymbol{L}_2+\nu\boldsymbol{L}_3(\lambda\mu\nu\neq0)$ 为直线的充分必要条件是 $\lambda_1=\lambda_2=\lambda_3$。

定理 92

设三直线 $\boldsymbol{L}_i=\boldsymbol{R}_{i1}\boldsymbol{i}^{\mathrm{T}}+\boldsymbol{R}_{i2}\boldsymbol{j}^{\mathrm{T}}+\boldsymbol{R}_{i3}\boldsymbol{k}^{\mathrm{T}}(i=1,2,3)$ 正则线性相关，

(1) 若 $\boldsymbol{L}_i(i=1,2)$ 共面，则 $\boldsymbol{L}_i(i=1,2,3)$ 共面；

(2) 若 $\boldsymbol{L}_i(i=1,2)$ 相交一点，则 $\boldsymbol{L}_i(i=1,2,3)$ 相交一点的充分必要条件是 $\boldsymbol{R}_{11}-\boldsymbol{R}_{21}$ 与 $\boldsymbol{R}_{12}-\boldsymbol{R}_{22}$ 平行。

定理 93

(1) 两个三角形正则线性相关的充分必要条件是两个三角形重合；

(2) 两个三角形线性相关的必要条件是两个三角形相似。

定理 94

设三个三角形正则线性相关，则三个三角形的对应顶点连接及三个重心连接

分别为四条直线。

定理 95

设四个三角形正则线性相关，则四个三角形的对应顶点及四个重心分别为四个平面。

定理 96

设三个三角形 $\boldsymbol{\Delta}_i=\boldsymbol{R}_{i1}\boldsymbol{i}^{\mathrm{T}}+\boldsymbol{R}_{i2}\boldsymbol{j}^{\mathrm{T}}+\boldsymbol{R}_{i3}\boldsymbol{k}^{\mathrm{T}}$，$\boldsymbol{R}_{i1}\times\boldsymbol{R}_{i2}+\boldsymbol{R}_{i2}\times\boldsymbol{R}_{i3}+\boldsymbol{R}_{i3}\times\boldsymbol{R}_{i1}\neq\boldsymbol{0}$，$R_{ij}$：$\boldsymbol{R}_{ij}(i=1,2,3;j=1,2,3)$，

第三个 $\boldsymbol{\Delta}_3$ 由另外两个全等 $\boldsymbol{\Delta}_i(i=1,2)$ 线性表示：$\boldsymbol{\Delta}_3=\lambda\boldsymbol{\Delta}_1+\mu\boldsymbol{\Delta}_2$，则$\lambda\boldsymbol{Q}_{1j}+\mu\boldsymbol{Q}_{2j}=\boldsymbol{Q}_{3j}$ 落在$\boldsymbol{\Delta}_3$ 平面上，其中 $\boldsymbol{Q}_{ij}$ 是$\boldsymbol{\Delta}_i(i=1,2,3;j=1,2,3,4)$ 的内心和三个外心。

定理 97

设三个三角形 $\boldsymbol{\Delta}_i=\boldsymbol{R}_{i1}\boldsymbol{i}^{\mathrm{T}}+\boldsymbol{R}_{i2}\boldsymbol{j}^{\mathrm{T}}+\boldsymbol{R}_{i3}\boldsymbol{k}^{\mathrm{T}}$，$\boldsymbol{R}_{i1}\times\boldsymbol{R}_{i2}+\boldsymbol{R}_{i2}\times\boldsymbol{R}_{i3}+\boldsymbol{R}_{i3}\times\boldsymbol{R}_{i1}\neq\boldsymbol{0}$，$R_{ij}$：$\boldsymbol{R}_{ij}(i=1,2,3;j=1,2,3)$，

$R_{1i}R_{2i}R_{3i}(i=1,2,3)$，$Q_1Q_2Q_3$ 为四条直线，其中 Q_i 为$\boldsymbol{\Delta}_i$ 的重心，且三条直线 $R_{1i}R_{2i}R_{3i}(i=1,2,3)$ 不共面，

则三个三角形 $\boldsymbol{\Delta}_i(i=1,2,3)$ 正则线性相关。

定理 98

设三角形 $\boldsymbol{\Delta}_0=\boldsymbol{R}_{01}\boldsymbol{i}^{\mathrm{T}}+\boldsymbol{R}_{02}\boldsymbol{j}^{\mathrm{T}}+\boldsymbol{R}_{03}\boldsymbol{k}^{\mathrm{T}}$，以及另外交换顺序得$\boldsymbol{\Delta}_1=\boldsymbol{R}_1\boldsymbol{i}^{\mathrm{T}}+\boldsymbol{R}_2\boldsymbol{j}^{\mathrm{T}}+\boldsymbol{R}_3\boldsymbol{k}^{\mathrm{T}}$，

$\boldsymbol{\Delta}_2=\boldsymbol{R}_1\boldsymbol{i}^{\mathrm{T}}+\boldsymbol{R}_3\boldsymbol{j}^{\mathrm{T}}+\boldsymbol{R}_2\boldsymbol{k}^{\mathrm{T}}$，$\boldsymbol{\Delta}_3=\boldsymbol{R}_2\boldsymbol{i}^{\mathrm{T}}+\boldsymbol{R}_1\boldsymbol{j}^{\mathrm{T}}+\boldsymbol{R}_3\boldsymbol{k}^{\mathrm{T}}$，$\boldsymbol{\Delta}_4=\boldsymbol{R}_2\boldsymbol{i}^{\mathrm{T}}+\boldsymbol{R}_3\boldsymbol{j}^{\mathrm{T}}+\boldsymbol{R}_1\boldsymbol{k}^{\mathrm{T}}$，$\boldsymbol{\Delta}_5=\boldsymbol{R}_3\boldsymbol{i}^{\mathrm{T}}+\boldsymbol{R}_1\boldsymbol{j}^{\mathrm{T}}+\boldsymbol{R}_2\boldsymbol{k}^{\mathrm{T}}$，$\boldsymbol{\Delta}_6=\boldsymbol{R}_3\boldsymbol{i}^{\mathrm{T}}+\boldsymbol{R}_2\boldsymbol{j}^{\mathrm{T}}+\boldsymbol{R}_1\boldsymbol{k}^{\mathrm{T}}$，

$\boldsymbol{\Delta}_i(i=1,2,3,4,5,6)$ 是六个相同三顶点 R_j：$\boldsymbol{R}_j(i=1,2,3)$ 不相同二重矢量表示的六个三角形。

令 $\lambda+\mu=1$ 得到六种不相同线性组合的三角形：

$\boldsymbol{\Delta}_{0i}=\lambda\boldsymbol{\Delta}_0+\mu\boldsymbol{\Delta}_i(i=1,2,3,4,5,6)$。

$\boldsymbol{\Delta}_0$ 和 $\boldsymbol{\Delta}_i$ 的法矢量为$\boldsymbol{N}$，$\boldsymbol{N}_i(i=1,2,3,4,5,6)$，则 $\boldsymbol{N}_1+\boldsymbol{N}_2+\boldsymbol{N}_3+\boldsymbol{N}_4+\boldsymbol{N}_5+\boldsymbol{N}_6=6\lambda^2\boldsymbol{N}$。

定理 99

任意四个三角形(或直线) $\boldsymbol{\Delta}_i$(或 $\boldsymbol{L}_i$) $=\triangle_iR_{i1}R_{i2}R_{i3}=\boldsymbol{R}_{i1}\boldsymbol{i}^{\mathrm{T}}+\boldsymbol{R}_{i2}\boldsymbol{j}^{\mathrm{T}}+\boldsymbol{R}_{i3}\boldsymbol{k}^{\mathrm{T}}$，

[其中 $R_{ij}:\boldsymbol{R}_{ij}(i=1,2,3,4;j=1,2,3)$]线性相关的充分条件是三张平面 $M_j(j=1,2,3)$ 中至少有一张不存在。

其中 $M_j(j=1,2,3)$ 由四点 $R_{ij}(i=1,2,3,4)$ 共面组成。

第2章 多边形

2.1 平面四边形

定理 1

设四边形 $\square ABCD$(见图 2-1),H 为 AC 与 BD 的交点。

平面上取原点 O,则 $\square_s ABCD = |(\mathbf{C}-\mathbf{A})\times(\mathbf{B}-\mathbf{D})|/2$, $\square_s ABCD = \triangle_s HAB + \triangle_s HBC + \triangle_s HCD + \triangle_s HDA = \{|(\mathbf{H}-\mathbf{A})\times(\mathbf{B}-\mathbf{H})| + |(\mathbf{C}-\mathbf{H})\times(\mathbf{B}-\mathbf{H})| + |(\mathbf{C}-\mathbf{H})\times(\mathbf{H}-\mathbf{D})| + |(\mathbf{H}-\mathbf{A})\times(\mathbf{H}-\mathbf{D})|\}/2 = |(\mathbf{C}-\mathbf{H})\times(\mathbf{B}-\mathbf{H}) + (\mathbf{H}-\mathbf{A})\times(\mathbf{B}-\mathbf{H}) + (\mathbf{C}-\mathbf{H})\times(\mathbf{H}-\mathbf{D}) + (\mathbf{H}-\mathbf{A})\times(\mathbf{H}-\mathbf{D})|/2 = |[(\mathbf{C}-\mathbf{H})+(\mathbf{H}-\mathbf{A})]\times[(\mathbf{B}-\mathbf{H})+(\mathbf{H}-\mathbf{D})]|/2 = |(\mathbf{C}-\mathbf{A})\times(\mathbf{B}-\mathbf{D})|/2$。

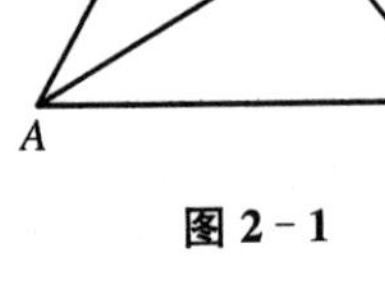

图 2-1

定理 2

设圆内接(四边形)$\square ABCD$,其中四个顶角按顺序记为

α, β, γ 与 δ 与四条边长度分别为

$BC=a$, $CD=b$, $AB=c$ 与 $AD=d$; $\angle DAB=\alpha$, $\angle ABC=\beta$, $\angle BCD=\gamma$, $\angle CAD=\delta$(见图 2-2),则 $\square_s ABCD = [(l-a)(l-b)(l-c)(l-d)]^{1/2}$, $[l=(a+b+c+d)/2]$。

证 令 $BD=e$,由$\triangle ABD$, $\triangle BCD$ 得

$e^2=a^2+b^2-2ab\cos\gamma$, $e^2=c^2+d^2-2cd\cos\alpha$, $\alpha+\gamma=\pi \Rightarrow cde^2=cd(a^2+b^2)-2abcd\cos\gamma$, $abe^2=ab(c^2+d^2)-2abcd\cos\alpha$。

两式相加$\Rightarrow e^2=(ad+bc)(ac+bd)/(ab+cd)$ (1)*

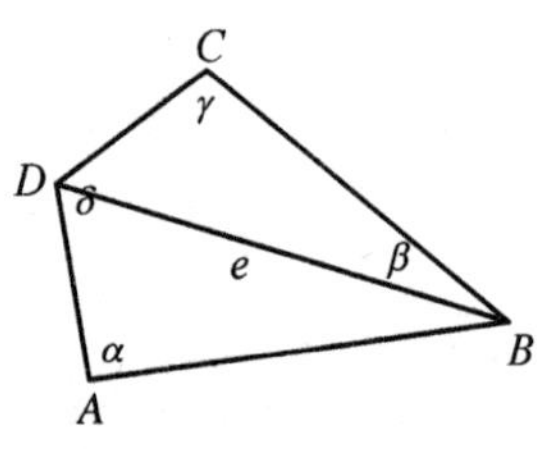

图 2-2

$\Rightarrow \cos\gamma = (a^2+b^2-c^2-d^2)/2(ab+cd)$。 (2)*

$S_1^2 = \triangle_s^2 BCD = [(a+b)^2-e^2][e^2-(a-b)^2]/16 = a^2b^2T^2/(ab+cd)^2$ (3)*

$S_2^2 = \triangle_s^2 ABD = [(c+d)^2-e^2][e^2-(c-d)^2]/16 = c^2d^2T^2/(ab+cd)^2$ (4)*

$T^2 = [(c+d)^2-(a-b)^2][(a+b)^2-(c-d)^2] = (l-a)(l-b)(l-c)(l-d)$，$l=(a+b+c+d)/2$。

$2S_1 = ab\sin\gamma$，$2S_2 = cd\sin\alpha = cd\sin\gamma$，$\alpha+\gamma=\pi \Rightarrow 4S_1S_2 = abcd\sin^2\gamma = abcd(1-\cos^2\gamma)$，

由(2)* $\Rightarrow S_1^2S_2^2 = a^2b^2c^2d^2T^4/(ab+cd)^4 \Rightarrow 2S_1S_2 = 2abcdT^2/(ab+cd)^2$ (5)*

由(3)*，(4)*，(5)* $\Rightarrow \square_s ABCD = T = [(l-a)(l-b)(l-c)(l-d)]^{1/2}$。

[与第1章定理5(4)(海因公式)类似]

定理3

设圆内接(四边形)$ABCD$，其中四个顶角按顺序记为α，β，γ与δ与其对应的四条边分别为

$BC=a$，$AD=b$，$AB=c$与$CD=d$；$\angle DAB=\alpha$，$\angle ABC=\beta$，$\angle BCD=\gamma$，$\angle CAD=\delta$(见图2-3)，则

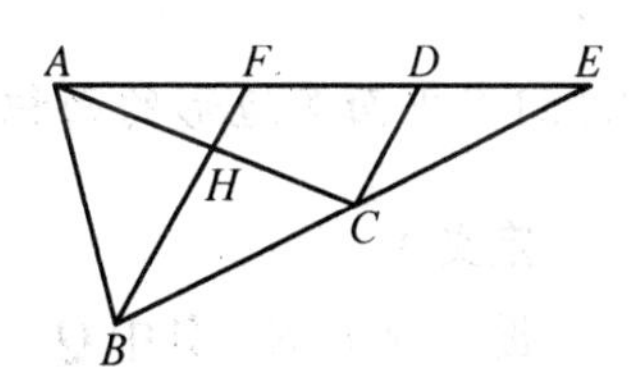

图2-3

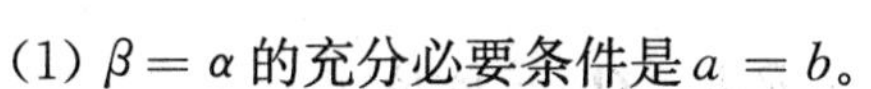

(1) $\beta=\alpha$的充分必要条件是$a=b$。

(2) $\beta=2\alpha$的充分必要条件是$b^2-a^2=ac+bd$。

(3) $\beta=3\alpha$的充分必要条件是

① $b^2-a^2>ac+bd$；② $(b-a)^2(b+a)=(c+d)(ac+bd)$。

(4) $\beta=4\alpha$的充分必要条件是$(b^2-a^2-ac-bd)^2(b^2-a^2+ac+bd)=(ad+bc)^2(ac+bd)$。

(5) $\beta=p\alpha$的充分必要条件是$F_p(ck, c, b-ak)=0$，

其中$k=(ac+bd)/(ad+bc)$[齐次多项式$F_{p-1}(a, b, c)$]。

证 (1)是显然的。

(2) 由$\beta=2\alpha$，$b>a$取辅助直线BF，使$\angle FBE=\angle FBA=\alpha$，记$FD=e_0$，

$DE = b_0$, $CE = a_0$, $BF = c_0 \Rightarrow \triangle AEB \sim \triangle BEF \sim \triangle CED \Rightarrow a + a_0 : c : b + b_0 = b_0 + e_0 : c_0 : a + a_0 = b_0 : d : a_0$; $a_0 : a = b_0 : e_0$,

$\triangle_1 AFB \Leftrightarrow F_1(c_0, c, b - e_0) = 0 \Leftrightarrow b - e_0 = c_0$,

利用倍角三角形结果经计算可得

$a_0 = d(ad + bc)/(c^2 - d^2)$, $b_0 = d(ac + bd)/(c^2 - d^2)$, $c_0 = ck$, $e_0 = ak$

$k = (ac + bd)/(ad + bc)$ 得 $b^2 - a^2 = ac + bd$。反之亦然，由 $b^2 - a^2 = ac + bd > 0$ 得

$\beta > \alpha$ 取上述性质 BF 可证 $\beta = 2\alpha$。

(3) 如同(2)操作 $\triangle_2 AFB \Leftrightarrow F_2(c_0, c, b - e_0) = 0 \Leftrightarrow (b - e_0)^2 - c_0^2 = cc_0 \Leftrightarrow (b - a)^2(b + a) = (c + d)(ac + bd)$。

(4) 如同(2)操作。

(5) 如同(2)操作 $\triangle_{p-1} AFB \Leftrightarrow F_{p-1}(c_0, c, b - e_0) = 0$。

特别当取 $d=0$, C, D 重合即为 $\Rightarrow \triangle ACB(1) \sim (5)$ 变为 $\triangle_p ACB(p = 1, 2, \cdots)$。

2.2 多边形

2.2.1 平面多边形的面积

定义 1

设 $\triangle R_1R_2R_3$，其中 $\boldsymbol{Q}_1 = R_1R_2$, $\boldsymbol{Q}_2 = R_2R_3$, $\boldsymbol{Q}_3 = R_3R_1$

平面上取原点 O，记 R_j: $\boldsymbol{R}_j (j = 1, 2, 3)$，

(1) 当 $\boldsymbol{Q}_1$, $\boldsymbol{Q}_2$, $\boldsymbol{Q}_3$，按逆时针顺序方向构成封闭折线时

$\triangle R_1R_2R_3$ 的面矢量记为 $\triangle \boldsymbol{R}_1\boldsymbol{R}_2\boldsymbol{R}_3 = \boldsymbol{Q}_1 \times \boldsymbol{Q}_2/2 = (\boldsymbol{R}_1 \times \boldsymbol{R}_2 + \boldsymbol{R}_2 \times \boldsymbol{R}_3 + \boldsymbol{R}_3 \times \boldsymbol{R}_1)/2$（见图 2-4）。

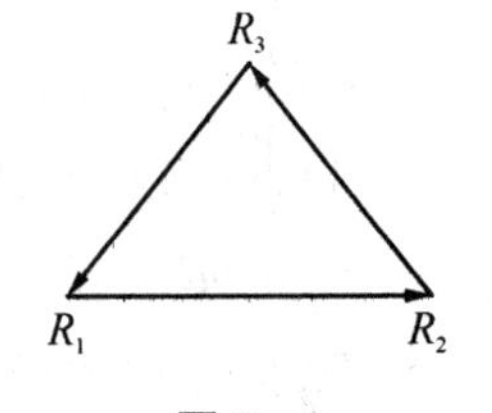

图 2-4

$\triangle_s R_1R_2R_3$（正值面积）$= |\boldsymbol{Q}_1 \times \boldsymbol{Q}_2|/2 = |\boldsymbol{R}_1 \times \boldsymbol{R}_2 + \boldsymbol{R}_2 \times \boldsymbol{R}_3 + \boldsymbol{R}_3 \times \boldsymbol{R}_1|/2$。

(2) 当 $\boldsymbol{Q}_1$, $\boldsymbol{Q}_2$, $\boldsymbol{Q}_3$ 按顺时针顺序方向构成封闭折线时，

$\triangle R_1R_2R_3$ 的面矢量记为 $\triangle \boldsymbol{R}_1\boldsymbol{R}_2\boldsymbol{R}_3 = -\boldsymbol{Q}_1 \times \boldsymbol{Q}_2/2 = -(\boldsymbol{R}_1 \times \boldsymbol{R}_2 + \boldsymbol{R}_2 \times \boldsymbol{R}_3 + \boldsymbol{R}_3 \times \boldsymbol{R}_1)/2$。

$\triangle_s R_1R_2R_3$(负值面积) $=-|\boldsymbol{Q}_1\times\boldsymbol{Q}_2|/2=-|\boldsymbol{R}_1\times\boldsymbol{R}_2+\boldsymbol{R}_2\times\boldsymbol{R}_3+\boldsymbol{R}_3\times\boldsymbol{R}_1|/2$(见图 2-5)。

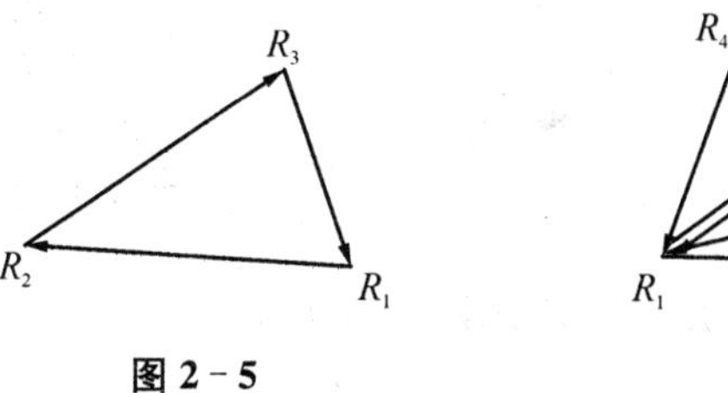

图 2-5　　图 2-6

定理 4

设(平面四边形) $\square R_1R_2R_3R_4$,取平面上原点 O,记 $\boldsymbol{R}_j=OR_j(j=1,2,3,4)$(见图 2-6),则

(1) $\square R_1R_2R_3R_4$ 面矢量记为 $\square\boldsymbol{R}_1\boldsymbol{R}_2\boldsymbol{R}_3\boldsymbol{R}_4=(\boldsymbol{Q}_1\times\boldsymbol{Q}_2+\boldsymbol{Q}_2\times\boldsymbol{Q}_3+\boldsymbol{Q}_1\times\boldsymbol{Q}_3)/2$。

$\square_s R_1R_2R_3R_4=|\boldsymbol{Q}_1\times\boldsymbol{Q}_2+\boldsymbol{Q}_2\times\boldsymbol{Q}_3+\boldsymbol{Q}_1\times\boldsymbol{Q}_3|/2$,其中 $\boldsymbol{Q}_j=R_jR_{j+1}(j=1,2,3)$。

(2) $\square R_1R_2R_3R_4$ 面矢量记为 $\square\boldsymbol{R}_1\boldsymbol{R}_2\boldsymbol{R}_3\boldsymbol{R}_4=(\boldsymbol{R}_1\times\boldsymbol{R}_2+\boldsymbol{R}_2\times\boldsymbol{R}_3+\boldsymbol{R}_3\times\boldsymbol{R}_4+\boldsymbol{R}_4\times\boldsymbol{R}_1)/2$,

$\square_s R_1R_2R_3R_4=|\boldsymbol{R}_1\times\boldsymbol{R}_2+\boldsymbol{R}_2\times\boldsymbol{R}_3+\boldsymbol{R}_3\times\boldsymbol{R}_4+\boldsymbol{R}_4\times\boldsymbol{R}_1|/2$。

证　(1) 设 $\boldsymbol{Q}_1=R_1R_2$(矢量), $\boldsymbol{Q}_2=R_2R_3$, $\boldsymbol{Q}_3=R_3R_1$, $\boldsymbol{Q}_4=R_4R_1$。

① (i) 添加 $\boldsymbol{Q}_0=R_3R_1$, $-\boldsymbol{Q}_0=R_1R_3$(正负相抵消 $\boldsymbol{Q}_0-\boldsymbol{Q}_0=\boldsymbol{0}$)。

$\square\boldsymbol{R}_1\boldsymbol{R}_2\boldsymbol{R}_3\boldsymbol{R}_4=\triangle\boldsymbol{R}_1\boldsymbol{R}_2\boldsymbol{R}_3+\triangle\boldsymbol{R}_1\boldsymbol{R}_3\boldsymbol{R}_4=[\boldsymbol{Q}_1\times\boldsymbol{Q}_2+(\boldsymbol{Q}_1+\boldsymbol{Q}_2)\times\boldsymbol{Q}_3]/2=(\boldsymbol{Q}_1\times\boldsymbol{Q}_2+\boldsymbol{Q}_2\times\boldsymbol{Q}_3+\boldsymbol{Q}_1\times\boldsymbol{Q}_3)/2$。

$\square_s R_1R_2R_3R_4=\triangle_s R_1R_2R_3+\triangle_s R_1R_3R_4=|\boldsymbol{Q}_1\times\boldsymbol{Q}_2+\boldsymbol{Q}_2\times\boldsymbol{Q}_3+\boldsymbol{Q}_1\times\boldsymbol{Q}_3|/2$。

(ii) 记 $\boldsymbol{Q}_{21}=R_2R_0$, $\boldsymbol{Q}_{22}=R_0R_3$,点 R_0 在边 R_2R_3 上, $\boldsymbol{Q}_{21}+\boldsymbol{Q}_{22}=\boldsymbol{Q}_2$, $R_1R_0=\boldsymbol{Q}_{11}=\boldsymbol{Q}_1+\boldsymbol{Q}_{21}$, $R_0R_4=\boldsymbol{Q}_{12}=\boldsymbol{Q}_{22}+\boldsymbol{Q}_3$,

$\square\boldsymbol{R}_1\boldsymbol{R}_2\boldsymbol{R}_3\boldsymbol{R}_4=\triangle\boldsymbol{R}_1\boldsymbol{R}_2\boldsymbol{R}_0+\triangle\boldsymbol{R}_0\boldsymbol{R}_3\boldsymbol{R}_4+\triangle\boldsymbol{R}_1\boldsymbol{R}_0\boldsymbol{R}_4=[\boldsymbol{Q}_1\times\boldsymbol{Q}_{21}+\boldsymbol{Q}_{22}\times\boldsymbol{Q}_3+\boldsymbol{Q}_{11}\times\boldsymbol{Q}_{12}]/2=[\boldsymbol{Q}_1\times\boldsymbol{Q}_{21}+\boldsymbol{Q}_{22}\times\boldsymbol{Q}_3+(\boldsymbol{Q}_1+\boldsymbol{Q}_{21})\times(\boldsymbol{Q}_{22}+\boldsymbol{Q}_3)]/2=[\boldsymbol{Q}_1\times\boldsymbol{Q}_{21}+\boldsymbol{Q}_{22}\times\boldsymbol{Q}_3+\boldsymbol{Q}_1\times\boldsymbol{Q}_{22}+\boldsymbol{Q}_1\times\boldsymbol{Q}_3+\boldsymbol{Q}_{21}\times\boldsymbol{Q}_3]/2=[\boldsymbol{Q}_1\times(\boldsymbol{Q}_2-\boldsymbol{Q}_{22})+\boldsymbol{Q}_{22}\times\boldsymbol{Q}_3+\boldsymbol{Q}_1\times\boldsymbol{Q}_{22}+\boldsymbol{Q}_1\times\boldsymbol{Q}_3+(\boldsymbol{Q}_2-\boldsymbol{Q}_{22})\times\boldsymbol{Q}_3]/2=(\boldsymbol{Q}_1\times\boldsymbol{Q}_2+\boldsymbol{Q}_2\times\boldsymbol{Q}_3+\boldsymbol{Q}_1\times\boldsymbol{Q}_3)/2$。

$\square_s R_1R_2R_3R_4=\triangle_s R_1R_2R_0+\triangle_s R_0R_3R_4+\triangle_s R_1R_0R_4=|\boldsymbol{Q}_1\times\boldsymbol{Q}_2+\boldsymbol{Q}_2\times\boldsymbol{Q}_3+$

$\boldsymbol{Q}_1 \times \boldsymbol{Q}_3 \mid /2$。

② (i) $\square \boldsymbol{R}_1\boldsymbol{R}_2\boldsymbol{R}_3\boldsymbol{R}_4 = \triangle \boldsymbol{R}_1\boldsymbol{R}_2\boldsymbol{R}_3 + \triangle \boldsymbol{R}_1\boldsymbol{R}_3\boldsymbol{R}_4 = [\boldsymbol{Q}_1 \times \boldsymbol{Q}_2 + (\boldsymbol{Q}_1 + \boldsymbol{Q}_2) \times \boldsymbol{Q}_3]/2 = (\boldsymbol{Q}_1 \times \boldsymbol{Q}_2 + \boldsymbol{Q}_2 \times \boldsymbol{Q}_3 + \boldsymbol{Q}_1 \times \boldsymbol{Q}_3)/2$(见图 2-7)。

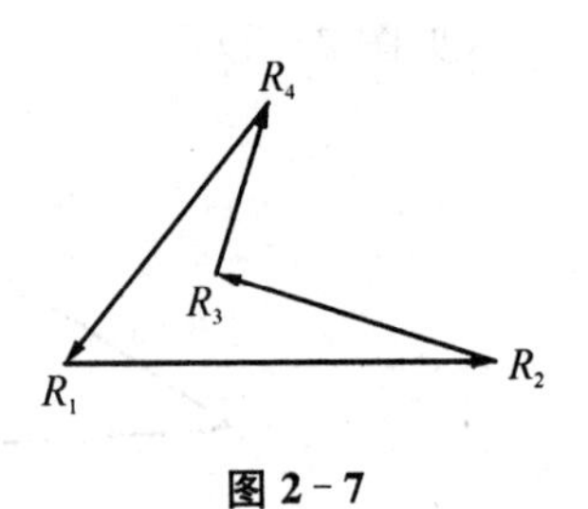

图 2-7

$\square_s R_1R_2R_3R_4 = \triangle_s R_1R_2R_3 + \triangle_s R_1R_3R_4 = \mid \boldsymbol{Q}_1 \times \boldsymbol{Q}_2 + \boldsymbol{Q}_2 \times \boldsymbol{Q}_3 + \boldsymbol{Q}_1 \times \boldsymbol{Q}_3 \mid /2$。

(ii) $\square \boldsymbol{R}_1\boldsymbol{R}_2\boldsymbol{R}_3\boldsymbol{R}_4 = \triangle \boldsymbol{R}_1\boldsymbol{R}_2\boldsymbol{R}_4 - \triangle \boldsymbol{R}_2\boldsymbol{R}_4\boldsymbol{R}_3 = [\boldsymbol{Q}_1 \times (\boldsymbol{Q}_2 + \boldsymbol{Q}_3) - (\boldsymbol{Q}_2 + \boldsymbol{Q}_3) \times (-\boldsymbol{Q}_3)]/2 = (\boldsymbol{Q}_1 \times \boldsymbol{Q}_2 + \boldsymbol{Q}_2 \times \boldsymbol{Q}_3 + \boldsymbol{Q}_1 \times \boldsymbol{Q}_3)/2$。

$\square_s R_1R_2R_3R_4 = \triangle_s R_1R_2R_4 - \triangle_s R_2R_3R_4 = \mid \boldsymbol{Q}_1 \times \boldsymbol{Q}_2 + \boldsymbol{Q}_2 \times \boldsymbol{Q}_3 + \boldsymbol{Q}_1 \times \boldsymbol{Q}_3 \mid /2$。

③ 记 R_1R_4 与 R_2R_3 的交点为 R_0，$\boldsymbol{Q}_{21} = R_2R_0$(矢量)，$\boldsymbol{Q}_{22} = R_0R_3$，$\boldsymbol{Q}_{11} = R_0R_1$，$\boldsymbol{Q}_{12} = R_4R_0$，

$\square \boldsymbol{R}_1\boldsymbol{R}_2\boldsymbol{R}_3\boldsymbol{R}_4 = \triangle \boldsymbol{R}_1\boldsymbol{R}_2\boldsymbol{R}_0 + \triangle \boldsymbol{R}_0\boldsymbol{R}_3\boldsymbol{R}_2 = (\boldsymbol{Q}_1 \times \boldsymbol{Q}_{21} + \boldsymbol{Q}_{22} \times \boldsymbol{Q}_3)/2 = (\boldsymbol{Q}_1 \times \boldsymbol{Q}_{21} + \boldsymbol{Q}_{22} \times \boldsymbol{Q}_3 + \boldsymbol{Q}_{11} \times \boldsymbol{Q}_{12})/2 = (\boldsymbol{Q}_1 \times \boldsymbol{Q}_{21} + \boldsymbol{Q}_{22} \times \boldsymbol{Q}_3 + \boldsymbol{Q}_{11} \times \boldsymbol{Q}_{12})/2 = (\boldsymbol{Q}_1 \times \boldsymbol{Q}_{21} + \boldsymbol{Q}_{22} \times \boldsymbol{Q}_3 + (-\boldsymbol{Q}_1 - \boldsymbol{Q}_{21}) \times (-\boldsymbol{Q}_3 - \boldsymbol{Q}_{22})/2 = (\boldsymbol{Q}_1 \times \boldsymbol{Q}_2 + \boldsymbol{Q}_2 \times \boldsymbol{Q}_3 + \boldsymbol{Q}_1 \times \boldsymbol{Q}_3)/2$。

[因为 $\boldsymbol{Q}_{11} \times \boldsymbol{Q}_{12} = \boldsymbol{0}$，$\boldsymbol{Q}_{21} \times \boldsymbol{Q}_{22} = 0$，$\boldsymbol{Q}_{11} + \boldsymbol{Q}_{12} = \boldsymbol{Q}_2$]

$\square_s R_1R_2R_3R_4 = \mid \boldsymbol{Q}_1 \times \boldsymbol{Q}_2 + \boldsymbol{Q}_2 \times \boldsymbol{Q}_3 + \boldsymbol{Q}_1 \times \boldsymbol{Q}_3 \mid /2 = \triangle_s R_1R_2R_0 - \triangle_s R_0R_3R_4$(见图 2-8)。

或另证法 $\triangle_s R_1R_2R_0 - \triangle_s R_0R_3R_4 = \mid \boldsymbol{R}_1 \times \boldsymbol{R}_2 + \boldsymbol{R}_2 \times \boldsymbol{R}_0 + \boldsymbol{R}_0 \times \boldsymbol{R}_1 \mid /2 + \mid \boldsymbol{R}_0 \times \boldsymbol{R}_3 + \boldsymbol{R}_3 \times \boldsymbol{R}_4 + \boldsymbol{R}_4 \times \boldsymbol{R}_0 \mid /2 = \mid \boldsymbol{R}_1 \times \boldsymbol{R}_2 + \boldsymbol{R}_2 \times \boldsymbol{R}_0 + \boldsymbol{R}_0 \times \boldsymbol{R}_1 + \boldsymbol{R}_0 \times \boldsymbol{R}_3 + \boldsymbol{R}_3 \times \boldsymbol{R}_4 + \boldsymbol{R}_4 \times \boldsymbol{R}_0 \mid /2 = \mid \boldsymbol{R}_1 \times \boldsymbol{R}_2 + \boldsymbol{R}_2 \times \boldsymbol{R}_3 + \boldsymbol{R}_3 \times \boldsymbol{R}_4 + \boldsymbol{R}_4 \times \boldsymbol{R}_1 \mid /2 = \square_s R_1R_2R_3R_4$。

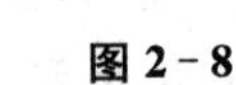
图 2-8

这里已利用 $\boldsymbol{R}_0 \times (\boldsymbol{R}_1 - \boldsymbol{R}_4) = \boldsymbol{R}_4 \times \boldsymbol{R}_1$($R_0R_1R_4$ 为直线)，$\boldsymbol{R}_0 \times (\boldsymbol{R}_2 - \boldsymbol{R}_3) = \boldsymbol{R}_3 \times \boldsymbol{R}_2$($R_0R_2R_3$ 为直线)。

(2) 以 $\boldsymbol{Q}_j = \boldsymbol{R}_{j+1} - \boldsymbol{R}_j$ $(j = 1, 2, 3)$ 代入(1) $\square_s R_1R_2R_3R_4 = \mid \boldsymbol{Q}_1 \times \boldsymbol{Q}_2 + \boldsymbol{Q}_2 \times \boldsymbol{Q}_3 + \boldsymbol{Q}_1 \times \boldsymbol{Q}_3 \mid /2 = \mid \boldsymbol{R}_1 \times \boldsymbol{R}_2 + \boldsymbol{R}_2 \times \boldsymbol{R}_3 + \boldsymbol{R}_3 \times \boldsymbol{R}_4 + \boldsymbol{R}_4 \times \boldsymbol{R}_1 \mid /2$。

定理 5

(平面 n 多边形的面积)(见图 2-9)

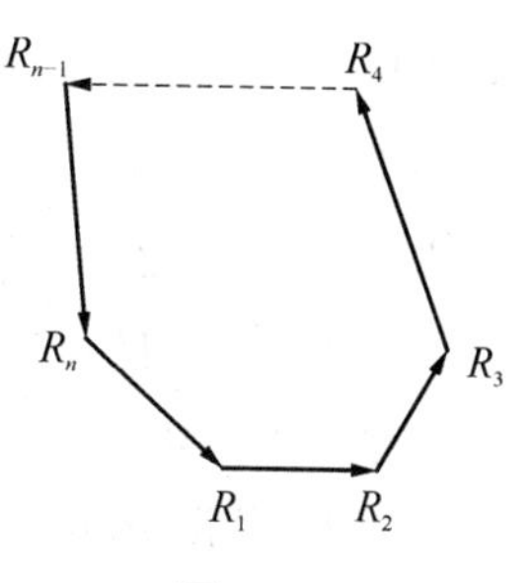

图 2-9

(1) 设 n 边形 $\square R_1R_2\cdots R_{n-1}R_n$，$\boldsymbol{Q}_j = R_jR_{j+1} = \boldsymbol{R}_{j+1} - \boldsymbol{R}_j (j=1, 2, \cdots, n-1)$，则

$$\square_s R_1R_2\cdots R_{n-1}R_n = \left|\sum_{i,\ j=1,\ i<j}^{n-1} \boldsymbol{Q}_i \times \boldsymbol{Q}_j\right|/2。$$

(2) 设平面上取原点 O，使 $\boldsymbol{R}_j = OR_j (j=1, 2, \cdots, n)$，$\boldsymbol{R}_{n+1} = \boldsymbol{R}_1$，

$$\square_s R_1R_2\cdots R_{n-1}R_n = \left|\sum_{i=1}^{n} \boldsymbol{R}_i \times \boldsymbol{R}_{i+1}\right|/2。$$

证 (1) 仅证平面凸 $n\square_s R_1R_2\cdots R_{n-1}R_n$，对于一般的 n 多边形命题也成立。

现在用数学归纳法证。

设凸$(n+1)$边形 $\square_s R_1R_2\cdots R_{n+1} = \triangle_s R_1R_2R_3 +$ 凸 n 边形 $\square_s R_1R_3R_4\cdots R_nR_{n+1} = \triangle_s R_1R_2R_3 +$ 凸 n 边形 $\square_s R_1^* R_2^* \cdots R_n^*$ $(\boldsymbol{Q}_1^* = R_1R_3 = \boldsymbol{Q}_1 + \boldsymbol{Q}_2$，$\boldsymbol{Q}_j^* = \boldsymbol{Q}_{j+1} (j=1, 2, \cdots, n-1)$，$\boldsymbol{Q}_j = R_jR_{j+1} (j=1, 2, \cdots, n)) = |\boldsymbol{Q}_1 \times \boldsymbol{Q}_2|/2 + \left|\sum_{i,\ j=1,\ i<j}^{n-1} \boldsymbol{Q}_i^* \times \boldsymbol{Q}_j^*\right|\Big/2$（数学归纳法已设命题对凸 n 边形成立）$= \left|\boldsymbol{Q}_1 \times \boldsymbol{Q}_2 + \sum_{i,\ j=1,\ i<j}^{n-1} \boldsymbol{Q}_i^* \times \boldsymbol{Q}_j^*\right|\Big/2$［$\boldsymbol{Q}_1 \times \boldsymbol{Q}_2$，$\boldsymbol{Q}_i^* \times \boldsymbol{Q}_j^* (i, j=1, 2, \cdots, n-1; i<j)$ 为同向矢量］$= \left|\boldsymbol{Q}_1 \times \boldsymbol{Q}_2 + \boldsymbol{Q}_1^* \times \sum_{i=2}^{n-1} \boldsymbol{Q}_i^* + \sum_{i,\ j=2,\ i<j}^{n-1} \boldsymbol{Q}_i^* \times \boldsymbol{Q}_j^*\right|\Big/2 = \left|\boldsymbol{Q}_1 \times \boldsymbol{Q}_2 + (\boldsymbol{Q}_1 + \boldsymbol{Q}_2) \times \sum_{i=2}^{n-1} \boldsymbol{Q}_{i+1} + \sum_{i,\ j=2,\ i<j}^{n-1} \boldsymbol{Q}_{i+1} \times \boldsymbol{Q}_{j+1}\right|\Big/2 = \left|\sum_{i,\ j=1,\ i<j}^{n} \boldsymbol{Q}_i \times \boldsymbol{Q}_j\right|\Big/2$。

(2) 以 $\boldsymbol{Q}_j = \boldsymbol{R}_{j+1} - \boldsymbol{R}_j (j=1, 2, \cdots, n)$ 代入(1)即得。

定理 5[1]

(1) 记 R_1R_5 与 R_3R_4 的交点为 R_0，$\boldsymbol{Q}_j = R_jR_{j+1} = \boldsymbol{R}_{j+1} - \boldsymbol{R}_j (j=1, 2, 3, 4)$，$\boldsymbol{Q}_{31} = R_3R_0$，$\boldsymbol{Q}_{32} = R_0R_4$（见图 2-10），

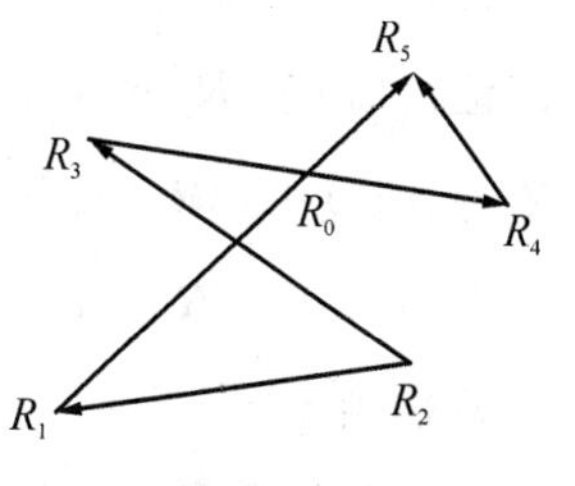

图 2-10

五边形 $\boldsymbol{R}_1\boldsymbol{R}_2\boldsymbol{R}_3\boldsymbol{R}_4\boldsymbol{R}_5 = (\boldsymbol{Q}_1 \times \boldsymbol{Q}_2 + \boldsymbol{Q}_1 \times \boldsymbol{Q}_3 + \boldsymbol{Q}_1 \times \boldsymbol{Q}_4 + \boldsymbol{Q}_2 \times \boldsymbol{Q}_3 + \boldsymbol{Q}_2 \times \boldsymbol{Q}_4 + \boldsymbol{Q}_3 \times \boldsymbol{Q}_4)/2 = [\boldsymbol{Q}_1 \times \boldsymbol{Q}_2 + \boldsymbol{Q}_1 \times (\boldsymbol{Q}_{31} + \boldsymbol{Q}_{32}) + \boldsymbol{Q}_1 \times \boldsymbol{Q}_4 + \boldsymbol{Q}_2 \times (\boldsymbol{Q}_{31} + \boldsymbol{Q}_{32}) + \boldsymbol{Q}_2 \times \boldsymbol{Q}_4 + (\boldsymbol{Q}_{31} + \boldsymbol{Q}_{32}) \times \boldsymbol{Q}_4]/2 = (\boldsymbol{Q}_1 \times \boldsymbol{Q}_2 + \boldsymbol{Q}_1 \times \boldsymbol{Q}_{31} + \boldsymbol{Q}_2 \times \boldsymbol{Q}_{31})/2 + \boldsymbol{Q}_{32} \times \boldsymbol{Q}_4/2 + \boldsymbol{Q} = \square \boldsymbol{R}_1\boldsymbol{R}_2\boldsymbol{R}_3\boldsymbol{R}_0 +$

$\triangle \boldsymbol{R}_0\boldsymbol{R}_4\boldsymbol{R}_5$，

其中

$\boldsymbol{Q}=[(\boldsymbol{Q}_1+\boldsymbol{Q}_2)\times\boldsymbol{Q}_{32}+(\boldsymbol{Q}_1+\boldsymbol{Q}_2+\boldsymbol{Q}_{31})\times\boldsymbol{Q}_4]/2=[R_1R_3\times\boldsymbol{Q}_{32}+R_1R_0\times\boldsymbol{Q}_4]/2=[R_1R_3\times\boldsymbol{Q}_{32}+R_1R_0\times(R_0R_5-\boldsymbol{Q}_{32})]/2=(R_1R_3+R_0R_1)\times\boldsymbol{Q}_{32}/2=R_0R_3\times\boldsymbol{Q}_{32}/2=\boldsymbol{0}$。

五边形 $\square_s R_1R_2R_3R_4R_5=|\boldsymbol{Q}_1\times\boldsymbol{Q}_2+\boldsymbol{Q}_1\times\boldsymbol{Q}_3+\boldsymbol{Q}_1\times\boldsymbol{Q}_4+\boldsymbol{Q}_2\times\boldsymbol{Q}_3+\boldsymbol{Q}_2\times\boldsymbol{Q}_4+\boldsymbol{Q}_3\times\boldsymbol{Q}_4|/2=\square_s R_1R_2R_3R_0+\triangle_s R_0R_4R_5=|\boldsymbol{Q}_1\times\boldsymbol{Q}_2+\boldsymbol{Q}_1\times\boldsymbol{Q}_{31}+\boldsymbol{Q}_2\times\boldsymbol{Q}_{31}|/2+|\boldsymbol{Q}_{32}\times\boldsymbol{Q}_4|/2$。

(2) 六边形 $\square_s R_1R_2R_3R_4R_5R_6=|\boldsymbol{Q}_1\times\boldsymbol{Q}_2+\boldsymbol{Q}_1\times\boldsymbol{Q}_3+\boldsymbol{Q}_1\times\boldsymbol{Q}_4+\boldsymbol{Q}_1\times\boldsymbol{Q}_5+\boldsymbol{Q}_2\times\boldsymbol{Q}_3+\boldsymbol{Q}_2\times\boldsymbol{Q}_4+\boldsymbol{Q}_2\times\boldsymbol{Q}_5+\boldsymbol{Q}_3\times\boldsymbol{Q}_4+\boldsymbol{Q}_3\times\boldsymbol{Q}_5+\boldsymbol{Q}_4\times\boldsymbol{Q}_5|/2=|\boldsymbol{R}_1\times\boldsymbol{R}_2+\boldsymbol{R}_2\times\boldsymbol{R}_3+\boldsymbol{R}_3\times\boldsymbol{R}_4+\boldsymbol{R}_4\times\boldsymbol{R}_5+\boldsymbol{R}_5\times\boldsymbol{R}_6+\boldsymbol{R}_6\times\boldsymbol{R}_1|/2=\triangle_s R_2R_3R_{34}+\triangle_s R_{45}R_5R_{56}-\triangle_s R_{34}R_4R_{45}-\triangle_s R_{56}R_6R_1$（见图 2-11）。

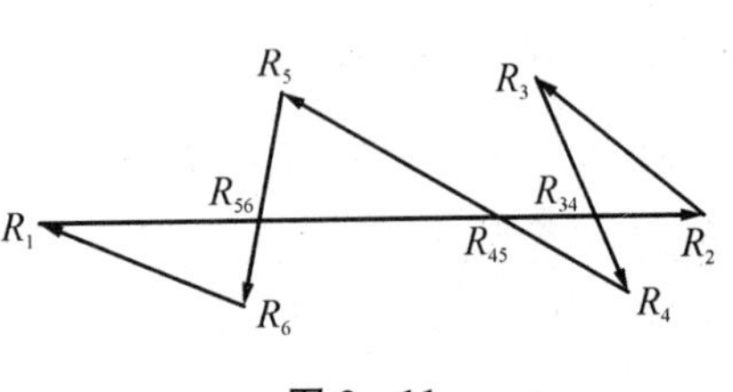

图 2-11

定理 6（子三角形的面积）

设 $\triangle R_1R_2R_3$ 其中 $R'_j(j=1,2,3)$ 为三边（见图 2-12）R_2R_3，R_3R_1，R_1R_2 上的点，

$\boldsymbol{R}'_1=\lambda\boldsymbol{R}_2+\mu\boldsymbol{R}_3$，$\boldsymbol{R}'_2=\lambda\boldsymbol{R}_3+\mu\boldsymbol{R}_1$，$\boldsymbol{R}'_3=\lambda\boldsymbol{R}_1+\mu\boldsymbol{R}_2$，$\lambda+\mu=1$。

R''_1 为直线 R_2R_3 与 $R'_3R'_2$ 交点；R''_2 为直线 R_3R_1 与 $R'_1R'_3$ 交点与 R''_3 为直线 R_1R_2 与 $R'_2R'_1$ 交点，则

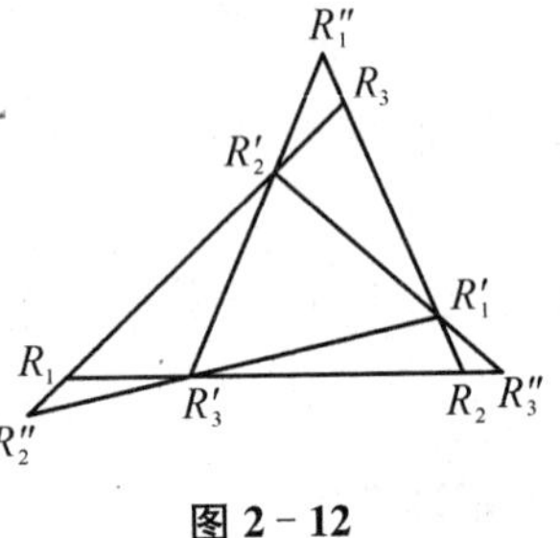

图 2-12

(1) $\triangle_s R'_1R'_2R'_3=|\varepsilon_1|\triangle_s R_1R_2R_3$，$\varepsilon_1=3\lambda^2-3\lambda+1$；

(2) $\triangle_s R''_1R''_2R''_3=|\varepsilon_2|\triangle_s R_1R_2R_3$，$\varepsilon_2=|[\lambda^4+\lambda^2(1-\lambda)^2+(1-\lambda)^4]/(1-2\lambda)^3|$。

证 (1) $\triangle_s R'_1R'_2R'_3=|\boldsymbol{R}'_1\times\boldsymbol{R}'_2+\boldsymbol{R}'_2\times\boldsymbol{R}'_3+\boldsymbol{R}'_3\times\boldsymbol{R}'_1|/2=|(\lambda\boldsymbol{R}_2+\mu\boldsymbol{R}_3)\times(\lambda\boldsymbol{R}_3+\mu\boldsymbol{R}_1)+(\lambda\boldsymbol{R}_3+\mu\boldsymbol{R}_1)\times(\lambda\boldsymbol{R}_1+\mu\boldsymbol{R}_2)+(\lambda\boldsymbol{R}_1+\mu\boldsymbol{R}_2)\times(\lambda\boldsymbol{R}_2+\mu\boldsymbol{R}_3)|^{1/2}/2=|3\lambda^2-3\lambda+1||\boldsymbol{R}_1\times\boldsymbol{R}_2+\boldsymbol{R}_2\times\boldsymbol{R}_3+\boldsymbol{R}_3\times\boldsymbol{R}_1|/2=|\varepsilon_1|\triangle_s R_1R_2R_3$。

特别当 $\lambda=1/2$ 时，$\varepsilon_1=1/4$。

(2) 直线 R_3R_1 方程：$\boldsymbol{R}\times(\boldsymbol{R}_3-\boldsymbol{R}_1)=\boldsymbol{R}_1\times\boldsymbol{R}_3$，直线 $R'_1R'_3$ 方程：$\boldsymbol{R}\times(\boldsymbol{R}'_3-$

$\boldsymbol{R}'_1) = \boldsymbol{R}'_1 \times \boldsymbol{R}'_3$，

交点 R''_2：$\boldsymbol{R}''_2 = (\boldsymbol{R}_1 \times \boldsymbol{R}_3) \times (\boldsymbol{R}'_1 \times \boldsymbol{R}'_3) / (\boldsymbol{R}_1 \times \boldsymbol{R}_3) \cdot (\boldsymbol{R}'_3 - \boldsymbol{R}'_1) = (\mu^2 \boldsymbol{R}_3 - \lambda^2 \boldsymbol{R}_1)/(\mu - \lambda)$。

同理可得 $\boldsymbol{R}''_3 = (\boldsymbol{R}_2 \times \boldsymbol{R}_1) \times (\boldsymbol{R}'_2 \times \boldsymbol{R}'_1) / (\boldsymbol{R}_2 \times \boldsymbol{R}_1) \cdot (\boldsymbol{R}'_1 - \boldsymbol{R}'_2) = (\mu^2 \boldsymbol{R}_1 - \lambda^2 \boldsymbol{R}_2)/(\mu - \lambda)$。

$\boldsymbol{R}''_1 = (\boldsymbol{R}_3 \times \boldsymbol{R}_2) \times (\boldsymbol{R}'_3 \times \boldsymbol{R}'_2) / (\boldsymbol{R}_3 \times \boldsymbol{R}_2) \cdot (\boldsymbol{R}'_2 - \boldsymbol{R}'_3) = (\mu^2 \boldsymbol{R}_2 - \lambda^2 \boldsymbol{R}_3)/(\mu - \lambda)$。

$\triangle_s R''_1 R''_2 R''_3 = |\boldsymbol{R}''_1 \times \boldsymbol{R}''_2 + \boldsymbol{R}''_2 \times \boldsymbol{R}''_3 + \boldsymbol{R}''_3 \times \boldsymbol{R}''_1| / 2 = |\varepsilon_2| |\boldsymbol{R}_1 \times \boldsymbol{R}_2 + \boldsymbol{R}_2 \times \boldsymbol{R}_3 + \boldsymbol{R}_3 \times \boldsymbol{R}_1| / 2$。

定理 7(子四边形的面积)

设四边形$\square R_1 R_2 R_3 R_4$(见图 2－13)，

平面上取原点 O，$R'_j (j = 1, 2, 3, 4)$ 为四边 R_1R_2，R_2R_3，R_3R_4，R_4R_1 上的点，

$\boldsymbol{R}'_1 = \lambda \boldsymbol{R}_1 + \mu \boldsymbol{R}_2$，$\boldsymbol{R}'_2 = \lambda \boldsymbol{R}_2 + \mu \boldsymbol{R}_3$，$\boldsymbol{R}'_3 = \lambda \boldsymbol{R}_3 + \mu \boldsymbol{R}_4$，

$\boldsymbol{R}'_4 = \lambda \boldsymbol{R}_4 + \mu \boldsymbol{R}_1$，$\lambda + \mu = 1$，则 $\square_s R'_1 R'_2 R'_3 R'_4 = |\varepsilon_3| \square_s R_1 R_2 R_3 R_4$. $\varepsilon_3 = 2\lambda^2 - 2\lambda + 1$。

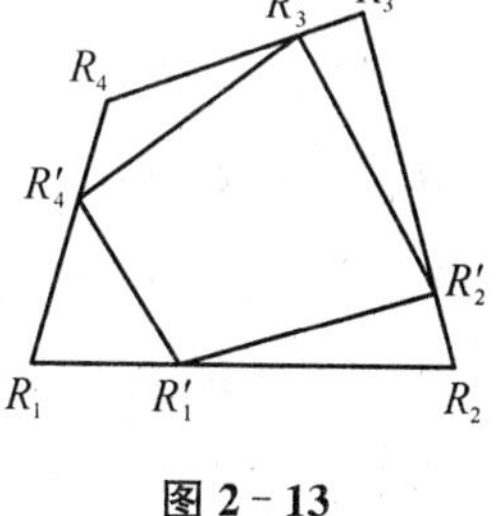

图 2－13

证 $\triangle_s R'_1 R'_2 R'_3 = |\boldsymbol{R}'_1 \times \boldsymbol{R}'_2 + \boldsymbol{R}'_2 \times \boldsymbol{R}'_3 + \boldsymbol{R}'_3 \times \boldsymbol{R}'_4 + \boldsymbol{R}'_4 \times \boldsymbol{R}'_1| / 2 = \varepsilon_3 |\boldsymbol{R}_1 \times \boldsymbol{R}_2 + \boldsymbol{R}_2 \times \boldsymbol{R}_3 + \boldsymbol{R}_3 \times \boldsymbol{R}_4 + \boldsymbol{R}_4 \times \boldsymbol{R}_1| / 2 = |\varepsilon_3| \square_s R_1 R_2 R_3 R_4$。

特别当 $\lambda = 1/2$ 时，$\varepsilon_3 = 1/2$。

定理 8(子五边形的面积)

设五边形 $\square_s R_1 R_2 R_3 R_4 R_5$(见图 2－14)，

平面上取原点 O，取 $R'_j (j = 1, 2, 3, 4, 5)$ 为五边 R_1R_2，R_2R_3，R_3R_4，R_4R_5，R_5R_1 上的点，$\boldsymbol{R}'_1 = \lambda \boldsymbol{R}_1 + \mu \boldsymbol{R}_2$，$\boldsymbol{R}'_2 = \lambda \boldsymbol{R}_2 + \mu \boldsymbol{R}_3$，$\boldsymbol{R}'_3 = \lambda \boldsymbol{R}_3 + \mu \boldsymbol{R}_4$，$\boldsymbol{R}'_4 = \lambda \boldsymbol{R}_4 + \mu \boldsymbol{R}_5$，$\boldsymbol{R}'_5 = \lambda \boldsymbol{R}_5 + \mu \boldsymbol{R}_1$，$\lambda + \mu = 1$，则五边形$\square_s R'_1 R'_2 R'_3 R'_4 R'_5 = \varepsilon_3$(五边形)$\square_s R_1 R_2 R_3 R_4 R_5 + \varepsilon_4$(五边形)$\square_s R_1 R_3 R_5 R_2 R_4$(见图 2－14)。

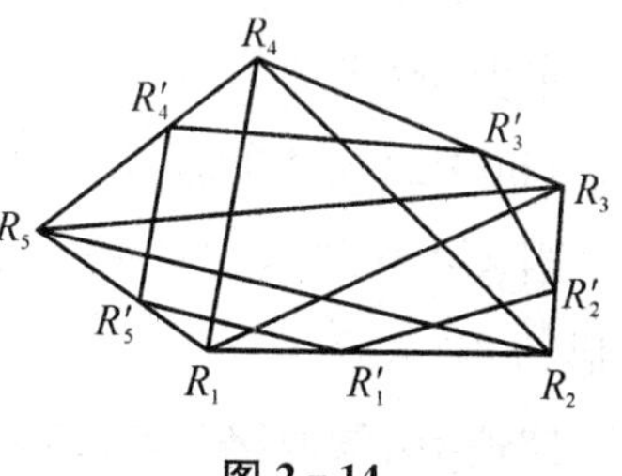

图 2－14

证 五边形 $\square_s R'_1 R'_2 R'_3 R'_4 R'_5 = |\boldsymbol{R}'_1 \times \boldsymbol{R}'_2 + \boldsymbol{R}'_2 \times \boldsymbol{R}'_3 + \boldsymbol{R}'_3 \times \boldsymbol{R}'_4 + \boldsymbol{R}'_4 \times \boldsymbol{R}'_5 + \boldsymbol{R}'_5 \times \boldsymbol{R}'_1| / 2 = |\varepsilon_3 (\boldsymbol{R}_1 \times \boldsymbol{R}_2 + \boldsymbol{R}_2 \times \boldsymbol{R}_3 + \boldsymbol{R}_3 \times \boldsymbol{R}_4 + \boldsymbol{R}_4 \times \boldsymbol{R}_5 + \boldsymbol{R}_5 \times \boldsymbol{R}_1) + \varepsilon_4 [\boldsymbol{R}_1 \times \boldsymbol{R}_3 + \boldsymbol{R}_3 \times \boldsymbol{R}_5 + \boldsymbol{R}_5 \times \boldsymbol{R}_2 + \boldsymbol{R}_2 \times \boldsymbol{R}_4 + \boldsymbol{R}_4 \times \boldsymbol{R}_1]| / 2 = |\varepsilon_3| |\boldsymbol{R}_1 \times \boldsymbol{R}_2 + \boldsymbol{R}_2 \times \boldsymbol{R}_3 + \boldsymbol{R}_3 \times \boldsymbol{R}_4 +$

$\boldsymbol{R}_4 \times \boldsymbol{R}_5 + \boldsymbol{R}_5 \times \boldsymbol{R}_1 | + | \varepsilon_4 | | \boldsymbol{R}_1 \times \boldsymbol{R}_3 + \boldsymbol{R}_3 \times \boldsymbol{R}_5 + \boldsymbol{R}_5 \times \boldsymbol{R}_2 + \boldsymbol{R}_2 \times \boldsymbol{R}_4 + \boldsymbol{R}_4 \times \boldsymbol{R}_1 | /2 =$ ε_3(五边形)$\square_s R_1R_2R_3R_4R_5 + \varepsilon_4$(五边形)$\square_s R_1R_3R_5R_2R_4$，$\varepsilon_3 = 2\lambda^2 - 2\lambda + 1$，$\varepsilon_4 = \lambda(1-\lambda)$。

特别当 $\lambda = 1/2$ 时，$\varepsilon_3 = 1/2$，$\varepsilon_4 = 1/4$。

五边形 $\square_s R'_1R'_2R'_3R'_4R'_5 = (1/2)$(五边形)$\square_s R_1R_2R_3R_4R_5 + (1/4)$(五边形)$\square_s R_1R_3R_5R_2R_{4s}$。

定理 9(子多边形的面积)

(1) 设平面上奇数 $(2n+1)$ $(j=1, 2, \cdots)$ 边形 $R_1R_2\cdots R_{2n+1}$，原点 O，

取 R'_j $(j=1, 2, \cdots, 2n+1)$ 分别为边 R_1R_2，R_2R_3，$\cdots$，$R_{2n+1}R_1$ 上的点，

令 R_j：$\boldsymbol{R}_j$；R'_j：$\boldsymbol{R}'_j = \lambda\boldsymbol{R}_j + \mu\boldsymbol{R}_{j+1}$，$\lambda + \mu = 1(j=1, 2, \cdots, 2n+1)$，$R_{2n+2} = R_1$，$\boldsymbol{R}_{2n+2} = \boldsymbol{R}_1$，则

$\square_s R'_1R'_2\cdots R'_{2n+1} = \varepsilon_3 \square_s R_1R_2\cdots R_{2n+1} + \varepsilon_4 \square_s R_1R_3R_5\cdots R_{2n+1}$。

(2) 设平面上偶数 $2n(n=1, 2, \cdots)$ 边形 $\square R_1R_2\cdots R_{2n}$，取原点 O，

R'_j $(j=1, 2, \cdots, 2n)$ 分别为边 R_1R_2，R_2R_3，$\cdots$，$R_{2n}R_1$ 上的点，

$\boldsymbol{R}'_j = \lambda\boldsymbol{R}_j + \mu\boldsymbol{R}_{j+1}(j=1, 2, \cdots, 2n)$，$R_{2n+1} = R_1$，$\boldsymbol{R}_{2n+1} = \boldsymbol{R}_1$，则

$\square_s R'_1R'_2\cdots R'_{2n} = |\varepsilon_3| \square_s R_1R_2\cdots R_{2n} + |\varepsilon_4| \square_s R_1R_3R_5\cdots R_{2n+1} + |\varepsilon_4| \square_s R_2R_4R_6\cdots R_{2n}$。

其中 $\varepsilon_3 = 2\lambda^2 - 2\lambda + 1$，$\varepsilon_4 = \lambda(1-\lambda)$。

证 证法同上。

定理 6～定理 9 中。

当 $0 < \lambda < 1$ 时，$\square R'_1R'_2\cdots R'_n$ 称为 $\square R_1R_2\cdots R_n$ 内接子 n 边形，

当 $\lambda < 0$ 或 $1 < \lambda$ 时，$\square R'_1R'_2\cdots R'_n$ 称为 $\square R_1R_2\cdots R_n$ 外接 n 边形，如外接母边形。

定理 10(圆内接正多边形的面积)

设圆的半径为 R 其内接正 n 多边形 $\square R_1R_2\cdots R_{n-1}R_n$，

R_j：$\boldsymbol{R}_j = \{R\cos[2(j-1)\pi/n], R\sin[2(j-1)\pi/n], 0\}(j=1, 2, \cdots, n)$，

$\boldsymbol{R}_j \times \boldsymbol{R}_{j+1} = \sin(2\pi/n)R^2\boldsymbol{k}$，$\boldsymbol{k} = (0, 0, 1)(j=1, 2, \cdots, n)$。

内接正 n 多边形 $\square_s R_1R_2\cdots R_{n-1}R_n = |\boldsymbol{R}_1 \times \boldsymbol{R}_2 + \boldsymbol{R}_2 \times \boldsymbol{R}_3 + \cdots + \boldsymbol{R}_{n-1} \times \boldsymbol{R}_n + \boldsymbol{R}_n \times \boldsymbol{R}_1| /2 = n|\sin(2\pi/n)|R^2/2$ (见图 2-15)。

例 1 (1) 内接正三边形 $\triangle_s R_1R_2R_3 = 3 \mid \sin(2\pi/3) \mid R^2/2 = 3^{3/2}R^2/4$，

内接正四边形 $\square_s R_1R_2R_3R_4 = 2R^2$，

内接正六边形 $\square_s R_1R_2R_3R_4R_5R_6 = 3^{3/2}R^2/2$。

圆面积 $= \lim\limits_{n\to\infty} n \mid \sin(2\pi/n) \mid R^2/2 = \pi R^2$。

(2) 试求椭圆($x^2/a^2 + y^2/b^2 = 1$) 面积。

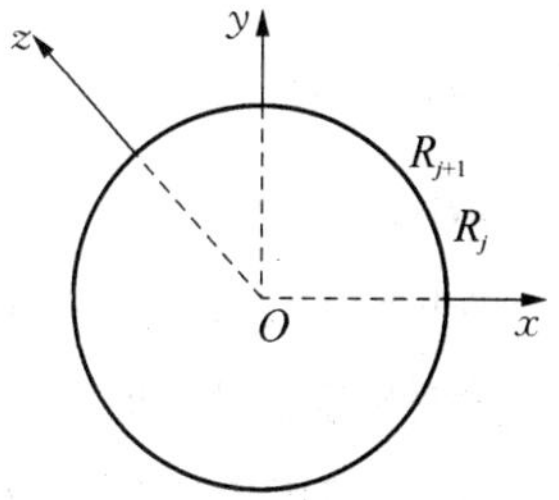

图 2-15

解 其内接 n 多边形 $\square R_1R_2\cdots R_{n-1}R_n$，

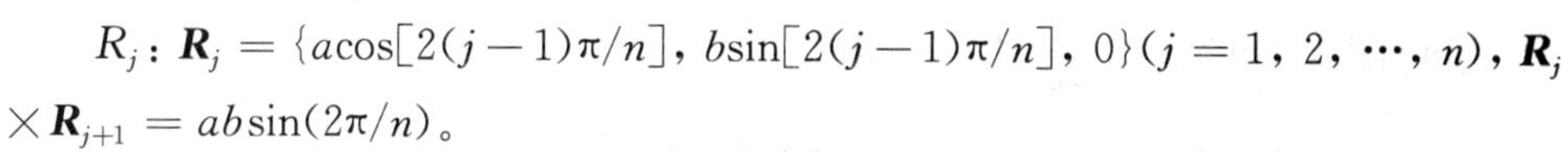
R_j：$\boldsymbol{R}_j = \{a\cos[2(j-1)\pi/n], b\sin[2(j-1)\pi/n], 0\}(j = 1, 2, \cdots, n)$，$\boldsymbol{R}_j \times \boldsymbol{R}_{j+1} = ab\sin(2\pi/n)$。

椭圆面积 $= \lim\limits_{n\to\infty} n \mid ab\sin(2\pi/n) \mid /2 = \pi ab$。

定理 11(圆外切正多边形的面积)

(见图 2-16)

设圆的半径为 R 其内接正 n 多边形 $\square R_1R_2\cdots R_{n-1}R_n$，

R_j：$\boldsymbol{R}_j = \{R\cos[2(j-1)\pi/n], R\sin[2(j-1)\pi/n], 0\}(j = 1, 2, \cdots, n)$。

过 R_j 的切线为 L_j：$\boldsymbol{R} \times (\boldsymbol{k} \times \boldsymbol{R}_j) = \boldsymbol{R}^2\boldsymbol{k}$，$\boldsymbol{k} = (0, 0, 1)(j = 1, 2, \cdots, n)$。

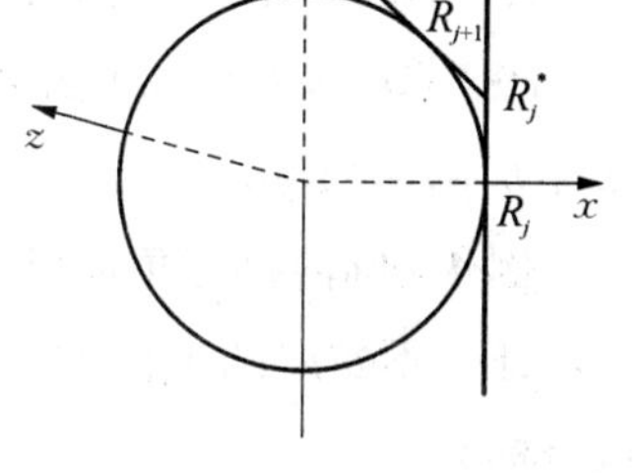

图 2-16

L_j 与 L_{j+1} 的交点为 R_j^*：$\boldsymbol{R}_j^* = \boldsymbol{R}^2(\boldsymbol{k} \times \boldsymbol{R}_j - \boldsymbol{k} \times \boldsymbol{R}_{j+1})/[\boldsymbol{k}, \boldsymbol{R}_j, \boldsymbol{R}_{j+1}](j = 1, 2, \cdots, n-1)$，

L_n 与 L_1 的交点为 $\boldsymbol{R}_n^* = \boldsymbol{R}^2(\boldsymbol{k} \times \boldsymbol{R}_n - \boldsymbol{k} \times \boldsymbol{R}_1)/[\boldsymbol{k}, \boldsymbol{R}_n, \boldsymbol{R}_1]$。

$\boldsymbol{R}_j^* \times \boldsymbol{R}_{j+1}^* = \{[\boldsymbol{k}, \boldsymbol{R}_j, \boldsymbol{R}_{j+1}] + [\boldsymbol{k}, \boldsymbol{R}_{j+1}, \boldsymbol{R}_{j+2}] + [\boldsymbol{k}, \boldsymbol{R}_{j+2}, \boldsymbol{R}_j]\}\boldsymbol{R}^4\boldsymbol{k}/[\boldsymbol{k}, \boldsymbol{R}_j, \boldsymbol{R}_{j+1}][\boldsymbol{k}, \boldsymbol{R}_{j+1}, \boldsymbol{R}_{j+2}]$，$(j = 1, 2, \cdots, n-1)$。

$\boldsymbol{R}_n^* \times \boldsymbol{R}_1^* = \{[\boldsymbol{k}, \boldsymbol{R}_n, \boldsymbol{R}_1] + [\boldsymbol{k}, \boldsymbol{R}_2, \boldsymbol{R}_n] + [\boldsymbol{k}, \boldsymbol{R}_1, \boldsymbol{R}_2]\}\boldsymbol{R}^4\boldsymbol{k}/[\boldsymbol{k}, \boldsymbol{R}_n, \boldsymbol{R}_1][\boldsymbol{k}, \boldsymbol{R}_1, \boldsymbol{R}_2]$，

利用$[\boldsymbol{k}, \boldsymbol{R}_j, \boldsymbol{R}_{j+1}] = R^2\sin(2\pi/n)(j = 1, 2, \cdots, n-1)$，

$[\boldsymbol{k}, \boldsymbol{R}_2, \boldsymbol{R}_n] = R^2\sin 2[(n-2)\pi/n]$，

$[\boldsymbol{k}, \boldsymbol{R}_{j+2}, \boldsymbol{R}_j] = -R^2\sin(4\pi/n)$。

圆外切正多边形 $\square_s R_1^*R_2^*\cdots R_{n-1}^*R_n^* = \mid \boldsymbol{R}_1^* \times \boldsymbol{R}_2^* + \boldsymbol{R}_2^* \times \boldsymbol{R}_3^* + \cdots + \boldsymbol{R}_{n-1}^* \times$

$\boldsymbol{R}_n^* + \boldsymbol{R}_n^* \times \boldsymbol{R}_1^* \mid /2 = \left(n\tan\dfrac{\pi}{n}\right)R^2$。

例 2

圆外切正三边形 $\triangle_s R_1^* R_2^* R_3^* = 3^{3/2}R^2$，

圆外切正四边形 $\square_s R_1^* R_2^* R_3^* R_4^* = 4R^2$，

圆外切正六边形 $\square_s R_1^* R_2^* R_3^* R_4^* R_5^* R_6^* = 2 \cdot 3^{1/2}R^2$，

圆外切正八边形 $\square_s R_1^* R_2^* \cdots R_7^* R_8^* = 8(2^{1/2}-1)R^2$，

圆面积 $= \lim\limits_{n\to\infty}\left(n\tan\dfrac{\pi}{n}\right)R^2 = \pi R^2$。

例 3 等周长的三角形以正三角形面积最大。

证 设三角形$\triangle ABC$ 的周长为 $2l = a+b+c$ 由第 1 章定理 5(4)(海因公式)得

$S^* = S^2 = \triangle_s^2 ABC = l(l-a)(l-b)(l-c) = l(l-a)(l-b)(a+b-l)$，

$\partial S^*/\partial a = l(l-b)(2l-2a-b) = 0 \Rightarrow 2a+b = 2l$，

$\partial S^*/\partial b = l(l-a)(2l-2b-a) = 0 \Rightarrow 2b+a = 2l \Rightarrow 3a = 3b = 2l$ 利用 $l = (a+b+c)/2 \Rightarrow a = b = c = 2l/3 \Rightarrow S(\text{最大}) = \triangle_s ABC = l^2/3^{3/2}$。

例 4 圆内接三角形以正三角形面积最大。

证 不妨取圆半径为单位长 1 且将圆心取在平面坐标原点，三角形 ABC 的三点坐标为

$A(1, 0)$，$B(\cos\alpha, \sin\alpha)$，$C(\cos\beta, \sin\beta)$，

$$S^* = 2S = 2\triangle_s ABC = \begin{vmatrix} 1 & 1 & 0 \\ 1 & \cos\alpha & \sin\alpha \\ 1 & \cos\beta & \sin\beta \end{vmatrix} = \sin(\beta-\alpha) - \sin\beta + \sin\alpha,$$

$\partial S^*/\partial\alpha = -\cos(\beta-\alpha) + \cos\alpha = 0$，$\partial S^*/\partial\beta = \cos(\beta-\alpha) - \cos\beta = 0 \Rightarrow \cos\alpha = \cos\beta$，

$\Rightarrow \alpha = 2\pi/3$，$\beta = 4\pi/3$(或 $\alpha = 4\pi/3$，$\beta = 2\pi/3$)，

$\Rightarrow A(1, 0)$，$B[\cos(2\pi/3), \sin(2\pi/3)]$，$C[\cos(4\pi/3), \sin(4\pi/3)]$，$S$(最大) $= 3^{1/2}/4$。

例 5 周长相等的圆内接四边形以内接正方形面积最大。

证 设圆内接$\square ABCD$ 的周长为 $2l = a+b+c+d$，其中

a，b，c，d 为 $\square ABCD$ 的四边长度

记 $S=\square_s ABCD$ 得 $S^*=16S^2=(l-a)(l-b)(l-c)(l-d)$，

$\partial S^*/\partial a=(l-b)(l-c)(2l-2a-b-c)=0\Rightarrow 2a+b+c=2l$，

同理由 $\partial S^*/\partial b=\partial S^*/\partial c=0\Rightarrow 2b+c+a=2l$，$2c+a+b=2l\Rightarrow a=b=c=d=l/2$ 且 S(最大) $=l^2/4$。

例 6 圆外切三角形以正三角形面积最小(见图 2-17)。

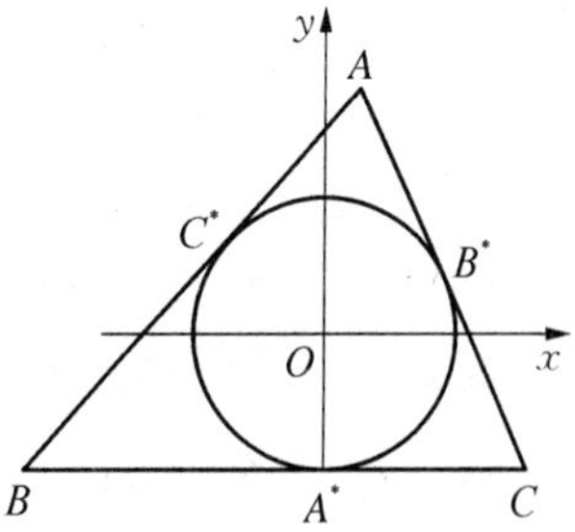

图 2-17

证 不妨取圆半径为单位长 1，且将圆心取在平面坐标原点 O，

圆外切三角形 ABC 与圆的三切点坐标为

$A^*(0,-1)$，$B^*(\cos\alpha,\sin\alpha)$，$C^*(\cos\beta,\sin\beta)$，

过 B^* 的切线 L_{B^*}：$y=-x\operatorname{ctan}\alpha+\csc\alpha$，

过 C^* 的切线 L_{C*}：$y=-x\operatorname{ctan}\beta+\csc\beta$，

L_{B*} 与 L_{C*} 交点为圆外切三角形 ABC 的

$A[(\sin\alpha-\sin\beta)/\sin(\alpha-\beta),(\cos\beta-\cos\alpha)/\sin(\alpha-\beta)]$

L_{B*}，L_{C*} 与 $y=-1$ 的两交点分别

$B[(1+\sin\beta)/\cos\beta,-1]$，$C[(1+\sin\alpha)/\cos\alpha,-1]$，$S^*=2S=2\triangle_s ABC=$

$$\begin{vmatrix}1 & (\sin\alpha-\sin\beta)/\sin(\alpha-\beta) & (\cos\beta-\cos\alpha)/\sin(\alpha-\beta)\\ 1 & (1+\sin\alpha)/\cos\alpha & -1\\ 1 & (1+\sin\beta)/\cos\beta & -1\end{vmatrix}=[\sin(\alpha-\beta)+\cos\beta-$$

$\cos\alpha]^2/\cos\alpha\cos\beta\sin(\alpha-\beta)$，$\partial S^*/\partial a=2[\sin(\alpha-\beta)+\cos\beta-\cos\alpha][\cos(\alpha-\beta)+\sin\alpha]/\cos\alpha\cos\beta\sin(\alpha-\beta)-[\sin(\alpha-\beta)+\cos\beta-\cos\alpha]^2\cos(2\alpha-\beta)\cos\beta/\cos^2\alpha\cos^2\beta\sin^2(\alpha-\beta)$，$\partial S^*/\partial\beta=2[\sin(\beta-\alpha)+\cos\alpha-\cos\beta][\cos(\beta-\alpha)+\sin\beta]/\cos\alpha\cos\beta\sin(\beta-\alpha)-[\sin(\beta-\alpha)+\cos\alpha-\cos\beta]^2\cos(2\beta-\alpha)\cos\alpha/\cos^2\alpha\cos^2\beta\sin^2(\beta-\alpha)$。

取 $\alpha=\pi/6$，$\beta=5\pi/6$(或 $\alpha=5\pi/6$，$\beta=\pi/6$) $\Rightarrow\partial S^*/\partial a=\partial S^*/\partial\beta=0\Rightarrow$ 圆外切三角形以正三角形面积最小。

例 7 圆外切四边形以正方形面积最小。

证法如同例 6(见图 2-18)。

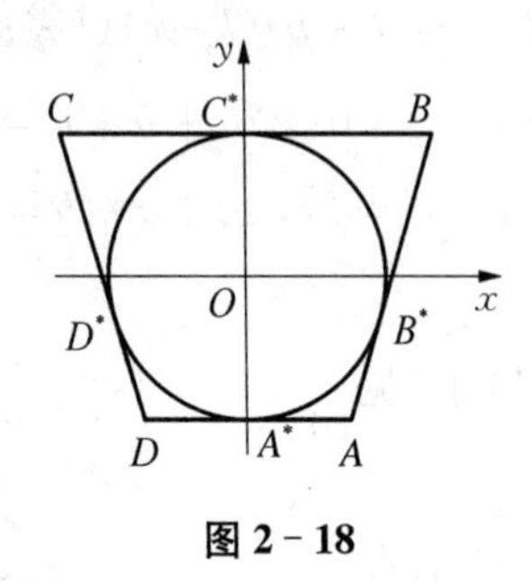

图 2-18

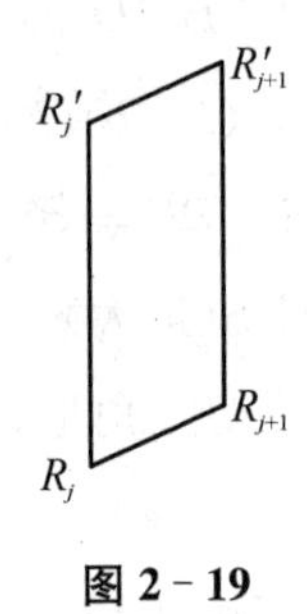

图 2-19

例 8 圆外切 n 边形以正 n 边形面积最小。

例 9 试求圆柱面(不含上下底面)的面积(见图 2-19)。

解 $\boldsymbol{R}'_j = \boldsymbol{R}_j + h\boldsymbol{k}(j=1, 2, \cdots, n)$,

$\boldsymbol{R}_j = \{R\cos[2(j-1)\pi/n], R\sin[2(j-1)\pi/n], 0\}(j=1, 2, \cdots, n)$

$\square_s R_j R'_j R'_{j+1} R_{j+1} = |\boldsymbol{R}_j \times \boldsymbol{R}'_j + \boldsymbol{R}'_j \times \boldsymbol{R}'_{j+1} + \boldsymbol{R}'_{j+1} \times \boldsymbol{R}_{j+1} + \boldsymbol{R}_{j+1} \times \boldsymbol{R}_j|/2 = h|(\boldsymbol{R}_{j+1} - \boldsymbol{R}_j) \times \boldsymbol{k}| = hR|\{\sin[2j\pi/n] - \sin[2(j-1)\pi/n]\}\boldsymbol{i} - \{\cos[2j\pi/n] - \cos[2(j-1)\pi/n]\}\boldsymbol{j}| = 2hR(\sin \pi/n)$,

n 个 $\square_s R_j R'_j R'_{j+1} R_{j+1}(j=1, 2, \cdots, n)$ 的和 $S_n = 2hnR\sin(\pi/n)$。

圆柱面的面积 $= \lim\limits_{n\to\infty} S_n = \lim\limits_{n\to\infty} 2hnR(\sin \pi/n) = 2\pi Rh$。

例 10 试证圆锥的侧面(不含底面)的面积为 πrl,其中 r 为底圆半径,l 为圆锥母线。

解 圆锥顶为原点 O,设底圆内接正 n 多边形 $\square R_1 R_2 \cdots R_{n-1} R_n$,

$\boldsymbol{R}_j = \{r\cos[2(j-1)\pi/n], r\sin[2(j-1)\pi/n], h\}(j=1, 2, \cdots, n), h = (l^2 - r^2)^{1/2}$。

$\triangle_s OR_j R_{j+1} = |\boldsymbol{R}_j \times \boldsymbol{R}_{j+1} + \boldsymbol{R}_{j+1} \times \boldsymbol{O} + \boldsymbol{O} \times \boldsymbol{R}_j|/2 = |\boldsymbol{R}_j \times \boldsymbol{R}_{j+1}|/2 = |rh\{\sin(2j\pi/n) - \sin[2(j-1)\pi/n]\}\boldsymbol{i} + rh\{\cos(2j\pi/n) - \cos[2(j-1)\pi/n]\}\boldsymbol{j} + r^2\sin(2j\pi/n)\boldsymbol{k}|/2 = [4r^2h^2\sin^2(\pi/n) + 4r^4\sin^2(\pi/n)\cos^2(\pi/n)]^{1/2}$。

圆锥的侧面(不含底面)的面积 $= \lim\limits_{n\to\infty} n[4r^2h^2\sin^2(\pi/n) + 4r^4\sin^2(\pi/n)\cos^2(\pi/n)]^{1/2}/2 = [r^2h^2\pi^2 + r^4\pi^2]^{1/2} = \pi rl$。

例 11 $\square ABCD$ 每边$(2n+1)$等分,

对边的对应分点连线，最中间的$\square A'B'C'D'$。

则$\square_s ABCD=(2n+1)^2\square_s A'B'C'D'$(见图 2-20，图 2-21)，

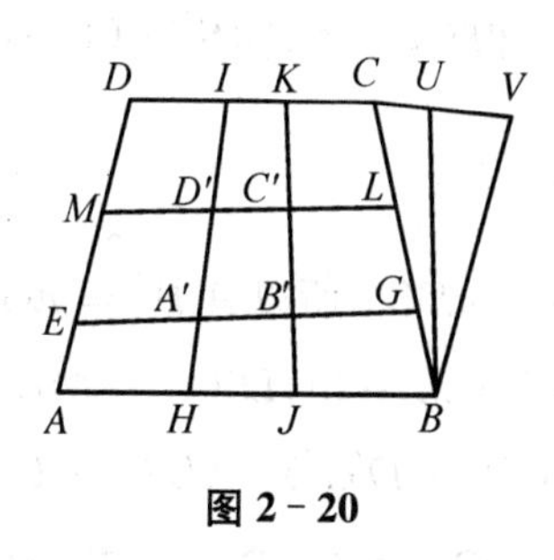

图 2-20

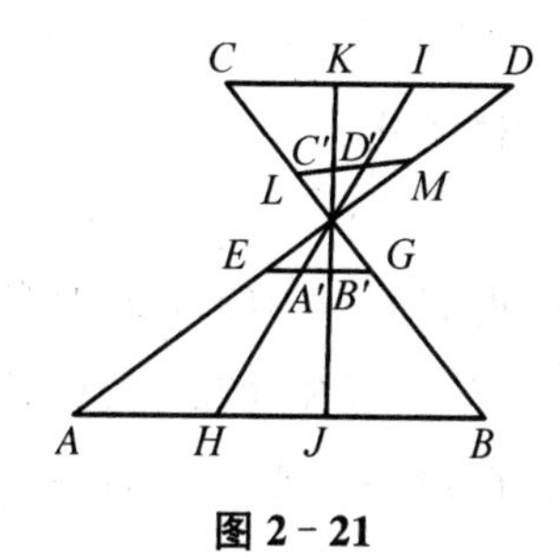

图 2-21

若每边 $2n$ 等分也可得类似结果：

$\square_s ABCD=4(n-1)^2\square_s A'B'C'D'$,

如 $n=2$ 时，则$\square_s ABCD=4\square_s A'B'C'D'$

(见图 2-22)。

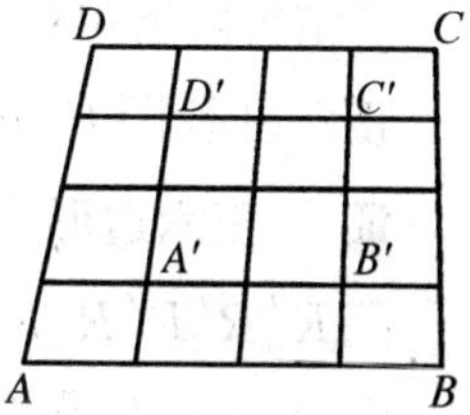

图 2-22

证 令$\boldsymbol{UV}$为矢量，A 为坐标原点

$AB=\boldsymbol{P}$, $AD=\boldsymbol{Q}$, $BC=\boldsymbol{S}$, $DC=\boldsymbol{T}$, $AG=\boldsymbol{P}+\sigma\boldsymbol{S}$,

$\sigma=n/(2n+1)$,

$EG=AG-AE=\boldsymbol{P}+\sigma(\boldsymbol{S}-\boldsymbol{Q})$, $HI=HA+AD+DI=\boldsymbol{Q}+\sigma(\boldsymbol{T}-\boldsymbol{P})$,

直线 EG 方程：$\boldsymbol{R}=\sigma\boldsymbol{Q}+\lambda EG$ (1)*

直线 HI 方程：$\boldsymbol{R}=\sigma\boldsymbol{P}+\mu HI$ (2)*

$ML=MD+DC+CL=\boldsymbol{T}+\sigma(\boldsymbol{Q}-\boldsymbol{S})$,

$JK=JB+BC+CK=\boldsymbol{S}+\sigma(\boldsymbol{P}-\boldsymbol{T})$，由直线 EG 与直线 HI 的交点 A' 得

$\sigma\boldsymbol{Q}+\lambda EG=\sigma\boldsymbol{P}+\mu HI$，即 $\sigma(\boldsymbol{P}-\boldsymbol{Q})=\lambda[\boldsymbol{P}+\sigma(\boldsymbol{S}-\boldsymbol{Q})]-\mu[\boldsymbol{Q}+\sigma(\boldsymbol{T}-\boldsymbol{P})]$ (3)*

在$\square ABCD$ 面上取 $\boldsymbol{W}$ 使 $\boldsymbol{W}\cdot[\boldsymbol{P}+\sigma(\boldsymbol{S}-\boldsymbol{Q})]=0$ 成立 (4)*

利用 $\boldsymbol{P}+\boldsymbol{S}=\boldsymbol{T}+\boldsymbol{Q}$ 以及(3)*，(4)* 得

$(\lambda-\sigma)\boldsymbol{W}\cdot(\boldsymbol{P}-\boldsymbol{Q})=0$ (5)*

若 $\boldsymbol{W}\cdot(\boldsymbol{P}-\boldsymbol{Q})\neq 0$ (6)*

则 $\lambda=\sigma$ (7)*

[取 $BV=AD=\boldsymbol{Q}$, $VC=\boldsymbol{S}-\boldsymbol{Q}$, $BU=\boldsymbol{Q}+\sigma(\boldsymbol{S}-\boldsymbol{Q})$，显然 U 在线段 VC 内 ($DB=\boldsymbol{P}-\boldsymbol{Q}$)，$\boldsymbol{W}$ 不可能同时垂直 BU，BD。

由(2)* 得(4)* 成立] 以(7)* 代入(3)* 得 $(\mu-\sigma)[\sigma\boldsymbol{S}+(1-\sigma)\boldsymbol{Q}]=\boldsymbol{0}$，$\sigma\boldsymbol{S}+(1-\sigma)\boldsymbol{Q}\neq\boldsymbol{0}$。

有 $\mu=\sigma$。 (8)*

由(1)* 得 $EA'=\sigma EG$，同理 $EA'=B'G=\sigma EG$，所以 $A'B'=EG/(2n+1)$，同理 $B'C'=JK/(2n+1)$，$A'D'=HI/(2n+1)$，$D'C'=ML/(2n+1)$。

$\square_s A'B'C'D'=|A'C'\times B'D'|/2=|(A'D'+D'C')\times(B'C'+C'D')|/2=|(HI+ML)\times(JK-ML)|/2(2n+1)^2=|\{[\boldsymbol{Q}+\sigma(\boldsymbol{T}-\boldsymbol{P})]+[\boldsymbol{T}+\sigma(\boldsymbol{Q}-\boldsymbol{S})]\}\times\{[\boldsymbol{S}+\sigma(\boldsymbol{P}-\boldsymbol{T})]-[\boldsymbol{T}+\sigma(\boldsymbol{Q}-\boldsymbol{S})]\}|/2(2n+1)^2=|(\boldsymbol{Q}+\boldsymbol{T})\times(\boldsymbol{S}-\boldsymbol{T})|/2(2n+1)^2=|AC\times BD|/2(2n+1)^2=\square_s ABCD/2(2n+1)^2$。

例 12 正六边形 $R_1R_2R_3R_4R_5R_6$ 的每边长为 a 的三等分

联结每两条相对应边的对应分点连线，最中间的是

正六边形 $\square_s R'_1R'_2R'_3R'_4R'_5R'_6=1/27$ 倍正六边形 $\square_s R_1R_2R_3R_4R_5R_6$。

证 正六边形 $\square R'_1R'_2R'_3R'_4R'_5R'_6$ 的每边长为 $3^{-3/2}a$，

$\square_s R'_1R'_2R'_3R'_4R'_5R'_6 : \square_s R_1R_2R_3R_4R_5R_6=(3^{-3/2}a)^2 : a^2$，

$\square_s R_1R_2R_3R_4R_5R_6=1/27\square_s R'_1R'_2R'_3R'_4R'_5R'_6$(见图 2-23)。

例 13 (猜测)平面 $2m$ 边形 $\square R_1R_2\cdots R_{2m-1}R_{2m}$ 的每边 $(2n+1)$ 等分，

联结每两条相对应边的对应分点连线，

最中间的是 $2m$ 边形 $\square R'_1R'_2\cdots R'_{2m-1}R'_{2m}$，则

$2m$ 边形 $\square_s R'_1R'_2\cdots R'_{2m-1}R'_{2m}=1/(2n+1)^m[2m$ 边形 $\square_s R_1R_2\cdots R_{2m-1}R_{2m}]$。

请读者自行证明此命题是否成立?

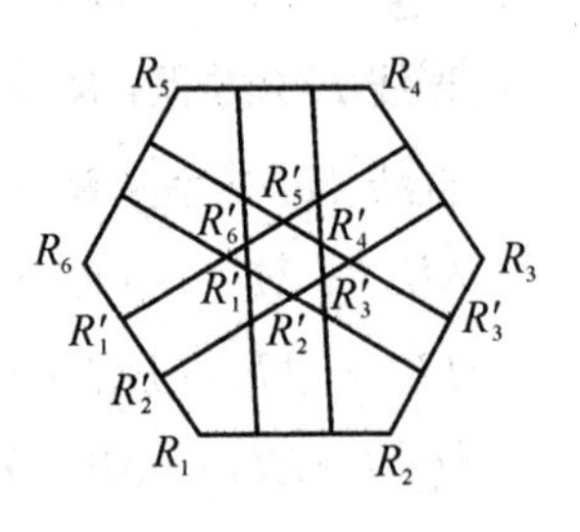

图 2-23

2.2.2 空间多边形的面积

定理 12

空间的任意 n 个按顺序的封闭折线 $R_1R_2\cdots R_{n-1}R_n$ 的 n 个矢量 $\boldsymbol{Q}_j$($j=1$，

2，⋯，n）和为零矢量：$\boldsymbol{Q}_1+\boldsymbol{Q}_2+\cdots+\boldsymbol{Q}_n=\boldsymbol{0}$（见图 2-24），

$\boldsymbol{Q}_j=R_jR_{j+1}(j=1,\ 2,\ \cdots,\ n)$，$R_{n+1}=R_1$。

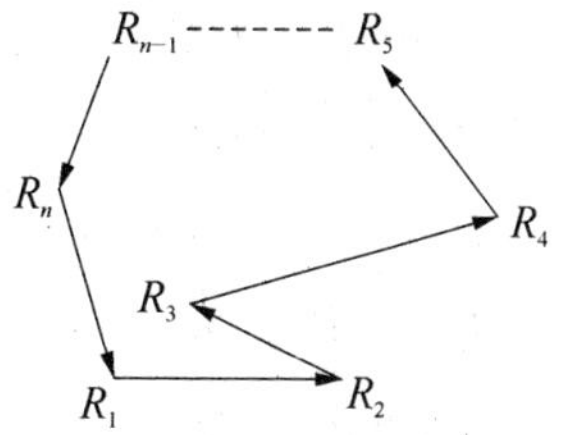

定义 2

约定空间封闭折线 $R_1R_2\cdots R_{n-1}R_n$ 构成的面积为

图 2-24

（1）空间多边形 $\square_s R_1R_2\cdots R_{n-1}R_n=\left|\sum_{i,\ j=1,\ i<j}^{n-1}\boldsymbol{Q}_i\times\boldsymbol{Q}_j\right|\Big/2$。

（2）空间多边形 $\square_s R_1R_2\cdots R_{n-1}R_n=\left|\sum_{i=1}^{n}\boldsymbol{R}_i\times\boldsymbol{R}_{i+1}\right|/2$，$\boldsymbol{R}_{n+1}=\boldsymbol{R}_1$。

（3）$\sum_{i,\ j=1,\ i<j}^{n-1}\boldsymbol{Q}_i\times\boldsymbol{Q}_j$，$\sum_{i=1}^{n}\boldsymbol{R}_i\times\boldsymbol{R}_{i+1}$

称为**空间多边形 $\boldsymbol{R}_1\boldsymbol{R}_2\cdots\boldsymbol{R}_{n-1}\boldsymbol{R}_n$**（由封闭折线 $R_1R_2\cdots R_{n-1}R_n$）**的面矢**。

特别当 n 个按顺序矢量 $\boldsymbol{R}_j(j=1,\ 2,\ \cdots,\ n)$ 共面时，即为定理 5。

在几何学中我们将任意一个封闭弯曲铁丝圈（不一定落在一个平面上）放入肥皂水中，然后取出来，粘在以此封闭弯曲铁丝圈为边界上的肥皂泡表面积，称为**极小面积**。这里 n 个按顺序 $R_1R_2\cdots R_{n-1}R_n$ 的封闭折线的面积也可以如此理解极小面积一例，固定长度围成的面积以圆为最大，这是一个看来简单而不容易证明的古老问题。

定理 13

空间 n 多边形 $\square_s R_1R_2\cdots R_{n-1}R_n=$ 空间 k 多边形 $\square_s R_1R_2\cdots R_{k-1}R_k+$ 空间 $(n-k)$ 多边形 $\square_s R_1R_kR_{k+1}\cdots R_{n-1}R_n$ 的充分必要条件是：空间 k 多边形 $\square R_1R_2\cdots R_{k-1}R_k$ 与空间 $(n-k)$ 多边形 $\square R_1R_kR_{k+1}\cdots R_{n-1}R_n$ 的面矢同向（见图 2-25）。

证 空间 n 多边形 $\square_s R_1R_2\cdots R_{n-1}R_n=|\boldsymbol{R}_1\times\boldsymbol{R}_2+\boldsymbol{R}_2\times\boldsymbol{R}_3+\cdots+\boldsymbol{R}_{n-1}\times\boldsymbol{R}_n+\boldsymbol{R}_n\times\boldsymbol{R}_1|/2=|\boldsymbol{R}_1\times\boldsymbol{R}_2+\cdots+\boldsymbol{R}_{k-1}\times\boldsymbol{R}_k+\boldsymbol{R}_k\times\boldsymbol{R}_1+\boldsymbol{R}_1\times\boldsymbol{R}_k+\boldsymbol{R}_k\times\boldsymbol{R}_{k+1}+\cdots+\boldsymbol{R}_n\times\boldsymbol{R}_1|/2=|\boldsymbol{R}_1\times\boldsymbol{R}_2+\cdots+\boldsymbol{R}_{k-1}\times\boldsymbol{R}_k+\boldsymbol{R}_k\times\boldsymbol{R}_1|/2+|\boldsymbol{R}_1\times\boldsymbol{R}_k+\boldsymbol{R}_k\times\boldsymbol{R}_{k+1}+\cdots+\boldsymbol{R}_n\times\boldsymbol{R}_1|/2=$ 空间 k 多边形 $\square_s R_1R_2\cdots R_{k-1}R_k+$ 空间 $(n-k)$ 多边形 $\square_s R_1R_kR_{k+1}\cdots R_{n-1}R_n$。

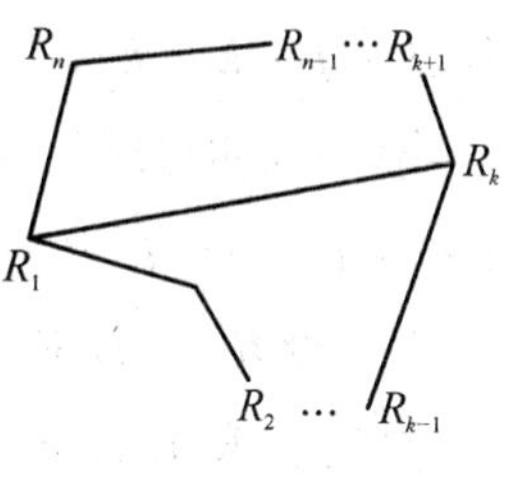

图 2-25

定理6～定理9的结果完全可以推广到空间多边形。

例14 (1) 设

$\boldsymbol{R}_1=\boldsymbol{i}$, $\boldsymbol{R}_2=\boldsymbol{j}$, $\boldsymbol{R}_3=-\boldsymbol{i}$, $\boldsymbol{R}_4=-\boldsymbol{j}$, $\boldsymbol{i}=(1,0,0)$, $\boldsymbol{j}=(0,1,0)$, $\boldsymbol{k}=(0,0,1)$,

$\boldsymbol{Q}_1=\boldsymbol{R}_2-\boldsymbol{R}_1=\boldsymbol{j}-\boldsymbol{i}$, $\boldsymbol{Q}_2=\boldsymbol{R}_3-\boldsymbol{R}_2=-\boldsymbol{i}-\boldsymbol{j}$, $\boldsymbol{Q}_3=\boldsymbol{R}_4-\boldsymbol{R}_3=-\boldsymbol{j}+\boldsymbol{i}$,

(平面四边形)$\square_s R_1R_2R_3R_4=|\boldsymbol{Q}_1\times\boldsymbol{Q}_2+\boldsymbol{Q}_2\times\boldsymbol{Q}_3+\boldsymbol{Q}_1\times\boldsymbol{Q}_3|/2=|2\boldsymbol{k}+2\boldsymbol{k}+\boldsymbol{0}|/2=|2\boldsymbol{k}|=2$, $\boldsymbol{k}=(0,0,1)$ 或

$\square_s R_1R_2R_3R_4=|\boldsymbol{R}_1\times\boldsymbol{R}_2+\boldsymbol{R}_2\times\boldsymbol{R}_3+\boldsymbol{R}_3\times\boldsymbol{R}_4+\boldsymbol{R}_4\times\boldsymbol{R}_1|/2=|\boldsymbol{k}+\boldsymbol{k}+\boldsymbol{k}+\boldsymbol{k}|/2=|2\boldsymbol{k}|=2$(见图2-26)。

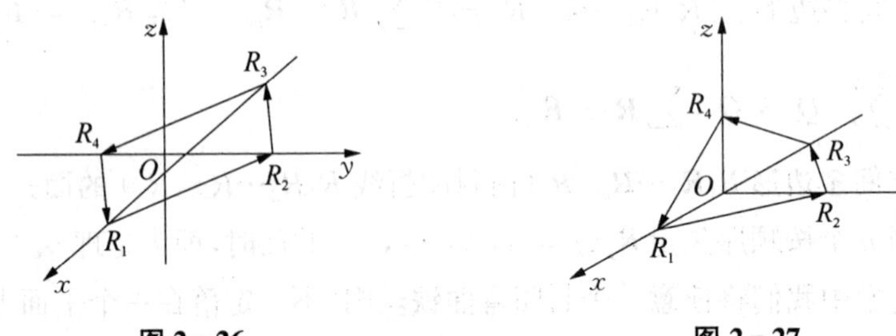

图2-26　　　　图2-27

(2)(见图2-27) ① 设 $\boldsymbol{R}_1=\boldsymbol{i}$, $\boldsymbol{R}_2=\boldsymbol{j}$, $\boldsymbol{R}_3=-\boldsymbol{i}$, $\boldsymbol{R}_4=\boldsymbol{k}$

$\boldsymbol{Q}_1=\boldsymbol{R}_2-\boldsymbol{R}_1=\boldsymbol{j}-\boldsymbol{i}$, $\boldsymbol{Q}_2=\boldsymbol{R}_3-\boldsymbol{R}_2=-\boldsymbol{i}-\boldsymbol{j}$, $\boldsymbol{Q}_3=\boldsymbol{R}_4-\boldsymbol{R}_3=\boldsymbol{k}+\boldsymbol{i}$,

空间四边形 $\square_s R_1R_2R_3R_4=|\boldsymbol{Q}_1\times\boldsymbol{Q}_2+\boldsymbol{Q}_2\times\boldsymbol{Q}_3+\boldsymbol{Q}_1\times\boldsymbol{Q}_3|/2=|2\boldsymbol{k}+(-\boldsymbol{i}+\boldsymbol{j}+\boldsymbol{k})+(\boldsymbol{i}+\boldsymbol{j}-\boldsymbol{k})|/2=|\boldsymbol{j}+\boldsymbol{k}|=2^{1/2}$,

或

空间四边形 $\square_s R_1R_2R_3R_4=|\boldsymbol{R}_1\times\boldsymbol{R}_2+\boldsymbol{R}_2\times\boldsymbol{R}_3+\boldsymbol{R}_3\times\boldsymbol{R}_4+\boldsymbol{R}_4\times\boldsymbol{R}_1|/2=|\boldsymbol{k}+\boldsymbol{k}+\boldsymbol{j}+\boldsymbol{j}|/2=|\boldsymbol{j}+\boldsymbol{k}|=2^{1/2}$。

② 空间四边形 $\square_s R_1R_2R_4R_3=|\boldsymbol{R}_1\times\boldsymbol{R}_2+\boldsymbol{R}_2\times\boldsymbol{R}_4+\boldsymbol{R}_4\times\boldsymbol{R}_3+\boldsymbol{R}_3\times\boldsymbol{R}_1|/2=|\boldsymbol{i}\times\boldsymbol{j}+\boldsymbol{j}\times\boldsymbol{k}+\boldsymbol{k}\times(-\boldsymbol{i})+(-\boldsymbol{i})\times\boldsymbol{i}|/2=|\boldsymbol{k}+\boldsymbol{i}-\boldsymbol{j}|/2=3^{-1/2}/2$。

③ 空间四边形 $\square_s R_1R_3R_2R_4=|\boldsymbol{R}_1\times\boldsymbol{R}_3+\boldsymbol{R}_3\times\boldsymbol{R}_2+\boldsymbol{R}_2\times\boldsymbol{R}_4+\boldsymbol{R}_4\times\boldsymbol{R}_1|/2=|\boldsymbol{i}\times(-\boldsymbol{i})+(-\boldsymbol{i})\times\boldsymbol{j}+\boldsymbol{j}\times\boldsymbol{k}+\boldsymbol{k}\times\boldsymbol{i}|/2=|-\boldsymbol{k}+\boldsymbol{i}+\boldsymbol{j}|/2=3^{-1/2}/2$。

(3) 设 $\boldsymbol{R}_1=\boldsymbol{i}$, $\boldsymbol{R}_2=\boldsymbol{j}$, $\boldsymbol{R}_3=-\varepsilon\boldsymbol{i}$, $\boldsymbol{R}_4=\eta\boldsymbol{k}$,

空间 $\square_s R_1R_3R_2R_4=|\boldsymbol{R}_1\times\boldsymbol{R}_3+\boldsymbol{R}_3\times\boldsymbol{R}_2+\boldsymbol{R}_2\times\boldsymbol{R}_4+\boldsymbol{R}_4\times\boldsymbol{R}_1|/2=|\boldsymbol{k}+\varepsilon\boldsymbol{k}+\eta\varepsilon\boldsymbol{j}+\eta\boldsymbol{j}|/2=(1+\varepsilon)|\boldsymbol{k}+\eta\boldsymbol{j}|=(1+\varepsilon)|1+\eta^2|^{1/2}/2$(见图2-27)。

(4) 设 $\boldsymbol{R}_1=\boldsymbol{i}$, $\boldsymbol{R}_2=\boldsymbol{j}$, $\boldsymbol{R}_3=-\boldsymbol{i}$, $\boldsymbol{R}_4=\boldsymbol{j}+\varepsilon\boldsymbol{k}$,

空间 $\square_s R_1R_2R_3R_4=|\boldsymbol{R}_1\times\boldsymbol{R}_2+\boldsymbol{R}_2\times\boldsymbol{R}_3+\boldsymbol{R}_3\times\boldsymbol{R}_4+\boldsymbol{R}_4\times\boldsymbol{R}_1|/2=|\boldsymbol{k}+\boldsymbol{k}-\boldsymbol{k}+\varepsilon\boldsymbol{j}-\boldsymbol{k}+\varepsilon\boldsymbol{j}|/2=|\varepsilon\boldsymbol{j}|=\varepsilon$(见图 2-28)。

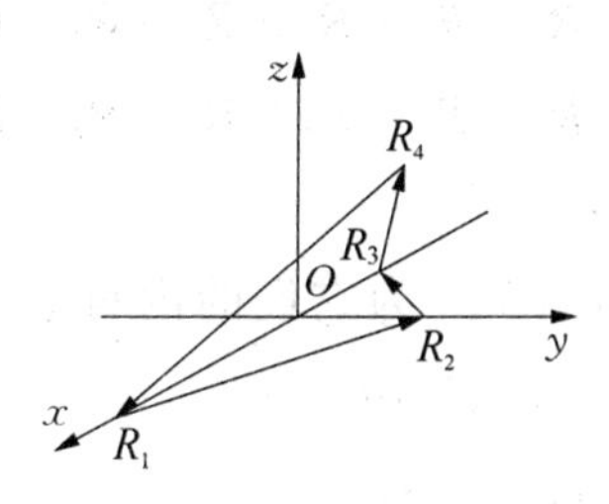

图 2-28

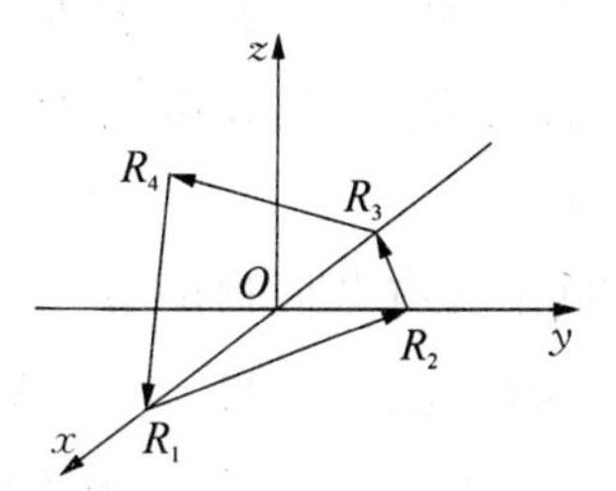

图 2-29

当 $\varepsilon\to 0$ 时,空间 $\square R_1R_2R_3R_4\Rightarrow\angle R_1R_2R_3$,空间 $\square_s R_1R_2R_3R_4=0$。

(5) 设 $\boldsymbol{R}_1=\boldsymbol{i}$, $\boldsymbol{R}_2=\boldsymbol{j}$, $\boldsymbol{R}_3=-\boldsymbol{i}$, $\boldsymbol{R}_4=-\boldsymbol{j}+\varepsilon\boldsymbol{k}$,

空间 $\square_s R_1R_2R_3R_4=|\boldsymbol{R}_1\times\boldsymbol{R}_2+\boldsymbol{R}_2\times\boldsymbol{R}_3+\boldsymbol{R}_3\times\boldsymbol{R}_4+\boldsymbol{R}_4\times\boldsymbol{R}_1|/2=|\boldsymbol{k}+\boldsymbol{k}+\boldsymbol{k}+\varepsilon\boldsymbol{j}+\boldsymbol{k}+\varepsilon\boldsymbol{j}|/2=|2\boldsymbol{k}+\varepsilon\boldsymbol{j}|=(4+\varepsilon)^{1/2}$(见图 2-29)。

当 $\varepsilon\to 0$ 时,空间 $\square R_1R_2R_3R_4\to\square R_1R_2R_3R_4(1)$,

本书平面(或空间)多边形统称多边形。

注 尽管(1),(2)有面积相同的两个 $\triangle_s R_1R_2R_3$, $\triangle_s R_2R_3R_4$,

且 $\triangle_s R_1R_2R_3=\triangle_s R_2R_3R_4=1/2$,但 $\square_s R_1R_2R_3R_4(1)=2\neq 2^{1/2}=\square_s R_1R_2R_3R_4(2)$,原因在于面矢量 $\square\boldsymbol{R}_1\boldsymbol{R}_2\boldsymbol{R}_3\boldsymbol{R}_4(1)\neq\square\boldsymbol{R}_1\boldsymbol{R}_2\boldsymbol{R}_3\boldsymbol{R}_4(2)$。

其余(3),(4)也类似于平面多边形的面积定理6～定理9。

例 15 设空间六边形 $\square R_1R_2R_3R_4R_5R_6$,

$\boldsymbol{R}_1=(1,0,0)$, $\boldsymbol{R}_2=(1,1,0)$, $\boldsymbol{R}_3=(-1,1,0)$, $\boldsymbol{R}_4=(-1,0,0)$, $\boldsymbol{R}_5=(-1,\cos\theta,\sin\theta)$, $\boldsymbol{R}_6=(1,\cos\theta,\sin\theta)$(见图 2-30),则空间六边形 $\square_s R_1R_2R_3R_4R_5R_6=4|\sin(\theta/2)|$。

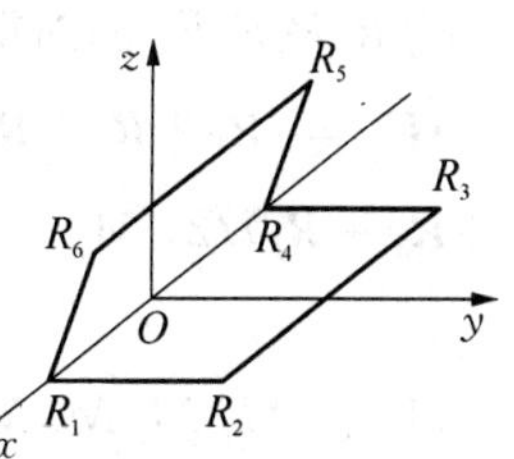

图 2-30

证 空间六边形 $\square_s R_1R_2R_3R_4R_5R_6=S(\theta)=|\boldsymbol{R}_1\times\boldsymbol{R}_2+\boldsymbol{R}_2\times\boldsymbol{R}_3+\boldsymbol{R}_3\times\boldsymbol{R}_4+\boldsymbol{R}_4\times\boldsymbol{R}_5+\boldsymbol{R}_5\times\boldsymbol{R}_6+\boldsymbol{R}_6\times\boldsymbol{R}_1|/2=2|\sin\theta\boldsymbol{j}+(1-\cos\theta)\boldsymbol{k}|=4|\sin(\theta/2)|$。

特别有 $S(0)=0$, $S(\pi/3)=2$, $S(\pi/2)=8^{1/2}$, $S(\pi)=4$。

例 16 由空间四点 $R_j(j=1, 2, 3, 4)$ 任意排列组成的空间四边形只有三种不同面积：

$\square_s R_1R_2R_3R_4 = \square_s R_1R_4R_3R_2 = |\boldsymbol{R}_1\times\boldsymbol{R}_2+\boldsymbol{R}_2\times\boldsymbol{R}_3+\boldsymbol{R}_3\times\boldsymbol{R}_4+\boldsymbol{R}_4\times\boldsymbol{R}_1|/2$。

$\square_s R_1R_2R_4R_3 = \square_s R_1R_3R_4R_2 = |\boldsymbol{R}_1\times\boldsymbol{R}_2+\boldsymbol{R}_2\times\boldsymbol{R}_4+\boldsymbol{R}_4\times\boldsymbol{R}_3+\boldsymbol{R}_3\times\boldsymbol{R}_1|/2$。

$\square_s R_1R_3R_2R_4 = \square_s R_1R_4R_2R_3 = |\boldsymbol{R}_1\times\boldsymbol{R}_3+\boldsymbol{R}_3\times\boldsymbol{R}_2+\boldsymbol{R}_2\times\boldsymbol{R}_4+\boldsymbol{R}_4\times\boldsymbol{R}_1|/2$。

定理 14

设空间上具有共同边的 $n(>2)$ 个 $\triangle ABC_i$，M_i^* 为它们的内重心$(i=1, 2, \cdots, n)$，则 n 边形 $\square_s M_1^*M_2^*\cdots M_n^* = n$ 边形 $\square_s C_1C_2\cdots C_n/9$。

证 记 $OA=\boldsymbol{A}$，$OB=\boldsymbol{B}$，$OC_j=\boldsymbol{C}_j(j=1, 2, \cdots, n)$，

M_j^*：$\boldsymbol{M}_j^*=(\boldsymbol{A}+\boldsymbol{B}+\boldsymbol{C}_j)/3(j=1, 2, \cdots, n)\Rightarrow n$ 边形 $\square_s M_1^*M_2^*\cdots M_n^* = |\boldsymbol{M}_1^*\times\boldsymbol{M}_2^*+\boldsymbol{M}_2^*\times\boldsymbol{M}_3^*+\cdots+\boldsymbol{M}_n^*\times\boldsymbol{M}_1^*|/2 = |\boldsymbol{C}_1\times\boldsymbol{C}_2+\boldsymbol{C}_2\times\boldsymbol{C}_3+\cdots+\boldsymbol{C}_n\times\boldsymbol{C}_1|/18 = \square_s C_1C_2\cdots C_n/9$。

定理 15

设空间上具有共同三点的 $n(>2)$ 个(四面体)$\square_s ABCD_j$，M_{0j}^* 为它们的内重心$(j=1, 2, \cdots, n)$，则 n 边形 $\square_s M_{01}^*M_{02}^*\cdots M_{0n}^* = n$ 边形 $\square_s D_1D_2\cdots D_n/16$。

证 $\boldsymbol{M}_j^*=(\boldsymbol{A}+\boldsymbol{B}+\boldsymbol{C}+\boldsymbol{D}_j)/4(j=1, 2, \cdots, n)\Rightarrow\square_s M_1^*M_2^*\cdots M_n^* = |\boldsymbol{M}_1^*\times\boldsymbol{M}_2^*+\boldsymbol{M}_2^*\times\boldsymbol{M}_3^*+\cdots+\boldsymbol{M}_n^*\times\boldsymbol{M}_1^*|/2 = |\boldsymbol{D}_1\times\boldsymbol{D}_2+\boldsymbol{D}_2\times\boldsymbol{D}_3+\cdots+\boldsymbol{D}_n\times\boldsymbol{D}_1|/32 = \square_s D_1D_2\cdots D_n/16$。

上述定理 6 ～ 定理 9 对于空间多边形也适用。

定理 16

$\square_s R_1R_2R_3R_4$ 的内重心与四个外重心为

$\boldsymbol{M}_0^*=(\boldsymbol{R}_1+\boldsymbol{R}_2+\boldsymbol{R}_3+\boldsymbol{R}_4)/4$，$\boldsymbol{M}_1^*=(-\boldsymbol{R}_1+\boldsymbol{R}_2+\boldsymbol{R}_3+\boldsymbol{R}_4)/2$，$\boldsymbol{M}_2^*=(\boldsymbol{R}_1-\boldsymbol{R}_2+\boldsymbol{R}_3+\boldsymbol{R}_4)/2$，$\boldsymbol{M}_3^*=(\boldsymbol{R}_1+\boldsymbol{R}_2-\boldsymbol{R}_3+\boldsymbol{R}_4)/2$，$\boldsymbol{M}_4^*=(\boldsymbol{R}_1+\boldsymbol{R}_2+\boldsymbol{R}_3-\boldsymbol{R}_4)/2$，则

(1) $\square_s M_1^*M_2^*M_3^*M_4^*$ 的内重心也为 M_0^*。

(2) $\square_s M_1^*M_2^*M_3^*M_4^* = \square_s R_1R_2R_3R_4$。

(3) $\square_v M_1^*M_2^*M_3^*M_4^* = \square_v R_1R_2R_3R_4/2$。

证 (1) $\square_s M_1^*M_2^*M_3^*M_4^*$ 的内重心 $=(\boldsymbol{M}_1^*+\boldsymbol{M}_2^*+\boldsymbol{M}_3^*+\boldsymbol{M}_4^*)/4=(\boldsymbol{R}_1+\boldsymbol{R}_2+\boldsymbol{R}_3+\boldsymbol{R}_4)/4=\boldsymbol{M}_0^*$。

(2) $\square_s M_1^* M_2^* M_3^* M_4^* = |\boldsymbol{M}_1^* \times \boldsymbol{M}_2^* + \boldsymbol{M}_2^* \times \boldsymbol{M}_3^* + \boldsymbol{M}_3^* \times \boldsymbol{M}_4^* + \boldsymbol{M}_4^* \times \boldsymbol{M}_1^*|/2 = |(\boldsymbol{M}_2^* - \boldsymbol{M}_4^*) \times (\boldsymbol{M}_3^* - \boldsymbol{M}_1^*)|/2 = |(\boldsymbol{R}_4 - \boldsymbol{R}_2) \times (\boldsymbol{R}_1 - \boldsymbol{R}_3)|/2 = |\boldsymbol{R}_1 \times \boldsymbol{R}_2 + \boldsymbol{R}_2 \times \boldsymbol{R}_3 + \boldsymbol{R}_3 \times \boldsymbol{R}_4 + \boldsymbol{R}_4 \times \boldsymbol{R}_1|/2 = \square_s R_1 R_2 R_3 R_4$。

(3) $\square_v M_1^* M_2^* M_3^* M_4^* = |[\boldsymbol{M}_1^*, \boldsymbol{M}_2^*, \boldsymbol{M}_3^*] + [\boldsymbol{M}_4^*, \boldsymbol{M}_3^*, \boldsymbol{M}_2^*] + [\boldsymbol{M}_4^*, \boldsymbol{M}_1^*, \boldsymbol{M}_3^*] + [\boldsymbol{M}_4^*, \boldsymbol{M}_2^*, \boldsymbol{M}_1^*]|/6 = |[\boldsymbol{M}_1^*, \boldsymbol{M}_2^*, \boldsymbol{M}_3^* - \boldsymbol{M}_4^*] + [\boldsymbol{M}_4^*, \boldsymbol{M}_3^*, \boldsymbol{M}_2^* - \boldsymbol{M}_1^*]|/6 = |[\boldsymbol{R}_1, \boldsymbol{R}_2, \boldsymbol{R}_3] + [\boldsymbol{R}_4, \boldsymbol{R}_3, \boldsymbol{R}_2] + [\boldsymbol{R}_4, \boldsymbol{R}_1, \boldsymbol{R}_3] + [\boldsymbol{R}_4, \boldsymbol{R}_2, \boldsymbol{R}_1]|/12 = \square_v R_1 R_2 R_3 R_4/2$,类似可得。

定理 17

(1) 空间 $2n$ 多边形 $\square R_1 R_2 \cdots R_{2n-1} R_{2n} (n > 2)$ 的内重心与 $2n$ 个外重心为

$\boldsymbol{M}_0^* = (\boldsymbol{R}_1 + \boldsymbol{R}_2 + \cdots + \boldsymbol{R}_{2n-1} + \boldsymbol{R}_{2n})/2n$, $\boldsymbol{M}_1^* = (-\boldsymbol{R}_1 + \boldsymbol{R}_2 + \cdots + \boldsymbol{R}_{2n-1} + \boldsymbol{R}_{2n})/(2n-2)$,

$\boldsymbol{M}_j^* = (\boldsymbol{R}_1 + \cdots + \boldsymbol{R}_{j-1} - \boldsymbol{R}_j + \boldsymbol{R}_{j+1} + \cdots + \boldsymbol{R}_{2n-1} + \boldsymbol{R}_{2n})/(2n-2) (j = 2, \cdots, 2n-1)$,

$\boldsymbol{M}_{2n}^* = (\boldsymbol{R}_1 + \boldsymbol{R}_2 + \cdots + \boldsymbol{R}_{2n-1} - \boldsymbol{R}_{2n})/(2n-2)$,则

① $\square M_1^* M_2^* \cdots M_{2n-1}^* M_{2n}^*$ 的内重心也为 M_0^*。

② $\square_s M_1^* M_2^* \cdots M_{2n-1}^* M_{2n}^* = [2/(n-2)^2] \square_s R_1 R_2 \cdots R_{2n-1} R_{2n}$。

(2) 空间 $2n-1$ 多边形 $R_1 R_2 \cdots R_{2n-2} R_{2n-1} (n > 2)$ 的内重心与 $(2n-1)$ 个外重心为:

$\boldsymbol{M}_0^* = (\boldsymbol{R}_1 + \boldsymbol{R}_2 + \cdots + \boldsymbol{R}_{2n-2} + \boldsymbol{R}_{2n-1})/(2n-1)$, $\boldsymbol{M}_1 = (-\boldsymbol{R}_1 + \boldsymbol{R}_2 + \cdots + \boldsymbol{R}_{2n-2} + \boldsymbol{R}_{2n-1})/(2n-3)$,

$\boldsymbol{M}_j^* = (\boldsymbol{R}_1 + \cdots + \boldsymbol{R}_{j-1} - \boldsymbol{R}_j + \boldsymbol{R}_{j+1} + \cdots + \boldsymbol{R}_{2n-2} + \boldsymbol{R}_{2n-1})/(2n-3) (j = 2, \cdots, 2n-2)$,

$\boldsymbol{M}_{2n-1}^* = (\boldsymbol{R}_1 + \boldsymbol{R}_2 + \cdots + \boldsymbol{R}_{2n-2} - \boldsymbol{R}_{2n-1})/(2n-3)$,则

① $\square M_1^* M_2^* \cdots M_{2n-2}^* M_{2n-1}^*$ 的内重心也为 M_0^*。

② $\square_s M_1^* M_2^* \cdots M_{2n-2}^* M_{2n-1}^* = [4/(2n-3)^2] \square_s R_1 R_2 \cdots R_{2n-2} R_{2n-1}$。

第3章 三 维 角

3.1 角与两面角

3.1.1 定义

定义 1

平面上相交于 O 点的两条射线 L_i：OR_i $(i=1, 2)$ 所夹平面区域称为**平面角**（常规称**角**），记作 $\theta=(L_1, L_2)=\angle R_1OR_2$（见图 3-1）。

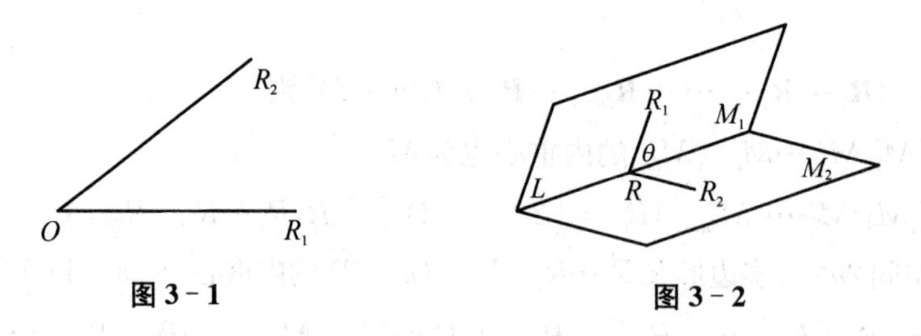

图 3-1　　图 3-2

定义 2

设两平面 M_j $(j=1, 2)$ 相交于直线 L，点 R 为直线 L 的任一点，两直线段 RR_j $(j=1, 2)$ 均垂直 L，R_j 分别属 M_j $(j=1, 2)$ 称 $\angle R_1RR_2$ 为两平面 M_j $(j=1, 2)$ 的**两面角**。记 $\theta=(M_1, M_2)$（见图 3-2）。

3.1.2 分角尺

作两把尺 AB，BC（中间有空槽），固定 B 点但可转动（见图 3-3）。

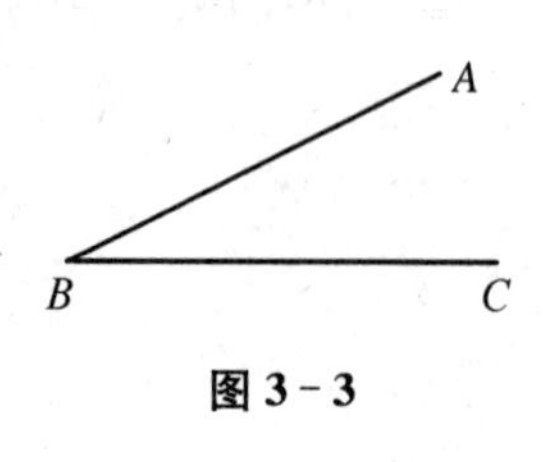

图 3-3

可调节 $\angle ABC$ 的大小。另有若干等长（$A_1A_2=A_2A_3=A_3A_4=\cdots=A_{n-1}A_n$）并连接的活动尺 $A_1A_2A_3A_4\cdots A_n$（见图 3-4），

在每点 $A_i(i=2, 3, \cdots, n-1)$ 均可转动。

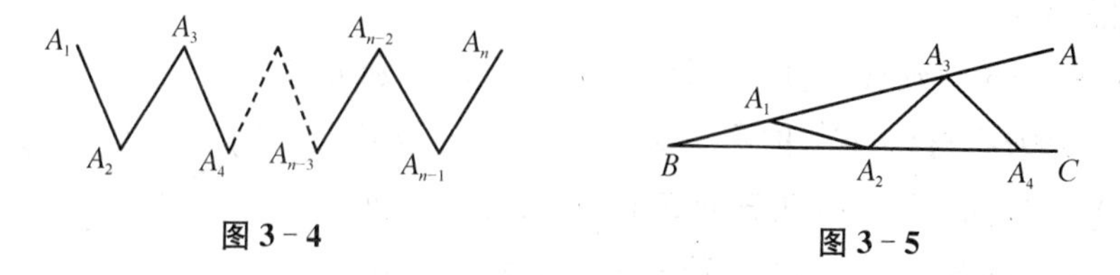

图 3-4　　图 3-5

例 1　已知$\angle B$，求 $4\angle B$。

操作方法：取 $BA_1=A_1A_2=A_2A_3=A_3A_4$(见图3-5)，使$A_1$，$A_3$；$A_2$，$A_4$ 分别放在 BA，BC 的空槽中，得 $\angle AA_3A_4=4\angle B$。

证　由第 1 章定理 4(2)得 $\angle AA_3A_4=\angle A_2A_4A_3+\angle B=\angle A_4A_2A_3+\angle B=(\angle A_1A_3A_2+\angle B)+\angle B=(\angle A_3A_1A_2+\angle B)+\angle B=[(\angle A_1A_2B+\angle B)+\angle B]+\angle B=[(\angle B+\angle B)+\angle B]+\angle B=4\angle B$。

反之已知 $\angle B'$ 求 $\angle B'/4$。

只需上述的逆过程，令 $\angle AA_3A_4=B'$，则 $\angle B=\angle B'/4$。

同理可求已知角的 p/q(p，q 为正整数) 倍角。

3.2　三维角

3.2.1　三维角

定义 3

空间中相交于 D 点的不在一平面上的三条射线 DA，DB 与 DC；三对相邻的射线构成的三个面所围成的三维区域称为**三面三维角**。记 $\boldsymbol{\delta}\equiv D(ABC)\equiv D(DA, DB, DC)\equiv D(\delta_1, \delta_2, \delta_3)\equiv D(DB, DC, DA)\equiv D(\delta_2, \delta_3, \delta_1)\equiv D(DC, DA, DB)\equiv D(\delta_3, \delta_1, \delta_2)$ 为顶点 D 的**三面三维角**(用粗斜体小写希腊字母 $\boldsymbol{\delta}$ 表示)，其中 $\delta_1=\angle BDC$，$\delta_2=\angle CDA$，$\delta_3=\angle ADB$(见图3-6)称为三面三维角$\boldsymbol{\delta}$的三个**角分量**，且按瓶盖关闭方向顺序排列为 DB 转到 DC 为δ_1，DC 转到 DA 为δ_2，DA 转到 DB 转到为δ_3(用细斜体小写希腊字母 δ_1，δ_2，δ_3 表示)。

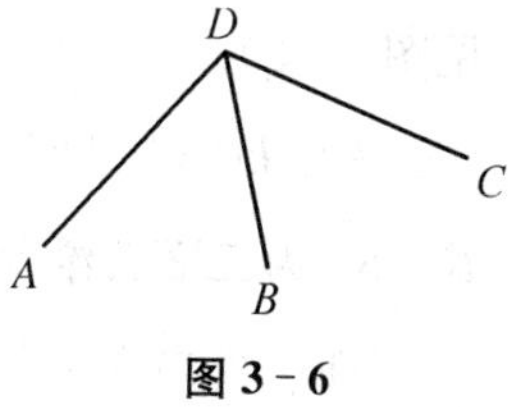

图 3-6

因为三面三维角与交点无关，下文常记 $\boldsymbol{\delta}=(\delta_1, \delta_2, \delta_3)$ 或 $\boldsymbol{\delta}(\delta_1, \delta_2, \delta_3)$。

定义 4

在图 3-6 中延长三直线 AD, BD 与 CD 分别为 ADA', BDB' 与 CDC'，称 $\boldsymbol{\delta}'=D(A'C'B')=D(\delta_1', \delta_2', \delta_3')=D(\delta_1, \delta_3, \delta_2)$ 为**三面三维角**（见图 3-7）$\boldsymbol{\delta}=D(ABC)=D(\delta_1, \delta_2, \delta_3)$ 的**对顶三面三维角**，其中 $\delta_1'=\angle C'DB'=\delta_1$, $\delta_2'=\angle B'DA'=\delta_3$, $\delta_3'=\angle A'DC'=\delta_2$。

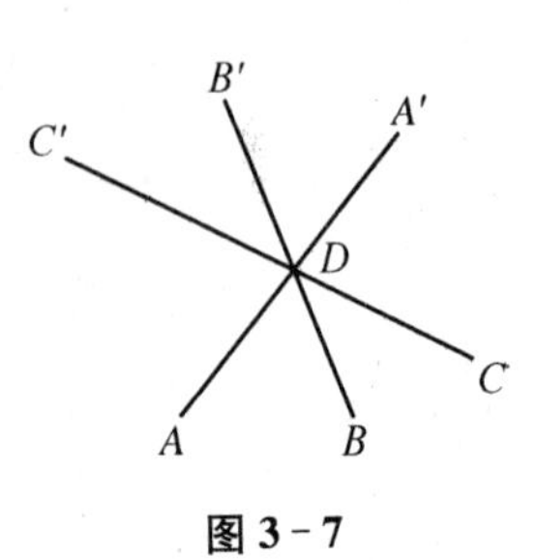

图 3-7

$\boldsymbol{\delta}=\boldsymbol{\delta}'$（对顶三面三维角相等，但不重合）。

记 $\boldsymbol{\delta}_1^*=D(A'BC)$, $\boldsymbol{\delta}_2^*=D(B'CA)$, $\boldsymbol{\delta}_3^*=D(C'AB)$。

$\boldsymbol{\delta}+\boldsymbol{\delta}_j^*=2\mathcal{L}\varepsilon_j (j=1, 2, 3)$ 称 $\boldsymbol{\delta}_j^*$ 为 $\boldsymbol{\delta}$ 的三个**相邻互补三面三维角**（见定义 12）。其中 $\varepsilon_1=$（平面 $AA'B$，平面 $AA'C$）（两面角），$\varepsilon_2=$（平面 $BB'C$，平面 $BB'A$）（两面角），$\varepsilon_3=$（平面 $CC'A$，平面 $CC'B$）（两面角），记号 $\mathcal{L}$ 表示算子，其作用于角 ε（常规意义）使变为三面三维角 $\mathcal{L}\varepsilon$。

$\varepsilon_1=\varepsilon_2$ 的充分必要的条件是 $\boldsymbol{\delta}_1^*=\boldsymbol{\delta}_2^*$。

在图 3-6 中取一平面 ABC 得四面体 $ABCD$（见图 3-8）记 $\square ABCD$。

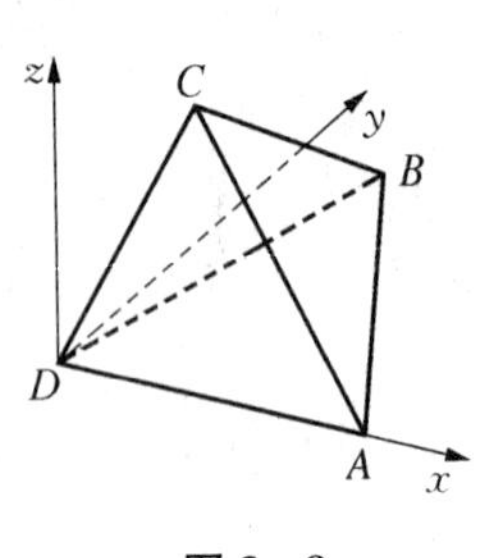

图 3-8

由此可得另外三个三面三维角（如定义 3），

分别为 $\boldsymbol{\alpha}=A(CBD)=A(AC, AB, AD)=A(\alpha_1, \alpha_2, \alpha_3)$, $\boldsymbol{\beta}=B(ACD)=B(BA, BC, BD)=B(\beta_1, \beta_2, \beta_3)$, $\boldsymbol{\gamma}=C(CB, CA, CD)=C(\gamma_1, \gamma_2, \gamma_3)$，其中 α_j, β_j, $\gamma_j (j=1, 2, 3)$ 如同定义 3 所设。

定义 5（三面三维角的第一尺度）

设直角坐标系 $Dxyz$，（D 为坐标原点），取以 D 为球心，半径 R 为单位长的球面 S。A, B 和 C 为球面 S 上的三点，记 $\angle BDC=\delta_1$, $\angle CDA=\delta_2$, $\angle ADB=\delta_3$（见图 3-8）。

三平面 DBC, DCA, DAB 与球面 S 相截的部分球面积记为 $S_{\boldsymbol{\delta}}(R)$，并称 $S_{\boldsymbol{\delta}}(R)/R^2$ 为**三面三维角** $\boldsymbol{\delta}=D(\delta_1, \delta_2, \delta_3)$ 的**第一尺度**。

[三面三维角 $\boldsymbol{\delta}=D(ABC)=D(\delta_1, \delta_2, \delta_3)$ 的第一尺度与所取球面 S 的半径

R 与 D 的位置无关。若取新球面 S' 的半径 R'，则 $S_{\boldsymbol{\delta}}(R)/R^2 = S_{\boldsymbol{\delta}}(R')/R'^2$ 完全由三个变量 δ_1，δ_2，δ_3 决定。下文不妨取 $R=1$，记 $\boldsymbol{\delta} = S_{\boldsymbol{\delta}}(1) = S_{\boldsymbol{\delta}}$]。左边量纲为零次，右边量纲为 2 次，仅在数值上相等，不表示恒等。

定义 6(三维角与三维角的第一尺度)

取直角坐标系 $Dxyz$，以坐标原点 D 为球心，半径 R 为单位长的球面 S(见图 3-9)。

在球面 S 上取一条封闭准线 Γ，其上的每一点与球心 D 的所有连线构成以 D 为顶点的锥面 $C_\Gamma(R)$，记 $S_\Gamma(R)$ 为球面 S 上封闭准线 Γ 所围的面积。若取同心 D，半径 R' 为的新球面 S'，将锥面 $C_\Gamma(R)$ 的母线沿长与新球面 S' 相截的新封闭准线 Γ' 所围的新锥面 $C'_{\Gamma'}(R')$。记 $S'_{\Gamma'}(R')$ 为球面 S' 上封闭准线 Γ' 所围的新面积，则锥面所围成的三维区域称为**三维角**。

$S_\Gamma(R)/R^2 = S'_{\Gamma'}(R')/R'^2$ 与所取球面 S 的半径 R 与 D 的位置无关。下文不妨取 $R=1$，$S_\Gamma(1) \equiv S_\Gamma$ 称为以 D 为顶点的锥面 $C_\Gamma(1)$ 的锥面顶点**三维角的第一尺度**，记作 $\boldsymbol{\delta} = S_\Gamma = S_\Gamma(1) = S_{\boldsymbol{\delta}}$。

所以定义 5 的三面三维角 $\boldsymbol{\delta} = (\delta_1, \delta_2, \delta_3)$ 是特殊的三维角，即定义 6 中的 S 上取一条封闭曲线 Γ 其由 S 上的三条大圆弧构成。当 Γ 退缩为一段大圆弧时，则三维角变为常规的平面角。

定义 7

设直角坐标系 $Dxyz$(D 为坐标原点)，取以 D 为球心，半径 R 为单位长的球面 S。

在球面 S 上取一条封闭准线 Γ，其上的每一点与球心 D 的所有连线构成以 D 为顶点的锥面 C_Γ。记 S_Γ 为球面 S 上封闭准线 Γ 所围之面积，称为所对应准线 Γ 的**球心三维角 $\boldsymbol{\delta}$**。设 E 为 S 上任意一点，以它为顶点和上述 Γ 为准线构成的锥面角称为所对应 Γ 的**球周三维角**(见图 3-9)。

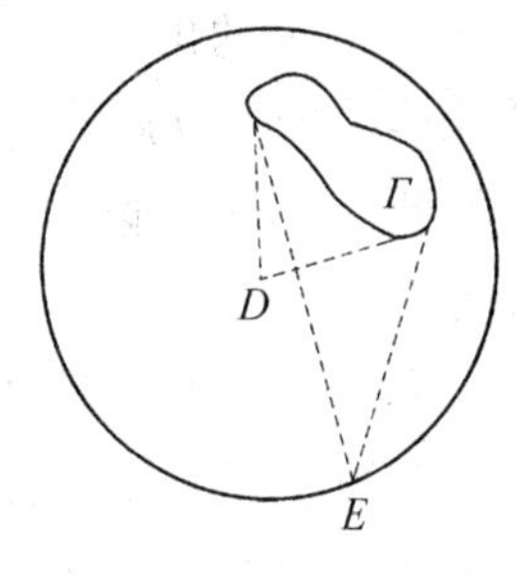

图 3-9

注

(1) 若记 $V_\Gamma(R)$，$V_{\Gamma^*}(R)$ 分别为球面 S 上以封闭准线 Γ，Γ^* 所围的面积 $S_\Gamma(R)$，$S_{\Gamma^*}(R)$ 为底与球心构成的圆锥面的体积，则 $S_\Gamma(R) = S_{\Gamma^*}(R)$ 的充分必要条件是 $V_\Gamma(R) = V_{\Gamma^*}(R)$，此结论是显然的。

(2) 设两个三维角 $\boldsymbol{\delta}$, $\boldsymbol{\delta}'$ 的第一尺度分别为 $S_{\Gamma}(=S_{\boldsymbol{\delta}})$,$S_{\Gamma'}(=S_{\boldsymbol{\delta}'})$,若 $S_{\Gamma}(=S_{\boldsymbol{\delta}})$,$S_{\Gamma'}(=S_{\boldsymbol{\delta}'})$,则 $\boldsymbol{\delta}=\boldsymbol{\delta}'$ 反之亦然。

(3) 设两个三面三维角 $\boldsymbol{\delta}=(\delta_1, \delta_2, \delta_3)$, $\boldsymbol{\delta}'=(\delta'_1, \delta'_2, \delta'_3)$,

若 $\delta_1=\delta'_1$, $\delta_2=\delta'_2$, $\delta_3=\delta'_3$ 则 $\boldsymbol{\delta}=\boldsymbol{\delta}'$。反之不一定成立。因为 $\boldsymbol{\delta}=(\delta_1, \delta_2, \delta_3)$,

为三个变量 δ_1, δ_2, δ_3 的函数,不是单值函数(见下文)。

(4) 在平面三角中的角度通常采用弧度制,即以半径为单位长的圆 C 的弧长表示其所对应的圆心角的角度。在实际应用中带来方便,如 2π(角度为 $360°$或称周角), π(角度为 $180°$或称平角), $\pi/2$(角度为 $90°$或简称直角), $\pi/3$(角度为 $60°$), $\pi/4$(角度为 $45°$), $\pi/6$(角度为 $30°$)等。

(5) 现在在空间三维角中的角度也采用类似的球面度制。即以半径为单位长的球面的部分球面积 S 表示其所对应的球心三维角的角度(见定义 7)。在实际应用中也将带来方便,如 $S=0=\mathbf{0}=\boldsymbol{\delta}$(三维角度为零,$\mathbf{0}°$),

S_1(全球面积) $=4\boldsymbol{\pi}=\boldsymbol{\delta}$(三维角度为 $\mathbf{720°}$),$S_{1/2}$(半球面积) $=2\boldsymbol{\pi}=\boldsymbol{\delta}$(三维角度为 $\mathbf{360°}$),

$S_{1/4}$(1/4 球面积) $=\boldsymbol{\pi}=\boldsymbol{\delta}$(三维角度为 $\mathbf{180°}$),$S_{1/8}$(1/8 球面积) $=\boldsymbol{\pi}/2=\boldsymbol{\delta}$(三维角度为 $\mathbf{90°}$,简称直角),

$S_{1/16}$(1/16 球面积) $=\boldsymbol{\pi}/4=\boldsymbol{\delta}$(三维角度为 $\mathbf{45°}$) 等。

(6) 为了便于区分,我们分别以细斜体小写字母 $k\pi$(k 为实数),“°”表示常规弧度及平面上的角度和以粗斜体小写字母 $k\boldsymbol{\pi}$(k 为实数),“°”表示球面度及空间三维角度,而 $k\pi$ 与 $k\boldsymbol{\pi}$ 在数值上是相等的。

例 2 (1) 求圆锥面的锥顶三维角;(2) 求两个同心圆锥体的所围锥顶三维角。

解 (1) 设直角坐标系 $Oxyz$ 的原点 O 为球心,半径 R 为单位长的球面 S。圆锥面 C_{Γ}的锥顶点为O, 圆锥面的底圆面半径为 r_1,它平行于坐标面 $z=0$,其在球面 S 上封闭准线 $\Gamma_s(R)$所围之面积 $S_{\boldsymbol{\delta}}(R=1)$[$\Gamma_s(R)$ 在投影区域 $D(r, t)$ 的面积 $D(r, t)=\{(r, t) \mid 0\leqslant t\leqslant 2\pi;\ 0\leqslant r\leqslant r_1\}$] $=\int_0^{2\pi}\mathrm{d}t\int_0^{r_1} r\,\mathrm{d}r/(1-r^2)^{1/2}=$

$-\int_0^{2\pi}(1-r^2)^{1/2}\big|_0^{r_1}\mathrm{d}t=2\pi[1-(1-r_1^2)^{1/2}]$。

$\boldsymbol{\delta}=S_{\boldsymbol{\delta}}/R^2=S_{\boldsymbol{\delta}}=2\pi[1-(1-r_1^2)^{1/2}]$。

特别 $r_1=R=1$ 时，$\boldsymbol{\delta}=S_{\boldsymbol{\delta}}=2\pi$。

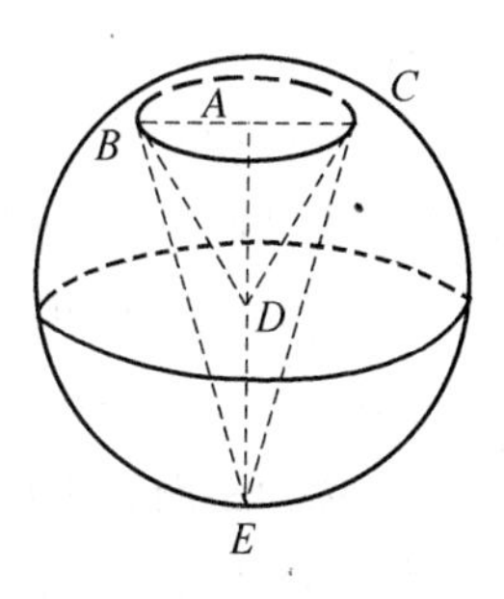

图 3-10

同一球面 S 中球面周三维角 $\boldsymbol{\delta}'$ 是与其所对应的球面 S 上封闭曲线 $\Gamma_s(R)$ 球心三维角之半不成立(见图 3-10)。

证 (1) 按上得 $R=1$，$AD=(1-r_1^2)^{1/2}$，$EA=ED+AD=1+(1-r_1^2)^{1/2}$，

$EC^2=EA^2+AC^2=2[1+(1-r_1^2)^{1/2}]$。

设 $R'=EC=\{2[1+(1-r_1^2)^{1/2}]\}^{1/2}$，

$S'_{\boldsymbol{\delta}}(R')=\int_0^{2\pi}\mathrm{d}t\int_0^{r_1}r\,\mathrm{d}r/(R'^2-r^2)^{1/2}=R'\int_0^{2\pi}\mathrm{d}t\int_0^{r_1/R'}u\mathrm{d}u/(1-u^2)^{1/2}=2\pi R'[1-(1-u^2)^{1/2}]_0^{r_1/R'}=2\pi[R'-(R'^2-r_1^2)^{1/2}]$。

$S_{\boldsymbol{\delta}}=2\pi[1-(1-r_1^2)^{1/2}]$。

$\boldsymbol{\delta}'=S'_{\boldsymbol{\delta}}/R'^2=\pi[R'-(R'^2-r_1^2)^{1/2}]/[1+(1-r_1^2)^{1/2}]$，

$\boldsymbol{\delta}/\boldsymbol{\delta}'=2r_1^2/[R'-(R'^2-r_1^2)^{1/2}]\neq 2$，

按第1章定理4(8)同一圆中的圆周角是与其所对应等圆弧的圆心角之半。

上述例2说明一般情况下的球周三维角不一定是球心三维角之半。

(2) 设直角坐标系 $Dxyz$ 的原点 D 为球心，半径 R 为单位长的球面 S，两个圆锥体的锥顶点同为 D。

两个圆底面同心其半径分别为 $r_1,r_2(r_2>r_1)$，因 $\boldsymbol{\delta}_j=2\pi[1-(1-r_j^2)^{1/2}](j=1,2)$，$\boldsymbol{\delta}=\boldsymbol{\delta}_2-\boldsymbol{\delta}_1=2\pi[(1-r_1^2)^{1/2}-(1-r_2^2)^{1/2}]$，称为**三维环角**。

{一般说两个同顶点的三维角其中一个三维角完全包含另一个三维角则它们中间部位也称为**三维环角**。}

3.2.2 三面三维角的第一尺度

定理1

设三面三维角 $\boldsymbol{\delta}=D(\delta_1,\delta_2,\delta_3)$，则 $S_{\boldsymbol{\delta}}=S_{\boldsymbol{\delta}_1}+S_{\boldsymbol{\delta}_2}$，

$S_{\boldsymbol{\delta}_1}=\arcsin(z_1/h)-\arcsin[(z_1\cos t_0)/h]$，

$S_{\boldsymbol{\delta}_2}=\arcsin(m/k)-\arcsin\{[m\cos(\delta_3-t_0)]/k\}$，

其中 $x_1=\cos\delta_2$，$y_1=(\cos\delta_1-\cos\delta_2\cos\delta_3)/\sin\delta_3$，

$z_1 = [(1+2\cos\delta_1\cos\delta_2\cos\delta_3 - \cos^2\delta_1 - \cos^2\delta_2 - \cos^2\delta_3)/\sin^2\delta_3]^{1/2}$,

$t_0 = \arctan(y_1/x_1)$, $h = (y_1^2 + z_1^2)^{1/2}$, $k = (1 + m^2)^{1/2}$（见图 3-11）。

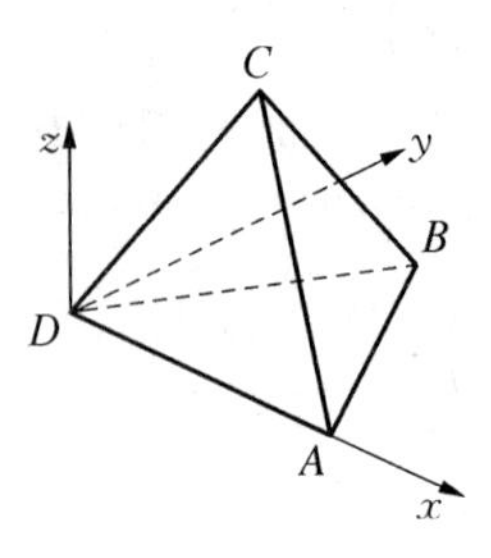

图 3-11

$m = |z_1/(x_1\sin\delta_3 - y_1\cos\delta_3)|$ $[x_1\sin\delta_3 - y_1\cos\delta_3 \neq 0]$，或 $m = 0[x_1\sin\delta_3 - y_1\cos\delta_3 = 0]$，

S_δ 称为三面三维角 δ 的第一尺度。

证 取半径为单位长的球面 S：$x^2+y^2+z^2=1$，$A(1, 0, 0)$，$B(\cos\delta_3, \sin\delta_3, 0)$，$C(x_1, y_1, z_1)$，$\angle BDC$，$\angle CDA$ 与 $\angle ADB$ 分别为 δ_1，δ_2 与 δ_3，

(1) $x_1^2+y_1^2+z_1^2=1$。

(2) $(x_1-1)^2+y_1^2+z_1^2=4\sin^2(\delta_2/2)$。

(3) $(x_1-\cos\delta_3)^2+(y_1-\sin\delta_3)^2+z_1^2=4\sin^2(\delta_1/2)$。

(4) $x_1=\cos\delta_2$[由(1)减去(2)]。

(5) $y_1^2+z_1^2=\sin^2\delta_2$[由(4)代入(1)]。

(6) $y_1=(\cos\delta_1-\cos\delta_2\cos\delta_3)/\sin\delta_3$[由(3),(4),(5)]。

(7) $z_1^2=\psi(\delta_1, \delta_2, \delta_3)/\sin^2\delta_3$[由(5),(6)]。

$\psi=\psi(\delta_1, \delta_2, \delta_3)=1+2\cos\delta_1\cos\delta_2\cos\delta_3-\cos^2\delta_1-\cos^2\delta_2-\cos^2\delta_3=\sin^2\delta_1\sin^2\delta_2-(\cos\delta_3-\cos\delta_1\cos\delta_2)^2=\sin^2\delta_2\sin^2\delta_3-(\cos\delta_1-\cos\delta_2\cos\delta_3)^2=\sin^2\delta_3\sin^2\delta_1-(\cos\delta_2-\cos\delta_3\cos\delta_1)^2$。

(8) 平面 DBC 的方程：$z_1(x\sin\delta_3-y\cos\delta_3)+(y_1\cos\delta_3-x_1\sin\delta_3)z=0$。

(9) 平面 DCA 的方程：$z_1y-y_1z=0$。

Γ_δ（表示三个平面 DBC，DCA，DAB 与球面 S 相截的在 S 上由三条大圆弧构成的封闭曲线）。

在直角坐标系 $Dxyz$ 的平面 $z=0$ 上投影区域 $D(x, y)$ 由三条曲线 $C_j(j=1, 2, 3)$ 所围成：

C_1（平面 $z=0$ 与球面 S 相交曲线在平面 $z=0$ 上投影）的方程：$x^2+y^2=1$。

C_2（平面 DAC 与球面 S 相交曲线在平面 $z=0$ 上投影）的方程：$x^2y_1^2+(y_1^2+z_1^2)y^2=y_1^2$。

C_3（平面 DCB 与球面 S 相交曲线在平面 $z=0$ 上投影）的方程：x^2+y^2+

$m^2(x\sin\delta_3-y\cos\delta_3)^2=1$。

(I) 当 $x_1\sin\delta_3-y_1\cos\delta_3\neq 0$,即 $\cos\delta_2-\cos\delta_1\cos\delta_3\neq 0$ 时,$m=|z_1/(x_1\sin\delta_3-y_1\cos\delta_3)|=|\psi^{1/2}/(\cos\delta_2-\cos\delta_1\cos\delta_3)|$。

C_2 与 C_3 交点为 $P_0(x_1, y_1, 0)$, C_2 与 C_1 交点为 $A(1, 0, 0)$, C_1 与 C_3 交点为 $B(\cos\delta_3, \sin\delta_3, 0)$。

上半球面 S 的方程: $z=(1-x^2-y^2)^{1/2}$, $z'_x=-x/(1-x^2-y^2)^{1/2}$,

$z'_y=-y/(1-x^2-y^2)^{1/2}$,

$(1+z_x'^2+z_y'^2)^{1/2}=1/z$,记坐标变换 $x=r\cos t$, $y=r\sin t$,

投影区域 $D(r, t)=D'(r, t)+D''(r, t)$(见图3-12),

$D'(r, t)=\{(r, t)\mid 0\leqslant t\leqslant t_0; r_2\leqslant r\leqslant r_1\}$,

$D''(r, t)=\{(r, t)\mid t_0\leqslant t\leqslant\delta_3; r_3\leqslant r\leqslant r_1\}$, $t_0=\arctan(y_1/x_1)$。

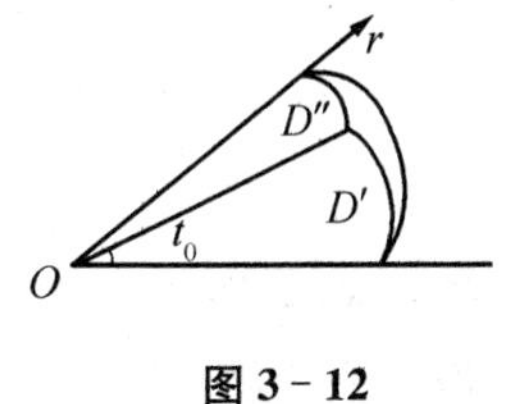

图 3-12

C_1(平面 $z=0$ 与球面 S 相交曲线在平面 $z=0$ 上投影)的方程: $r=r_1(t)=1$。

C_2(平面 DAC 与球面 S 相交曲线在平面 $z=0$ 上投影)的方程: $r=r_2(t)=y_1/(y_1^2+z_1^2\sin^2 t)^{1/2}$。

C_3(平面 DCB 与球面 S 相交曲线在平面 $z=0$ 上投影)的方程: $r=r_3(t)=1/[1+m^2\sin^2(\delta_3-t)]^{1/2}$。

S_{δ_1}[以积分区域为 $D'(r, t)$ 的上半球面 S 面积] $=\int_0^{t_0}\mathrm{d}t\int_{r_2}^{r_1}r\,\mathrm{d}r/(1-r^2)^{1/2}=-\int_0^{t_0}(1-r^2)^{1/2}\Big|_{r_2}^{r_1}\mathrm{d}t=-\int_0^{t_0}(1-r_2^2)^{1/2}\mathrm{d}t=-\int_{z_1}^{z_1\cos t_0}\mathrm{d}u/(h^2-u^2)^{1/2}=-\arcsin(u/h)\Big|_{z_1}^{z_1\cos t_0}=\arcsin(z_1/h)-\arcsin[(z_1\cos t_0)/h]$,

$h=(y_1^2+z_1^2)^{1/2}=\sin\delta_2$, $u=z_1\cos t$。

S_{δ_2}[以积分区域为 $D''(r, t)$ 的 上半球面 S^* 面积] $=\int_{t_0}^{\delta_3}\mathrm{d}t\int_{r_3}^{r_1}r\,\mathrm{d}r/(1-r^2)^{1/2}=-\int_{t_0}^{\delta_3}(1-r^2)^{1/2}\Big|_{r_3}^{r_1}\mathrm{d}t=\int_{t_0}^{\delta_3}(1-r_3^2)^{1/2}\mathrm{d}t=\int_{t_0}^{\delta_3}m\sin(\delta_3-t)\mathrm{d}t/[1+m^2\sin^2(\delta_3-t)]^{1/2}$
$=\int_{t_0}^{\delta_3}\mathrm{d}u/(k^2-u^2)^{1/2}=\arcsin(u/k)\Big|_{m\cos(\delta_3-t_0)}^{m}=\arcsin(m/k)-\arcsin\{[m\cos(\delta_3-$

$t_0)]/k\}$，$k=(1+m^2)^{1/2}=\left|\dfrac{\sin\delta_1\sin\delta_3}{\cos\delta_2-\cos\delta_1\cos\delta_3}\right|$。$u=m\cos(\delta_3-t)$

得 $S_{\boldsymbol{\delta}}$[球面 S^* 在投影区域 $D(r,\ t)$ 上的面积] $=S_{\boldsymbol{\delta}_1}+S_{\boldsymbol{\delta}_2}$。

(II) (1) 若 $\delta_1=\delta_2=\pi/2$，$x_1=y_1=0$，$z_1=1$，

C_2 的方程：$y=0$，C_3 的方程：$x=0$，$\boldsymbol{\delta}=(\delta_1,\ \delta_2,\ \delta_3)=(\pi/2,\ \pi/2,\ \delta_3)$。

(2) $x\sin\delta_3=y\cos\delta_3$(当 $x_1\sin\delta_3-y_1\cos\delta_3=0$，即 $\cos\delta_2-\cos\delta_1\cos\delta_3=0$)，$t_0=\delta_3$，$\delta=\delta_1$，$\delta_2=0$。

讨论：当 $t_0=\delta_3/2$ 时，则 $S_{\boldsymbol{\delta}}=S_{\boldsymbol{\delta}_1}$。

证 $z_1/h=m/k\Leftrightarrow z_1^2/h^2=m^2/k^2\Leftrightarrow z_1^2/\sin^2\delta_2=m^2/k^2\Leftrightarrow z_1^2/(\sin^2\delta_2-z_1^2)=m^2\Leftrightarrow m=|\psi^{1/2}/(\cos\delta_1-\cos\delta_2\cos\delta_3)|=|\psi^{1/2}/(\cos\delta_2-\cos\delta_1\cos\delta_3)|$。

因为 $\delta_1=\delta_2$。

定理 2(三面三维角的矢量表示)

设三面三维角 $\boldsymbol{\delta}=D(\delta_1,\ \delta_2,\ \delta_3)$，则 $S_{\boldsymbol{\delta}}=S_{\boldsymbol{\delta}_1}+S_{\boldsymbol{\delta}_2}$，其中

$S_{\boldsymbol{\delta}1}=\arcsin p-\arcsin pq$，$S_{\boldsymbol{\delta}2}=\arcsin r-\arcsin rw$，

$p=\pm f(\boldsymbol{A},\boldsymbol{B},\boldsymbol{C})$，$r=\pm f(\boldsymbol{B},\boldsymbol{A},\boldsymbol{C})$，$f(\boldsymbol{A},\boldsymbol{B},\boldsymbol{C})=|\boldsymbol{A}|[\boldsymbol{A},\boldsymbol{B},\boldsymbol{C}]/\{|\boldsymbol{A}|^2[\boldsymbol{A},\boldsymbol{B},\boldsymbol{C}]^2+[(\boldsymbol{A}\times\boldsymbol{B})\cdot(\boldsymbol{A}\times\boldsymbol{C})]^2\}^{1/2}$，

$q=\pm(\boldsymbol{A}\cdot\boldsymbol{C})|\boldsymbol{A}\times\boldsymbol{B}|/\{[(\boldsymbol{A}\cdot\boldsymbol{C})|\boldsymbol{A}\times\boldsymbol{B}|]^2+[(\boldsymbol{A}\times\boldsymbol{B})\cdot(\boldsymbol{A}\times\boldsymbol{C})]^2\}^{1/2}$，

$w=\{(\boldsymbol{A}\cdot\boldsymbol{C})|\boldsymbol{A}\times\boldsymbol{B}|^2\pm(\boldsymbol{A}\cdot\boldsymbol{B})[(\boldsymbol{A}\times\boldsymbol{B})\cdot(\boldsymbol{A}\times\boldsymbol{C})]\}/|\boldsymbol{A}||\boldsymbol{B}|\{[(\boldsymbol{A}\cdot\boldsymbol{C})|\boldsymbol{A}\times\boldsymbol{B}|]^2+[(\boldsymbol{A}\times\boldsymbol{B})\cdot(\boldsymbol{A}\times\boldsymbol{C})]^2\}^{1/2}$。

证 按定理 1 取半径为单位长的球面 S：$x^2+y^2+z^2=1$，

$\boldsymbol{A}(1,\ 0,\ 0)$，$\boldsymbol{B}(\cos\delta_3,\ \sin\delta_3,\ 0)$，$\boldsymbol{C}(x_1,\ y_1,\ z_1)$，

{取 D 为坐标原点，记 $DA=\boldsymbol{A}$，$DB=\boldsymbol{B}$，$DC=\boldsymbol{C}$](符号 •，×，[ ] 分别为数量积，矢量积，混合积)}。

$\cos\delta_1=\boldsymbol{B}\cdot\boldsymbol{C}/|\boldsymbol{B}||\boldsymbol{C}|$，$\cos\delta_2=\boldsymbol{C}\cdot\boldsymbol{A}/|\boldsymbol{C}||\boldsymbol{A}|$，$\cos\delta_3=\boldsymbol{A}\cdot\boldsymbol{B}/|\boldsymbol{A}||\boldsymbol{B}|$，

$\sin\delta_1=|\boldsymbol{C}\times\boldsymbol{A}|/|\boldsymbol{C}||\boldsymbol{A}|$，$\sin\delta_2=|\boldsymbol{B}\times\boldsymbol{C}|/|\boldsymbol{B}||\boldsymbol{C}|$，$\sin\delta_3=|\boldsymbol{A}\times\boldsymbol{B}|/|\boldsymbol{A}||\boldsymbol{B}|$，

$x_1=\boldsymbol{C}\cdot\boldsymbol{A}/|\boldsymbol{C}||\boldsymbol{A}|$，$y_1=(\boldsymbol{A}\times\boldsymbol{B})\cdot(\boldsymbol{A}\times\boldsymbol{C})/|\boldsymbol{A}||\boldsymbol{C}||\boldsymbol{A}\times\boldsymbol{B}|$，$z_1=\pm[\boldsymbol{A},\boldsymbol{B},\boldsymbol{C}]|\boldsymbol{C}||\boldsymbol{A}\times\boldsymbol{B}|$，

$m=\pm|\boldsymbol{A}|^2|\boldsymbol{B}|[\boldsymbol{A},\boldsymbol{B},\boldsymbol{C}]/\{(\boldsymbol{A}\cdot\boldsymbol{C})|\boldsymbol{A}\times\boldsymbol{B}|^2-(\boldsymbol{A}\cdot\boldsymbol{B})[(\boldsymbol{A}\times\boldsymbol{B})\cdot(\boldsymbol{A}\times\boldsymbol{C})]\}$，

$\delta_3 = \arcsin\{|\boldsymbol{A}\times\boldsymbol{B}|/|\boldsymbol{A}||\boldsymbol{B}|\}.\ k=(1+m^2)^{1/2}, h=(y_1^2+z_1^2)^{1/2}$。

$\cos t_0 = \pm(\boldsymbol{A}\cdot\boldsymbol{C})|\boldsymbol{A}\times\boldsymbol{B}|/\{[(\boldsymbol{A}\cdot\boldsymbol{C})|\boldsymbol{A}\times\boldsymbol{B}|]^2+[(\boldsymbol{A}\times\boldsymbol{B})\cdot(\boldsymbol{A}\times\boldsymbol{C})]^2\}^{1/2}$，即证。

3.3　三面三维角的相等与重合

定义 8

(1) 设两个三面三维角 $\boldsymbol{\alpha}=(\alpha_1, \alpha_2, \alpha_3)$，$\boldsymbol{\beta}=(\beta_1, \beta_2, \beta_3)$，

① 若 $\alpha_1=\beta_1$，$\alpha_2=\beta_2$，$\alpha_3=\beta_3$ 约定 $\boldsymbol{\alpha}\equiv\boldsymbol{\beta}$(重合)。

② 若 $\alpha_1=\beta_2$，$\alpha_2=\beta_1$，$\alpha_3=\beta_3$ 约定 $\boldsymbol{\alpha}=\boldsymbol{\beta}$(相等而非重合，如对顶三面三维角)。

(2) 设两个 $\square A_jB_jC_jD_j(j=1, 2)$

① 它们重合的充分必要条件是：

(i) 四对 $\triangle B_1C_1D_1$，$\triangle B_2C_2D_2$；$\triangle C_1D_1A_1$，$\triangle C_2D_2A_2$；$\triangle D_1A_1B_1$，$\triangle D_2A_2B_2$；$\triangle A_1B_1C_1$，$\triangle A_2B_2C_2$ 全等；

(ii) 三面三维角 $\boldsymbol{\alpha}_1=\boldsymbol{\alpha}_2$；$\boldsymbol{\beta}_1=\boldsymbol{\beta}_2$；$\boldsymbol{\gamma}_1=\boldsymbol{\gamma}_2$。$\boldsymbol{\alpha}_1$，$\boldsymbol{\beta}_1$，$\boldsymbol{\gamma}_1$ 与 $\boldsymbol{\alpha}_2$，$\boldsymbol{\beta}_2$，$\boldsymbol{\gamma}_2$ 均按同一方向顺序排列，$D_1A_1=D_2A_2$，$D_1B_1=D_2B_2$，$D_1C_1=D_2C_2$；

(iii) 三面三维角 $\boldsymbol{\alpha}_1=\boldsymbol{\alpha}_2$；$\boldsymbol{\beta}_1=\boldsymbol{\beta}_2$；$\boldsymbol{\gamma}_1=\boldsymbol{\gamma}_2$。$\boldsymbol{\alpha}_1$，$\boldsymbol{\beta}_1$，$\boldsymbol{\gamma}_1$ 与 $\boldsymbol{\alpha}_2$，$\boldsymbol{\beta}_2$，$\boldsymbol{\gamma}_2$ 均按同一方向顺序排列，及其所夹之三角形 $\triangle_s A_1B_1C_1=\triangle_s A_2B_2C_2$。

② 它们相等(非重合)的充分必要条件是下面四对三角形中的三对全等。

(i) 三对 $\triangle B_1C_1D_1$，$\triangle B_2C_2D_2$；$\triangle C_1D_1A_1$，$\triangle C_2D_2A_2$；$\triangle A_1B_1C_1$，$\triangle A_2B_2C_2$ 全等；

(ii) 三对三面三维角 $\boldsymbol{\alpha}_1=\boldsymbol{\alpha}_2$；$\boldsymbol{\beta}_1=\boldsymbol{\beta}_2$；$\boldsymbol{\gamma}_1=\boldsymbol{\gamma}_2$。$\boldsymbol{\alpha}_1$，$\boldsymbol{\beta}_1$，$\boldsymbol{\gamma}_1$ 与 $\boldsymbol{\alpha}_2$，$\boldsymbol{\beta}_2$，$\boldsymbol{\gamma}_2$ 方向顺序排列相反。

(3) 设两个 $\square A_jB_jC_jD_j(j=1, 2)$ 相似的充分必要条件是：

① 三对三面三维角 $\boldsymbol{\alpha}_1=\boldsymbol{\alpha}_2$，$\boldsymbol{\beta}_1=\boldsymbol{\beta}_2$，$\boldsymbol{\gamma}_1=\boldsymbol{\gamma}_2$(重合)；

② 它们四对三面三维角 $\boldsymbol{\alpha}_1=\boldsymbol{\alpha}_2$，$\boldsymbol{\beta}_1=\boldsymbol{\beta}_2$，$\boldsymbol{\gamma}_1=\boldsymbol{\gamma}_2$，$\boldsymbol{\delta}_1=\boldsymbol{\delta}_2$；

③ 三对 $\triangle B_1C_1D_1$，$\triangle B_2C_2D_2$；$\triangle C_1D_1A_1$，$\triangle C_2D_2A_2$；$\triangle A_1B_1C_1$，$\triangle A_2B_2C_2$ 相似。

定义 9

设平面上四边形 $R_1R_2R_3R_4$ 的四顶点与不共面的点 R 连接成，

四面三维角 $R(R_1R_2R_3R_4)$ = 三面三维角 $R(R_1R_2R_3)$ + 三面三维角

$R(R_1R_3R_4)$(见图 3-13)。

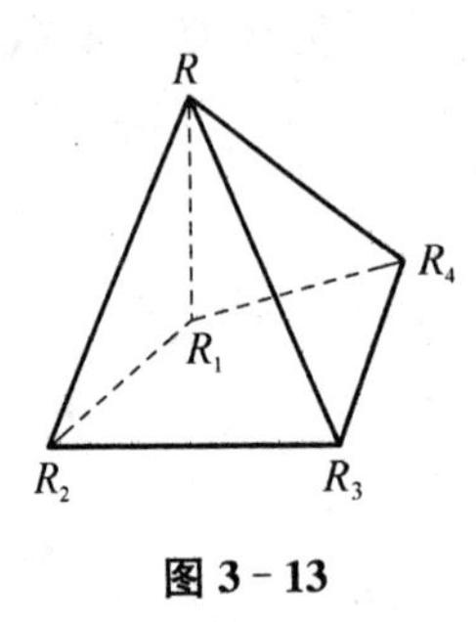

图 3-13

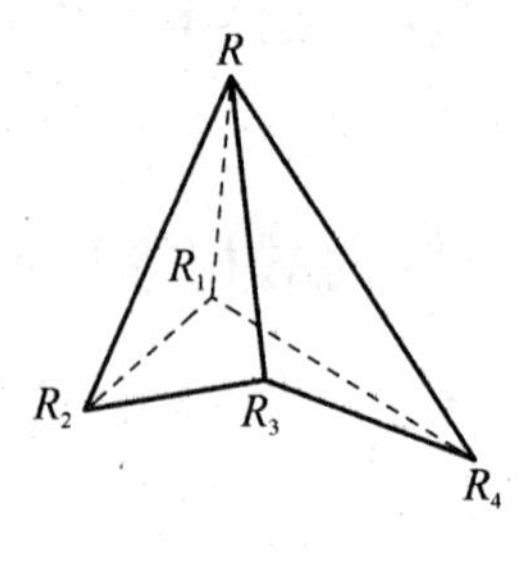

图 3-14

四面三维角 $R(R_1R_2R_3R_4)$ = 三面三维角 $R(R_1R_2R_4)$ − 三面三维角 $R(R_2R_3R_4)$(见图 3-14)。

定义 9[1]

设平面上 n 边形 $R_1R_2\cdots R_n$ 的 n 顶点与不共面的点 R 连结成 n 面三维角 $R(R_1R_2\cdots R_n)$ 也可分解为$(n-2)$个三面三维角 $R(R_iR_jR_k)$ 的代数和。

3.4 正弦三面三维角

定义 10

设□$ABCD$ 的四个面,即$\triangle BCD$,$\triangle CDA$,$\triangle DAB$ 和 $\triangle ABC$ 的面积分别记为 $\triangle_s BCD$,$\triangle_s CDA$,$\triangle_s DAB$ 与$\triangle_s ABC$ 或 A_s,B_s,C_s与 D_s;BC,CA,AB,DA,DB 与 DC 称为□$ABCD$ 的六条棱(或边)。下文分别记为 a,b,c,a',b'与 c'(见图 3-15)。

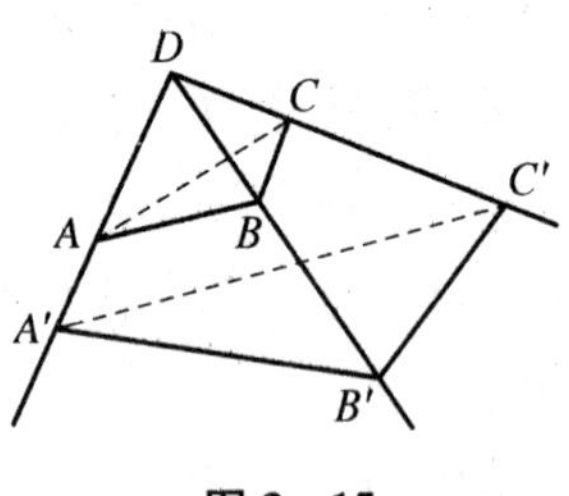

图 3-15

令正弦三面三维角 $\boldsymbol{\delta}$ 为

$\sin\boldsymbol{\delta} = 9\square_v^2 ABCD/2A_sB_sC_s$,

同理$\sin\boldsymbol{\alpha} = 9\square_v^2 ABCD/2B_sC_sD_s$,

$\sin\boldsymbol{\beta} = 9\square_v^2 ABCD/2C_sD_sA_s$,

$\sin\boldsymbol{\gamma} = 9\square_v^2 ABCD/2D_sA_sB_s$,

其中 $\square_v ABCD$ 为 $\square ABCD$ 的体积。

注 (1) 正弦三面三维角 $\boldsymbol{\delta}=D(ABC)$ 与 $\square ABCD$ 所选取平面 $\triangle ABC$ 无关。因为若取平面 $A'B'C'$,其中 $DA'=pDA$, $DB'=qDB$, $DC'=rDC$。

$\square_v A'B'C'D'$ 为 $\square A'B'C'D$ 的体积。

$\triangle B'C'D$, $\triangle C'DA'$, $\triangle DA'B'$ 和 $\triangle A'B'C'$ 的面积分别记为 A'_s, B'_s, C'_s 和 D'_s。则

$A'_s=|\overrightarrow{DB}'\times\overrightarrow{DC}'|/2=qr|\overrightarrow{DB}\times\overrightarrow{DC}|/2=rqA_s$。同理 $B'_s=prB_s$, $C'_s=pqC_s$。

$\square_v A'B'C'D'=[\overrightarrow{DA}',\overrightarrow{DB}',\overrightarrow{DC}']/6=pqr[\overrightarrow{DA},\overrightarrow{DB},\overrightarrow{DC}]/6=pqr\square_v ABCD$,

$\sin\boldsymbol{\delta}=9\square_v^2 A'B'C'D'/2A'_sB'_sC'_s=9\square_v^2 ABCD/2A_sB_sC_s$(符号×, [ ]分别为矢量积,混合积)。

(2) 令**正弦三面三维角 $\boldsymbol{\delta}$** 为 $\sin\boldsymbol{\delta}$(用粗斜体希腊字母表示),以区别于常规角 δ 的正弦 $\sin\delta$(用细斜体希腊字母表示)。

例 3 $\boldsymbol{\delta}=D(ABC)=\boldsymbol{\delta}(\delta_1,\delta_2,\delta_3)=\boldsymbol{\delta}(\pi/3,\pi/3,\pi/3)$。

按定理 1 得 $x_1=1/2$, $y_1=3^{1/2}/6$, $z_1=(2/3)^{1/2}$, $m=2^{3/2}$, $h=3^{1/2}/2$, $k=3$, $t_0=\pi/6$,

$S_{\boldsymbol{\delta}}=\arcsin(2^{3/2}/3)-\arcsin(2/3)^{1/2}$, $\sin\boldsymbol{\delta}'_s=(6^{1/2}/9)$, $\boldsymbol{\delta}'_s=\arcsin(6^{1/2}/9)$,

$S_{\boldsymbol{\delta}}=S_{1\boldsymbol{\delta}}+S_{2\boldsymbol{\delta}}=2S_{1\boldsymbol{\delta}}=2\arcsin(6^{1/2}/9)$, $\sin\boldsymbol{\delta}_s=\sin(2\boldsymbol{\delta}'_s)=0.5237827$。

$\sin\boldsymbol{\delta}=\varphi(\pi/3,\pi/3,\pi/3)=4\cdot 3^{1/2}/9=0.7698003\neq 0.5237827=\sin\boldsymbol{\delta}_s$, $\delta=\delta_1+\delta_2+\delta_3=\pi$。

例 4 设 $\boldsymbol{\delta}=D(ABC)=\boldsymbol{\delta}(\delta_1,\delta_2,\delta_3)=\boldsymbol{\delta}(\pi/2,\pi/3,\pi/2)$。

按定理 1 得 $x_1=1/2$, $y_1=0$, $z_1=3^{1/2}/2$, $m=2^{3/2}$, $h=3^{1/2}/2$, $k=2$, $t_0=0$,

$S_{1\boldsymbol{\delta}}=\arcsin 1-\arcsin 1=0$, $S_{2\boldsymbol{\delta}}=\arcsin(3^{1/2}/2)=\pi/3$, $S_{\boldsymbol{\delta}}=S_{1\boldsymbol{\delta}}+S_{2\boldsymbol{\delta}}=\pi/3$。

例 5 设(1) $\boldsymbol{\delta}(\pi/4,\pi/4,\pi/4)$, $\sin\boldsymbol{\delta}=\varphi(\pi/4,\pi/4,\pi/4)=2-2^{1/2}=0.5857865$, $\delta=\delta_1+\delta_2+\delta_3=3\pi/4$。

(2) $\boldsymbol{\delta}(\pi/6,\pi/6,\pi/6)$, $\sin\boldsymbol{\delta}=\varphi(\pi/6,\pi/6,\pi/6)=2(3^{1/2}-5)=0.392394$, $\delta=\delta_1+\delta_2+\delta_3=\pi/2$。

定理 3

一般情况下 $\sin\boldsymbol{\delta}\neq\sin S_{\boldsymbol{\delta}}$。

图 3-16

证 现证如下事实：在直角 □$BCDA$ 中 $\sin^2\boldsymbol{\delta}=\sin S_{\boldsymbol{\delta}}$(见图 3-16，三个△$BAC$，△$CAD$，△$DAB$ 相互垂直于点 A)。

设 $A(x_1, 0, 0)$，$B(x_1, y_2, 0)$，$C(x_1, 0, z_1)$，其中 $x_1^2+y_2^2=x_1^2+z_1^2=1$，

记 $\angle BDC$，$\angle CDA$ 与 $\angle ADB$ 分别为 δ_1，δ_2 与 δ_3，

线段 $DB=DC=1$，$m=z_1/x_1y_2$，$k^2=1+m^2$，$\cos\delta_2=\cos\delta_3=x_1$，

[三面角 $\boldsymbol{\delta}=D(\delta_1, \delta_2, \delta_3)=S$，则 $S_{\boldsymbol{\delta}}=S_{\boldsymbol{\delta}2}$ 分别于

$S_{\boldsymbol{\delta}1}=\arcsin(z_1/h)-\arcsin[(z_1\cos t_0)/h]=0$，$t_0=0$。

$S_{\boldsymbol{\delta}}=S_{\boldsymbol{\delta}2}=\arcsin(m/k)-\arcsin[m\cos\delta_3/k]$，

$\sin S_{\boldsymbol{\delta}}=\{\arcsin(m/k)-\arcsin[m\cos\delta_3/k]\}=(m/k)\{1-[m\cos\delta_3/k]^2\}^{1/2}-[m\cos\delta_3/k]\{1-(m/k)^2\}^{1/2}=(m/k)\{1-[m x_1/k]^2\}^{1/2}-(m x_1/k)]\{1-(m/k)^2\}^{1/2}=z_1^2(1-x_1^2)/[z_1^2+x_1^2(1-x_1^2)]$，

设直角 □$BCDA$，则$(B_s^2+C_s^2+D_s^2=A_s^2)$[见定理 3]。

$A_s=(z_1^2x_1^2+x_1^2y_2^2+y_2^2z_1^2)^{1/2}/2$，$B_s=z_1x_1/2$，$C_s=x_1y_2/2$，$D_s=y_2z_1/2$，

$\sin^2\boldsymbol{\delta}=D_s^2/A_s^2=z_1^2(1-x_1^2)/[z_1^2+x_1^2(1-x_1^2)]=\sin S_{\boldsymbol{\delta}}$。

3.5 定理

定理 4(正弦三面三维角定理)

设□$ABCD$，则 $\sin\boldsymbol{\alpha}:\sin\boldsymbol{\beta}:\sin\boldsymbol{\gamma}:\sin\boldsymbol{\delta}=A_s:B_s:C_s:D_s$(按定义 10 即证)。

定理 5

设 $f(u, v, w, t)$ 为关于四个变量的齐次式

如 $f(u, v, w, t)=u^2+v^2+w^2+t^2$，$au^3+bv^3+cw^3+\mathrm{d}t^3+eu^2v+hvw^2+kt^2w$，

其中 a，b，c，d，e，h，k 为实数。

如 $f(\sin\boldsymbol{\alpha}, \sin\boldsymbol{\beta}, \sin\boldsymbol{\gamma}, \sin\boldsymbol{\delta})=0$ 的充分必要条件是 $f(A_s, B_s, C_s, D_s)=0$。

$\sin^2\boldsymbol{\alpha}+\sin^2\boldsymbol{\beta}+\sin^2\boldsymbol{\gamma}-\sin^2\boldsymbol{\delta}=0$ 的充分必要条件是 $A_s^2+B_s^2+C_s^2-D_s^2=0$。

利用定理 4 设 $\sin\boldsymbol{\alpha}/A_s=\sin\boldsymbol{\beta}/B_s=\sin\boldsymbol{\gamma}/C_s=\sin\boldsymbol{\delta}/D_s=\lambda$，$\sin^2\boldsymbol{\alpha}+\sin^2\boldsymbol{\beta}+$

$\sin^2\boldsymbol{\gamma}-\sin^2\boldsymbol{\delta}=\lambda^2(A_s^2+B_s^2+C_s^2-D_s^2)=0$,

如 $a\sin\boldsymbol{\alpha}+b\sin\boldsymbol{\beta}+c\sin\boldsymbol{\gamma}+d\sin\boldsymbol{\delta}=\mathbf{0}$ 的充分必要条件是 $aA_s+bB_s+cC_s+dD_s=0$。

定理 6

设 $\boldsymbol{\gamma}$ 和 $\boldsymbol{\gamma}^*$ 为相邻互补三面三维角，则 $\sin\boldsymbol{\gamma}=\sin\boldsymbol{\gamma}^*$

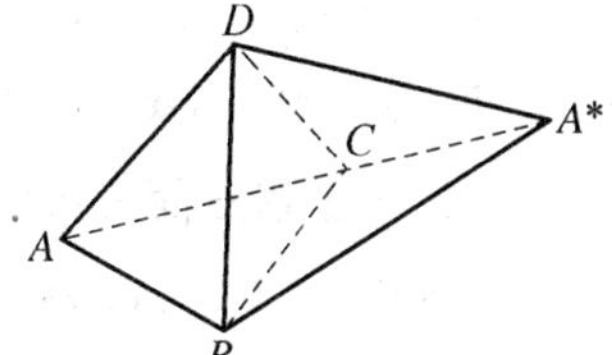

图 3-17

证 按定义10所设两个 $\square ABCD$, $\square A^*BCD$ 的四个三面三维角，ACA^* 为直线(见图 3-17)。

$\square_v ABCD/\square_v A^*BCD=\triangle_s CDA/\triangle_s CDA^*=\triangle_s CAB/\triangle_s CA^*B$,

$\sin\boldsymbol{\gamma}=9\square_v^2 ABCD/2\triangle_s CDA\cdot\triangle_s CAB\cdot\triangle_s CDB$,

$\sin\boldsymbol{\gamma}^*=9\square_v^2 A^*BCD/2\triangle_s CDA^*\cdot\triangle_s CA^*B\cdot\triangle_s CDB$,

得 $\sin\boldsymbol{\gamma}=\sin\boldsymbol{\gamma}^*$, $\boldsymbol{\gamma}=C(BAD)$, $\boldsymbol{\gamma}^*=C(BA^*D)$。

例 6 读者可自行计算(1) 设 $\boldsymbol{\delta}=(\pi/4,\ \pi/4,\ \pi/4)$,

$\sin\delta=\varphi(\pi/4,\ \pi/4,\ \pi/4)=2-2^{1/2}=0.5857865$, $\delta=\delta_1+\delta_2+\delta_3=3\pi/4$。

(2) 设 $\boldsymbol{\delta}=(\pi/6,\ \pi/6,\ \pi/6)$, $\sin\boldsymbol{\delta}=\varphi(\pi/6,\ \pi/6,\ \pi/6)=2(3^{3/2}-5)=0.392304$, $\delta=\delta_1+\delta_2+\delta_3=\pi/2$,

$\varphi(\delta_1,\ \delta_2,\ \delta_3)=(1+2\cos\delta_1\cos\delta_2\cos\delta_3-\cos^2\delta_1-\cos^2\delta_2-\cos^2\delta_3)/\sin\delta_1\sin\delta_2\sin\delta_3$。

(3) 设 $\boldsymbol{\delta}=\varphi(\delta,\ \delta,\ \delta)$，则 $\sin\boldsymbol{\delta}\leqslant\sin\delta;0\leqslant\delta\leqslant\pi/2)$。

如：$\sin\boldsymbol{\delta}=\varphi(\pi/2,\ \pi/2,\ \pi/2)=1=\sin(\pi/2)=\sin\delta$。

$\sin\boldsymbol{\delta}=\varphi(\pi/3,\ \pi/3,\ \pi/3)=4\cdot 3^{1/2}/9=0.7698003<3^{1/2}/2=\sin(\pi/3)=\sin\delta$。

$\sin\boldsymbol{\delta}=\varphi(\pi/4,\ \pi/4,\ \pi/4)=0.5857865<2^{-1/2}=\sin(\pi/4)=\sin\delta$。

$\sin\boldsymbol{\delta}=\varphi(\pi/6,\ \pi/6,\ \pi/6)=0.392304<2^{-1}=\sin(\pi/6)=\sin\delta$。

3.6 正弦三面三维角的表示

定理 7

按定义 10 设，

(1) (**正弦三面三维角的矢量表示**)

$\sin\boldsymbol{\delta}\equiv\varphi(\delta_1,\ \delta_2,\ \delta_3)=[\boldsymbol{A},\ \boldsymbol{B},\ \boldsymbol{C}]^2/|\boldsymbol{B}\times\boldsymbol{C}||\boldsymbol{C}\times\boldsymbol{A}||\boldsymbol{A}\times\boldsymbol{B}|$,

{取 D 为坐标原点，记 $DA=\boldsymbol{A}$, $DB=\boldsymbol{B}$, $DC=\boldsymbol{C}$, $A_s=|\boldsymbol{B}\times\boldsymbol{C}|/2$, $B_s=$

$|\boldsymbol{C}\times\boldsymbol{A}|/2$, $C_s=|\boldsymbol{A}\times\boldsymbol{B}|/2$,

$\square_v ABCD=|[\boldsymbol{A}, \boldsymbol{B}, \boldsymbol{C}]|/6\}$。

由 $\sin\boldsymbol{\delta}\equiv\sin(\delta_1, \delta_2, \delta_3)=9\square_v^2 ABCD/2A_sB_sC_s$，即证。

同理可得 $\sin\boldsymbol{\alpha}$, $\sin\boldsymbol{\beta}$, $\sin\boldsymbol{\gamma}$。

(2)（**正弦三面三维角的矢量一般表示**）

$\sin\boldsymbol{\delta}=[\boldsymbol{D}-\boldsymbol{A}, \boldsymbol{D}-\boldsymbol{B}, \boldsymbol{D}-\boldsymbol{C}]^2/|(\boldsymbol{D}-\boldsymbol{B})\times(\boldsymbol{D}-\boldsymbol{C})|(\boldsymbol{D}-\boldsymbol{C})\times(\boldsymbol{D}-\boldsymbol{A})|(\boldsymbol{D}-\boldsymbol{A})\times(\boldsymbol{D}-\boldsymbol{B})|$,

$A_s=|(\boldsymbol{D}-\boldsymbol{B})\times(\boldsymbol{D}-\boldsymbol{C})|/2$, $B_s=|(\boldsymbol{D}-\boldsymbol{C})\times(\boldsymbol{D}-\boldsymbol{A})|/2$, $C_s=|(\boldsymbol{D}-\boldsymbol{A})\times(\boldsymbol{D}-\boldsymbol{B})|/2$,

$\square_v ABCD=[\boldsymbol{D}-\boldsymbol{A}, \boldsymbol{D}-\boldsymbol{B}, \boldsymbol{D}-\boldsymbol{C}]/6$。

同理可得 $\sin\boldsymbol{\alpha}$, $\sin\boldsymbol{\beta}$, $\sin\boldsymbol{\gamma}$。

(3)（**正弦三面三维角的坐标表示**）

在(1)中取 $\boldsymbol{A}=(a_1, a_2, a_3)$，$\boldsymbol{B}=(b_1, b_2, b_3)$，$\boldsymbol{C}=(c_1, c_2, c_3)$，

$\sin\boldsymbol{\delta}=[\boldsymbol{A}, \boldsymbol{B}, \boldsymbol{C}]^2/|\boldsymbol{B}\times\boldsymbol{C}||\boldsymbol{C}\times\boldsymbol{A}||\boldsymbol{A}\times\boldsymbol{B}|$，其中

$|\boldsymbol{B}\times\boldsymbol{C}|=[(b_2c_3-c_2b_3)^2+(b_3c_1-c_3b_1)^2+(b_1c_2-c_1b_2)^2]^{1/2}$,

$|\boldsymbol{C}\times\boldsymbol{A}|=[(c_2a_3-a_2c_3)^2+(c_3a_1-a_3c_1)^2+(c_1a_2-a_1c_2)^2]^{1/2}$,

$|\boldsymbol{A}\times\boldsymbol{B}|=[(a_2b_3-b_2a_3)^2+(a_3b_1-b_3a_1)^2+(a_1b_2-b_1a_2)^2]^{1/2}$,

$[\boldsymbol{A}, \boldsymbol{B}, \boldsymbol{C}]=a_1b_2c_3+a_2b_3c_1+a_3b_1c_2-a_2b_1c_3-a_1b_3c_2-a_3b_2c_1$。

(4)（**正弦三面三维角的一般坐标表示**）

在(1)中取 $\boldsymbol{A}=(a_1, a_2, a_3)$，$\boldsymbol{B}=(b_1, b_2, b_3)$，$\boldsymbol{C}=(c_1, c_2, c_3)$，$\boldsymbol{D}=(d_1, d_2, d_3)$。

$\sin\boldsymbol{\delta}=[\boldsymbol{D}-\boldsymbol{A}, \boldsymbol{D}-\boldsymbol{B}, \boldsymbol{D}-\boldsymbol{C}]^2/|(\boldsymbol{D}-\boldsymbol{B})\times(\boldsymbol{D}-\boldsymbol{C})|(\boldsymbol{D}-\boldsymbol{C})\times(\boldsymbol{D}-\boldsymbol{A})|(\boldsymbol{D}-\boldsymbol{A})\times(\boldsymbol{D}-\boldsymbol{B})|$,

其中

$|(\boldsymbol{D}-\boldsymbol{B})\times(\boldsymbol{D}-\boldsymbol{C})|=\{[(d_2-b_2)(d_3-c_3)-(d_2-c_2)(d_3-b_3)]^2+[(d_3-b_3)(d_1-c_1)-(d_3-c_3)(d_1-b_1)]^2+[(d_1-b_1)(d_2-c_2)-(d_1-c_1)(d_2-b_2)]^2\}^{1/2}$,

$|(\boldsymbol{D}-\boldsymbol{C})\times(\boldsymbol{D}-\boldsymbol{A})|=\{[(d_2-c_2)(d_3-a_3)-(d_2-a_2)(d_3-c_3)]^2+[(d_3-c_3)(d_1-a_1)-(d_3-a_3)(d_1-c_1)]^2+[(d_1-c_1)(d_2-a_2)-(d_1-$

$a_1)(d_2-c_2)]^2\}^{1/2}$,

$|(\boldsymbol{D}-\boldsymbol{A})\times(\boldsymbol{D}-\boldsymbol{B})|=\{[(d_2-a_2)(d_3-b_3)-(d_2-b_2)(d_3-a_3)]^2+[(d_3-a_3)(d_1-b_1)-(d_3-b_3)(d_1-a_1)]^2+[(d_1-a_1)(d_2-b_2)-(d_1-b_1)(d_2-a_2)]^2\}^{1/2}$,

$[\boldsymbol{D}-\boldsymbol{A},\ \boldsymbol{D}-\boldsymbol{B},\ \boldsymbol{D}-\boldsymbol{C}]=(d_1-a_1)(d_2-b_2)(d_3-c_3)+(d_2-a_2)(d_3-b_3)(d_1-c_1)+(d_3-a_3)(d_1-b_1)(d_2-c_2)-(d_2-a_2)(d_1-b_1)(d_3-c_3)-(d_1-a_1)(d_3-b_3)(d_2-c_2)-(d_3-a_3)(d_2-b_2)(d_1-c_1)$。

同理可得 $\sin\boldsymbol{\alpha}$，$\sin\boldsymbol{\beta}$，$\sin\boldsymbol{\gamma}$。

定理 8

按定义 10 所约，则 $\sin\boldsymbol{\delta}=\varphi(\delta_1,\ \delta_2,\ \delta_3)$，$0\leqslant\delta_j\leqslant\pi(j=1,\ 2,\ 3)$，

其中 $\varphi(\delta_1,\ \delta_2,\ \delta_3)=(1+2\cos\delta_1\cos\delta_2\cos\delta_3-\cos^2\delta_1-\cos^2\delta_2-\cos^2\delta_3)/\sin\delta_1\sin\delta_2\sin\delta_3=[\sin^2\delta_1\sin^2\delta_2-(\cos\delta_3-\cos\delta_1\cos\delta_2)^2]/\sin\delta_1\sin\delta_2\sin\delta_3=[\cos(\delta_1-\delta_2)-\cos\delta_3][\cos\delta_3-\cos(\delta_1+\delta_2)]/\sin\delta_1\sin\delta_2\sin\delta_3=[\sin^2\delta_2\sin^2\delta_3-(\cos\delta_1-\cos\delta_2\cos\delta_3)^2]/\sin\delta_1\sin\delta_2\sin\delta_3=[\cos(\delta_2-\delta_3)-\cos\delta_1][\cos\delta_1-\cos(\delta_2+\delta_3)]/\sin\delta_1\sin\delta_2\sin\delta_3=[\sin^2\delta_3\sin^2\delta_1-(\cos\delta_2-\cos\delta_3\cos\delta_1)^2]/\sin\delta_1\sin\delta_2\sin\delta_3=[\cos(\delta_3-\delta_1)-\cos\delta_2][\cos\delta_2-\cos(\delta_3+\delta_1)]/\sin\delta_1\sin\delta_2\sin\delta_3$。

证 按定理 1 所设，不妨取三条边长为 $DA=DB=DC=1$，$\angle BDC=\delta_1$，$\angle CDA=\delta_2$，$\angle ADB=\delta_3$，

直角坐标系 $Dxyz$，(D 为坐标原点)(见图 3-16)，

$A(1,\ 0,\ 0)$，$B(\cos\delta_3,\ \sin\delta_3,\ 0)$，$C(x_1,\ y_1,\ z_1)$，

(1) 平面 ABC 的方程：$A_1x+B_1y+C_1z=D_1$，

其中 $A_1=z_1\sin\delta_3$，$B_1=z_1(1-\cos\delta_3)$，$C_1=y_1(\cos\delta_3-1)-(x_1-1)\sin\delta_3$，$D_1=A_1$。

(2) 设 $H(x_h,\ y_h,\ z_h)$，DH 垂直于平面 ABC，

直线 DH 的方程：$x=A_1t$，$y=B_1t$，$z=C_1t$(t 为参数)。

$d_h^2=x_h^2+y_h^2+z_h^2=z_1^2\sin^2\delta_3/(A_1^2+B_1^2+C_1^2)$。

(3) $A_s=\sin\delta_1/2$，$B_s=\sin\delta_2/2$，$C_s=\sin\delta_3/2$，

$\square_v ABCD=D_sd_h/3=z_1\sin\delta_3/6$ 。

$D_s=|\boldsymbol{R}_1\times\boldsymbol{R}_2+\boldsymbol{R}_2\times\boldsymbol{R}_3+\boldsymbol{R}_3\times\boldsymbol{R}_1|/2=(A_1^2+B_1^2+C_1^2)^{1/2}/2$，

其中 $\boldsymbol{R}_1=(1, 0, 0)$，$\boldsymbol{R}_2=(\cos\delta_3, \sin\delta_3, 0)$，$\boldsymbol{R}_3=(x_1, y_1, z_1)$。

得 $\sin\boldsymbol{\delta}=9\Box_v^2 ABCD/2A_sB_sC_s=\varphi(\delta_1, \delta_2, \delta_3)$[由定义 10]。

定理 9

设 $\boldsymbol{\delta}=(\delta, \delta, \delta)$，则 $\sin\boldsymbol{\delta}\leqslant\sin\delta$，$(0<\delta<\pi)$。

证 $0<(1-\cos\delta)^2$，$(1+2\cos^3\delta-3\cos^2\delta)<(1-\cos^2\delta)^2=\sin^4\delta$，

按定理 8 得 $\sin\boldsymbol{\delta}=\varphi(\delta, \delta, \delta)=(1+2\cos^3\delta-3\cos^2\delta)/\sin^3\delta<\sin\delta$，

对 $\varphi(\delta, \delta, \delta)$ 关于变量 δ 求导数，

$\varphi'(\delta, \delta, \delta)=3\cos\delta(1-\cos\delta)^2/\sin^4\delta$，$\varphi(\delta, \delta, \delta)\uparrow(0\leqslant\delta\leqslant\pi/2)$；$\varphi(\delta, \delta, \delta)\downarrow(\pi/2\leqslant\delta\leqslant 2\pi/3)$；

$\varphi''(\delta, \delta, \delta)=-3(1-\cos\delta)^4/\sin^5\delta\leqslant 0(\pi/2\leqslant\delta\leqslant 2\pi/3)$。

(1) ① $\sin\boldsymbol{\delta}=\varphi(0, 0, 0)\leqslant 0=\sin 0$。表示 $\Box ABCD$ 退化为一直线，$\delta=\delta_1+\delta_2+\delta_3=0$。

② $\sin\boldsymbol{\delta}=\varphi(\pi/6, \pi/6, \pi/6)=2(3^{3/2}-5)=0.392\,304\leqslant 1/2=\sin(\pi/6)$，$\delta=\delta_1+\delta_2+\delta_3=\pi/2$。

③ $\sin\boldsymbol{\delta}=\varphi(\pi/4, \pi/4, \pi/4)=2-2^{1/2}=0.585\,786\,5\leqslant 2^{-1/2}=\sin(\pi/4)$，$\delta=\delta_1+\delta_2+\delta_3=3\pi/4$。

④ $\sin\boldsymbol{\delta}=\varphi(\pi/3, \pi/3, \pi/3)=4\cdot 3^{1/2}/9=0.769\,800\,3\leqslant 3^{1/2}/2=\sin(\pi/3)$，$\delta=\delta_1+\delta_2+\delta_3=\pi$。

⑤ $\sin\boldsymbol{\delta}=\varphi(\pi/2, \pi/2, \pi/2)\leqslant 1=\sin(\pi/2)$，$\delta=\delta_1+\delta_2+\delta_3=3\pi/2$。

⑥ $\sin\boldsymbol{\delta}=\varphi(2\pi/3, 2\pi/3, 2\pi/3)=0$，表示 $\Box ABCD$ 退化为一平面，$\delta=\delta_1+\delta_2+\delta_3=2\pi$。

⑦ $\sin\boldsymbol{\delta}=\varphi(\delta_1, \pi/2, \pi/2)=\sin\delta_1$，$\delta=\delta_1+\delta_2+\delta_3=\pi+\delta_1$。

(左右两式正弦的意义不同，左式表示三面三维角 $\boldsymbol{\delta}$ 的正弦，右式表示常规角 δ_1 的正弦)

$\delta=\delta_1+\delta_2+\delta_3=\delta_1+\pi=\pi/6+\pi$，$\sin\boldsymbol{\delta}=\varphi(\pi/6, \pi/2, \pi/2)=1/2$。

(2) ① $\sin\boldsymbol{\delta}=\varphi(\delta_1, \delta_2, \pi/2)=0$，则 $\delta_1+\delta_2=\pi/2$，$\delta_1-\delta_2=\pi/2$。

② $\sin\boldsymbol{\delta}=\sin(\delta, \delta, \delta)\leqslant\sin\delta(0\leqslant\delta\leqslant\pi/2)$。

证 (2) ① $\sin\boldsymbol{\delta}=\varphi(\delta_1, \delta_2, \pi/2)=[\sin^2\delta_1\sin^2\delta_2-\cos^2\delta_1\cos^2\delta_2]/\sin\delta_1\sin\delta_2$，

$\sin^2\delta_1\sin^2\delta_2-\cos^2\delta_1\cos^2\delta_2=0$，$\cos(\delta_1+\delta_2)\cos(\delta_1-\delta_2)=0$，得 $\delta_1+\delta_2=\pm\pi/2$ 或 $\delta_1-\delta_2=\pm\pi/2$。

② 由 $0\leqslant\cos^2\delta(1-\cos\delta)^2\Rightarrow 1+2\cos^3\delta-3\cos^2\delta\leqslant(1-\cos^2\delta)^2=\sin^4\delta\Rightarrow 0\leqslant\cos^2\delta(1-\cos\delta)^2\Rightarrow(1+2\cos^3\delta-3\cos^2\delta)\leqslant 1-2\cos^2\delta+\cos^4\delta=\sin^4\delta$，

$\Rightarrow\sin\boldsymbol{\delta}=\varphi(\delta,\ \delta,\ \delta)=(1+2\cos^3\delta-3\cos^2\delta)/\sin^3\delta\leqslant\sin\delta$[见(1)① ~ ④]。

令 D 为原点，$DA=\boldsymbol{A}=\boldsymbol{e}_1$，$DB=\boldsymbol{B}=\boldsymbol{e}_2$，$DC=\boldsymbol{C}=\boldsymbol{e}_3$，

亦记 $\boldsymbol{\delta}\equiv(\delta_1,\ \delta_2,\ \delta_3)\equiv(\boldsymbol{e}_1,\ \boldsymbol{e}_2,\ \boldsymbol{e}_3)$，

其中

$\boldsymbol{e}_1=\boldsymbol{i}$，$\boldsymbol{e}_2=\cos\delta_3\boldsymbol{i}+\sin\delta_3\boldsymbol{j}$，$\boldsymbol{e}_2\cdot\boldsymbol{e}_3=\cos\delta_1$，$\boldsymbol{e}_3\cdot\boldsymbol{e}_1=\cos\delta_2$，$\boldsymbol{e}_1\cdot\boldsymbol{e}_2=\cos\delta_3$，

$\boldsymbol{e}_3=\cos\delta_2\boldsymbol{i}+(\cos\delta_1-\cos\delta_2\cos\delta_3)\boldsymbol{j}/\sin\delta_3+(1+2\cos\delta_1\cos\delta_2\cos\delta_3-\cos^2\delta_1-\cos^2\delta_2-\cos^2\delta_3)^{1/2}\boldsymbol{k}/\sin\delta_3$，

$|\boldsymbol{e}_j|=1(j=1,\ 2,\ 3)$，$[\boldsymbol{e}_1,\ \boldsymbol{e}_2,\ \boldsymbol{e}_3]=\psi^{1/2}$。

$\triangle_s ABC=|\boldsymbol{e}_2\times\boldsymbol{e}_3+\boldsymbol{e}_3\times\boldsymbol{e}_1+\boldsymbol{e}_1\times\boldsymbol{e}_2|/2$

计算可得，

$\boldsymbol{e}_1\times\boldsymbol{e}_2=(0,\ 0,\ \sin\delta_3)$，

$\boldsymbol{e}_2\times\boldsymbol{e}_3=(\psi^{\frac{1}{2}},\ -\psi^{\frac{1}{2}}\cos\delta_3/\sin\delta_3,\ \cos\delta_3(\cos\delta_1-\cos\delta_2\cos\delta_3)/\sin\delta_3-\sin\delta_3\cos\delta_2)$，

$\boldsymbol{e}_3\times\boldsymbol{e}_1=(0,\ \psi^{\frac{1}{2}}/\sin\delta_3,\ (\cos\delta_2\cos\delta_3-\cos\delta_1)/\sin\delta_3)$，

其中

$\psi(\delta_1,\ \delta_2,\ \delta_3)=(1+2\cos\delta_1\cos\delta_2\cos\delta_3-\cos^2\delta_1-\cos^2\delta_2-\cos^2\delta_3)=\sin^2\delta_2\sin^2\delta_3-(\cos\delta_1-\cos\delta_2\cos\delta_3)^2$，

$\sin\boldsymbol{\delta}=\sin(\boldsymbol{e}_1,\ \boldsymbol{e}_2,\ \boldsymbol{e}_3)=[\boldsymbol{e}_1,\ \boldsymbol{e}_2,\ \boldsymbol{e}_3]^2/|\boldsymbol{e}_2\times\boldsymbol{e}_3||\boldsymbol{e}_3\times\boldsymbol{e}_1|\boldsymbol{e}_1\times\boldsymbol{e}_2|=\varphi(\delta_1,\ \delta_2,\ \delta_3)=\psi(\delta_1,\ \delta_2,\ \delta_3)/\sin\delta_1\sin\delta_2\sin\delta_3$，

$\psi(\delta_1,\ \delta_2,\ \delta_3)=(1+2\cos\delta_1\cos\delta_2\cos\delta_3-\cos^2\delta_1-\cos^2\delta_2-\cos^2\delta_3)$，

$\sin(\lambda\boldsymbol{e}_1,\ \mu\boldsymbol{e}_2,\ \nu\boldsymbol{e}_3)=\sin(\boldsymbol{e}_1,\ \boldsymbol{e}_2,\ \boldsymbol{e}_3)(\lambda,\ \mu,\ \nu$ 为实数)。

特别当

(1) $\boldsymbol{e}_1=\boldsymbol{i}$，$\boldsymbol{e}_2=\boldsymbol{j}$，$\boldsymbol{e}_3=\boldsymbol{k}$ 时，$\triangle_s ABC=|\boldsymbol{e}_2\times\boldsymbol{e}_3+\boldsymbol{e}_3\times\boldsymbol{e}_1+\boldsymbol{e}_1\times\boldsymbol{e}_2|/2=|\boldsymbol{i}+\boldsymbol{j}+\boldsymbol{k}|/2=3^{1/2}/2$。

(2) $\boldsymbol{e}_1=\boldsymbol{i}$，$\boldsymbol{e}_2=\cos\delta_3\boldsymbol{i}+\sin\delta_3\boldsymbol{j}$，$\boldsymbol{e}_3=\boldsymbol{k}$ 时，$\triangle_s ABC=|\sin\delta_3\boldsymbol{i}+(1-\cos\delta_3)\boldsymbol{j}+\sin\delta_3\boldsymbol{k}|/2=\sin(\delta_3/2)[1+\cos^2(\delta_3/2)]^{1/2}$。

讨论：

$(\delta_1, \delta_2, \delta_3)$，$(\delta_1, \pi-\delta_2, \pi-\delta_3)$，$(\pi-\delta_1, \delta_2, \pi-\delta_3)$，$(\pi-\delta_1, \pi-\delta_2, \delta_3)$

(1) $\sin(\delta_1, \delta_2, \delta_3)=\sin(\delta_1, \pi-\delta_2, \pi-\delta_3)=\sin(\pi-\delta_1, \delta_2, \pi-\delta_3)=\sin(\pi-\delta_1, \pi-\delta_2, \delta_3)$；

(2) 设原点O作三平面$\boldsymbol{R}\cdot\boldsymbol{e}_1=0$，$\boldsymbol{R}\cdot(\boldsymbol{e}_1\times\boldsymbol{e}_2)=0$，$\boldsymbol{R}\cdot(\boldsymbol{e}_1\times\boldsymbol{e}_3)=0$，则

$\cos\varepsilon_1=[(\boldsymbol{e}_1\times\boldsymbol{e}_2)\times\boldsymbol{e}_1]\cdot[(\boldsymbol{e}_1\times\boldsymbol{e}_3)\times\boldsymbol{e}_1]/|(\boldsymbol{e}_1\times\boldsymbol{e}_2)\times\boldsymbol{e}_1|\cdot|(\boldsymbol{e}_1\times\boldsymbol{e}_3)\times\boldsymbol{e}_1|=[(\boldsymbol{e}_2\cdot\boldsymbol{e}_3)-(\boldsymbol{e}_1\cdot\boldsymbol{e}_2)(\boldsymbol{e}_1\cdot\boldsymbol{e}_3)]/|\boldsymbol{e}_2-(\boldsymbol{e}_1\cdot\boldsymbol{e}_2)\boldsymbol{e}_1||\boldsymbol{e}_3-(\boldsymbol{e}_1\cdot\boldsymbol{e}_3)\boldsymbol{e}_1|=(\cos\delta_1-\cos\delta_2\cos\delta_3)/\sin\delta_2\sin\delta_3$（见图 3-18）。

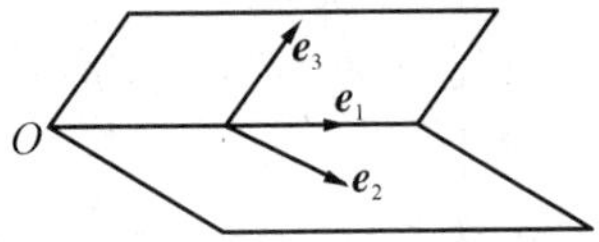

图 3-18

$\sin\varepsilon_1=(1-\cos^2\varepsilon_1)^{1/2}=\psi^{1/2}/\sin\delta_2\sin\delta_3=k_1$，

$\varepsilon_1=\arcsin k_1$，

$\psi(\delta_1, \delta_2, \delta_3)=(1+2\cos\delta_1\cos\delta_2\cos\delta_3-\cos^2\delta_1-\cos^2\delta_2-\cos^2\delta_3)=[\sin^2\delta_1\sin^2\delta_2-(\cos\delta_3-\cos\delta_1\cos\delta_2)^2]=[\cos(\delta_1-\delta_2)-\cos\delta_3][\cos\delta_3-\cos(\delta_1+\delta_2)]=[\sin^2\delta_2\sin^2\delta_3-(\cos\delta_1-\cos\delta_2\cos\delta_3)^2]=[\cos(\delta_2-\delta_3)-\cos\delta_1][\cos\delta_1-\cos(\delta_2+\delta_3)]=[\sin^2\delta_3\sin^2\delta_1-(\cos\delta_2-\cos\delta_3\cos\delta_1)^2]=[\cos(\delta_3-\delta_1)-\cos\delta_2][\cos\delta_2-\cos(\delta_3+\delta_1)]$。

$(\delta_1, \delta_2, \delta_3)\Rightarrow y_1, x_1, t_0, \cos t_0, z_1$，

$(\pi-\delta_1, \delta_2, \pi-\delta_3)\Rightarrow -y_1, x_1, -t_0, -\cos t_0, z_1$，

$m=|z_1/(x_1\sin\delta_3-y_1\cos\delta_3)|=|\psi^{1/2}/(\cos\delta_2-\cos\delta_1\cos\delta_3)|$，$k=(1+m^2)^{1/2}=\sin\delta_1\sin\delta_2$，

$2\varepsilon_1=S_{\boldsymbol{\delta}_1}+S_{\boldsymbol{\delta}_2}+S^*_{\boldsymbol{\delta}_1}+S^*_{\boldsymbol{\delta}_2}$。

其中

$S_{\boldsymbol{\delta}_1}$[球面$S^*$在投影区域$D'(r, t)$上的面积]$=\arcsin(z_1/h)-\arcsin[(z_1\cos t_0)/h]$，

$S_{\boldsymbol{\delta}_2}$[球面$S^*$在投影区域$D''(r, t)$上的面积]$=\arcsin(m/k)-\arcsin\{[m\cos(\delta_3-t_0)]/k\}$，

$\boldsymbol{\delta}^*\equiv(-\boldsymbol{e}_1, \boldsymbol{e}_2, \boldsymbol{e}_3)$，

$S^*_{\boldsymbol{\delta}_1}=\arcsin(z_1/h)-\arcsin[(z_1\cos t_0)/h]$，

$S^*_{\boldsymbol{\delta}_2}=\arcsin(m/k)+\arcsin\{[m\cos(\delta_3-t_0)]/k\}$，

$\Rightarrow\varepsilon_1-\arcsin(m/k)=\arcsin(z_1/h)-\arcsin[(z_1\cos t_0)/h]\Rightarrow\arcsin(\psi^{1/2}/\sin$

$\delta_2\sin\delta_3) - \arcsin(m/k) = \arcsin(z_1/h) - \arcsin[(z_1\cos t_0)/h]$,

$\sin[\arcsin(\psi^{1/2}/\sin\delta_2\sin\delta_3) - \arcsin(m/k)] = \sin[\arcsin(z_1/h) - \arcsin[(z_1\cos t_0)/h]]$,

得$(\psi^{1/2}/\sin\delta_2\sin\delta_3)(1-m^2/k^2)^{1/2}-(m/k)(1-\psi/\sin^2\delta_2\sin^2\delta_3)^{1/2}=(z_1/h)[1-(z_1\cos t_0)^2/h^2]^{1/2}-(z_1\cos t_0/h)[h^2-z_1^2]^{1/2}$,

ε_1为两平面$\boldsymbol{R}\cdot(\boldsymbol{e}_1\times\boldsymbol{e}_2)=0$，$\boldsymbol{R}\cdot(\boldsymbol{e}_1\times\boldsymbol{e}_3)=0$的两面角。

$(\delta_1, \delta_2, \delta_3)+(\delta_1, \pi-\delta_2, \pi-\delta_3)=(2\varepsilon_1, \pi/2, \pi/2)=(\pi/2, 2\varepsilon_1, \pi/2)=(\pi/2, \pi/2, 2\varepsilon_1)$,

同理$(\delta_1, \delta_2, \delta_3)+(\pi-\delta_1, \delta_2, \pi-\delta_3)=(2\varepsilon_2, \pi/2, \pi/2)=(\pi/2, 2\varepsilon_2, \pi/2)=(\pi/2, \pi/2, 2\varepsilon_2)$,

$\varepsilon_2=\arcsin k_2, k_2=\psi^{1/2}/\sin\delta_3\sin\delta_1$。

ε_2为两平面$\boldsymbol{R}\cdot(\boldsymbol{e}_2\times\boldsymbol{e}_1)=0$，$\boldsymbol{R}\cdot(\boldsymbol{e}_2\times\boldsymbol{e}_3)=0$的两面角。

$(\delta_1, \delta_2, \delta_3)+(\pi-\delta_1, \pi-\delta_2, \delta_3)=(2\varepsilon_3, \pi/2, \pi/2)=(\pi/2, 2\varepsilon_3, \pi/2)=(\pi/2, \pi/2, 2\varepsilon_3)$,

$\varepsilon_3=\arcsin k_3, k_3=\psi^{1/2}/\sin\delta_1\sin\delta_2$。

ε_3为两平面$\boldsymbol{R}\cdot(\boldsymbol{e}_3\times\boldsymbol{e}_1)=0$，$\boldsymbol{R}\cdot(\boldsymbol{e}_3\times\boldsymbol{e}_2)=0$的两面角。

当$\varepsilon_1=\varepsilon_2$时，即$\sin\delta_1=\sin\delta_2$，$\delta_1=\delta_2$，$\delta_1+\delta_2=\pi$，$(\delta_1, \pi-\delta_2, \pi-\delta_3)=(\pi-\delta_1, \delta_2, \pi-\delta_3)$。

当$\varepsilon_1=\varepsilon_2=\varepsilon_3$时，即$\delta_1=\delta_2=\delta_3$，$(\delta_1, \pi-\delta_2, \pi-\delta_3)=(\pi-\delta_1, \delta_2, \pi-\delta_3)=(\pi-\delta_1, \pi-\delta_2, \delta_3)$。

(3) $\sin[(\delta_1, \delta_2, \delta_3)+(\delta_1, \pi-\delta_2, \pi-\delta_3)]=\sin(2\varepsilon_1, \pi/2, \pi/2)=\sin(2\varepsilon_1)=2\sin\varepsilon_1\cos\varepsilon_1=2(\cos\delta_1-\cos\delta_2\cos\delta_3)\psi^{1/2}/\sin^2\delta_2\sin^2\delta_3=m_1$。

$(\delta_1, \pi-\delta_2, \pi-\delta_3)=\arcsin m_1-(\delta_1, \delta_2, \delta_3)$,

同理$(\pi-\delta_1, \delta_2, \pi-\delta_3)=\arcsin m_2-(\delta_1, \delta_2, \delta_3)$，$m_2=2(\cos\delta_2-\cos\delta_3\cos\delta_1)\psi^{1/2}/\sin^2\delta_3\sin^2\delta_1$。

$(\pi-\delta_1, \pi-\delta_2, \delta_3)=\arcsin m_3-(\delta_1, \delta_2, \delta_3)$，$m_3=2(\cos\delta_3-\cos\delta_1\cos\delta_2)\psi^{1/2}/\sin^2\delta_1\sin^2\delta_2$。

$\sin(\delta_1, \delta_2, \delta_3)=\varphi(\delta_1, \delta_2, \delta_3)=\psi(\delta_1, \delta_2, \delta_3)/\sin\delta_1\sin\delta_2\sin\delta_3$，$(\delta_1, \delta_2, \delta_3)=\arcsin\varphi(\delta_1, \delta_2, \delta_3)$。

3.7 $\varphi(\delta_1, \delta_2, \delta_3)$的性质

按定理 8 $\varphi(\delta_1, \delta_2, \delta_3)=(1+2\cos\delta_1\cos\delta_2\cos\delta_3-\cos^2\delta_1-\cos^2\delta_2-\cos^2\delta_3)/\sin\delta_1\sin\delta_2\sin\delta_3$ {或 $[\sin^2\delta_1\sin^2\delta_2-(\cos\delta_3-\cos\delta_1\cos\delta_2)^2]/\sin\delta_1\sin\delta_2\sin\delta_3$}，我们可得如下若干性质：

性质 1 $\varphi(\delta_1, \delta_2, \delta_3)$关于 δ_1，δ_2，δ_3两两对称。

性质 2 $0\leqslant\varphi(\delta_1, \delta_2, \delta_3)\leqslant 1$。

证 按定理 7，$0\leqslant\sin\boldsymbol{\delta}=[\boldsymbol{A}, \boldsymbol{B}, \boldsymbol{C}]^2/|\boldsymbol{B}\times\boldsymbol{C}||\boldsymbol{C}\times\boldsymbol{A}||\boldsymbol{A}\times\boldsymbol{B}|\leqslant 1$，

利用$[\boldsymbol{A}, \boldsymbol{B}, \boldsymbol{C}]^2=[\boldsymbol{B}\times\boldsymbol{C}, \boldsymbol{C}\times\boldsymbol{A}, \boldsymbol{A}\times\boldsymbol{B}]=\{(\boldsymbol{B}\times\boldsymbol{C})\times(\boldsymbol{C}\times\boldsymbol{A})\}\cdot(\boldsymbol{A}\times\boldsymbol{B})=\{|\boldsymbol{B}\times\boldsymbol{C}||\boldsymbol{C}\times\boldsymbol{A}|\boldsymbol{N}\sin\varepsilon\}\cdot(\boldsymbol{A}\times\boldsymbol{B})=|\boldsymbol{B}\times\boldsymbol{C}||\boldsymbol{C}\times\boldsymbol{A}||\boldsymbol{A}\times\boldsymbol{B}|\sin\varepsilon\cos\eta\leqslant|\boldsymbol{B}\times\boldsymbol{C}||\boldsymbol{C}\times\boldsymbol{A}||\boldsymbol{A}\times\boldsymbol{B}|$。

$\varepsilon=(\boldsymbol{B}\times\boldsymbol{C}, \boldsymbol{C}\times\boldsymbol{A})$，$\eta=(\boldsymbol{N}, \boldsymbol{A}\times\boldsymbol{B})$，$\boldsymbol{N}=(\boldsymbol{B}\times\boldsymbol{C})\times(\boldsymbol{C}\times\boldsymbol{A})/|(\boldsymbol{B}\times\boldsymbol{C})\times(\boldsymbol{C}\times\boldsymbol{A})|$。

性质 3 $\varphi(\delta_1, \delta_2, \delta_3)=\varphi(\delta_1, \pi-\delta_2, \pi-\delta_3)=\varphi(\pi-\delta_1, \delta_2, \pi-\delta_3)=\varphi(\pi-\delta_1, \pi-\delta_2, \delta_3)$。

证 利用 $\sin(\pi-\delta)=\sin\delta$，$\cos(\pi-\delta)=-\cos\delta$。

性质 4 $\varphi(\delta_1, \delta_2, \delta_3)=0$ 的充分必要条件是 $\delta_1+\delta_2=\delta_3$(包括 $\delta_1=\delta_2=\delta_3=0$；$\delta_1=\delta_2=\pi/2$，$\delta_3=\pi$) 或 $\delta_1+\delta_2+\delta_3=2\pi$。

证 必要性 按定理 8 $\sin^2\delta_1\sin^2\delta_2=(\cos\delta_3-\cos\delta_1\cos\delta_2)^2$，得 $\cos\delta_3=\cos(\delta_1\pm\delta_2)$。

(1) $\cos\delta_3=\cos(\delta_1+\delta_2)$。① $\delta_1+\delta_2=\delta_3$；② $\delta_1+\delta_2+\delta_3=2\pi$。

(2) $\cos\delta_3=\cos(\delta_1-\delta_2)$。① $\delta_1-\delta_2=\delta_3$；② $\delta_1-\delta_2+\delta_3=2\pi$(不合)。

充分性 显然的。

性质 5 $\varphi(\delta_1, \delta_2, \delta_3)=1$ 的充分必要条件是 $\delta_j=\pi/2(j=1, 2, 3)$。

证 必要性 $\varphi(\delta_1, \delta_2, \delta_3)=1\Rightarrow[\sin^2\delta_1\sin^2\delta_2-(\cos\delta_3-\cos\delta_1\cos\delta_2)^2]/\sin\delta_1\sin\delta_2\sin\delta_3=1\Rightarrow\sin\delta_1\sin\delta_2/\sin\delta_3=1+(\cos\delta_3-\cos\delta_1\cos\delta_2)^2/$

$\sin\delta_1\sin\delta_2\sin\delta_3 \geqslant 1$，$\sin\delta_1\sin\delta_2 \geqslant \sin\delta_3$，

由 δ_1，δ_2，δ_3 的对称性 $\Rightarrow \sin\delta_2\sin\delta_3 \geqslant \sin\delta_1$，$\sin\delta_3\sin\delta_1 \geqslant \sin\delta_2$，

由上三式相乘得 $\sin^2\delta_1\sin^2\delta_2\sin^2\delta_3 \geqslant \sin\delta_1\sin\delta_2\sin\delta_3 \Rightarrow \sin\delta_1\sin\delta_2\sin\delta_3 \geqslant 1$，

$\Rightarrow \sin\delta_1 = \sin\delta_2 = \sin\delta_3 = 1 \Rightarrow \delta_1 = \delta_2 = \delta_3 = \pi/2$。

充分性　以 $\delta_1 = \delta_2 = \delta_3 = \pi/2$ 代入，

$\varphi(\delta_1, \delta_2, \delta_3) = [\sin^2\delta_1\sin^2\delta_2 - (\cos\delta_3 - \cos\delta_1\cos\delta_2)^2]/\sin\delta_1\sin\delta_2\sin\delta_3 = 1$。

性质 6

(1) 已知 $\varphi(\delta_1, \delta_2, \delta_3)$，则由 $\varphi(\delta_1, \delta_2, \delta_3) = \varphi(\delta, \pi/2, \pi/2)$ 可得唯一解 $\delta = \arcsin\varphi(\delta_1, \delta_2, \delta_3)$。

(2) $\varphi(\delta_1, \delta_2, \pi/2) = \sin\delta_1$ 的充分必要条件是 $\delta_2 = \pi/2$。

证　(1) $\sin\boldsymbol{\delta} = \varphi(\delta_1, \delta_2, \delta_3) = \varphi(\delta, \pi/2, \pi/2) = \sin\delta$，$\boldsymbol{\delta} = (\delta, \pi/2, \pi/2)$ 得唯一解 $\delta = \arcsin\varphi(\delta_1, \delta_2, \delta_3)$。

(2) *必要性*　由 $\varphi(\delta_1, \delta_2, \pi/2) = \sin\delta_1$ 得 $[1 - \cos^2\delta_1 - \cos^2\delta_2]/\sin\delta_1\sin\delta_2 = \sin\delta_1$，

记 $x = \sin\delta_2 \Rightarrow x^2 - x\sin^2\delta_1 + \sin^2\delta_1 - 1 = 0 \Rightarrow x = 1$，$x = \sin^2\delta_1 - 1 \leqslant 0$（不合否则 $x = 0$ 得 $\delta_2 = 0, \pi$），所以 $\sin\delta_2 = x = 1$，$\delta_2 = \pi/2$，充分性由(1)得证。

3.8　共轭三面三维角

定义 11

$(\delta_1^\circ, \delta_2^\circ, \delta_3^\circ) = (\boldsymbol{A}^\circ, \boldsymbol{B}^\circ, \boldsymbol{C}^\circ)$ 称为三面角 $(\delta_1, \delta_2, \delta_3) = (\boldsymbol{A}, \boldsymbol{B}, \boldsymbol{C})$ **的共轭三面三维角**，

其中 $\boldsymbol{A}^\circ = \boldsymbol{B}\times\boldsymbol{C}$，$\boldsymbol{B}^\circ = \boldsymbol{C}\times\boldsymbol{A}$，$\boldsymbol{C}^\circ = \boldsymbol{A}\times\boldsymbol{B}$，

$\delta_1 = (\boldsymbol{B}, \boldsymbol{C})$，$\delta_2 = (\boldsymbol{C}, \boldsymbol{A})$，$\delta_3 = (\boldsymbol{A}, \boldsymbol{B})$，$\delta_1{}^\circ = (\boldsymbol{B}^\circ, \boldsymbol{C}^\circ)$，$\delta_2{}^\circ = (\boldsymbol{C}^\circ, \boldsymbol{A}^\circ)$，$\delta_3{}^\circ = (\boldsymbol{A}^\circ, \boldsymbol{B}^\circ)$。

性质 7（正弦三面三维角的矢量表示）

$\sin\boldsymbol{\delta} \equiv \varphi(\delta_1, \delta_2, \delta_3) = \varphi(\boldsymbol{A}, \boldsymbol{B}, \boldsymbol{C}) = [\boldsymbol{A}, \boldsymbol{B}, \boldsymbol{C}]^2/|\boldsymbol{B}\times\boldsymbol{C}||\boldsymbol{C}\times\boldsymbol{A}||\boldsymbol{A}\times\boldsymbol{B}|$。

性质 8(正弦共轭三面三维角的矢量表示)

$\varphi^{\circ}(\delta_1, \delta_2, \delta_3) = \sin^{\circ}\boldsymbol{\delta} \equiv \sin\boldsymbol{\delta}^{\circ} \equiv \varphi(\delta_1{}^{\circ}, \delta_2{}^{\circ}, \delta_3{}^{\circ}) = \varphi(\boldsymbol{A}^{\circ}, \boldsymbol{B}^{\circ}, \boldsymbol{C}^{\circ}) = [\boldsymbol{A}^{\circ}, \boldsymbol{B}^{\circ}, \boldsymbol{C}^{\circ}]^2 / |\boldsymbol{B}^{\circ}\times\boldsymbol{C}^{\circ}||\boldsymbol{C}^{\circ}\times\boldsymbol{A}^{\circ}||\boldsymbol{A}^{\circ}\times\boldsymbol{B}^{\circ}| = [\boldsymbol{B}\times\boldsymbol{C}, \boldsymbol{C}\times\boldsymbol{A}, \boldsymbol{A}\times\boldsymbol{B}]^2 / |(\boldsymbol{C}\times\boldsymbol{A})\times(\boldsymbol{A}\times\boldsymbol{B})||(\boldsymbol{A}\times\boldsymbol{B})\times(\boldsymbol{B}\times\boldsymbol{C})||(\boldsymbol{B}\times\boldsymbol{C})\times(\boldsymbol{C}\times\boldsymbol{A})| = [\boldsymbol{A}, \boldsymbol{B}, \boldsymbol{C}] / |\boldsymbol{A}||\boldsymbol{B}||\boldsymbol{C}| = \varphi^{\circ}(\boldsymbol{A}, \boldsymbol{B}, \boldsymbol{C}) = \varphi^{\circ}(\delta_1, \delta_2, \delta_3)$,

$\varphi(\boldsymbol{A}, \boldsymbol{B}, \boldsymbol{C}) = \varphi(\delta_1, \delta_2, \delta_3) = (1 + 2\cos\delta_1\cos\delta_2\cos\delta_3 - \cos^2\delta_1 - \cos^2\delta_2 - \cos^2\delta_3)/\sin\delta_1\sin\delta_2\sin\delta_3$,

$\psi(\boldsymbol{A}, \boldsymbol{B}, \boldsymbol{C}) = \psi(\delta_1, \delta_2, \delta_3) = (1 + 2\cos\delta_1\cos\delta_2\cos\delta_3 - \cos^2\delta_1 - \cos^2\delta_2 - \cos^2\delta_3)$,

$\varphi(\boldsymbol{A}, \boldsymbol{B}, \boldsymbol{C}) = [\boldsymbol{A}, \boldsymbol{B}, \boldsymbol{C}]^2 / |\boldsymbol{B}\times\boldsymbol{C}||\boldsymbol{C}\times\boldsymbol{A}||\boldsymbol{A}\times\boldsymbol{B}| = [\boldsymbol{A}, \boldsymbol{B}, \boldsymbol{C}]^2 / |\boldsymbol{A}|^2|\boldsymbol{B}|^2|\boldsymbol{C}|^2\sin\delta_1\sin\delta_2\sin\delta_3$。

性质 9

(1) $\varphi(\lambda\boldsymbol{A}, \mu\boldsymbol{B}, \nu\boldsymbol{C}) = \varphi(\boldsymbol{A}, \boldsymbol{B}, \boldsymbol{C})$。

(2) $\varphi^{\circ}(\lambda\boldsymbol{A}, \mu\boldsymbol{B}, \nu\boldsymbol{C}) = \varphi^{\circ}(\boldsymbol{A}, \boldsymbol{B}, \boldsymbol{C})$($\lambda$, μ, ν 为实数)。

(3) $\varphi^{\circ}(\boldsymbol{A}, \boldsymbol{B}, \boldsymbol{C}) = \varphi(\boldsymbol{A}^{\circ}, \boldsymbol{B}^{\circ}, \boldsymbol{C}^{\circ})$。

(4) $\varphi(\boldsymbol{A}, \boldsymbol{B}, \boldsymbol{C}) = \varphi^{\circ}(\boldsymbol{A}^{\circ}, \boldsymbol{B}^{\circ}, \boldsymbol{C}^{\circ})$。

(5) $(\varphi^{\circ})^{\circ}(\boldsymbol{A}, \boldsymbol{B}, \boldsymbol{C}) = \varphi(\boldsymbol{A}, \boldsymbol{B}, \boldsymbol{C})$。

(6) $(\varphi^{\circ})^{\circ}(\boldsymbol{A}^{\circ}, \boldsymbol{B}^{\circ}, \boldsymbol{C}^{\circ}) = \varphi(\boldsymbol{A}^{\circ}, \boldsymbol{B}^{\circ}, \boldsymbol{C}^{\circ})$。

(7) $\varphi[(\boldsymbol{A}^{\circ})^{\circ}, (\boldsymbol{B}^{\circ})^{\circ}, (\boldsymbol{C}^{\circ})^{\circ}] = \varphi^{\circ}(\boldsymbol{A}^{\circ}, \boldsymbol{B}^{\circ}, \boldsymbol{C}^{\circ}) = \varphi(\boldsymbol{A}, \boldsymbol{B}, \boldsymbol{C})$。

(8) $\varphi^{\circ}[(\boldsymbol{A}^{\circ})^{\circ}, (\boldsymbol{B}^{\circ})^{\circ}, (\boldsymbol{C}^{\circ})^{\circ}] = \varphi(\boldsymbol{A}^{\circ}, \boldsymbol{B}^{\circ}, \boldsymbol{C}^{\circ}) = \varphi^{\circ}(\boldsymbol{A}, \boldsymbol{B}, \boldsymbol{C})$。

(9) $\psi(\boldsymbol{A}, \boldsymbol{B}, \boldsymbol{C}) = \varphi^{\circ 2}(\boldsymbol{A}, \boldsymbol{B}, \boldsymbol{C})$, $\psi^{\circ}(\boldsymbol{A}, \boldsymbol{B}, \boldsymbol{C}) = \varphi^2(\boldsymbol{A}, \boldsymbol{B}, \boldsymbol{C})$,

记 $v\boldsymbol{A} = \boldsymbol{B}^{\circ}\times\boldsymbol{C}^{\circ}$, $v\boldsymbol{B} = \boldsymbol{C}^{\circ}\times\boldsymbol{A}^{\circ}$, $v\boldsymbol{C} = \boldsymbol{A}^{\circ}\times\boldsymbol{B}^{\circ}$, $v = [\boldsymbol{A}, \boldsymbol{B}, \boldsymbol{C}]$。

若取 $[\boldsymbol{A}, \boldsymbol{B}, \boldsymbol{C}] = 1$, $(\boldsymbol{A}^{\circ})^{\circ} = \boldsymbol{A}$, $(\boldsymbol{B}^{\circ})^{\circ} = \boldsymbol{B}$, $(\boldsymbol{C}^{\circ})^{\circ} = \boldsymbol{C}$,则 $[\boldsymbol{A}^{\circ}, \boldsymbol{B}^{\circ}, \boldsymbol{C}^{\circ}] = [\boldsymbol{A}, \boldsymbol{B}, \boldsymbol{C}]^2 = 1$。

3.9 正则三面三维角(三面三维角的第二类尺度)

定义 12

(1) 若两个三面三维角 $\boldsymbol{\alpha}$, $\boldsymbol{\beta}$ 满足 $\sin\boldsymbol{\alpha} = \sin\boldsymbol{\beta}$,则称 $\boldsymbol{\alpha}$, $\boldsymbol{\beta}$ 相等($\boldsymbol{\alpha} = \boldsymbol{\beta}$) 或互为

补角(见定义 4)。

(2) 三面三维角 $\boldsymbol{\delta}=(\delta_1, \delta_2, \delta_3)$ 中,若 $\delta_j \leqslant \pi/2(j=1, 2, 3)$,则 $\boldsymbol{\delta}$ **称为三面三维锐角**,若 $\delta_j(j=1, 2, 3)$ 中至少有一个为钝角,则 $\boldsymbol{\delta}$ **称为三面三维钝角**。

定义 13

设三面三维角 $\boldsymbol{\delta}=(\delta_1, \delta_2, \delta_3)$,其正弦三面三维角 $\sin\boldsymbol{\delta}=\sin(\delta_1, \delta_2, \delta_3)=\varphi(\delta_1, \delta_2, \delta_3)=\varphi(\delta, \pi/2, \pi/2)=\sin\boldsymbol{\delta}^*=\sin\delta$,称**三面三维角** $\boldsymbol{\delta}^*=(\delta, \pi/2, \pi/2)[\delta=\arcsin\varphi(\delta_1, \delta_2, \delta_3), \delta\leqslant\pi/2]$ 为 $\boldsymbol{\delta}=(\delta_1, \delta_2, \delta_3)$ **的三面三维角的第二类尺度或称** $\boldsymbol{\delta}^*$ **为** $\boldsymbol{\delta}$ **正则三面三维角**。

定义 14

$\cos\boldsymbol{\delta}=(1-\sin^2\boldsymbol{\delta})^{1/2}$ 为三面三维角 $\boldsymbol{\delta}=(\delta_1, \delta_2, \delta_3)$ 的**余弦**,

同理 $\tan\boldsymbol{\delta}$(**正切**) $=\sin\boldsymbol{\delta}/\cos\boldsymbol{\delta}$, $\cot\boldsymbol{\delta}$(**余切**) $=1/\tan\boldsymbol{\delta}$, $\sec\boldsymbol{\delta}$(**正割**) $=1/\cos\boldsymbol{\delta}$, $\csc\boldsymbol{\delta}$(**余割**) $=1/\sin\boldsymbol{\delta}$。

公式 设两个三面三维角 $\boldsymbol{\alpha}=(\alpha_1, \alpha_2, \alpha_3)$, $\boldsymbol{\beta}=(\beta_1, \beta_2, \beta_3)$,则

(1) $\sin(\boldsymbol{\alpha}^*+\boldsymbol{\beta}^*)=\sin\boldsymbol{\alpha}^*\cos\boldsymbol{\beta}^*+\sin\boldsymbol{\beta}^*\cos\boldsymbol{\alpha}^*$。

(2) $\cos(\boldsymbol{\alpha}^*+\boldsymbol{\beta}^*)=\cos\boldsymbol{\alpha}^*\cos\boldsymbol{\beta}^*-\sin\boldsymbol{\alpha}^*\sin\boldsymbol{\beta}^*$。

(3) $\tan(\boldsymbol{\alpha}^*+\boldsymbol{\beta}^*)=(\tan\boldsymbol{\alpha}^*+\tan\boldsymbol{\beta}^*)/(1-\tan\boldsymbol{\alpha}^*\tan\boldsymbol{\beta}^*)$。

常规三角学的公式全部可以移植到正则三面三维角公式(包括反正则三面三维角公式)。

证 仅证(1) 令 $\boldsymbol{\alpha}=(\alpha_1, \alpha_2, \alpha_3)$, $\boldsymbol{\alpha}^*=(\alpha, \pi/2, \pi/2)$, $\boldsymbol{\beta}=(\beta_1, \beta_2, \beta_3)$, $\boldsymbol{\beta}^*=(\beta, \pi/2, \pi/2)$,由定义 13 得它们的

$\alpha=\arcsin\varphi(\alpha_1, \alpha_2, \alpha_3)$, $\alpha\leqslant\pi/2$, $\beta=\arcsin\varphi(\beta_1, \beta_2, \beta_3)$, $\beta\leqslant\pi/2$,

$\sin(\boldsymbol{\alpha}^*+\boldsymbol{\beta}^*)=\sin[(\alpha, \pi/2, \pi/2)+(\beta, \pi/2, \pi/2)]=\sin(\alpha+\beta, \pi/2, \pi/2)=\sin(\alpha+\beta)=\sin\alpha\cos\beta+\sin\beta\cos\alpha=\sin\boldsymbol{\alpha}^*\cos\boldsymbol{\beta}^*+\sin\boldsymbol{\beta}^*\cos\boldsymbol{\alpha}^*=\sin\boldsymbol{\alpha}\cos\boldsymbol{\beta}+\sin\boldsymbol{\beta}\cos\boldsymbol{\alpha}$。

第4章　多 面 体

4.1　四面体

4.1.1　四面体的分类

定义 1

(1) 两条相邻棱(或边)垂直的四面体称为**邻棱直角四面体**[见图 4－1,棱 AB 垂直于棱 BC]。

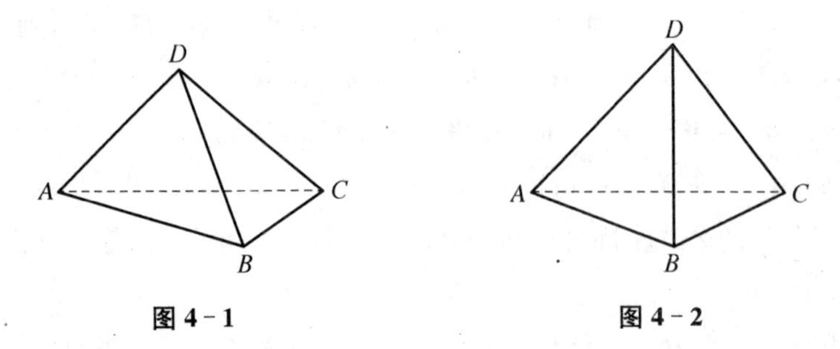

图 4－1　　**图 4－2**

(2) 两条异邻棱(或边)垂直的四面体称为**异棱直角四面体**[见图 4－2,棱 DB 垂直于棱 AC]。

(3) 一个两面角为直角的四面体称为**单直角面四面体**[见图 4－3,三角形 ACD 垂直于三角形 ABC]。

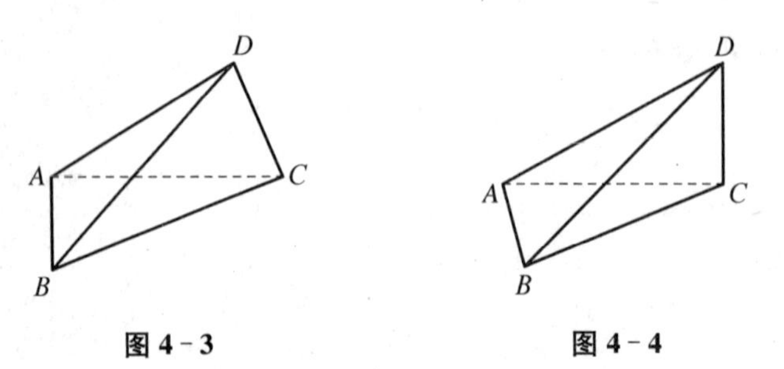

图 4－3　　**图 4－4**

(4) 满足下面条件之一的四面体称为**双直角面四面体**，

① 二个两面角为直角(见图 4-4 中两个$\triangle ACD$，$\triangle BCD$同时垂直于$\triangle ABC$)；

② 一条棱(或边)分别同时垂直两条棱(或边)[见图 4-4，棱(或边)DC分别垂直于两条棱(或边)AC，BC]；

③ 一条棱(或边)垂直一面[见图 4-4，棱(或边)DC垂直于$\triangle ABC$]。

(5) 三个两面角(或三条棱中每两条的交角)均为直角的四面体称为**直角四面体**[见图 4-5，三个$\triangle DBC$，$\triangle DAC$，$\triangle DAB$相互垂直于点D]。

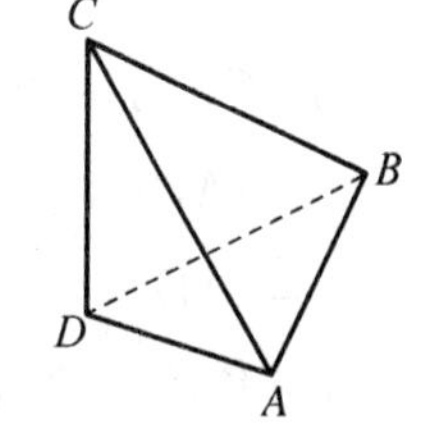

图 4-5

三个$\triangle DBC$，$\triangle DAC$，$\triangle DAB$称为直角四面体$ABCD$的**直角面**，$\triangle ABC$称为**斜面**。

(6) 四个面均为正三角形的四面体称为**正四面体**。

(7) 三个三面三维角相等的四面体称为**等底角四面体**，三个面相等的四面体称为**等腰面四面体**，四个面相等的四面体称为**等面四面体**，四个面为全等三角形的四面体称为**拟正四面体**。

(**正四面体**的推广)[见图 4-6，$BC = DA = a$，$CA = DB = b$，$AB = DC = c$。]

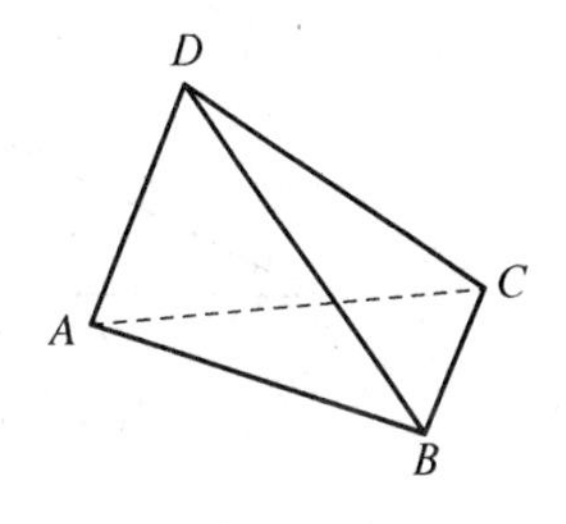

图 4-6

(8) 四面体的四个三面三维角中所有角分量均小于或等于$\pi/2$，称为**锐角**(包括直角四面体)**四面体**；四面体的四个三面三维角的所有角分量中有一个大于$\pi/2$，称为**钝角四面体**。

(9) 三对(事实上两对即可)异面棱互为正交的四面体称为**异棱正交四面体**。

4.1.2 四面体的性质

定义 2(内错三面三维角)

设$\square ABCD$(见图 4-7)，

过D作平行于三角形ABC，作直线$A'DA''$，$B'DB''$，$C'DC''$分别平行于直线BC，CA，AB。

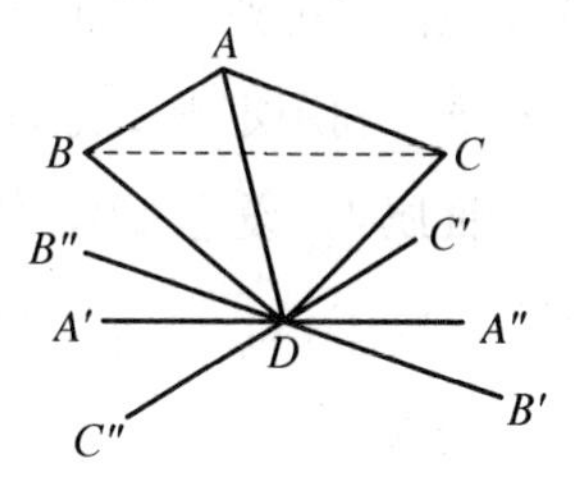

图 4-7

利用平面内错角相等原理易知

$\angle DCB = \angle CDA''$，$\angle DCA = \angle CDB'$，$\angle BCA = \angle A''DB'$，

三面三维角 $C(BAD)$ = 三面三维角 $D(B'CA'')$，

三面三维角 $A(CBD)$ = 三面三维角 $D(C'AB'')$，

三面三维角 $B(ACD)$ = 三面三维角 $D(A'BC'')$。

性质 1 四面体的内错三面三维角相等。

性质 2 四面体的四个三面三维角之和小于或等于 2π。

证 1 由 $A(CBD)+B(ACD)+C(BAD)+D(ABC)\leqslant D(C'AB'')+D(A'BC'')+D(B'CA'')+D(ABC)\leqslant 2\pi$，

设$\triangle ABC$，$\angle C>\angle B$，过点 C 作直线 CD，$CD=BD$，$\angle ACD\neq 0$，

$c=AD+DB=AD+DC>AC=b$，

（三角形的两边之和大于或等于第三边的证明）

反之，设$\triangle ABC$，$c>a$，过点 C 作直线 $CB=BD$，$\angle ACD\neq 0$。

$\angle C=\angle BCD+\angle ACD=\angle BDC+\angle ACD$（见图 4-8、图 4-9），

$\angle A=\angle BDC-\angle ACD$，所以 $\angle C>\angle A$。

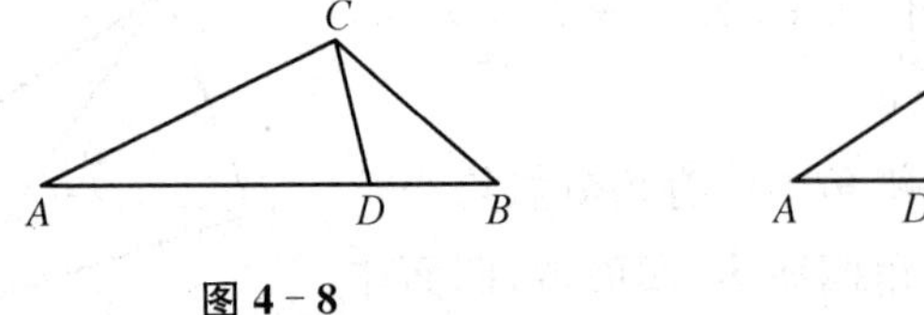

图 4-8

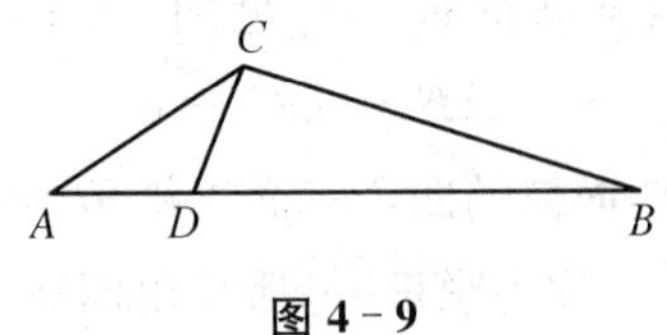

图 4-9

证 2 设圆 O 为$\triangle ABC$ 的外接圆利用大圆弧对大弦，小圆弧对小弦，等圆弧对等弦，反之亦真。即证三角形中的大角对大边，小角对小边，等角对等边，反之亦真。

性质 3 □$ABCD$ 的大正弦三面三维角对大面，小正弦三面三维角对小面，等正弦三面三维角对等面，反之亦真。

证 利用定理 4 得 $\sin\boldsymbol{\alpha}:\sin\boldsymbol{\beta}:\sin\boldsymbol{\gamma}:\sin\boldsymbol{\delta}=A_s:B_s:C_s:D_s$，即证。

性质 4 设□$ABCD$ 的四顶点为 $A(x_1,y_1,z_1)$，$B(x_2,y_2,z_2)$，$C(x_3,y_3,z_3)$，$D(x_4,y_4,z_4)$，求其外接球面 S：$(x-x_0)^2+(y-y_0)^2+(z-z_0)^2=R^2$。

证 □$ABCD$ 的外接球面 S 为

$$\begin{vmatrix} 1 & x & y & z & x^2+y^2+z^2 \\ 1 & x_1 & y_1 & z_1 & x_1^2+y_1^2+z_1^2 \\ 1 & x_2 & y_2 & z_2 & x_2^2+y_2^2+z_2^2 \\ 1 & x_3 & y_3 & z_3 & x_3^2+y_3^2+z_3^2 \\ 1 & x_4 & y_4 & z_4 & x_4^2+y_4^2+z_4^2 \end{vmatrix} = 0,$$

$$P(x^2+y^2+z^2)+2Qx+2Uy+2Vz+T=0,$$

$$P = \begin{vmatrix} 1 & x_1 & y_1 & z_1 \\ 1 & x_2 & y_2 & z_2 \\ 1 & x_3 & y_3 & z_3 \\ 1 & x_4 & y_4 & z_4 \end{vmatrix}, \quad 2Q = \begin{vmatrix} y_1 & 1 & z_1 & x_1^2+y_1^2+z_1^2 \\ y_2 & 1 & z_2 & x_2^2+y_2^2+z_2^2 \\ y_3 & 1 & z_3 & x_3^2+y_3^2+z_3^2 \\ y_4 & 1 & z_4 & x_4^2+y_4^2+z_4^2 \end{vmatrix},$$

$$2U = \begin{vmatrix} 1 & x_1 & z_1 & x_1^2+y_1^2+z_1^2 \\ 1 & x_2 & z_2 & x_2^2+y_2^2+z_2^2 \\ 1 & x_3 & z_3 & x_3^2+y_3^2+z_3^2 \\ 1 & x_4 & z_4 & x_4^2+y_4^2+z_4^2 \end{vmatrix},$$

$$2V = \begin{vmatrix} x_1 & 1 & y_1 & x_1^2+y_1^2+z_1^2 \\ x_2 & 1 & y_2 & x_2^2+y_2^2+z_2^2 \\ x_3 & 1 & y_3 & x_3^2+y_3^2+z_3^2 \\ x_4 & 1 & y_4 & x_4^2+y_4^2+z_4^2 \end{vmatrix}, \quad T = \begin{vmatrix} 1 & x_1 & y_1 & z_1 \\ 1 & x_2 & y_2 & z_2 \\ 1 & x_3 & y_3 & z_3 \\ 1 & x_4 & y_4 & z_4 \end{vmatrix}。$$

球中心为 $(x_0, y_0, z_0)=(-Q/P, -U/P, -V/P)$，球半径 R 为 $(Q^2+U^2+V^2-PT)^{1/2}/P$。

性质5 设□$ABCD$ 的四个平面为 M_j：$x\cos u_j + y\cos v_j + z\cos w_j = p_j (j=1, 2, 3, 4)$。

$\cos^2 u_j+\cos^2 v_j+\cos^2 w_j=1$，$(\cos u_j, \cos v_j, \cos w_j)$ 为 M_j 的方向余弦，则其内切球面 S^* 为 $(x-x_0^*)^2+(y-y_0^*)^2+(z-z_0^*)^2=r^2$。

证 设内切球中心 (x_0^*, y_0^*, z_0^*) 到的四个平面为 M_j 的距离为

$|x_0^*\cos u_j + y_0^*\cos v_j + z_0^*\cos w_j - p_j| \ (j=1, 2, 3, 4)$，

得三元联立方程

$$x_0^*(\cos u_1 \pm \cos u_2) + y_0^*(\cos v_1 \pm \cos v_2) + z_0^*(\cos w_1 \pm \cos w_2) = p_1 - p_2,$$
$$x_0^*(\cos u_1 \pm \cos u_3) + y_0^*(\cos v_1 \pm \cos v_3) + z_0^*(\cos w_1 \pm \cos w_3) = p_1 - p_3,$$
$$x_0^*(\cos u_1 \pm \cos u_4) + y_0^*(\cos v_1 \pm \cos v_4) + z_0^*(\cos w_1 \pm \cos w_4) = p_1 - p_4,$$

八个系数行列式 $\begin{vmatrix} \cos u_1 \pm \cos u_2 & \cos v_1 \pm \cos v_2 & \cos w_1 \pm \cos w_2 \\ \cos u_1 \pm \cos u_3 & \cos v_1 \pm \cos v_3 & \cos w_1 \pm \cos w_3 \\ \cos u_1 \pm \cos u_4 & \cos v_1 \pm \cos v_4 & \cos w_1 \pm \cos w_4 \end{vmatrix}$

只有一个不为零。

由联立方程得唯一个解(x_0^*, y_0^*, z_0^*),内切球半径 r 为 $|x_0^* \cos u_1 + y_0^* \cos v_1 + z_0^* \cos w_1 - p_1|$。

性质 6 四面体的三个面的面积之和大于或等于第四个面的面积(见图 4-10)。

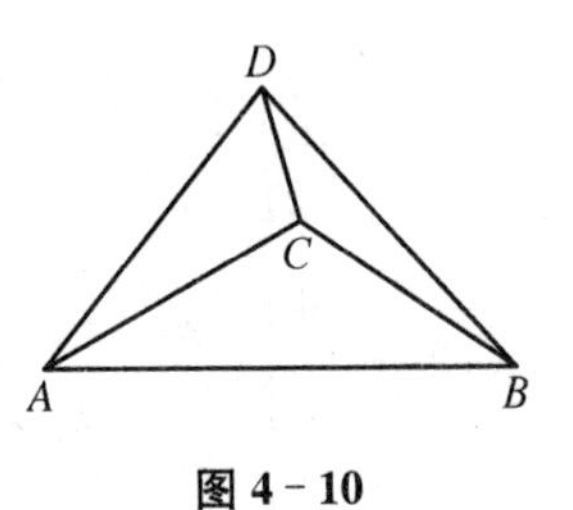

图 4-10

证 设□$ABCD$ 的三个面为$\triangle DBC$,$\triangle DCA$ 和$\triangle DAB$ 在第 4 个面$\triangle ABC$ 的投影分别为

$\triangle D'BC$,$\triangle D'CA$ 和$\triangle D'AB$,

$\triangle DBC > \triangle D'BC$,$\triangle DCA > \triangle D'CA$ 和$\triangle DAB > \triangle D'AB$。

(1) 若点 D'在$\triangle ABC$ 的内部(包括边界)(见图 4-11),则

$\triangle DBC + \triangle DCA + \triangle DAB > \triangle D'BC + \triangle D'CA + \triangle D'AB = \triangle ABC$

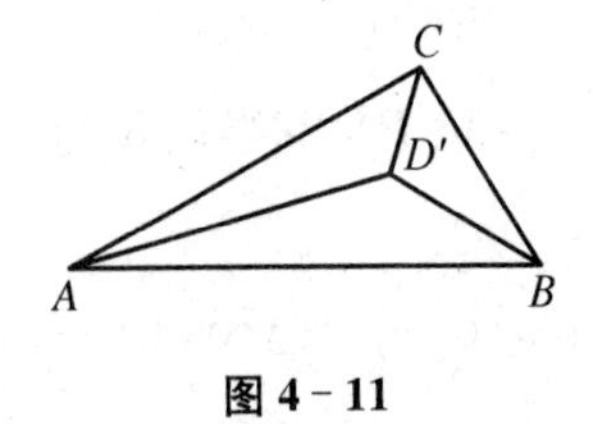

图 4-11

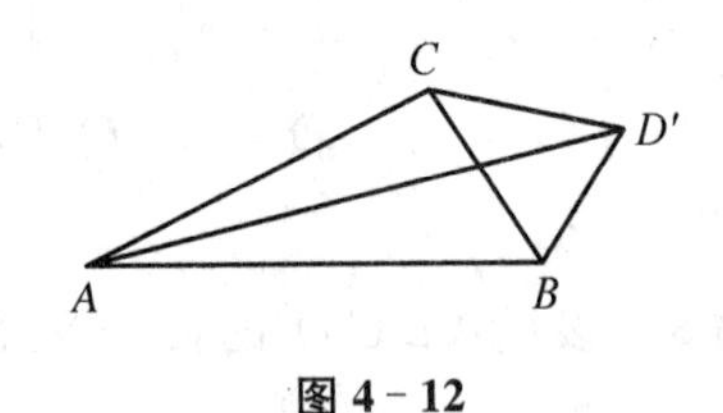

图 4-12

(2) 若点 D'在$\triangle ABC$ 的外部,则

在$\triangle D'BC$,$\triangle D'CA$,$\triangle D'AB$ 中,存在两个的和大于$\triangle ABC$(见图 4-12)。

$\triangle D'CA$,$\triangle D'AB$ 的和大于$\triangle ABC$。

所以 $\triangle DBC + \triangle DCA + \triangle DAB$

$> \triangle D'BC + \triangle D'CA + \triangle D'AB > \triangle D'CA + \triangle D'AB > \triangle ABC$。

性质 7

(1) 设 $\boldsymbol{N}_j(j=1, 2, 3, 4)$ 为□$ABCD$ 的四个面的四个内法矢，则 $\boldsymbol{N}_1+\boldsymbol{N}_2+\boldsymbol{N}_3+\boldsymbol{N}_4=\boldsymbol{0}$（约定四面体的每个面的内法矢指向四面体内部）。

(2) 空间四边形 $N_1^* N_2^* N_3^* N_4^*$ 的面积为零，其中 $\boldsymbol{N}_1^*=\boldsymbol{N}_1$，$\boldsymbol{N}_2^*=\boldsymbol{N}_2$，$\boldsymbol{N}_3^*=-\boldsymbol{N}_3$，$\boldsymbol{N}_4^*=-\boldsymbol{N}_4$。

证　(1) 四面体的四个面的内法矢指向四面体内部为：

$\triangle DCB$ 的内法矢 $\boldsymbol{N}_1=\boldsymbol{B}\times\boldsymbol{D}+\boldsymbol{D}\times\boldsymbol{C}+\boldsymbol{C}\times\boldsymbol{B}$，$\triangle DAC$ 的内法矢 $\boldsymbol{N}_2=\boldsymbol{C}\times\boldsymbol{D}+\boldsymbol{D}\times\boldsymbol{A}+\boldsymbol{A}\times\boldsymbol{C}$，

$\triangle DBA$ 的内法矢 $\boldsymbol{N}_3=\boldsymbol{A}\times\boldsymbol{D}+\boldsymbol{D}\times\boldsymbol{B}+\boldsymbol{B}\times\boldsymbol{A}$，$\triangle ABC$ 的内法矢 $\boldsymbol{N}_4=\boldsymbol{A}\times\boldsymbol{B}+\boldsymbol{B}\times\boldsymbol{C}+\boldsymbol{C}\times\boldsymbol{A}\Rightarrow\boldsymbol{N}_1+\boldsymbol{N}_2+\boldsymbol{N}_3+\boldsymbol{N}_4=\boldsymbol{0}$。

(2) $\boldsymbol{N}_1^*\times\boldsymbol{N}_2^*+\boldsymbol{N}_2^*\times\boldsymbol{N}_3^*+\boldsymbol{N}_3^*\times\boldsymbol{N}_4^*+\boldsymbol{N}_4^*\times\boldsymbol{N}_1^*=\boldsymbol{N}_1\times\boldsymbol{N}_2+\boldsymbol{N}_2\times(-\boldsymbol{N}_3)+(-\boldsymbol{N}_3)\times(-\boldsymbol{N}_4)+(-\boldsymbol{N}_4)\times\boldsymbol{N}_1=(\boldsymbol{N}_1+\boldsymbol{N}_3)\times(\boldsymbol{N}_2+\boldsymbol{N}_4)=-\boldsymbol{T}\times\boldsymbol{T}=\boldsymbol{0}$。

其中 $\boldsymbol{T}=\boldsymbol{A}\times\boldsymbol{B}+\boldsymbol{B}\times\boldsymbol{C}+\boldsymbol{C}\times\boldsymbol{D}+\boldsymbol{D}\times\boldsymbol{A}$，$2\mid\boldsymbol{T}\mid=$ 空间 $\square_s ABCD$ [见第 2 章 2.2.2 节定义 2]。

4.1.3　直角四面体

定义 3

若 $\sin\boldsymbol{\delta}=\varphi(\delta_1, \delta_2, \delta_3)=1$，$\boldsymbol{\delta}$ 称为直角，记 $\boldsymbol{\delta}=\boldsymbol{\pi}/2$

（$\boldsymbol{\pi}=\mathbf{180}^\circ$为粗斜体小写希腊字母表示，以区别于常规角 $\pi=180^\circ$细斜体小写英文和希腊字母表示）。

定理 1

$\sin\boldsymbol{\delta}=1$，$\varphi(\pi/2, \pi/2, \pi/2)=1$，$\boldsymbol{\delta}$ 为直角，$\boldsymbol{\delta}=\boldsymbol{\pi}/2$ 四者等价。

证　利用第 3 章性质 5。

定理 2

□$ABCD$ 的四个三面三维角中至多有一个直角。

证　将图 4 - 13 折成图 4 - 14，使 D_1，D_2，D_3 三点向读者方向汇成一点 D，

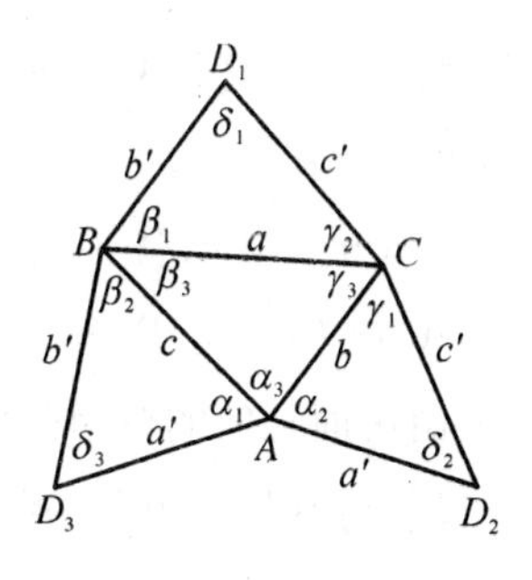

图 4 - 13

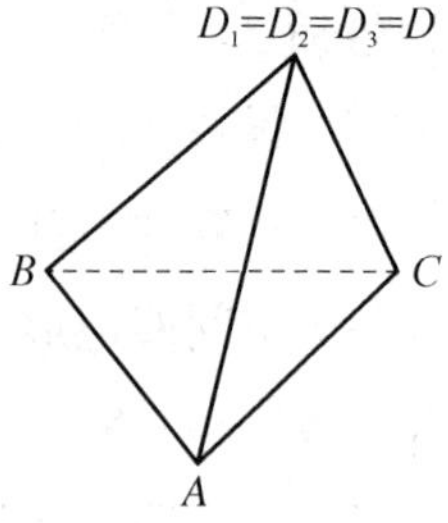

$D_1 \equiv D_2 \equiv D_3 \equiv D$(重合),即$\square ABCD$。

记 $\boldsymbol{\alpha} = A(CBD) = A(AC, AB, AD) = A(\alpha_1, \alpha_2, \alpha_3)$,

$\boldsymbol{\beta} = B(ACD) = B(BA, BC, BD) = B(\beta_1, \beta_2, \beta_3)$,

$\boldsymbol{\gamma} = C(BAD) = C(CB, CA, CD) = C(\gamma_1, \gamma_2, \gamma_3)$,

$\boldsymbol{\delta} = D(ABC) = D(DA, DB, DC) = D(\delta_1, \delta_2, \delta_3)$。

$\angle BAD$, $\angle DAC$, $\angle CAB$, $\angle CBD$, $\angle DBA$, $\angle ABC$, $\angle ACD$, $\angle DCB$, $\angle BCA$, $\angle BDC$, $\angle CDA$, $\angle ADB$,

图 4-14

分别记为 α_1, α_2, α_3, β_1, β_2, β_3, γ_1, γ_2, γ_3, δ_1, δ_2, δ_3

(独立的仅 8 个,因为 $\alpha_1 + \beta_2 + \delta_3 = \alpha_2 + \gamma_1 + \delta_2 = \beta_1 + \gamma_2 + \delta_1 = \alpha_3 + \beta_3 + \gamma_3 = \pi$),

不妨有两个直角 $\sin\boldsymbol{\delta} = \sin\boldsymbol{\alpha} = 1$,则 $\alpha_1 = \alpha_2 = \alpha_3 = \delta_1 = \delta_2 = \delta_3 = \pi/2$,

即 $\alpha_1 + \beta_2 + \delta_3 > \pi$, $\alpha_2 + \gamma_1 + \delta_2 > \pi$, 不发生,即证。

若取 $\sin\boldsymbol{\delta} = \sin\boldsymbol{\beta} = 1$, …, $\sin\boldsymbol{\alpha} = \sin\boldsymbol{\beta} = 1$, 五种情况结论也成立。

下文约定:$DA = D_1A = D_2A = D_3A = a'$, $DB = D_1B = D_2B = D_3B = b'$, $DC = D_1C = D_2C = D_3C = c'$。

$BC = a$, $CA = b$, $AB = c$ (见图 4-13、图 4-14)。

定理 3

设$\square ABCD$ 为直角四面体 ($\boldsymbol{\delta} = \boldsymbol{\pi}/2$),则

(1) 三个直角面面积平方之和等于斜面面积平方

$A_s^2 + B_s^2 + C_s^2 = D_s^2$。

(2) $\square_v ABCD = (2A_sB_sC_s)^{1/2}/3$。

证 (1) 记 $DA = a'$, $DB = b'$, $DC = c'$, $BC = a = (b'^2 + c'^2)^{1/2}$, $CA = b = (c'^2 + a'^2)^{1/2}$,

$AB = c = (a'^2 + b'^2)^{1/2}$, $l = (a+b+c)/2$,

$A_s = b'c'/2$, $B_s = c'a'/2$, $C_s = a'b'/2$, 则

由平面几何的海因公式得

$D_s^2 = l(l-a)(l-b)(l-c) = (1/16)[2ab + a^2 + b^2 - c^2][2ab - a^2 - b^2 + c^2] = (1/16)[(2ab)^2 - (c^2 - a^2 - b^2)^2] = (1/4)[(a'^2 + c'^2)(b'^2 + c'^2) - c'^4] =$

$(1/4)(b'^2c'^2+c'^2a'^2+a'^2b'^2)=A_s^2+B_s^2+C_s^2$。

(2) $A_s=b'c'/2$，$B_s=c'a'/2$，$C_s=a'b'/2$，$\square_v ABCD=a'b'c'/6=(2A_sB_sC_s)^{1/2}/3$。

定理 4

$\square ABCD$ 为直角四面体 ($\boldsymbol{\delta}=\pi/2$) 的充分必要条件是满足如下两个条件：

(1) $A_s^2+B_s^2+C_s^2=D_s^2$；(2) $\cos\delta_1\cos\delta_2\cos\delta_3\leqslant 0$。

{此定理 3 是第 1 章定理 3[勾股(商高)定理]的推广}

证 *必要性* 由定理 3。

充分性 因 $2A_s=b'c'\sin\delta_1$，$2B_s=c'a'\sin\delta_2$，$2C_s=a'b'\sin\delta_3$，

$4(A_s^2+B_s^2+C_s^2)=b'^2c'^2\sin^2\delta_1+c'^2a'^2\sin^2\delta_2+a'^2b'^2\sin^2\delta_3$，

$D_s=\{l(l-a)(l-b)(l-c)\}^{1/2}=(1/4)[(a+b)^2-c^2]^{1/2}[c^2-(a-b)^2]^{1/2}$，

$4D_s^2=a^2b^2-(c'^2-b'c'\cos\delta_1-c'a'\cos\delta_2+a'b'\cos\delta_3)^2=(b'^2+c'^2-2b'c'\cos\delta_1)(c'^2+a'^2-2c'a'\cos\delta_2)-(c'^2-b'c'\cos\delta_1-c'a'\cos\delta_2+a'b'\cos\delta_3)^2$，

由 $A_s^2+B_s^2+C_s^2=D_s^2$，得 $a'(\cos\delta_2\cos\delta_3-\cos\delta_1)+b'(\cos\delta_3\cos\delta_1-\cos\delta_2)+c'(\cos\delta_1\cos\delta_2-\cos\delta_3)=0(*)$。

讨论三个数：

$\cos\delta_2\cos\delta_3-\cos\delta_1$，$\cos\delta_3\cos\delta_1-\cos\delta_2$，$\cos\delta_1\cos\delta_2-\cos\delta_3$。

(1) 若 $\cos\delta_2\cos\delta_3-\cos\delta_1=\cos\delta_3\cos\delta_1-\cos\delta_2=\cos\delta_1\cos\delta_2-\cos\delta_3=0$，

得 $\cos\delta_2\cos\delta_3=\cos\delta_1$，$\cos\delta_3\cos\delta_1=\cos\delta_2$，$\cos\delta_1\cos\delta_2=\cos\delta_3$，

三式连乘 $\cos\delta_1\cos\delta_2\cos\delta_3(\cos\delta_1\cos\delta_2\cos\delta_3-1)=0$，

$\cos\delta_1\cos\delta_2\cos\delta_3\neq 1$，$\cos\delta_1\cos\delta_2\cos\delta_3=0$，$\cos\delta_1=0$，$\delta_1=\pi/2$。

(利用 $\cos\delta_3\cos\delta_1-\cos\delta_2=\cos\delta_1\cos\delta_2-\cos\delta_3=0\rightarrow\cos\delta_2=\cos\delta_3=0$，$\delta_2=\delta_3=\pi/2$，所以 $\square ABCD$ 为直角四面体。)

(2) 若 $\cos\delta_2\cos\delta_3-\cos\delta_1$，$\cos\delta_3\cos\delta_1-\cos\delta_2$，$\cos\delta_1\cos\delta_2-\cos\delta_3$ 有两个为零，则由($*$)得它们三个全为零，即可按(1)得证。

(3) 若 $\cos\delta_2\cos\delta_3-\cos\delta_1$，$\cos\delta_3\cos\delta_1-\cos\delta_2$，$\cos\delta_1\cos\delta_2-\cos\delta_3$ 中，仅有一个为零，

不妨设 $\cos\delta_1\cos\delta_2-\cos\delta_3=0$，由($*$)得

① $\cos\delta_2\cos\delta_3>\cos\delta_1$，$\cos\delta_3\cos\delta_1<\cos\delta_2$，

$\cos\delta_2(\cos\delta_1\cos\delta_2) > \cos\delta_1$ 即 $\cos\delta_1(\cos^2\delta_2 - 1) > 0$，不合。

② 设 $\cos\delta_2\cos\delta_3 < \cos\delta_1$，$\cos\delta_3\cos\delta_1 > \cos\delta_2$，同 ① 可得 $\cos\delta_2(\cos^2\delta_1 - 1) > 0$，不合。

(4) 若 $\cos\delta_2\cos\delta_3 - \cos\delta_1$，$\cos\delta_3\cos\delta_1 - \cos\delta_2$，$\cos\delta_1\cos\delta_2 - \cos\delta_3$ 均不为零，

不妨设 $\cos\delta_2\cos\delta_3 > \cos\delta_1$，$\cos\delta_3\cos\delta_1 > \cos\delta_2$，$\cos\delta_1\cos\delta_2 < \cos\delta_3$，

① 设 $\cos\delta_3 > 0$，

$\cos\delta_2\cos^2\delta_3 > \cos\delta_1\cos\delta_3 > \cos\delta_2$，$\cos\delta_2(\cos^2\delta_3 - 1) > 0$，$\cos\delta_2 < 0$，由 $\cos\delta_2\cos\delta_3 > \cos\delta_1$，得 $\cos\delta_1 < 0$，$\cos\delta_1\cos\delta_2\cos\delta_3 > 0$ 不合。

② 设 $\cos\delta_3 < 0$，

由 $\cos\delta_1\cos\delta_2 < \cos\delta_3$，得 $\cos\delta_1\cos\delta_2 < 0$，$\cos\delta_1\cos\delta_2\cos\delta_3 > 0$ 不合。

综上所述$\square ABCD$ 为直角四面体。

定理 5

设直角$\square ABCD$ ($\boldsymbol{\delta} = \pi/2$)，则 $1/A_h^2 + 1/B_h^2 + 1/C_h^2 = 1/D_h^2$。

其中 A_h，B_h，C_h 与 D_h 分别为$\square ABCD$ 的四顶点 A，B，C 与 D 至$\triangle BCD$，$\triangle CDA$，$\triangle DAB$ 与$\triangle ABC$ 上的高。

证 $3\square_v ABCD = A_hA_s = B_hB_s = C_hC_s = D_hD_s$，利用定理 3 即证。

定理 6

设直角$\square ABCD$ ($\boldsymbol{\delta} = \pi/2$) 的四个三面三维角的正弦满足；

(1) $\sin\boldsymbol{\alpha} = A_s/D_s$，$\sin\boldsymbol{\beta} = B_s/D_s$，$\sin\boldsymbol{\gamma} = C_s/D_s$，$\sin\boldsymbol{\delta} = 1$；

(2) $\sin^2\boldsymbol{\alpha} + \sin^2\boldsymbol{\beta} + \sin^2\boldsymbol{\gamma} = 1$。

证 按设 $\square_v ABCD = a'b'c'/6 = a'A_s/3 = b'B_s/3 = c'C_s/3$，

(1) 仅证 $\sin\boldsymbol{\alpha} = 9\square_v^2 ABCD/2B_sC_sD_s = b'c'B_sC_s/2B_sC_sD_s = A_s/D_s$；

(2) 由 $\sin\boldsymbol{\alpha} : \sin\boldsymbol{\beta} : \sin\boldsymbol{\gamma} : \sin\boldsymbol{\delta} = A_s : B_s : C_s : D_s$。

得 $\sin\boldsymbol{\alpha} = \lambda A_s$，$\sin\boldsymbol{\beta} = \lambda B_s$，$\sin\boldsymbol{\gamma} = \lambda C_s$，$\sin\boldsymbol{\delta} = \lambda D_s$，

$\sin^2\boldsymbol{\alpha} + \sin^2\boldsymbol{\beta} + \sin^2\boldsymbol{\gamma} - \sin^2\boldsymbol{\delta} = \lambda^2(A_s^2 + B_s^2 + C_s^2 - D_s^2) = 0$ 由(1)，

即证。

定理 7

设直角$\square ABCD$ ($\boldsymbol{\gamma} = \pi/2$)，$CE$ 是边 AB 上的高，

记 $D_{1s} = \triangle_s EBC$，$D_{2s} = \triangle_s AEC$，$E_s = \triangle_s DEC$，$DC = c' = \lambda h$，

$CE = h$(直角$\triangle ABC$上的高，$\angle ACB = \pi/2$)，则$A_s^2 = D_s D_{1s}$，$B_s^2 = D_s D_{2s}$，$E_s^2 = \lambda^2 D_{1s} D_{2s}$，$B_s^2 : A_s^2 = D_{1s} : D_{2s}$

(见图4-15)。

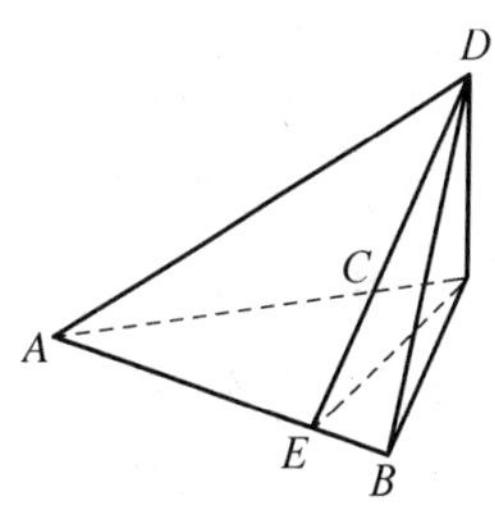

图4-15

证 由直角$\triangle ABC$之第1章定理4(6)得$a^2 = c \cdot EB$，$b^2 = c \cdot AE$，$2A_s = \lambda ah$，$2B_s = \lambda bh$，

$B_s^2 : A_s^2 = b^2 : a^2 = c \cdot AE : c \cdot EB = AE : EB = D_{2s} : D_{1s}$，利用$a : b = EB : EC = EB : h$

[直角$\triangle ABC$～(相似)直角$\triangle CBE$]，

得$A_s^2 = (\lambda ah/2)^2 = \lambda^2(a\,b/2)(h \cdot E\,B/2) = \lambda^2 D_s D_{1s}$，同理得，$B_s^2 = \lambda^2 D_s D_{2s}$，反之亦然。

$E_s^2 = (c'h/2)^2 = \lambda^2 h^4/4$，$D_{1s} = h \cdot EB/2$，$D_{2s} = h \cdot AE/2$，$D_{1s}D_{2s} = h^2 \cdot AE \cdot EB/4 = h^4/4$，

特别当$\lambda = 1$时，$E_s^2 = D_{1s}D_{2s}$

[与第1章定理4(6)类似]。

4.1.4 双直角面四面体

定理8

设双直角面□$ABCD$，其中CD垂直于$\triangle ABD$，$\angle ADB = \delta$，则

(1) $D_s^2 = A_s^2 + B_s^2 + C_s^2 - 2A_s B_s \cos\boldsymbol{\delta}$ ($\boldsymbol{\delta}$为三面三维角)，

即$D_s^2 = A_s^2 + B_s^2 + C_s^2 - 2A_s B_s \cos\delta$ (δ为常规角，见图4-16)。

(2) $\square_v ABCD = \{C_s^2[(A_s + B_s)^2 - D_s^2 + C_s^2][D_s^2 - C_s^2 - (A_s - B_s)^2]\}^{1/4}/3$。

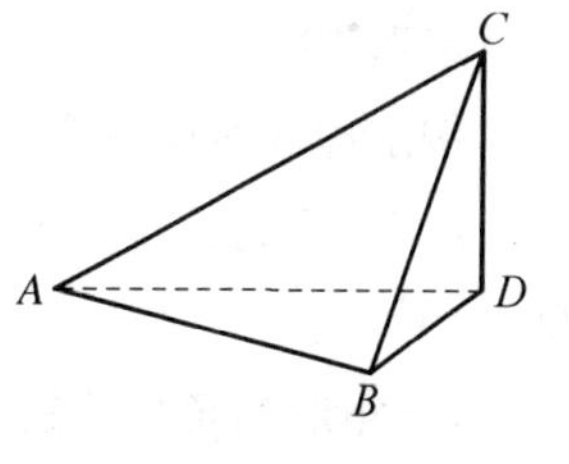

图4-16

证 (1) 记$DA = a'$，$DB = b'$，$DC = c'$，$AB = c$；$\angle ADB = \delta$，

$BC = a = (b'^2 + c'^2)^{1/2}$，$CA = b = (c'^2 + a'^2)^{1/2}$，$AB = c$，$l = (a + b + c)/2$，

$A_s = b'c'/2$，$B_s = c'a'/2$，$C_s = a'b'\sin\delta/2$，则

$c^2 = a'^2 + b'^2 - 2a'b'\cos\delta$，由第1章海因公式得

$D_s^2 = l(l-a)(l-b)(l-c) = (1/16)[2ab + a^2 + b^2 - c^2][2ab - a^2 - b^2 +$

$c^2] = (1/16)[(2ab)^2 - (c^2 - a^2 - b^2)^2] = (1/4)[(a'^2 + c'^2)(b'^2 + c'^2) - (c'^2 + a'b'\cos\delta)^2] = (1/4)(b'^2c'^2 + a'^2c'^2 + a'^2b'^2\sin^2\delta - 2a'b'c'^2\cos\delta) = A_s^2 + B_s^2 + C_s^2 - 2A_sB_s\cos\delta$,

$\boldsymbol{\delta} = (\delta, \pi/2, \pi/2)$，可计算得 $\sin\boldsymbol{\delta} = \sin\delta$，$\cos\boldsymbol{\delta} = \cos\delta$，即 $D_s^2 = A_s^2 + B_s^2 + C_s^2 - 2A_sB_s\cos\boldsymbol{\delta}$

[当 $\delta = \pi/2$，即得定理 3；若令 $T_s^2 = D_s^2 - C_s^2$，则 $T_s^2 = A_s^2 + B_s^2 - 2A_sB_s\cos\delta$，可与定理 7(2)对应]。

(2) $81\square_v^4 ABCD = 4A_s^2B_s^2C_s^2\sin^2\boldsymbol{\delta} = 4A_s^2B_s^2C_s^2\sin^2(\delta, \pi/2, \pi/2) = 4A_s^2B_s^2C_s^2\sin^2\delta = 4A_s^2B_s^2C_s^2(1 - \cos^2\delta) = 4A_s^2B_s^2C_s^2[1 - (A_s^2 + B_s^2 + C_s^2 - D_s^2)^2 / 4A_s^2B_s^2]$,

得 $\square_v ABCD = \{C_s^2[(A_s + B_s)^2 - D_s^2 + C_s^2][D_s^2 - C_s^2 - (A_s - B_s)^2]\}^{1/4}/3$

(请与第 1 章定理 5(4)(海因公式)比较 $\triangle_s ABC = \{[(a+b)^2 - c^2][c^2 - (a-b)^2]\}^{1/2}/4$。)

定理 9

设双直角面$\square ABCD$，其中 DC 垂直于$\triangle ABC$

[$\triangle ABC$ 的三内角为α，β，γ 其三对应边为 a，b，c(见图 4-17)]，

则 $\gamma = 2\alpha$ 的充分必要条件是 $C_s^2 - D_s^2 - A_s^2 = A_sB_s$

证 由定理 9(1)得$\triangle ABC$ 为(两倍角)$\triangle_2 ABC$ 的充分必要条件是

$c^2 - a^2 = ab$，设 $CD = h$ 得 $a = 2A_s/h$，$b = 2B_s/h$，$c = 2C_s\sin\delta/h$，代入

$c^2 - a^2 = ab$，$C_s^2\sin^2\delta - A_s^2 = A_sB_s$，$D_s = C_s\cos\delta$，即证。

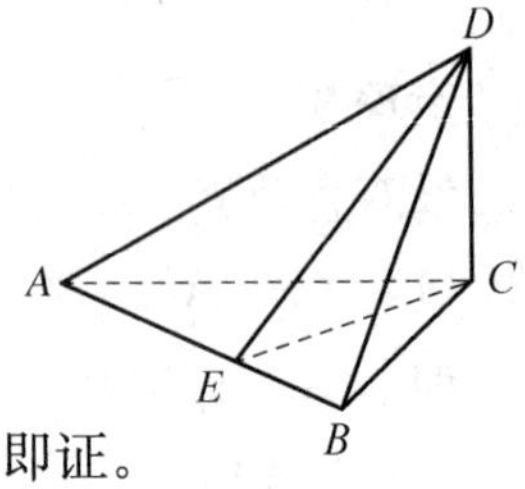

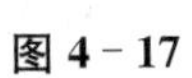

图 4-17

定理 10

按定理 9 所设双直角面$\square ABCD$，则

$\triangle ABC$ 为$\triangle_{(3,1)} ABC$ 的充分必要的条件是 $(C_s^2 - D_s^2 - A_s^2)^2 = B_s^2(C_s^2 - D_s^2 + A_s^2)$。

(三角形的角与边的相关性)倍角三角形和组合三角形的角与边之相关定理全部可以移植到对应的$\square ABCD$ 中，得到类似结果。

定理 11

按定理 9 所设双直角面$\square ABCD$，则 $\triangle ABC$ 为$\triangle_p ABC$，$\triangle_{(p,q)} ABC$ 的充分必要的条件是 A_s，B_s，C_s，D_s满足下面的关系式

［在第1章1.4.3节列表中用A_s，B_s，$(C_s^2-D_s^2)^{1/2}$分别替换a，b，c可得如下相仿的结果］。

定理12

（1）c大于a的情况

① $\triangle_1 ABC \Leftrightarrow C_s = A_s$。

② $\triangle_2 ABC \Leftrightarrow C_s^2 - D_s^2 - A_s^2 = A_s B_s$，…

（2）a大于c的情况

① $\triangle_{(1,1)} ABC \Leftrightarrow C_s^2 - D_s^2 - A_s^2 = B_s^2$，…

4.1.5　单直角面四面体

定理13（正弦三面三维角和定理）

设单直角面□$ABCD$，

其中$\triangle BCD$垂直于$\triangle ADC$，且AE，BE同时垂直相交于DC，则

（1）$\sin(\boldsymbol{\alpha}_1+\boldsymbol{\alpha}_2)=\sin\boldsymbol{\gamma}\sin\boldsymbol{\alpha}_1+\sin\boldsymbol{\delta}\sin\boldsymbol{\alpha}_2$（见图4-18）；

（2）$\sin(\boldsymbol{\beta}_1+\boldsymbol{\beta}_2)=\sin\boldsymbol{\gamma}\sin\boldsymbol{\beta}_1+\sin\boldsymbol{\delta}\sin\boldsymbol{\beta}_2$。

$\boldsymbol{\alpha}_1=A(DBE)$，$\boldsymbol{\alpha}_2=A(BCE)$，$\boldsymbol{\beta}_1=B(EAD)$，$\boldsymbol{\beta}_2=B(ECA)$，

$\boldsymbol{\alpha}_1+\boldsymbol{\alpha}_2=\boldsymbol{\alpha}$，$\boldsymbol{\beta}_1+\boldsymbol{\beta}_2=\boldsymbol{\beta}$。

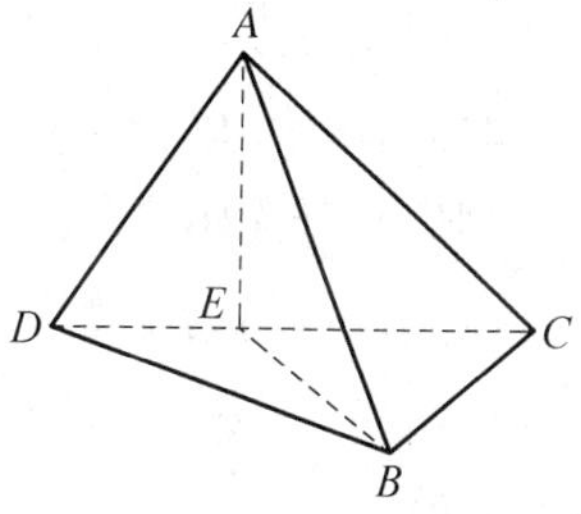

图4-18

证　（2）［（1）可由（2）对称性得证］

$\sin\boldsymbol{\alpha}:\sin(\boldsymbol{\beta}_1+\boldsymbol{\beta}_2):\sin\boldsymbol{\gamma}:\sin\boldsymbol{\delta}=A_s:B_s:C_s:D_s$，

$\sin\boldsymbol{\delta}:\sin\boldsymbol{\beta}_1=E_s:B_{1s}$，$\sin\boldsymbol{\gamma}:\sin\boldsymbol{\beta}_2=E_s:B_{2s}$，

$B_{1s}=\triangle_s EAD$，$B_{2s}=\triangle_s ECA$，$E_s=\triangle_s AEB$，

$\sin\boldsymbol{\beta}_1:\sin\boldsymbol{\beta}_2=D_s B_{1s}:C_s B_{2s}$。

$\sin(\boldsymbol{\beta}_1+\boldsymbol{\beta}_2)=\sin\boldsymbol{\beta}=B_s\sin\boldsymbol{\gamma}/C_s=(B_{1s}+B_{2s})E_s\sin\boldsymbol{\beta}_2/C_sB_{2s}=E_s\sin\boldsymbol{\beta}_2/C_s+B_{1s}E_s\sin\boldsymbol{\beta}_2/C_sB_{2s}=E_s\sin\boldsymbol{\beta}_2/C_s+E_s\sin\boldsymbol{\beta}_1/D_s=\sin\boldsymbol{\gamma}\sin\boldsymbol{\beta}_1+\sin\boldsymbol{\delta}\sin\boldsymbol{\beta}_2$。

与平面三角理论比较（见图4-19）。设$\triangle BCD$，令BA垂直于CD，

$\angle DBA=\beta_1$，$\angle ABC=\beta_2$，$\angle BCA=\gamma$，$\angle CDB=\delta$，

$\sin\beta=\sin(\beta_1+\beta_2)=\sin\beta_1\cos\beta_2+\sin\beta_2\cos\beta_1=$

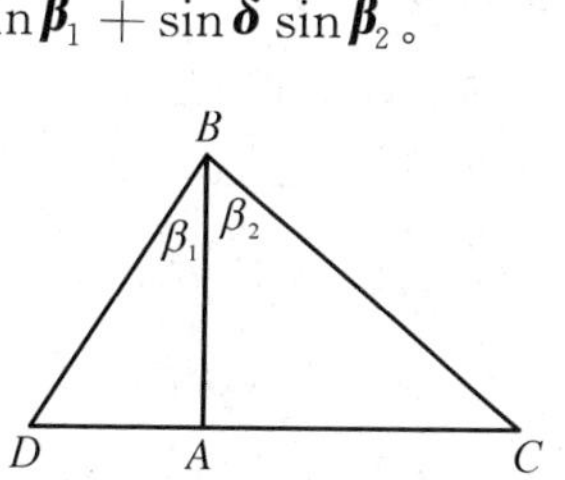

图4-19

$\sin\gamma\sin\beta_1+\sin\delta\sin\beta_2$，

$\sin^2\boldsymbol{\alpha}_1+\sin^2\boldsymbol{\beta}_1+\sin^2\boldsymbol{\delta}=1$，$\sin^2\boldsymbol{\alpha}_2+\sin^2\boldsymbol{\beta}_2+\sin^2\boldsymbol{\gamma}=1$，

$\cos^2\boldsymbol{\beta}_1=\sin^2\boldsymbol{\delta}+\sin^2\boldsymbol{\alpha}_1$，$\cos^2\boldsymbol{\beta}_2=\sin^2\boldsymbol{\gamma}+\sin^2\boldsymbol{\alpha}_2$。

一般情况下 $\cos\boldsymbol{\beta}_1\neq\sin\boldsymbol{\delta}$，$\cos\boldsymbol{\beta}_2\neq\sin\boldsymbol{\gamma}$，所以 $\sin(\boldsymbol{\beta}_1+\boldsymbol{\beta}_2)\neq\sin\boldsymbol{\beta}_1\cos\boldsymbol{\beta}_2+\sin\boldsymbol{\beta}_2\cos\boldsymbol{\beta}_1$。

问题提出：一般$\square ABCD$情况下是否成立 $\sin(\boldsymbol{\beta}_1+\boldsymbol{\beta}_2)=\sin\boldsymbol{\gamma}\sin\boldsymbol{\beta}_1+\sin\boldsymbol{\delta}\sin\boldsymbol{\beta}_2$？

定理 14

设单直角面$\square ABCD$，其中$\triangle BCD$垂直于$\triangle ADC$，

且 AE，BE 同时垂直相交于 DC（见图 4-18），则

(1) $\cos\boldsymbol{\alpha}=[4C_s^2T_s^2(D_s^2-A_s^2)+A_s^2(T_s^2+C_s^2-D_s^2)^2]^{1/2}/2T_sC_sD_s$，$\sin\boldsymbol{\alpha}=U_sA_s/C_sD_s$，

$\cos\boldsymbol{\beta}=[4C_s^2T_s^2(D_s^2-B_s^2)+B_s^2(T_s^2+C_s^2-D_s^2)^2]^{1/2}/2T_sC_sD_s$，$\sin\boldsymbol{\beta}=U_sB_s/C_sD_s$，

$\cos\boldsymbol{\gamma}=|T_s^2+D_s^2-C_s^2|/2T_sD_s$，$\sin\boldsymbol{\gamma}=U_s/D_s$，

$\cos\boldsymbol{\delta}=|T_s^2+C_s^2-D_s^2|/2T_sC_s$，$\sin\boldsymbol{\delta}=U_s/C_s$，

其中 $U_s^2=[T_s^2-(C_s-D_s)^2][(C_s+D_s)^2-T_s^2]/4T_s^2$，$T_s^2=A_s^2+B_s^2$。

(2) $\square_vABCD=(1/3)(2A_sB_sU_s)^{1/2}$

（利用 $9\square_v^2ABCD/2A_sB_sC_s=\sin\boldsymbol{\delta}=U_s/C_s$）。

[本定理可与第 1 章定理 5(2)（余弦定理）比较，极为相似。]

证 (1) 由 AE，BE 和 DE 相互垂直于点 E，得两个直角$\square DBAE$ 和$\square ABCE$。

记 $\triangle_sAEB=E_s$，$\triangle_sBED=A_{1s}$，$\triangle_sCEB=A_{2s}$，$\triangle_sDEA=B_{1s}$，$\triangle_sAEC=B_{2s}$，

$\boldsymbol{\alpha}_1=A(DBE)$，$\boldsymbol{\alpha}_2=A(BCE)$，$\boldsymbol{\beta}_1=B(EAD)$，$\boldsymbol{\beta}_2=B(ECA)$，$\boldsymbol{\alpha}_1+\boldsymbol{\alpha}_2=\alpha$，$\boldsymbol{\beta}_1+\boldsymbol{\beta}_2=\boldsymbol{\beta}$。

由定理 3 得 $C_s^2=A_{1s}^2+B_{1s}^2+E_s^2$，$D_s^2=A_{2s}^2+B_{2s}^2+E_s^2$，

利用 $A_{1s}+A_{2s}=A_s=\triangle_sBCD$，$B_{1s}+B_{2s}=B_s=\triangle_sADC$，

$A_{1s}/A_s=B_{1s}/B_s=DE/DC=\lambda$（由 $A_{1s}/A_{2s}=B_{1s}/B_{2s}$），得

$A_{1s}=\lambda A_s$，$B_{1s}=\lambda B_s$，$A_{2s}=(1-\lambda)A_s$，$B_{2s}=(1-\lambda)B_s$，$A_s^2+B_s^2+C_s^2-D_s^2=2\lambda(A_s^2+B_s^2)$，

由第 3 章定理 4 得 $\sin\boldsymbol{\alpha}:\sin\boldsymbol{\beta}:\sin\boldsymbol{\gamma}:\sin\boldsymbol{\delta}=A_s:B_s:C_s:D_s$，

$\sin\boldsymbol{\alpha}_1:\sin\boldsymbol{\beta}_1:\sin\boldsymbol{\delta}:1=A_{1s}:B_{1s}:E_s:C_s$，

$\sin\boldsymbol{\alpha}_2:\sin\boldsymbol{\beta}_2:\sin\boldsymbol{\gamma}:1=A_{2s}:B_{2s}:E_s:D_s$，

$\sin\boldsymbol{\alpha}_1:\sin\boldsymbol{\beta}_1:\sin\boldsymbol{\delta}:1=\lambda A_s:\lambda B_s:E_s:C_s$，

$\sin\boldsymbol{\alpha}:\sin\boldsymbol{\alpha}_1=\sin\boldsymbol{\beta}:\sin\boldsymbol{\beta}_1$，$\sin^2\boldsymbol{\alpha}_1+\sin^2\boldsymbol{\beta}_1+\sin^2\boldsymbol{\delta}=1$，

$\sin\boldsymbol{\alpha}_1=A_{1s}/C_s=\lambda A_s/C_s$，$\sin\boldsymbol{\beta}_1=B_{1s}/C_s=\lambda B_s/C_s$，$\lambda^2(A_s^2+B_s^2)=C_s^2\cos^2\boldsymbol{\delta}$，

$\cos\boldsymbol{\delta}=|A_s^2+B_s^2+C_s^2-D_s^2|/2C_s(A_s^2+B_s^2)^{1/2}$

（此式也可由 $\sin\boldsymbol{\gamma}:\sin\boldsymbol{\delta}=C_s:D_s$，$\sin^2\boldsymbol{\delta}+\cos^2\boldsymbol{\delta}=1$，$\sin^2\boldsymbol{\gamma}+\cos^2\boldsymbol{\gamma}=1$ 三式推出）。

定理 14 是定理 3 的推广（令 $\sin\boldsymbol{\delta}=1$）。

同理 $\cos\boldsymbol{\gamma}=|A_s^2+B_s^2+D_s^2-C_s^2|/2D_s(A_s^2+B_s^2)^{1/2}$。

当 $\boldsymbol{\delta}=\pi/2$ 则 $\cos\boldsymbol{\delta}=\mathbf{0}$ 得 $A_s^2+B_s^2+C_s^2=D_s^2$，即定理 3。

利用 $\sin\boldsymbol{\alpha}:\sin\boldsymbol{\delta}=A_s:D_s$，$\sin^2\boldsymbol{\alpha}+\cos^2\boldsymbol{\alpha}=1$，$\sin^2\boldsymbol{\delta}+\cos^2\boldsymbol{\delta}=1$，

$\cos\boldsymbol{\alpha}=[4C_s^2T_s^2(D_s^2-A_s^2)+A_s^2(T_s^2+C_s^2-D_s^2)^2]^{1/2}/2T_sC_sD_s$，

同理得 $\cos\boldsymbol{\beta}=[4C_s^2T_s^2(D_s^2-B_s^2)+B_s^2(T_s^2+C_s^2-D_s^2)^2]^{1/2}/2T_sC_sD_s$，

以及 $\sin\boldsymbol{u}=(1-\cos^2\boldsymbol{u})^{1/2}(\boldsymbol{u}=\boldsymbol{\alpha},\boldsymbol{\beta},\boldsymbol{\gamma},\boldsymbol{\delta})$。

定理 15(余弦三面三维角定理)

设单直角面□$ABCD$，其中△BCD 垂直于△ACD（见图 4-18），

且 AE 垂直相交于 DC，$\angle BED=\varepsilon_1\leqslant\pi/2$，$\angle CEB=\varepsilon_2=\pi-\varepsilon_1$，则

$\cos\boldsymbol{\alpha}=\{A_s^2[D_s^2-A_s^2-B_s^2-C_s^2+2\lambda A_s^2]^2+4\lambda^2A_s^4B_s^2+4B_s^2C_s^2(D_s^2-A_s^2)\}^{1/2}/2B_sC_sD_s$，

$\cos\boldsymbol{\beta}=\{[D_s^2-A_s^2-B_s^2-C_s^2+2\lambda A_s^2]^2+4\lambda^2A_s^2B_s^2+4C_s^2(D_s^2-B_s^2)\}^{1/2}/2C_sD_s$，

$\cos\boldsymbol{\gamma}=\{[D_s^2-A_s^2-B_s^2-C_s^2+2\lambda A_s^2]^2+4\lambda^2A_s^2B_s^2+4B_s^2(D_s^2-C_s^2)\}^{1/2}/2B_sD_s$，

$\cos\boldsymbol{\delta}=\{[D_s^2-A_s^2-B_s^2-C_s^2+2\lambda A_s^2]^2+4\lambda^2A_s^2B_s^2\}^{1/2}/2B_sC_s$，

$\sin\boldsymbol{\alpha}=A_s\{4B_s^2C_s^2-[D_s^2-A_s^2-B_s^2-C_s^2+2\lambda A_s^2]^2-4\lambda^2A_s^2B_s^2\}^{1/2}/2B_sC_sD_s$，

$\sin\boldsymbol{\beta}=\{4B_s^2C_s^2-[D_s^2-A_s^2-B_s^2-C_s^2+2\lambda A_s^2]^2-4\lambda^2A_s^2B_s^2\}^{1/2}/2C_sD_s$，

$\sin\boldsymbol{\gamma}=\{4B_s^2C_s^2-[D_s^2-A_s^2-B_s^2-C_s^2+2\lambda A_s^2]^2-4\lambda^2A_s^2B_s^2\}^{1/2}/2B_sD_s$，

$\sin\boldsymbol{\delta}=\{4B_s^2C_s^2-[D_s^2-A_s^2-B_s^2-C_s^2+2\lambda A_s^2]^2-4\lambda^2A_s^4B_s^2\}^{1/2}/2B_sC_s$，

其中 $\lambda=(a'^2+c'^2-b^2)/2c'^2$；$a'=DA$，$c'=DC$，$b=CA$。

特别当 $\varepsilon_1=\pi/2$ 时，即为定理14。且有 $a^2+a'^2=b^2+b'^2$；$a=BC$，$b'=DB$。

证 按定理14记号，由两个双直角□$DBAE$ 和□$ABCE$ 按定理8得

$C_s^2=A_{1s}^2+B_{1s}^2+E_s^2-2B_{1s}E_s\cos\boldsymbol{\varepsilon}_1=A_{1s}^2+B_{1s}^2+E_s^2-2B_{1s}E_s\cos\varepsilon_1$。

$D_s^2=A_{2s}^2+B_{2s}^2+E_s^2-2B_{2s}E_s\cos\boldsymbol{\varepsilon}_2=A_{2s}^2+B_{2s}^2+E_s^2-2B_{2s}E_s\cos\varepsilon_2$。

记 $\triangle_sAEB=E_s$，$\triangle_sBED=A_{1s}$，$\triangle_sCEB=A_{2s}$，$\triangle_sDEA=B_{1s}$，$\triangle_sAEC=B_{2s}$，

$\cos\varepsilon_2=\cos(\pi-\varepsilon_1)=-\cos\varepsilon_1$，其中 $\boldsymbol{\varepsilon}_1$ 为三面三维角 $E(DAB)$，$\boldsymbol{\varepsilon}_2$ 为三面三维角 $E(CAB)$，

$\sin\boldsymbol{\varepsilon}_1=\sin\boldsymbol{\varepsilon}_2$（$\boldsymbol{\varepsilon}_1$，$\boldsymbol{\varepsilon}_2$ 为两个相邻互补三面三维角），

$\sin\boldsymbol{\varepsilon}_1=\sin\varepsilon_1$，$\sin\boldsymbol{\varepsilon}_2=\sin\varepsilon_2$[利用第3章性质6(2)$\boldsymbol{\varepsilon}_1=(\varepsilon_1,\ \pi/2,\ \pi/2)$]，

由上两式消去 $E_s\cos\varepsilon_1$ 利用 $A_{1s}/A_s=B_{1s}/B_s=DE/DC=\lambda$（由 $A_{1s}/A_{2s}=B_{1s}/B_{2s}$），得

$A_{1s}=\lambda A_s$，$B_{1s}=\lambda B_s$，$A_{2s}=(1-\lambda)A_s$，$B_{2s}=(1-\lambda)B_s$，

$E_s^2=\lambda^2(A_s^2+B_s^2)+\lambda(D_s^2-A_s^2-B_s^2-C_s^2)+C_s^2$，得

$$2B_sE_s\cos\varepsilon_1=2\lambda(A_s^2+B_s^2)+D_s^2-A_s^2-B_s^2-C_s^2 \qquad (1)^*$$

由定理4得

$\sin\boldsymbol{\alpha}:\sin\boldsymbol{\beta}:\sin\boldsymbol{\gamma}:\sin\boldsymbol{\delta}=A_s:B_s:C_s:D_s$，

$\sin\boldsymbol{\alpha}_1:\sin\boldsymbol{\beta}_1:\sin\boldsymbol{\delta}:\sin\boldsymbol{\varepsilon}_1=A_{1s}:B_{1s}:E_s:C_s$，

$\sin\boldsymbol{\alpha}_2:\sin\boldsymbol{\beta}_2:\sin\boldsymbol{\gamma}:\sin\boldsymbol{\varepsilon}_2=A_{2s}:B_{2s}:E_s:D_s$，

$\sin\boldsymbol{\delta}:\sin\varepsilon_1=\sin\boldsymbol{\delta}:\sin\boldsymbol{\varepsilon}_1=E_s:C_s$，

$E_s\sin\varepsilon_1=C_s\sin\boldsymbol{\delta}$，

$$2B_sE_s\sin\varepsilon_1=2B_sC_s\sin\boldsymbol{\delta} \qquad (2)^*$$

由 $E_s^2=E_s^2\cos^2\varepsilon_1+E_s^2\sin^2\varepsilon_1$ 利用(1)*，(2)*，得

$4B_s^2C_s^2\sin^2\boldsymbol{\delta}=4B_s^2E_s^2-[2\lambda(A_s^2+B_s^2)+D_s^2-A_s^2-B_s^2-C_s^2]^2$，

由 $\cos^2\boldsymbol{\delta}+\sin^2\boldsymbol{\delta}=1$，得

$\cos\boldsymbol{\delta}=\{[D_s^2-A_s^2-B_s^2-C_s^2+2\lambda A_s^2]^2+4\lambda^2A_s^2B_s^2\}^{1/2}/2B_sC_s$。

再由 $\cos^2\boldsymbol{\delta}=1-\sin^2\boldsymbol{\delta}=1-D_s^2\sin^2\boldsymbol{\gamma}/C_s^2=1-D_s^2(1-\cos^2\boldsymbol{\gamma})/C_s^2$，得

$\cos\boldsymbol{\gamma}=\{[D_s^2-A_s^2-B_s^2-C_s^2+2\lambda A_s^2]^2+4\lambda^2A_s^2B_s^2+4B_s^2(D_s^2-C_s^2)\}^{1/2}/2B_sD_s$。

其他 $\sin\boldsymbol{u}=(1-\cos^2\boldsymbol{u})^{1/2}$（$\boldsymbol{u}=\boldsymbol{\alpha},\ \boldsymbol{\beta},\ \boldsymbol{\gamma},\ \boldsymbol{\delta}$），$\cos\boldsymbol{\alpha}$，$\cos\boldsymbol{\beta}$ 利用 $\sin\boldsymbol{\alpha}:\sin\boldsymbol{\beta}:$

$\sin\boldsymbol{\gamma}:\sin\boldsymbol{\delta}=A_s:B_s:C_s:D_s$，即得。

由 AE 垂直 $DC \Rightarrow (\boldsymbol{A}-\boldsymbol{E})\cdot(\boldsymbol{C}-\boldsymbol{D})=0$，$\boldsymbol{E}=\lambda\boldsymbol{C}+(1-\lambda)\boldsymbol{D} \Rightarrow \lambda\mid\boldsymbol{C}-\boldsymbol{D}\mid^2=(\boldsymbol{C}-\boldsymbol{D})\cdot(\boldsymbol{A}-\boldsymbol{D})$，

$\lambda c'=a'\cos\tau\ (\tau=\angle ADC,\ \cos\tau=(a'^2+c'^2-b^2)/2a'c') \Rightarrow \lambda=(a'^2+c'^2-b^2)/2c'^2$。

特别当 $\varepsilon_1=\pi/2$ 时，

由 BE 垂直 $DC \Rightarrow (\boldsymbol{B}-\boldsymbol{E})\cdot(\boldsymbol{C}-\boldsymbol{D})=0$，$\boldsymbol{E}=\lambda\boldsymbol{C}+(1-\lambda)\boldsymbol{D} \Rightarrow \lambda\mid\boldsymbol{C}-\boldsymbol{D}\mid^2=(\boldsymbol{C}-\boldsymbol{D})\cdot(\boldsymbol{B}-\boldsymbol{D}) \Rightarrow \lambda=(b'^2+c'^2-a^2)/2c'^2$，即为定理14。

且有 $a^2+a'^2=b^2+b'^2$；$a=BC$，$b'=DB$，

利用 $\sin\boldsymbol{\beta}_2/\sin\boldsymbol{\beta}_1=B_{2s}C_s/B_{1s}D_s$，

$\sin(\boldsymbol{\beta}_1+\boldsymbol{\beta}_2)=\sin\boldsymbol{\beta}=B_s\sin\boldsymbol{\gamma}/C_s=(B_{1s}+B_{2s})E_s\sin\boldsymbol{\beta}_2/C_sB_{2s}=E_s\sin\boldsymbol{\beta}_2/C_s+B_{1s}E_s\sin\boldsymbol{\beta}_2/C_sB_{2s}=E_s\sin\boldsymbol{\beta}_2/C_s+E_s\sin\boldsymbol{\beta}_1/D_s$，

利用 $\sin\boldsymbol{\gamma}=E_s\sin\boldsymbol{\varepsilon}_2/D_s=E_s\sin\varepsilon_2/D_s$，$\sin\boldsymbol{\delta}=E_s\sin\boldsymbol{\varepsilon}_1/C_s=E_s\sin\varepsilon_1/C_s$，$\sin\varepsilon_1=\sin\varepsilon_2 \Rightarrow \sin(\boldsymbol{\beta}_1+\boldsymbol{\beta}_2)\sin\varepsilon_1=\sin\boldsymbol{\gamma}\sin\boldsymbol{\beta}_1+\sin\boldsymbol{\delta}\sin\boldsymbol{\beta}_2$，此两式是定理13的推广。

定理 16

按定理15所设,则

(1) $\cos\theta=(C_s^2+D_s^2-A_s^2-B_s^2)/2C_sD_s$，其中 θ 为 $\triangle ADB$ 与 $\triangle ABC$ 的夹角(两面角)；

(2) 当 $\theta=\pi/2$ 时，$A_s^2+B_s^2=C_s^2+D_s^2$。

证 (1) $OU=\boldsymbol{U}$，O 为坐标原点,$\boldsymbol{E}=\lambda\boldsymbol{C}+(1-\lambda)\boldsymbol{D}$（见图4-20）。

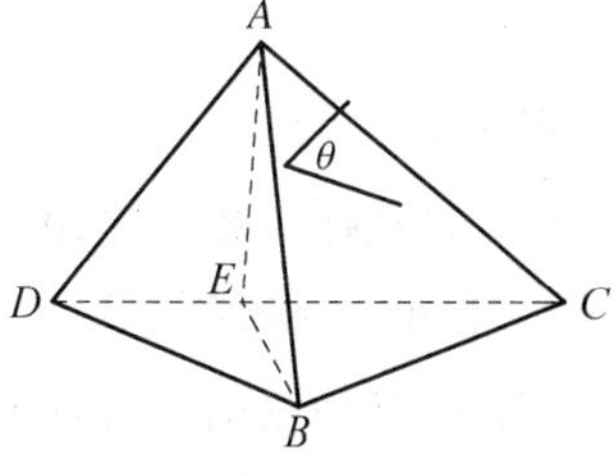

图 4-20

$\boldsymbol{A}\times\boldsymbol{B}+\boldsymbol{B}\times\boldsymbol{E}+\boldsymbol{E}\times\boldsymbol{A}=\lambda(\boldsymbol{A}\times\boldsymbol{B}+\boldsymbol{B}\times\boldsymbol{C}+\boldsymbol{C}\times\boldsymbol{A})+(1-\lambda)(\boldsymbol{A}\times\boldsymbol{B}+\boldsymbol{B}\times\boldsymbol{D}+\boldsymbol{D}\times\boldsymbol{A})$，

$2E_s=\mid\boldsymbol{A}\times\boldsymbol{B}+\boldsymbol{B}\times\boldsymbol{E}+\boldsymbol{E}\times\boldsymbol{A}\mid$，$2D_s=\mid\boldsymbol{A}\times\boldsymbol{B}+\boldsymbol{B}\times\boldsymbol{C}+\boldsymbol{C}\times\boldsymbol{A}\mid$，$2C_s=\mid\boldsymbol{A}\times\boldsymbol{B}+\boldsymbol{B}\times\boldsymbol{D}+\boldsymbol{D}\times\boldsymbol{A}\mid$，

$E_s^2=\lambda^2D_s^2+(1-\lambda)^2C_s^2+2\lambda(1-\lambda)C_sD_s\cos\theta$。

利用定理15已知结果：

$E_s^2=\lambda^2(A_s^2+B_s^2)+\lambda(D_s^2-A_s^2-B_s^2-C_s^2)+C_s^2$ 得

$\lambda(1-\lambda)(A_s^2+B_s^2-C_s^2-D_s^2+2C_sD_s\cos\theta)=0$，

$\lambda\neq 0, 1$，则 $\cos\theta=(C_s^2+D_s^2-A_s^2-B_s^2)/2C_sD_s$。

(2) 由(1)得证。

定理 17(第 3 章定理 6 的新证)

互补三面三维角的正弦是相等的。

证 1 设 $\boldsymbol{\delta}_2$ 与 $\boldsymbol{\delta}_1$ 为相邻互补三面三维角，

$\boldsymbol{\delta}_1+\boldsymbol{\delta}_2=2\boldsymbol{\varepsilon}=2\mathcal{L}\,\varepsilon$，其中 $\boldsymbol{\varepsilon}$ 为三面三维角，ε 为两面角，以常规角度量，$\boldsymbol{\delta}=(\delta_1, \delta_2, \delta_3)$。

由第 3 章定理 8 得 $\sin\boldsymbol{\delta}=\varphi(\delta_1, \delta_2, \delta_3)=(1+2\cos\delta_1\cos\delta_2\cos\delta_3-\cos^2\delta_1-\cos^2\delta_2-\cos^2\delta_3)/\sin\delta_1\sin\delta_2\sin\delta_3$，

设 $\boldsymbol{\delta}'=(\delta_1', \delta_2', \delta_3')$，$\delta_1'=\delta_1$，$\delta_2'=\pi-\delta_2$，$\delta_3'=\pi-\delta_3$ 或 $\delta_1'=\pi-\delta_1$，$\delta_2'=\delta_2$，$\delta_3'=\pi-\delta_3$ 或 $\delta_1=\pi-\delta_1'$，$\delta_2=\pi-\delta_2'$，$\delta_3=\delta_3'$，

$\sin\boldsymbol{\delta}'=\varphi(\delta_1', \delta_2', \delta_3')=(1+2\cos\delta_1'\cos\delta_2'\cos\delta_3'-\cos^2\delta_1'-\cos^2\delta_2'-\cos^2\delta_3')/\sin\delta_1'\sin\delta_2'\sin\delta_3'=(1+2\cos\delta_1\cos\delta_2\cos\delta_3-\cos^2\delta_1-\cos^2\delta_2-\cos^2\delta_3)/\sin\delta_1\sin\delta_2\sin\delta_3=\varphi(\delta_1, \delta_2, \delta_3)=\sin\boldsymbol{\delta}$。

证 2 (见图 4-18) $\square DABE$ 中 $\sin\boldsymbol{\varepsilon}_1=9DABE_v^2/2A_{1s}B_{1s}E_s$，$\boldsymbol{\varepsilon}_1=E(DBA)$，$\boldsymbol{\varepsilon}_2=E(ABC)$，

$\sin\boldsymbol{\varepsilon}_2=9\square_v^2CBAE/2A_{2s}B_{2s}E_s$，$B_{1s}:B_{2s}=A_{1s}:A_{2s}=\square_vDABE:\square_vCBAE$ 得 $\sin\boldsymbol{\varepsilon}_1=\sin\boldsymbol{\varepsilon}_2$。

定理 18

(1) 设互补三面三维角 $\boldsymbol{\delta}+\boldsymbol{\delta}_1=2\mathcal{L}\,\varepsilon_1$，互补三面三维角 $\boldsymbol{\delta}+\boldsymbol{\delta}_2=2\mathcal{L}\,\varepsilon_1$，则 $\sin\boldsymbol{\delta}=\sin\boldsymbol{\delta}_1=\sin\boldsymbol{\delta}_2$，$\boldsymbol{\delta}_1=\boldsymbol{\delta}_2$。

(2) 设互补三面三维角 $\boldsymbol{\delta}+\boldsymbol{\delta}_1=2\mathcal{L}\,\varepsilon_1$，互补三面三维角 $\boldsymbol{\delta}+\boldsymbol{\delta}_2=2\mathcal{L}\,\varepsilon_2$，$(\varepsilon_1\neq\varepsilon_2)$，则 $\sin\boldsymbol{\delta}=\sin\boldsymbol{\delta}_1=\sin\boldsymbol{\delta}_2$，$\boldsymbol{\delta}_1\neq\boldsymbol{\delta}_2$。

如取 $\boldsymbol{\delta}=(\delta_1, \delta_2, \delta_3)$，$\boldsymbol{\delta}_1=(\delta_1, \pi-\delta_2, \pi-\delta_3)$，$\boldsymbol{\delta}_2=(\pi-\delta_1, \delta_2, \pi-\delta_3)$，$\boldsymbol{\delta}_3=(\pi-\delta_1, \pi-\delta_2, \delta_3)$，

$\sin\boldsymbol{\delta}=\sin\boldsymbol{\delta}_1=\sin\boldsymbol{\delta}_2=\sin\boldsymbol{\delta}_3$，但 $\boldsymbol{\delta}+\boldsymbol{\delta}_j=2\boldsymbol{\varepsilon}_j=2\mathcal{L}\,\varepsilon_j(j=1, 2, 3)$，$\boldsymbol{\varepsilon}_j=(\varepsilon_j, \pi/2, \pi/2)$ 可以不相等。

其中 $\boldsymbol{\varepsilon}_j$ 为三面三维角，ε_j 为两面角，以常规角度量。

定理 19

设双直角又单直角面$\square ABCD$，其中 DC 垂直于 AC，

BA 垂直于$\triangle ACD$，则 $A_s^2+D_s^2=B_s^2+C_s^2$（见图 4-21）。

证 按设令 $BC=a$，$CA=b$，$AB=c$，$CD=c'$，$AD=a'$，

由 $A_s=ac'/2$，$B_s=bc'/2$，$C_s=ca'/2$，$D_s=bc/2$，$b^2+c^2=a^2$，$b^2+c'^2=a'^2$，

即证。

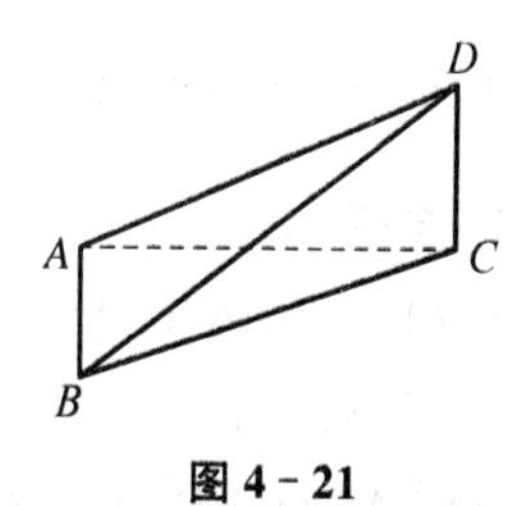

图 4-21

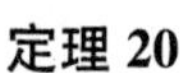

定理 20

设单直角面$\square ABCD$，其中$\triangle BCD$ 垂直于$\triangle ACD$，且 AE 垂直相交于 DC，则$\square_v ABCD=2A_sB_s/3c'$，其中 $DC=c'$（见图 4-22）。

证 $BE:DE=E_s:B_{1s}$，$2A_{1s}=BE\cdot DE\sin\varepsilon$，

设 $DE=\lambda DC=\lambda c'$，$A_{1s}=\lambda A_s$，$B_{1s}=\lambda B_s$，

$\square_v ADBE\Rightarrow E_s\sin\varepsilon=E_s\sin\boldsymbol{\varepsilon}=C_s\sin\boldsymbol{\delta}$。

记 $\varepsilon=\angle DEB$，$\triangle_s ABE=E_s$，$\triangle_s BED=A_{1s}$，$\triangle_s ADE=B_{1s}$，

$2\lambda A_s=2A_{1s}=BE\cdot DE\sin\varepsilon=DE^2\cdot E_s\sin\varepsilon/B_{1s}\Rightarrow c'^2=2A_sB_s/C_s\sin\boldsymbol{\delta}$，

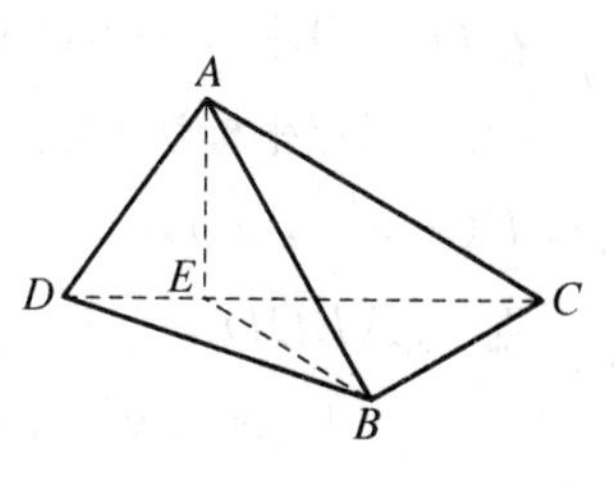

图 4-22

由 $\sin\boldsymbol{\delta}=9\square_v^2 ABCD/2A_sB_sC_s\Rightarrow\square_v ABCD=2A_sB_s/3c'$，即证。

4.1.6 特殊四面体

定理 21

设$\square ABCD$ 的 $a'=b'=c'$，$a=b=c$，且 $A_s=B_s=C_s$，D_s 为已知，则

(1) $\square_v ABCD=\{1+2[(3A_s^2-D_s^2)/(3A_s^2+D_s^2)]^3-3[(3A_s^2-D_s^2)/(3A_s^2+D_s^2)]^2\}(3A_s^2+D_s^2)^{3/2}/6\cdot 3^{3/4}D_s^{3/2}$，

代入下文公式 3 即得证。

(2) $A_s=B_s=C_s=D_s$ 的充分必要的条件是$\square ABCD$ 为正四面体。

证 （1）由海因公式得 $16A_s^2=a^2(4a'^2-a^2)$，$16D_s^2=3a^4\Rightarrow a=2\cdot 3^{-1/4}D_s^{1/2}$，$a'=(3A_s^2+D_s^2)^{1/2}/3^{1/4}D_s^{1/2}$。

(2) 必要性　$A_s = B_s = C_s = a(4a'^2 - a^2)^{1/2}/4$, $D_s = 3^{1/2}a^2/4 \Rightarrow a(4a'^2 - a^2)^{1/2}/4 = 3^{1/2}a^2/4 \Rightarrow a' = a$。

充分性　是显然的。

4.1.7　四面体的体积

定理 22

(1) 设□$ABCD$空间坐标系原点为O,则

$\square_v ABCD = |[\boldsymbol{A}, \boldsymbol{B}, \boldsymbol{C}] + [\boldsymbol{D}, \boldsymbol{C}, \boldsymbol{B}] + [\boldsymbol{D}, \boldsymbol{A}, \boldsymbol{C}] + [\boldsymbol{D}, \boldsymbol{B}, \boldsymbol{A}]|/6 = |[\boldsymbol{D}-\boldsymbol{A}, \boldsymbol{D}-\boldsymbol{B}, \boldsymbol{D}-\boldsymbol{C}]|/6$。

特别地,四点A, B, C, D共面的充分必要条件是$[\boldsymbol{A}, \boldsymbol{B}, \boldsymbol{C}] + [\boldsymbol{D}, \boldsymbol{C}, \boldsymbol{B}] + [\boldsymbol{D}, \boldsymbol{A}, \boldsymbol{C}] + [\boldsymbol{D}, \boldsymbol{B}, \boldsymbol{A}] = 0$,

若$O = D$,则$\square_v OABC = |[\boldsymbol{A}, \boldsymbol{B}, \boldsymbol{C}]|/6$。

(2) (四点坐标法)设□$ABCD$, $A(x_1, y_1, z_1)$, $B(x_2, y_2, z_2)$, $C(x_3, y_3, z_3)$, $D(x_4, y_4, z_4)$,

则$\square_v ABCD = |T^*|/6$,

$$T^* = \begin{vmatrix} 1 & x_1 & y_1 & z_1 \\ 1 & x_2 & y_2 & z_2 \\ 1 & x_3 & y_3 & z_3 \\ 1 & x_4 & y_4 & z_4 \end{vmatrix}。$$

特别当$D(0, 0, 0)$时,则$\square_v ABCD = |U(x, y, z \mid 1, 2, 3)|/6$,

$$U(a, b, c \mid i, j, k) = \begin{vmatrix} a_i & b_i & c_i \\ a_j & b_j & c_j \\ a_k & b_k & c_k \end{vmatrix}。$$

(3) (四面坐标法)设□$ABCD$的四面$\triangle BCD$, $\triangle CDA$, $\triangle DAB$与$\triangle ABC$方程分别为

$a_j x + b_j y + c_j z + d_j = 0$ $(j = 1, 2, 3, 4)$,则$\square_v ABCD = |U^*|^3/6|W^*|$,
其中

$W^* = U(a, b, c \mid 2, 3, 4)U(a, b, c \mid 3, 4, 1)U(a, b, c \mid 4, 1, 2)U(a, b, c \mid 1, 2, 3)$。

$$U^* = \begin{vmatrix} a_1 & b_1 & c_1 & d_1 \\ a_2 & b_2 & c_2 & d_2 \\ a_3 & b_3 & c_3 & d_3 \\ a_4 & b_4 & c_4 & d_4 \end{vmatrix},$$

易知相交一点的充分必要条件是$U^* = 0$。

证 设$A(x_1, y_1, z_1)$，$B(x_2, y_2, z_2)$，$C(x_3, y_3, z_3)$，$D(x_4, y_4, z_4)$，由四平面方程解得

$x_1 = U(b, d, c \mid 2, 3, 4)/U(a, b, c \mid 2, 3, 4)$，$y_1 = U(a, c, d \mid 2, 3, 4)/U(a, b, c \mid 2, 3, 4)$，$z_1 = U(d, b, a \mid 2, 3, 4)/U(a, b, c \mid 2, 3, 4)$，

$x_2 = U(b, d, c \mid 3, 4, 1)/U(a, b, c \mid 3, 4, 1)$，$y_2 = U(a, c, d \mid 3, 4, 1)/U(a, b, c \mid 3, 4, 1)$，$z_2 = U(d, b, a \mid 3, 4, 1)/U(a, b, c \mid 3, 4, 1)$，

$x_3 = U(b, d, c \mid 4, 1, 2)/U(a, b, c \mid 4, 1, 2)$，$y_3 = U(a, c, d \mid 4, 1, 2)/U(a, b, c \mid 4, 1, 2)$，$z_3 = U(d, b, a \mid 4, 1, 2)/U(a, b, c \mid 4, 1, 2)$，

$x_4 = U(b, d, c \mid 1, 2, 3)/U(a, b, c \mid 1, 2, 3)$，$y_4 = U(a, c, d \mid 1, 2, 3)/U(a, b, c \mid 1, 2, 3)$，$z_4 = U(d, b, a \mid 1, 2, 3)/U(a, b, c \mid 1, 2, 3)$，

代入(2)即得。

四面$\triangle BCD$，$\triangle CDA$，$\triangle DAB$与$\triangle ABC$相交一点的充分必要的条件是$U^* = 0$。

定理 23

设$\square R_1R_2R_3R_4$（见图 4-23），

$\boldsymbol{N}_1$，$\boldsymbol{N}_2$，$\boldsymbol{N}_3$和$\boldsymbol{N}_4$分别为$\triangle R_4R_3R_2$，$\triangle R_4R_1R_3$，$\triangle R_4R_2R_1$和$\triangle R_1R_2R_3$的法矢，则

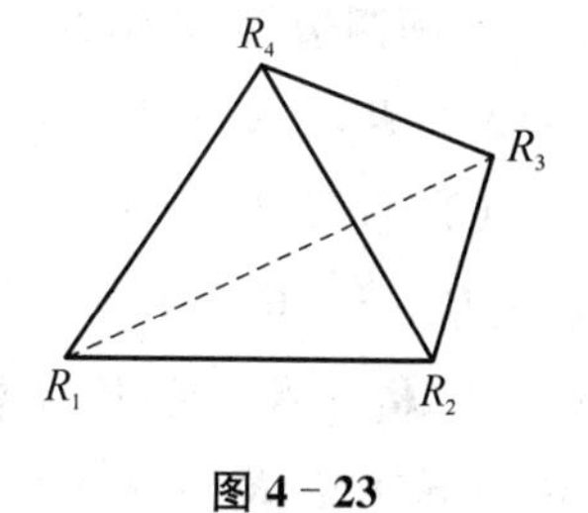

图 4-23

(1) $\square_s \boldsymbol{N}_1\boldsymbol{N}_2\boldsymbol{N}_3\boldsymbol{N}_4 = |\boldsymbol{N}_1 \times \boldsymbol{N}_2 + \boldsymbol{N}_2 \times \boldsymbol{N}_3 + \boldsymbol{N}_3 \times \boldsymbol{N}_4 + \boldsymbol{N}_4 \times \boldsymbol{N}_1|/2 = |\omega(\boldsymbol{R}_1 - \boldsymbol{R}_2 + \boldsymbol{R}_3 - \boldsymbol{R}_4)|$。

$\omega \equiv [\boldsymbol{R}_1, \boldsymbol{R}_2, \boldsymbol{R}_3] + [\boldsymbol{R}_4, \boldsymbol{R}_3, \boldsymbol{R}_2] + [\boldsymbol{R}_4, \boldsymbol{R}_1, \boldsymbol{R}_3] + [\boldsymbol{R}_4, \boldsymbol{R}_2, \boldsymbol{R}_1]$（$\square_v R_1R_2R_3R_4$的六倍）。

(2) $\boldsymbol{N}_j (j = 1, 2, 3, 4)$彼此平行的充分必要条件是四点$R_i (i = 1, 2, 3, 4)$共面。

证 (1) $\boldsymbol{N}_1 = \boldsymbol{R}_4 \times \boldsymbol{R}_3 + \boldsymbol{R}_3 \times \boldsymbol{R}_2 + \boldsymbol{R}_2 \times \boldsymbol{R}_4$，$\boldsymbol{N}_2 = \boldsymbol{R}_4 \times \boldsymbol{R}_1 + \boldsymbol{R}_1 \times \boldsymbol{R}_3 + \boldsymbol{R}_3 \times$

$\boldsymbol{R}_4$, $\boldsymbol{N}_3=\boldsymbol{R}_4\times\boldsymbol{R}_2+\boldsymbol{R}_2\times\boldsymbol{R}_1+\boldsymbol{R}_1\times\boldsymbol{R}_4$, $\boldsymbol{N}_4=\boldsymbol{R}_1\times\boldsymbol{R}_2+\boldsymbol{R}_2\times\boldsymbol{R}_3+\boldsymbol{R}_3\times\boldsymbol{R}_1$,

(见 **4.2.3 节多面体的内面法矢,例 22**)

$\boldsymbol{N}_4\times\boldsymbol{N}_1=(\boldsymbol{R}_1\times\boldsymbol{R}_2+\boldsymbol{R}_2\times\boldsymbol{R}_3+\boldsymbol{R}_3\times\boldsymbol{R}_1)\times(\boldsymbol{R}_4\times\boldsymbol{R}_3+\boldsymbol{R}_3\times\boldsymbol{R}_2+\boldsymbol{R}_2\times\boldsymbol{R}_4)=[\boldsymbol{R}_1,\boldsymbol{R}_2,\boldsymbol{R}_3]\boldsymbol{R}_4-[\boldsymbol{R}_1,\boldsymbol{R}_2,\boldsymbol{R}_4]\boldsymbol{R}_3-[\boldsymbol{R}_1,\boldsymbol{R}_2,\boldsymbol{R}_3]\boldsymbol{R}_2+[\boldsymbol{R}_1,\boldsymbol{R}_2,\boldsymbol{R}_4]\boldsymbol{R}_2-[\boldsymbol{R}_2,\boldsymbol{R}_3,\boldsymbol{R}_4]\boldsymbol{R}_3+[\boldsymbol{R}_2,\boldsymbol{R}_3,\boldsymbol{R}_4]\boldsymbol{R}_2-[\boldsymbol{R}_3,\boldsymbol{R}_1,\boldsymbol{R}_4]\boldsymbol{R}_3+[\boldsymbol{R}_3,\boldsymbol{R}_1,\boldsymbol{R}_2]\boldsymbol{R}_3+[\boldsymbol{R}_3,\boldsymbol{R}_1,\boldsymbol{R}_4]\boldsymbol{R}_2-[\boldsymbol{R}_3,\boldsymbol{R}_1,\boldsymbol{R}_2]\boldsymbol{R}_4$,同理得

$\boldsymbol{N}_1\times\boldsymbol{N}_2=(\boldsymbol{R}_4\times\boldsymbol{R}_3+\boldsymbol{R}_3\times\boldsymbol{R}_2+\boldsymbol{R}_2\times\boldsymbol{R}_4)\times(\boldsymbol{R}_4\times\boldsymbol{R}_1+\boldsymbol{R}_1\times\boldsymbol{R}_3+\boldsymbol{R}_3\times\boldsymbol{R}_4)=[\boldsymbol{R}_4,\boldsymbol{R}_3,\boldsymbol{R}_1]\boldsymbol{R}_4-[\boldsymbol{R}_4,\boldsymbol{R}_3,\boldsymbol{R}_1]\boldsymbol{R}_3+[\boldsymbol{R}_3,\boldsymbol{R}_2,\boldsymbol{R}_1]\boldsymbol{R}_4-[\boldsymbol{R}_3,\boldsymbol{R}_2,\boldsymbol{R}_4]\boldsymbol{R}_1-[\boldsymbol{R}_3,\boldsymbol{R}_2,\boldsymbol{R}_1]\boldsymbol{R}_3+[\boldsymbol{R}_3,\boldsymbol{R}_2,\boldsymbol{R}_4]\boldsymbol{R}_3+[\boldsymbol{R}_2,\boldsymbol{R}_4,\boldsymbol{R}_1]\boldsymbol{R}_4+[\boldsymbol{R}_2,\boldsymbol{R}_4,\boldsymbol{R}_3]\boldsymbol{R}_1-[\boldsymbol{R}_2,\boldsymbol{R}_4,\boldsymbol{R}_1]\boldsymbol{R}_3-[\boldsymbol{R}_2,\boldsymbol{R}_4,\boldsymbol{R}_3]\boldsymbol{R}_4$,

$\boldsymbol{N}_2\times\boldsymbol{N}_3=(\boldsymbol{R}_4\times\boldsymbol{R}_1+\boldsymbol{R}_1\times\boldsymbol{R}_3+\boldsymbol{R}_3\times\boldsymbol{R}_4)\times(\boldsymbol{R}_4\times\boldsymbol{R}_2+\boldsymbol{R}_2\times\boldsymbol{R}_1+\boldsymbol{R}_1\times\boldsymbol{R}_4)=[\boldsymbol{R}_4,\boldsymbol{R}_1,\boldsymbol{R}_2]\boldsymbol{R}_4-[\boldsymbol{R}_4,\boldsymbol{R}_1,\boldsymbol{R}_2]\boldsymbol{R}_1+[\boldsymbol{R}_1,\boldsymbol{R}_3,\boldsymbol{R}_2]\boldsymbol{R}_4-[\boldsymbol{R}_1,\boldsymbol{R}_3,\boldsymbol{R}_4]\boldsymbol{R}_2-[\boldsymbol{R}_1,\boldsymbol{R}_3,\boldsymbol{R}_2]\boldsymbol{R}_1+[\boldsymbol{R}_1,\boldsymbol{R}_3,\boldsymbol{R}_4]\boldsymbol{R}_1+[\boldsymbol{R}_3,\boldsymbol{R}_4,\boldsymbol{R}_2]\boldsymbol{R}_4+[\boldsymbol{R}_3,\boldsymbol{R}_4,\boldsymbol{R}_1]\boldsymbol{R}_2-[\boldsymbol{R}_3,\boldsymbol{R}_4,\boldsymbol{R}_2]\boldsymbol{R}_1-[\boldsymbol{R}_3,\boldsymbol{R}_4,\boldsymbol{R}_1]\boldsymbol{R}_4$,

$\boldsymbol{N}_3\times\boldsymbol{N}_4=(\boldsymbol{R}_4\times\boldsymbol{R}_2+\boldsymbol{R}_2\times\boldsymbol{R}_1+\boldsymbol{R}_1\times\boldsymbol{R}_4)\times(\boldsymbol{R}_1\times\boldsymbol{R}_2+\boldsymbol{R}_2\times\boldsymbol{R}_3+\boldsymbol{R}_3\times\boldsymbol{R}_1)=-[\boldsymbol{R}_4,\boldsymbol{R}_2,\boldsymbol{R}_1]\boldsymbol{R}_2+[\boldsymbol{R}_4,\boldsymbol{R}_2,\boldsymbol{R}_3]\boldsymbol{R}_2+[\boldsymbol{R}_4,\boldsymbol{R}_2,\boldsymbol{R}_1]\boldsymbol{R}_3-[\boldsymbol{R}_4,\boldsymbol{R}_2,\boldsymbol{R}_3]\boldsymbol{R}_1+[\boldsymbol{R}_2,\boldsymbol{R}_1,\boldsymbol{R}_3]\boldsymbol{R}_2-[\boldsymbol{R}_2,\boldsymbol{R}_1,\boldsymbol{R}_3]\boldsymbol{R}_1+[\boldsymbol{R}_1,\boldsymbol{R}_4,\boldsymbol{R}_2]\boldsymbol{R}_1+[\boldsymbol{R}_1,\boldsymbol{R}_4,\boldsymbol{R}_3]\boldsymbol{R}_2-[\boldsymbol{R}_1,\boldsymbol{R}_4,\boldsymbol{R}_2]\boldsymbol{R}_3-[\boldsymbol{R}_1,\boldsymbol{R}_4,\boldsymbol{R}_3]\boldsymbol{R}_1$,

空间四边形 $\boldsymbol{N}_1\boldsymbol{N}_2\boldsymbol{N}_3\boldsymbol{N}_{4s}=|\boldsymbol{N}_1\times\boldsymbol{N}_2+\boldsymbol{N}_2\times\boldsymbol{N}_3+\boldsymbol{N}_3\times\boldsymbol{N}_4+\boldsymbol{N}_4\times\boldsymbol{N}_1|/2=|\omega(\boldsymbol{R}_1-\boldsymbol{R}_2+\boldsymbol{R}_3-\boldsymbol{R}_4)|$ 即证。

(2) 仅证 $\boldsymbol{N}_4\times\boldsymbol{N}_1=(\boldsymbol{R}_1\times\boldsymbol{R}_2+\boldsymbol{R}_2\times\boldsymbol{R}_3+\boldsymbol{R}_3\times\boldsymbol{R}_1)\times(\boldsymbol{R}_2\times\boldsymbol{R}_3+\boldsymbol{R}_3\times\boldsymbol{R}_4+\boldsymbol{R}_4\times\boldsymbol{R}_2)=(\boldsymbol{R}_1\times\boldsymbol{R}_2)\times(\boldsymbol{R}_2\times\boldsymbol{R}_3)+(\boldsymbol{R}_1\times\boldsymbol{R}_2)\times(\boldsymbol{R}_3\times\boldsymbol{R}_4)+(\boldsymbol{R}_1\times\boldsymbol{R}_2)\times(\boldsymbol{R}_4\times\boldsymbol{R}_2)+(\boldsymbol{R}_2\times\boldsymbol{R}_3)\times(\boldsymbol{R}_2\times\boldsymbol{R}_3)+(\boldsymbol{R}_2\times\boldsymbol{R}_3)\times(\boldsymbol{R}_3\times\boldsymbol{R}_4)+(\boldsymbol{R}_2\times\boldsymbol{R}_3)\times(\boldsymbol{R}_4\times\boldsymbol{R}_2)+(\boldsymbol{R}_3\times\boldsymbol{R}_1)\times(\boldsymbol{R}_2\times\boldsymbol{R}_3)+(\boldsymbol{R}_3\times\boldsymbol{R}_1)\times(\boldsymbol{R}_3\times\boldsymbol{R}_4)+(\boldsymbol{R}_3\times\boldsymbol{R}_1)\times(\boldsymbol{R}_4\times\boldsymbol{R}_2)=[\boldsymbol{R}_1,\boldsymbol{R}_2,\boldsymbol{R}_3]\boldsymbol{R}_2+[\boldsymbol{R}_1,\boldsymbol{R}_2,\boldsymbol{R}_4]\boldsymbol{R}_3-[\boldsymbol{R}_1,\boldsymbol{R}_2,\boldsymbol{R}_3]\boldsymbol{R}_4-[\boldsymbol{R}_1,\boldsymbol{R}_2,\boldsymbol{R}_4]\boldsymbol{R}_2+[\boldsymbol{R}_2,\boldsymbol{R}_3,\boldsymbol{R}_4]\boldsymbol{R}_3-[\boldsymbol{R}_2,\boldsymbol{R}_3,\boldsymbol{R}_4]\boldsymbol{R}_2-[\boldsymbol{R}_3,\boldsymbol{R}_1,\boldsymbol{R}_2]\boldsymbol{R}_3-[\boldsymbol{R}_3,\boldsymbol{R}_1,\boldsymbol{R}_4]\boldsymbol{R}_3+[\boldsymbol{R}_3,\boldsymbol{R}_1,\boldsymbol{R}_2]\boldsymbol{R}_4+[\boldsymbol{R}_3,\boldsymbol{R}_1,\boldsymbol{R}_4]\boldsymbol{R}_2=[\boldsymbol{R}_1,\boldsymbol{R}_2,\boldsymbol{R}_3]\boldsymbol{R}_2+[\boldsymbol{R}_1,\boldsymbol{R}_2,\boldsymbol{R}_4]\boldsymbol{R}_3-[\boldsymbol{R}_1,\boldsymbol{R}_2,\boldsymbol{R}_4]\boldsymbol{R}_2+[\boldsymbol{R}_2,\boldsymbol{R}_3,\boldsymbol{R}_4]\boldsymbol{R}_3-[\boldsymbol{R}_2,\boldsymbol{R}_3,\boldsymbol{R}_4]\boldsymbol{R}_2-[\boldsymbol{R}_3,\boldsymbol{R}_1,\boldsymbol{R}_2]\boldsymbol{R}_3-[\boldsymbol{R}_3,\boldsymbol{R}_1,\boldsymbol{R}_4]\boldsymbol{R}_3+[\boldsymbol{R}_3,\boldsymbol{R}_1,\boldsymbol{R}_4]\boldsymbol{R}_2=\omega\{\boldsymbol{R}_2-\boldsymbol{R}_3\}=\boldsymbol{0}$,得 $\omega=0$。

反之,空间 $\square R_1R_2R_3R_4$ 为平面 $\square R_1R_2R_3R_4$ 时,$\omega=0$,则 $\boldsymbol{N}_i\times\boldsymbol{N}_j=\boldsymbol{0}$ $(i,$

$j=1, 2, 3, 4$)。

类似于平面多边形子三角形的子多边形面积的讨论,读者也可研究空间多面体的子多面体的体积与原多边形体的体积的相关性。

公式 1

按 $\square_v ABCD = |[\boldsymbol{A}, \boldsymbol{B}, \boldsymbol{C}]|/6$

{取 D 为坐标原点,记矢量 $DA=\boldsymbol{A}$, $DB=\boldsymbol{B}$, $DC=\boldsymbol{C}$},

$\square_v ABCD = |[\boldsymbol{A}, \boldsymbol{B}, \boldsymbol{C}]+[\boldsymbol{D}, \boldsymbol{C}, \boldsymbol{B}]+[\boldsymbol{D}, \boldsymbol{A}, \boldsymbol{C}]+[\boldsymbol{D}, \boldsymbol{B}, \boldsymbol{A}]|/6 = |[\boldsymbol{D}-\boldsymbol{A}, \boldsymbol{D}-\boldsymbol{B}, \boldsymbol{D}-\boldsymbol{C}]|/6$。

公式 2

若已知$\square ABCD$ 的一个三面三维角 $\boldsymbol{\delta}=(\delta_1, \delta_2, \delta_3)=D(\delta_1, \delta_2, \delta_3)$,其相邻三面的面积 A_s, B_s, C_s,试求

(1) $\square_v ABCD$;(2) $\square ABCD$ 的六条棱(或边);(3) $\square ABCD$ 的另外 3 个三面三维角 $\boldsymbol{\alpha}$, $\boldsymbol{\beta}$, $\boldsymbol{\gamma}$;(4) 第四面的面积 D_s。

解 [见第 3 章定理 2 及图 4-13,图 4-14] $D=D_1=D_2=D_3$,

(1) $\square_v ABCD=(2A_sB_sC_s\sin\boldsymbol{\delta})^{1/2}/3$, $\sin\boldsymbol{\delta}=\varphi(\delta_1, \delta_2, \delta_3)$,特别 $\sin\boldsymbol{\delta}=1$ 时,$\square_v ABCD=(2A_sB_sC_s)^{1/2}/3$。

(2) 由 $\triangle BDC=\triangle BD_1C$, $\triangle CDA=\triangle CD_2A$, $\triangle ADB=\triangle AD_3B$ 的正弦定理得

$2A_s=b'c'\sin\delta_1$, $2B_s=c'a'\sin\delta_2$, $2C_s=a'b'\sin\delta_3$, $8A_sB_sC_s=a'^2b'^2c'^2\sin\delta_1\sin\delta_2\sin\delta_3$,

有 $a'=(2B_sC_s\sin\delta_1/A_s\sin\delta_2\sin\delta_3)^{1/2}$, $b'=(2C_sA_s\sin\delta_2/B_s\sin\delta_3\sin\delta_1)^{1/2}$, $c'=(2A_sB_s\sin\delta_3/C_s\sin\delta_1\sin\delta_2)^{1/2}$,

$a=(b'^2+c'^2-2b'c'\cos\delta_1)^{1/2}$, $b=(c'^2+a'^2-2c'a'\cos\delta_2)^{1/2}$, $c=(a'^2+b'^2-2a'b'\cos\delta_3)^{1/2}$。

(3) 由$\triangle ABC$ 余弦定理得

$a_3=\arccos[(b^2+c^2-a^2)/2bc]$, $\beta_3=\arccos[(c^2+a^2-b^2)/2ca]$, $\gamma_3=\arccos[(a^2+b^2-c^2)/2ab]$,

由 $\triangle BDC=\triangle BD_1C$, $\triangle CDA=\triangle CD_2A$, $\triangle ADB=\triangle AD_3B$ 的正弦定理得

$\sin\beta_1 = c'\sin\gamma_2/b = c'\sin(\pi-\beta_1-\delta_1)/b = c'\sin(\beta_1+\delta_1)/b = c'(\sin\beta_1\cos\delta_1 + \sin\delta_1\cos\beta_1)/b$,

$\beta_1 = \arctan[c'\sin\delta_1/(b'-c'\cos\delta_1)]$, $\gamma_1 = \arctan[a'\sin\delta_2/(c'-a'\cos\delta_2)]$, $\alpha_1 = \arctan[b'\sin\delta_3/(a'-b'\cos\delta_3)]$。

$\gamma_2 = \pi-\beta_1-\delta_1$, $\alpha_2 = \pi-\gamma_1-\delta_2$, $\beta_2 = \pi-\alpha_1-\delta_3$,

得 $\boldsymbol{\alpha} = (\alpha_1, \alpha_2, \alpha_3) = A(\alpha_1, \alpha_2, \alpha_3)$, $\boldsymbol{\beta} = (\beta_1, \beta_2, \beta_3) = B(\beta_1, \beta_2, \beta_3)$, $\boldsymbol{\gamma} = (\gamma_1, \gamma_2, \gamma_3) = C(\gamma_1, \gamma_2, \gamma_3)$。

(4) $D_s = [l(l-a)(l-b)(l-c)]^{1/2}$, $l = (a+b+c)/2$。

公式 3

若已知□$ABCD$ 的一个三面三维角 $\boldsymbol{\delta} = (\delta_1, \delta_2, \delta_3)$，其相邻三边长 a', b', c',则

$\square_v ABCD = \psi^{1/2}(\delta_1, \delta_2, \delta_3)a'b'c'/6$,

其中 $\psi(\delta_1, \delta_2, \delta_3) = 1+2\cos\delta_1\cos\delta_2\cos\delta_3 - \cos^2\delta_1 - \cos^2\delta_2 - \cos^2\delta_3$,

{或$[\sin^2\delta_1\sin^2\delta_2 - (\cos\delta_3 - \cos\delta_1\cos\delta_2)^2]$ }

$\delta_1 = \delta_1(b', c')$, $\delta_2 = \delta_2(c', a')$, $\delta_3 = \delta_3(a', b')$。

证 $A_s = b'c'\sin\delta_1/2$, $B_s = c'a'\sin\delta_2/2$, $C_s = a'b'\sin\delta_3/2$, $\sin\boldsymbol{\delta} = \varphi(\delta_1, \delta_2, \delta_3) = 9\square_v ABCD/2A_sB_sC_s$。

公式 4(三维海因公式)

若已知□$ABCD$ 的六边(棱)长 a, b, c, a', b', c'(按定理 2 约定,见图 4-13),则

$\square_v ABCD = V(a, b, c; a', b', c') \equiv [4a'^2b'^2c'^2 + (b'^2+c'^2-a^2)(c'^2+a'^2-b^2)(a'^2+b'^2-c^2) - a'^2(b'^2+c'^2-a^2)^2 - b'^2(c'^2+a'^2-b^2)^2 - c'^2(a'^2+b'^2-c^2)^2]^{1/2}/12$,

或

$\square_v ABCD = V(a, b, c; a', b', c') \equiv [a^2a'^2(-a^2-a'^2+b^2+b'^2+c^2+c'^2) + b^2b'^2(-b^2-b'^2+c^2+c'^2+a^2+a'^2) + c^2c'^2(-c^2-c'^2+a^2+a'^2+b^2+b'^2) - a^2b'^2c'^2 - a'^2b^2c'^2 - a'^2b'^2c^2 - a^2b^2c^2]^{1/2}/12$。

证 (见图 4-13、图 4-14, $BC = a$, $CA = b$, $AB = c$, $DA = a'$, $DB = b'$, $DC = c'$)。由公式 3,得

$\psi(\delta_1, \delta_2, \delta_3) = (1 + 2\cos\delta_1\cos\delta_2\cos\delta_3 - \cos^2\delta_1 - \cos^2\delta_2 - \cos^2\delta_3)^{1/2}$,

$\cos\delta_1 = (b'^2 + c'^2 - a^2)/2b'c'$, $\cos\delta_2 = (c'^2 + a'^2 - b^2)/2c'a'$, $\cos\delta_3 = (a'^2 + b'^2 - c'^2)/2a'b'$。

公式 5

按公式 4 所设,则

(1) $V(\lambda a, \lambda b, \lambda c; \lambda a', \lambda b', \lambda c') = \lambda^3 V(a, b, c; a', b', c')$, λ 为实数。

(2) $V(a, b, c; a', b', c') = V(a, c', b'; a', c, b) = V(a', b, c'; a, b', c) = V(a', c, b'; a, b, c')$。

(3) $V(a, b, c; a', b', c') = V(a', b', c'; a, b, c) \Leftrightarrow a = a', b = b', c = c'$ 中至少有一个成立。

(4) 由第 1 章定理 5(4)(海因公式)得 $\triangle_s ABC = \triangle_s(a, b, c) = [l(l-a)(l-b)(l-c)]^{1/2}$, $l = (a+b+c)/2$,

记 A_h, B_h, C_h 和 D_h 分别为$\square ABCD$ 的四顶点 A, B, C 与 D 至$\triangle BCD$, $\triangle CDA$, $\triangle DAB$ 与$\triangle ABC$ 上的高,则 $A_h = 3\square_v ABCD/\triangle_s(a, b', c')$, $B_h = 3\square_v ABCD/\triangle_s(a', b, c')$, $C_h = 3\square_v ABCD/\triangle_s(a', b', c)$, $D_h = 3\square_v ABCD/\triangle_s(a, b, c)$。

证 (1),(2)易证,而(3)由 $V(a, b, c; a', b', c') = V(a', b', c'; a, b, c) \Leftrightarrow (a^2 - a'^2)(b^2 - b'^2)(c^2 - c'^2) = 0$, 即证。

公式 6

若已知$\square ABCD$ 的三腰面积A_s, B_s, C_s,正三角形 ABC 底面积 D_s,试求四面体的体积。

证 由第 1 章海因公式得 $a^2 = 4 \cdot 3^{-1/2} D_s$,正三角形 ABC 的 $a = b = c$, $16A_s^2 = [(b' + c')^2 - a^2][a^2 - (b' - c')^2]$,

$16B_s^2 = [(c' + a')^2 - a^2][a^2 - (c' - a')^2]$, $16C_s^2 = [(a' + b')^2 - a^2][a^2 - (a' - b')^2]$,

若得 a', b', c', $\cos\delta_1 = (b'^2 + c'^2 - a^2)/2b'c'$, $\cos\delta_2 = (c'^2 + a'^2 - a^2)/2c'a'$, $\cos\delta_3 = (a'^2 + b'^2 - c^2)/2a'b'$,

$\square_v ABCD = \psi^{1/2}(\delta_1, \delta_2, \delta_3)a'b'c'/6$。

$\psi(\delta_1, \delta_2, \delta_3) = 1 + 2\cos\delta_1\cos\delta_2\cos\delta_3 - \cos^2\delta_1 - \cos^2\delta_2 - \cos^2\delta_3$。

若 $A_s = C_s$，则

$a^* = a'^2$, $b^* = b'^2$, $c^* = c'^2$, $16A_s^2 = [(b'+c')^2 - a^2][a^2 - (b'-c')^2] \Rightarrow c^{*2} - 2(a^2 + b^*)c^* + 16A_s^2 + a^4 + b^{*2} - 2a^2b^{*2} = 0 \Rightarrow c^* = a^2 + b^* - 2(a^2b^* - 4A_s^2)^{1/2} \Rightarrow a^* = a^2 + b^* - 2(a^2b^* - 4C_s^2)^{1/2} \Rightarrow c^* = a^* \Rightarrow 16B_s^2 = 4a^2a^* \Rightarrow a^* = c^* = 4B_s^2/a^2$, $b^* = a^2 + a^* - 2(a^2a^* - 4C_s^2)^{1/2} = a^2 + 4B_s^2/a^2 - 4(B_s^2 - C_s^2)^{1/2} \Rightarrow a' = c' = 2B_s/a$, $b' = [a^2 + 4B_s^2/a^2 - 4(B_s^2 - C_s^2)^{1/2}]^{1/2}$,

得 $\square_v ABCD = V(a, b, c; a', b', c') = V(a, a, a; a', b', c')$。

公式 7

(1) 设$\square ABCD$ 的四个面M_j的方程为：$\boldsymbol{R} \cdot \boldsymbol{N}_j = p_j$，$|\boldsymbol{N}_j| = 1$ $(j = 1, 2, 3, 4)$，则

$\square_v ABCD = |k_1^3/6m_1|$，其中

$k_1 = p_4[\boldsymbol{N}_1, \boldsymbol{N}_2, \boldsymbol{N}_3] + p_1[\boldsymbol{N}_4, \boldsymbol{N}_3, \boldsymbol{N}_2] + p_2[\boldsymbol{N}_4, \boldsymbol{N}_1, \boldsymbol{N}_3] + p_3[\boldsymbol{N}_4, \boldsymbol{N}_2, \boldsymbol{N}_1]$,

$m_1 = [\boldsymbol{N}_1, \boldsymbol{N}_2, \boldsymbol{N}_3][\boldsymbol{N}_4, \boldsymbol{N}_3, \boldsymbol{N}_2][\boldsymbol{N}_4, \boldsymbol{N}_1, \boldsymbol{N}_3][\boldsymbol{N}_4, \boldsymbol{N}_2, \boldsymbol{N}_1] \neq 0$。四个面 $M_j(j = 1, 2, 3, 4)$ 中任意三个不共面，由此得四个面 $M_j(j = 1, 2, 3, 4)$ 相交的一点的充分必要条件是 $k_1 = 0$。

(2) 设$\square ABCD$ 的六条边 DA，DB，DC，AB，AC 与 BC，的方程分别为

$\boldsymbol{R} \times \boldsymbol{E}_i = \boldsymbol{A}_i$，$|\boldsymbol{E}_i| = 1$ $(i = 1, 2, 3, 4, 5, 6)$，则

$\square_v ABCD = |k_2/6m_2|$，其中

$k_2 = [\boldsymbol{A}_4, \boldsymbol{A}_5, \boldsymbol{A}_6]\{\boldsymbol{A}_1 \cdot \boldsymbol{E}_2[\boldsymbol{A}_4, \boldsymbol{A}_5, \boldsymbol{A}_6] + \boldsymbol{A}_4 \cdot \boldsymbol{E}_5[\boldsymbol{A}_1, \boldsymbol{A}_2, \boldsymbol{A}_6] + \boldsymbol{A}_5 \cdot \boldsymbol{E}_6[\boldsymbol{A}_1, \boldsymbol{A}_2, \boldsymbol{A}_4] + \boldsymbol{A}_6 \cdot \boldsymbol{E}_4[\boldsymbol{A}_1, \boldsymbol{A}_2, \boldsymbol{A}_5]\}$

$m_2 = (\boldsymbol{A}_1 \cdot \boldsymbol{E}_2)(\boldsymbol{A}_4 \cdot \boldsymbol{E}_5)(\boldsymbol{A}_5 \cdot \boldsymbol{E}_6)(\boldsymbol{A}_6 \cdot \boldsymbol{E}_4)$。

证 (1) 由第1章1.5.4.3)(2)得四面 $M_j(j = 1, 2, 3, 4)$ 中每三面相交的四点 A, B, C 与 D 分别为

$\boldsymbol{A} = \{p_2\boldsymbol{N}_3 \times \boldsymbol{N}_4 + p_3\boldsymbol{N}_4 \times \boldsymbol{N}_2 + p_4\boldsymbol{N}_2 \times \boldsymbol{N}_3\}/[\boldsymbol{N}_2, \boldsymbol{N}_3, \boldsymbol{N}_4]$,

$\boldsymbol{B} = \{p_3\boldsymbol{N}_4 \times \boldsymbol{N}_1 + p_4\boldsymbol{N}_1 \times \boldsymbol{N}_3 + p_1\boldsymbol{N}_3 \times \boldsymbol{N}_4\}/[\boldsymbol{N}_3, \boldsymbol{N}_4, \boldsymbol{N}_1]$,

$\boldsymbol{C} = \{p_4\boldsymbol{N}_1 \times \boldsymbol{N}_2 + p_1\boldsymbol{N}_2 \times \boldsymbol{N}_4 + p_2\boldsymbol{N}_4 \times \boldsymbol{N}_1\}/[\boldsymbol{N}_4, \boldsymbol{N}_1, \boldsymbol{N}_2]$,

$\boldsymbol{D} = \{p_1\boldsymbol{N}_2 \times \boldsymbol{N}_3 + p_2\boldsymbol{N}_3 \times \boldsymbol{N}_1 + p_3\boldsymbol{N}_1 \times \boldsymbol{N}_2\}/[\boldsymbol{N}_1, \boldsymbol{N}_2, \boldsymbol{N}_3]$,

$[\boldsymbol{A}, \boldsymbol{B}, \boldsymbol{C}] = [p_2\boldsymbol{N}_3 \times \boldsymbol{N}_4 + p_3\boldsymbol{N}_4 \times \boldsymbol{N}_2 + p_4\boldsymbol{N}_2 \times \boldsymbol{N}_3, p_3\boldsymbol{N}_4 \times \boldsymbol{N}_1 + p_4\boldsymbol{N}_1 \times$

$\boldsymbol{N}_3+p_1\boldsymbol{N}_3\times\boldsymbol{N}_4,\ p_4\boldsymbol{N}_1\times\boldsymbol{N}_2+p_1\boldsymbol{N}_2\times\boldsymbol{N}_4+p_2\boldsymbol{N}_4\times\boldsymbol{N}_1][\boldsymbol{N}_1,\ \boldsymbol{N}_2,\ \boldsymbol{N}_3]/m_1=-p_4k_1^2[\boldsymbol{N}_1,\ \boldsymbol{N}_2,\ \boldsymbol{N}_3]/m_1$，同理

$[\boldsymbol{D},\ \boldsymbol{C},\ \boldsymbol{B}]=-p_1k_1^2[\boldsymbol{N}_4,\ \boldsymbol{N}_3,\ \boldsymbol{N}_2]/m_1$，$[\boldsymbol{D},\ \boldsymbol{A},\ \boldsymbol{C}]=-p_2k_1^2[\boldsymbol{N}_4,\ \boldsymbol{N}_1,\ \boldsymbol{N}_3]/m_1$，$[\boldsymbol{D},\ \boldsymbol{B},\ \boldsymbol{A}]=-p_3k_1^2[\boldsymbol{N}_4,\ \boldsymbol{N}_2,\ \boldsymbol{N}_1]/m_1$，

$\square_v ABCD=|[\boldsymbol{A},\ \boldsymbol{B},\ \boldsymbol{C}]+[\boldsymbol{D},\ \boldsymbol{C},\ \boldsymbol{B}]+[\boldsymbol{D},\ \boldsymbol{A},\ \boldsymbol{C}]+[\boldsymbol{D},\ \boldsymbol{B},\ \boldsymbol{A}]|/6=|k_1^3/6m_1|$，即证。

(2) 由第1章1.5.4.3)(1)②(*b*)(*α*)得

$\boldsymbol{A}=\boldsymbol{A}_4\times\boldsymbol{A}_5/\boldsymbol{A}_4\cdot\boldsymbol{E}_5$，$\boldsymbol{B}=\boldsymbol{A}_6\times\boldsymbol{A}_4/\boldsymbol{A}_6\cdot\boldsymbol{E}_4$，$\boldsymbol{C}=\boldsymbol{A}_5\times\boldsymbol{A}_6/\boldsymbol{A}_5\cdot\boldsymbol{E}_6$，$\boldsymbol{D}=\boldsymbol{A}_1\times\boldsymbol{A}_2/\boldsymbol{A}_1\cdot\boldsymbol{E}_2$，

得 $\square_v ABCD=|[\boldsymbol{A},\ \boldsymbol{B},\ \boldsymbol{C}]+[\boldsymbol{D},\ \boldsymbol{C},\ \boldsymbol{B}]+[\boldsymbol{D},\ \boldsymbol{A},\ \boldsymbol{C}]+[\boldsymbol{D},\ \boldsymbol{B},\ \boldsymbol{C}]|/6=|k_2/6m_2|$，

如$[\boldsymbol{A},\ \boldsymbol{B},\ \boldsymbol{C}]=[\boldsymbol{A}_4\times\boldsymbol{A}_5/\boldsymbol{A}_4\cdot\boldsymbol{E}_5,\ \boldsymbol{A}_6\times\boldsymbol{A}_4/\boldsymbol{A}_6\cdot\boldsymbol{E}_4,\ \boldsymbol{A}_5\times\boldsymbol{A}_6/\boldsymbol{A}_5\cdot\boldsymbol{E}_6]=[\boldsymbol{A}_4\times\boldsymbol{A}_5,\ \boldsymbol{A}_6\times\boldsymbol{A}_4,\ \boldsymbol{A}_5\times\boldsymbol{A}_6]/(\boldsymbol{A}_4\cdot\boldsymbol{E}_5)(\boldsymbol{A}_6\cdot\boldsymbol{E}_4)(\boldsymbol{A}_5\cdot\boldsymbol{E}_6)=[\boldsymbol{A}_4,\ \boldsymbol{A}_5,\ \boldsymbol{A}_6]^2/(\boldsymbol{A}_4\cdot\boldsymbol{E}_5)(\boldsymbol{A}_6\cdot\boldsymbol{E}_4)(\boldsymbol{A}_5\cdot\boldsymbol{E}_6)$。

公式8

设□$ABCD$ 的四面M_j的方程为：$\boldsymbol{R}\cdot\boldsymbol{N}_j=p_j(j=1,\ 2,\ 3,\ 4)$，$\boldsymbol{N}_j(j=1,\ 2,\ 3,\ 4)$ 中任意三个不共面，则

$\boldsymbol{A}'=p_1\boldsymbol{N}_1$，$\boldsymbol{B}'=p_2\boldsymbol{N}_2$，$\boldsymbol{C}'=p_3\boldsymbol{N}_3$，$\boldsymbol{D}'=p_4\boldsymbol{N}_4$，分别为原点到对应平面交点$A'$，$B'$，$C'$，$D'$的矢量。

$\square_v A'B'C'D'=|[\boldsymbol{A}',\ \boldsymbol{B}',\ \boldsymbol{C}']+[\boldsymbol{D}',\ \boldsymbol{C}',\ \boldsymbol{B}']+[\boldsymbol{D}',\ \boldsymbol{A}',\ \boldsymbol{C}']+[\boldsymbol{D}',\ \boldsymbol{B}',\ \boldsymbol{A}']|/6=|p_1p_2p_3[\boldsymbol{N}_1,\ \boldsymbol{N}_2,\ \boldsymbol{N}_3]+p_4p_3p_2[\boldsymbol{N}_4,\ \boldsymbol{N}_3,\ \boldsymbol{N}_2]+p_4p_1p_3[\boldsymbol{N}_4,\ \boldsymbol{N}_1,\ \boldsymbol{N}_3]+p_4p_2p_1[\boldsymbol{N}_4,\ \boldsymbol{N}_2,\ \boldsymbol{N}_1]|/6$。

公式9

已知等腰面四面体 $ABCD$ 的腰面积 $A_s=B_s=C_s$，正三角形 ABC 底面积 D_s，则

$\square_v ABCD=D_s^{1/2}(9A_s^2-D_s^2)^{1/2}/3^{7/4}$。

证 由海因公式得 $A_s^2=a^2(4a'^2-a^2)/16$，$D_s^2=3a^4/16$，$a=2D_s^{1/2}/3^{1/4}$，$a'=(3A_s^2+D_s^2)^{1/2}/3^{1/4}D_s^{1/2}$，

$\cos\delta_1=(2a'^2-a^2)/2a'^2=(3A_s^2-D_s^2)/(3A_s^2+D_s^2)$，得

$\square_v ABCD = D_s^{1/2}(9A_s^2 - D_s^2)^{1/2}/3^{7/4}$。

公式 10

设$\square_v ABCD$，$\square_v A^* B^* C^* D^*$，

其中A^*，B^*，C^*与D^*分别为$\triangle BCD$，$\triangle CDA$，$\triangle DAB$与$\triangle ABC$上的重心，则$\square_v ABCD = 3^3 \square_v A^* B^* C^* D^*$（作为比较，令$A^*$，$B^*$和$C^*$分别为$\triangle ABC$的三边$BC$，$CA$与$AB$的中点，则$\triangle_s ABC = 2^2 \triangle_s A^* B^* C^*$）

（见图 4-24）。

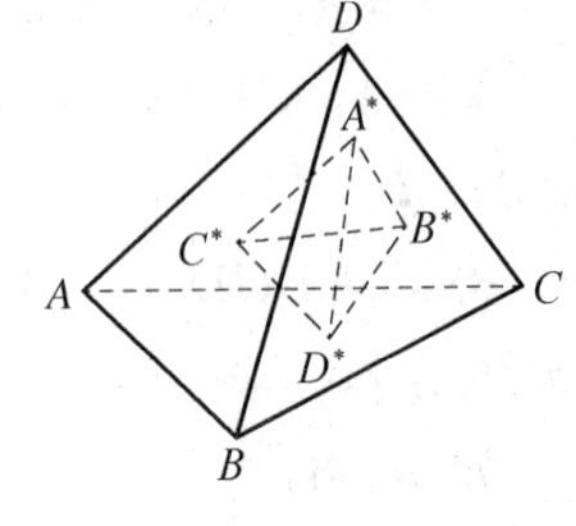

图 4-24

证 1 记$\mathbf{A}$，$\mathbf{B}$，$\mathbf{C}$与$\mathbf{D}$分别为原点到$\square ABCD$的四顶点A，B，C与D的矢量，$\triangle BCD$，$\triangle CDA$，$\triangle DAB$与$\triangle ABC$上的重心矢量分别记为

$\mathbf{A}^* = (\mathbf{B}+\mathbf{C}+\mathbf{D})/3$，$\mathbf{B}^* = (\mathbf{C}+\mathbf{D}+\mathbf{A})/3$，$\mathbf{C}^* = (\mathbf{D}+\mathbf{A}+\mathbf{B})/3$和$\mathbf{D}^* = (\mathbf{A}+\mathbf{B}+\mathbf{C})/3$，

$\square A^* B^* C^* D^*$的六边为

$a^* = |B^* C^*| = |\mathbf{C}-\mathbf{B}|/3 = a/3$，$b^* = |C^* A^*| = |\mathbf{A}-\mathbf{C}|/3 = b/3$，$c^* = |A^* B^*| = |\mathbf{B}-\mathbf{A}|/3 = c/3$，

$a^{*\prime} = |D^* A^*| = |\mathbf{A}-\mathbf{D}|/3 = a'/3$，$b^{*\prime} = |D^* B^*| = |\mathbf{B}-\mathbf{D}|/3 = b'/3$，$c^{*\prime} = |D^* C^*| = |\mathbf{C}-\mathbf{D}|/3 = c'/3$。

由公式 4 得$V(a, b, c; a', b', c') = 3^3 V(a^*, b^*, c^*; a^{*\prime}, b^{*\prime}, c^{*\prime})$。

证 2 由 4.1.7 定理 22(1)得

$3^3 \square_v A^* B^* C^* D^* = 3^3 |[\mathbf{A}^*, \mathbf{B}^*, \mathbf{C}^*] + [\mathbf{D}^*, \mathbf{C}^*, \mathbf{B}^*] + [\mathbf{D}^*, \mathbf{A}^*, \mathbf{C}^*] + [\mathbf{D}^{*\prime}, \mathbf{B}^*, \mathbf{A}^*]|/6 = |[\mathbf{A}, \mathbf{B}, \mathbf{C}] + [\mathbf{D}, \mathbf{C}, \mathbf{B}] + [\mathbf{D}, \mathbf{A}, \mathbf{C}] + [\mathbf{D}, \mathbf{B}, \mathbf{A}]|/6 = \square_v ABCD$。

公式 11

设$\square ABCD$且A^*，B^*，C^*与D^*分别为$\triangle BCD$，$\triangle CDA$，$\triangle DAB$与$\triangle ABC$上的重心（约定四面体重心线为四面体的角顶点到其对应三角形重心的连线），

$\square ABCD$的四条重心线的等比例点A_*，B_*，C_*，D_*组成$\square A_* B_* C_* D_*$

$(A_* A^* : AA_* = B_* B^* : BB_* = C_* C^* : CC_* = D_* D^* : DD_* = \lambda : 1-\lambda)$，则$\square_v A_* B_* C_* D_* = \varepsilon \square_v ABCD$，$\varepsilon = |(4\lambda - 1)/3|^3$。

证 $\mathbf{A}_* = \lambda \mathbf{A} + (\mathbf{B}+\mathbf{C}+\mathbf{D})/3$，$\mathbf{B}_* = \lambda \mathbf{B} + (\mathbf{C}+\mathbf{D}+\mathbf{A})/3$，

$\boldsymbol{C}_* = \lambda\boldsymbol{C} + (\boldsymbol{D}+\boldsymbol{A}+\boldsymbol{B})/3$ 与 $\boldsymbol{D}_* = \lambda\boldsymbol{D} + (\boldsymbol{A}+\boldsymbol{B}+\boldsymbol{C})/3$。经计算得

$\square_v A_* B_* C_* D_* = |[\boldsymbol{A}_*, \boldsymbol{B}_*, \boldsymbol{C}_*] + [\boldsymbol{D}_*, \boldsymbol{C}_*, \boldsymbol{B}_*] + [\boldsymbol{D}_*, \boldsymbol{A}_*, \boldsymbol{C}_*] + [\boldsymbol{D}_*, \boldsymbol{B}_*, \boldsymbol{A}_*]|/6 = \varepsilon|[\boldsymbol{A}, \boldsymbol{B}, \boldsymbol{C}] + [\boldsymbol{D}, \boldsymbol{C}, \boldsymbol{B}] + [\boldsymbol{D}, \boldsymbol{A}, \boldsymbol{C}] + [\boldsymbol{D}, \boldsymbol{B}, \boldsymbol{A}]|/6 = \varepsilon\square_v ABCD$。

特别地，

① 当 $\lambda = 0$ 时，$\varepsilon = 1/27$，即 $\triangle_s A'B'C' = \triangle_s ABC/4$；

② 当 $\lambda = 1$ 时，$\varepsilon = 1$，即 $\square A_* B_* C_* D_* \equiv$（全等）$\square ABCD$。

公式 12

设$\square ABCD$ 的内重心 M_0^*：$\boldsymbol{M}_0^* = (\boldsymbol{A}+\boldsymbol{B}+\boldsymbol{C}+\boldsymbol{D})/4$ 及 4 个外重心 $\boldsymbol{A}^* = (-\boldsymbol{A}+\boldsymbol{B}+\boldsymbol{C}+\boldsymbol{D})/2$，

$\boldsymbol{B}^* = (\boldsymbol{A}-\boldsymbol{B}+\boldsymbol{C}+\boldsymbol{D})/2$, $\boldsymbol{C}^* = (\boldsymbol{A}+\boldsymbol{B}-\boldsymbol{C}+\boldsymbol{D})/2$, $\boldsymbol{D}^* = (\boldsymbol{A}+\boldsymbol{B}+\boldsymbol{C}-\boldsymbol{D})/2$，则

(1) $\square A^* B^* C^* D^*$ 的内重心与$\square ABCD$ 的内重心是重合的；

(2) $\square_v A^* B^* C^* D^* = \square_v ABCD$；

(3) 空间四边形 $\square_s A^* B^* C^* D^*$ = 空间四边形 $\square_s ABCD$（见第 2 章2.2 节）。

证　(1) $\square A^* B^* C^* D^*$ 的重心 $= (\boldsymbol{A}^* + \boldsymbol{B}^* + \boldsymbol{C}^* + \boldsymbol{D}^*)/4 = (\boldsymbol{A}+\boldsymbol{B}+\boldsymbol{C}+\boldsymbol{D})/4 = \boldsymbol{M}_0^*$。

(2) 计算可得 $[\boldsymbol{A}^*, \boldsymbol{B}^*, \boldsymbol{C}^*] = \{[\boldsymbol{A}, \boldsymbol{B}, \boldsymbol{C}] + [\boldsymbol{D}, \boldsymbol{C}, \boldsymbol{B}] + [\boldsymbol{D}, \boldsymbol{A}, \boldsymbol{C}] + [\boldsymbol{D}, \boldsymbol{B}, \boldsymbol{A}]\}/2$，

同理有 $[\boldsymbol{D}^*, \boldsymbol{C}^*, \boldsymbol{B}^*][\boldsymbol{D}^*, \boldsymbol{A}^*, \boldsymbol{C}^*][\boldsymbol{D}^*, \boldsymbol{B}^*, \boldsymbol{A}^*]$，

$\square_v A^* B^* C^* D^* = |[\boldsymbol{A}^*, \boldsymbol{B}^*, \boldsymbol{C}^*] + [\boldsymbol{D}^*, \boldsymbol{C}^*, \boldsymbol{B}^*] + [\boldsymbol{D}^*, \boldsymbol{A}^*, \boldsymbol{C}^*] + [\boldsymbol{D}^*, \boldsymbol{B}^*, \boldsymbol{A}^*]|/6 = |[\boldsymbol{A}, \boldsymbol{B}, \boldsymbol{C}] + [\boldsymbol{D}, \boldsymbol{C}, \boldsymbol{B}] + [\boldsymbol{D}, \boldsymbol{A}, \boldsymbol{C}] + [\boldsymbol{D}, \boldsymbol{B}, \boldsymbol{A}]|/6 = \square_v ABCD$。

(3) 计算可得 $\boldsymbol{A}^* \times \boldsymbol{B}^* = \{\boldsymbol{C}\times\boldsymbol{A} + \boldsymbol{B}\times\boldsymbol{C} + \boldsymbol{B}\times\boldsymbol{D} + \boldsymbol{D}\times\boldsymbol{A}\}/2$，

同理有 $\boldsymbol{B}^* \times \boldsymbol{C}^*$, $\boldsymbol{C}^* \times \boldsymbol{D}^*$, $\boldsymbol{D}^* \times \boldsymbol{A}^*$，

空间四边形 $\square_s A^* B^* C^* D^* = |\boldsymbol{A}^* \times \boldsymbol{B}^* + \boldsymbol{B}^* \times \boldsymbol{C}^* + \boldsymbol{C}^* \times \boldsymbol{D}^* + \boldsymbol{D}^* \times \boldsymbol{A}^*|/6 = |\boldsymbol{A}\times\boldsymbol{B} + \boldsymbol{B}\times\boldsymbol{C} + \boldsymbol{C}\times\boldsymbol{D} + \boldsymbol{D}\times\boldsymbol{A}|/6$ = 空间四边形 $\square_s ABCD$。

例 1　边长 a 为正四面体的体积是 $\square_v ABCD = 2^{1/2}a^3/12$。

证 1　在公式 4 中令的 $a = b = c$ 即证。

证 2　取 AE 垂直于 BC（见图 4－25）

DH 垂直于平面 ABC 记 $AH = BH = d$, $HE = e$, $DH = d_d$，

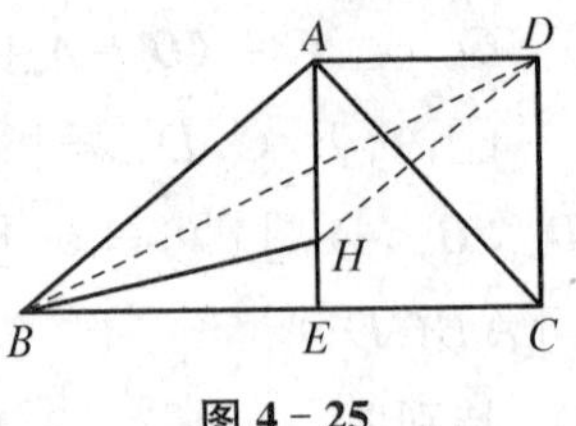

图 4-25

$d+e=3^{1/2}a/2$, $d^2-e^2=a^2/4$, $a^2-d^2=h^2$,

解得 $d_d=(2/3)^{1/2}a$, $D_s=\triangle_s ABC=3^{1/2}a/4$,

$V=\square_v ABCD=d_d D_s/3=2^{1/2}a^3/12$。

记 $S=\triangle_s ABC=3^{1/2}a^2/4$,则 $V^4=2^6S^6/3^7$。

公式 13

设已知$\square ABCD$的三个三面三维角$\boldsymbol{\alpha}=A(\alpha_1, \alpha_2, \alpha_3)$, $\boldsymbol{\beta}=B(\beta_1, \beta_2, \beta_3)$, $\boldsymbol{\gamma}=C(\gamma_1, \gamma_2, \gamma_3)$及其所夹的$\triangle ABC$的面积$D_s$,则$\square_v ABCD=V(a, b, c; a', b', c')$(按公式4的约定),其中

$a=(2D_s\sin\alpha_3/\sin\beta_3\sin\gamma_3)^{1/2}$,

$b=(2D_s\sin\beta_3/\sin\alpha_3\sin\gamma_3)^{1/2}$,

$c=(2D_s\sin\gamma_3/\sin\alpha_3\sin\beta_3)^{1/2}$,

$a'=(2D_s\sin\beta_3/\sin\alpha_3\sin\gamma_3)^{1/2}\sin\gamma_1/\sin(\gamma_1+\alpha_2)$,

$b'=(2D_s\sin\gamma_3/\sin\alpha_3\sin\beta_3)^{1/2}\sin\alpha_1/\sin(\alpha_1+\beta_2)$,

$c'=(2D_s\sin\alpha_3/\sin\beta_3\sin\gamma_3)^{1/2}\sin\beta_1/\sin(\beta_1+\gamma_2)$。

证 (见图4-13)设$\triangle ABC$的三边为a, b, c其对应角为α_3, β_3, γ_3。

得$2D_s=bc\sin\alpha_3=ca\sin\beta_3=ab\sin\gamma_3$, $8D_s^3=a^2b^2c^2\sin\alpha_3\sin\beta_3\sin\gamma_3$,得

$a=(2D_s\sin\alpha_3/\sin\beta_3\sin\gamma_3)^{1/2}$, $b=(2D_s\sin\beta_3/\sin\alpha_3\sin\gamma_3)^{1/2}$, $c=(2D_s\sin\gamma_3/\sin\alpha_3\sin\beta_3)^{1/2}$,

由$\triangle DBC$, $\triangle DCA$, $\triangle DAB$的正弦定理得$a'=b\sin\gamma_1/\sin\delta_2$, $b'=c\sin\alpha_1/\sin\delta_3$, $c'=a\sin\beta_1/\sin\delta_1$,

其中$\delta_1=\pi-\beta_1-\gamma_2$, $\delta_2=\pi-\alpha_2-\gamma_1$, $\delta_3=\pi-\alpha_1-\beta_2$,

特别当$\boldsymbol{\alpha}=A(\pi/3, \pi/3, \pi/3)$, $\boldsymbol{\beta}=B(\pi/3, \pi/3, \pi/3)$, $\boldsymbol{\gamma}=C(\pi/3, \pi/3, \pi/3)$, $D_s=3^{1/2}a/4$,

得$a'=b'=c'=a=b=c$与例1的$\square_v ABCD=2^{1/2}a^3/12$结果一致。

公式 14

设单直角面$\square ABCD$,其中$\triangle BCD$垂直于$\triangle ACD$,且AB垂直于CD(见图4-18),则

$\square_v ABCD=\{[A_s^2B_s^2/(A_s^2+B_s^2)][4C_s^2(A_s^2+B_s^2)-(A_s^2+B_s^2+C_s^2-D_s^2)^2]\}^{1/4}/3$。

证 $\cos\boldsymbol{\delta}=[A_s^2+B_s^2+C_s^2-D_s^2]/2C_s(A_s^2+B_s^2)^{1/2}$, $\sin\boldsymbol{\delta}=9\square_v^2 ABCD/2A_sB_sC_s$,

利用 $\sin^2\boldsymbol{\delta}+\cos^2\boldsymbol{\delta}=1$，即证。

公式 15

按公式 14 所设，且 $DE=EC$，则

(1) $C_s=D_s$；(2) $\square_v ABCD=\{B_s^2[A_s^2(4C_s^2-B_s^2)-(D_s^2-A_s^2-C_s^2)^2]\}^{1/4}/3$。

证 (1) 在定理 15 中取 $\lambda=1/2$ 得

$\cos\boldsymbol{\delta}=[(D_s^2-B_s^2-C_s^2)^2+A_s^2B_s^2]^{1/2}/2B_sC_s$，利用

$\cos\boldsymbol{\delta}=[A_s^2+B_s^2+C_s^2-D_s^2]/2C_s(A_s^2+B_s^2)^{1/2}$ 计算 $C_s=D_s$。

(2) $\sin\boldsymbol{\delta}=9\square_v^2ABCD/2A_sB_sC_s$，利用 $\sin^2\boldsymbol{\delta}+\cos^2\boldsymbol{\delta}=1$，即证。

$\square_v ABCD=\{[A_s^2B_s^2/(A_s^2+B_s^2)][4C_s^2(A_s^2+B_s^2)-(A_s^2+B_s^2+C_s^2-D_s^2)^2]\}^{1/4}/3$。

4.1.8 拟正四面体

定理 24

四面体为拟正四面体的充分必要的条件是四个三面三维角重合。

证 *必要性* 由 $a=a'$，$b=b'$，$c=c'\Rightarrow\triangle BAD_3\equiv$(全等)$\triangle D_2CB\equiv\triangle CD_1A\equiv\triangle ABC\Rightarrow\boldsymbol{\alpha}=A(CBD)=A(\alpha_1,\alpha_2,\alpha_3)$，$\boldsymbol{\beta}=B(ACD)=B(\beta_1,\beta_2,\beta_3)$，$\boldsymbol{\gamma}=C(BAD)=C(\gamma_1,\gamma_2,\gamma_3)$，$\boldsymbol{\delta}=D(ABC)=D(\delta_1,\delta_2,\delta_3)$，

其中 $\alpha_1=\beta_3=\gamma_2=\delta_1=\alpha=\angle BAC$，$\alpha_3=\beta_2=\gamma_1=\delta_3=\beta=\angle CBA$，$\alpha_2=\beta_1=\gamma_3=\delta_2=\gamma=\angle ACB$，

$\boldsymbol{\alpha}=A(CBD)=(\beta,\gamma,\alpha)$，$\boldsymbol{\beta}=B(ACD)=(\gamma,\alpha,\beta)$，$\boldsymbol{\gamma}=C(BAD)=(\alpha,\beta,\gamma)$，$\boldsymbol{\delta}=D(ABC)=(\alpha,\beta,\gamma)$，

得 $\boldsymbol{\alpha}=\boldsymbol{\beta}=\boldsymbol{\gamma}=\boldsymbol{\delta}$（重合）。

充分性 由 $\boldsymbol{\alpha}=\boldsymbol{\beta}=\boldsymbol{\gamma}=\boldsymbol{\delta}$（重合）$\Rightarrow\triangle BAD_3\sim$（相似）$\sim\triangle D_2CB\sim\triangle CD_1A\sim\triangle ABC$，

（两角夹一边）$\Rightarrow\triangle BAD_3\equiv$(全等)$\triangle D_2CB\equiv\triangle CD_1A\equiv\triangle ABC\Rightarrow a=a'$，$b=b'$，$c=c'$，

所以四面体是拟正四面体，拟正四面体是正四面体的推广。

公式 16

拟正四面体的体积 ($BC=DA=a$，$CA=DB=b$，$AB=DC=c$)，

$\square_v ABCD=(2^{1/2}/12)[a^4b^2+a^4c^2+b^4a^2+b^4c^2+c^4a^2+c^4b^2-2a^2b^2c^2-a^6-$

$b^6 - c^6]^{1/2}$。

证 令公式4的 $a' = a$，$b' = b$，$c' = c$，即得。

公式17

已知拟正□$ABCD$，设 A^*，B^*，C^* 与 D^* 分别为△BCD，△CDA，△DAB，与△ABC 内心(三角形三条角平分线的交点)，则 $\square_v A^* B^* C^* D^* = \eta_1 \square_v ABCD$。

其中 $\eta_1 = S^2/l^4$，$S = \triangle_s ABC$，$l = (a+b+c)/2$，

特别当 $a = b = c$ 时，$\square_v ABCD = 3^3 \square_v A^* B^* C^* D^*$。

证 令拟正四面体 $ABCD$ 六条边长为 $|\boldsymbol{B}-\boldsymbol{C}| = |\boldsymbol{A}-\boldsymbol{D}| = a = BC = DA$，

$|\boldsymbol{C}-\boldsymbol{A}| = |\boldsymbol{B}-\boldsymbol{D}| = b = CA = BD$，$|\boldsymbol{A}-\boldsymbol{B}| = |\boldsymbol{C}-\boldsymbol{D}| = c = AB = CD$，

$\boldsymbol{D}^* = e_1(a\boldsymbol{A} + b\boldsymbol{B} + c\boldsymbol{C})$，$e_1 = 1/2l$，

因为设△ABC 的边 AB 直线方程为：$\boldsymbol{R} \times (\boldsymbol{B}-\boldsymbol{A}) = \boldsymbol{A} \times \boldsymbol{B}$。

其内心 D^* 到 AB 的距离为 $d = |\boldsymbol{D}^* \times (\boldsymbol{B}-\boldsymbol{A}) - \boldsymbol{A} \times \boldsymbol{B}|/c = e_1 |\boldsymbol{A} \times \boldsymbol{B} + \boldsymbol{B} \times \boldsymbol{C} + \boldsymbol{C} \times \boldsymbol{A}|$，

同理 D^* 到边 BC，CA 的距离也为 $d = e_1 |\boldsymbol{A} \times \boldsymbol{B} + \boldsymbol{B} \times \boldsymbol{C} + \boldsymbol{C} \times \boldsymbol{A}|$，

同理得 $\boldsymbol{A}^* = e_1(a\boldsymbol{D} + b\boldsymbol{C} + c\boldsymbol{B})$，$\boldsymbol{B}^* = e_1(a\boldsymbol{C} + b\boldsymbol{D} + c\boldsymbol{A})$，$\boldsymbol{C}^* = e_1(a\boldsymbol{B} + b\boldsymbol{A} + c\boldsymbol{D})$。

$|\boldsymbol{B}^* - \boldsymbol{C}^*| = |\boldsymbol{A}^* - \boldsymbol{D}^*| = e_1[a^4 + a^2(b-c)^2 + 2a(b-c)(\boldsymbol{C}-\boldsymbol{B}) \cdot (\boldsymbol{D}-\boldsymbol{A})]^{1/2} = a^* = B^*C^* = A^*D^*$，

$|\boldsymbol{C}^* - \boldsymbol{A}^*| = |\boldsymbol{B}^* - \boldsymbol{D}^*| = b^* = C^*A^* = B^*D^*$，$|\boldsymbol{A}^* - \boldsymbol{B}^*| = |\boldsymbol{C}^* - \boldsymbol{D}^*| = c^* = A^*B^* = C^*D^*$。

得□$A^*B^*C^*D^*$ 也为拟正四面体。

$\square_v A^*B^*C^*D^* = |[\boldsymbol{A}^*, \boldsymbol{B}^*, \boldsymbol{C}^*] + [\boldsymbol{D}^*, \boldsymbol{C}^*, \boldsymbol{B}^*] + [\boldsymbol{D}^*, \boldsymbol{A}^*, \boldsymbol{C}^*] + [\boldsymbol{D}^*, \boldsymbol{B}^*, \boldsymbol{A}^*]|/6 = \eta_1 |[\boldsymbol{A}, \boldsymbol{B}, \boldsymbol{C}] + [\boldsymbol{D}, \boldsymbol{C}, \boldsymbol{B}] + [\boldsymbol{D}, \boldsymbol{A}, \boldsymbol{C}] + [\boldsymbol{D}, \boldsymbol{B}, \boldsymbol{A}]|/6 = \eta_1 \square_v ABCD$，

特别当 $a = b = c$ 时，$\eta_1 = 1/3^3$。

公式18

设拟正□$ABCD$，设 A^*，B^*，C^* 和 D^* 分别为△BCD，△CDA，△DAB 与△ABC 的积心(见第1章定理52，△ABC 的积心 D^* 是指 $a\triangle_s BCD^*$，$b\triangle_s CAD^*$，$c\triangle_s ABD^*$ 三个面积相等的点)。则 $\square_v A^*B^*C^*D^* = \eta_2 \square_v ABCD$，

其中 $\eta_2 = |a^2b^2c^2 + b^2c^2(a-b)(c-a) + a^2c^2(b-c)(a-b) + a^2b^2(c-a)(b-$

$c)|/(bc+ca+ab)^3$,

特别当 $a=b=c$ 时,$\square_v ABCD=3^3\square_v A^*B^*C^*D^*$。

证 令$\triangle ABC$的三直线BC,CA,AB方程为:$\boldsymbol{R}\times\boldsymbol{E}_j=\boldsymbol{A}_j(j=1,2,3)$。

$a\boldsymbol{E}_1=\boldsymbol{C}-\boldsymbol{B}$,$b\boldsymbol{E}_2=\boldsymbol{A}-\boldsymbol{C}$,$c\boldsymbol{E}_3=\boldsymbol{B}-\boldsymbol{A}$;$a\boldsymbol{A}_1=\boldsymbol{B}\times\boldsymbol{C}$,$b\boldsymbol{A}_2=\boldsymbol{C}\times\boldsymbol{A}$,$c\boldsymbol{A}_3=\boldsymbol{A}\times\boldsymbol{B}$,

$\boldsymbol{D}^*=e_2(bc\boldsymbol{A}+ca\boldsymbol{B}+ab\boldsymbol{C})$ 为$\triangle ABC$的积心。$e_2=1/(bc+ca+ab)$,

同理得$\triangle BCD$,$\triangle CDA$与$\triangle DAB$的积心分别为$\boldsymbol{A}^*$,$\boldsymbol{B}^*$与$\boldsymbol{C}^*$,即

$\boldsymbol{A}^*=e_2(bc\boldsymbol{D}+ca\boldsymbol{C}+ab\boldsymbol{B})$,$\boldsymbol{B}^*=e_2(bc\boldsymbol{C}+ca\boldsymbol{D}+ab\boldsymbol{A})$,$\boldsymbol{C}^*=e_2(bc\boldsymbol{B}+ca\boldsymbol{A}+ab\boldsymbol{D})$。

得$\square A^*B^*C^*D^*$也为拟正四面体,$\square_v A^*B^*C^*D^*=\eta_2\square_v ABCD$。

特别当 $a=b=c$ 时,$\eta_2=1/3^3$。

公式 19

在拟正$\square ABCD$中,设A^*,B^*,C^*与$D^*(\lambda,\mu,\nu)$分别为$\triangle BCD$,$\triangle CDA$,$\triangle DAB$与$\triangle ABC$的(λ,μ,ν)积心,其中λ,μ,ν为三个实数,则$\square_v A^*B^*C^*D^*=\eta_3\square_v ABCD$。其中 $\eta_3=|\lambda^2\mu^2\nu^2+\mu^2\nu^2(\lambda-\mu)(\nu-\lambda)+\nu^2\lambda^2(\mu-\nu)(\lambda-\mu)+\lambda^2\mu^2(\nu-\lambda)(\mu-\nu)|/(\mu\nu+\nu\lambda+\lambda\mu)^3$,

特别当 $a=b=c$ 时,$\square_v ABCD=3^3\square_v A^*B^*C^*D^*$(见图 4-24)。

证 设$\triangle ABC$的内积心P^*:$\boldsymbol{P}^*=(\mu\nu\boldsymbol{A}+\nu\lambda\boldsymbol{B}+\lambda\mu\boldsymbol{C})/(\mu\nu+\nu\lambda+\lambda\mu)$

(积心$P^*(\lambda,\mu,\nu)$为使三个面积$\lambda\triangle_s BCP^*=\mu\triangle_s CAP^*=\nu\triangle_s ABP^*$相等的点。)

证法如同公式 18。

公式 20

在拟正四面体$\square ABCD$中,设A^*,B^*,C^*与D^*分别为$\triangle BCD$,$\triangle CDA$,$\triangle DAB$与$\triangle ABC$的垂心,则$\square_v A^*B^*C^*D^*=\eta_4\square_v ABCD$,

其中 $\eta_4=|\lambda\mu\nu+\lambda(\lambda-\mu)(\nu-\lambda)+\mu(\mu-\nu)(\lambda-\mu)+\nu(\nu-\lambda)(\mu-\nu)|/(\lambda+\mu+\nu)^3$,

$\lambda=(b^2-a^2-c^2)(c^2-a^2-b^2)/16S^2$,$\mu=(c^2-b^2-a^2)(a^2-b^2-c^2)/16S^2$,$\nu=(a^2-c^2-b^2)(b^2-c^2-a^2)/16S^2$,

$S=\triangle_s ABC=[l(l-a)(l-b)(l-c)]^{1/2}$,$l=(a+b+c)/2$[见定理7(13)]。

证 $\triangle ABC$的垂心D^*为$\boldsymbol{D}^*=\lambda\boldsymbol{A}+\mu\boldsymbol{B}+\nu\boldsymbol{C}$,

同理得$\triangle BCD$，$\triangle CDA$与$\triangle DAB$的垂心分别为$\boldsymbol{A}^*$，$\boldsymbol{B}^*$与$\boldsymbol{C}^*$，即

$\boldsymbol{A}^* = \lambda\boldsymbol{D}+\mu\boldsymbol{C}+\nu\boldsymbol{B}$，$\boldsymbol{B}^* = \lambda\boldsymbol{C}+\mu\boldsymbol{D}+\nu\boldsymbol{A}$，$\boldsymbol{C}^* = \lambda\boldsymbol{B}+\mu\boldsymbol{A}+\nu\boldsymbol{D}$。

$|\boldsymbol{B}^*-\boldsymbol{C}^*| = |\boldsymbol{A}^*-\boldsymbol{D}^*| = [\lambda^2a^2+a^2(\mu-\nu)^2+2\lambda(\mu-\nu)(\boldsymbol{C}-\boldsymbol{B})\cdot(\boldsymbol{D}-\boldsymbol{A})]^{1/2} = a^* = B^*C^* = A^*D^*$，

$|\boldsymbol{C}^*-\boldsymbol{A}^*| = |\boldsymbol{B}^*-\boldsymbol{D}^*| = b^* = C^*A^* = B^*D^*$，

$|\boldsymbol{A}^*-\boldsymbol{B}^*| = |\boldsymbol{C}^*-\boldsymbol{D}^*| = c^* = A^*B^* = C^*D^*$，

得四面体$A^*B^*C^*D^*$也为拟正四面体，可得

$\square_v A^*B^*C^*D^* = |[\boldsymbol{A}^*, \boldsymbol{B}^*, \boldsymbol{C}^*]+[\boldsymbol{D}^*, \boldsymbol{C}^*, \boldsymbol{B}^*]+[\boldsymbol{D}^*, \boldsymbol{A}^*, \boldsymbol{C}^*]+[\boldsymbol{D}^*, \boldsymbol{B}^*, \boldsymbol{A}^*]|/6 = \eta_4|[\boldsymbol{A}, \boldsymbol{B}, \boldsymbol{C}]+[\boldsymbol{D}, \boldsymbol{C}, \boldsymbol{B}]+[\boldsymbol{D}, \boldsymbol{A}, \boldsymbol{C}]+[\boldsymbol{D}, \boldsymbol{B}, \boldsymbol{A}]|/6 = \eta_4\square_v ABCD$。

特别当$a=b=c$时，$\eta_4 = 1/3^3$，$\square_v A^*B^*C^*D^* = \square_v ABCD/3^3$。

4.1.9 例题

例 2 设$\square ABCD$，则A_s，B_s，C_s，$\square_v ABCD$，$\sin\boldsymbol{\delta}$中任意一个量可由其他四个已知量唯一确定，如$\square_v ABCD = [2A_sB_sC_s\sin\boldsymbol{\delta}]^{1/2}/3$，$C_s = 9\square_v^2 ABCD\csc\boldsymbol{\delta}/2A_sB_s$，…（由第3章定义10得$\sin\boldsymbol{\delta} = 9\square_v^2 ABCD/2A_sB_sC_s$）。

$\sin\boldsymbol{\delta} = \varphi(\pi/3, \pi/3, \pi/3) = 4\cdot 3^{1/2}/9 = 0.769\,800\,3$，$A_s = B_s = C_s = 3^{1/2}/4$，$\square_v ABCD = [2A_sB_sC_s\sin\boldsymbol{\delta}/9]^{1/2} = [2\cdot 3^{1/2}\cdot 4\cdot 3^{3/2}/9^2\cdot 4^3]^{1/2} = 2^{1/2}/12$。

例 3 $\sin\boldsymbol{\delta} = \varphi(\delta_1, \delta_2, \delta_3)$中$\delta_1$，$\delta_2$，$\delta_3$，$\sin\boldsymbol{\delta}$的任意一个量可由其他三个已知量唯一确定，若已知$\delta_2$，$\delta_3$，$\sin\boldsymbol{\delta}$，求$\delta_1$。

解 记$2\cos\delta_2\cos\delta_3 = a^*$，$1-\cos^2\delta_2-\cos^2\delta_3 = b^*$，$\sin\delta_2\sin\delta_3 = c^*$，$\sin\boldsymbol{\delta} = d^*$，$\cos\delta_1 = x$，由

$\sin\boldsymbol{\delta} = \varphi(\delta_1, \delta_2, \delta_3) = (1+2\cos\delta_1\cos\delta_2\cos\delta_3-\cos^2\delta_1-\cos^2\delta_2-\cos^2\delta_3)/\sin\delta_1\sin\delta_2\sin\delta_3$，得

$c^{*2}d^{*2}(1-x^2) = (x^2-a^*x+b^*)^2$由卡丹公式得解$x = x_j(j=1, 2, 3, 4)$，$\delta_1 = \arccos x_j(j=1, 2, 3, 4)$中之一为实数解。

例 4 $\sin\boldsymbol{\delta} = \varphi(\delta_1, \delta_2, \delta_3) = \varphi(\delta_1, \pi-\delta_2, \pi-\delta_3) = \varphi(\pi-\delta_1, \delta_2, \pi-\delta_3) = \varphi(\pi-\delta_1, \pi-\delta_2, \delta_3)$。

例 5 设两个四面体有一对重合顶角，其相邻三面的面积的积之比为p^2，则它

们体积之比为 p。

证 $9\Box_v^2 ABCD/2B_sC_sD_s = \sin\boldsymbol{\alpha} = \sin\boldsymbol{\alpha}' = 9\Box_v^2 A'B'C'D'/2B'_sC'_sD'_s$，

若 $B'_sC'_sD'_s = p^2B_sC_sD_s$，得 $\Box_v A'B'C'D' = p\Box_v ABCD$。

例 6 设两个$\Box ABCD$，$\Box A'B'C'D'$有三对重合三面三维角顶角，则它们相似。

证 设 $\boldsymbol{\alpha} = A(BCD) = A(\alpha_1, \alpha_2, \alpha_3)$，$\boldsymbol{\beta} = B(CDA) = B(\beta_1, \beta_2, \beta_3)$，$\boldsymbol{\gamma} = C(DAB) = C(\gamma_1, \gamma_2, \gamma_3)$，$\boldsymbol{\delta} = D(\delta_1, \delta_2, \delta_3)$，

$\boldsymbol{a}' = A'(B'C'D') = A'(\alpha_1, \alpha_2, \alpha_3)$，$\boldsymbol{\beta}' = B'(C'D'A') = B(\beta_1, \beta_2, \beta_3)$，$\boldsymbol{\gamma}' = C'(D'A'B') = C(\gamma_1, \gamma_2, \gamma_3)$，$\boldsymbol{\delta}' = D(\delta'_1, \delta'_2, \delta'_3)$，$\delta_1 = \delta'_1$，$\delta_2 = \delta'_2$，$\delta_3 = \delta'_3$ 得 $\boldsymbol{\delta} = \boldsymbol{\delta}'$。

例 7 设(1) $\Box R_1R_2R_3R_4$的四条重心线相交一点

(约定四面体重心线为四面体的角顶点到其对应三角形重心的连线)。

(2) $\Box R_1^*R_2^*R_3^*R_4^*$ 的四条重心线相交一点 M_0^*：$\boldsymbol{M}_0^* = (\boldsymbol{R}_1 + \boldsymbol{R}_2 + \boldsymbol{R}_3 + \boldsymbol{R}_4)/4$ [即$\Box R_1R_2R_3R_4$(内重心)]；M_j^* $(j = 1, 2, 3, 4)$：

$\boldsymbol{M}_1^* = (-\boldsymbol{R}_1 + \boldsymbol{R}_2 + \boldsymbol{R}_3 + \boldsymbol{R}_4)/2$，$\boldsymbol{M}_2^* = (\boldsymbol{R}_1 - \boldsymbol{R}_2 + \boldsymbol{R}_3 + \boldsymbol{R}_4)/2$，

$\boldsymbol{M}_3^* = (\boldsymbol{R}_1 + \boldsymbol{R}_2 - \boldsymbol{R}_3 + \boldsymbol{R}_4)/2$，$\boldsymbol{M}_4^* = (\boldsymbol{R}_1 + \boldsymbol{R}_2 + \boldsymbol{R}_3 - \boldsymbol{R}_4)/2$(四面体的四个一阶外重心)。

证 (1) 设 $\Box R_1R_2R_3R_4$ 的四个点 R_j：$\boldsymbol{R}_j (j = 1, 2, 3, 4)$。$\triangle R_1R_2R_3$ 的重心 R'_4：$\boldsymbol{R}'_4 = (\boldsymbol{R}_1 + \boldsymbol{R}_2 + \boldsymbol{R}_3)/3$，

角顶点 R_4的重心线为直线 $R_4R'_4$：$\boldsymbol{R} \times (\boldsymbol{R}'_4 - \boldsymbol{R}_4) = \boldsymbol{R}_4 \times \boldsymbol{R}'_4$。

同理，另外的三条重心线 $R_jR'_j$：$\boldsymbol{R} \times (\boldsymbol{R}'_j - \boldsymbol{R}_j) = \boldsymbol{R}_j \times \boldsymbol{R}'_j$ $(j = 1, 2, 3)$，

$\boldsymbol{R}'_1 = (\boldsymbol{R}_4 + \boldsymbol{R}_2 + \boldsymbol{R}_3)/3$，$\boldsymbol{R}'_2 = (\boldsymbol{R}_1 + \boldsymbol{R}_4 + \boldsymbol{R}_3)/3$，$\boldsymbol{R}'_3 = (\boldsymbol{R}_1 + \boldsymbol{R}_2 + \boldsymbol{R}_4)/3$。

令 M_0^*：$\boldsymbol{M}_0^* = (\boldsymbol{R}_1 + \boldsymbol{R}_2 + \boldsymbol{R}_3 + \boldsymbol{R}_4)/4$ (即四面体重心)，

则 $\boldsymbol{R}_0 \times (\boldsymbol{R}'_4 - \boldsymbol{R}_4) = [(\boldsymbol{R}_1 + \boldsymbol{R}_2 + \boldsymbol{R}_3 + \boldsymbol{R}_4)/4] \times [(\boldsymbol{R}_1 + \boldsymbol{R}_2 + \boldsymbol{R}_3)/3 - \boldsymbol{R}_4] = [(\boldsymbol{R}_1 + \boldsymbol{R}_2 + \boldsymbol{R}_3 + \boldsymbol{R}_4)/4] \times [(\boldsymbol{R}_1 + \boldsymbol{R}_2 + \boldsymbol{R}_3 + \boldsymbol{R}_4) - 4\boldsymbol{R}_4]/3 = [(\boldsymbol{R}_1 + \boldsymbol{R}_2 + \boldsymbol{R}_3 + \boldsymbol{R}_4)/4] \times (-4\boldsymbol{R}_4)/3 = \boldsymbol{R}_4 \times (\boldsymbol{R}_1 + \boldsymbol{R}_2 + \boldsymbol{R}_3)/3 = \boldsymbol{R}_4 \times \boldsymbol{R}'_4$，即 $M_0^* \in R_4R'_4$。

同理易证 $M_0^* \in R_jR'_j$ $(j = 1, 2, 3, 4)$，则四条重心线相交同一点 M_0^*。

(2) $(\boldsymbol{M}_1^* + \boldsymbol{M}_2^* + \boldsymbol{M}_3^* + \boldsymbol{M}_4^*)/4 = (\boldsymbol{R}_1 + \boldsymbol{R}_2 + \boldsymbol{R}_3 + \boldsymbol{R}_4)/4 = \boldsymbol{M}_0^*$。

例 8 $\Box R_1R_2R_3R_4$的外接球面心(指$\Box R_1R_2R_3R_4$内的点到四顶点距离相等) R_0：$\boldsymbol{R}_0 = -\boldsymbol{T}/2\omega$，

其中 $\boldsymbol{T}=|\boldsymbol{R}_1|^2(\boldsymbol{R}_2\times\boldsymbol{R}_3+\boldsymbol{R}_3\times\boldsymbol{R}_4+\boldsymbol{R}_4\times\boldsymbol{R}_2)+|\boldsymbol{R}_2|^2(\boldsymbol{R}_3\times\boldsymbol{R}_1+\boldsymbol{R}_1\times\boldsymbol{R}_4+\boldsymbol{R}_4\times\boldsymbol{R}_3)+|\boldsymbol{R}_3|^2(\boldsymbol{R}_1\times\boldsymbol{R}_2+\boldsymbol{R}_2\times\boldsymbol{R}_4+\boldsymbol{R}_4\times\boldsymbol{R}_1)+|\boldsymbol{R}_4|^2(\boldsymbol{R}_2\times\boldsymbol{R}_1+\boldsymbol{R}_1\times\boldsymbol{R}_3+\boldsymbol{R}_3\times\boldsymbol{R}_2)$,

$\omega\equiv[\boldsymbol{R}_1,\boldsymbol{R}_2,\boldsymbol{R}_3]+[\boldsymbol{R}_4,\boldsymbol{R}_3,\boldsymbol{R}_2]+[\boldsymbol{R}_4,\boldsymbol{R}_1,\boldsymbol{R}_3]+[\boldsymbol{R}_4,\boldsymbol{R}_2,\boldsymbol{R}_1]\neq 0$

{因为若 $\omega=0\Rightarrow[\boldsymbol{R}_4-\boldsymbol{R}_1,\boldsymbol{R}_4-\boldsymbol{R}_2,\boldsymbol{R}_4-\boldsymbol{R}_3]=0\Rightarrow$ 四点 $R_j(j=1,2,3,4)$ 共面,不合}。

解 设□$R_1R_2R_3R_4$的 R_1R_2 平分面 M_1:$[\boldsymbol{R}-(\boldsymbol{R}_1+\boldsymbol{R}_2)/2]\cdot(\boldsymbol{R}_2-\boldsymbol{R}_1)=0$,即 $\boldsymbol{R}\cdot\boldsymbol{N}_1=p_1$,

R_2R_3 平分面 M_2:$\boldsymbol{R}\cdot\boldsymbol{N}_2=p_2$,其中 $\boldsymbol{N}_1=\boldsymbol{R}_2-\boldsymbol{R}_1$, $\boldsymbol{N}_2=\boldsymbol{R}_3-\boldsymbol{R}_2$, $p_1=(|\boldsymbol{R}_2|^2-|\boldsymbol{R}_1|^2)/2$, $p_2=(|\boldsymbol{R}_3|^2-|\boldsymbol{R}_2|^2)/2$,

上述两平分面的交线 L:$\boldsymbol{R}\times\boldsymbol{E}=\boldsymbol{A}$, $\boldsymbol{E}=\boldsymbol{N}_1\times\boldsymbol{N}_2$, $\boldsymbol{A}=p_2\boldsymbol{N}_1-p_1\boldsymbol{N}_2$, L 同时落在 $M_j(j=1,2)$ 上,因

$p_j\boldsymbol{E}-\boldsymbol{A}\times\boldsymbol{N}_j=\boldsymbol{0}\ (j=1,2)$(见第1章1.5.4.3(5)①)。令 R_0:$\boldsymbol{R}_0$ 为交线 L 上一点,$\boldsymbol{R}_0\times\boldsymbol{E}=\boldsymbol{A}$,

且使 $|\boldsymbol{R}_0-\boldsymbol{R}_4|=|\boldsymbol{R}_0-\boldsymbol{R}_1|\Rightarrow\boldsymbol{R}_0\cdot(\boldsymbol{R}_1-\boldsymbol{R}_4)=(|\boldsymbol{R}_1|^2-|\boldsymbol{R}_4|^2)/2$,

$(\boldsymbol{R}_0\times\boldsymbol{E})\times(\boldsymbol{R}_1-\boldsymbol{R}_4)=\boldsymbol{A}\times(\boldsymbol{R}_1-\boldsymbol{R}_4)\Rightarrow[\boldsymbol{R}_0\cdot(\boldsymbol{R}_1-\boldsymbol{R}_4)]\boldsymbol{E}-[\boldsymbol{E}\cdot(\boldsymbol{R}_1-\boldsymbol{R}_4)]\boldsymbol{R}_0=\boldsymbol{A}\times(\boldsymbol{R}_1-\boldsymbol{R}_4)$,

$\boldsymbol{R}_0=\{(|\boldsymbol{R}_1|^2-|\boldsymbol{R}_4|^2)\boldsymbol{E}/2-\boldsymbol{A}\times(\boldsymbol{R}_1-\boldsymbol{R}_4)\}/[\boldsymbol{E}\cdot(\boldsymbol{R}_1-\boldsymbol{R}_4)]=-\boldsymbol{T}/2\omega$。

例 9 设□$R_1R_2R_3R_4$的三对异面棱中两对相互垂直,

则三对异面棱的三条公垂线相交一点(见图 4-26)。

证 设□$R_1R_2R_3R_4$,四个点 R_j:$\boldsymbol{R}_j(j=1,2,3,4)$,需证三条公垂线 $L_{12}L_{34}$, $L_{13}L_{24}$ 和 $L_{14}L_{23}$。

相交一点 Q_1,其中 $L_{jk}=R_jR_k$ 是过两点 R_j, $R_k(j,k=1,2,3,4;\ j\neq k)$ 的直线。

$L_{hj}L_{km}$ 是 L_{hj}, $L_{km}(h,j,k,m=1,2,3,4;\ h\neq j,k\neq m)$ 的公垂线。

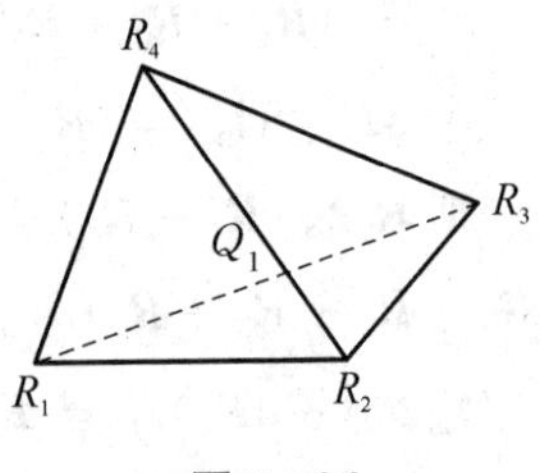

图 4-26

L_{hj}:$\boldsymbol{R}\times(\boldsymbol{R}_h-\boldsymbol{R}_j)=\boldsymbol{R}_j\times\boldsymbol{R}_h$,

$L_{12}L_{34}$:$\boldsymbol{R}\times\boldsymbol{E}_1'=\boldsymbol{A}_1'$, $\boldsymbol{E}_1'=(\boldsymbol{R}_2-\boldsymbol{R}_1)\times(\boldsymbol{R}_4-\boldsymbol{R}_3)$, $\boldsymbol{A}_1'=(\boldsymbol{R}_1\times\boldsymbol{R}_2)\times(\boldsymbol{R}_4-\boldsymbol{R}_3)-(\boldsymbol{R}_3\times\boldsymbol{R}_4)\times(\boldsymbol{R}_2-\boldsymbol{R}_1)$。

同理

$L_{13}L_{24}$：$\boldsymbol{R}\times\boldsymbol{E}_2'=\boldsymbol{A}_2'$，$\boldsymbol{E}_2'=(\boldsymbol{R}_3-\boldsymbol{R}_1)\times(\boldsymbol{R}_4-\boldsymbol{R}_2)$，$\boldsymbol{A}_2'=(\boldsymbol{R}_1\times\boldsymbol{R}_3)\times(\boldsymbol{R}_4-\boldsymbol{R}_2)-(\boldsymbol{R}_2\times\boldsymbol{R}_4)\times(\boldsymbol{R}_3-\boldsymbol{R}_1)$。

$L_{14}L_{23}$：$\boldsymbol{R}\times\boldsymbol{E}_3'=\boldsymbol{A}_3'$，$\boldsymbol{E}_3'=(\boldsymbol{R}_4-\boldsymbol{R}_1)\times(\boldsymbol{R}_3-\boldsymbol{R}_2)$，$\boldsymbol{A}_3'=(\boldsymbol{R}_1\times\boldsymbol{R}_4)\times(\boldsymbol{R}_3-\boldsymbol{R}_2)-(\boldsymbol{R}_2\times\boldsymbol{R}_3)\times(\boldsymbol{R}_4-\boldsymbol{R}_1)$。

下面证明：

(1) $L_{12}L_{34}$，$L_{13}L_{24}$，$L_{14}L_{23}$ 均为正则直线[意指 $\boldsymbol{E}_i'\cdot\boldsymbol{A}_i'=0\ (i=1,2,3)$]；

(2) $M(L_{12}L_{34},L_{13}L_{24})$，$M(L_{12}L_{34},L_{14}L_{23})$，$M(L_{13}L_{24},L_{14}L_{23})$；

(3) $[\boldsymbol{E}_1',\boldsymbol{E}_2',\boldsymbol{E}_3']\neq 0$。

这样就证得 $L_{12}L_{34}$，$L_{13}L_{24}$ 和 $L_{14}L_{23}$ 相交一点 Q_1。

证 (1) $\boldsymbol{A}_1'\cdot\boldsymbol{E}_1'=[(\boldsymbol{R}_1\times\boldsymbol{R}_2)\times(\boldsymbol{R}_4-\boldsymbol{R}_3)-(\boldsymbol{R}_3\times\boldsymbol{R}_4)\times(\boldsymbol{R}_2-\boldsymbol{R}_1)]\cdot[(\boldsymbol{R}_2-\boldsymbol{R}_1)\times(\boldsymbol{R}_4-\boldsymbol{R}_3)]=\omega(\boldsymbol{R}_2-\boldsymbol{R}_1)\cdot(\boldsymbol{R}_3-\boldsymbol{R}_4)$，$\boldsymbol{A}_2'\cdot\boldsymbol{E}_2'=\omega(\boldsymbol{R}_1-\boldsymbol{R}_3)\cdot(\boldsymbol{R}_2-\boldsymbol{R}_4)$，$\boldsymbol{A}_3'\cdot\boldsymbol{E}_3'=\omega(\boldsymbol{R}_1-\boldsymbol{R}_4)\cdot(\boldsymbol{R}_3-\boldsymbol{R}_2)$。

其中 $\omega=[\boldsymbol{R}_1,\boldsymbol{R}_2,\boldsymbol{R}_3]+[\boldsymbol{R}_4,\boldsymbol{R}_3,\boldsymbol{R}_2]+[\boldsymbol{R}_4,\boldsymbol{R}_1,\boldsymbol{R}_3]+[\boldsymbol{R}_4,\boldsymbol{R}_2,\boldsymbol{R}_1]\neq 0$[因为四点 $\boldsymbol{R}_j(j=1,2,3,4)$ 不共面。

[见定理 22(1)]

在 $(\boldsymbol{R}_2-\boldsymbol{R}_1)\cdot(\boldsymbol{R}_4-\boldsymbol{R}_3)$，$(\boldsymbol{R}_3-\boldsymbol{R}_1)\cdot(\boldsymbol{R}_2-\boldsymbol{R}_4)$，$(\boldsymbol{R}_4-\boldsymbol{R}_1)\cdot(\boldsymbol{R}_3-\boldsymbol{R}_2)$ 中两个为零(按设三对异面棱中两对相互垂直)。

利用恒等式 $(\boldsymbol{R}_2-\boldsymbol{R}_1)\cdot(\boldsymbol{R}_4-\boldsymbol{R}_3)+(\boldsymbol{R}_3-\boldsymbol{R}_1)\cdot(\boldsymbol{R}_2-\boldsymbol{R}_4)+(\boldsymbol{R}_4-\boldsymbol{R}_1)\cdot(\boldsymbol{R}_3-\boldsymbol{R}_2)=0$，

则必定 $(\boldsymbol{R}_2-\boldsymbol{R}_1)\cdot(\boldsymbol{R}_4-\boldsymbol{R}_3)$，$(\boldsymbol{R}_3-\boldsymbol{R}_1)\cdot(\boldsymbol{R}_2-\boldsymbol{R}_4)$，$(\boldsymbol{R}_4-\boldsymbol{R}_1)\cdot(\boldsymbol{R}_3-\boldsymbol{R}_2)$ 三个全为零。

得 $\boldsymbol{A}_1'\cdot\boldsymbol{E}_1'=\boldsymbol{A}_2'\cdot\boldsymbol{E}_2'=\boldsymbol{A}_3'\cdot\boldsymbol{E}_3'=0$，$L_{12}L_{34}$，$L_{13}L_{24}$，$L_{14}L_{23}$ 均为正则直线。

(2) 经计算可得

$\boldsymbol{A}_1'\cdot\boldsymbol{E}_2'+\boldsymbol{A}_2'\cdot\boldsymbol{E}_1'=[(\boldsymbol{R}_1\times\boldsymbol{R}_2)\times(\boldsymbol{R}_4-\boldsymbol{R}_3)-(\boldsymbol{R}_3\times\boldsymbol{R}_4)\times(\boldsymbol{R}_2-\boldsymbol{R}_1)]\cdot[(\boldsymbol{R}_3-\boldsymbol{R}_1)\times(\boldsymbol{R}_4-\boldsymbol{R}_2)]+[(\boldsymbol{R}_1\times\boldsymbol{R}_3)\times(\boldsymbol{R}_4-\boldsymbol{R}_2)-(\boldsymbol{R}_2\times\boldsymbol{R}_4)\times(\boldsymbol{R}_3-\boldsymbol{R}_1)]\cdot[(\boldsymbol{R}_2-\boldsymbol{R}_1)\times(\boldsymbol{R}_4-\boldsymbol{R}_3)]=[\boldsymbol{R}_1,\boldsymbol{R}_3,\boldsymbol{R}_2](\boldsymbol{R}_4\cdot\boldsymbol{R}_4)-[\boldsymbol{R}_1,\boldsymbol{R}_3,\boldsymbol{R}_4](\boldsymbol{R}_2\cdot\boldsymbol{R}_4)+\cdots+[\boldsymbol{R}_2,\boldsymbol{R}_4,\boldsymbol{R}_3](\boldsymbol{R}_1\cdot\boldsymbol{R}_1)=0$[见第 1 章 1.5.4.3)(1)①(a)]。

得 $M(L_{12}L_{34},L_{13}L_{24})$，类似得 $M(L_{12}L_{34},L_{14}L_{23})$，$M(L_{13}L_{24},L_{14}L_{23})$，其次经计算可得。

(3) $[\boldsymbol{E}_1', \boldsymbol{E}_2', \boldsymbol{E}_3'] = [(\boldsymbol{R}_2-\boldsymbol{R}_1)\times(\boldsymbol{R}_4-\boldsymbol{R}_3), (\boldsymbol{R}_3-\boldsymbol{R}_1)\times(\boldsymbol{R}_4-\boldsymbol{R}_2), (\boldsymbol{R}_4-\boldsymbol{R}_1)\times(\boldsymbol{R}_3-\boldsymbol{R}_2)] = 2\omega^2 \neq 0$($\omega=0$ 表示四点 R_1, R_2, R_3, R_4 共面,因为$\square R_1R_2R_3R_4$ 而不发生)。

由见第 1 章/1.5.4.3)(3)得三对异面棱的三条公垂线相交一点。

例 10 设$\square R_1R_2R_3R_4$的三对异面棱中两对相互垂直,则四面体的四条高相交一点(见图 4-27)

(约定四面体的高为四面体的角顶点到其对应三角形的垂线)。

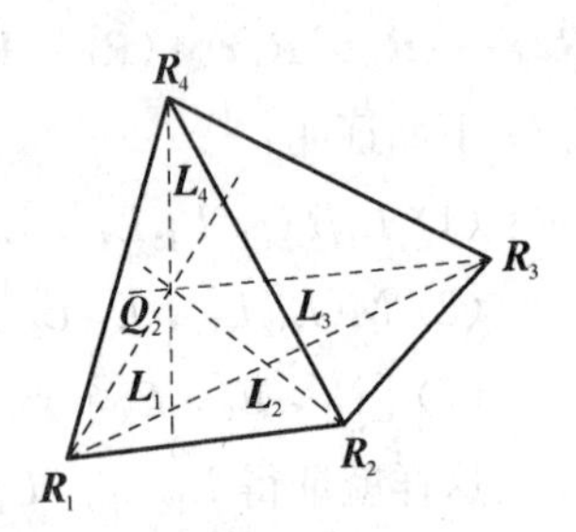

图 4-27

证 记$\boldsymbol{L}_1$为$\square R_1R_2R_3R_4$的点 R_1 到对应面$\triangle R_2R_3R_4$的高,同理得其余三点 R_2, R_3, R_4 相应的三条高 $\boldsymbol{L}_2$, $\boldsymbol{L}_3$, $\boldsymbol{L}_4$;$\boldsymbol{L}_i$: $\boldsymbol{R}\times\boldsymbol{E}_i=\boldsymbol{A}_i$,其中

$$\boldsymbol{E}_1=\boldsymbol{R}_2\times\boldsymbol{R}_3+\boldsymbol{R}_3\times\boldsymbol{R}_4+\boldsymbol{R}_4\times\boldsymbol{R}_2,\ \boldsymbol{A}_1=\boldsymbol{R}_1\times(\boldsymbol{R}_2\times\boldsymbol{R}_3+\boldsymbol{R}_3\times\boldsymbol{R}_4+\boldsymbol{R}_4\times\boldsymbol{R}_2),$$

$$\boldsymbol{E}_2=\boldsymbol{R}_1\times\boldsymbol{R}_3+\boldsymbol{R}_3\times\boldsymbol{R}_4+\boldsymbol{R}_4\times\boldsymbol{R}_1,\ \boldsymbol{A}_2=\boldsymbol{R}_2\times(\boldsymbol{R}_1\times\boldsymbol{R}_3+\boldsymbol{R}_3\times\boldsymbol{R}_4+\boldsymbol{R}_4\times\boldsymbol{R}_1),$$

$$\boldsymbol{E}_3=\boldsymbol{R}_1\times\boldsymbol{R}_2+\boldsymbol{R}_2\times\boldsymbol{R}_4+\boldsymbol{R}_4\times\boldsymbol{R}_1,\ \boldsymbol{A}_3=\boldsymbol{R}_3\times(\boldsymbol{R}_1\times\boldsymbol{R}_2+\boldsymbol{R}_2\times\boldsymbol{R}_4+\boldsymbol{R}_4\times\boldsymbol{R}_1),$$

$$\boldsymbol{E}_4=\boldsymbol{R}_1\times\boldsymbol{R}_2+\boldsymbol{R}_2\times\boldsymbol{R}_3+\boldsymbol{R}_3\times\boldsymbol{R}_1,\ \boldsymbol{A}_4=\boldsymbol{R}_4\times(\boldsymbol{R}_1\times\boldsymbol{R}_2+\boldsymbol{R}_2\times\boldsymbol{R}_3+\boldsymbol{R}_3\times\boldsymbol{R}_1),$$

经计算得 $\boldsymbol{A}_1\cdot\boldsymbol{E}_2+\boldsymbol{A}_2\cdot\boldsymbol{E}_1=\omega(\boldsymbol{R}_1-\boldsymbol{R}_2)\cdot(\boldsymbol{R}_4-\boldsymbol{R}_3)$,

$\boldsymbol{A}_2\cdot\boldsymbol{E}_3+\boldsymbol{A}_3\cdot\boldsymbol{E}_2=\omega(\boldsymbol{R}_2-\boldsymbol{R}_3)\cdot(\boldsymbol{R}_4-\boldsymbol{R}_1)$,

$\boldsymbol{A}_3\cdot\boldsymbol{E}_1+\boldsymbol{A}_1\cdot\boldsymbol{E}_3=\omega(\boldsymbol{R}_3-\boldsymbol{R}_1)\cdot(\boldsymbol{R}_4-\boldsymbol{R}_2)$,

$\omega=[\boldsymbol{R}_1, \boldsymbol{R}_2, \boldsymbol{R}_3]+[\boldsymbol{R}_4, \boldsymbol{R}_3, \boldsymbol{R}_2]+[\boldsymbol{R}_4, \boldsymbol{R}_1, \boldsymbol{R}_3]+[\boldsymbol{R}_4, \boldsymbol{R}_2, \boldsymbol{R}_1]\neq 0$,按设四面体$\square R_1R_2R_3R_4$的三对异面棱的其中两对相互垂直。

[利用$(\boldsymbol{R}_1-\boldsymbol{R}_2)\cdot(\boldsymbol{R}_3-\boldsymbol{R}_4)+(\boldsymbol{R}_2-\boldsymbol{R}_3)\cdot(\boldsymbol{R}_1-\boldsymbol{R}_4)+(\boldsymbol{R}_3-\boldsymbol{R}_1)\cdot(\boldsymbol{R}_2-\boldsymbol{R}_4)\equiv 0$,得 $\boldsymbol{L}_1$, $\boldsymbol{L}_2$, $\boldsymbol{L}_3$ 相互共面]

及$[\boldsymbol{E}_1, \boldsymbol{E}_2, \boldsymbol{E}_3]=-\omega^2\neq 0$ 四点 $\boldsymbol{R}_j$($j=1, 2, 3, 4$) 共面不合。

得 $\boldsymbol{L}_j$($j=1, 2, 3$) 三条高相交一点 Q_2。

易得知四条高 $\boldsymbol{L}_j$($j=1, 2, 3, 4$) 相交同一点 Q_2。

例 11 (1) 设$\square R_1R_2R_3R_4$的四条内心线相交一点的充分必要条件是三对异棱积相等

(约定四面体的内心线为四面体的角顶点到其对应三角形内心的连线)。

(2) 设$\square R_1R_2R_3R_4$的四条角顶边等距线中三条相交一点,则四条角顶边等距

线相交同一点

（约定四面体的角顶边等距线为经过顶点的直线，其上每一点到该角相邻的三边的距离相等）。

(3) 设□$R_1R_2R_3R_4$的四条角顶面等距线中两条相交一点，则四条角顶面等距线相交同一点

（约定四面体的角顶面等距线为经过顶点的直线，其上每一点到该角相邻的三面的距离相等）。

(4) 设六面体□$M_1M_2M_3M_4M_5M_6$的八条角顶面等距线中四条（除它们与同一平面有关）相交一点，则八条角顶面等距线相交同一点。

(5) 六面体□$M_1M_2M_3M_4M_5M_6$的八条角顶边等距线中5条相交一点，则八条角顶边等距线相交同一点。

证 (1) 设△$R_1R_2R_3$的三条边 $L_i(i=1, 2, 3)$：

$\boldsymbol{R}\times(\boldsymbol{R}_3-\boldsymbol{R}_2)=\boldsymbol{R}_2\times\boldsymbol{R}_3$，$\boldsymbol{R}\times(\boldsymbol{R}_1-\boldsymbol{R}_3)=\boldsymbol{R}_3\times\boldsymbol{R}_1$，$\boldsymbol{R}\times(\boldsymbol{R}_1-\boldsymbol{R}_2)=\boldsymbol{R}_2\times\boldsymbol{R}_1$，

经计算可得△$R_1R_2R_3$的内心 R_4'：

$\boldsymbol{R}_4'=\{|\boldsymbol{R}_1-\boldsymbol{R}_3|\boldsymbol{R}_2+|\boldsymbol{R}_2-\boldsymbol{R}_1|\boldsymbol{R}_3+|\boldsymbol{R}_3-\boldsymbol{R}_2|\boldsymbol{R}_1\}/[|\boldsymbol{R}_1-\boldsymbol{R}_3|+|\boldsymbol{R}_2-\boldsymbol{R}_1|+|\boldsymbol{R}_3-\boldsymbol{R}_2|]$。

四面体□$R_1R_2R_3R_4$的点 R_4 与△$R_1R_2R_3$上的内心 R_4' 所连的内心线 L_4'：$\boldsymbol{R}\times\boldsymbol{E}_4=\boldsymbol{A}_4$，

$\boldsymbol{E}_4=|\boldsymbol{R}_1-\boldsymbol{R}_3|\boldsymbol{R}_2+|\boldsymbol{R}_2-\boldsymbol{R}_1|\boldsymbol{R}_3+|\boldsymbol{R}_3-\boldsymbol{R}_2|\boldsymbol{R}_1-(|\boldsymbol{R}_1-\boldsymbol{R}_3|+|\boldsymbol{R}_3-\boldsymbol{R}_2|+|\boldsymbol{R}_2-\boldsymbol{R}_1|)\boldsymbol{R}_4$，

$\boldsymbol{A}_4=|\boldsymbol{R}_1-\boldsymbol{R}_3|\boldsymbol{R}_4\times\boldsymbol{R}_2+|\boldsymbol{R}_2-\boldsymbol{R}_1|\boldsymbol{R}_4\times\boldsymbol{R}_3+|\boldsymbol{R}_3-\boldsymbol{R}_2|\boldsymbol{R}_4\times\boldsymbol{R}_1$，

同理可得□$R_1R_2R_3R_4$的其他三条内心线 L_i'：$\boldsymbol{R}\times\boldsymbol{E}_i=\boldsymbol{A}_i(i=1, 2, 3)$，

$\boldsymbol{E}_1=|\boldsymbol{R}_2-\boldsymbol{R}_4|\boldsymbol{R}_3+|\boldsymbol{R}_3-\boldsymbol{R}_2|\boldsymbol{R}_4+|\boldsymbol{R}_4-\boldsymbol{R}_3|\boldsymbol{R}_2-(|\boldsymbol{R}_2-\boldsymbol{R}_4|+|\boldsymbol{R}_4-\boldsymbol{R}_3|+|\boldsymbol{R}_3-\boldsymbol{R}_2|)\boldsymbol{R}_1$，

$\boldsymbol{E}_2=|\boldsymbol{R}_3-\boldsymbol{R}_1|\boldsymbol{R}_4+|\boldsymbol{R}_4-\boldsymbol{R}_3|\boldsymbol{R}_1+|\boldsymbol{R}_1-\boldsymbol{R}_4|\boldsymbol{R}_3-(|\boldsymbol{R}_3-\boldsymbol{R}_1|+|\boldsymbol{R}_1-\boldsymbol{R}_4|+|\boldsymbol{R}_4-\boldsymbol{R}_3|)\boldsymbol{R}_2$，

$\boldsymbol{E}_3=|\boldsymbol{R}_4-\boldsymbol{R}_2|\boldsymbol{R}_1+|\boldsymbol{R}_1-\boldsymbol{R}_4|\boldsymbol{R}_2+|\boldsymbol{R}_2-\boldsymbol{R}_1|\boldsymbol{R}_4-(|\boldsymbol{R}_4-\boldsymbol{R}_2|+|\boldsymbol{R}_2-\boldsymbol{R}_1|+|\boldsymbol{R}_1-\boldsymbol{R}_4|)\boldsymbol{R}_3$，

$\boldsymbol{A}_1=|\boldsymbol{R}_2-\boldsymbol{R}_4|\boldsymbol{R}_1\times\boldsymbol{R}_3+|\boldsymbol{R}_3-\boldsymbol{R}_2|\boldsymbol{R}_1\times\boldsymbol{R}_4+|\boldsymbol{R}_4-\boldsymbol{R}_3|\boldsymbol{R}_1\times\boldsymbol{R}_2$，

$\boldsymbol{A}_2=|\boldsymbol{R}_3-\boldsymbol{R}_1|\boldsymbol{R}_2\times\boldsymbol{R}_4+|\boldsymbol{R}_4-\boldsymbol{R}_3|\boldsymbol{R}_2\times\boldsymbol{R}_1+|\boldsymbol{R}_1-\boldsymbol{R}_4|\boldsymbol{R}_2\times\boldsymbol{R}_3$，

$\boldsymbol{A}_3 = |\boldsymbol{R}_4 - \boldsymbol{R}_2|\boldsymbol{R}_3 \times \boldsymbol{R}_1 + |\boldsymbol{R}_1 - \boldsymbol{R}_4|\boldsymbol{R}_3 \times \boldsymbol{R}_2 + |\boldsymbol{R}_2 - \boldsymbol{R}_1|\boldsymbol{R}_3 \times \boldsymbol{R}_4$。

经计算可得 $\boldsymbol{A}_1 \cdot \boldsymbol{E}_4 + \boldsymbol{A}_4 \cdot \boldsymbol{E}_1 = \omega(|\boldsymbol{R}_1 - \boldsymbol{R}_2||\boldsymbol{R}_3 - \boldsymbol{R}_4| - |\boldsymbol{R}_1 - \boldsymbol{R}_3||\boldsymbol{R}_2 - \boldsymbol{R}_4|)$,

$\boldsymbol{A}_2 \cdot \boldsymbol{E}_4 + \boldsymbol{A}_4 \cdot \boldsymbol{E}_2 = \omega(|\boldsymbol{R}_1 - \boldsymbol{R}_4||\boldsymbol{R}_2 - \boldsymbol{R}_3| - |\boldsymbol{R}_1 - \boldsymbol{R}_2||\boldsymbol{R}_3 - \boldsymbol{R}_4|)$,

$\boldsymbol{A}_1 \cdot \boldsymbol{E}_2 + \boldsymbol{A}_2 \cdot \boldsymbol{E}_1 = \omega(|\boldsymbol{R}_1 - \boldsymbol{R}_3||\boldsymbol{R}_2 - \boldsymbol{R}_4| - |\boldsymbol{R}_1 - \boldsymbol{R}_4||\boldsymbol{R}_2 - \boldsymbol{R}_3|)$,

$\omega = [\boldsymbol{R}_1, \boldsymbol{R}_2, \boldsymbol{R}_3] + [\boldsymbol{R}_4, \boldsymbol{R}_3, \boldsymbol{R}_2] + [\boldsymbol{R}_4, \boldsymbol{R}_1, \boldsymbol{R}_3] + [\boldsymbol{R}_4, \boldsymbol{R}_2, \boldsymbol{R}_1] \neq 0$。

三对异棱积相等:$|\boldsymbol{R}_1 - \boldsymbol{R}_2||\boldsymbol{R}_3 - \boldsymbol{R}_4| = |\boldsymbol{R}_1 - \boldsymbol{R}_3||\boldsymbol{R}_2 - \boldsymbol{R}_4| = |\boldsymbol{R}_1 - \boldsymbol{R}_4||\boldsymbol{R}_2 - \boldsymbol{R}_3|$ 时,

$\boldsymbol{A}_1 \cdot \boldsymbol{E}_4 + \boldsymbol{A}_4 \cdot \boldsymbol{E}_1 = \boldsymbol{A}_2 \cdot \boldsymbol{E}_4 + \boldsymbol{A}_4 \cdot \boldsymbol{E}_2 = \boldsymbol{A}_1 \cdot \boldsymbol{E}_2 + \boldsymbol{A}_2 \cdot \boldsymbol{E}_1 = 0$,即 L_i': $\boldsymbol{R} \times \boldsymbol{E}_i = \boldsymbol{A}_i$ $(i = 1, 2, 4)$ 两两共面。

$[\boldsymbol{E}_1, \boldsymbol{E}_2, \boldsymbol{E}_4] = \omega T$, $T = \sum R_{hi}R_{jk}R_{lm} > 0$, $R_{hi} = |\boldsymbol{R}_h - \boldsymbol{R}_i| = R_{ih} > 0$, $hi = \{12, 13, 14, 23, 24, 34\}$。

$\sum$ 表示 $R_{hi}R_{jk}R_{lm}$ 的和,其中 R_{hi}, R_{jk}, R_{lm} 不同且排除 $R_{hi}R_{hk}R_{hm}(h, i, k, m \neq)$,

总共 $C_6^3 - 4 = 6!/3!\,3! - 4 = 16$ 项:

$T = R_{13}R_{24}R_{34} + R_{13}R_{23}R_{24} + R_{23}R_{24}R_{34} + R_{14}R_{23}R_{24} + R_{13}R_{14}R_{34} + R_{12}R_{13}R_{24} + R_{12}R_{24}R_{34} + R_{12}R_{14}R_{24} + R_{12}R_{13}R_{23} + R_{12}R_{23}R_{34} + R_{12}R_{14}R_{23} + R_{12}R_{13}R_{34} + R_{12}R_{14}R_{34} + R_{13}R_{14}R_{23} + R_{13}R_{14}R_{24} + R_{13}R_{14}R_{34}$。

得三条内心线相交一点。$c_1\boldsymbol{E}_1 + c_2\boldsymbol{E}_2 + c_3\boldsymbol{E}_3 + c_4\boldsymbol{E}_4 = \boldsymbol{0}$, $c_1\boldsymbol{A}_1 + c_2\boldsymbol{A}_2 + c_3\boldsymbol{A}_3 + c_4\boldsymbol{A}_4 = \boldsymbol{0}$,

其中 $c_1 = |\boldsymbol{R}_2 - \boldsymbol{R}_4| + |\boldsymbol{R}_3 - \boldsymbol{R}_2| + |\boldsymbol{R}_4 - \boldsymbol{R}_3|$, $c_2 = |\boldsymbol{R}_3 - \boldsymbol{R}_1| + |\boldsymbol{R}_4 - \boldsymbol{R}_3| + |\boldsymbol{R}_1 - \boldsymbol{R}_4|$,

$c_3 = |\boldsymbol{R}_4 - \boldsymbol{R}_2| + |\boldsymbol{R}_1 - \boldsymbol{R}_4| + |\boldsymbol{R}_2 - \boldsymbol{R}_1|$, $c_4 = |\boldsymbol{R}_1 - \boldsymbol{R}_3| + |\boldsymbol{R}_2 - \boldsymbol{R}_1| + |\boldsymbol{R}_3 - \boldsymbol{R}_2|$, $c_j(j = 1, 2, 3, 4)$ 全不为零。否则,$\boldsymbol{R}_j(j = 1, 2, 3, 4)$ 为同一点,不合。所以四条内心线相交一点,反之亦然。

(2) 设□$R_1R_2R_3R_4$ 的六条边 R_1R_2, R_1R_3, R_1R_4, R_2R_3, R_2R_4 与 R_3R_4,的方程分别为

L_i: $\boldsymbol{R} \times \boldsymbol{E}_i = \boldsymbol{A}_i$, $|\boldsymbol{E}_i| = 1$ $(i = 1, 2, 3, 4, 5, 6)$,

$\angle R_2R_4R_3$ 的垂直角平分面 M_{243} 是经过 $\angle R_2R_4R_3$ 的角平分线作垂直于 $\triangle R_2R_4R_3$ 的平面,

$\angle R_3R_4R_1$的垂直角平分面M_{341}是经过$\angle R_3R_4R_1$的角平分线作垂直于$\triangle R_3R_4R_1$的平面，

$\angle R_1R_4R_2$的垂直角平分面M_{142}是经过$\angle R_1R_4R_2$的角平分线作垂直于$\triangle R_1R_4R_2$的平面，

R_4的角顶边等距线$L_4^* = M_{243}M_{341}M_{142}$(事实上$L_4^* = M_{243}M_{341} = M_{341}M_{142} = M_{142}M_{243}$)。

同理可得另外三条R_i的角顶边等距线L_i^* $(i=1, 2, 3)$\{ L_4^* 的存在性,证明如下：\}。

按照假设令$R_0 = L_1^* L_2^* L_3^*$[即三直线L_i^* $(i=1, 2, 3)$的交点]，

R_1的角顶边等距满足$|\boldsymbol{R}_0 \times \boldsymbol{E}_1 - \boldsymbol{A}_1| = |\boldsymbol{R}_0 \times \boldsymbol{E}_2 - \boldsymbol{A}_2| = |\boldsymbol{R}_0 \times \boldsymbol{E}_3 - \boldsymbol{A}_3|$，

R_2 的角顶边等距满足$|\boldsymbol{R}_0 \times \boldsymbol{E}_1 - \boldsymbol{A}_1| = |\boldsymbol{R}_0 \times \boldsymbol{E}_4 - \boldsymbol{A}_4| = |\boldsymbol{R}_0 \times \boldsymbol{E}_5 - \boldsymbol{A}_5|$，

R_3 的角顶边等距满足$|\boldsymbol{R}_0 \times \boldsymbol{E}_2 - \boldsymbol{A}_2| = |\boldsymbol{R}_0 \times \boldsymbol{E}_4 - \boldsymbol{A}_4| = |\boldsymbol{R}_0 \times \boldsymbol{E}_6 - \boldsymbol{A}_6|$，

现说明当三条R_i的角顶边等距线L_i^* $(i=1, 2, 3)$相交于一点R_0时,则点R_0必在R_4的角顶边等距线L_4^*上。

① $|\boldsymbol{R}_0 \times \boldsymbol{E}_3 - \boldsymbol{A}_3| = |\boldsymbol{R}_0 \times \boldsymbol{E}_5 - \boldsymbol{A}_5| = |\boldsymbol{R}_0 \times \boldsymbol{E}_6 - \boldsymbol{A}_6|$显然成立。

② $\boldsymbol{R} \times (\boldsymbol{R}_0 - \boldsymbol{R}_4) = \boldsymbol{R}_4 \times \boldsymbol{R}_0$ 为 L_4^* 的证明。

L_4^*经过R_0，R_4显然成立,在L_4^*上取任意点$\boldsymbol{R} = \boldsymbol{R}_0 + t(\boldsymbol{R}_0 - \boldsymbol{R}_4)$，$t$为参数，

$|[\boldsymbol{R}_0 + t(\boldsymbol{R}_0 - \boldsymbol{R}_4)] \times \boldsymbol{E}_3 - \boldsymbol{A}_3| = |(1+t)(\boldsymbol{R}_0 \times \boldsymbol{E}_3 - \boldsymbol{A}_3) - t(\boldsymbol{R}_4 \times \boldsymbol{E}_3 - \boldsymbol{A}_3)| = |(1+t)(\boldsymbol{R}_0 \times \boldsymbol{E}_3 - \boldsymbol{A}_3)|$(因为$R_4$ 经过L_3,即$\boldsymbol{R}_4 \times \boldsymbol{E}_3 - \boldsymbol{A}_3 = \boldsymbol{0}$)，

$|[\boldsymbol{R}_0 + t(\boldsymbol{R}_0 - \boldsymbol{R}_4)] \times \boldsymbol{E}_5 - \boldsymbol{A}_5| = |(1+t)(\boldsymbol{R}_0 \times \boldsymbol{E}_5 - \boldsymbol{A}_5)|$(因为$R_4$ 经过L_5即$\boldsymbol{R}_4 \times \boldsymbol{E}_5 - \boldsymbol{A}_5 = \boldsymbol{0}$)，

$|[\boldsymbol{R}_0 + t(\boldsymbol{R}_0 - \boldsymbol{R}_4)] \times \boldsymbol{E}_6 - \boldsymbol{A}_6| = |(1+t)(\boldsymbol{R}_0 \times \boldsymbol{E}_6 - \boldsymbol{A}_6)|$(因为$R_4$ 经过L_6即$\boldsymbol{R}_4 \times \boldsymbol{E}_6 - \boldsymbol{A}_6 = \boldsymbol{0}$)，

由①即证$|[\boldsymbol{R}_0 + t(\boldsymbol{R}_0 - \boldsymbol{R}_4)] \times \boldsymbol{E}_3 - \boldsymbol{A}_3| = |[\boldsymbol{R}_0 + t(\boldsymbol{R}_0 - \boldsymbol{R}_4)] \times \boldsymbol{E}_5 - \boldsymbol{A}_5| = |[\boldsymbol{R}_0 + t(\boldsymbol{R}_0 - \boldsymbol{R}_4)] \times \boldsymbol{E}_6 - \boldsymbol{A}_6|$，

$|(1+t)(\boldsymbol{R}_0 \times \boldsymbol{E}_3 - \boldsymbol{A}_3)| = |(1+t)(\boldsymbol{R}_0 \times \boldsymbol{E}_5 - \boldsymbol{A}_5)| = |(1+t)(\boldsymbol{R}_0 \times \boldsymbol{E}_6 - \boldsymbol{A}_6)|$,所以定理得证。

实际上，$\square R_1R_2R_3R_4$的四条角顶边等距线中两条相交一点(必是$\square R_1R_2R_3R_4$外接球心)，

则四条角顶边等距线相交同一点。

这里我们还给出上述L_4^*具体方程，

① $\angle R_2R_4R_3$的角平分线$\boldsymbol{R}\times(\boldsymbol{E}_5+\boldsymbol{E}_6)=\boldsymbol{A}_5+\boldsymbol{A}_6$，$\triangle R_2R_4R_3$ 的法矢为$\boldsymbol{E}_5\times\boldsymbol{E}_6$，$\angle R_2R_4R_3$ 的垂直角平分面 M_{243}：$\boldsymbol{R}\cdot(\boldsymbol{E}_5-\boldsymbol{E}_6)=\boldsymbol{R}_4\cdot(\boldsymbol{E}_5-\boldsymbol{E}_6)$。

② $\angle R_3R_4R_1$的角平分线$\boldsymbol{R}\times(\boldsymbol{E}_3+\boldsymbol{E}_6)=\boldsymbol{A}_3+\boldsymbol{A}_6$，$\triangle R_3R_4R_1$ 的法矢为$\boldsymbol{E}_3\times\boldsymbol{E}_6$，$\angle R_3R_4R_1$ 的垂直角平分面 M_{341}：$\boldsymbol{R}\cdot(\boldsymbol{E}_3-\boldsymbol{E}_6)=\boldsymbol{R}_4\cdot(\boldsymbol{E}_3-\boldsymbol{E}_6)$。

③ $L_4^*=M_{243}M_{341}(=M_{341}M_{142}=M_{142}M_{243}=M_{243}M_{341}M_{142})$：

$\boldsymbol{R}\times\{(\boldsymbol{E}_5-\boldsymbol{E}_6)\times(\boldsymbol{E}_3-\boldsymbol{E}_6)\}=\{\boldsymbol{R}_4\cdot(\boldsymbol{E}_5-\boldsymbol{E}_6)\}(\boldsymbol{E}_3-\boldsymbol{E}_6)-\{\boldsymbol{R}_4\cdot(\boldsymbol{E}_3-\boldsymbol{E}_6)\}(\boldsymbol{E}_5-\boldsymbol{E}_6)$

[易证：两平面$\boldsymbol{R}\cdot\boldsymbol{N}_i=p_i$，$|\boldsymbol{N}_i|=1$ ($i=1$，2) 的交线为$\boldsymbol{R}\times(\boldsymbol{N}_1\times\boldsymbol{N}_2)=p_2\boldsymbol{N}_1-p_1\boldsymbol{N}_2$]。

(3) 设□$R_1R_2R_3R_4$的四角顶点 R_i所对应平面为$\boldsymbol{R}\cdot\boldsymbol{N}_i=p_i$($i=1$，2，3，4)，由定理 26 得知 R_i($i=1$，2，3，4) 的四条角顶面等距线存在，

按照假设□$R_1R_2R_3R_4$的四条角顶面等距线中两条相交一点 R_0，则四条角顶面等距线相交同一点 R_0，因为：

R_1的角顶面等距线满足 $|\boldsymbol{R}_0\cdot\boldsymbol{N}_2-p_2|=|\boldsymbol{R}_0\cdot\boldsymbol{N}_3-p_3|=|\boldsymbol{R}_0\cdot\boldsymbol{N}_4-p_4|$，

R_2 的角顶面等距线满足 $|\boldsymbol{R}_0\cdot\boldsymbol{N}_3-p_3|=|\boldsymbol{R}_0\cdot\boldsymbol{N}_4-p_4|=|\boldsymbol{R}_0\cdot\boldsymbol{N}_1-p_1|$，

R_3 的角顶面等距线满足 $|\boldsymbol{R}_0\cdot\boldsymbol{N}_4-p_4|=|\boldsymbol{R}_0\cdot\boldsymbol{N}_1-p_1|=|\boldsymbol{R}_0\cdot\boldsymbol{N}_2-p_2|$，

R_4 的角顶面等距线满足 $|\boldsymbol{R}_0\cdot\boldsymbol{N}_1-p_1|=|\boldsymbol{R}_0\cdot\boldsymbol{N}_2-p_2|=|\boldsymbol{R}_0\cdot\boldsymbol{N}_3-p_3|$，

即证。

实际上，□$R_1R_2R_3R_4$的四条角顶面等距线中两条相交一点(必是□$R_1R_2R_3R_4$内切球内心)，则四条角顶面等距线相交同一点(见定理 30)。

(4) 设六面体□$M_1M_2M_3M_4M_5M_6$的六平面方程为$\boldsymbol{R}\cdot\boldsymbol{N}_i=p_i$($i=1$，2，3，4，5，6)，

八个角顶点为 $M_1M_2M_5$(表示三平面 M_1，M_2，M_5 的交点)，$M_2M_3M_5$，$M_3M_4M_5$，$M_4M_1M_5$，$M_1M_2M_6$，$M_2M_3M_6$，$M_3M_4M_6$与$M_4M_1M_6$。

同(3)易知，若点 R_0满足

① $M_1M_2M_5$ 角顶面等距线满足 $|\boldsymbol{R}_0\cdot\boldsymbol{N}_1-p_1|=|\boldsymbol{R}_0\cdot\boldsymbol{N}_2-p_2|=|\boldsymbol{R}_0\cdot\boldsymbol{N}_5-p_5|$，

② $M_2M_3M_5$ 角顶面等距线满足 $|\boldsymbol{R}_0\cdot\boldsymbol{N}_2-p_2|=|\boldsymbol{R}_0\cdot\boldsymbol{N}_3-p_3|=|\boldsymbol{R}_0\cdot\boldsymbol{N}_5-p_5|$，

③ $M_3M_4M_5$ 角顶面等距线满足 $|\boldsymbol{R}_0\cdot\boldsymbol{N}_3-p_3|=|\boldsymbol{R}_0\cdot\boldsymbol{N}_4-p_4|=|\boldsymbol{R}_0\cdot\boldsymbol{N}_5-p_5|$,

④ $M_4M_1M_5$ 角顶面等距线满足 $|\boldsymbol{R}_0\cdot\boldsymbol{N}_4-p_4|=|\boldsymbol{R}_0\cdot\boldsymbol{N}_1-p_1|=|\boldsymbol{R}_0\cdot\boldsymbol{N}_5-p_5|$,

⑤ $M_1M_2M_6$ 角顶面等距线满足 $|\boldsymbol{R}_0\cdot\boldsymbol{N}_1-p_1|=|\boldsymbol{R}_0\cdot\boldsymbol{N}_2-p_2|=|\boldsymbol{R}_0\cdot\boldsymbol{N}_6-p_6|$,

⑥ $M_2M_3M_6$ 角顶面等距线满足 $|\boldsymbol{R}_0\cdot\boldsymbol{N}_2-p_2|=|\boldsymbol{R}_0\cdot\boldsymbol{N}_3-p_3|=|\boldsymbol{R}_0\cdot\boldsymbol{N}_6-p_6|$,

⑦ $M_3M_4M_6$ 角顶面等距线满足 $|\boldsymbol{R}_0\cdot\boldsymbol{N}_3-p_3|=|\boldsymbol{R}_0\cdot\boldsymbol{N}_4-p_4|=|\boldsymbol{R}_0\cdot\boldsymbol{N}_6-p_6|$,

⑧ $M_4M_1M_6$ 角顶面等距线满足 $|\boldsymbol{R}_0\cdot\boldsymbol{N}_4-p_4|=|\boldsymbol{R}_0\cdot\boldsymbol{N}_1-p_1|=|\boldsymbol{R}_0\cdot\boldsymbol{N}_6-p_6|$,

在六面体□$M_1M_2M_3M_4M_5M_6$的八条角顶面等距线中四条相交一点(除它们与同一平面有关),则八条角顶面等距线相交同一点,即证。

(5) 同(3)。

4.1.10 四面体的内切(外接)球面内(外)心

定义 4

设□$ABCD$,其中 E 为边 AC 上的一点,满足 $AE:EC=C_s:A_s$,

称△DBE 为**三面三维角对($\boldsymbol{\beta}$, $\boldsymbol{\delta}$)的平分角面**(见图 4-28)。

称 E 为三面三维角对(β, δ)的平分角面在对应边 AC 上的**分点**,

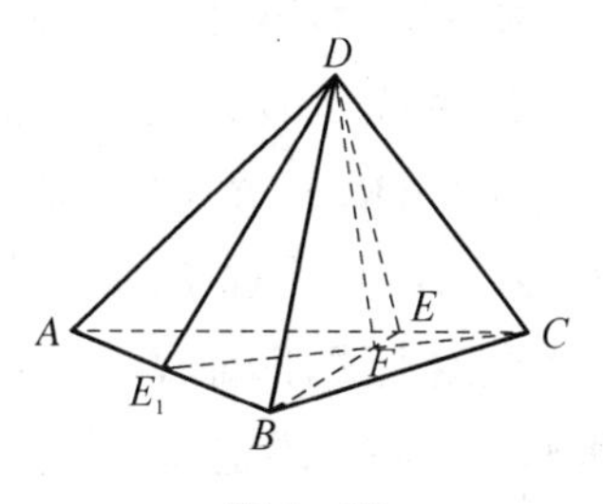

图 4-28

同理在□$ABCD$ 的另外五条 AB, BC, DA, DB, DC 边上也有类似的点 E_j($j=1, 2, 3, 4, 5$)使 $AE_1:E_1B=B_s:A_s$; $BE_2:E_2C=C_s:B_s$; $DE_3:E_3A=A_s:D_s$; $DE_4:E_4B=B_s:D_s$; $DE_5:E_5C=C_s:D_s$; 有相应的**三面三维角对($\boldsymbol{\gamma}$, $\boldsymbol{\delta}$); ($\boldsymbol{\alpha}$, $\boldsymbol{\delta}$); ($\boldsymbol{\beta}$, $\boldsymbol{\gamma}$); ($\boldsymbol{\gamma}$, $\boldsymbol{\alpha}$); ($\boldsymbol{\alpha}$, $\boldsymbol{\beta}$) 的平分角面**。

定理 25

设□$ABCD$,其中 E 为边 AC 上的一点,满足 $AE:EC=C_s:A_s$,则

(1) $C_s : A_s = B_{1s} : B_{2s} = D_{1s} : D_{2s}$;

(2) $\sin\boldsymbol{\beta}_1 = \sin\boldsymbol{\beta}_2$, $\sin\boldsymbol{\delta}_1 = \sin\boldsymbol{\delta}_2$, $\boldsymbol{\beta}_1 + \boldsymbol{\beta}_2 = \boldsymbol{\beta}$, $\boldsymbol{\delta}_1 + \boldsymbol{\delta}_2 = \boldsymbol{\delta}$,

其中 $\boldsymbol{\beta}_1 = B(EDA)$, $\boldsymbol{\beta}_2 = B(ECD)$, $\boldsymbol{\delta}_1 = D(ABE)$, $\boldsymbol{\delta}_2 = D(BCE)$,

B_{1s}, B_{2s}, D_{1s}和D_{2s}分别为$\triangle_s EDA$（$\triangle EDA$ 面积），$\triangle_s ECD$，$\triangle_s ABE$ 和 $\triangle_s BCE$。

证 $\square ABED$ 中 $\sin\boldsymbol{\alpha} : \sin\boldsymbol{\beta}_1 : \sin\boldsymbol{\varepsilon} : \sin\boldsymbol{\delta}_1 = E_s : B_{1s} : C_s : D_{1s}$,

$\square BCED$ 中 $\sin\boldsymbol{\gamma} : \sin\boldsymbol{\beta}_2 : \sin\boldsymbol{\varepsilon}^* : \sin\boldsymbol{\delta}_2 = E_s : B_{2s} : A_s : D_{2s}$,

三面角 $\boldsymbol{\varepsilon} = E(DAB)$, $\boldsymbol{\varepsilon}^* = E(DBC)$, $\sin\boldsymbol{\varepsilon} = \sin(\boldsymbol{\pi} - \boldsymbol{\varepsilon}^*) = \sin\boldsymbol{\varepsilon}^*$,

$E_s = \triangle_s EDB$, $B_{1s} : B_{2s} = D_{1s} : D_{2s}$,

则(1) $C_s : A_s = AE : EC = B_{1s} : B_{2s} = D_{1s} : D_{2s}$，(2)易得。

定理 26

设$\square ABCD$,其中 E 为三面三维角对$(\boldsymbol{\beta}, \boldsymbol{\delta})$ 的平分角面在对应边 AC 上的**分点**,则$\triangle BED$ 为**三面三维角对$(\boldsymbol{\beta}, \boldsymbol{\delta})$的平分角面**（意指$\triangle BED$ 上的任意点到$\triangle DAB$ 与$\triangle DBC$ 的距离相等）。

证 $\triangle DAB$ 的平面方程：$\boldsymbol{R} \cdot (\mathbf{A} \times \mathbf{B} + \mathbf{B} \times \mathbf{D} + \mathbf{D} \times \mathbf{A}) = [\mathbf{A}, \mathbf{B}, \mathbf{D}]$,

$\triangle DBC$ 的平面方程：$\boldsymbol{R} \cdot (\mathbf{B} \times \mathbf{C} + \mathbf{C} \times \mathbf{D} + \mathbf{D} \times \mathbf{B}) = [\mathbf{B}, \mathbf{C}, \mathbf{D}]$,

$\triangle BED$ 的平面方程：$\boldsymbol{R} \cdot (\mathbf{B} \times \mathbf{E} + \mathbf{E} \times \mathbf{D} + \mathbf{D} \times \mathbf{B}) = [\mathbf{B}, \mathbf{E}, \mathbf{D}]$, $\{\mathbf{E} = (C_s\mathbf{C} + A_s\mathbf{A})/(C_s + A_s)\}$。

$\boldsymbol{R}_0$ 到 $\triangle DAB$ 的距离 $d_C = |\boldsymbol{R}_0 \cdot (\mathbf{A} \times \mathbf{B} + \mathbf{B} \times \mathbf{D} + \mathbf{D} \times \mathbf{A}) - [\mathbf{A}, \mathbf{B}, \mathbf{D}]| / 2C_s \{|\mathbf{A} \times \mathbf{B} + \mathbf{B} \times \mathbf{D} + \mathbf{D} \times \mathbf{A}| = 2C_s\}$,

$\boldsymbol{R}_0$ 到 $\triangle DBC$ 的距离 $d_A = |\boldsymbol{R}_0 \cdot (\mathbf{B} \times \mathbf{C} + \mathbf{C} \times \mathbf{D} + \mathbf{D} \times \mathbf{B}) - [\mathbf{B}, \mathbf{C}, \mathbf{D}]| / 2A_s$,

设 $\boldsymbol{R}_0$ 为$\triangle BED$上任意确定点,满足$\boldsymbol{R}_0 \cdot (\mathbf{B} \times \mathbf{E} + \mathbf{E} \times \mathbf{D} + \mathbf{D} \times \mathbf{B}) = [\mathbf{B}, \mathbf{E}, \mathbf{D}]$,

即 $C_s\{\boldsymbol{R}_0 \cdot (\mathbf{B} \times \mathbf{C} + \mathbf{C} \times \mathbf{D} + \mathbf{D} \times \mathbf{B}) - [\mathbf{B}, \mathbf{C}, \mathbf{D}]\} = A_s\{\boldsymbol{R}_0 \cdot (\mathbf{A} \times \mathbf{B} + \mathbf{B} \times \mathbf{D} + \mathbf{D} \times \mathbf{A}) - [\mathbf{A}, \mathbf{B}, \mathbf{D}]\}$。

利用上式,即证 $d_C = d_A$（本定理是第 1 章定理 4(5)②在三维空间中的推广）。

定理 27

设$\square ABCD$,其中$\triangle DBE$ 为三面三维角对(β, δ)的平分角面（见图 4－28）。

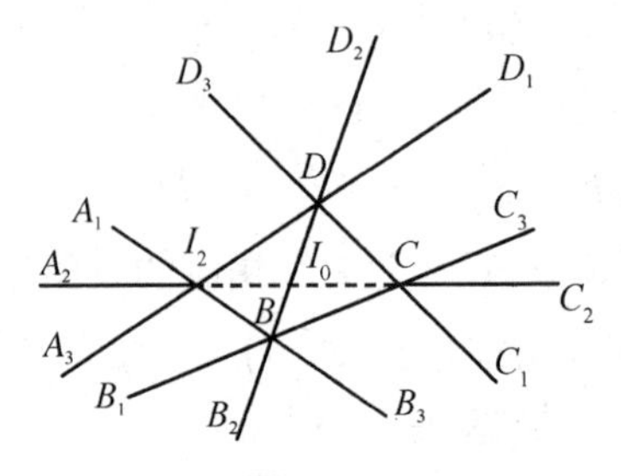

图 4－29

$\triangle CDE_1$为三面三维角对$(\boldsymbol{\gamma}, \boldsymbol{\delta})$的平分角面，

则$\triangle DBE$与$\triangle CDE_1$的交线DF上任意点到$\triangle DAB$，$\triangle DBC$与$\triangle DCA$的距离相等(称DF为$\square ABCD$的顶角D的面等距线)。

定义 5

设空间坐标系以O为原点，F_j^* $(j=0, 1, 2, 3, \cdots, 8)$，

$\boldsymbol{F}_0^* \equiv \boldsymbol{F}_0^*(\lambda, \mu, \nu, \omega)=(\lambda\boldsymbol{A}+\mu\boldsymbol{B}+\nu\boldsymbol{C}+\omega\boldsymbol{D})/(\lambda+\mu+\nu+\omega)$,$\lambda, \mu, \nu, \omega$(实数)$\geqslant 0$，称为$\square ABCD$关于$\lambda, \mu, \nu, \omega$的内点；

$\boldsymbol{F}_1^* \equiv \boldsymbol{F}_1^*(\lambda, \mu, \nu, \omega)=(-\lambda\boldsymbol{A}+\mu\boldsymbol{B}+\nu\boldsymbol{C}+\omega\boldsymbol{D})/(-\lambda+\mu+\nu+\omega)$,$(\lambda<\mu+\nu+\omega)$；

$\boldsymbol{F}_2^* \equiv \boldsymbol{F}_2^*(\lambda, \mu, \nu, \omega)=(\lambda\boldsymbol{A}-\mu\boldsymbol{B}+\nu\boldsymbol{C}+\omega\boldsymbol{D})/(\lambda-\mu+\nu+\omega)$,$(\mu<\nu+\omega+\lambda)$；

$\boldsymbol{F}_3^* \equiv \boldsymbol{F}_3^*(\lambda, \mu, \nu, \omega)=(\lambda\boldsymbol{A}+\mu\boldsymbol{B}-\nu\boldsymbol{C}+\omega\boldsymbol{D})/(\lambda+\mu-\nu+\omega)$,$(\nu<\omega+\lambda+\mu)$；

$\boldsymbol{F}_4^* \equiv \boldsymbol{F}_4^*(\lambda, \mu, \nu, \omega)=(\lambda\boldsymbol{A}+\mu\boldsymbol{B}+\nu\boldsymbol{C}-\omega\boldsymbol{D})/(\lambda+\mu+\nu-\omega)$,$(\omega<\lambda+\mu+\nu)$；

称为$\square ABCD$关于$\lambda, \mu, \nu, \omega$的四个外点；

$\boldsymbol{F}_5^* \equiv \boldsymbol{F}_5^*(\lambda, \mu, \nu, \omega)=(-\lambda\boldsymbol{A}+\mu\boldsymbol{B}+\nu\boldsymbol{C}+\omega\boldsymbol{D})/(-\lambda+\mu+\nu+\omega)$,$(\lambda>\mu+\nu+\omega)$；

$\boldsymbol{F}_6^* \equiv \boldsymbol{F}_6^*(\lambda, \mu, \nu, \omega)=(\lambda\boldsymbol{A}-\mu\boldsymbol{B}+\nu\boldsymbol{C}+\omega\boldsymbol{D})/(\lambda-\mu+\nu+\omega)$,$(\mu>\nu+\omega+\lambda)$；

$\boldsymbol{F}_7^* \equiv \boldsymbol{F}_7^*(\lambda, \mu, \nu, \omega)=(\lambda\boldsymbol{A}+\mu\boldsymbol{B}-\nu\boldsymbol{C}+\omega\boldsymbol{D})/(\lambda+\mu-\nu+\omega)$,$(\nu>\omega+\lambda+\mu)$；

$\boldsymbol{F}_8^* \equiv \boldsymbol{F}_8^*(\lambda, \mu, \nu, \omega)=(\lambda\boldsymbol{A}+\mu\boldsymbol{B}+\nu\boldsymbol{C}-\omega\boldsymbol{D})/(\lambda+\mu+\nu-\omega)$,$(\omega>\lambda+\mu+\nu)$；

称为四面体$\square ABCD$关于$\lambda, \mu, \nu, \omega$的四个虚外点；

F_j^* $(j=0, 1, 2, \cdots, 8)$分别落在I_j $(j=0, 1, 2, \cdots, 8)$区域

I_0为$\square ABCD$内(包括边界面)；I_1为三面三维角区域$A(BCD)$除去$\square ABCD$(见图4-29)；

I_2为三面三维角区域$B(CDA)$除去$\square ABCD$；I_3为三面三维角$C(DBA)$区域除去$\square ABCD$；

I_4为三面三维角区域$D(ABC)$除去$\square ABCD$；I_5为三面三维角$A(BCD)$的对顶角区域；

I_6为三面三维角$B(CDA)$的对顶角区域；I_7为三面三维角$C(DBA)$的对顶角区域；

I_8为三面三维角$D(ABC)$的对顶角区域。

定理 28

设□$ABCD$,九点 F_j^* ($j=0, 1, 2, 3, \cdots, 8$),记(F_i^*, F_j^*, F_k^*, F_l^*)(i, j, k, $l=1, 2, \cdots, 8$; i, j, k, $l\neq$)。

表示 4 点 F_i^*, F_j^*, F_k^*, F_l^* 构成一组,共 $C_8^4=8!/(8-4)!4!=70$ 组,则

五组:(F_1^*, F_2^*, F_3^*, F_4^*),(F_2^*, F_4^*, F_3^*, F_5^*),(F_3^*, F_4^*, F_1^*, F_6^*),(F_1^*, F_4^*, F_2^*, F_7^*),(F_1^*, F_2^*, F_3^*, F_8^*)相容,其余 65 组不相容。

证 相仿第 1 章定理 40。

① (F_5^*, F_6^*, F_7^*, F_8^*) 由 $\lambda>\mu+\nu+\omega$, $\mu>\nu+\omega+\lambda$, $\nu>\omega+\lambda+\mu$, $\omega>\lambda+\mu+\nu$ 四式相加 $\Rightarrow\lambda+\mu+\nu+\omega<0$ 与设 λ, μ, ν, $\omega\geqslant0$ 不合。

② (X, Y, Z, W); X, Y, Z 取自 F_i^* ($i=1, 2, 3, 4$) 中任意三个,共有 $C_4^3=4$ 种; W 取自剩下 F_j^* ($i=5, 6, 7, 8$) 中任意一个,共有 $C_4^1=4$ 种 $\Rightarrow$ 总共 $C_4^3C_4^1=16$ 种不相容;

如(F_5^*, F_6^*, F_7^*, W)由 $\lambda>\mu+\nu+\omega$, $\mu>\nu+\omega+\lambda$ 两式相加 $\Rightarrow 0>\nu+\omega$ 与设 λ, μ, ν, $\omega\geqslant0$ 不合,所以不相容。

③ (X, Y, Z, W); X, Y 取自 F_i^* ($i=1, 2, 3, 4$) 中任意两个,共有 $C_4^2=6$ 种; Z, W 取自剩下 F_j^* ($i=5, 6, 7, 8$) 中任意两个,共有 $C_4^2=6$ 种 $\Rightarrow$ 在总共 $C_4^2C_4^2=36$ 种不相容;

如(F_5^*, F_6^*, Z, W)由 $\lambda>\mu+\nu+\omega$, $\mu>\nu+\omega+\lambda$ 两式相加 $\Rightarrow 0>\nu+\omega$ 与设 λ, μ, ν, $\omega\geqslant0$ 不合,所以不相容。

④ (X, Y, Z, W); X 取自 F_i^* ($i=1, 2, 3, 4$) 中任意一个,共有 $C_4^1=4$ 种; Y, Z, W 取自剩下 F_j^* ($i=5, 6, 7, 8$) 中任意三个,共有 $C_4^3=4$ 种 $\Rightarrow$ 在总共 $C_4^1C_4^3=16$ 种;

(a) (F_5^*, F_2^*, F_3^*, F_4^*),(F_6^*, F_1^*, F_3^*, F_4^*),(F_7^*, F_1^*, F_2^*, F_4^*),(F_8^*, F_1^*, F_2^*, F_3^*)相容。

(b) 剩下的 12 种不相容。

如 (F_5^*, F_1^*, F_2^*, F_3^*) 由 $\lambda>\mu+\nu+\omega$,$\lambda<\mu+\nu+\omega$ 不合,所以不相容。

⑤ (F_1^*, F_2^*, F_3^*, F_4^*) $\lambda<\mu+\nu+\omega$, $\mu<\nu+\omega+\lambda$, $\nu<\omega+\lambda+\mu$, $\omega<\lambda+\mu+\nu$ 四式相加 $\Rightarrow\lambda+\mu+\nu+\omega>0$ 与设 λ, μ, ν, $\omega\geqslant0$ 相容。

定义 6

按定义 5 的 F_0^*，F_j^* ($j=1, 2, 3, 4$) 分别称为□$ABCD$ 的**内、外心**，若它们具有关于□$ABCD$ 的几何内在性质，其中 λ, μ, ν, ω 由□$ABCD$ 的六边长或四个边界面积确定。

定义 7

□$A'B'C'D'$ 称为□$ABCD$ 的内接**四面体**，若 A'，B'，C' 和 D' 分别落在边界面△BCD、△CDA、△DAB 和△ABC 上。

定理 29

设 F_0^* 为□$ABCD$ 内一点，则 AF_0^*，BF_0^*，CF_0^* 与 DF_0^* 分别交于△BCD，△CDA，△DAB 和△ABC 上的点 A'，B'，C' 与 D'。

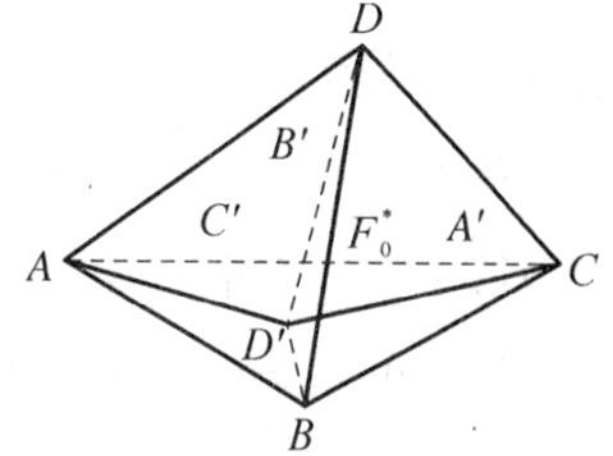

图 4 - 30

使(见图 4 - 30)

$\triangle_s D'BC : \triangle_s D'CA : \triangle_s D'AB : \triangle_s C'AB = \triangle_s C'BD : \triangle_s A'CD : \triangle_s A'DB : \triangle_s A'BC$，$\triangle_s B'CD : \triangle_s C'DA : \triangle_s B'DA : \triangle_s B'AC = \lambda : \mu : \nu : \omega$ 的充分必要条件是

$\boldsymbol{F}_0^* \equiv \boldsymbol{F}_0^*(\lambda, \mu, \nu, \omega) = (\lambda\boldsymbol{A} + \mu\boldsymbol{B} + \nu\boldsymbol{C} + \omega\boldsymbol{D})/(\lambda+\mu+\nu+\omega)(\lambda, \mu, \nu, \omega \geqslant 0)$。

证明方法同上。

下面我们证明。

定理 30

□$ABCD$ 的四个顶角的面等距线必相交一点 G_0^*（称为□$ABCD$ 的**内切球的内心**），取坐标原点为 O，则

$\boldsymbol{G}_0^* = (A_s\boldsymbol{A} + B_s\boldsymbol{B} + C_s\boldsymbol{C} + D_s\boldsymbol{D})/S_0$，其中 A_s，B_s，C_s 与 D_s 分别为□$ABCD$ 的，$\triangle_s BCD$，$\triangle_s CDA$，$\triangle_s DAB$ 与$\triangle_s ABC$，$S_0 = A_s + B_s + C_s + D_s$。

证　G_0^* 到△DAB 的距离为

$d_C = |\boldsymbol{G}_0^* \cdot (\boldsymbol{A}\times\boldsymbol{B} + \boldsymbol{B}\times\boldsymbol{D} + \boldsymbol{D}\times\boldsymbol{A}) - [\boldsymbol{A}, \boldsymbol{B}, \boldsymbol{D}]|/2C_s = |[\boldsymbol{A}, \boldsymbol{B}, \boldsymbol{C}] + [\boldsymbol{D}, \boldsymbol{C}, \boldsymbol{B}] + [\boldsymbol{D}, \boldsymbol{A}, \boldsymbol{C}] + [\boldsymbol{D}, \boldsymbol{B}, \boldsymbol{A}]|/2S_0 = 3\square_v ABCD/S_0$。

同理，易得 $d_A = d_B = d_C = d_D = 3\square_v ABCD/S_0$

（本定理是第 1 章定理 48 在三维空间中的推广）。

定理 31

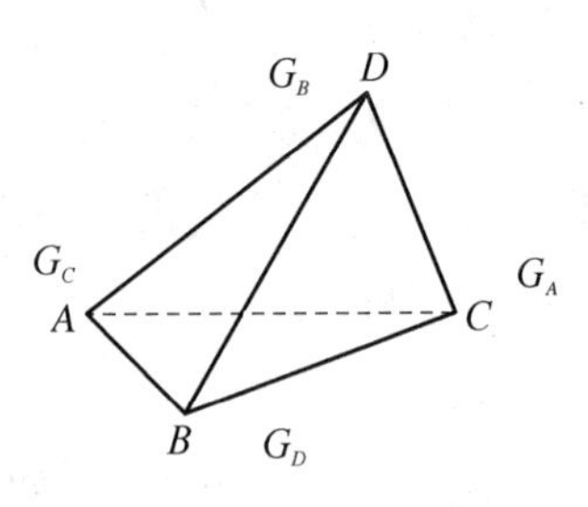

图 4-31

设□$ABCD$(见图 4-31),则

G_U^* ($U=A, B, C, D$) 称□$ABCD$ 的四个**内切球的外心**,其中

$\boldsymbol{G}_A^*=(-A_s\boldsymbol{A}+B_s\boldsymbol{B}+C_s\boldsymbol{C}+D_s\boldsymbol{D})/S_A(S_A=-A_s+B_s+C_s+D_s)$,

$\boldsymbol{G}_B^*=(A_s\boldsymbol{A}-B_s\boldsymbol{B}+C_s\boldsymbol{C}+D_s\boldsymbol{D})/S_B(S_B=A_s-B_s+C_s+D_s)$,

$\boldsymbol{G}_C^*=(A_s\boldsymbol{A}+B_s\boldsymbol{B}-C_s\boldsymbol{C}+D_s\boldsymbol{D})/S_C(S_C=A_s+B_s-C_s+D_s)$,

$\boldsymbol{G}_D^*=(A_s\boldsymbol{A}+B_s\boldsymbol{B}+C_s\boldsymbol{C}-D_s\boldsymbol{D})/S_D(S_D=A_s+B_s+C_s-D_s)$,

按□$ABCD$ 的 3 个面的面积大于第四个面的面积,有 $S_U>0$ ($U=A, B, C, D$)。

如同 $d_A=d_B=d_C=d_D=3□_vABCD/S_0$ 的证法。

易证 G_U^* ($U=A, B, C, D$) 到□$ABCD$ 的四平面 $\triangle DBC$, $\triangle DCA$, $\triangle DAB$, $\triangle ABC$ 的距离相等于 $3□_vABCD/S_U(U=A, B, C, D)$。

定理 32(第一类拟内切球的内心,外心)(本定理是第 1 章定理 49 的推广)

记 $(\boldsymbol{X}, \boldsymbol{Y}, \boldsymbol{Z}, \boldsymbol{W} \mid S_0)\equiv(A_s\boldsymbol{X}+B_s\boldsymbol{Y}+C_s\boldsymbol{Z}+D_s\boldsymbol{W})/S_0$,

$(-\boldsymbol{X}, \boldsymbol{Y}, \boldsymbol{Z}, \boldsymbol{W} \mid S_A)\equiv(-A_s\boldsymbol{X}+B_s\boldsymbol{Y}+C_s\boldsymbol{Z}+D_s\boldsymbol{W})/S_A$,

$(\boldsymbol{X}, -\boldsymbol{Y}, \boldsymbol{Z}, \boldsymbol{W} \mid S_B)\equiv(A_s\boldsymbol{X}-B_s\boldsymbol{Y}+C_s\boldsymbol{Z}+D_s\boldsymbol{W})/S_B$,

$(\boldsymbol{X}, \boldsymbol{Y}, -\boldsymbol{Z}, \boldsymbol{W} \mid S_C)\equiv(A_s\boldsymbol{X}+B_s\boldsymbol{Y}-C_s\boldsymbol{Z}+D_s\boldsymbol{W})/S_C$,

$(\boldsymbol{X}, \boldsymbol{Y}, \boldsymbol{Z}, -\boldsymbol{W} \mid S_D)\equiv(A_s\boldsymbol{X}+B_s\boldsymbol{Y}+C_s\boldsymbol{Z}-D_s\boldsymbol{W})/S_D$, $S_U(U=0, A, B, C, D)$ 按定理 31 约定。

其中(*,**,***,****|S_U)中的*,**,***,****分别约定为

第一位置 $\boldsymbol{A}$,第二位置 $\boldsymbol{B}$,第三位置 $\boldsymbol{C}$ 与第四位置 $\boldsymbol{D}$。设 24 组(共 120 个心)广义内切球内心和内切球外心 G_{ijk}^*, $\boldsymbol{G}_{ijk}^*=OG_{ijk}^*(i=1, 2, 3, 4; j=1, 2, 3, 4, 5, 6; k=1, 2, 3, 4, 5)$:

当 $i=4$(其中 $\boldsymbol{D}$ 在原来的第四位置 $\boldsymbol{D}$ 上)时,有 6 组,每组 5 个心(一个内切球内心,4 个内切球外心):

(4.1) $\boldsymbol{G}_{411}^{*}=(\boldsymbol{A}, \boldsymbol{B}, \boldsymbol{C}, \boldsymbol{D} \mid S_0)$, $\boldsymbol{G}_{412}^{*}=(-\boldsymbol{A}, \boldsymbol{B}, \boldsymbol{C}, \boldsymbol{D} \mid S_A)$, $\boldsymbol{G}_{413}^{*}=(\boldsymbol{A}, -\boldsymbol{B}, \boldsymbol{C}, \boldsymbol{D} \mid S_B)$, $\boldsymbol{G}_{414}^{*}=(\boldsymbol{A}, \boldsymbol{B}, -\boldsymbol{C}, \boldsymbol{D} \mid S_C)$, $\boldsymbol{G}_{415}^{*}=(\boldsymbol{A}, \boldsymbol{B}, \boldsymbol{C}, -\boldsymbol{D} \mid S_D)$;

(4.2) $\boldsymbol{G}_{421}^{*}=(\boldsymbol{A}, \boldsymbol{C}, \boldsymbol{B}, \boldsymbol{D} \mid S_0)$, $\boldsymbol{G}_{422}^{*}=(-\boldsymbol{A}, \boldsymbol{C}, \boldsymbol{B}, \boldsymbol{D} \mid S_A)$, $\boldsymbol{G}_{423}^{*}=(\boldsymbol{A}, -\boldsymbol{C}, \boldsymbol{B}, \boldsymbol{D} \mid S_B)$, $\boldsymbol{G}_{424}^{*}=(\boldsymbol{A}, \boldsymbol{C}, -\boldsymbol{B}, \boldsymbol{D} \mid S_C)$, $\boldsymbol{G}_{425}^{*}=(\boldsymbol{A}, \boldsymbol{C}, \boldsymbol{B}, -\boldsymbol{D} \mid S_D)$;

(4.3) $\boldsymbol{G}_{431}^{*}=(\boldsymbol{B}, \boldsymbol{C}, \boldsymbol{A}, \boldsymbol{D} \mid S_0)$, $\boldsymbol{G}_{432}^{*}=(-\boldsymbol{B}, \boldsymbol{C}, \boldsymbol{A}, \boldsymbol{D} \mid S_A)$, $\boldsymbol{G}_{433}^{*}=(\boldsymbol{B}, -\boldsymbol{C}, \boldsymbol{A}, \boldsymbol{D} \mid S_B)$, $\boldsymbol{G}_{434}^{*}=(\boldsymbol{B}, \boldsymbol{C}, -\boldsymbol{A}, \boldsymbol{D} \mid S_C)$, $\boldsymbol{G}_{435}^{*}=(\boldsymbol{B}, \boldsymbol{C}, \boldsymbol{A}, -\boldsymbol{D} \mid S_D)$;

(4.4) $\boldsymbol{G}_{441}^{*}=(\boldsymbol{B}, \boldsymbol{A}, \boldsymbol{C}, \boldsymbol{D} \mid S_0)$, $\boldsymbol{G}_{442}^{*}=(-\boldsymbol{B}, \boldsymbol{A}, \boldsymbol{C}, \boldsymbol{D} \mid S_A)$, $\boldsymbol{G}_{443}^{*}=(\boldsymbol{B}, -\boldsymbol{A}, \boldsymbol{C}, \boldsymbol{D} \mid S_B)$, $\boldsymbol{G}_{444}^{*}=(\boldsymbol{B}, \boldsymbol{A}, -\boldsymbol{C}, \boldsymbol{D} \mid S_C)$, $\boldsymbol{G}_{445}^{*}=(\boldsymbol{B}, \boldsymbol{A}, \boldsymbol{C}, -\boldsymbol{D} \mid S_D)$;

(4.5) $\boldsymbol{G}_{451}^{*}=(\boldsymbol{C}, \boldsymbol{A}, \boldsymbol{B}, \boldsymbol{D} \mid S_0)$, $\boldsymbol{G}_{452}^{*}=(-\boldsymbol{C}, \boldsymbol{A}, \boldsymbol{B}, \boldsymbol{D} \mid S_A)$, $\boldsymbol{G}_{453}^{*}=(\boldsymbol{C}, -\boldsymbol{A}, \boldsymbol{B}, \boldsymbol{D} \mid S_B)$, $\boldsymbol{G}_{454}^{*}=(\boldsymbol{C}, \boldsymbol{A}, -\boldsymbol{B}, \boldsymbol{D} \mid S_C)$, $\boldsymbol{G}_{455}^{*}=(\boldsymbol{C}, \boldsymbol{A}, \boldsymbol{B}, -\boldsymbol{D} \mid S_D)$;

(4.6) $\boldsymbol{G}_{461}^{*}=(\boldsymbol{C}, \boldsymbol{B}, \boldsymbol{A}, \boldsymbol{D} \mid S_0)$, $\boldsymbol{G}_{462}^{*}=(-\boldsymbol{C}, \boldsymbol{B}, \boldsymbol{A}, \boldsymbol{D} \mid S_A)$, $\boldsymbol{G}_{463}^{*}=(\boldsymbol{C}, -\boldsymbol{B}, \boldsymbol{A}, \boldsymbol{D} \mid S_B)$, $\boldsymbol{G}_{464}^{*}=(\boldsymbol{C}, \boldsymbol{B}, -\boldsymbol{A}, \boldsymbol{D} \mid S_C)$, $\boldsymbol{G}_{465}^{*}=(\boldsymbol{C}, \boldsymbol{B}, \boldsymbol{A}, -\boldsymbol{D} \mid S_D)$;

同理得，当 $i=1$（其中 $\boldsymbol{D}$ 在第一位置 $\boldsymbol{A}$ 上）；$i=2$（其中 $\boldsymbol{D}$ 在第二位置 $\boldsymbol{B}$ 上）；$i=3$（其中 $\boldsymbol{D}$ 在第三位置 $\boldsymbol{C}$ 上）时的类似 $\boldsymbol{G}_{ijk}^{*}$。

现给出□$ABCD$ 每个内切球内心，四个内切球外心的至四平面 $\triangle DCB$，$\triangle DAC$，$\triangle DBA$，$\triangle ABC$ 的距离如下：

$\triangle BCD$ 的平面方程：$\boldsymbol{R}\cdot(\boldsymbol{B}\times\boldsymbol{C}+\boldsymbol{C}\times\boldsymbol{D}+\boldsymbol{D}\times\boldsymbol{B})=[\boldsymbol{B}, \boldsymbol{C}, \boldsymbol{D}]$，

$\triangle CDA$ 的平面方程：$\boldsymbol{R}\cdot(\boldsymbol{C}\times\boldsymbol{D}+\boldsymbol{D}\times\boldsymbol{A}+\boldsymbol{A}\times\boldsymbol{C})=[\boldsymbol{C}, \boldsymbol{D}, \boldsymbol{A}]$，

$\triangle DAB$ 的平面方程：$\boldsymbol{R}\cdot(\boldsymbol{D}\times\boldsymbol{A}+\boldsymbol{A}\times\boldsymbol{B}+\boldsymbol{B}\times\boldsymbol{D})=[\boldsymbol{D}, \boldsymbol{A}, \boldsymbol{B}]$，

$\triangle ABC$ 的平面方程：$\boldsymbol{R}\cdot(\boldsymbol{A}\times\boldsymbol{B}+\boldsymbol{B}\times\boldsymbol{C}+\boldsymbol{C}\times\boldsymbol{A})=[\boldsymbol{A}, \boldsymbol{B}, \boldsymbol{C}]$。

$d_A^{*}=|\boldsymbol{G}^{*}\cdot(\boldsymbol{B}\times\boldsymbol{C}+\boldsymbol{C}\times\boldsymbol{D}+\boldsymbol{D}\times\boldsymbol{B})-[\boldsymbol{D}, \boldsymbol{B}, \boldsymbol{C}]|/2A_s$（$G^{*}$ 到 $\triangle DCB$ 的距离），

$d_B^{*}=|\boldsymbol{G}^{*}\cdot(\boldsymbol{A}\times\boldsymbol{C}+\boldsymbol{C}\times\boldsymbol{D}+\boldsymbol{D}\times\boldsymbol{A})-[\boldsymbol{D}, \boldsymbol{C}, \boldsymbol{A}]|/2B_s$（$G^{*}$ 到 $\triangle DAC$ 的距离），

$d_C^{*}=|\boldsymbol{G}^{*}\cdot(\boldsymbol{A}\times\boldsymbol{B}+\boldsymbol{B}\times\boldsymbol{D}+\boldsymbol{D}\times\boldsymbol{A})-[\boldsymbol{A}, \boldsymbol{B}, \boldsymbol{D}]|/2C_s$（$G^{*}$ 到 $\triangle DBA$ 的距离），

$d_D^{*}=|\boldsymbol{G}^{*}\cdot(\boldsymbol{C}\times\boldsymbol{B}+\boldsymbol{B}\times\boldsymbol{A}+\boldsymbol{A}\times\boldsymbol{C})-[\boldsymbol{A}, \boldsymbol{B}, \boldsymbol{C}]|/2D_s$（$G^{*}$ 到 $\triangle ABC$ 的距离）。

如 $d[\boldsymbol{G}^{*}|\triangle ABC]$ 表示 $\boldsymbol{G}^{*}$ 至平面 $\triangle ABC$ 的距离。

考察(4.1) $\boldsymbol{G}_{411}^{*}=(\boldsymbol{A},\boldsymbol{B},\boldsymbol{C},\boldsymbol{D}\mid S_0)$，$\boldsymbol{G}_{412}^{*}=(-\boldsymbol{A},\boldsymbol{B},\boldsymbol{C},\boldsymbol{D}\mid S_A)$，$\boldsymbol{G}_{413}^{*}=(\boldsymbol{A},-\boldsymbol{B},\boldsymbol{C},\boldsymbol{D}\mid S_B)$，$\boldsymbol{G}_{414}^{*}=(\boldsymbol{A},\boldsymbol{B},-\boldsymbol{C},\boldsymbol{D}\mid S_C)$，$\boldsymbol{G}_{415}^{*}=(\boldsymbol{A},\boldsymbol{B},\boldsymbol{C},-\boldsymbol{D}\mid S_D)$；

$d(\boldsymbol{G}_{411}^{*}\mid\triangle DCB)=d[(\boldsymbol{A},\boldsymbol{B},\boldsymbol{C},\boldsymbol{D}\mid S_0)\mid\triangle DCB]=|\boldsymbol{G}_{411}^{*}\cdot(\boldsymbol{B}\times\boldsymbol{C}+\boldsymbol{C}\times\boldsymbol{D}+\boldsymbol{D}\times\boldsymbol{B})-[\boldsymbol{D},\boldsymbol{B},\boldsymbol{C}]|/2A_s=|(A_s\boldsymbol{A}+B_s\boldsymbol{B}+C_s\boldsymbol{C}+D_s\boldsymbol{D})\cdot(\boldsymbol{B}\times\boldsymbol{C}+\boldsymbol{C}\times\boldsymbol{D}+\boldsymbol{D}\times\boldsymbol{B})/S_0-[\boldsymbol{D},\boldsymbol{B},\boldsymbol{C}]|/2A_s=|[\boldsymbol{A},\boldsymbol{B},\boldsymbol{C}]+[\boldsymbol{D},\boldsymbol{C},\boldsymbol{B}]+[\boldsymbol{D},\boldsymbol{B},\boldsymbol{A}]+[\boldsymbol{D},\boldsymbol{A},\boldsymbol{C}]|/2S_0=3\square_v ABCD/S_0\equiv d_0$。

同理得 $d[\boldsymbol{G}_{412}^{*}\mid\triangle DAC]=d[(-\boldsymbol{A},\boldsymbol{B},\boldsymbol{C},\boldsymbol{D}\mid S_A)\mid\triangle DAC]=3\square_v ABCD/S_A\equiv d_A$，

$d[\boldsymbol{G}_{413}^{*}\mid\triangle DBA]=d[(\boldsymbol{A},-\boldsymbol{B},\boldsymbol{C},\boldsymbol{D}\mid S_B)\mid\triangle DBA]=3\square_v ABCD/S_B\equiv d_B$，

$d[\boldsymbol{G}_{414}^{*}\mid\triangle ABC]=d[(\boldsymbol{A},\boldsymbol{B},-\boldsymbol{C},\boldsymbol{D}\mid S_C)\mid\triangle ABC]=3\square_v ABCD/S_C\equiv d_C$，

$d[\boldsymbol{G}_{415}^{*}\mid\triangle ADC]=d[(\boldsymbol{A},\boldsymbol{B},\boldsymbol{C},-\boldsymbol{D}\mid S_D)\mid\triangle ADC]=3\square_v ABCD/S_D\equiv d_D$。

6 个组得如下结果：

规则： 每组 $d[(\pm A_s\boldsymbol{X}\pm B_s\boldsymbol{Y}\pm C_s\boldsymbol{Z}\pm D_s\boldsymbol{W})/S_U\mid\triangle PQR]$ 中有 5 行 4 列共 20 个元素，记 $d_{ij}(i=1,2,3,4,5;\ j=1,2,3,4)$

每个 d_{ij} 由三部分组成：$d_{ij}=T_i d_U/V_j$，其中 T_i，V_j 确定如下：

(1) 确认在$\triangle PQR$ 的 4 个大写英文字母 $ABCD$ 中缺少一个，如$\triangle BCD$ 缺少 A，则记 $V_1=A_s$；如 $\triangle CDA$ 缺少 B，则记 $V_2=B_s$；如 $\triangle DAB$ 缺少 C，则记 $V_3=C_s$；如 $\triangle ABC$ 缺少 D，则记 $V_4=D_s$。$V_j(j=1,2,3,4)$ 分别为 A_s，B_s，C_s，D_s。

(2) T_i表示在第 i 行$\boldsymbol{G}^{*}=(\pm A_s\boldsymbol{X}\pm B_s\boldsymbol{Y}\pm C_s\boldsymbol{Z}\pm D_s\boldsymbol{W})/S_U$中，由①已找出$V_j(j=1,2,3,4)$ 大写英文字母对应的粗体英文字母的系数(不包含$\pm$) 即为 T_i。

以(4.3)的为例：

① 第一行 $\boldsymbol{G}^{*}=(A_s\boldsymbol{B}+B_s\boldsymbol{C}+C_s\boldsymbol{A}+D_s\boldsymbol{D})/S_0$，第二列$\triangle CDA$ 缺少 $ABCD$ 中的B，取对应$V_2=B_s$，在$\boldsymbol{G}^{*}$ 中找出对应$\boldsymbol{B}$的系数A_s 即为T_1；$d_{12}=T_1d_0/V_2=A_sd_0/B_s$；

② 第二行 $\boldsymbol{G}^{*}=(-A_s\boldsymbol{B}+B_s\boldsymbol{C}+C_s\boldsymbol{A}+D_s\boldsymbol{D})/S_A$，第四列$\triangle ABC$ 缺少$ABCD$ 中的 D，取对应 $V_4=D_s$，在 $\boldsymbol{G}^{*}$ 中找出对应 $\boldsymbol{D}$ 的系数 D_s 即为 T_2；$d_{24}=T_2d_A/V_4=D_sd_A/D_s=d_A$；

③ 第四行 $\boldsymbol{G}^{*}=(A_s\boldsymbol{B}+B_s\boldsymbol{C}+C_s\boldsymbol{A}-D_s\boldsymbol{D})/S_C$，第三列$\triangle DAB$ 缺少 $ABCD$ 中的 C，取对应 $V_3=C_s$，在 $\boldsymbol{G}^{*}$ 中找出对应 $\boldsymbol{C}$ 的系数 B_s，即为 T_4；$d_{43}=T_2d_A/V_4=$

$B_s d_C / C_s$，即证。

$d[\boldsymbol{G}^* \mid \triangle PQR]$ $\triangle PQR$ / $\boldsymbol{G}^*$	$\triangle BCD$	$\triangle CDA$	$\triangle DAB$	$\triangle ABC$
(4.1) $(A_s\boldsymbol{A}+B_s\boldsymbol{B}+C_s\boldsymbol{C}+D_s\boldsymbol{D})/S_0$	d_0	d_0	d_0	d_0
$(-A_s\boldsymbol{A}+B_s\boldsymbol{B}+C_s\boldsymbol{C}+D_s\boldsymbol{D})/S_A$	d_A	d_A	d_A	d_A
$(A_s\boldsymbol{A}-B_s\boldsymbol{B}+C_s\boldsymbol{C}+D_s\boldsymbol{D})/S_B$	d_B	d_B	d_B	d_B
$(A_s\boldsymbol{A}+B_s\boldsymbol{B}-C_s\boldsymbol{C}+D_s\boldsymbol{D})/S_C$	d_C	d_C	d_C	d_C
$(A_s\boldsymbol{A}+B_s\boldsymbol{B}+C_s\boldsymbol{C}-D_s\boldsymbol{D})/S_D$	d_D	d_D	d_D	d_D
(4.2) $(A_s\boldsymbol{A}+B_s\boldsymbol{C}+C_s\boldsymbol{B}+D_s\boldsymbol{D})/S_0$	d_0	$C_s d_0/B_s$	$B_s d_0/C_s$	d_0
$(-A_s\boldsymbol{A}+B_s\boldsymbol{C}+C_s\boldsymbol{B}+D_s\boldsymbol{D})/S_A$	d_A	$C_s d_A/B_s$	$B_s d_A/C_s$	d_A
$(A_s\boldsymbol{A}-B_s\boldsymbol{C}+C_s\boldsymbol{B}+D_s\boldsymbol{D})/S_B$	d_B	$C_s d_B/B_s$	$B_s d_B/C_s$	d_B
$(A_s\boldsymbol{A}+B_s\boldsymbol{C}-C_s\boldsymbol{B}+D_s\boldsymbol{D})/S_C$	d_C	$C_s d_C/B_s$	$B_s d_C/C_s$	d_C
$(A_s\boldsymbol{A}+B_s\boldsymbol{C}+C_s\boldsymbol{B}-D_s\boldsymbol{D})/S_D$	d_D	$C_s d_D/B_s$	$B_s d_D/C_s$	d_D
(4.3) $(A_s\boldsymbol{B}+B_s\boldsymbol{C}+C_s\boldsymbol{A}+D_s\boldsymbol{D})/S_0$	$C_s d_0/A_s$	$A_s d_0/B_s$	$B_s d_0/C_s$	d_0
$(-A_s\boldsymbol{B}+B_s\boldsymbol{C}+C_s\boldsymbol{A}+D_s\boldsymbol{D})/S_A$	$C_s d_A/A_s$	$A_s d_A/B_s$	$B_s d_A/C_s$	d_A
$(A_s\boldsymbol{B}-B_s\boldsymbol{C}+C_s\boldsymbol{A}+D_s\boldsymbol{D})/S_B$	$C_s d_B/A_s$	$A_s d_B/B_s$	$B_s d_B/C_s$	d_B
$(A_s\boldsymbol{B}+B_s\boldsymbol{C}-C_s\boldsymbol{A}+D_s\boldsymbol{D})/S_C$	$C_s d_C/A_s$	$A_s d_C/B_s$	$B_s d_C/C_s$	d_C
$(A_s\boldsymbol{B}+B_s\boldsymbol{C}+C_s\boldsymbol{A}-D_s\boldsymbol{D})/S_D$	$C_s d_D/A_s$	$A_s d_D/B_s$	$B_s d_D/C_s$	d_D
(4.4) $(A_s\boldsymbol{B}+B_s\boldsymbol{A}+C_s\boldsymbol{C}+D_s\boldsymbol{D})/S_0$	$B_s d_0/A_s$	$A_s d_0/B_s$	d_0	d_0
$(-A_s\boldsymbol{B}+B_s\boldsymbol{A}+C_s\boldsymbol{C}+D_s\boldsymbol{D})/S_A$	$B_s d_A/A_s$	$A_s d_A/B_s$	d_A	d_A
$(A_s\boldsymbol{B}-B_s\boldsymbol{A}+C_s\boldsymbol{C}+D_s\boldsymbol{D})/S_B$	$B_s d_B/A_s$	$A_s d_B/B_s$	d_B	d_B
$(A_s\boldsymbol{B}+B_s\boldsymbol{A}-C_s\boldsymbol{C}+D_s\boldsymbol{D})/S_C$	$B_s d_C/A_s$	$A_s d_C/B_s$	d_C	d_C
$(A_s\boldsymbol{B}+B_s\boldsymbol{A}+C_s\boldsymbol{C}-D_s\boldsymbol{D})/S_D$	$B_s d_D/A_s$	$A_s d_D/B_s$	d_D	d_D
(4.5) $(A_s\boldsymbol{C}+B_s\boldsymbol{A}+C_s\boldsymbol{B}+D_s\boldsymbol{D})/S_0$	$B_s d_0/A_s$	$C_s d_0/B_s$	$A_s d_0/C_s$	d_0
$(-A_s\boldsymbol{C}+B_s\boldsymbol{A}+C_s\boldsymbol{B}+D_s\boldsymbol{D})/S_A$	$B_s d_A/A_s$	$C_s d_A/B_s$	$A_s d_A/C_s$	d_A
$(A_s\boldsymbol{C}-B_s\boldsymbol{A}+C_s\boldsymbol{B}+D_s\boldsymbol{D})/S_B$	$B_s d_B/A_s$	$C_s d_B/B_s$	$A_s d_B/C_s$	d_B
$(A_s\boldsymbol{C}+B_s\boldsymbol{A}-C_s\boldsymbol{B}+D_s\boldsymbol{D})/S_C$	$B_s d_C/A_s$	$C_s d_C/B_s$	$A_s d_C/C_s$	d_C
$(A_s\boldsymbol{C}+B_s\boldsymbol{A}+C_s\boldsymbol{B}-D_s\boldsymbol{D})/S_D$	$B_s d_D/A_s$	$C_s d_D/B_s$	$A_s d_D/C_s$	d_D

（续 表）

$d[\boldsymbol{G}^* \mid \triangle PQR]$ $\triangle PQR$ / $\boldsymbol{G}^*$	$\triangle BCD$	$\triangle CDA$	$\triangle DAB$	$\triangle ABC$
(4.6) $(A_s\boldsymbol{C}+B_s\boldsymbol{B}+C_s\boldsymbol{A}+D_s\boldsymbol{D})/S_0$	C_sd_0/A_s	d_0	A_sd_0/C_s	d_0
$(-A_s\boldsymbol{C}+B_s\boldsymbol{B}+C_s\boldsymbol{A}+D_s\boldsymbol{D})/S_A$	C_sd_A/A_s	d_A	A_sd_A/C_s	d_A
$(A_s\boldsymbol{C}-B_s\boldsymbol{B}+C_s\boldsymbol{A}+D_s\boldsymbol{D})/S_B$	C_sd_B/A_s	d_B	A_sd_B/C_s	d_B
$(A_s\boldsymbol{C}+B_s\boldsymbol{B}-C_s\boldsymbol{A}+D_s\boldsymbol{D})/S_C$	C_sd_C/A_s	d_C	A_sd_C/C_s	d_C
$(A_s\boldsymbol{C}+B_s\boldsymbol{B}+C_s\boldsymbol{A}-D_s\boldsymbol{D})/S_D$	C_sd_D/A_s	d_D	A_sd_D/C_s	d_D

对于$(i.1)\sim(i.5)$ $(i=1, 2, 3)$ 的 18 组，上述规则也适用，得到类似结果，这里不再多述。

几个结论：

(1) 每组 20 个数中，每一行有相同的 d_U，

第一行为 d_0；第二行为 d_A；第三行为 d_B；第四行为 d_C；第五行为 d_D。

(2) 每组 20 个数中，每一列有相同的 T_i/V_j。

(3) 每组 20 个数中，每一行 5 个元数积为 $d_U^4(U=A, B, C, D)$。

(4) 每组 20 个数的积 $d_0^4d_A^4d_B^4d_C^4d_D^4$。

定理 33（第二类拟内切球的内心，外心）

记 $(-\boldsymbol{X}, -\boldsymbol{Y}, \boldsymbol{Z}, \boldsymbol{W} \mid S_{AB}) \equiv (-A_s\boldsymbol{X}-B_s\boldsymbol{Y}+C_s\boldsymbol{Z}+D_s\boldsymbol{W})/S_{AB}$，

$(\boldsymbol{X}, -\boldsymbol{Y}, -\boldsymbol{Z}, \boldsymbol{W} \mid S_{BC}) \equiv (A_s\boldsymbol{X}-B_s\boldsymbol{Y}-C_s\boldsymbol{Z}+D_s\boldsymbol{W})/S_{BC}$，

$(-\boldsymbol{X}, \boldsymbol{Y}, -\boldsymbol{Z}, \boldsymbol{W} \mid S_{CA}) \equiv (A_s\boldsymbol{X}-B_s\boldsymbol{Y}-C_s\boldsymbol{Z}+D_s\boldsymbol{W})/S_{CA}$，

$S_{AB}=|-A_s-B_s+C_s+D_s|$，$S_{BC}=|A_s-B_s-C_s+D_s|$，$S_{CA}=|-A_s+B_s-C_s+D_s|$，

当 $i=1$（其中 $\boldsymbol{D}$ 在第一位置 $\boldsymbol{A}$ 上）时，有 6 组，每组 5 个心（一个内切球内心，4 个内切球外心）：

(1.1) $\boldsymbol{G}_{111}^{**}=(-\boldsymbol{D}, -\boldsymbol{A}, \boldsymbol{B}, \boldsymbol{C} \mid S_{AB})$，$\boldsymbol{G}_{112}^{**}=(\boldsymbol{D}, -\boldsymbol{A}, -\boldsymbol{B}, \boldsymbol{C} \mid S_{BC})$，$\boldsymbol{G}_{113}^{**}=(-\boldsymbol{D}, \boldsymbol{A}, -\boldsymbol{B}, \boldsymbol{C} \mid S_{CA})$，

(1.2) $\boldsymbol{G}_{121}^{**}=(-\boldsymbol{D}, -\boldsymbol{A}, \boldsymbol{C}, \boldsymbol{B} \mid S_{AB})$，$\boldsymbol{G}_{122}^{**}=(\boldsymbol{D}, -\boldsymbol{A}, -\boldsymbol{C}, \boldsymbol{B} \mid S_{BC})$，$\boldsymbol{G}_{123}^{**}=(-\boldsymbol{D}, \boldsymbol{A}, -\boldsymbol{C}, \boldsymbol{B} \mid S_{CA})$，

(1.3) $\boldsymbol{G}_{131}^{**}=(-\boldsymbol{D},-\boldsymbol{B},\boldsymbol{C},\boldsymbol{A}\mid S_{AB})$，$\boldsymbol{G}_{132}^{**}=(\boldsymbol{D},-\boldsymbol{B},-\boldsymbol{C},\boldsymbol{A}\mid S_{BC})$，$\boldsymbol{G}_{133}^{**}=(-\boldsymbol{D},\boldsymbol{B},-\boldsymbol{C},\boldsymbol{A}\mid S_{CA})$，

(1.4) $\boldsymbol{G}_{141}^{**}=(-\boldsymbol{D},-\boldsymbol{B},\boldsymbol{A},\boldsymbol{C}\mid S_{AB})$，$\boldsymbol{G}_{142}^{**}=(\boldsymbol{D},-\boldsymbol{B},-\boldsymbol{A},\boldsymbol{C}\mid S_{BC})$，$\boldsymbol{G}_{143}^{**}=(-\boldsymbol{D},\boldsymbol{B},-\boldsymbol{A},\boldsymbol{C}\mid S_{CA})$，

(1.5) $\boldsymbol{G}_{151}^{**}=(-\boldsymbol{D},-\boldsymbol{C},\boldsymbol{A},\boldsymbol{B}\mid S_{AB})$，$\boldsymbol{G}_{152}^{**}=(\boldsymbol{D},-\boldsymbol{C},-\boldsymbol{A},\boldsymbol{B}\mid S_{BC})$，$\boldsymbol{G}_{153}^{**}=(-\boldsymbol{D},\boldsymbol{C},-\boldsymbol{A},\boldsymbol{B}\mid S_{CA})$，

(1.6) $\boldsymbol{G}_{161}^{**}=(-\boldsymbol{D},-\boldsymbol{C},\boldsymbol{B},\boldsymbol{A}\mid S_{AB})$，$\boldsymbol{G}_{162}^{**}=(\boldsymbol{D},-\boldsymbol{C},-\boldsymbol{B},\boldsymbol{A}\mid S_{BC})$，$\boldsymbol{G}_{163}^{**}=(-\boldsymbol{D},\boldsymbol{C},-\boldsymbol{B},\boldsymbol{A}\mid S_{CA})$；

当 $i=2$(其中 $\boldsymbol{D}$ 在第二位置 $\boldsymbol{B}$ 上)；$i=3$(其中 $\boldsymbol{D}$ 在第一位置 $\boldsymbol{C}$ 上)；$i=4$(其中 $\boldsymbol{D}$ 在第一位置 $\boldsymbol{D}$ 上)时，

同理得 $\boldsymbol{G}_{ijk}^{*}$。

定理 34

定理 32 的**规则**也适用本定理，可得类似结果如下：

记 $d_{AB}=3\square_v ABCD/S_{AB}$，$d_{BC}=3\square_v ABCD/S_{BC}$，$d_{CA}=3\square_v ABCD/S_{CA}$，

$d[\boldsymbol{G}^{**}\mid\triangle PQR]$ △PQR / $\boldsymbol{G}^{*}$	$\triangle BCD$	$\triangle CDA$	$\triangle DAB$	$\triangle ABC$
(4.1) ① $(-A_s\boldsymbol{A}-B_s\boldsymbol{B}+C_s\boldsymbol{C}+D_s\boldsymbol{D})/S_{AB}$	d_{AB}	d_{AB}	d_{AB}	d_{AB}
② $(A_s\boldsymbol{A}-B_s\boldsymbol{B}-C_s\boldsymbol{C}+D_s\boldsymbol{C})/S_{BC}$	d_{BC}	d_{BC}	d_{BC}	d_{BC}
③ $(A_s\boldsymbol{D}-B_s\boldsymbol{A}-C_s\boldsymbol{B}+D_s\boldsymbol{C})/S_{CA}$	d_{CA}	d_{CA}	d_{CA}	d_{CA}
(4.3) ① $(-A_s\boldsymbol{B}-B_s\boldsymbol{C}+C_s\boldsymbol{A}+D_s\boldsymbol{D})/S_{AB}$	$C_s d_{AB}/A_s$	$A_s d_{AB}/B_s$	$B_s d_{AB}/C_s$	d_{AB}
② $(A_s\boldsymbol{B}-B_s\boldsymbol{C}-C_s\boldsymbol{A}+D_s\boldsymbol{D})/S_{BC}$	$C_s d_{BC}/A_s$	$A_s d_{BC}/B_s$	$B_s d_{BC}/C_s$	d_{BC}
③ $(A_s\boldsymbol{B}-B_s\boldsymbol{C}-C_s\boldsymbol{A}+D_s\boldsymbol{D})/S_{CA}$	$C_s d_{CA}/A_s$	$A_s d_{CA}/B_s$	$B_s d_{CA}/C_s$	d_{CA}
其余情况类似，不再赘述。				

几个结论：

(1) 每组 12 个数中，每一行有相同的 $d_{UV}(UV=BC, CA, AB)$，

第一行为 d_{AB}；第二行为 d_{BC}；第三行为 d_{CA}。

(2) 每组 12 个数中，每一列有相同的 T_i/V_j。

(3) 每组 12 个数中，每一行为 $d_{11}d_{12}d_{13}d_{14}=d_{UV}^4(UV=BC, CA, AB)$。

(4) 每组 12 个数的积，$d^4_{BC}d^4_{CA}d^4_{AB}$。

定理 35

设□$ABCD$,则

(1) $h_U=\square_v ABCD/6U_s(U=A,\ B,\ C,\ D)$ 为 U 至对应面三角形的距离。

(2) m_U 为 U $(U=A,\ B,\ C,\ D)$ 至对应面三角形重心的距离。

$m_A=\{3(a'^2+b^2+c^2)-a^2-b'^2-c'^2\}^{1/2}/3$,

$m_B=\{3(a^2+b'^2+c^2)-a'^2-b^2-c'^2\}^{1/2}/3$,

$m_C=\{3(a^2+b^2+c'^2)-a'^2-b'^2-c^2\}^{1/2}/3$,

$m_D=\{3(a'^2+b'^2+c'^2)-a^2-b^2-c^2\}^{1/2}/3$。

(3) □$ABCD$, d_U为 U $(U=A,\ B,\ C,\ D)$ 与内切球心连线的距离。

$d_A=\{B_s^2c^2+C_s^2b^2+D_s^2a'^2+B_sC_s(-a^2+b^2+c^2)+B_sD_s(a'^2-b'^2+c^2)+C_sD_s(a'^2+b^2-c'^2)\}^{1/2}/(B_s+C_s+D_s)$,

$d_B=\{A_s^2c^2+C_s^2a^2+D_s^2b'^2+A_sC_s(a^2-b^2+c^2)+A_sD_s(-a'^2+b'^2+c^2)+C_sD_s(a^2+b'^2-c'^2)\}^{1/2}/(A_s+C_s+D_s)$,

$d_C=\{A_s^2b^2+B_s^2a^2+D_s^2c'^2+A_sB_s(a^2+b^2-c^2)+A_sD_s(-a'^2+b^2+c'^2)+B_sD_s(a^2-b'^2+c'^2)\}^{1/2}/(A_s+B_s+D_s)$,

$d_D=\{A_s^2a'^2+B_s^2b'^2+C_s^2c'^2+A_sB_s(a'^2+b'^2-c^2)+A_sC_s(a'^2-b^2+c'^2)+B_sC_s(-a^2+b'^2+c'^2)\}^{1/2}/(A_s+B_s+C_s)$。

证 (1)是显然的。

(2) $\triangle ABC$ 的重心为 $(\mathbf{A}+\mathbf{B}+\mathbf{C})/3$,

仅证 $m_D=|\mathbf{D}-(\mathbf{A}+\mathbf{B}+\mathbf{C})/3|=|(\mathbf{D}-\mathbf{A})+(\mathbf{D}-\mathbf{B})+(\mathbf{D}-\mathbf{C})|/3=\{|\mathbf{D}-\mathbf{A}|^2+|\mathbf{D}-\mathbf{B}|^2+|\mathbf{D}-\mathbf{C}|^2+2(\mathbf{D}-\mathbf{A})\cdot(\mathbf{D}-\mathbf{B})+2(\mathbf{D}-\mathbf{A})\cdot(\mathbf{D}-\mathbf{C})+2(\mathbf{D}-\mathbf{B})\cdot(\mathbf{D}-\mathbf{C})\}^{1/2}/3=\{a'^2+b'^2+c'^2+(a'^2+b'^2-c^2)+(a'^2-b^2+c'^2)+(-a^2+b'^2+c'^2)\}^{1/2}/3=\{3(a'^2+b'^2+c'^2)-a^2-b^2-c^2\}^{1/2}/3$。

(3) 仅证 $d_D=|\mathbf{D}-(A_s\mathbf{A}+B_s\mathbf{B}+C_s\mathbf{C})/(A_s+B_s+C_s)|=|A_s(\mathbf{D}-\mathbf{A})+B_s(\mathbf{D}-\mathbf{B})+C_s(\mathbf{D}-\mathbf{C})|/(A_s+B_s+C_s)=\{A_s^2|\mathbf{D}-\mathbf{A}|^2+B_s^2|\mathbf{D}-\mathbf{B}|^2+C_s^2|\mathbf{D}-\mathbf{C}|^2+2A_sB_s(\mathbf{D}-\mathbf{A})\cdot(\mathbf{D}-\mathbf{B})+2A_sC_s(\mathbf{D}-\mathbf{A})\cdot(\mathbf{D}-\mathbf{C})+2B_sC_s(\mathbf{D}-\mathbf{B})\cdot(\mathbf{D}-\mathbf{C})\}^{1/2}/(A_s+B_s+C_s)=\{A_s^2a'^2+B_s^2b'^2+C_s^2c'^2+A_sB_s(a'^2+b'^2-c^2)+A_sC_s(a'^2-b^2+c'^2)+B_sC_s(-a^2+b'^2+c'^2)\}^{1/2}/(A_s+B_s+C_s)$。

定理 36

设$\square ABCD$其中$\boldsymbol{G}_0^* = (B_sC_sD_s\boldsymbol{A} + C_sD_sA_s\boldsymbol{B} + D_sA_sB_s\boldsymbol{C} + A_sB_sC_s\boldsymbol{D})/(B_sC_sD_s + C_sD_sA_s + D_sA_sB_s + A_sB_sC_s)$,

[G_0^*称为$\square ABCD$的**内积心**],则

$A_s\square_vG_0^*BCD = B_s\square_vG_0^*CDA = C_s\square_vG_0^*DAB = D_s\square_vG_0^*ABC$[见第1章定理48(**内积心**)]。

证 $\triangle BCD$的平面方程:$\boldsymbol{R}\cdot(\boldsymbol{B}\times\boldsymbol{C}+\boldsymbol{C}\times\boldsymbol{D}+\boldsymbol{D}\times\boldsymbol{B}) = [\boldsymbol{B}, \boldsymbol{C}, \boldsymbol{D}]$,

$\triangle CDA$的平面方程:$\boldsymbol{R}\cdot(\boldsymbol{C}\times\boldsymbol{D}+\boldsymbol{D}\times\boldsymbol{A}+\boldsymbol{A}\times\boldsymbol{C}) = [\boldsymbol{C}, \boldsymbol{D}, \boldsymbol{A}]$,

$\triangle DAB$的平面方程:$\boldsymbol{R}\cdot(\boldsymbol{D}\times\boldsymbol{A}+\boldsymbol{A}\times\boldsymbol{B}+\boldsymbol{B}\times\boldsymbol{D}) = [\boldsymbol{D}, \boldsymbol{A}, \boldsymbol{B}]$,

$\triangle ABC$的平面方程:$\boldsymbol{R}\cdot(\boldsymbol{A}\times\boldsymbol{B}+\boldsymbol{B}\times\boldsymbol{C}+\boldsymbol{C}\times\boldsymbol{A}) = [\boldsymbol{A}, \boldsymbol{B}, \boldsymbol{C}]$。

$d_A^* = |\boldsymbol{G}_0^*\cdot(\boldsymbol{B}\times\boldsymbol{C}+\boldsymbol{C}\times\boldsymbol{D}+\boldsymbol{D}\times\boldsymbol{B}) - [\boldsymbol{D}, \boldsymbol{B}, \boldsymbol{C}]|/2A_s$($G_0^*$到$\triangle DBC$的距离),

$d_B^* = |\boldsymbol{G}_0^*\cdot(\boldsymbol{A}\times\boldsymbol{C}+\boldsymbol{C}\times\boldsymbol{D}+\boldsymbol{D}\times\boldsymbol{A}) - [\boldsymbol{D}, \boldsymbol{C}, \boldsymbol{A}]|/2B_s$($G_0^*$到$\triangle DCA$的距离),

$d_C^* = |\boldsymbol{G}_0^*\cdot(\boldsymbol{A}\times\boldsymbol{B}+\boldsymbol{B}\times\boldsymbol{D}+\boldsymbol{D}\times\boldsymbol{A}) - [\boldsymbol{A}, \boldsymbol{B}, \boldsymbol{D}]|/2C_s$($G_0^*$到$\triangle DAB$的距离),

$d_D^* = |\boldsymbol{G}_0^*\cdot(\boldsymbol{C}\times\boldsymbol{B}+\boldsymbol{B}\times\boldsymbol{A}+\boldsymbol{A}\times\boldsymbol{C}) - [\boldsymbol{A}, \boldsymbol{B}, \boldsymbol{C}]|/2D_s$($G_0^*$到$\triangle ABC$的距离)。

$A_s\square_vG_0^*BCD = A_s^2d_A^*/6 = A_sB_sC_sD_s|[\boldsymbol{D}, \boldsymbol{A}, \boldsymbol{B}]+[\boldsymbol{D}, \boldsymbol{B}, \boldsymbol{C}]+[\boldsymbol{D}, \boldsymbol{C}, \boldsymbol{A}]-[\boldsymbol{A}, \boldsymbol{B}, \boldsymbol{C}]|/2(B_sC_sD_s + C_sD_sA_s + D_sA_sB_s + A_sB_sC_s) = A_sB_sC_sD_s\square_vABCD/2(B_sC_sD_s + C_sD_sA_s + D_sA_sB_s + A_sB_sC_s)$。

同理$B_s\square_vG_0^*CDA = C_s\square_vG_0^*DAB = D_s\square_vG_0^*ABC = A_sB_sC_sD_s\square_vABCD/2(B_sC_sD_s + C_sD_sA_s + D_sA_sB_s + A_sB_sC_s)$。

类似地可得。

定理 37

设$\square ABCD$其中$\boldsymbol{G}_0^*(\lambda, \mu, \nu, \omega) = \mu\nu\omega\boldsymbol{A} + \nu\omega\lambda\boldsymbol{B} + \omega\lambda\mu\boldsymbol{C} + \lambda\nu\mu\boldsymbol{D})/(\mu\nu\omega + \nu\omega\lambda + \omega\lambda\mu + \lambda\nu\mu)$,

[$G_0^*(\lambda, \mu, \nu, \omega)$称为$\square ABCD$关于$(\lambda, \mu, \nu, \omega)$的**广义内积心**],则

$\lambda\square_vG_0^*BCD = \mu\square_vG_0^*CDA = \nu\square_vG_0^*DAB = \omega\square_vG_0^*ABC$。

特别当取 $\lambda=[B_sC_sD_s/A_s^2]^{1/3}$，$\mu=[C_sD_sA_s/B_s^2]^{1/3}$，$\nu=[D_sB_sA_s/C_s^2]^{1/3}$，$\omega=[A_sB_sC_s/D_s^2]^{1/3}$ 时，

$\boldsymbol{G}_0^*=(A_s\boldsymbol{A}+B_s\boldsymbol{B}+C_s\boldsymbol{C}+D_s\boldsymbol{D})/(A_s+B_s+C_s+D_s)$［即定理 30 的□$ABCD$ 的**内切球的内心**］。

若设□$ABCD$ 其中

$\boldsymbol{G}_A^*(\lambda,\mu,\nu,\omega)=(-\mu\nu\omega\boldsymbol{A}+\nu\omega\lambda\boldsymbol{B}+\omega\lambda\mu\boldsymbol{C}+\lambda\nu\mu\boldsymbol{D})/(-\mu\nu\omega+\nu\omega\lambda+\omega\lambda\mu+\lambda\nu\mu)$，

$\boldsymbol{G}_B^*(\lambda,\mu,\nu,\omega)=(\mu\nu\omega\boldsymbol{A}-\nu\omega\lambda\boldsymbol{B}+\omega\lambda\mu\boldsymbol{C}+\lambda\nu\mu\boldsymbol{D})/(\mu\nu\omega-\nu\omega\lambda+\omega\lambda\mu+\lambda\nu\mu)$，

$\boldsymbol{G}_C^*(\lambda,\mu,\nu,\omega)=(\mu\nu\omega\boldsymbol{A}+\nu\omega\lambda\boldsymbol{B}-\omega\lambda\mu\boldsymbol{C}+\lambda\nu\mu\boldsymbol{D})/(\mu\nu\omega+\nu\omega\lambda-\omega\lambda\mu+\lambda\nu\mu)$，

$\boldsymbol{G}_D^*(\lambda,\mu,\nu,\omega)=(\mu\nu\omega\boldsymbol{A}+\nu\omega\lambda\boldsymbol{B}+\omega\lambda\mu\boldsymbol{C}-\lambda\nu\mu\boldsymbol{D})/(\mu\nu\omega+\nu\omega\lambda+\omega\lambda\mu-\lambda\nu\mu)$，

称为□$ABCD$ 的 4 个**广义外积心**，则

$\lambda\square_v G_U^*BCD$（□$G_U^*BCD$ 的体积）$=\mu\square_v G_U^*CDA=\nu\square_v G_U^*DAB=\omega\square_v G_U^*ABC$（$U=A,B,C,D$），

特别 $\boldsymbol{G}_U^*(\lambda,\mu,\nu,\omega)=\boldsymbol{G}_U^*(B_sC_sD_s/A_s^2)^{1/3},(C_sD_sA_s/B_s^2)^{1/3},(D_sB_sA_s/C_s^2)^{1/3},(A_sB_sC_s/D_s^2)^{1/3}$（$U=A,B,C,D$）［即定理 31 的□$ABCD$4 个**内切球的外心**］。

定理 38

约定□$ABCD$(见图 4 - 32)。

$\boldsymbol{G}_{10}=(B_s\boldsymbol{B}+C_s\boldsymbol{C}+D_s\boldsymbol{D})/(B_s+C_s+D_s)$，$\boldsymbol{G}_{20}=(C_s\boldsymbol{C}+D_s\boldsymbol{D}+A_s\boldsymbol{A})/(C_s+D_s+A_s)$，

$\boldsymbol{G}_{30}=(D_s\boldsymbol{D}+A_s\boldsymbol{A}+B_s\boldsymbol{B})/(D_s+A_s+B_s)$，$\boldsymbol{G}_{40}=(A_s\boldsymbol{A}+B_s\boldsymbol{B}+C_s\boldsymbol{C})/(A_s+B_s+C_s)$，

分别为△DBC，△DCA，△DAB 和△ABC 的面比内点。则

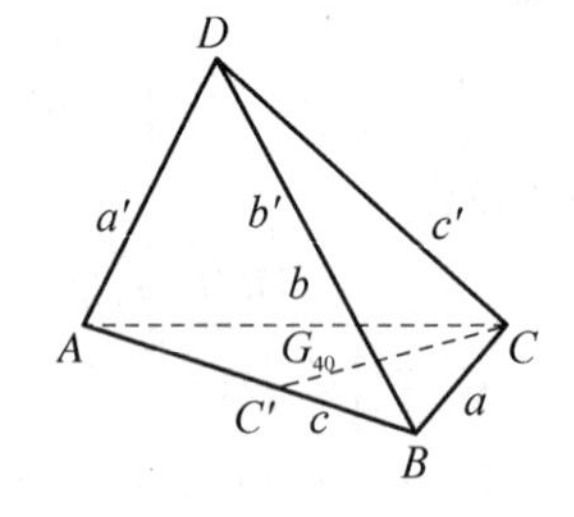

图 4 - 32

(1) 四直线 AG_{10}，BG_{20}，CG_{30} 与 DG_{40} 相交一点 G_0^*［即定理 30 的□$ABCD$ 内切球的内心］，

$\boldsymbol{G}_0^*=(A_s\boldsymbol{A}+B_s\boldsymbol{B}+C_s\boldsymbol{C}+D_s\boldsymbol{D})/(A_s+B_s+C_s+D_s)$，

(2) △ABC 的面比内点 G_{40} 使满足：$\triangle_sG_{40}BC:\triangle_sAG_{40}C:\triangle_sABG_{40}=A_s:B_s:C_s$，

△DCB 的面比内点 G_{10} 使满足：$\triangle_sG_{10}CB:\triangle_sDG_{10}B:\triangle_sDCG_{10}=D_s:$

$C_s : B_s$,

$\triangle DAC$ 的面比内点 G_{20} 使满足：$\triangle_s G_{20}AC : \triangle_s DG_{20}C : \triangle_s DAG_{20} = D_s : A_s : C_s$,

$\triangle DBA$ 的面比内点 G_{30} 使满足：$\triangle_s G_{30}BA : \triangle_s DG_{30}A : \triangle_s DBG_{30} = D_s : B_s : A_s$。

(3) $\square_v G_{40}G_{41}G_{42}G_{43} = \sigma_1 \square_v ABCD$，其中

$\sigma_1 = 3A_sB_sC_sD_s/(B_s+C_s+D_s)(A_s+C_s+D_s)(A_s+C_s+D_s)(A_s+B_s+C_s)$。

(4) G_{10}，G_{20}，G_{30} 与 G_{40} 分别在 $\triangle DCB$，$\triangle DAC$，$\triangle DBA$ 与 $\triangle ABC$ 上，且

G_{10} 至三边 CD，DB 和 BC 的距离之比为 $B_s/c' : C_s/b' : D_s/a$,

G_{20} 至三边 DA，AC 和 CD 的距离之比为 $C_s/a' : A_s/c' : D_s/b$,

G_{30} 至三边 AB，BD 和 DA 的距离之比为 $A_s/b' : B_s/a' : D_s/c$,

G_{40} 至三边 BC，CA 与 AB 的距离之比为 $A_s/a : B_s/b : C_s/c$。

(5) 在 $\triangle ABC$ 中 C' 是两直线 CG_{40} 与 AB 的交点：$\boldsymbol{C}' = (A_s\boldsymbol{A} + B_s\boldsymbol{B})/(A_s + B_s)$,

A' 是两直线 AG_{40} 与 BC 的交点：$\boldsymbol{A}' = (B_s\boldsymbol{B} + C_s\boldsymbol{C})/(B_s + C_s)$,

B' 是两直线 CG_{40} 与 CA 的交点：$\boldsymbol{B}' = (C_s\boldsymbol{C} + A_s\boldsymbol{A})/(C_s + A_s)$。

同理在 $\triangle DBC$，$\triangle DCA$，$\triangle DAB$ 中也有类似结果。

(6) 设 $\triangle ABC$ 的面比内点 G_{40}($\triangle_s G_{40}BC : \triangle_s AG_{40}C : \triangle_s ABG_{40} = A_s : B_s : C_s$)，连直线 DG_{40}。

令三面三维角 $\boldsymbol{\delta}_1 = D(G_{40}BC)$，$\boldsymbol{\delta}_2 = D(AG_{40}C)$，$\boldsymbol{\delta}_3 = D(ABG_{40})$，则

$\sin\boldsymbol{\delta}_1 : \sin\boldsymbol{\delta}_2 : \sin\boldsymbol{\delta}_3 = h_AA_s : h_BB_s : h_CC_s$，$h_A$，$h_B$ 与 h_C 分别为 G_{40} 到 BC，CA 与 AB 的距离，

当 $h_AA_s = h_BB_s = h_CC_s$ 时，$\sin\boldsymbol{\delta}_1 = \sin\boldsymbol{\delta}_2 = \sin\boldsymbol{\delta}_3$。

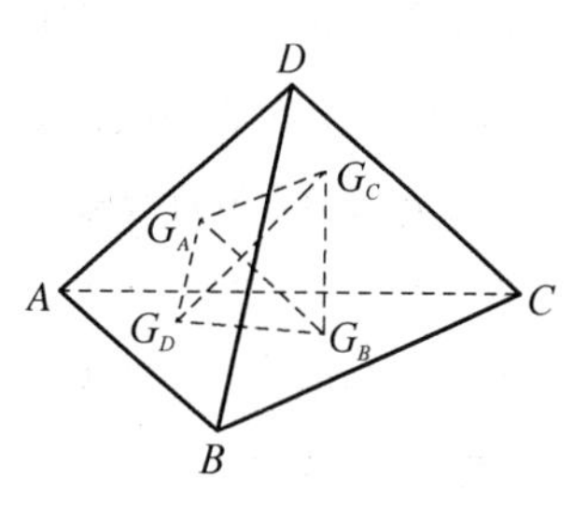

图 4-33

证 (1) AG_{10} 直线方程：$\boldsymbol{R}\times(\boldsymbol{G}_{10}-\boldsymbol{A})=\boldsymbol{A}\times\boldsymbol{G}_{10}$（见图 4-33），

$\boldsymbol{G}_0^* \times(\boldsymbol{G}_{10}-\boldsymbol{A}) - \boldsymbol{A}\times\boldsymbol{G}_{10} = \boldsymbol{A}\times(\boldsymbol{G}_0^* - \boldsymbol{G}_{10}) + \boldsymbol{G}_0^*\times\boldsymbol{G}_{10} = \boldsymbol{A}\times[(A_s\boldsymbol{A}+B_s\boldsymbol{B}+C_s\boldsymbol{C}+D_s\boldsymbol{D})/(A_s + B_s + C_s + D_s) - (B_s\boldsymbol{B} + C_s\boldsymbol{C} + D_s\boldsymbol{D})/(B_s + C_s +$

$D_s)] + [(A_s\boldsymbol{A} + B_s\boldsymbol{B} + C_s\boldsymbol{C} + D_s\boldsymbol{D})/(A_s + B_s + C_s + D_s)] \times [(B_s\boldsymbol{B} + C_s\boldsymbol{C} + D_s\boldsymbol{D})/(B_s + C_s + D_s)] = \boldsymbol{0} \Rightarrow G_0^* AG_{10}$ 为直线。同理 $\Rightarrow G_0^* BG_{20}$，$G_0^* CG_{30}$，$G_0^* DG_{40}$ 为三直线。

{BG_{20} 直线方程：$\boldsymbol{R} \times (\boldsymbol{G}_{20} - \boldsymbol{B}) = \boldsymbol{B} \times \boldsymbol{G}_{20}$；$CG_{30}$ 直线方程：$\boldsymbol{R} \times (\boldsymbol{G}_{30} - \boldsymbol{C}) = \boldsymbol{C} \times \boldsymbol{G}_{30}$；$DG_{40}$ 直线方程：$\boldsymbol{R} \times (\boldsymbol{G}_{40} - \boldsymbol{D}) = \boldsymbol{D} \times \boldsymbol{G}_{40}$}

(2) AB 的直线方程：$\boldsymbol{R} \times (\boldsymbol{B} - \boldsymbol{A}) = \boldsymbol{A} \times \boldsymbol{B}$，

由 G_{40} 到 AB 的距离与 AB 的边长 c 乘积

$\triangle_s ABG_{40} = |\boldsymbol{G}_{40} \times (\boldsymbol{B} - \boldsymbol{A}) - \boldsymbol{A} \times \boldsymbol{B}| / 2(A_s + B_s + C_s) = C_s D_s/(A_s + B_s + C_s)$，$D_s = |\boldsymbol{A} \times \boldsymbol{B} + \boldsymbol{B} \times \boldsymbol{C} + \boldsymbol{C} \times \boldsymbol{A}| / 2$。同理

$\triangle_s G_{40} BC = A_s D_s/(A_s + B_s + C_s)$；$\triangle_s A G_{40} C = B_s D_s/(A_s + B_s + C_s) \Rightarrow \triangle_s G_{40} BC : \triangle_s AG_{40} C : \triangle_s ABG_{40} = A_s : B_s : C_s$。

(3) 经计算利用

$(-2A_sB_sC_s[\boldsymbol{A}, \boldsymbol{B}, \boldsymbol{C}] - D_sA_sB_s[\boldsymbol{D}, \boldsymbol{A}, \boldsymbol{B}] - D_sB_sC_s[\boldsymbol{D}, \boldsymbol{B}, \boldsymbol{C}] - D_sC_sA_s[\boldsymbol{D}, \boldsymbol{C}, \boldsymbol{A}])(A_s + B_s + C_s) + (A_sB_sC_s[\boldsymbol{A}, \boldsymbol{B}, \boldsymbol{C}] + 2D_sA_sB_s[\boldsymbol{D}, \boldsymbol{A}, \boldsymbol{B}] - D_sB_sC_s[\boldsymbol{D}, \boldsymbol{B}, \boldsymbol{C}] - D_sC_sA_s[\boldsymbol{D}, \boldsymbol{C}, \boldsymbol{A}])(D_s + A_s + B_s) + (A_sB_sC_s[\boldsymbol{A}, \boldsymbol{B}, \boldsymbol{C}] - D_sA_sB_s[\boldsymbol{D}, \boldsymbol{A}, \boldsymbol{B}] + 2D_sB_sC_s[\boldsymbol{D}, \boldsymbol{B}, \boldsymbol{C}] - D_sC_sA_s[\boldsymbol{D}, \boldsymbol{C}, \boldsymbol{A}])(D_s + B_s + C_s) + (A_sB_sC_s[\boldsymbol{A}, \boldsymbol{B}, \boldsymbol{C}] - D_sA_sB_s[\boldsymbol{D}, \boldsymbol{A}, \boldsymbol{B}] - D_sB_sC_s[\boldsymbol{D}, \boldsymbol{B}, \boldsymbol{C}] + 2D_sC_sA_s[\boldsymbol{D}, \boldsymbol{C}, \boldsymbol{A}])(D_s + C_s + A_s) = 3A_sB_sC_sD_s([\boldsymbol{D}, \boldsymbol{B}, \boldsymbol{A}] + [\boldsymbol{D}, \boldsymbol{C}, \boldsymbol{B}] + [\boldsymbol{D}, \boldsymbol{A}, \boldsymbol{C}] + [\boldsymbol{A}, \boldsymbol{B}, \boldsymbol{C}])$，

可得

$\square_v G_{10}G_{20}G_{30}G_{40} = |[\boldsymbol{G}_{40}, \boldsymbol{G}_{20}, \boldsymbol{G}_{30}] + [\boldsymbol{G}_{40}, \boldsymbol{G}_{30}, \boldsymbol{G}_{10}] + [\boldsymbol{G}_{40}, \boldsymbol{G}_{10}, \boldsymbol{G}_{20}] - [\boldsymbol{G}_{10}, \boldsymbol{G}_{20}, \boldsymbol{G}_{30}]| / 6 = \sigma_1 \square_v ABCD$。

(4) 仅证：G_{40} 至边 BC 的距离 $d_a = |\boldsymbol{G}_{40} \times (\boldsymbol{B} - \boldsymbol{C}) - \boldsymbol{C} \times \boldsymbol{B}| / a = |\boldsymbol{A} \times \boldsymbol{B} + \boldsymbol{B} \times \boldsymbol{C} + \boldsymbol{C} \times \boldsymbol{A}| / a(A_s + B_s + C_s) = 2A_sD_s/a(A_s + B_s + C_s)$。同理

G_{40} 至边 CA 的距离 $d_b = 2B_sD_s/b(A_s + B_s + C_s)$，

G_{40} 至边 AB 的距离 $d_c = 2C_sD_s/c(A_s + B_s + C_s)$，$\Rightarrow d_a : d_b : d_c = A_s/a : B_s/b : C_s/c$。

G_{40} 在△ABC 上是由 $\boldsymbol{G}_{40} \cdot (\boldsymbol{A} \times \boldsymbol{B} + \boldsymbol{B} \times \boldsymbol{C} + \boldsymbol{C} \times \boldsymbol{A}) = [\boldsymbol{A}, \boldsymbol{B}, \boldsymbol{C}]$，得证。

(5) 在△ABC 中 C' 是两直线 CG_{40} 与 AB 的交点：$\boldsymbol{C}' = (A_s\boldsymbol{A} + B_s\boldsymbol{B})/(A_s + B_s)$。

因为 C' 在两直线 CG_{40} 与 AB 上：

$\boldsymbol{C}' \times (\boldsymbol{B}-\boldsymbol{A}) - \boldsymbol{A} \times \boldsymbol{B} = (A_s\boldsymbol{A} + B_s\boldsymbol{B}) \times (\boldsymbol{B}-\boldsymbol{A})/(A_s + B_s) - \boldsymbol{A} \times \boldsymbol{B} = \boldsymbol{0}$,

$\boldsymbol{C}' \times (\boldsymbol{G}_{40} - \boldsymbol{C}) - \boldsymbol{C} \times \boldsymbol{G}_{40} = (\boldsymbol{C}' - \boldsymbol{C}) \times \boldsymbol{G}_{40} - (\boldsymbol{C}' \times \boldsymbol{C}) = [(A_s\boldsymbol{A} + B_s\boldsymbol{B})/(A_s + B_s) - \boldsymbol{C}] \times (A_s\boldsymbol{A} + B_s\boldsymbol{B} + C_s\boldsymbol{C})/(A_s + B_s + C_s) - (A_s\boldsymbol{A} + B_s\boldsymbol{B}) \times \boldsymbol{C}/(A_s + B_s) = \boldsymbol{0}$。

(6) $\boldsymbol{G}_{40} = (A_s\boldsymbol{A} + B_s\boldsymbol{B} + C_s\boldsymbol{C})/(A_s + B_s + C_s)$,

$\sin\boldsymbol{\delta}_1 = 9V_1^2/2A_s\triangle_s DG_{40}B\triangle_s DG_{40}C$, $\sin\boldsymbol{\delta}_2 = 9V_2^2/2B_s\triangle_s DG_{40}C\triangle_s DG_{40}A$,

$\sin\boldsymbol{\delta}_3 = 9V_3^2/2C_s\triangle_s DG_{40}A\triangle_s DG_{40}B$,

$V_1 = \square_v DG_{40}BC$, $V_2 = \square_v DG_{40}CA$, $V_3 = \square_v DG_{40}AB$,

$V_1 : V_2 : V_3 = \triangle_s G_{40}BC : \triangle_s G_{40}CA : \triangle_s G_{40}AB = A_s : B_s : C_s$,

$\triangle_s DG_{40}A : \triangle_s DG_{40}B : \triangle_s DG_{40}C = h_A : h_B : h_C$,

$\sin\boldsymbol{\delta}_1 : \sin\boldsymbol{\delta}_2 : \sin\boldsymbol{\delta}_3 = h_A A_s : h_B B_s : h_C C_s$。

其他 G_{10}, G_{20}, G_{30} 也可得类似结果。

定理 39

设$\square ABCD$,

(1) $\boldsymbol{G}_{40} = (A_s\boldsymbol{A} + B_s\boldsymbol{B} + C_s\boldsymbol{C})/(A_s + B_s + C_s)$, $\boldsymbol{G}_{41} = (-A_s\boldsymbol{A} + B_s\boldsymbol{B} + C_s\boldsymbol{C})/(-A_s + B_s + C_s)$,

$\boldsymbol{G}_{42} = (A_s\boldsymbol{A} - B_s\boldsymbol{B} + C_s\boldsymbol{C})/(A_s - B_s + C_s)$, $\boldsymbol{G}_{43} = (A_s\boldsymbol{A} + B_s\boldsymbol{B} - C_s\boldsymbol{C})/(A_s + B_s - C_s)$。

如已知$\triangle ABC$的面比G_{40}内点,则另外三个面比外点为G_{41}, G_{42}, G_{43},其满足

① $\triangle_s G_{4j}BC : \triangle_s G_{4j}CA : \triangle_s G_{4j}AB = A_s : B_s : C_s (j = 0, 1, 2, 3)$;

② $G_{4j} (j = 0, 1, 2, 3)$ 四点共面。

同理

(2) $\boldsymbol{G}_{10} = (B_s\boldsymbol{B} + C_s\boldsymbol{C} + D_s\boldsymbol{D})/(B_s + C_s + D_s)$, $\boldsymbol{G}_{11} = (-B_s\boldsymbol{B} + C_s\boldsymbol{C} + D_s\boldsymbol{D})/(-B_s + C_s + D_s)$,

$\boldsymbol{G}_{12} = (B_s\boldsymbol{B} - C_s\boldsymbol{C} + D_s\boldsymbol{D})/(B_s - C_s + D_s)$, $\boldsymbol{G}_{13} = (B_s\boldsymbol{B} + C_s\boldsymbol{C} - D_s\boldsymbol{D})/(B_s + C_s - D_s)$;

① $\triangle_s G_{1j}CD : \triangle_s G_{1j}DB : \triangle_s G_{1j}BC = B_s : C_s : D_s (j = 0, 1, 2, 3)$;

② $G_{1j} (j = 0, 1, 2, 3)$ 四点共面。

(3) $\boldsymbol{G}_{20} = (C_s\boldsymbol{C} + D_s\boldsymbol{D} + A_s\boldsymbol{A})/(C_s + D_s + A_s)$, $\boldsymbol{G}_{21} = (-C_s\boldsymbol{C} + D_s\boldsymbol{D} +$

$A_s\boldsymbol{A})/(-C_s+D_s+A_s)$，

$\boldsymbol{G}_{22}=(C_s\boldsymbol{C}-D_s\boldsymbol{D}+A_s\boldsymbol{A})/(C_s-D_s+A_s)$，$\boldsymbol{G}_{23}=(C_s\boldsymbol{C}+D_s\boldsymbol{D}-A_s\boldsymbol{A})/(C_s+D_s-A_s)$，

① $\triangle_s G_{2j}DA : \triangle_s G_{2j}AC : \triangle_s G_{2j}CD = C_s : D_s : A_s (j=0, 1, 2, 3)$；

② $G_{2j}(j=0, 1, 2, 3)$ 四点共面。

(4) $\boldsymbol{G}_{30}=(D_s\boldsymbol{D}+A_s\boldsymbol{A}+B_s\boldsymbol{B})/(D_s+A_s+B_s)$，$\boldsymbol{G}_{31}=(-D_s\boldsymbol{D}+A_s\boldsymbol{A}+B_s\boldsymbol{B})/(-D_s+A_s+B_s)$，

$\boldsymbol{G}_{32}=(D_s\boldsymbol{D}-A_s\boldsymbol{A}+B_s\boldsymbol{B})/(D_s-A_s+B_s)$，$\boldsymbol{G}_{33}=(D_s\boldsymbol{D}+A_s\boldsymbol{A}-B_s\boldsymbol{B})/(D_s+A_s-B_s)$。

① $\triangle_s G_{3j}AB : \triangle_s G_{3j}BD : \triangle_s G_{3j}DA = D_s : A_s : B_s (j=0, 1, 2, 3)$；

② $G_{3j}(j=0, 1, 2, 3)$ 四点共面。

证 仅证(1)(已知$\triangle ABC$的面比点G_{40}其满足：$\triangle_s G_{40}BC : \triangle_s G_{40}CA : \triangle_s G_{40}AB = A_s : B_s : C_s$)

① G_{41}为$\triangle ABC$的面比外点。

AB的直线方程：$\boldsymbol{R}\times(\boldsymbol{B}-\boldsymbol{A})=\boldsymbol{A}\times\boldsymbol{B}$，

由G_{41}到AB的距离与AB的边长c乘积

$\triangle_s G_{41}BC=|\boldsymbol{G}_{43}\times(\boldsymbol{C}-\boldsymbol{B})-\boldsymbol{B}\times\boldsymbol{C}|/2(-A_s+B_s+C_s)=A_sD_s/(-A_s+B_s+C_s)$，$D_s=|\boldsymbol{A}\times\boldsymbol{B}+\boldsymbol{B}\times\boldsymbol{C}+\boldsymbol{C}\times\boldsymbol{A}|/2$。同理得

$\triangle_s G_{42}CA=B_sD_s/(-A_s+B_s+C_s)$，$\triangle_s G_{43}AB=C_sD_s/(-A_s+B_s+C_s)$，$\Rightarrow$ $\triangle_s G_{41}BC : \triangle_s G_{42}CA : \triangle_s G_{43}AB = A_s : B_s : C_s$。

② 计算得$\square_v G_{40}G_{41}G_{42}G_{43}=|[\boldsymbol{G}_{41}, \boldsymbol{G}_{42}, \boldsymbol{G}_{43}]-[\boldsymbol{G}_{40}, \boldsymbol{G}_{42}, \boldsymbol{G}_{43}]-[\boldsymbol{G}_{40}, \boldsymbol{G}_{43}, \boldsymbol{G}_{41}]-[\boldsymbol{G}_{40}, \boldsymbol{G}_{41}, \boldsymbol{G}_{42}]|/6=0$，

$G_{4j}(j=0, 1, 2, 3)$ 四点共面。

若取(1) $\boldsymbol{G}_{50}=(A_s\boldsymbol{A}+B_s\boldsymbol{C}+C_s\boldsymbol{B})/(A_s+B_s+C_s)$，$\boldsymbol{G}_{51}=(-A_s\boldsymbol{A}+B_s\boldsymbol{C}+C_s\boldsymbol{B})/(-A_s+B_s+C_s)$，

$\boldsymbol{G}_{52}=(A_s\boldsymbol{A}-B_s\boldsymbol{C}+C_s\boldsymbol{B})/(A_s-B_s+C_s)$，$\boldsymbol{G}_{53}=(A_s\boldsymbol{A}+B_s\boldsymbol{C}-C_s\boldsymbol{B})/(A_s+B_s-C_s)$；

如同三角形的心的可得更多的$\boldsymbol{G}_{ij}(i=6, 7, \cdots; j=0, 1, 2, 3)$得到类似结果。

定理 40

设$\square ABCD$，则$\square_v G_{1i}G_{2i}G_{3i}G_{4i}=\sigma_2\square_v ABCD\ (i=1, 2, 3)$，

$\sigma_2 = 5A_sB_sC_sD_s/(-B_s+C_s+D_s)(A_s-C_s+D_s)(A_s+B_s-D_s)(-A_s+B_s+C_s)$。

如 $\boldsymbol{G}_{11} = (-B_s\boldsymbol{B}+C_s\boldsymbol{C}+D_s\boldsymbol{D})/(-B_s+C_s+D_s)$，$\boldsymbol{G}_{21} = (-C_s\boldsymbol{C}+D_s\boldsymbol{D}+A_s\boldsymbol{A})/(-C_s+D_s+A_s)$，

$\boldsymbol{G}_{31} = (-D_s\boldsymbol{D}+A_s\boldsymbol{A}+B_s\boldsymbol{B})/(-D_s+A_s+B_s)$，$\boldsymbol{G}_{41} = (-A_s\boldsymbol{A}+B_s\boldsymbol{B}+C_s\boldsymbol{C})/(-A_s+B_s+C_s)$，

经计算利用

$(-B_s+C_s+D_s)(-A_sB_sC_s[\boldsymbol{A},\boldsymbol{B},\boldsymbol{C}]+2B_sC_sD_s[\boldsymbol{B},\boldsymbol{C},\boldsymbol{D}]+D_sC_sA_s[\boldsymbol{D},\boldsymbol{C},\boldsymbol{A}]+3D_sA_sB_s[\boldsymbol{D},\boldsymbol{A},\boldsymbol{B}])+(-C_s+D_s+A_s)(-3A_sB_sC_s[\boldsymbol{A},\boldsymbol{B},\boldsymbol{C}]+B_sC_sD_s[\boldsymbol{B},\boldsymbol{C},\boldsymbol{D}]+2D_sC_sA_s[\boldsymbol{D},\boldsymbol{C},\boldsymbol{A}]-D_sA_sB_s[\boldsymbol{D},\boldsymbol{A},\boldsymbol{B}])+(-D_s+A_s+B_s)(A_sB_sC_s[\boldsymbol{A},\boldsymbol{B},\boldsymbol{C}]+3B_sC_sD_s[\boldsymbol{B},\boldsymbol{C},\boldsymbol{D}]+D_sC_sA_s[\boldsymbol{D},\boldsymbol{C},\boldsymbol{A}]+2D_sA_sB_s[\boldsymbol{D},\boldsymbol{A},\boldsymbol{B}])+(-A_s+B_s+C_s)(-2A_sB_sC_s[\boldsymbol{A},\boldsymbol{B},\boldsymbol{C}]-B_sC_sD_s[\boldsymbol{B},\boldsymbol{C},\boldsymbol{D}]+3D_sC_sA_s[\boldsymbol{D},\boldsymbol{C},\boldsymbol{A}]+D_sA_sB_s[\boldsymbol{D},\boldsymbol{A},\boldsymbol{B}]) = 5A_sB_sC_sD_s([\boldsymbol{B},\boldsymbol{C},\boldsymbol{D}]+[\boldsymbol{D},\boldsymbol{C},\boldsymbol{A}]+[\boldsymbol{D},\boldsymbol{A},\boldsymbol{B}]-[\boldsymbol{A},\boldsymbol{B},\boldsymbol{C}]) \Rightarrow \square_v G_{11}G_{21}G_{31}G_{41} = |[\boldsymbol{G}_{41},\boldsymbol{G}_{21},\boldsymbol{G}_{31}]+[\boldsymbol{G}_{41},\boldsymbol{G}_{31},\boldsymbol{G}_{11}]+[\boldsymbol{G}_{41},\boldsymbol{G}_{11},\boldsymbol{G}_{21}]-[\boldsymbol{G}_{11},\boldsymbol{G}_{21},\boldsymbol{G}_{31}]|/6 = \sigma_2\square_v ABCD$。

同理得 $\square_v G_{1j}G_{2j}G_{3j}G_{4j} = \sigma_2\square_v ABCD$ $(j=1, 2, 3)$。

有兴趣读者可自行将第1章定理72,定理73与定理74类似地从三角形移植到四面体中来。

定义 8

设$\square ABCD$的$\triangle DBE$为**三面三维角对$(\boldsymbol{\beta}, \boldsymbol{\delta})$的平分角面**(第1章定理4(5)的推广)。

[即成立 $\sin\boldsymbol{\beta}_1 = \sin\boldsymbol{\beta}_2$，$\sin\boldsymbol{\delta}_1 = \sin\boldsymbol{\delta}_2$，$\boldsymbol{\beta}_1+\boldsymbol{\beta}_2 = \boldsymbol{\beta}$，$\boldsymbol{\delta}_1+\boldsymbol{\delta}_2 = \boldsymbol{\delta}$，$\boldsymbol{\beta}_1 = B(EDA)$，$\boldsymbol{\beta}_2 = B(ECD)$，$\boldsymbol{\delta}_1 = D(ABE)$，$\boldsymbol{\delta}_2 = D(BCE)$]，且 $\sin\boldsymbol{\delta}_1 = \sin\boldsymbol{\delta}_2 = \sin\boldsymbol{\alpha}$，称$\square ABCD$为**拟倍三面三维角四面体**，记作$\square_2 ABCD$。

定理 41

$\square ABCD$为$\square_2 ABCD$的充分必要条件是三面三维角对$(\boldsymbol{\beta}, \boldsymbol{\delta})$的平分角面三角形$\triangle DBE$面积：$\triangle_s DBE = C_sD_s/(A_s+C_s)$(见图4-28)。

证 必要性,由 $C_s : A_s = B_{1s} : B_{2s} = D_{1s} : D_{2s}$ 记 $B_{1s} = \lambda B_s$，$D_{1s} = \lambda D_s$，$\lambda = C_s/(A_s+C_s)$。

$B_{1s}+B_{2s} = B_s$，$C_{1s}+C_{2s} = C_s$，$\square_v ABED = \lambda\square_v ABCD$，$\square_v BCED = (1-\lambda)\square_v ABCD$，

$9\square_v^2ABCD/2B_sC_sD_s=\sin\boldsymbol{\alpha}=\sin\boldsymbol{\delta}_1=9\square_v^2ABED/2B_{1s}C_sE_s$，$E_s=\lambda D_s=C_sD_s/(A_s+C_s)$。

充分性 $\Rightarrow\sin\boldsymbol{\alpha}=9\square_v^2ABCD/2B_sC_sD_s=9\square_v^2ABED/2B_{1s}C_sE_s=\sin\boldsymbol{\delta}_1$，

$\sin\boldsymbol{\alpha}=9\square_v^2ABCD/2B_sC_sD_s=9\square_v^2BCED/2B_{2s}A_sE_s=\sin\boldsymbol{\delta}_2$，$\Rightarrow\sin\boldsymbol{\alpha}=\sin\boldsymbol{\delta}_1=\sin\boldsymbol{\delta}_2\Rightarrow\square_2ABCD$。

定理 42

若$\square_2ABCD$，$\square_2CDAB$，则$A_sB_s=C_sD_s$。

证　$\square_2ABCD\Rightarrow E_s=C_sD_s/(A_s+C_s)$，$\square_2CDAB\Rightarrow E_s=A_sB_s/(A_s+C_s)$，$\Rightarrow A_sB_s=C_sD_s$。

定理 42(1)

若$\square_3ABCD$，$\square_3CDAB$，则$A_sB_s=C_sD_s$（见图 4-28）。

（设$\square ABCD$中，在AC上取两点E_1，E_2使$AE_1=\lambda AC$，$E_1E_2=\mu AC$，$E_2C=(1-\lambda-\mu)AC$。）

令$\boldsymbol{\delta}_1=D(ABE_1)$，$\boldsymbol{\delta}_2=D(E_1BE_2)$，$\boldsymbol{\delta}_3=D(E_2BC)$，$\boldsymbol{\beta}_1=B(ADE_1)$，$\boldsymbol{\beta}_2=B(E_1DE_2)$，$\boldsymbol{\beta}_3=B(E_2DC)$，

若$\sin\boldsymbol{\alpha}=\sin\boldsymbol{\delta}_1=\sin\boldsymbol{\delta}_2=\sin\boldsymbol{\delta}_3$，称作$\square_3ABCD$则$\sin\boldsymbol{\beta}_1=\sin\boldsymbol{\beta}_2=\sin\boldsymbol{\beta}_3$

若$\sin\boldsymbol{\alpha}=\sin\boldsymbol{\delta}_1=\sin\boldsymbol{\delta}_2=\sin\boldsymbol{\delta}_3$，$\sin\boldsymbol{\beta}_1=\sin\boldsymbol{\beta}_2=\sin\boldsymbol{\beta}_3=\sin\boldsymbol{\gamma}$，称作$\square_3ABCD$，且$\square_3CDAB$。

证　在$\square DABE_1$，$\square DE_1BE_2$，$\square DE_2BC$有

$\sin\boldsymbol{\alpha}:\sin\boldsymbol{\varepsilon}_1:\sin\boldsymbol{\beta}_1:\sin\boldsymbol{\delta}_1=E_{1s}:C_s:B_{1s}:D_{1s}$；

$\sin\boldsymbol{\varepsilon}_1:\sin\boldsymbol{\varepsilon}_2:\sin\boldsymbol{\beta}_2:\sin\boldsymbol{\delta}_2=E_{2s}:E_{1s}:B_{2s}:D_{2s}$

（$\boldsymbol{\varepsilon}_1$，$\boldsymbol{\varepsilon}_2$分别为两点$E_1$，$E_2$的两个三面三维角）；

$\sin\boldsymbol{\varepsilon}_2:\sin\boldsymbol{\gamma}:\sin\boldsymbol{\beta}_3:\sin\boldsymbol{\delta}_3=A_s:E_{2s}:B_{3s}:D_{3s}$；

得$E_{1s}:A_s=D_{2s}:D_{3s}$，$C_s:E_{2s}=D_{2s}:D_{3s}$，得$\lambda(1-\lambda-\mu)D_s=\mu A_s$，$\lambda(1-\lambda-\mu)B_s=\mu C_s\Rightarrow A_sB_s=C_sD_s$。

类似是否可推广到：若$\square_pABCD$，$\square_pCDAB$ ($p=4,5,\cdots$)，则$A_sB_s=C_sD_s$，有兴趣读者可自行证明。

定理 43

设$\square ABCD$（见图 4-34），

A^*，B^*，C^* 与 D^* 分别为 A，B，C 与 D 关于其所对应平面$\triangle BCD$，$\triangle CDA$，$\triangle DAB$ 与$\triangle ABC$ 的对称点。

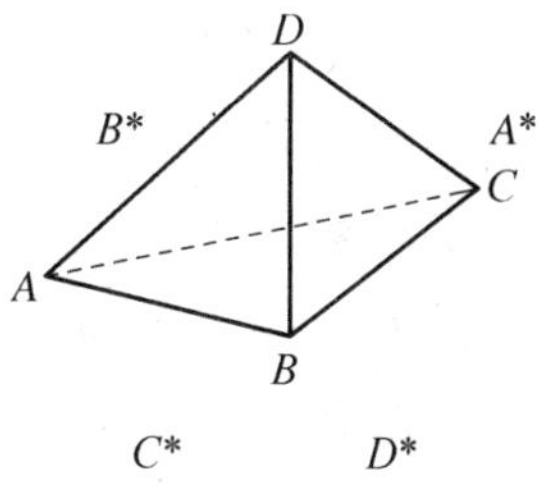

D
B*
A*
C
A
B
C*
D*

图 4-34

$\square ABCD$ 中$\triangle BCD$，$\triangle CDA$，$\triangle DAB$，$\triangle ABC$ 的单位内法矢按右手法则(见第 4 章 4.1.2 性质 7)。

分别为

$\boldsymbol{N}_1=(\boldsymbol{B}\times\boldsymbol{D}+\boldsymbol{D}\times\boldsymbol{C}+\boldsymbol{C}\times\boldsymbol{B})/2A_s$，$\boldsymbol{N}_2=(\boldsymbol{C}\times\boldsymbol{D}+\boldsymbol{D}\times\boldsymbol{A}+\boldsymbol{A}\times\boldsymbol{C})/2B_s$，

$\boldsymbol{N}_3=(\boldsymbol{A}\times\boldsymbol{D}+\boldsymbol{D}\times\boldsymbol{B}+\boldsymbol{B}\times\boldsymbol{A})/2C_s$，$\boldsymbol{N}_4=(\boldsymbol{A}\times\boldsymbol{B}+\boldsymbol{B}\times\boldsymbol{C}+\boldsymbol{C}\times\boldsymbol{A})/2D_s$，

则 $V^*=6V(pV^4+qV^2+r)$，

其中，

记 $V^*=\square_v A^*B^*C^*D^*=\{[\boldsymbol{D}^*,\boldsymbol{C}^*,\boldsymbol{B}^*]+[\boldsymbol{D}^*,\boldsymbol{A}^*,\boldsymbol{C}^*]+[\boldsymbol{D}^*,\boldsymbol{B}^*,\boldsymbol{A}^*]+[\boldsymbol{A}^*,\boldsymbol{B}^*,\boldsymbol{C}^*]\}/6$，

$V=\square_v ABCD=\{[\boldsymbol{D},\boldsymbol{C},\boldsymbol{B}]+[\boldsymbol{D},\boldsymbol{A},\boldsymbol{C}]+[\boldsymbol{D},\boldsymbol{B},\boldsymbol{A}]+[\boldsymbol{A},\boldsymbol{B},\boldsymbol{C}]\}/6$，

$|\boldsymbol{B}\times\boldsymbol{D}+\boldsymbol{D}\times\boldsymbol{C}+\boldsymbol{C}\times\boldsymbol{B}|=2A_s$，$|\boldsymbol{C}\times\boldsymbol{D}+\boldsymbol{D}\times\boldsymbol{A}+\boldsymbol{A}\times\boldsymbol{C}|=2B_s$，$|\boldsymbol{A}\times\boldsymbol{D}+\boldsymbol{D}\times\boldsymbol{B}+\boldsymbol{B}\times\boldsymbol{A}|=2C_s$，$|\boldsymbol{A}\times\boldsymbol{B}+\boldsymbol{B}\times\boldsymbol{C}+\boldsymbol{C}\times\boldsymbol{A}|=2D_s$，

$BC=a$，$CA=b$，$AB=c$，$DA=a'$，$DB=b'$，$DC=c'$

$p=-162(A_s^2+B_s^2+C_s^2+D_s^2)/A_s^2B_s^2C_s^2D_s^2$，

$q=9(a^2/D_s^2A_s^2+b^2/D_s^2B_s^2+c^2/D_s^2C_s^2+a'^2/B_s^2C_s^2+b'^2/C_s^2A_s^2+c'^2/A_s^2B_s^2)$，

$r=-8$。

证　易得

$\boldsymbol{A}^*=\boldsymbol{A}+6V\boldsymbol{N}_1/A_s=\boldsymbol{A}+3V(\boldsymbol{B}\times\boldsymbol{D}+\boldsymbol{D}\times\boldsymbol{C}+\boldsymbol{C}\times\boldsymbol{B})/A_s^2$，$\boldsymbol{B}^*=\boldsymbol{B}+3V(\boldsymbol{C}\times\boldsymbol{D}+\boldsymbol{D}\times\boldsymbol{A}+\boldsymbol{A}\times\boldsymbol{C})/B_s^2$，

$\boldsymbol{C}^*=\boldsymbol{C}+3V(\boldsymbol{A}\times\boldsymbol{D}+\boldsymbol{D}\times\boldsymbol{B}+\boldsymbol{B}\times\boldsymbol{A})/C_s^2$，$\boldsymbol{D}^*=\boldsymbol{D}+3V(\boldsymbol{A}\times\boldsymbol{B}+\boldsymbol{B}\times\boldsymbol{C}+\boldsymbol{C}\times\boldsymbol{A})/D_s^2$，$V=\square_v ABCD$。

经计算可得证 $V^*=6V(pV^4+qV^2+r)$。

若 $\boldsymbol{A}^*=\boldsymbol{A}+6\lambda V\boldsymbol{N}_1/A_s=\boldsymbol{A}+3\lambda V(\boldsymbol{B}\times\boldsymbol{D}+\boldsymbol{D}\times\boldsymbol{C}+\boldsymbol{C}\times\boldsymbol{B})/A_s^2$，$\boldsymbol{B}^*=\boldsymbol{B}+3\lambda V(\boldsymbol{C}\times\boldsymbol{D}+\boldsymbol{D}\times\boldsymbol{A}+\boldsymbol{A}\times\boldsymbol{C})/B_s^2$，

$\boldsymbol{C}^*=\boldsymbol{C}+3\lambda V(\boldsymbol{A}\times\boldsymbol{D}+\boldsymbol{D}\times\boldsymbol{B}+\boldsymbol{B}\times\boldsymbol{A})/C_s^2$，$\boldsymbol{D}^*=\boldsymbol{D}+3\lambda V(\boldsymbol{A}\times\boldsymbol{B}+\boldsymbol{B}\times\boldsymbol{C}+$

$\boldsymbol{C}\times\boldsymbol{A})/D_s^2$，$\lambda$ 为实数。

也可得相仿结果。

定理 44

设 $\boldsymbol{F}_0^*(\lambda,\ \mu,\ \nu,\ \omega)=\lambda\boldsymbol{A}+\mu\boldsymbol{B}+\nu\boldsymbol{C}+\omega\boldsymbol{D}\ (\lambda+\mu+\nu+\omega=1)$（见图 4－35）。

过点 F_0^* 作与$\square ABCD$ 的六棱相截的四平面$\triangle B_1C_1D_1$，

$\triangle C_2D_2A_2$，$\triangle D_3A_3B_3$ 与$\triangle A_4B_4C_4$ 使分别平行于$\triangle BCD$，$\triangle CDA$，$\triangle DAB$ 与$\triangle ABC$，

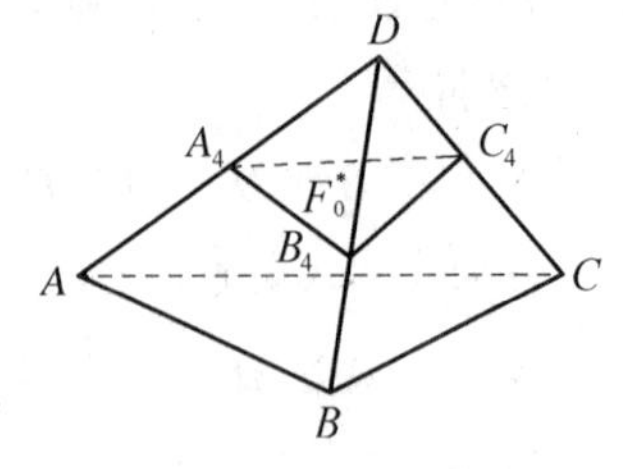

图 4－35

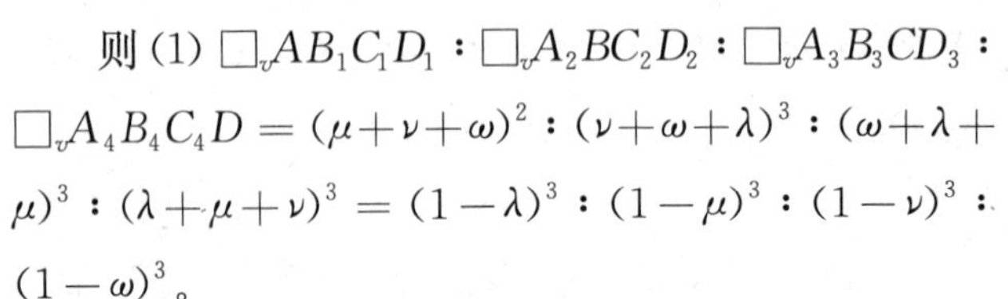

则 (1) $\square_v AB_1C_1D_1:\square_v A_2BC_2D_2:\square_v A_3B_3CD_3:\square_v A_4B_4C_4D=(\mu+\nu+\omega)^2:(\nu+\omega+\lambda)^3:(\omega+\lambda+\mu)^3:(\lambda+\mu+\nu)^3=(1-\lambda)^3:(1-\mu)^3:(1-\nu)^3:(1-\omega)^3$。

(2) $\square_v F_0^*BCD:\square_v AF_0^*CD:\square_v ABF_0^*D_3:\square_v ABCF_0^*=\lambda:\mu:\nu:\omega(\lambda,\ \mu,\ \nu,\ \omega\geqslant 0$;点 F_0^* 在$\square ABCD$ 内部)。

证 (1) $\triangle ABC$ 方程 $(\boldsymbol{R}-\boldsymbol{F}_0)\cdot(\boldsymbol{A}_1\times\boldsymbol{B}_1+\boldsymbol{B}_1\times\boldsymbol{C}_1+\boldsymbol{C}_1\times\boldsymbol{A}_1)=0$ 与直线 AD 方程 $\boldsymbol{R}\times(\boldsymbol{D}-\boldsymbol{A})=\boldsymbol{A}\times\boldsymbol{D}$ 的交点为[见第 1 章 1.5.4.3)(4)]

$\boldsymbol{A}_1=\{p(\boldsymbol{R}-\boldsymbol{F}_0)+[\boldsymbol{A},\ \boldsymbol{D},\ \boldsymbol{B}](\boldsymbol{C}-\boldsymbol{A})+[\boldsymbol{A},\ \boldsymbol{D},\ \boldsymbol{C}](\boldsymbol{A}-\boldsymbol{B})\}/q$，其中

$p_4=[\boldsymbol{A},\ \boldsymbol{B},\ \boldsymbol{C}]+q\omega$，

$q=-6\square_v ABCD=-|[\boldsymbol{D},\ \boldsymbol{A},\ \boldsymbol{B}]+[\boldsymbol{D},\ \boldsymbol{B},\ \boldsymbol{C}]+[\boldsymbol{D},\ \boldsymbol{C},\ \boldsymbol{A}]-[\boldsymbol{A},\ \boldsymbol{B},\ \boldsymbol{C}]|=[\boldsymbol{D},\ \boldsymbol{A},\ \boldsymbol{B}]+[\boldsymbol{D},\ \boldsymbol{B},\ \boldsymbol{C}]+[\boldsymbol{D},\ \boldsymbol{C},\ \boldsymbol{A}]-[\boldsymbol{A},\ \boldsymbol{B},\ \boldsymbol{C}]$。

同理得

$\boldsymbol{B}_1=\{p_4(\boldsymbol{R}-\boldsymbol{F}_0)+[\boldsymbol{B},\ \boldsymbol{D},\ \boldsymbol{C}](\boldsymbol{A}-\boldsymbol{B})+[\boldsymbol{B},\ \boldsymbol{D},\ \boldsymbol{A}](\boldsymbol{B}-\boldsymbol{C})\}/q$，

$\boldsymbol{C}_1=\{p_4(\boldsymbol{R}-\boldsymbol{F}_0)+[\boldsymbol{C},\ \boldsymbol{D},\ \boldsymbol{A}](\boldsymbol{B}-\boldsymbol{C})+[\boldsymbol{C},\ \boldsymbol{D},\ \boldsymbol{B}](\boldsymbol{C}-\boldsymbol{A})\}/q\Rightarrow\boldsymbol{A}_1-\boldsymbol{B}_1=(1-\omega)(\boldsymbol{A}-\boldsymbol{B})$，$\boldsymbol{A}_1-\boldsymbol{C}_1=(1-\omega)(\boldsymbol{A}-\boldsymbol{C})\Rightarrow D_{1s}\equiv|\boldsymbol{A}_1\times\boldsymbol{B}_1+\boldsymbol{B}_1\times\boldsymbol{C}_1+\boldsymbol{C}_1\times\boldsymbol{A}_1|/2=|(\boldsymbol{A}_1-\boldsymbol{B}_1)\times(\boldsymbol{A}_1-\boldsymbol{C}_1)|/2=(1-\omega)^2|\boldsymbol{A}\times\boldsymbol{B}+\boldsymbol{B}\times\boldsymbol{C}+\boldsymbol{C}\times\boldsymbol{A}|/2\equiv(1-\omega)^2D_s$，

$c_1=|\boldsymbol{A}_1-\boldsymbol{B}_1|=|(1-\omega)(\boldsymbol{A}-\boldsymbol{B})|=(1-\omega)c\Rightarrow\square_v A_4B_4C_4D=(1-\omega)^3\square_v ABCD$。

同理得 $\square_v AB_1C_1D_1=(1-\lambda)^3\square_v ABCD$，$\square_v A_2BC_2D_2=(1-\mu)^3\square_v ABCD$，

$\square_v A_3B_3CD_3 = (1-\nu)^3 \square_v ABCD$，即证。

特别令 $\boldsymbol{F}_0 = (A_s\boldsymbol{A} + B_s\boldsymbol{B} + C_s\boldsymbol{C} + D_s\boldsymbol{D})/(A_s + B_s + C_s + D_s) = \boldsymbol{G}_0^*$（见定理 30 内切球的内心），

$\lambda = A_s/(A_s + B_s + C_s + D_s)$，$\mu = B_s/(A_s + B_s + C_s + D_s)$，$\nu = C_s/(A_s + B_s + C_s + D_s)$，$\omega = D_s/(A_s + B_s + C_s + D_s)$，

则 $\square_v AB_1C_1D_1 : \square_v A_2BC_2D_2 : \square_v A_3B_3CD_3 : \square_v A_4B_4C_4D = (1-A_s)^3 : (1-B_s)^3 : (1-C_s)^3 : (1-D_s)^3$。

(2) $[\boldsymbol{A}_1, \boldsymbol{B}_1, \boldsymbol{C}_1] = [p(\boldsymbol{R}-\boldsymbol{F}_0) + [\boldsymbol{A}, \boldsymbol{D}, \boldsymbol{B}](\boldsymbol{C}-\boldsymbol{A}) + [\boldsymbol{A}, \boldsymbol{D}, \boldsymbol{C}](\boldsymbol{A}-\boldsymbol{B})$,

$p(\boldsymbol{R}-\boldsymbol{F}_0) + [\boldsymbol{B}, \boldsymbol{D}, \boldsymbol{C}](\boldsymbol{A}-\boldsymbol{B}) + [\boldsymbol{B}, \boldsymbol{D}, \boldsymbol{A}](\boldsymbol{B}-\boldsymbol{C})$, $p(\boldsymbol{R}-\boldsymbol{F}_0) + [\boldsymbol{C}, \boldsymbol{D}, \boldsymbol{A}](\boldsymbol{B}-\boldsymbol{C}) + [\boldsymbol{C}, \boldsymbol{D}, \boldsymbol{B}](\boldsymbol{C}-\boldsymbol{A})]/q^3 = p(1-\omega)^2$。

同理得$[\boldsymbol{D}_1, \boldsymbol{C}_1, \boldsymbol{B}_1] = p_1(1-\lambda)^2$，$[\boldsymbol{D}_1, \boldsymbol{A}_1, \boldsymbol{C}_1] = p_2(1-\mu)^2$，$[\boldsymbol{D}_1, \boldsymbol{B}_1, \boldsymbol{A}_1] = p_3(1-\nu)^2$，

$p_1 = [\boldsymbol{D}, \boldsymbol{C}, \boldsymbol{B}] + q\lambda$，$p_2 = [\boldsymbol{D}, \boldsymbol{A}, \boldsymbol{C}] + q\mu$，$p_3 = [\boldsymbol{D}, \boldsymbol{B}, \boldsymbol{A}] + q\nu$，

讨论不妨令 F_0为坐标原点 $O \Rightarrow [\boldsymbol{A}_1, \boldsymbol{B}_1, \boldsymbol{C}_1] = [\boldsymbol{D}_1, \boldsymbol{C}_1, \boldsymbol{B}_1] = [\boldsymbol{D}_1, \boldsymbol{A}_1, \boldsymbol{C}_1] = [\boldsymbol{D}_1, \boldsymbol{B}_1, \boldsymbol{A}_1] = 0 \Rightarrow p_j = 0\ (j = 1, 2, 3, 4)$。

因为$\lambda + \mu + \nu + \omega = 1$；$\lambda$，$\mu$，$\nu$，$\omega$ 均为正数。

① $\lambda \neq 1$，$\mu \neq 1$，$\nu \neq 1$，$\omega \neq 1 \Rightarrow \lambda = [\boldsymbol{D}, \boldsymbol{C}, \boldsymbol{B}]/V$，$\mu = [\boldsymbol{D}, \boldsymbol{A}, \boldsymbol{C}]/V$，$\nu = [\boldsymbol{D}, \boldsymbol{B}, \boldsymbol{A}]/V$，$\omega = [\boldsymbol{A}, \boldsymbol{B}, \boldsymbol{C}]/V$，

$V = \square_v ABCD/6 = |[\boldsymbol{D}, \boldsymbol{C}, \boldsymbol{B}] + [\boldsymbol{D}, \boldsymbol{A}, \boldsymbol{C}] + [\boldsymbol{D}, \boldsymbol{B}, \boldsymbol{A}] + [\boldsymbol{A}, \boldsymbol{B}, \boldsymbol{C}]|/6 = \{[\boldsymbol{D}, \boldsymbol{C}, \boldsymbol{B}] + [\boldsymbol{D}, \boldsymbol{A}, \boldsymbol{C}] + [\boldsymbol{D}, \boldsymbol{B}, \boldsymbol{A}] + [\boldsymbol{A}, \boldsymbol{B}, \boldsymbol{C}]\}/6$

$\square_v F_0BCD : \square_v AF_0CD : \square_v ABF_0D : \square_v ABCF_0 = [\boldsymbol{D}, \boldsymbol{C}, \boldsymbol{B}] : [\boldsymbol{D}, \boldsymbol{A}, \boldsymbol{C}] : [\boldsymbol{D}, \boldsymbol{B}, \boldsymbol{A}] : [\boldsymbol{A}, \boldsymbol{B}, \boldsymbol{C}] = \lambda : \mu : \nu : \omega$。

特别当$\lambda = A_s/(A_s + B_s + C_s + D_s)$，$\mu = B_s/(A_s + B_s + C_s + D_s)$，$\nu = C_s/(A_s + B_s + C_s + D_s)$，$\omega = D_s/(A_s + B_s + C_s + D_s)$。

即定理 31 的 $F_0 = G_0^*$（称为$\square ABCD$ 的**内切球的内心**），其中 A_s，B_s，C_s和 D_s分别为$\square ABCD$ 的$\triangle BCD$，$\triangle CDA$，$\triangle DAB$ 和$\triangle ABC$ 的面积。

② 若 λ，μ，ν，ω 中仅有一个等于 $1(= \lambda + \mu + \nu + \omega)$，则结论同①。

仅证$\lambda \neq 1$，$\mu \neq 1$，$\nu \neq 1$，$\omega = 1 \Rightarrow p_j = 0\ (j = 1, 2, 3)$，$\lambda = [\boldsymbol{D}, \boldsymbol{C}, \boldsymbol{B}]/V$，$\mu = [\boldsymbol{D}, \boldsymbol{A}, \boldsymbol{C}]/V$，$\nu = [\boldsymbol{D}, \boldsymbol{B}, \boldsymbol{A}]/V \Rightarrow \omega = [\boldsymbol{A}, \boldsymbol{B}, \boldsymbol{C}]/V\ (\lambda + \mu + \nu + \omega = 1) \Rightarrow$

①，且 $\lambda=\mu=\nu=0$。$\omega=[\boldsymbol{A},\ \boldsymbol{B},\ \boldsymbol{C}]/V$，$\square ABCF_0=\square ABCD$。

定理 45

设$\square ABCD$，则

$F_U^*(U=A,\ B,\ C,\ D)$，称$\square ABCD$ 的 4 个**外心**，其中

$\boldsymbol{F}_A^*=(-\lambda\boldsymbol{A}+\mu\boldsymbol{B}+\nu\boldsymbol{C}+\omega\boldsymbol{D})/(-\lambda+\mu+\nu+\omega)$，$\boldsymbol{F}_B^*=(\lambda\boldsymbol{A}-\mu\boldsymbol{B}+\nu\boldsymbol{C}+\omega\boldsymbol{D})/(\lambda-\mu+\nu+\omega)$，

$\boldsymbol{F}_C^*=(\lambda\boldsymbol{A}+\mu\boldsymbol{B}-\nu\boldsymbol{C}+\omega\boldsymbol{D})/(\lambda+\mu-\nu+\omega)$，$\boldsymbol{F}_D^*=(\lambda\boldsymbol{A}+\mu\boldsymbol{B}+\nu\boldsymbol{C}-\omega\boldsymbol{D})/(\lambda+\mu+\nu-\omega)$。则

(1) $\square_v F_A^* F_B^* F_C^* F_D^*=|\varepsilon|\square_v ABCD$，

其中 $\varepsilon=4\lambda\mu\nu\omega/(-\lambda+\mu+\nu+\omega)(\lambda-\mu+\nu+\omega)(\lambda+\mu-\nu+\omega)(\lambda+\mu+\nu-\omega)$，

特别当 $\lambda=\mu=\nu=\omega$ 时，$\varepsilon=1/4$。

(2) ① $\square_v AF_B^*F_C^*F_D^*=4\mu\nu\omega\square_v ABCD$，$\square_v F_A^*BF_C^*F_D^*=4\lambda\nu\omega\square_v ABCD$，

$\square_v F_A^*F_B^*CF_D^*=4\lambda\mu\omega\square_v ABCD$，$\square_v F_A^*F_B^*F_C^*D=4\lambda\mu\nu\square_v ABCD$。

② $\square_v AF_B^*F_C^*F_D^*:\square_v F_A^*BF_C^*F_D^*:\square_v F_A^*F_B^*CF_D^*:\square_v F_A^*F_B^*F_C^*D=\mu\nu\omega:\nu\omega\lambda:\omega\lambda\mu:\lambda\mu\nu$。

③ $\lambda,\ \mu,\ \nu,\ \omega$ 中有一个等于零的充分必要条件是

四组(每组四点)$A,\ F_B^*,\ F_C^*,\ F_D^*$；$F_A^*,\ B,\ F_C^*,\ F_D^*$；$F_A^*,\ F_B^*,\ C,\ F_D^*$；$F_A^*,\ F_B^*,\ F_C^*,\ D$ 中有三组是共面的。

④ $\lambda,\ \mu,\ \nu,\ \omega$ 中有两个以上等于零的充分必要条件是

四组(每组四点)$A,\ F_B^*,\ F_C^*,\ F_D^*$；$F_A^*,\ B,\ F_C^*,\ F_D^*$；$F_A^*,\ F_B^*,\ C,\ F_D^*$；$F_A^*,\ F_B^*,\ F_C^*,\ D$ 的每组是共面的。

证 (1) 经计算 $[\boldsymbol{F}_A^*,\ \boldsymbol{F}_B^*,\ \boldsymbol{F}_C^*]=4\{\lambda\mu\nu[\boldsymbol{A},\ \boldsymbol{B},\ \boldsymbol{C}]+\lambda\mu\omega[\boldsymbol{A},\ \boldsymbol{B},\ \boldsymbol{D}]+\mu\nu\omega[\boldsymbol{B},\ \boldsymbol{C},\ \boldsymbol{D}]+\lambda\nu\omega[\boldsymbol{C},\ \boldsymbol{A},\ \boldsymbol{D}]\}/(-\lambda+\mu+\nu+\omega)(\lambda-\mu+\nu+\omega)(\lambda+\mu-\nu+\omega)$，

同理可得$[\boldsymbol{F}_D^*,\ \boldsymbol{F}_C^*,\ \boldsymbol{F}_B^*]$，$[\boldsymbol{F}_D^*,\ \boldsymbol{F}_A^*,\ \boldsymbol{F}_C^*]$，$[\boldsymbol{F}_D^*,\ \boldsymbol{F}_B^*,\ \boldsymbol{F}_A^*]$，即证

$\square_v F_A^*F_B^*F_C^*F_D^*=|[\boldsymbol{F}_A^*,\ \boldsymbol{F}_B^*,\ \boldsymbol{F}_C^*]+[\boldsymbol{F}_D^*,\ \boldsymbol{F}_C^*,\ \boldsymbol{F}_B^*]+[\boldsymbol{F}_D^*,\ \boldsymbol{F}_A^*,\ \boldsymbol{F}_C^*]+[\boldsymbol{F}_D^*,\ \boldsymbol{F}_B^*,\ \boldsymbol{F}_A^*]|/6=\varepsilon|-[\boldsymbol{A},\ \boldsymbol{B},\ \boldsymbol{C}]+[\boldsymbol{A},\ \boldsymbol{B},\ \boldsymbol{D}]+[\boldsymbol{B},\ \boldsymbol{C},\ \boldsymbol{D}]+[\boldsymbol{C},\ \boldsymbol{A},\ \boldsymbol{D}]|/6=\varepsilon\square_v ABCD$。

(2) $[\boldsymbol{A},\ \boldsymbol{F}_B^*,\ \boldsymbol{F}_C^*]=2\omega\{\nu[\boldsymbol{A},\ \boldsymbol{C},\ \boldsymbol{D}]-\mu[\boldsymbol{A},\ \boldsymbol{B},\ \boldsymbol{D}]\}/(\lambda-\mu+\nu+\omega)(\lambda+\mu-\nu+\omega)$，

$[\boldsymbol{A}, \boldsymbol{F}_C^*, \boldsymbol{F}_D^*] = 2\mu\{\nu[\boldsymbol{A}, \boldsymbol{B}, \boldsymbol{C}] - \omega[\boldsymbol{A}, \boldsymbol{B}, \boldsymbol{D}]\}/(\lambda+\mu-\nu+\omega)(\lambda+\mu+\nu-\omega)$,

$[\boldsymbol{A}, \boldsymbol{F}_D^*, \boldsymbol{F}_B^*] = 2\nu\{\mu[\boldsymbol{A}, \boldsymbol{B}, \boldsymbol{C}] + \omega[\boldsymbol{A}, \boldsymbol{C}, \boldsymbol{D}]\}/(\lambda-\mu+\nu+\omega)(\lambda+\mu+\nu-\omega)$,

$\square_v AF_B^*F_C^*F_D^* = |[\boldsymbol{A}, \boldsymbol{F}_B^*, \boldsymbol{F}_C^*] + [\boldsymbol{F}_D^*, \boldsymbol{F}_C^*, \boldsymbol{F}_B^*] + [\boldsymbol{F}_D^*, \boldsymbol{A}, \boldsymbol{F}_C^*] + [\boldsymbol{F}_D^*, \boldsymbol{F}_B^*, \boldsymbol{A}]|/6 = 4\mu\nu\omega|[\boldsymbol{A}, \boldsymbol{B}, \boldsymbol{C}] + [\boldsymbol{A}, \boldsymbol{B}, \boldsymbol{D}] + [\boldsymbol{B}, \boldsymbol{C}, \boldsymbol{D}] + [\boldsymbol{C}, \boldsymbol{A}, \boldsymbol{D}]|/6 = 4\mu\nu\omega\square_v ABCD(\square_v ABCD \neq 0)$,

同理得 $\square_v F_A^*BF_C^*F_D^* = 4\lambda\nu\omega\square_v ABCD$,

$\square_v F_A^*F_B^*CF_D^* = 4\lambda\mu\omega\square_v ABCD$,

$\square_v F_A^*F_B^*F_C^*D = 4\lambda\mu\nu\square_v ABCD$。

定理 46(四面体的外接球面内心)

设$\square ABCD$,

则$\square ABCD$ 的外接球面内心

$\boldsymbol{R}_0^* = (\lambda\boldsymbol{A} + \mu\boldsymbol{B} + \nu\boldsymbol{C} + \omega\boldsymbol{D})(\lambda+\mu+\nu+\omega = 1)$,

其中(见图 4-36),

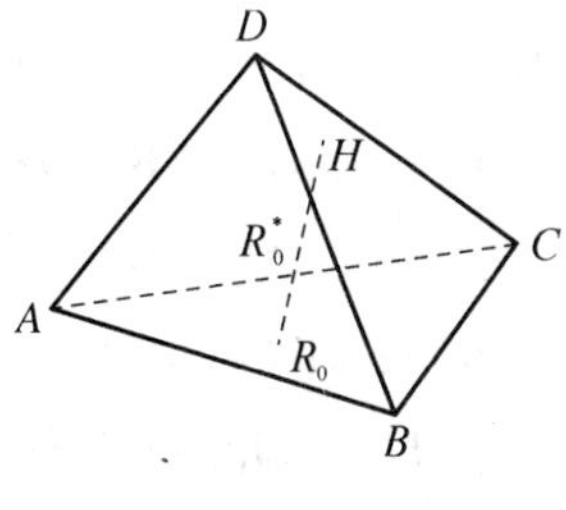

图 4-36

$p = [a^2|\boldsymbol{A}|^2 - (b^2+a^2-c^2)|\boldsymbol{B}|^2/2 - (c^2+a^2-b^2)|\boldsymbol{C}|^2/2]/8S^2[\boldsymbol{A}, \boldsymbol{B}, \boldsymbol{C}] + [\boldsymbol{B}, \boldsymbol{C}, \boldsymbol{N}]/4S^2$,

$q = [b^2|\boldsymbol{B}|^2 - (c^2+b^2-a^2)|\boldsymbol{C}|^2/2 - (a^2+b^2-c^2)|\boldsymbol{A}|^2/2]/8S^2[\boldsymbol{A}, \boldsymbol{B}, \boldsymbol{C}] + [\boldsymbol{C}, \boldsymbol{A}, \boldsymbol{N}]/4S^2$,

$r = [c^2|\boldsymbol{C}|^2 - (a^2+c^2-b^2)|\boldsymbol{A}|^2/2 - (b^2+c^2-a^2)|\boldsymbol{B}|^2/2]/8S^2[\boldsymbol{A}, \boldsymbol{B}, \boldsymbol{C}] + [\boldsymbol{A}, \boldsymbol{B}, \boldsymbol{N}]/4S^2$,

a, b 与 c 为$\triangle ABC$ 三条边 BC, CA 与 AB 的长度, $S = \triangle_s ABC$, $\boldsymbol{N} = \boldsymbol{B}\times\boldsymbol{C} + \boldsymbol{C}\times\boldsymbol{A} + \boldsymbol{A}\times\boldsymbol{B}$,

$\lambda = p + \kappa\sigma$, $\mu = q + \tau\kappa$, $\nu = r + \kappa\rho$, $\omega = (-\sigma-\tau-\rho)$, $(\lambda+\mu+\nu+\omega = p+q+r = 1)$。

$\kappa = [(|\boldsymbol{C}|^2 - |\boldsymbol{D}|^2) - 2\boldsymbol{R}_0\cdot(\boldsymbol{C}-\boldsymbol{D})]/12V$,

$\sigma = \boldsymbol{N}\cdot(\boldsymbol{B}\times\boldsymbol{C} + \boldsymbol{C}\times\boldsymbol{D} + \boldsymbol{D}\times\boldsymbol{B})/6V$, $\tau = \boldsymbol{N}\cdot(\boldsymbol{C}\times\boldsymbol{A} + \boldsymbol{A}\times\boldsymbol{D} + \boldsymbol{D}\times\boldsymbol{C})/6V$, $\rho = \boldsymbol{N}\cdot(\boldsymbol{A}\times\boldsymbol{B} + \boldsymbol{B}\times\boldsymbol{D} + \boldsymbol{D}\times\boldsymbol{A})/6V$,

$V = \square_v ABCD = [\boldsymbol{A}, \boldsymbol{B}, \boldsymbol{C}] + [\boldsymbol{D}, \boldsymbol{C}, \boldsymbol{B}] + [\boldsymbol{D}, \boldsymbol{A}, \boldsymbol{C}] + [\boldsymbol{D}, \boldsymbol{C}, \boldsymbol{A}]/6$。

证 设 R_0^* 是$\triangle ABC$ 的外接圆内心按第 1 章定理 56 得

$\boldsymbol{R}_0^* = p\boldsymbol{A} + q\boldsymbol{B} + r\boldsymbol{C}\ (p+q+r = 1)$

令 HR_0 垂直 $\triangle ABC$ 在 HR_0 上取 R_0^* 使满足：

$|\boldsymbol{R}_0^*-\boldsymbol{C}|=|\boldsymbol{R}_0^*-\boldsymbol{D}|$，$\boldsymbol{R}_0^*\cdot(\boldsymbol{C}-\boldsymbol{D})=(|\boldsymbol{C}|^2-|\boldsymbol{D}|^2)/2$，$\boldsymbol{R}_0^*=\boldsymbol{R}_0+\kappa\boldsymbol{N}$，

令 $\boldsymbol{N}=\sigma(\boldsymbol{A}-\boldsymbol{D})+\tau(\boldsymbol{B}-\boldsymbol{D})+\rho(\boldsymbol{C}-\boldsymbol{D})$，

以 $(\boldsymbol{B}-\boldsymbol{D})\times(\boldsymbol{C}-\boldsymbol{D})$，$(\boldsymbol{C}-\boldsymbol{D})\times(\boldsymbol{A}-\boldsymbol{D})$，$(\boldsymbol{A}-\boldsymbol{D})\times(\boldsymbol{B}-\boldsymbol{D})$ 分别点积 $\boldsymbol{N}\Rightarrow$ $\boldsymbol{R}_0^*=\lambda\boldsymbol{A}+\mu\boldsymbol{B}+\nu\boldsymbol{C}+\omega\boldsymbol{D}$。

四面体的外接球外心：

$\boldsymbol{R}_1^*=(-\lambda\boldsymbol{A}+\mu\boldsymbol{B}+\nu\boldsymbol{C}+\omega\boldsymbol{D})/(-\lambda+\mu+\nu+\omega)$，$\boldsymbol{R}_2^*=(\lambda\boldsymbol{A}-\mu\boldsymbol{B}+\nu\boldsymbol{C}+\omega\boldsymbol{D})/(\lambda-\mu+\nu+\omega)$，

$\boldsymbol{R}_3^*=(\lambda\boldsymbol{A}+\mu\boldsymbol{B}-\nu\boldsymbol{C}+\omega\boldsymbol{D})/(\lambda+\mu-\nu+\omega)$，$\boldsymbol{R}_4^*=(\lambda\boldsymbol{A}+\mu\boldsymbol{B}+\nu\boldsymbol{C}-\omega\boldsymbol{D})/(\lambda+\mu+\nu-\omega)$。

定理 47

设 $\square ABCD$，其中 $\triangle DCB$，$\triangle DAC$，$\triangle DBA$ 和 $\triangle ABC$ 的内切圆的内心分别为 D_j^* $(j=1, 2, 3, 4)$ [见第 1 章定理 48(内切圆心)]。

$\boldsymbol{D}_1^*=(a\boldsymbol{D}+c'\boldsymbol{B}+b'\boldsymbol{C})/(a+c'+b')$，$\boldsymbol{D}_2^*=(b\boldsymbol{D}+a'\boldsymbol{C}+c'\boldsymbol{A})/(b+a'+c')$，

$\boldsymbol{D}_3^*=(c\boldsymbol{D}+b'\boldsymbol{A}+a'\boldsymbol{B})/(c+b'+a')$，$\boldsymbol{D}_4^*=(a\boldsymbol{A}+b\boldsymbol{B}+c\boldsymbol{C})/(a+b+c)$。

$BC=a$，$CA=b$，$AB=c$，$DA=a'$，$DB=b'$，$DC=c'$，则

$\square_v D_1^* D_2^* D_3^* D_4^*=|\sigma|\square_v ABCD$，$\sigma=\varepsilon/\eta$，

$\varepsilon=a^2a'^2+b^2b'^2+c^2c'^2-2aba'b'-2bcb'c'-2cac'a'$。

$\eta=(a+b+c)(a+b'+c')(b+c'+a')(c+a'+b')$

(见图 4-37)，

证略。

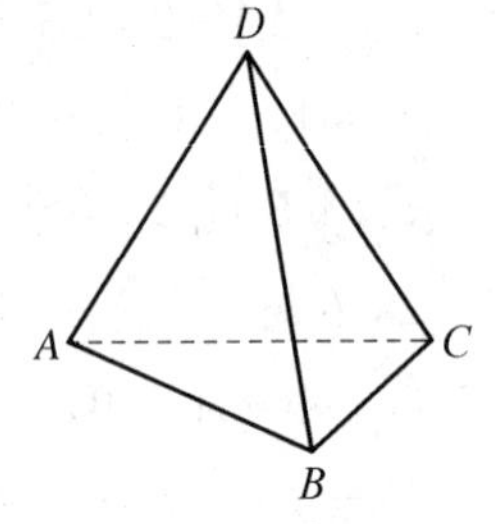

图 4-37

定理 48

设 $\square ABCD$ 中四点 R_j $(j=1, 2, 3, 4)$，

其中 R_1 至 $\triangle BCD$，$\triangle CDA$，$\triangle DAB$ 与 $\triangle ABC$ 距离分别记为 d_{11}，d_{12}，d_{13} 与 d_{14}，

R_2 至 $\triangle CDA$，$\triangle DAB$，$\triangle ABC$ 与 $\triangle BCD$ 距离分别记为 d_{21}，d_{22}，d_{23} 与 d_{24}，

R_3 至 $\triangle DAB$，$\triangle ABC$，$\triangle BCD$ 与 $\triangle CDA$ 距离分别记为 d_{31}，d_{32}，d_{33} 与 d_{34}，

R_4 至 $\triangle ABC$，$\triangle BCD$，$\triangle CDA$ 与 $\triangle DAB$ 距离分别记为 d_{41}，d_{42}，d_{43} 与 d_{44}，

$\boldsymbol{R}_1=(\rho A_s\boldsymbol{A}+\sigma B_s\boldsymbol{B}+\tau C_s\boldsymbol{C}+\omega D_s\boldsymbol{D})/(\rho A_s+\sigma B_s+\tau C_s+\omega D_s)$，

$\boldsymbol{R}_2=(\omega A_s\boldsymbol{A}+\rho B_s\boldsymbol{B}+\sigma C_s\boldsymbol{C}+\tau D_s\boldsymbol{D})/(\omega A_s+\rho B_s+\sigma C_s+\tau D_s)$，

$\boldsymbol{R}_3=(\tau A_s\boldsymbol{A}+\omega B_s\boldsymbol{B}+\rho C_s\boldsymbol{C}+\sigma D_s\boldsymbol{D})/(\tau A_s+\omega B_s+\rho C_s+\sigma D_s)$,

$\boldsymbol{R}_4=(\sigma A_s\boldsymbol{A}+\tau B_s\boldsymbol{B}+\omega C_s\boldsymbol{C}+\rho D_s\boldsymbol{D})/(\sigma A_s+\tau B_s+\omega C_s+\rho D_s)$,

A_s, B_s, C_s与D_s分别为$\triangle BCD$, $\triangle CDA$, $\triangle DAB$与$\triangle ABC$的面积。则

(1) $d_{11}:d_{12}:d_{13}:d_{14}=d_{21}:d_{22}:d_{23}:d_{24}=d_{31}:d_{32}:d_{33}:d_{34}=d_{41}:d_{42}:d_{43}:d_{44}=\rho:\sigma:\tau:\omega$;

(2) $\square_v R_1R_2R_3R_4=\varepsilon\square_v^* ABCD, \varepsilon=\varepsilon_1/\varepsilon_2$,

$\varepsilon_1=[(\rho^2-\tau^2)-(\sigma^2-\omega^2)+4\tau\rho(\sigma^2+\omega^2)-4\sigma\omega(\rho^2+\tau^2)]$。

$\varepsilon_2=(\rho A_s+\sigma B_s+\tau C_s+\omega D_s)(\omega A_s+\rho B_s+\sigma C_s+\tau D_s)(\tau A_s+\omega B_s+\rho C_s+\sigma D_s)(\sigma A_s+\tau B_s+\omega C_s+\rho D_s)$。

$\square_v^* ABCD=|[\boldsymbol{D},\boldsymbol{C},\boldsymbol{B}]A_s+[\boldsymbol{D},\boldsymbol{A},\boldsymbol{C}]B_s+[\boldsymbol{D},\boldsymbol{B},\boldsymbol{A}]C_s+[\boldsymbol{A},\boldsymbol{B},\boldsymbol{C}]D_s|/6$称为$\square ABCD$的**拟体积**,

$\square_v ABCD=|[\boldsymbol{D},\boldsymbol{C},\boldsymbol{B}]+[\boldsymbol{D},\boldsymbol{A},\boldsymbol{C}]+[\boldsymbol{D},\boldsymbol{B},\boldsymbol{A}]+[\boldsymbol{A},\boldsymbol{B},\boldsymbol{C}]|/6$,称为$\square ABCD$的**体积**。

(3) ① 当$\rho=\sigma=\tau=\omega$时,则四点重合$\boldsymbol{R}_j=\boldsymbol{G}_0^*(j=1,2,3,4)$。

[见定理30, G_0^*称为$\square ABCD$的**内切球的内心**]

② 当$\rho=\tau$, $\sigma=\omega$时, $\boldsymbol{R}_1=\boldsymbol{R}_3$, $\boldsymbol{R}_2=\boldsymbol{R}_4$。

③ 当$\rho=\sigma$, $\tau=\omega$时, $\boldsymbol{R}_j(j=1,2,3,4)$共面。

证 设$\square ABCD$,

平面$\triangle BCD$方程: $\boldsymbol{R}\cdot(\boldsymbol{B}\times\boldsymbol{C}+\boldsymbol{C}\times\boldsymbol{D}+\boldsymbol{D}\times\boldsymbol{B})=[\boldsymbol{B},\boldsymbol{C},\boldsymbol{D}]$,

平面$\triangle CDA$方程: $\boldsymbol{R}\cdot(\boldsymbol{C}\times\boldsymbol{D}+\boldsymbol{D}\times\boldsymbol{A}+\boldsymbol{A}\times\boldsymbol{C})=[\boldsymbol{C},\boldsymbol{D},\boldsymbol{A}]$,

平面$\triangle DAB$方程: $\boldsymbol{R}\cdot(\boldsymbol{D}\times\boldsymbol{A}+\boldsymbol{A}\times\boldsymbol{B}+\boldsymbol{B}\times\boldsymbol{D})=[\boldsymbol{D},\boldsymbol{A},\boldsymbol{B}]$,

平面$\triangle ABC$方程: $\boldsymbol{R}\cdot(\boldsymbol{A}\times\boldsymbol{B}+\boldsymbol{B}\times\boldsymbol{C}+\boldsymbol{C}\times\boldsymbol{A})=[\boldsymbol{A},\boldsymbol{B},\boldsymbol{C}]$,

(1) $d_{11}=|\boldsymbol{R}_1\cdot(\boldsymbol{B}\times\boldsymbol{C}+\boldsymbol{C}\times\boldsymbol{D}+\boldsymbol{D}\times\boldsymbol{B})-[\boldsymbol{B},\boldsymbol{C},\boldsymbol{D}]|/2A_s=3\rho\square_v ABCD/(\rho A_s+\sigma B_s+\tau C_s+\omega D_s)$。

同理$d_{12}=3\sigma\square_v ABCD/(\rho A_s+\sigma B_s+\tau C_s+\omega D_s)$;

$d_{13}=3\tau\square_v ABCD/(\rho A_s+\sigma B_s+\tau C_s+\omega D_s)$, $d_{14}=3\omega\square_v ABCD/(\rho A_s+\sigma B_s+\tau C_s+\omega D_s)$;

$d_{21}=3\rho\square_v ABCD/(\omega A_s+\rho B_s+\sigma C_s+\tau D_s)$, $d_{22}=3\sigma\square_v ABCD/(\omega A_s+\rho B_s+\sigma C_s+\tau D_s)$,

$d_{23}=3\tau\square_v ABCD/(\omega A_s+\rho B_s+\sigma C_s+\tau D_s)$，$d_{24}=3\omega\square_v ABCD/(\omega A_s+\rho B_s+\sigma C_s+\tau D_s)$；

$d_{31}=3\rho\square_v ABCD/(\tau A_s+\omega B_s+\rho C_s+\sigma D_s)$，$d_{32}=3\sigma\square_v ABCD/(\tau A_s+\omega B_s+\rho C_s+\sigma D_s)$，

$d_{33}=3\tau\square_v ABCD/(\tau A_s+\omega B_s+\rho C_s+\sigma D_s)$，$d_{34}=3\omega\square_v ABCD/(\tau A_s+\omega B_s+\rho C_s+\sigma D_s)$，

$d_{41}=3\rho\square_v ABCD/(\sigma A_s+\tau B_s+\omega C_s+\rho D_s)$，$d_{42}=3\sigma\square_v ABCD/(\sigma A_s+\tau B_s+\omega C_s+\rho D_s)$，

$d_{43}=3\tau\square_v ABCD/(\sigma A_s+\tau B_s+\omega C_s+\rho D_s)$，$d_{44}=3\omega\square_v ABCD/(\sigma A_s+\tau B_s+\omega C_s+\rho D_s)$；

得 $d_{11}:d_{12}:d_{13}:d_{14}=d_{21}:d_{22}:d_{23}:d_{24}=d_{31}:d_{32}:d_{33}:d_{34}=d_{41}:d_{42}:d_{43}:d_{44}=\rho:\sigma:\tau:\omega$。

(2) $\square_v R_1R_2R_3R_4=|[\boldsymbol{R}_1,\boldsymbol{R}_2,\boldsymbol{R}_3]+[\boldsymbol{R}_4,\boldsymbol{R}_2,\boldsymbol{R}_1]+[\boldsymbol{R}_4,\boldsymbol{R}_3,\boldsymbol{R}_2]+[\boldsymbol{R}_4,\boldsymbol{R}_1,\boldsymbol{R}_2]|/6=\varepsilon\square_v^* ABCD$。

利用

$(\rho A_s+\sigma B_s+\tau C_s+\omega D_s)[\rho A_s\boldsymbol{A}+\sigma B_s\boldsymbol{B}+\tau C_s\boldsymbol{C}+\omega D_s\boldsymbol{D},\ \omega A_s\boldsymbol{A}+\rho B_s\boldsymbol{B}+\sigma C_s\boldsymbol{C}+\tau D_s\boldsymbol{D}\ \ \tau A_s\boldsymbol{A}+\omega B_s\boldsymbol{B}+\rho C_s\boldsymbol{C}+\sigma D_s\boldsymbol{D}]+$
$(\omega A_s+\rho B_s+\sigma C_s+\tau D_s)[\sigma A_s\boldsymbol{A}+\tau B_s\boldsymbol{B}+\omega C_s\boldsymbol{C}+\rho D_s\boldsymbol{D},\ \omega A_s\boldsymbol{A}+\rho B_s\boldsymbol{B}+\sigma C_s\boldsymbol{C}+\tau D_s\boldsymbol{D}\ \ \rho A_s\boldsymbol{A}+\sigma B_s\boldsymbol{B}+\tau C_s\boldsymbol{C}+\omega D_s\boldsymbol{D}]+$
$(\tau A_s+\omega B_s+\rho C_s+\sigma D_s)[\sigma A_s\boldsymbol{A}+\tau B_s\boldsymbol{B}+\omega C_s\boldsymbol{C}+\rho D_s\boldsymbol{D},\ \tau A_s\boldsymbol{A}+\omega B_s\boldsymbol{B}+\rho C_s\boldsymbol{C}+\sigma D_s\boldsymbol{D}\ \ \omega A_s\boldsymbol{A}+\rho B_s\boldsymbol{B}+\sigma C_s\boldsymbol{C}+\tau D_s\boldsymbol{D}]+$
$(\sigma A_s+\tau B_s+\omega C_s+\rho D_s)[\sigma A_s\boldsymbol{A}+\tau B_s\boldsymbol{B}+\omega C_s\boldsymbol{C}+\rho D_s\boldsymbol{D},\rho A_s\boldsymbol{A}+\sigma B_s\boldsymbol{B}+\tau C_s\boldsymbol{C}+\omega D_s\boldsymbol{D}\ \ \tau A_s\boldsymbol{A}+\omega B_s\boldsymbol{B}+\rho C_s\boldsymbol{C}+\sigma D_s\boldsymbol{D}]$
$=\{(\rho A_s+\sigma B_s+\tau C_s+\omega D_s)[\rho^3-2\rho\sigma\omega+\sigma^2\tau+\tau\omega^2-\rho\tau^2]+(\omega A_s+\rho B_s+\sigma C_s+\tau D_s)[2\rho\sigma\tau-\sigma^3-\tau^2\omega+\sigma\omega^2-\rho^2\omega]$,

$(\tau A_s+\omega B_s+\rho C_s+\sigma D_s)[2\rho\tau\omega-\omega^3-\sigma\tau^2+\sigma^2\omega-\rho^2\sigma]$

$(\sigma A_s+\tau B_s+\omega C_s+\rho D_s)[\tau^3-2\sigma\tau\omega+\rho\sigma^2-\rho^2\tau+\rho\omega^2]\}[\boldsymbol{A},\boldsymbol{B},\boldsymbol{C}]+\{\cdots\}[\boldsymbol{D},\boldsymbol{C},\boldsymbol{B}]+\{\cdots\}[\boldsymbol{D},\boldsymbol{A},\boldsymbol{C}]+\{\cdots\}[\boldsymbol{D},\boldsymbol{B},\boldsymbol{A}]=\{0A_s+0B_s+0C_s+\varepsilon_1 D_s\}[\boldsymbol{A},\boldsymbol{B},\boldsymbol{C}]+\{\varepsilon_1 A_s+0B_s+0C_s+0D_s\}[\boldsymbol{D},\boldsymbol{C},\boldsymbol{B}]+\{0A_s+\varepsilon_1 B_s+0C_s+0D_s\}[\boldsymbol{D},\boldsymbol{A},\boldsymbol{C}]+$

$\{0A_s+0B_s+\varepsilon_1 C_s+0D_s\}[\boldsymbol{D},\boldsymbol{B},\boldsymbol{A}]=\varepsilon_1\{A_s[\boldsymbol{D},\boldsymbol{C},\boldsymbol{B}]+B_s[\boldsymbol{D},\boldsymbol{A},\boldsymbol{C}]+C_s[\boldsymbol{D},\boldsymbol{B},\boldsymbol{A}]+D_s[\boldsymbol{A},\boldsymbol{B},\boldsymbol{C}]\}$。

(3) ① 当 $\rho=\sigma=\tau=\omega$ 时，$(\varepsilon=0)$，则四点 $\boldsymbol{R}_j=(A_s\boldsymbol{A}+B_s\boldsymbol{B}+C_s\boldsymbol{C}+D_s\boldsymbol{D})/(A_s+B_s+C_s+D_s)$ $(j=1,2,3,4)$ 重合。

② 当 $\rho=\tau$，$\sigma=\omega$ 时$(\varepsilon=0)$，

$\boldsymbol{R}_1=\boldsymbol{R}_3=(\rho A_s\boldsymbol{A}+\sigma B_s\boldsymbol{B}+\rho C_s\boldsymbol{C}+\sigma D_s\boldsymbol{D})/(\rho A_s+\sigma B_s+\rho C_s+\sigma D_s)$，

$\boldsymbol{R}_2=\boldsymbol{R}_4=(\sigma A_s\boldsymbol{A}+\rho B_s\boldsymbol{B}+\sigma C_s\boldsymbol{C}+\rho D_s\boldsymbol{D})/(\sigma A_s+\rho B_s+\sigma C_s+\rho D_s)$。

③ 当 $\rho=\sigma$，$\tau=\omega$ 时$(\varepsilon=0)$，$\square_v R_1R_2R_3R_4=0$，$\boldsymbol{R}_j(j=1,2,3,4)$ 共面。

$\boldsymbol{R}_1=(\sigma A_s\boldsymbol{A}+\sigma B_s\boldsymbol{B}+\omega C_s\boldsymbol{C}+\omega D_s\boldsymbol{D})/(\sigma A_s+\sigma B_s+\omega C_s+\omega D_s)$，

$\boldsymbol{R}_2=(\omega A_s\boldsymbol{A}+\sigma B_s\boldsymbol{B}+\sigma C_s\boldsymbol{C}+\omega D_s\boldsymbol{D})/(\omega A_s+\sigma B_s+\sigma C_s+\omega D_s)$，

$\boldsymbol{R}_3=(\omega A_s\boldsymbol{A}+\omega B_s\boldsymbol{B}+\sigma C_s\boldsymbol{C}+\sigma D_s\boldsymbol{D})/(\omega A_s+\omega B_s+\sigma C_s+\sigma D_s)$，

$\boldsymbol{R}_4=(\sigma A_s\boldsymbol{A}+\omega B_s\boldsymbol{B}+\omega C_s\boldsymbol{C}+\sigma D_s\boldsymbol{D})/(\sigma A_s+\omega B_s+\omega C_s+\sigma D_s)$，

④ 当 $\rho,\sigma,\tau,\omega\neq,\varepsilon=0$ 时，$\square_v R_1R_2R_3R_4=0$，$\boldsymbol{R}_j(j=1,2,3,4)$ 共面。

推广

$\boldsymbol{R}_1=(\rho A_s\boldsymbol{A}+\sigma B_s\boldsymbol{B}+\tau C_s\boldsymbol{C}+\omega D_s\boldsymbol{D})/(\rho A_s+\sigma B_s+\tau C_s+\omega D_s)$，

$\boldsymbol{R}_2=(\omega A_s\boldsymbol{A}+\rho B_s\boldsymbol{B}+\sigma C_s\boldsymbol{C}+\tau D_s\boldsymbol{D})/(\omega A_s+\rho B_s+\sigma C_s+\tau D_s)$，

$\boldsymbol{R}_3=(\tau A_s\boldsymbol{A}+\omega B_s\boldsymbol{B}+\rho C_s\boldsymbol{C}+\sigma D_s\boldsymbol{D})/(\tau A_s+\omega B_s+\rho C_s+\sigma D_s)$，

$\boldsymbol{R}_4=(\sigma A_s\boldsymbol{A}+\tau B_s\boldsymbol{B}+\omega C_s\boldsymbol{C}+\rho D_s\boldsymbol{D})/(\sigma A_s+\tau B_s+\omega C_s+\rho D_s)$，

$d_{11}:d_{12}:d_{13}:d_{14}=d_{21}:d_{22}:d_{23}:d_{24}=d_{31}:d_{32}:d_{33}:d_{34}=d_{41}:d_{42}:d_{43}:d_{44}=|\rho|:|\sigma|:|\tau|:|\omega|$。

ρ,σ,τ 和 ω 可取实数。

4.1.11　四面体与直线及平面的相关性

定理 49

四面体的四顶点到任意平面的距离代数和等于其重心到该平面距离的四倍(见图 4－38)。

证　取坐标原点为 O，

(1) 若经过$\square ABCD$ 的点 A 作(见图 4－38)，

平面 M：$\boldsymbol{R}\cdot\boldsymbol{N}=p$，$|\boldsymbol{N}|=1$ 使平行于已知平面 M^*，

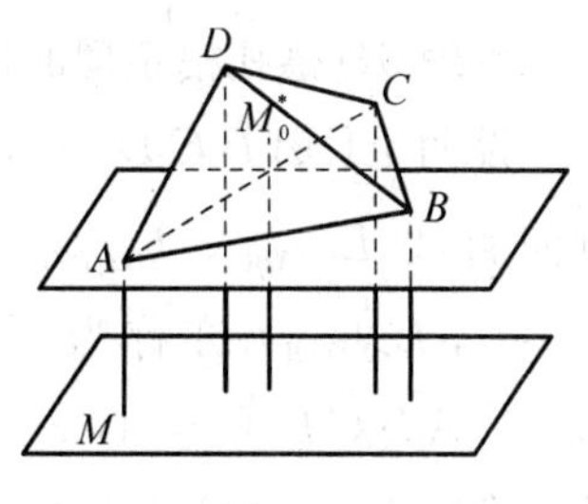

图 4－38

M 与$\square ABCD$ 除点 A 外不再有其他交点，

记 d_R为点 R 到 M 的距离，得

$d^*_{\boldsymbol{M}_0} = |\boldsymbol{M}^*_0 \cdot \boldsymbol{N} - p|$，$\boldsymbol{M}^*_0 = (\boldsymbol{A}+\boldsymbol{B}+\boldsymbol{C}+\boldsymbol{D})/4$[第1章1.5.4.2)(3)]。$d_A + d_B + d_C + d_D = 4d_G$。

若 M 与 M^* 之间距离为 d，得 $(d_A+d)+(d_B+d)+(d_C+d)+(d_D+d) = 4(d_G+d)$。

(2) 若(1)的 M^* 任意直线 L^* 与$\triangle ABC$ 不相交则结论也成立。

假设面体积约定内所有三角形的法矢均指向 n 面立体 Ω 内部，

记$\triangle R_tR_uR_w$的法矢$\boldsymbol{R}_t\times\boldsymbol{R}_u+\boldsymbol{R}_u\times\boldsymbol{R}_w+\boldsymbol{R}_w\times\boldsymbol{R}_t$ 指向 n 面体 Ω 内部的**面体积**为$[\boldsymbol{R}_t, \boldsymbol{R}_u, \boldsymbol{R}_w]$。

(3) 若$\triangle ABC$ 不平行且相交于平面 M 结论也成立。

定理 50

设两个 $\square A_iB_iC_iD_i(i=1, 2)$，若 A_3，B_3，C_3 与 D_3分别为 A_1A_2，B_1B_2，C_1C_2 与 D_1D_2相等比例的分点，则三个 $\square A_iB_iC_iD_i(i=1, 2, 3)$ 的内重心和4个外重心分别在五条直线上。

证 令 $\boldsymbol{A}_3=\lambda\boldsymbol{A}_1+(1-\lambda)\boldsymbol{A}_2$，$\boldsymbol{B}_3=\lambda\boldsymbol{B}_1+(1-\lambda)\boldsymbol{B}_2$，$\boldsymbol{C}_3=\lambda\boldsymbol{C}_1+(1-\lambda)\boldsymbol{C}_2$，$\boldsymbol{D}_3=\lambda\boldsymbol{D}_1+(1-\lambda)\boldsymbol{D}_2$，

由 $\boldsymbol{G}_3=\lambda\boldsymbol{G}_1+(1-\lambda)\boldsymbol{G}_2$，其中 $\boldsymbol{G}_i=(\boldsymbol{A}_i+\boldsymbol{B}_i+\boldsymbol{C}_i+\boldsymbol{D}_i)/4$(内重心) 得证。

$\boldsymbol{G}_{3j}=\lambda\boldsymbol{G}_{1j}+(1-\lambda)\boldsymbol{G}_{2j}(j=1, 2, 3, 4)$，

$\boldsymbol{G}_{i1}=(-\boldsymbol{A}_i+\boldsymbol{B}_i+\boldsymbol{C}_i+\boldsymbol{D}_i)/2$，$\boldsymbol{G}_{i2}=(\boldsymbol{A}_i-\boldsymbol{B}_i+\boldsymbol{C}_i+\boldsymbol{D}_i)/2$，

$\boldsymbol{G}_{i3}=(\boldsymbol{A}_i+\boldsymbol{B}_i-\boldsymbol{C}_i+\boldsymbol{D}_i)/2$，$\boldsymbol{G}_{i4}=(\boldsymbol{A}_i+\boldsymbol{B}_i+\boldsymbol{C}_i-\boldsymbol{D}_i)/2$ $(i=1, 2, 3)$。

4.1.12 两个四面体的相关性

定理 51(德扎格定理的推广)

设两个$\square A_iB_iC_iD_i(i=1, 2)$的四直线$A_1A_2$，$B_1B_2$，$C_1C_2$与$D_1D_2$相交一点，则四直线 $L_{12|ABC}$，$L_{12|BCD}$，$L_{12|CDA}$ 与 $L_{12|DAB}$ 共面，记 $M_{12}(L_{12|ABC}, L_{12|BCD}, L_{12|CDA}, L_{12|DAB})$ 亦称为两个四面体 $\square A_iB_iC_iD_i$ $(i=1, 2)$ 的**内蕴平面**，记 $M_{12}[\square A_iB_iC_iD_i(i=1, 2)]$。其中

直线 $L_{12|ABC}$($\triangle A_1B_1C_1$与$\triangle A_2B_2C_2$伸展面的相交线)，直线 $L_{12|BCD}$($\triangle B_1C_1D_1$

与$\triangle B_2C_2D_2$伸展面的相交线），

直线$L_{12|CDA}$（$\triangle C_1D_1A_1$与$\triangle C_2D_2A_2$伸展面的相交线），直线$L_{12|DAB}$（$\triangle D_1A_1B_1$与$\triangle D_2A_2B_2$伸展面的相交线）。

证 令四直线A_1A_2，B_1B_2，C_1C_2与D_1D_2相交于原点，

$\boldsymbol{A}_2=a\boldsymbol{A}_1$，$\boldsymbol{B}_2=b\boldsymbol{B}_1$，$\boldsymbol{C}_2=c\boldsymbol{C}_1$和$\boldsymbol{D}_2=d\boldsymbol{D}_1$，

$\triangle A_iB_iC_i$的平面方程：$\boldsymbol{R}\cdot(\boldsymbol{A}_i\times\boldsymbol{B}_i+\boldsymbol{B}_i\times\boldsymbol{C}_i+\boldsymbol{C}_i\times\boldsymbol{A}_i)=[\boldsymbol{A}_i,\boldsymbol{B}_i,\boldsymbol{C}_i]$ $(i=1,2)$。

它们的相交线$L_{12|ABC}$的方程：

$\boldsymbol{R}\times\{(\boldsymbol{A}_1\times\boldsymbol{B}_1+\boldsymbol{B}_1\times\boldsymbol{C}_1+\boldsymbol{C}_1\times\boldsymbol{A}_1)\times(\boldsymbol{A}_2\times\boldsymbol{B}_2+\boldsymbol{B}_2\times\boldsymbol{C}_2+\boldsymbol{C}_2\times\boldsymbol{A}_2)\}=[\boldsymbol{A}_2,\boldsymbol{B}_2,\boldsymbol{C}_2](\boldsymbol{A}_1\times\boldsymbol{B}_1+\boldsymbol{B}_1\times\boldsymbol{C}_1+\boldsymbol{C}_1\times\boldsymbol{A}_1)-[\boldsymbol{A}_1,\boldsymbol{B}_1,\boldsymbol{C}_1](\boldsymbol{A}_2\times\boldsymbol{B}_2+\boldsymbol{B}_2\times\boldsymbol{C}_2+\boldsymbol{C}_2\times\boldsymbol{A}_2)$，

即$\boldsymbol{R}\times\{a(b-c)\boldsymbol{A}_1+b(c-a)\boldsymbol{B}_1+c(a-b)\boldsymbol{C}_1\}=bc(a-1)\boldsymbol{B}_1\times\boldsymbol{C}_1+ca(b-1)\boldsymbol{C}_1\times\boldsymbol{A}_1+ab(c-1)\boldsymbol{A}_1\times\boldsymbol{B}_1$。

同理，

相交线$L_{12|BCD}$的方程：

$\boldsymbol{R}\times\{b(c-d)\boldsymbol{B}_1+c(d-b)\boldsymbol{C}_1+d(b-c)\boldsymbol{D}_1\}=cd(b-1)\boldsymbol{C}_1\times\boldsymbol{D}_1+db(c-1)\boldsymbol{D}_1\times\boldsymbol{B}_1+bc(d-1)\boldsymbol{B}_1\times\boldsymbol{C}_1$。

利用第1章1.5.4.3)(1)①(a)易检验两直线$L_{12|ABC}$与$L_{12|BCD}$满足共面条件：

$\{a(b-c)\boldsymbol{A}_1+b(c-a)\boldsymbol{B}_1+c(a-b)\boldsymbol{C}_1\}\cdot\{cd(b-1)\boldsymbol{C}_1\times\boldsymbol{D}_1+db(c-1)\boldsymbol{D}_1\times\boldsymbol{B}_1+bc(d-1)\boldsymbol{B}_1\times\boldsymbol{C}_1\}+\{b(c-d)\boldsymbol{B}_1+c(d-b)\boldsymbol{C}_1+d(b-c)\boldsymbol{D}_1\}\cdot\{bc(a-1)\boldsymbol{B}_1\times\boldsymbol{C}_1+ca(b-1)\boldsymbol{C}_1\times\boldsymbol{A}_1+ab(c-1)\boldsymbol{A}_1\times\boldsymbol{B}_1\}=abc[(c-d)(b-1)+(d-b)(c-1)+(b-c)(d-1)][\boldsymbol{A}_1,\boldsymbol{B}_1,\boldsymbol{C}_1]+bcd[(b-c)(a-1)+(c-a)(b-1)+(a-b)(c-1)][\boldsymbol{B}_1,\boldsymbol{C}_1,\boldsymbol{D}_1]+abd[(b-c)(c-1)-(b-c)(c-1)][\boldsymbol{A}_1,\boldsymbol{B}_1,\boldsymbol{D}_1]+acd[(b-c)(b-1)-(b-c)(b-1)][\boldsymbol{B}_1,\boldsymbol{C}_1,\boldsymbol{D}_1]=0$

$L_{12|ABC}$与$L_{12|BCD}$的共面方程为：

$\boldsymbol{R}\cdot\{[a(b-c)\boldsymbol{A}_1+b(c-a)\boldsymbol{B}_1+c(a-b)\boldsymbol{C}_1]\times[b(c-d)\boldsymbol{B}_1+c(d-b)\boldsymbol{C}_1+d(b-c)\boldsymbol{D}_1]\}=[ab(c-1)\boldsymbol{A}_1\times\boldsymbol{B}_1+bc(a-1)\boldsymbol{B}_1\times\boldsymbol{C}_1+ca(b-1)\boldsymbol{C}_1\times\boldsymbol{A}_1]\cdot[b(c-d)\boldsymbol{B}_1+c(d-b)\boldsymbol{C}_1+d(b-c)\boldsymbol{D}_1]$。

记$M_{12}(L_{12|ABC},L_{12|BCD})$：

$\boldsymbol{R}\cdot\{bc(a-d)\boldsymbol{B}_1\times\boldsymbol{C}_1+bd(c-a)\boldsymbol{B}_1\times\boldsymbol{D}_1+cd(a-b)\boldsymbol{C}_1\times\boldsymbol{D}_1+ac(d-b)\boldsymbol{A}_1\times\boldsymbol{C}_1+ab(c-d)\boldsymbol{A}_1\times\boldsymbol{B}_1+ad(b-c)\boldsymbol{A}_1\times\boldsymbol{D}_1\}=abd(c-1)[\boldsymbol{A}_1,\boldsymbol{B}_1,\boldsymbol{D}_1]+$

$bcd(a-1)[\boldsymbol{B}_1, \boldsymbol{C}_1, \boldsymbol{D}_1]+cad(b-1)[\boldsymbol{C}_1, \boldsymbol{A}_1, \boldsymbol{D}_1]+abc(1-d)[\boldsymbol{A}_1, \boldsymbol{B}_1, \boldsymbol{C}_1]$。

$L_{12|BCD}$与$L_{12|CDA}$的共面方程为：

$\boldsymbol{R}\cdot\{cd(b-a)\boldsymbol{C}_1\times\boldsymbol{D}_1+ca(d-b)\boldsymbol{C}_1\times\boldsymbol{A}_1+da(b-c)\boldsymbol{D}_1\times\boldsymbol{A}_1+bd(a-c)\boldsymbol{B}_1\times\boldsymbol{D}_1+bc(d-a)\boldsymbol{B}_1\times\boldsymbol{C}_1+ba(c-d)\boldsymbol{B}_1\times\boldsymbol{A}_1\}=bca(d-1)[\boldsymbol{B}_1, \boldsymbol{C}_1, \boldsymbol{A}_1]+cda(b-1)[\boldsymbol{C}_1, \boldsymbol{D}_1, \boldsymbol{A}_1]+dba(c-1)[\boldsymbol{D}_1, \boldsymbol{B}_1, \boldsymbol{A}_1]+bcd(1-a)[\boldsymbol{B}_1, \boldsymbol{C}_1, \boldsymbol{D}]\Rightarrow M_{12}(L_{12|BCD}, L_{12|CDA})\Rightarrow M_{12}(L_{12|ABC}, L_{12|BCD})=M_{12}(L_{12|BCD}, L_{12|CDA})\Rightarrow M_{12}(L_{12|ABC}, L_{12|BCD}, L_{12|CAD})$同理$\Rightarrow M_{12}(L_{12|ABC}, L_{12|BCD}, L_{12|CDA}, L_{12|DAB})$，其共面方程为：

$\boldsymbol{R}\cdot\{[a(b-c)\boldsymbol{A}_1+b(c-a)\boldsymbol{B}_1+c(a-b)\boldsymbol{C}_1]\times[b(c-d)\boldsymbol{B}_1+c(d-b)\boldsymbol{C}_1+d(b-c)\boldsymbol{D}_1]\}=[ab(c-1)\boldsymbol{A}_1\times\boldsymbol{B}_1+bc(a-1)\boldsymbol{B}_1\times\boldsymbol{C}_1+ca(b-1)\boldsymbol{C}_1\times\boldsymbol{A}_1]\cdot[b(c-d)\boldsymbol{B}_1+c(d-b)\boldsymbol{C}_1+d(b-c)\boldsymbol{D}_1]$。

定理 52

(猜测)定理 51 的逆定理成立。

定理 53

设空间中的两个□$ABCD$，□$A'B'C'D'$。

[在□$ABCD$的顶点A，B，C与D分别至对应面△BCD，△CDA，△DAB与△ABC上重心的连线称为关于对应面上的中线]则过点A'正交于△BCD上的中线的平面，过点B'正交于△CDA上的中线的平面，过点C'正交于△DAB上的中线的平面和过点D'正交于△ABC上的中线的四个平面相交一点的充分必要条件是：过点A正交于△$B'C'D'$上的中线的平面，过点B正交于△$C'D'A'$上的中线的平面，过点C正交于△$D'A'B'$上的中线的平面和过点D正交于△$A'B'C'$上的中线的四个平面相交一点。

证 设A'，B'，C'与D'与关于△BCD，△CDA，△DAB与△ABC上中线正交的平面分别为

$\boldsymbol{M}_A^*=(\boldsymbol{B}+\boldsymbol{C}+\boldsymbol{D})/3$，$\boldsymbol{R}\cdot(\boldsymbol{A}-\boldsymbol{M}_A^*)=\boldsymbol{A}'\cdot(\boldsymbol{A}-\boldsymbol{M}_A^*)$，

$\boldsymbol{M}_B^*=(\boldsymbol{C}+\boldsymbol{D}+\boldsymbol{A})/3$，$\boldsymbol{R}\cdot(\boldsymbol{B}-\boldsymbol{M}_B^*)=\boldsymbol{B}'\cdot(\boldsymbol{B}-\boldsymbol{M}_B^*)$，

$\boldsymbol{M}_C^*=(\boldsymbol{D}+\boldsymbol{A}+\boldsymbol{B})/3$，$\boldsymbol{R}\cdot(\boldsymbol{C}-\boldsymbol{M}_C^*)=\boldsymbol{C}'\cdot(\boldsymbol{C}-\boldsymbol{M}_C^*)$，

$\boldsymbol{M}_D^*=(\boldsymbol{A}+\boldsymbol{B}+\boldsymbol{C})/3$，$\boldsymbol{R}\cdot(\boldsymbol{D}-\boldsymbol{M}_D^*)=\boldsymbol{D}'\cdot(\boldsymbol{D}-\boldsymbol{M}_D^*)$。

设$\boldsymbol{R}_0$为上述四平面的交点，则由四平面方程式相加得

$\boldsymbol{A}' \cdot (\boldsymbol{A}-\boldsymbol{M}_A^*)+\boldsymbol{B}' \cdot (\boldsymbol{B}-\boldsymbol{M}_B^*)+\boldsymbol{C}' \cdot (\boldsymbol{C}-\boldsymbol{M}_C^*)+\boldsymbol{D}' \cdot (\boldsymbol{D}-\boldsymbol{M}_D^*)=0$，即

$\boldsymbol{A}' \cdot [\boldsymbol{A}-(\boldsymbol{B}+\boldsymbol{C}+\boldsymbol{D})/3]+\boldsymbol{B}' \cdot [\boldsymbol{B}-(\boldsymbol{C}+\boldsymbol{D}+\boldsymbol{A})/3]+\boldsymbol{C}' \cdot [\boldsymbol{C}-(\boldsymbol{D}+\boldsymbol{A}+\boldsymbol{B})/3]+\boldsymbol{D}' \cdot [\boldsymbol{D}-(\boldsymbol{A}+\boldsymbol{B}+\boldsymbol{C})/3]=0$。

得 $\boldsymbol{A} \cdot [\boldsymbol{A}'-(\boldsymbol{B}'+\boldsymbol{C}'+\boldsymbol{D}')/3]+\boldsymbol{B} \cdot [\boldsymbol{B}'-(\boldsymbol{C}'+\boldsymbol{D}'+\boldsymbol{A}')/3]+\boldsymbol{C} \cdot [\boldsymbol{C}'-(\boldsymbol{D}'+\boldsymbol{A}'+\boldsymbol{B}')/3]+\boldsymbol{D} \cdot [\boldsymbol{D}'-(\boldsymbol{A}'+\boldsymbol{B}'+\boldsymbol{C}')/3]=0$，

由对称性定理得证。

定理 54

设两个□$ABCD$，□$A'B'C'D'$，过 $A'B'$，$B'C'$，$C'D'$ 与 $D'A'$ 中点分别作正交于 CD，DA，AB 与 BC 的四平面相交一点的充分必要条件是：过 AB，BC，CD 与 DA 中点分别作正交于 $C'D'$，$D'A'$，$A'B'$ 与 $B'C'$ 的四平面相交一点。

证 设 $A'B'$，$B'C'$，$C'D'$ 与 $D'A'$ 中点分别为 $(\boldsymbol{A}'+\boldsymbol{B}')/2$，$(\boldsymbol{B}'+\boldsymbol{C}')/2$，$(\boldsymbol{C}'+\boldsymbol{D}')/2$ 与 $(\boldsymbol{D}'+\boldsymbol{A}')/2$，过上述四点分别作正交于 CD，DA，AB 与 BC 的四平面为

$\boldsymbol{R} \cdot (\boldsymbol{C}-\boldsymbol{D})=(\boldsymbol{A}'+\boldsymbol{B}') \cdot (\boldsymbol{C}-\boldsymbol{D})/2$；$\boldsymbol{R} \cdot (\boldsymbol{D}-\boldsymbol{A})=(\boldsymbol{B}'+\boldsymbol{C}') \cdot (\boldsymbol{D}-\boldsymbol{A})/2$，

$\boldsymbol{R} \cdot (\boldsymbol{A}-\boldsymbol{B})=(\boldsymbol{C}'+\boldsymbol{D}') \cdot (\boldsymbol{A}-\boldsymbol{B})/2$；$\boldsymbol{R} \cdot (\boldsymbol{B}-\boldsymbol{C})=(\boldsymbol{D}'+\boldsymbol{A}') \cdot (\boldsymbol{B}-\boldsymbol{C})/2$。

设 $\boldsymbol{R}_0$ 为上述四平面的交点，则由四平面方程式相加得

$(\boldsymbol{A}'+\boldsymbol{B}') \cdot (\boldsymbol{C}-\boldsymbol{D})+(\boldsymbol{B}'+\boldsymbol{C}') \cdot (\boldsymbol{D}-\boldsymbol{A})+(\boldsymbol{C}'+\boldsymbol{D}') \cdot (\boldsymbol{A}-\boldsymbol{B})+(\boldsymbol{D}'+\boldsymbol{A}') \cdot (\boldsymbol{B}-\boldsymbol{C})=0$，或

$\boldsymbol{A} \cdot \boldsymbol{B}'+\boldsymbol{B} \cdot \boldsymbol{C}'+\boldsymbol{C} \cdot \boldsymbol{D}'+\boldsymbol{D} \cdot \boldsymbol{A}'-\boldsymbol{A}' \cdot \boldsymbol{B}-\boldsymbol{B}' \cdot \boldsymbol{C}-\boldsymbol{C}' \cdot \boldsymbol{D}-\boldsymbol{D}' \cdot \boldsymbol{A}=0$，即

$(\boldsymbol{A}+\boldsymbol{B}) \cdot (\boldsymbol{C}'-\boldsymbol{D}')+(\boldsymbol{B}+\boldsymbol{C}) \cdot (\boldsymbol{D}'-\boldsymbol{A}')+(\boldsymbol{C}+\boldsymbol{D}) \cdot (\boldsymbol{A}'-\boldsymbol{B}')+(\boldsymbol{D}+\boldsymbol{A}) \cdot (\boldsymbol{B}'-\boldsymbol{C}')=0$。

由对称性定理得证。

4.1.13 多个四面体的相关性

定理 55[德扎格定理的推广]

设三个四面体 □$A_iB_iC_iD_i(i=1, 2, 3)$ 的四直线 $A_1A_2A_3$，$B_1B_2B_3$，$C_1C_2C_3$ 与 $D_1D_2D_3$ 相交一点，则

$M_{ij}(L_{ij|ABC}, L_{ij|BCD}, L_{ij|CDA}, L_{ij|DAB})$ $(i, j=1, 2, 3; i<j)$ 的三平面相交一点，也称为三个 □$A_iB_iC_iD_i(i=1, 2, 3)$ 的内蕴点。记 R_{123}[□$A_iB_iC_iD_i(i=1, 2, 3)$]，其中 M_{ij} 按定理 51 的约定。

证 令四直线 $A_1A_2A_3$，B_1B_2B，$C_1C_2C_3$ 与 $D_1D_2D_3$ 相交于原点。

$\boldsymbol{A}_2 = a\boldsymbol{A}_1$，$\boldsymbol{B}_2 = b\boldsymbol{B}_1$，$\boldsymbol{C}_2 = c\boldsymbol{C}_1$，$\boldsymbol{D}_2 = d\boldsymbol{D}_1$ 和 $\boldsymbol{A}_3 = a'\boldsymbol{A}_1$，$\boldsymbol{B}_3 = b'\boldsymbol{B}_1$，$\boldsymbol{C}_3 = c'\boldsymbol{C}_1$ 和 $\boldsymbol{D}_3 = d'\boldsymbol{D}_1$，

按定理 51 的约定 $\Rightarrow M_{12}(L_{12|ABC}, L_{12|BCD}, L_{12|CDA}, L_{12|DAB})$ 共面方程为：$\boldsymbol{R}\cdot\boldsymbol{N}_1 = p_1$，

其中

$\boldsymbol{N}_1 = bc(a-d)\boldsymbol{B}_1\times\boldsymbol{C}_1 + bd(c-a)\boldsymbol{B}_1\times\boldsymbol{D}_1 + cd(a-b)\boldsymbol{C}_1\times\boldsymbol{D}_1 + ac(d-b)\boldsymbol{A}_1\times\boldsymbol{C}_1 + ab(c-d)\boldsymbol{A}_1\times\boldsymbol{B}_1 + ad(b-c)\boldsymbol{A}_1\times\boldsymbol{D}_1$。

$p_1 = abd(c-1)[\boldsymbol{A}_1, \boldsymbol{B}_1, \boldsymbol{D}_1] + bcd(a-1)[\boldsymbol{B}_1, \boldsymbol{C}_1, \boldsymbol{D}_1] + cad(b-1)[\boldsymbol{C}_1, \boldsymbol{A}_1, \boldsymbol{D}_1] + abc(1-d)[\boldsymbol{A}_1, \boldsymbol{B}_1, \boldsymbol{C}_1]$。

$M_{13}(L_{13|ABC}, L_{13|BCD}, L_{13|CDA}, L_{13|DAB})$ 其共面方程为：$\boldsymbol{R}\cdot\boldsymbol{N}_2 = p_2$，

其中

$\boldsymbol{N}_2 = b'c'(a'-d')\boldsymbol{B}_1\times\boldsymbol{C}_1 + b'd'(c'-a')\boldsymbol{B}_1\times\boldsymbol{D}_1 + c'd'(a'-b')\boldsymbol{C}_1\times\boldsymbol{D}_1 + a'c'(d'-b')\boldsymbol{A}_1\times\boldsymbol{C}_1 + a'b'(c'-d')\boldsymbol{A}_1\times\boldsymbol{B}_1 + a'd'(b'-c')\boldsymbol{A}_1\times\boldsymbol{D}_1$。

$p_2 = a'b'd'(c'-1)[\boldsymbol{A}_1, \boldsymbol{B}_1, \boldsymbol{D}_1] + b'c'd'(a'-1)[\boldsymbol{B}_1, \boldsymbol{C}_1, \boldsymbol{D}_1] + c'a'd'(b'-1)[\boldsymbol{C}_1, \boldsymbol{A}_1, \boldsymbol{D}_1] + a'b'c'(1-d')[\boldsymbol{A}_1, \boldsymbol{B}_1, \boldsymbol{C}_1]$。

$M_{13}(L_{13|ABC}, L_{13|BCD}, L_{13|CDA}, L_{13|DAB})$其共面方程为：$\boldsymbol{R}\cdot\boldsymbol{N}_3 = p_3$，

其中 $\boldsymbol{N}_3 = b'c'(a''-d'')\boldsymbol{B}_1\times\boldsymbol{C}_1 + b'd'(c''-a'')\boldsymbol{B}_1\times\boldsymbol{D}_1 + c'd'(a''-b'')\boldsymbol{C}_1\times\boldsymbol{D}_1 + a'c'(d''-b'')\boldsymbol{A}_1\times\boldsymbol{C}_1 + a'b'(c''-d'')\boldsymbol{A}_1\times\boldsymbol{B}_1 + a'd'(b''-c'')\boldsymbol{A}_1\times\boldsymbol{D}_1$。

$p_3 = a'b'd'(c''-1)[\boldsymbol{A}_1, \boldsymbol{B}_1, \boldsymbol{D}_1] + b'c'd'(a''-1)[\boldsymbol{B}_1, \boldsymbol{C}_1, \boldsymbol{D}_1] + c'a'd'(b''-1)[\boldsymbol{C}_1, \boldsymbol{A}_1, \boldsymbol{D}_1] + a'b'c'(1-d'')[\boldsymbol{A}_1, \boldsymbol{B}_1, \boldsymbol{C}_1]$。

($a'' = a'/a$, $b'' = b'/b$, $c'' = c'/c$, $d'' = d'/d$。)

因为 $[(\boldsymbol{D}_1-\boldsymbol{B}_1)\times(\boldsymbol{D}_1-\boldsymbol{C}_1), (\boldsymbol{D}_1-\boldsymbol{C}_1)\times(\boldsymbol{D}_1-\boldsymbol{A}_1), (\boldsymbol{D}_1-\boldsymbol{A}_1)\times(\boldsymbol{D}_1-\boldsymbol{B}_1)] = [\boldsymbol{D}_1-\boldsymbol{A}_1, \boldsymbol{D}_1-\boldsymbol{B}_1, \boldsymbol{D}_1-\boldsymbol{C}_1]^2 = \square_v^2 A_1B_1C_1D_1/36 \neq 0$，为此可令

$\boldsymbol{N}_i = \sigma_i(\boldsymbol{D}_1-\boldsymbol{B}_1)\times(\boldsymbol{D}_1-\boldsymbol{C}_1) + \tau_i(\boldsymbol{D}_1-\boldsymbol{C}_1)\times(\boldsymbol{D}_1-\boldsymbol{A}_1) + \kappa_i(\boldsymbol{D}_1-\boldsymbol{A}_1)\times(\boldsymbol{D}_1-\boldsymbol{B}_1)$ $(i = 1, 2, 3)$，

以 $\boldsymbol{D}_1-\boldsymbol{A}_1$，$\boldsymbol{D}_1-\boldsymbol{B}_1$ 和 $\boldsymbol{D}_1-\boldsymbol{C}_1$ 分别点积 $\boldsymbol{N}_i(i = 1, 2, 3)$，经计算得

$\sigma_1 = bc(a-d)$，$\tau_1 = ac(b-d)$，$\kappa_1 = ab(c-d)$，

$\sigma_2 = b'c'(a'-d')$，$\tau_2 = a'c'(b'-d')$，$\kappa_2 = a'b'(c'-d')$，

$\sigma_3 = b''c''(a''-d'')$，$\tau_3 = a''c''(b''-d'')$，$\kappa_3 = a''b''(c''-d'')$，

一般情况下，

$$\begin{vmatrix} \sigma_1 & \tau_1 & \kappa_1 \\ \sigma_2 & \tau_2 & \kappa_2 \\ \sigma_3 & \tau_3 & \kappa_3 \end{vmatrix} \neq 0 \Rightarrow [\mathbf{N}_1, \mathbf{N}_2, \mathbf{N}_3] \neq 0, \Rightarrow M_{ij}(i, j=1, 2, 3; i<j)$$ 的

三平面相交一点。

定理 56(猜测)

设四个 $\square A_iB_iC_iD_i(i=1, 2, 3, 4)$ 的四直线 $A_1A_2A_3A_4$，$B_1B_2B_3B_4$，$C_1C_2C_3C_4$ 与 $D_1D_2D_3D_4$ 相交一点，则 R_{123}，R_{234}，R_{341} 与 R_{412} 共面于 $M_{1234}(R_{123}, R_{234}, R_{341}, R_{412})$，也称为四个四面体 $\square A_iB_iC_iD_i(i=1, 2, 3, 4)$ 的内蕴平面，记 $M_{1234}[\square A_iB_iC_iD_i(i=1, 2, 3, 4)]$。其中 R_{123}，R_{234}，R_{341} 与 R_{412} 按定理 55 的约定。

定理 57

设两个 $\square A_iB_iC_iD_i(i=1, 2)$ 的四直线 A_1A_2，B_1B_2，C_1C_2 与 D_1D_2 相交一点，则按约定 $R_{23}(B_1C_1, B_2C_2)$，$R_{12}(A_1B_1, A_2B_2)$，$R_{13}(A_1C_1, A_2C_2)$，$R_{14}(A_1D_1, A_2D_2)$，$R_{24}(B_1D_1, B_2D_2)$，与 $R_{34}(C_1D_1, C_2D_2)$ 六点共面 M_{12}(见图 4-39)。

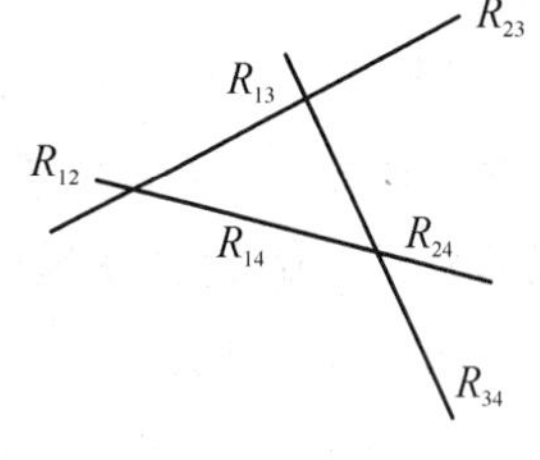

图 4-39

记 M_{12}[当四直线 A_1A_2，B_1B_2，C_1C_2 与 D_1D_2 相交一点，$\square A_iB_iC_iD_i(i=1, 2)$]，简称 $M_{12}[\square A_iB_iC_iD_i(i=1, 2)]$ 为两个 $\square A_iB_iC_iD_i\ (i=1, 2)$ 的**内蕴面**。

证 由于三点 R_{12}，R_{13}，R_{23} 共线于 L_{123}[当三直线 A_1A_2，B_1B_2，C_1C_2 相交一点，$\triangle A_iB_iC_i(i=1, 2)$]，

三点 R_{13}，R_{14}，R_{34} 共线于 L_{134}[当三直线 A_1A_2，C_1C_2，D_1D_2 相交一点，$\triangle A_iC_iD_i\ (i=1, 2)$]，$\Rightarrow R_{12}$，$R_{13}$，$R_{23}$，$R_{14}$，$R_{34}$ 共面 M_{12}[由共面直线 L_{123}，L_{134} 构成的平面]。

三点 R_{23}，R_{24}，R_{34} 共线于 L_{234}[当三直线 B_1B_2，C_1C_2，D_1D_2 相交一点 $\triangle B_iC_iD_i\ (i=1, 2)$]，

$L_{234} \in M_{12} \Rightarrow$ 六点 R_{12}，R_{13}，R_{23}，R_{14}，R_{24} 与 R_{34} 共面 M_{12}。

定理 58

(1) 设三个 $\square A_iB_iC_iD_i(i=1, 2, 3)$，四直线 $A_1A_2A_3$，$B_1B_2B_3$，$C_1C_2C_3$ 与 $D_1D_2D_3$ 相交一点，有三个平面 $M_{12}[\square A_iB_iC_iD_i(i=1, 2)]$，$M_{13}[\square A_iB_iC_iD_i(i=1,$

3)], $M_{23}[\square A_iB_iC_iD_i(i=2, 3)]$, 则三平面 M_{12}, M_{13} 与 $M_{23}[\square A_iB_iC_iD_i(i=1, 2)]$ 是否相交一点 $R_{123}(M_{12}, M_{13}, M_{23})$ 或相交一线 $L_{123}(M_{12}, M_{13}, M_{23})$?

有兴趣读者可作一研究。

(参见作者《**矢量新说**》。)

4.2 多面体

4.2.1 多面体的面体积

定义 9

设空间 n 面立体 Ω_n, M_j 表示第 j 个边界面 $(j=1, 2, \cdots, n)$,

每个边界面可以是一个三角形或 $k(>3)$ 边形(见图 4-40)。

(1) 如边界面 M_1 是 $\triangle R_2R_3R_4$, 其法矢 $\boldsymbol{N}_1=\boldsymbol{R}_2\times\boldsymbol{R}_3+\boldsymbol{R}_3\times\boldsymbol{R}_4+\boldsymbol{R}_4\times\boldsymbol{R}_2$。

按右手四指握拳(手指按顺序 $R_2\Rightarrow R_3\Rightarrow R_4$), 大拇指为(称为内法矢)$\boldsymbol{N}_1$ 指向 Ω_n 内部, $(M_1)_{sv}=[\boldsymbol{R}_2, \boldsymbol{R}_3, \boldsymbol{R}_4]/6$ 称为**边界面 M_1 的面体积(正或负)**。

(事实上, $|[\boldsymbol{R}_2, \boldsymbol{R}_3, \boldsymbol{R}_4]|/6$ 的几何意义是四面体 $OR_2R_3R_4$ 的体积, 即 $\square_v OR_2R_3R_4$。)

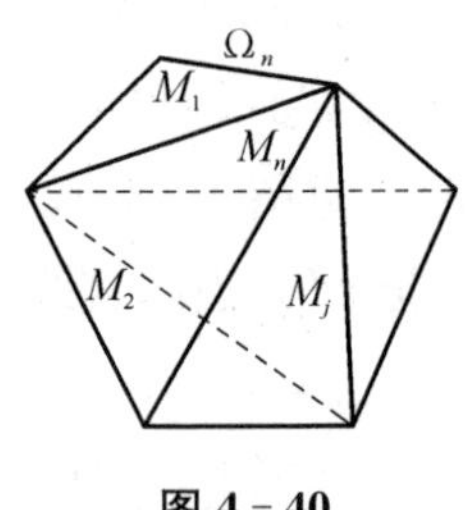

图 4-40

(2) 如边界面 M_1 是 $k(>3)$ 边形 $R_1R_2\cdots R_k$, 则可将其分解为 $(k-2)$ 个三角形:

$\triangle R_1R_2R_3$, $\triangle R_1R_3R_4$, $\triangle R_1R_4R_5$, $\cdots$, $\triangle R_1R_{k-1}R_k$, 这里的$(k-2)$个三角形的每一个按右手四指握拳的大拇指法矢。

$\triangle R_1R_2R_3$ 的内法矢 $\boldsymbol{N}_1=\boldsymbol{R}_1\times\boldsymbol{R}_2+\boldsymbol{R}_2\times\boldsymbol{R}_3+\boldsymbol{R}_3\times\boldsymbol{R}_1$,

$\triangle R_1R_3R_4$ 的内法矢 $\boldsymbol{N}_2=\boldsymbol{R}_1\times\boldsymbol{R}_3+\boldsymbol{R}_3\times\boldsymbol{R}_4+\boldsymbol{R}_4\times\boldsymbol{R}_1$, $\cdots$,

$\triangle R_1R_{k-1}R_k$ 的内法矢 $\boldsymbol{N}_{k-2}=\boldsymbol{R}_1\times\boldsymbol{R}_{k-1}+\boldsymbol{R}_{k-1}\times\boldsymbol{R}_k+\boldsymbol{R}_k\times\boldsymbol{R}_1$,

$(M_1)_{sv}=\{[\boldsymbol{R}_1, \boldsymbol{R}_2, \boldsymbol{R}_3]+[\boldsymbol{R}_1, \boldsymbol{R}_3, \boldsymbol{R}_4]+[\boldsymbol{R}_1, \boldsymbol{R}_4, \boldsymbol{R}_5]+\cdots+[\boldsymbol{R}_1, \boldsymbol{R}_{k-1}, \boldsymbol{R}_k]\}/6$ 称为**边界面 M_1 的面体积(正或负)**, 其中已设 R_i: $\boldsymbol{R}_i(i=1, 2, \cdots, k\leqslant n)$ 是 Ω_n 的部分顶点。

4.2.2 多面体的体积

先看如下例题。

例 12 试求$\square_v R_1R_2R_3R_4$，其中R_j：$\boldsymbol{R}_j(j=1, 2, 3, 4)$，

$\square_v R_1R_2R_3R_4=|[\boldsymbol{R}_1, \boldsymbol{R}_2, \boldsymbol{R}_3]+[\boldsymbol{R}_4, \boldsymbol{R}_3, \boldsymbol{R}_2]+[\boldsymbol{R}_4, \boldsymbol{R}_1, \boldsymbol{R}_3]+[\boldsymbol{R}_4, \boldsymbol{R}_2, \boldsymbol{R}_1]|/6$。

[解释：$\square_v R_1R_2R_3R_4$的体积等于其边界四个$\triangle R_1R_2R_3$，$\triangle R_4R_3R_2$，$\triangle R_4R_1R_3$，$\triangle R_4R_2R_1$面体积和的绝对值]（见图 4-41）。

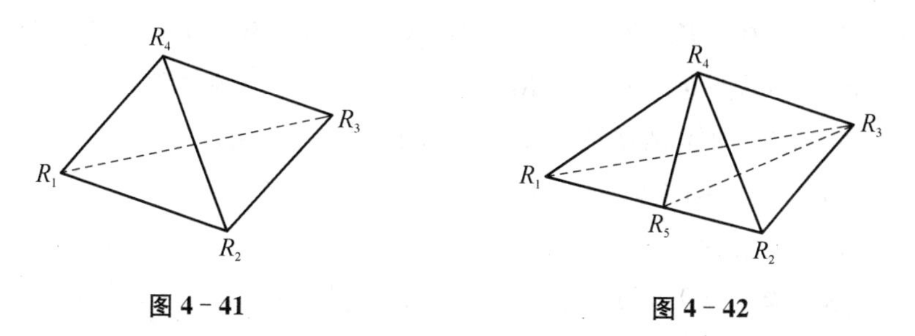

图 4-41　　图 4-42

例 13 试求$\square R_1R_5R_2R_3R_4$的体积（见图 4-42），其中R_j：$\boldsymbol{R}_j(j=1, 2, 3, 4, 5)$。

解 $\square_v R_1R_5R_2R_3R_4=\square_v R_1R_5R_3R_4+\square_v R_5R_2R_3R_4=|[\boldsymbol{R}_1, \boldsymbol{R}_5, \boldsymbol{R}_3]+[\boldsymbol{R}_4, \boldsymbol{R}_3, \boldsymbol{R}_5]+[\boldsymbol{R}_4, \boldsymbol{R}_5, \boldsymbol{R}_1]+[\boldsymbol{R}_4, \boldsymbol{R}_1, \boldsymbol{R}_3]|/6+|[\boldsymbol{R}_5, \boldsymbol{R}_2, \boldsymbol{R}_3]+[\boldsymbol{R}_4, \boldsymbol{R}_3, \boldsymbol{R}_2]+[\boldsymbol{R}_4, \boldsymbol{R}_2, \boldsymbol{R}_5]+[\boldsymbol{R}_4, \boldsymbol{R}_5, \boldsymbol{R}_3]|/6=|[\boldsymbol{R}_1, \boldsymbol{R}_5, \boldsymbol{R}_3]+[\boldsymbol{R}_4, \boldsymbol{R}_3, \boldsymbol{R}_5]+[\boldsymbol{R}_4, \boldsymbol{R}_5, \boldsymbol{R}_1]+[\boldsymbol{R}_4, \boldsymbol{R}_1, \boldsymbol{R}_3]+[\boldsymbol{R}_5, \boldsymbol{R}_2, \boldsymbol{R}_3]+[\boldsymbol{R}_4, \boldsymbol{R}_3, \boldsymbol{R}_2]+[\boldsymbol{R}_4, \boldsymbol{R}_2, \boldsymbol{R}_5]+[\boldsymbol{R}_4, \boldsymbol{R}_5, \boldsymbol{R}_3]|/6=|[\boldsymbol{R}_1, \boldsymbol{R}_2, \boldsymbol{R}_3]+[\boldsymbol{R}_4, \boldsymbol{R}_3, \boldsymbol{R}_2]+[\boldsymbol{R}_4, \boldsymbol{R}_1, \boldsymbol{R}_3]+[\boldsymbol{R}_4, \boldsymbol{R}_2, \boldsymbol{R}_1]|/6=\square_v R_1R_2R_3R_4$。

已利用$[\boldsymbol{R}_1, \boldsymbol{R}_5, \boldsymbol{R}_3]+[\boldsymbol{R}_5, \boldsymbol{R}_2, \boldsymbol{R}_3]=[\boldsymbol{R}_1, \boldsymbol{R}_2, \boldsymbol{R}_3]$，$[\boldsymbol{R}_4, \boldsymbol{R}_5, \boldsymbol{R}_1]+[\boldsymbol{R}_4, \boldsymbol{R}_2, \boldsymbol{R}_5]=[\boldsymbol{R}_4, \boldsymbol{R}_2, \boldsymbol{R}_1]$。

定理 59

n面立体Ω_n的体积等于其所有边界面体积和的绝对值。

[即$(\Omega_n)_v=|(M_1)_{sv}+(M_2)_{sv}+\cdots+(M_n)_{sv}|$，其中已设$R_u$：$\boldsymbol{R}_u(u=1, 2, \cdots, n)$是$\Omega_n$的顶点]。

证 以例 17 的六面正方体$R_1R_2R_3R_4R_5R_6R_7R_8$为例（见图 4-46），

第一面 $R_1R_2R_3R_4$ 面体积 $=\{[\boldsymbol{R}_2, \boldsymbol{R}_3, \boldsymbol{R}_4]+[\boldsymbol{R}_4, \boldsymbol{R}_1, \boldsymbol{R}_2]\}/6$,

第二面 $R_1R_5R_6R_2$ 面体积 $=\{[\boldsymbol{R}_1, \boldsymbol{R}_5, \boldsymbol{R}_6]+[\boldsymbol{R}_6, \boldsymbol{R}_2, \boldsymbol{R}_1]\}/6$,

第三面 $R_1R_4R_8R_5$ 面体积 $=\{[\boldsymbol{R}_1, \boldsymbol{R}_4, \boldsymbol{R}_8]+[\boldsymbol{R}_8, \boldsymbol{R}_5, \boldsymbol{R}_1]\}/6$,

第四面 $R_8R_7R_6R_5$ 面体积 $=\{[\boldsymbol{R}_6, \boldsymbol{R}_5, \boldsymbol{R}_8]+[\boldsymbol{R}_8, \boldsymbol{R}_7, \boldsymbol{R}_6]\}/6$,

第五面 $R_3R_7R_8R_4$ 面体积 $=\{[\boldsymbol{R}_3, \boldsymbol{R}_7, \boldsymbol{R}_8]+[\boldsymbol{R}_8, \boldsymbol{R}_4, \boldsymbol{R}_3]\}/6$,

第六面 $R_2R_6R_7R_3$ 面体积 $=\{[\boldsymbol{R}_3, \boldsymbol{R}_2, \boldsymbol{R}_6]+[\boldsymbol{R}_6, \boldsymbol{R}_7, \boldsymbol{R}_3]\}/6$,

得六个面体积和

$(M')_{sv}=\{[\boldsymbol{R}_2, \boldsymbol{R}_3, \boldsymbol{R}_4]+[\boldsymbol{R}_4, \boldsymbol{R}_1, \boldsymbol{R}_2]+[\boldsymbol{R}_1, \boldsymbol{R}_5, \boldsymbol{R}_6]+[\boldsymbol{R}_6, \boldsymbol{R}_2, \boldsymbol{R}_1]+[\boldsymbol{R}_1, \boldsymbol{R}_4, \boldsymbol{R}_8]+[\boldsymbol{R}_8, \boldsymbol{R}_5, \boldsymbol{R}_1]+[\boldsymbol{R}_6, \boldsymbol{R}_5, \boldsymbol{R}_8]+[\boldsymbol{R}_8, \boldsymbol{R}_7, \boldsymbol{R}_6]+[\boldsymbol{R}_3, \boldsymbol{R}_7, \boldsymbol{R}_8]+[\boldsymbol{R}_8, \boldsymbol{R}_4, \boldsymbol{R}_3]+[\boldsymbol{R}_3, \boldsymbol{R}_2, \boldsymbol{R}_6]+[\boldsymbol{R}_6, \boldsymbol{R}_7, \boldsymbol{R}_3]\}/6=\Omega_6$ 的体积。

例 14 试求八面体 $R_1R_2R_3R_4R_5R_6$ 的体积，其中 P_j : $\boldsymbol{R}_j$ $(j=1, 2, 3, 4, 5, 6)$（见图 4-43）。

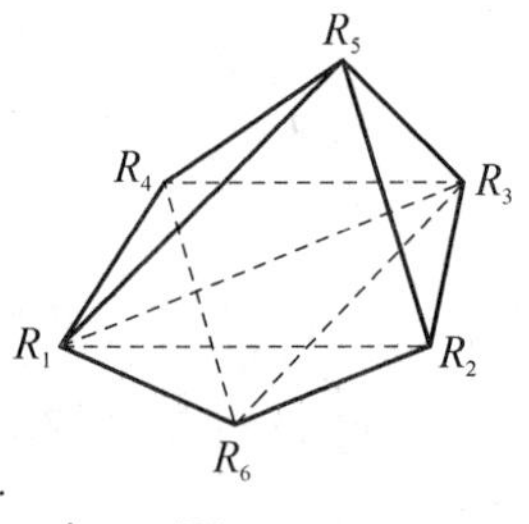

图 4-43

八面体 $\square_v R_1R_2R_3R_4R_5R_6=$

$|\omega+[\boldsymbol{R}_1, \boldsymbol{R}_5, \boldsymbol{R}_2]+[\boldsymbol{R}_2, \boldsymbol{R}_5, \boldsymbol{R}_3]+[\boldsymbol{R}_3, \boldsymbol{R}_5, \boldsymbol{R}_4]+[\boldsymbol{R}_4, \boldsymbol{R}_5, \boldsymbol{R}_1]+[\boldsymbol{R}_1, \boldsymbol{R}_2, \boldsymbol{R}_6]+[\boldsymbol{R}_2, \boldsymbol{R}_3, \boldsymbol{R}_6]+[\boldsymbol{R}_3, \boldsymbol{R}_4, \boldsymbol{R}_6]+[\boldsymbol{R}_4, \boldsymbol{R}_1, \boldsymbol{R}_6]|/6$。

解 $\square_{sv}R_1R_2R_3R_4R_5R_6=\square_{sv}R_1R_2R_3R_5+\square_{sv}R_3R_4R_1R_5+\square_{sv}R_2R_1R_4R_6+\square_{sv}R_4R_3R_2R_6$,

$\square_{sv}R_1R_2R_3R_5=\{[\boldsymbol{R}_1, \boldsymbol{R}_2, \boldsymbol{R}_3]+[\boldsymbol{R}_5, \boldsymbol{R}_3, \boldsymbol{R}_2]+[\boldsymbol{R}_5, \boldsymbol{R}_1, \boldsymbol{R}_3]+[\boldsymbol{R}_5, \boldsymbol{R}_2, \boldsymbol{R}_1]\}/6$,

$\square_{sv}R_3R_4R_1R_5=\{[\boldsymbol{R}_3, \boldsymbol{R}_4, \boldsymbol{R}_1]+[\boldsymbol{R}_5, \boldsymbol{R}_1, \boldsymbol{R}_4]+[\boldsymbol{R}_5, \boldsymbol{R}_3, \boldsymbol{R}_1]+[\boldsymbol{R}_5, \boldsymbol{R}_4, \boldsymbol{R}_3]\}/6$,

$\square_{sv}R_2R_1R_4R_6=\{[\boldsymbol{R}_2, \boldsymbol{R}_1, \boldsymbol{R}_4]+[\boldsymbol{R}_6, \boldsymbol{R}_4, \boldsymbol{R}_1]+[\boldsymbol{R}_6, \boldsymbol{R}_1, \boldsymbol{R}_2]+[\boldsymbol{R}_6, \boldsymbol{R}_2, \boldsymbol{R}_4]\}/6$,

$\square_{sv}R_4R_3R_2R_6=\{[\boldsymbol{R}_4, \boldsymbol{R}_3, \boldsymbol{R}_2]+[\boldsymbol{R}_6, \boldsymbol{R}_2, \boldsymbol{R}_3]+[\boldsymbol{R}_6, \boldsymbol{R}_3, \boldsymbol{R}_4]+[\boldsymbol{R}_6, \boldsymbol{R}_4, \boldsymbol{R}_2]\}/6$,

其中 $[\boldsymbol{R}_6, \boldsymbol{R}_2, \boldsymbol{R}_4]+[\boldsymbol{R}_6, \boldsymbol{R}_4, \boldsymbol{R}_2]=[\boldsymbol{R}_5, \boldsymbol{R}_1, \boldsymbol{R}_3]+[\boldsymbol{R}_5, \boldsymbol{R}_3, \boldsymbol{R}_1]=0$,

$-\omega\equiv[\boldsymbol{R}_4, \boldsymbol{R}_2, \boldsymbol{R}_3]+[\boldsymbol{R}_4, \boldsymbol{R}_3, \boldsymbol{R}_1]+[\boldsymbol{R}_4, \boldsymbol{R}_1, \boldsymbol{R}_2]-[\boldsymbol{R}_1, \boldsymbol{R}_2, \boldsymbol{R}_3]$（见例 8）。

$\square_v R_1R_2R_3R_4R_5R_6=|\square_{sv}R_1R_2R_3R_5+\square_{sv}R_3R_4R_1R_5+\square_{sv}R_2R_1R_4R_6+$

$\square_{sv}R_4R_3R_2R_6$ |，即证。

例 15 试求五面体 $R_1R_2R_3R_4R_5R_6$ 的体积，其中 R_j：$\boldsymbol{R}_j$ ($j=1, 2, 3, 4, 5, 6$)。

解 第一面 $R_1R_2R_3$ 面体积 $=[\boldsymbol{R}_1, \boldsymbol{R}_2, \boldsymbol{R}_3]/6$（见图 4-44）。

第二面 $R_4R_6R_5$ 面体积 $=[\boldsymbol{R}_4, \boldsymbol{R}_6, \boldsymbol{R}_5]/6$，

第三面 $R_1R_2R_5R_4$ 面体积 $=\{[\boldsymbol{R}_1, \boldsymbol{R}_5, \boldsymbol{R}_2]+[\boldsymbol{R}_1, \boldsymbol{R}_4, \boldsymbol{R}_5]\}/6$，

第四面 $R_1R_3R_6R_4$ 面体积 $=\{[\boldsymbol{R}_4, \boldsymbol{R}_3, \boldsymbol{R}_6]+[\boldsymbol{R}_4, \boldsymbol{R}_1, \boldsymbol{R}_3]\}/6$，

第五面 $R_2R_5R_6R_3$ 面体积 $=\{[\boldsymbol{R}_5, \boldsymbol{R}_6, \boldsymbol{R}_3]+[\boldsymbol{R}_2, \boldsymbol{R}_5, \boldsymbol{R}_3]\}/6$，

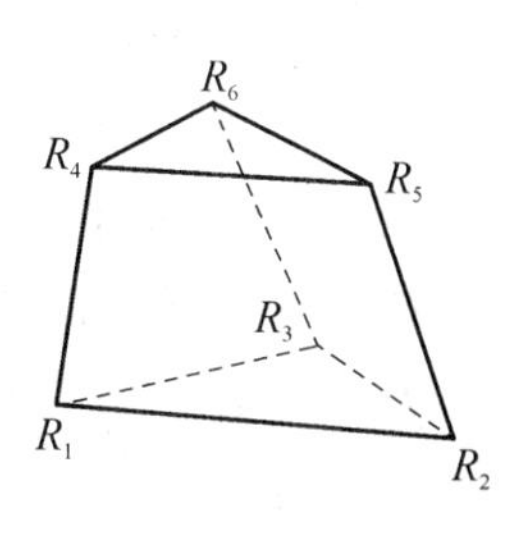

图 4-44

五面体 $\square_v R_1R_2R_3R_4R_5R_6=|[\boldsymbol{R}_1, \boldsymbol{R}_2, \boldsymbol{R}_3]+[\boldsymbol{R}_4, \boldsymbol{R}_6, \boldsymbol{R}_5]+[\boldsymbol{R}_1, \boldsymbol{R}_5, \boldsymbol{R}_2]+[\boldsymbol{R}_1, \boldsymbol{R}_4, \boldsymbol{R}_5]+[\boldsymbol{R}_4, \boldsymbol{R}_3, \boldsymbol{R}_6]+[\boldsymbol{R}_4, \boldsymbol{R}_1, \boldsymbol{R}_3]+[\boldsymbol{R}_5, \boldsymbol{R}_6, \boldsymbol{R}_3]+[\boldsymbol{R}_2, \boldsymbol{R}_5, \boldsymbol{R}_3]|/6$。

例 16 试求六面体 $R_1R_2\cdots R_9R_{10}$ 的体积（见图 4-45），R_j：$\boldsymbol{R}_j$ ($j=1, 2, \cdots, 9, 10$)。

图 4-45

解 六面体 $\square_v R_1R_2\cdots R_9R_{10}=|[\boldsymbol{R}_1, \boldsymbol{R}_9, \boldsymbol{R}_4]+[\boldsymbol{R}_9, \boldsymbol{R}_3, \boldsymbol{R}_2]+[\boldsymbol{R}_3, \boldsymbol{R}_7, \boldsymbol{R}_2]+[\boldsymbol{R}_7, \boldsymbol{R}_6, \boldsymbol{R}_2]+[\boldsymbol{R}_4, \boldsymbol{R}_8, \boldsymbol{R}_5]+[\boldsymbol{R}_5, \boldsymbol{R}_1, \boldsymbol{R}_4]+[\boldsymbol{R}_7, \boldsymbol{R}_{10}, \boldsymbol{R}_6]+[\boldsymbol{R}_{10}, \boldsymbol{R}_5, \boldsymbol{R}_8]+[\boldsymbol{R}_1, \boldsymbol{R}_5, \boldsymbol{R}_{10}]+[\boldsymbol{R}_{10}, \boldsymbol{R}_9, \boldsymbol{R}_1]+[\boldsymbol{R}_{10}, \boldsymbol{R}_8, \boldsymbol{R}_4]+[\boldsymbol{R}_4, \boldsymbol{R}_9, \boldsymbol{R}_{10}]+[\boldsymbol{R}_9, \boldsymbol{R}_{10}, \boldsymbol{R}_7]+[\boldsymbol{R}_7, \boldsymbol{R}_3, \boldsymbol{R}_9]+[\boldsymbol{R}_9, \boldsymbol{R}_6, \boldsymbol{R}_2]+[\boldsymbol{R}_6, \boldsymbol{R}_{10}, \boldsymbol{R}_9]|/6$。

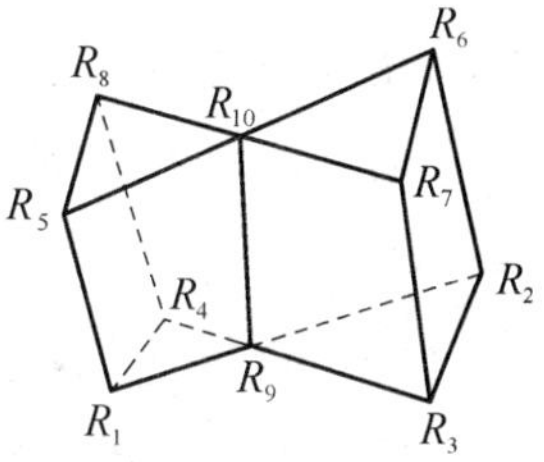

[其中 $M_1(R_1R_9R_2R_3R_9R_4)$，$M_2(R_5R_{10}R_6R_7R_{10}R_8)$，$M_3(R_3R_7R_{10}R_8R_4R_9)$，$M_4(R_1R_9R_2R_6R_{10}R_5)$，$M_5(R_3R_7R_6R_2)$，$M_6(R_1R_4R_8R_5)$]。

例 17 试求六面正方体 $P_1P_2P_3P_4P_5P_6P_7P_8$ 的体积，其中

$\boldsymbol{R}_1=(0, 0, 0)$，$\boldsymbol{R}_2=(1, 0, 0)$，$\boldsymbol{R}_3=(1, 1, 0)$，$\boldsymbol{R}_4=(0, 1, 0)$，$\boldsymbol{R}_5=(0, 0, 1)$，$\boldsymbol{R}_6=(1, 0, 1)$，$\boldsymbol{R}_7=(1, 1, 1)$，$\boldsymbol{R}_8=(0, 1, 1)$（见图 4-46）。

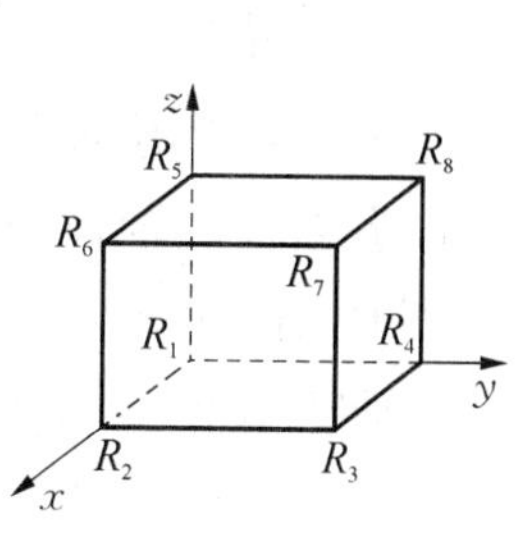

图 4-46

解 第一面 $R_1R_2R_3R_4$ 面体积 $=\{[\boldsymbol{R}_2, \boldsymbol{R}_3, \boldsymbol{R}_4]+[\boldsymbol{R}_4, \boldsymbol{R}_1, \boldsymbol{R}_2]\}/6=0$，

第二面 $R_1R_5R_6R_2$ 面体积 $=\{[\boldsymbol{R}_1,\boldsymbol{R}_5,\boldsymbol{R}_6]+[\boldsymbol{R}_6,\boldsymbol{R}_2,\boldsymbol{R}_1]\}/6=0$,

第三面 $R_1R_4R_8R_5$ 面体积 $=\{[\boldsymbol{R}_1,\boldsymbol{R}_4,\boldsymbol{R}_8]+[\boldsymbol{R}_8,\boldsymbol{R}_5,\boldsymbol{R}_1]\}/6=0$,

第四面 $R_8R_7R_6R_5$ 面体积 $=\{[\boldsymbol{R}_6,\boldsymbol{R}_5,\boldsymbol{R}_8]+[\boldsymbol{R}_8,\boldsymbol{R}_7,\boldsymbol{R}_6]\}/6=-1/3$,

第五面 $R_3R_7R_8R_4$ 面体积 $=\{[\boldsymbol{R}_3,\boldsymbol{R}_7,\boldsymbol{R}_8]+[\boldsymbol{R}_8,\boldsymbol{R}_4,\boldsymbol{R}_3]\}/6=-1/3$,

第六面 $R_2R_6R_7R_3$ 面体积 $=\{[\boldsymbol{R}_3,\boldsymbol{R}_2,\boldsymbol{R}_6]+[\boldsymbol{R}_6,\boldsymbol{R}_7,\boldsymbol{R}_3]\}/6=-1/3$,

$\square_v R_1R_2R_3R_4R_5R_6R_7R_8=|$ 第一面 $R_1R_2R_3R_4$ 面体积 $+\cdots+$ 第六面 $R_2R_6R_7R_3$ 面体积 $|/6=|-6/6|=1$。

例 18 试求七面体 $R_1R_2R_3R_4R_5R_6R_8R_9R_{10}R_{11}$ 的体积,其中

$\boldsymbol{R}_1=(0,0,0)$, $\boldsymbol{R}_2=(1,0,0)$, $\boldsymbol{R}_3=(1,1,0)$, $\boldsymbol{R}_4=(0,1,0)$, $\boldsymbol{R}_5=(0,0,1)$, $\boldsymbol{R}_6=(1,0,1)$, $\boldsymbol{R}_8=(0,1,1)$(见图 4-47), $\boldsymbol{R}_9=(1/2,1,1)$, $\boldsymbol{R}_{10}=(1,1/2,1)$, $\boldsymbol{R}_{11}=(1,1,1/2)$。

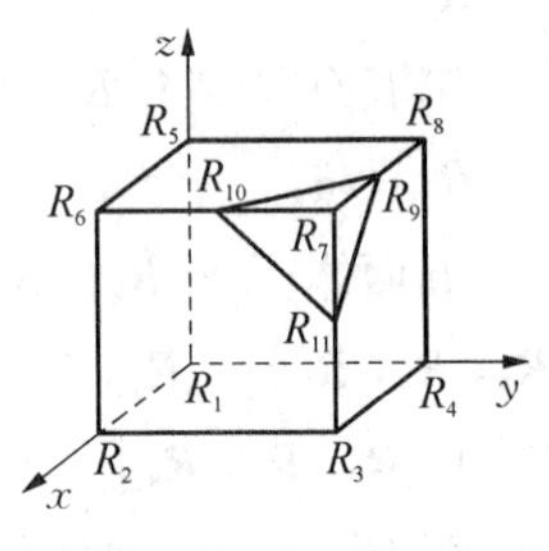

图 4-47

解 第一面 $R_1R_2R_3R_4$ 面体积 $=\{[\boldsymbol{R}_2,\boldsymbol{R}_3,\boldsymbol{R}_4]+[\boldsymbol{R}_4,\boldsymbol{R}_1,\boldsymbol{R}_2]\}/6=0$,

第二面 $R_1R_5R_6R_2$ 面体积 $=\{[\boldsymbol{R}_1,\boldsymbol{R}_5,\boldsymbol{R}_6]+[\boldsymbol{R}_6,\boldsymbol{R}_2,\boldsymbol{R}_1]\}/6=0$,

第三面 $R_1R_4R_8R_5$ 面体积 $=\{[\boldsymbol{R}_1,\boldsymbol{R}_4,\boldsymbol{R}_8]+[\boldsymbol{R}_8,\boldsymbol{R}_5,\boldsymbol{R}_1]\}/6=0$,

第四面 $R_2R_6R_{10}R_{11}R_3$ 面体积 $=\{[\boldsymbol{R}_2,\boldsymbol{R}_6,\boldsymbol{R}_{10}]+[\boldsymbol{R}_{11},\boldsymbol{R}_{10},\boldsymbol{R}_3]+[\boldsymbol{R}_2,\boldsymbol{R}_{10},\boldsymbol{R}_3]\}/6=-7/24$,

第五面 $R_3R_{11}R_9R_8R_4$ 面体积 $=\{[\boldsymbol{R}_3,\boldsymbol{R}_{11},\boldsymbol{R}_9]+[\boldsymbol{R}_9,\boldsymbol{R}_8,\boldsymbol{R}_4]+[\boldsymbol{R}_3,\boldsymbol{R}_9,\boldsymbol{R}_4]\}/6=-7/24$,

第六面 $R_5R_8R_9R_{10}R_6$ 面体积 $=\{[\boldsymbol{R}_5,\boldsymbol{R}_8,\boldsymbol{R}_9]+[\boldsymbol{R}_9,\boldsymbol{R}_{10},\boldsymbol{R}_6]+[\boldsymbol{R}_5,\boldsymbol{R}_9,\boldsymbol{R}_6]\}/6=-7/24$,

第七面 $R_9R_{11}R_{10}$ 面体积 $=[\boldsymbol{R}_9,\boldsymbol{R}_{11},\boldsymbol{R}_{10}]/6=-5/48$,

七面体 $R_1R_2R_3R_4R_5R_6R_8R_9R_{10}R_{11}$ 的体积 $=$(第一面 $R_1R_2R_3R_4$ 面体积 $+\cdots+$ 第七面 $R_9R_{10}R_{11}$ 面体积) $=|0+0+0-7/24-7/24-7/24-5/48|=47/48$,

则七面体 $R_1R_2R_3R_4R_5R_6R_8R_9R_{10}R_{11v}=$

六面正方体 $R_1R_2R_3R_4P_5P_6R_7R_{8v}-$ 四面体积 $R_7R_9R_{10}R_{11v}=1-1/48=47/48$。

其结果是一致的。

例 19 七面体 $R_1R_2R_3R_4R_5R_6R_8R_9R_{10}R_{11}$ 的

第一面 $R_1R_2R_3R_4$ 面体积 $=\{[\boldsymbol{R}_2, \boldsymbol{R}_3, \boldsymbol{R}_4]+[\boldsymbol{R}_4, \boldsymbol{R}_1, \boldsymbol{R}_2]\}/6$,

第二面 $R_1R_5R_6R_2$ 面体积 $=\{[\boldsymbol{R}_1, \boldsymbol{R}_5, \boldsymbol{R}_6]+[\boldsymbol{R}_6, \boldsymbol{R}_2, \boldsymbol{R}_1]\}/6$,

第三面 $R_1R_4R_8R_5$ 面体积 $=\{[\boldsymbol{R}_1, \boldsymbol{R}_4, \boldsymbol{R}_8]+[\boldsymbol{R}_8, \boldsymbol{R}_5, \boldsymbol{R}_1]\}/6$,

第四面 $R_2R_6R_{10}R_{11}R_3$ 面体积 $=\{[\boldsymbol{R}_3, \boldsymbol{R}_2, \boldsymbol{R}_6]+[\boldsymbol{R}_6, \boldsymbol{R}_7, \boldsymbol{R}_3]+[\boldsymbol{R}_7, \boldsymbol{R}_{10}, \boldsymbol{R}_{11}]\}/6$, $=\{[\boldsymbol{R}_2, \boldsymbol{R}_6, \boldsymbol{R}_{10}]+[\boldsymbol{R}_{10}, \boldsymbol{R}_{11}, \boldsymbol{R}_3]+[\boldsymbol{R}_2, \boldsymbol{R}_{10}, \boldsymbol{R}_3]\}/6$,

第五面 $R_3R_{11}R_9R_8R_4$ 面体积 $=\{[\boldsymbol{R}_3, \boldsymbol{R}_7, \boldsymbol{R}_8]+[\boldsymbol{R}_8, \boldsymbol{R}_4, \boldsymbol{R}_3]+[\boldsymbol{R}_7, \boldsymbol{R}_{11}, \boldsymbol{R}_9]\}/6=\{[\boldsymbol{R}_3, \boldsymbol{R}_{11}, \boldsymbol{R}_9]+[\boldsymbol{R}_9, \boldsymbol{R}_8, \boldsymbol{R}_4]+[\boldsymbol{R}_3, \boldsymbol{R}_9, \boldsymbol{R}_4]\}/6$,

第六面 $R_5R_8R_9R_{10}R_6$ 面体积 $=\{[\boldsymbol{R}_6, \boldsymbol{R}_5, \boldsymbol{R}_8]+[\boldsymbol{R}_8, \boldsymbol{R}_7, \boldsymbol{R}_6]+[\boldsymbol{R}_7, \boldsymbol{R}_9, \boldsymbol{R}_{10}]\}/6=\{[\boldsymbol{R}_5, \boldsymbol{R}_8, \boldsymbol{R}_9]+[\boldsymbol{R}_9, \boldsymbol{R}_{10}, \boldsymbol{R}_6]+[\boldsymbol{R}_5, \boldsymbol{R}_9, \boldsymbol{R}_6]\}/6$,

第七面 $R_9R_{11}R_{10}$ 面体积 $=[\boldsymbol{R}_{11}, \boldsymbol{R}_{10}, \boldsymbol{R}_9]/6$,

得七个面体积和 $(M'')_{sv}=\{[\boldsymbol{R}_2, \boldsymbol{R}_3, \boldsymbol{R}_4]+[\boldsymbol{R}_4, \boldsymbol{R}_1, \boldsymbol{R}_2]+[\boldsymbol{R}_1, \boldsymbol{R}_5, \boldsymbol{R}_6]+[\boldsymbol{R}_6, \boldsymbol{R}_2, \boldsymbol{R}_1]+[\boldsymbol{R}_1, \boldsymbol{R}_4, \boldsymbol{R}_8]+[\boldsymbol{R}_8, \boldsymbol{R}_5, \boldsymbol{R}_1]+[\boldsymbol{R}_3, \boldsymbol{R}_2, \boldsymbol{R}_6]+[\boldsymbol{R}_6, \boldsymbol{R}_7, \boldsymbol{R}_3]+[\boldsymbol{R}_7, \boldsymbol{R}_9, \boldsymbol{R}_{10}]+[\boldsymbol{R}_3, \boldsymbol{R}_7, \boldsymbol{R}_8]+[\boldsymbol{R}_8, \boldsymbol{R}_4, \boldsymbol{R}_3]+[\boldsymbol{R}_7, \boldsymbol{R}_{11}, \boldsymbol{R}_9]+[\boldsymbol{R}_6, \boldsymbol{R}_5, \boldsymbol{R}_8]+[\boldsymbol{R}_8, \boldsymbol{R}_7, \boldsymbol{R}_6]+[\boldsymbol{R}_7, \boldsymbol{R}_{10}, \boldsymbol{R}_{11}]+[\boldsymbol{R}_{11}, \boldsymbol{R}_{10}, \boldsymbol{R}_9]\}/6$,

四面体 $R_7R_9R_{10}R_{11}$ 面体积 $(M''')_{sv}=\{[\boldsymbol{R}_7, \boldsymbol{R}_9, \boldsymbol{R}_{10}]+[\boldsymbol{R}_7, \boldsymbol{R}_{10}, \boldsymbol{R}_{11}]+[\boldsymbol{R}_7, \boldsymbol{R}_{11}, \boldsymbol{R}_9]-[\boldsymbol{R}_{11}, \boldsymbol{R}_{10}, \boldsymbol{R}_9]\}/6$,

得 $(\Omega_6)_v=(\Omega_7)_v+(\Omega_4)_v=|[\boldsymbol{R}_2, \boldsymbol{R}_3, \boldsymbol{R}_4]+[\boldsymbol{R}_4, \boldsymbol{R}_1, \boldsymbol{R}_2]+[\boldsymbol{R}_1, \boldsymbol{R}_5, \boldsymbol{R}_6]+[\boldsymbol{R}_6, \boldsymbol{R}_2, \boldsymbol{R}_1]+[\boldsymbol{R}_1, \boldsymbol{R}_4, \boldsymbol{R}_8]+[\boldsymbol{R}_8, \boldsymbol{R}_5, \boldsymbol{R}_1]+[\boldsymbol{R}_6, \boldsymbol{R}_5, \boldsymbol{R}_8]+[\boldsymbol{R}_8, \boldsymbol{R}_7, \boldsymbol{R}_6]+[\boldsymbol{R}_3, \boldsymbol{R}_7, \boldsymbol{R}_8]+[\boldsymbol{R}_8, \boldsymbol{R}_4, \boldsymbol{R}_3]+[\boldsymbol{R}_3, \boldsymbol{R}_2, \boldsymbol{R}_6]+[\boldsymbol{R}_6, \boldsymbol{R}_7, \boldsymbol{R}_3]|/6$,

由此不难证明一般情况也成立。

例 20 试求圆锥体积,其顶点为原点,底圆面为

$S=\{x, y, z \mid x^2+y^2\leqslant r^2, z=h\}$。

解 取底圆面的内接正 n 多边形 $R_1R_2\cdots R_{n-1}R_n$,中心为 Q: $\boldsymbol{Q}=\{0, 0, h\}$,

R_j: $\boldsymbol{R}_j=\{r\cos[2(j-1)\pi/n], r\sin[2(j-1)\pi/n], h\}$ $(j=1, 2, \cdots, n)$,

连接 QO, QR_j $(j=1, 2, \cdots, n)$, R_1R_2, R_2R_3, $\cdots$, $R_{n-1}R_n$, R_nR_1,

得 n 个直角$\square OQR_1R_2$, $\square OQR_2R_3$, $\cdots$, $\square OQR_nR_1$,

$\square_v OQR_1R_2=\{[\boldsymbol{O}, \boldsymbol{Q}, \boldsymbol{R}_1]+[\boldsymbol{R}_2, \boldsymbol{O}, \boldsymbol{Q}]+[\boldsymbol{O}, \boldsymbol{R}_1, \boldsymbol{R}_2]+[\boldsymbol{R}_1, \boldsymbol{R}_2, \boldsymbol{Q}]\}/6=[\boldsymbol{R}_1, \boldsymbol{R}_2, \boldsymbol{Q}]/6$, 同理

$\square_v OQR_2R_3=[\boldsymbol{R}_2, \boldsymbol{R}_3, \boldsymbol{Q}]/6$, $\cdots$, $\square_v OQR_nR_1=[\boldsymbol{R}_n, \boldsymbol{R}_1, \boldsymbol{Q}]/6$,

正 n 多边形 $R_1R_2\cdots R_{n-1}R_{nv} = |[\boldsymbol{R}_1, \boldsymbol{R}_2, \boldsymbol{Q}] + [\boldsymbol{R}_2, \boldsymbol{R}_3, \boldsymbol{Q}] + \cdots + [\boldsymbol{R}_n, \boldsymbol{R}_1, \boldsymbol{Q}]| / 6 = |[\boldsymbol{R}_1 \times \boldsymbol{R}_2 + \boldsymbol{R}_2 \times \boldsymbol{R}_3 + \cdots + \boldsymbol{R}_{n-1} \times \boldsymbol{R}_n + \boldsymbol{R}_n \times \boldsymbol{R}_1] \cdot \boldsymbol{Q}| /6 = |[n\sin(2\pi/n)r^2\boldsymbol{k}] \cdot h\boldsymbol{k}| /6 = |n\sin(2\pi/n)| r^2h/6$，

圆锥体积 $= \lim\limits_{n\to\infty} n |\sin(2\pi/n)| r^2h/6 = \pi r^2h/3$。

例 21 试求椭球体 $(x^2/a^2 + y^2/b^2 + z^2/c^2 \leqslant 1)$ 的体积(见图 4-48)。

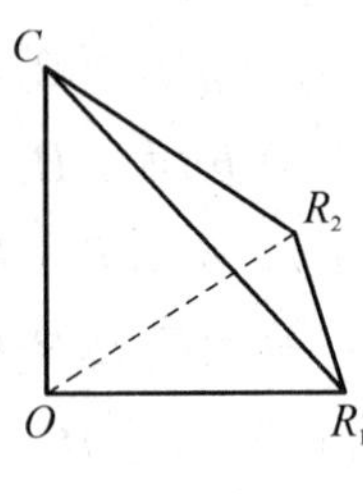

图 4-48

解 椭圆内接 n 多边形 $R_1R_2\cdots R_{n-1}R_n$，$OC = \boldsymbol{C}(0, 0, c)$，

得 n 个直角$\square OCR_1R_2$，$\square OCR_2R_3$，…，$\square OCR_nR_1$，

R_j：$\boldsymbol{R}_j = \{a\cos[2(j-1)\pi/n], b\sin[2(j-1)\pi/n], 0\}(j = 1, 2, \cdots, n)$，

$\boldsymbol{R}_j \times \boldsymbol{R}_{j+1} = ab\sin(2\pi/n)$，

$\square_v OCR_jR_{j+1} = [\boldsymbol{R}_j, \boldsymbol{R}_{j+1}, \boldsymbol{C}]/6$，

椭球体的体积 $= 2\lim\limits_{n\to\infty} n |abc\sin(2\pi/n)| /6 = 4\pi abc/3$。

特别地，球体积 $= 4\pi R^3/3$。

4.2.3 多面体的内面法矢

定义 10

按定义 9 所设

(1) 如边界面 M_1 是$\triangle R_2R_3R_4$，则 $\boldsymbol{N}_1 = \boldsymbol{R}_2 \times \boldsymbol{R}_3 + \boldsymbol{R}_3 \times \boldsymbol{R}_4 + \boldsymbol{R}_4 \times \boldsymbol{R}_2$ 称为**边界面 $\boldsymbol{M_1}$ 的内法矢**。

(2) 如边界面 M_1 是 $k(>3)$ 边形 $R_1R_2\cdots R_k$，则

$\boldsymbol{R}_1 \times \boldsymbol{R}_2 + \boldsymbol{R}_2 \times \boldsymbol{R}_3 + \cdots + \boldsymbol{R}_i \times \boldsymbol{R}_{i+1} + \cdots + \boldsymbol{R}_{k-1} \times \boldsymbol{R}_k + \boldsymbol{R}_k \times \boldsymbol{R}_1$ 称为**边界面 $\boldsymbol{M_1}$ 的内法矢**。

(3) 多面立体 Ω_n 的 n 个边界面 $M_j(j = 1, 2, \cdots, n)$ 的内法矢和称为**多面体的内面法矢**。

注 多面体的边界面的面积为边界面的内法矢量模之和的 1/2(参见第 2 章定理 5)。

例 22 $\square R_1R_2R_3R_4$ 的内面法矢为零。

证 设 $\boldsymbol{N}_1$，$\boldsymbol{N}_2$，$\boldsymbol{N}_3$ 与 $\boldsymbol{N}_4$ 分别为$\triangle R_4R_3R_2$，$\triangle R_4R_1R_3$，$\triangle R_4R_2R_1$ 与$\triangle R_1R_2R_3$

的内法矢

$\boldsymbol{N}_1=\boldsymbol{R}_4\times\boldsymbol{R}_3+\boldsymbol{R}_3\times\boldsymbol{R}_2+\boldsymbol{R}_2\times\boldsymbol{R}_4$，$\boldsymbol{N}_2=\boldsymbol{R}_4\times\boldsymbol{R}_1+\boldsymbol{R}_1\times\boldsymbol{R}_3+\boldsymbol{R}_3\times\boldsymbol{R}_4$，

$\boldsymbol{N}_3=\boldsymbol{R}_4\times\boldsymbol{R}_2+\boldsymbol{R}_2\times\boldsymbol{R}_1+\boldsymbol{R}_1\times\boldsymbol{R}_4$，$\boldsymbol{N}_4=\boldsymbol{R}_1\times\boldsymbol{R}_2+\boldsymbol{R}_2\times\boldsymbol{R}_3+\boldsymbol{R}_3\times\boldsymbol{R}_1$，得$\boldsymbol{N}_1+\boldsymbol{N}_2+\boldsymbol{N}_3+\boldsymbol{N}_4=\boldsymbol{0}$。

例 23 六面正方体$R_1R_2R_3R_4R_5R_6R_7R_8$内面法矢为零(见图 4-46)。

证 第一面$R_1R_2R_3R_4$内法矢$=\boldsymbol{R}_1\times\boldsymbol{R}_2+\boldsymbol{R}_2\times\boldsymbol{R}_3+\boldsymbol{R}_3\times\boldsymbol{R}_4+\boldsymbol{R}_4\times\boldsymbol{R}_1$

[内面积按$R_1R_2R_3R_4$右手顺序系大拇指方向立体内]，

第二面$R_1R_5R_6R_2$ 内法矢$=\boldsymbol{R}_1\times\boldsymbol{R}_5+\boldsymbol{R}_5\times\boldsymbol{R}_6+\boldsymbol{R}_6\times\boldsymbol{R}_2+\boldsymbol{R}_2\times\boldsymbol{R}_1$，

第三面$R_1R_4R_8R_5$ 内法矢$=\boldsymbol{R}_1\times\boldsymbol{R}_4+\boldsymbol{R}_4\times\boldsymbol{R}_8+\boldsymbol{R}_8\times\boldsymbol{R}_5+\boldsymbol{R}_5\times\boldsymbol{R}_1$，

第四面$R_8R_7R_6R_5$ 内法矢$=\boldsymbol{R}_8\times\boldsymbol{R}_7+\boldsymbol{R}_7\times\boldsymbol{R}_6+\boldsymbol{R}_6\times\boldsymbol{R}_5+\boldsymbol{R}_5\times\boldsymbol{R}_8$，

第五面$R_3R_7R_8R_4$ 内法矢$=\boldsymbol{R}_3\times\boldsymbol{R}_7+\boldsymbol{R}_7\times\boldsymbol{R}_8+\boldsymbol{R}_8\times\boldsymbol{R}_4+\boldsymbol{R}_4\times\boldsymbol{R}_3$，

第六面$R_2R_6R_7R_3$ 内法矢$=\boldsymbol{R}_2\times\boldsymbol{R}_6+\boldsymbol{R}_6\times\boldsymbol{R}_7+\boldsymbol{R}_7\times\boldsymbol{R}_3+\boldsymbol{R}_3\times\boldsymbol{R}_2$。

六面正方体$R_1R_2R_3R_4R_5R_6R_7R_8$ 内法矢 = 第一面$R_1R_2R_3R_4$ 内法矢 $+\cdots+$ 第六面$R_2R_6R_7R_3$ 内法矢 $=\boldsymbol{0}$。

例 24 七面体$R_1R_2R_3R_4R_5R_6R_8R_9R_{10}R_{11}$内面法矢为零(见图 4-47)。

证 第一面$R_1R_2R_3R_4$ 内法矢$=\boldsymbol{R}_1\times\boldsymbol{R}_2+\boldsymbol{R}_2\times\boldsymbol{R}_3+\boldsymbol{R}_3\times\boldsymbol{R}_4+\boldsymbol{R}_4\times\boldsymbol{R}_1$

[内面积按$R_1R_2R_3R_4$右手顺序系大拇指方向立体内]，

第二面$R_1R_5R_6R_2$ 内法矢$=\boldsymbol{R}_1\times\boldsymbol{R}_5+\boldsymbol{R}_5\times\boldsymbol{R}_6+\boldsymbol{R}_6\times\boldsymbol{R}_2+\boldsymbol{R}_2\times\boldsymbol{R}_1$，

第三面$R_1R_4R_8R_5$ 内法矢$=\boldsymbol{R}_1\times\boldsymbol{R}_4+\boldsymbol{R}_4\times\boldsymbol{R}_8+\boldsymbol{R}_8\times\boldsymbol{R}_5+\boldsymbol{R}_5\times\boldsymbol{R}_1$，

第四面$R_2R_6R_{10}R_{11}R_3$ 内法矢$=\boldsymbol{R}_2\times\boldsymbol{R}_6+\boldsymbol{R}_6\times\boldsymbol{R}_{10}+\boldsymbol{R}_{10}\times\boldsymbol{R}_{11}+\boldsymbol{R}_{11}\times\boldsymbol{R}_3+\boldsymbol{R}_3\times\boldsymbol{R}_2$，

第五面$R_3R_{11}R_9R_8R_4$ 内法矢$=\boldsymbol{R}_3\times\boldsymbol{R}_{11}+\boldsymbol{R}_{11}\times\boldsymbol{R}_9+\boldsymbol{R}_9\times\boldsymbol{R}_8+\boldsymbol{R}_8\times\boldsymbol{R}_4+\boldsymbol{R}_4\times\boldsymbol{R}_3$，

第六面$R_5R_8R_9R_{10}R_6$ 内法矢$=\boldsymbol{R}_5\times\boldsymbol{R}_8+\boldsymbol{R}_8\times\boldsymbol{R}_9+\boldsymbol{R}_9\times\boldsymbol{R}_{10}+\boldsymbol{R}_{10}\times\boldsymbol{R}_6+\boldsymbol{R}_6\times\boldsymbol{R}_5$，

第七面$R_9R_{11}R_{10}$ 内法矢$=\boldsymbol{R}_9\times\boldsymbol{R}_{11}+\boldsymbol{R}_{11}\times\boldsymbol{R}_{10}+\boldsymbol{R}_{10}\times\boldsymbol{R}_9$。

七面体$R_1R_2R_3R_4R_5R_6R_8R_9R_{10}R_{11}$ 的内法矢 = 第一面$R_1R_2R_3R_4$ 内法矢 $+\cdots+$ 第七面$R_9R_{10}R_{11}$ 内法矢 $=\boldsymbol{0}$。

定理 60

n 面立体 Ω_n的内面法矢为零。

证 （数学归纳法）现证 $2n$ 面立体 Ω_{2n} 内面法矢为零，

当 $n=2,3$ 时，由例 22，例 23 知命题成立。若当 $n=k-1$ 时，命题成立，对于 $n=k$ 时，只需在立体 Ω_{2k} 的一个面，不妨设此面为三角形 $R_1R_2R_3$ 与新点 R_0 增加一个 $\square R_0R_1R_2R_3$ 得新 $2(k+1)$ 面立体 $\Omega_{2(k+1)}$，它与原 $2k$ 面立体 Ω_{2k} 比较，则少了一个面$\triangle R_1R_2R_3$多了三个面$\triangle R_0R_3R_2$，$\triangle R_0R_1R_3$，$\triangle R_0R_2R_1$，利用$\square R_0R_1R_2R_3$ 内面法矢为零及$\triangle R_1R_2R_3$ 的内外法矢抵消，

得知命题成立。对于$(2n-1)$面立体 Ω_{2n-1}也不难得知命题成立。

定理 61

设空间上具有共同三点的 $n(>3)$ 个 $\square ABCD_j$，M_j^* 为它们的内重心$(j=1,2,\cdots,n)$，

则 n 面体 $\square_v M_1^*M_2^*\cdots M_n^* = n$ 面体 $\square_v D_1D_2\cdots D_n/4^3$。

证 仅证 $n=4$（$n>4$ 的证法相同）。

$\boldsymbol{M}_j^* = (\boldsymbol{A}+\boldsymbol{B}+\boldsymbol{C}+\boldsymbol{D}_j)/4 \Rightarrow$

$\square_v M_1^*M_2^*M_3^*M_4^* = |[\boldsymbol{M}_1^*, \boldsymbol{M}_2^*, \boldsymbol{M}_3^*]+[\boldsymbol{M}_4^*, \boldsymbol{M}_2^*, \boldsymbol{M}_1^*]+[\boldsymbol{M}_4^*, \boldsymbol{M}_3^*, \boldsymbol{M}_2^*]+[\boldsymbol{M}_4^*, \boldsymbol{M}_1^*, \boldsymbol{M}_3^*]|/6 = |[\boldsymbol{D}_1, \boldsymbol{D}_2, \boldsymbol{D}_3]+[\boldsymbol{D}_4, \boldsymbol{D}_2, \boldsymbol{D}_1]+[\boldsymbol{D}_4, \boldsymbol{D}_3, \boldsymbol{D}_2]+[\boldsymbol{D}_4, \boldsymbol{D}_1, \boldsymbol{D}_3]|/384 = \square D_1D_2D_3D_{4v}/4^3$

（请与第 2 章定理 15 比较）。

定理 62

设$\square ABCD$ 的$\boldsymbol{M}_0^* = (\boldsymbol{A}+\boldsymbol{B}+\boldsymbol{C}+\boldsymbol{D})/4$ 为四面体 $ABCD$ 的内重心。

$\boldsymbol{A}^* = (-\boldsymbol{A}+\boldsymbol{B}+\boldsymbol{C}+\boldsymbol{D})/2$, $\boldsymbol{B}^* = (\boldsymbol{A}-\boldsymbol{B}+\boldsymbol{C}+\boldsymbol{D})/2$, $\boldsymbol{C}^* = (\boldsymbol{A}+\boldsymbol{B}-\boldsymbol{C}+\boldsymbol{D})/2$, $\boldsymbol{D}^* = (\boldsymbol{A}+\boldsymbol{B}+\boldsymbol{C}-\boldsymbol{D})/2$,

为$\square ABCD$ 的 4 个外重心，称$\square A^*B^*C^*D^*$ 为$\square ABCD$ 的共轭四面体。

(1) $\square A^*B^*C^*D^*$ 的内重心也为 M_0^*：$\boldsymbol{M}_0^* = (\boldsymbol{A}^*+\boldsymbol{B}^*+\boldsymbol{C}^*+\boldsymbol{D}^*)/4$；

(2) $\square_v AB^*C^*D^* = \square_v A^*BC^*D^* = \square_v A^*B^*CD^* = \square_v A^*B^*C^*D = \square_v ABCD/2$；

(3) $2d_{j*} = d_j = d_{j*}^* = 2d_j^*$ $(j=1,2,3,4)$ 其中

d_j $(j=1,2,3,4)$ 分别表示 A 到 $\triangle BCD$，B 到 $\triangle CDA$，C 到 $\triangle DAB$，D 到 $\triangle ABC$ 的距离，

d_{j*} $(j=1,2,3,4)$ 分别表示 A 到 $\triangle B^*C^*D^*$，B 到 $\triangle C^*D^*A^*$，C 到

$\triangle D^*A^*B^*$，D 到 $\triangle A^*B^*C^*$ 的距离，

$d_j^*(j=1, 2, 3, 4)$ 分别表示 A^* 到 $\triangle BCD$，B^* 到 $\triangle CDA$，C^* 到 $\triangle DAB$，D^* 到 $\triangle ABC$ 的距离，

$d_{j*}^*(j=1, 2, 3, 4)$ 分别表示 A^* 到$\triangle B^*C^*D^*$，B^* 到$\triangle C^*D^*A^*$，C^* 到$\triangle D^*A^*B^*$，D^* 到$\triangle A^*B^*C^*$ 的距离。

证 (1) 易得；

(2) 仅证 $\square_v A^*B^*C^*D = \square_v ABCD/2$。

$\square_v A^*B^*C^*D = |[\boldsymbol{D}-\boldsymbol{A}^*, \boldsymbol{D}-\boldsymbol{B}^*, \boldsymbol{D}-\boldsymbol{C}^*]|/6 = |[\boldsymbol{D}-\boldsymbol{A}, \boldsymbol{D}-\boldsymbol{B}, \boldsymbol{D}-\boldsymbol{C}]|/12 = \square_v ABCD/2$；

(3) 仅证 $\triangle ABC$：$\boldsymbol{R}\cdot(\boldsymbol{A}\times\boldsymbol{B}+\boldsymbol{B}\times\boldsymbol{C}+\boldsymbol{C}\times\boldsymbol{A}) = [\boldsymbol{A}, \boldsymbol{B}, \boldsymbol{C}]$，

$2\triangle_s ABC = |\boldsymbol{A}\times\boldsymbol{B}+\boldsymbol{B}\times\boldsymbol{C}+\boldsymbol{C}\times\boldsymbol{A}| \Rightarrow d_4 = |\boldsymbol{D}\cdot(\boldsymbol{A}\times\boldsymbol{B}+\boldsymbol{B}\times\boldsymbol{C}+\boldsymbol{C}\times\boldsymbol{A})-[\boldsymbol{A}, \boldsymbol{B}, \boldsymbol{C}]|/\triangle_s ABC = |[\boldsymbol{D}, \boldsymbol{B}, \boldsymbol{C}]+[\boldsymbol{D}, \boldsymbol{C}, \boldsymbol{A}]+[\boldsymbol{D}, \boldsymbol{A}, \boldsymbol{B}]-[\boldsymbol{A}, \boldsymbol{B}, \boldsymbol{C}]|/2\triangle_s ABC$。

$\triangle A^*B^*C^*$：$\boldsymbol{R}\cdot(\boldsymbol{A}^*\times\boldsymbol{B}^*+\boldsymbol{B}^*\times\boldsymbol{C}^*+\boldsymbol{C}^*\times\boldsymbol{A}^*) = [\boldsymbol{A}^*, \boldsymbol{B}^*, \boldsymbol{C}^*]$，

$\boldsymbol{A}^*\times\boldsymbol{B}^*+\boldsymbol{B}^*\times\boldsymbol{C}^*+\boldsymbol{C}^*\times\boldsymbol{A}^* = \boldsymbol{A}\times\boldsymbol{B}+\boldsymbol{B}\times\boldsymbol{C}+\boldsymbol{C}\times\boldsymbol{A} \Rightarrow \triangle ABC$ 与 $\triangle A^*B^*C^*$ 平行。

$2\triangle_s A^*B^*C^* = |\boldsymbol{A}^*\times\boldsymbol{B}^*+\boldsymbol{B}^*\times\boldsymbol{C}^*+\boldsymbol{C}^*\times\boldsymbol{A}^*| = |\boldsymbol{A}\times\boldsymbol{B}+\boldsymbol{B}\times\boldsymbol{C}+\boldsymbol{C}\times\boldsymbol{A}| = 2\triangle_s ABC \Rightarrow d_{4*} = |\boldsymbol{D}\cdot(\boldsymbol{A}^*\times\boldsymbol{B}^*+\boldsymbol{B}^*\times\boldsymbol{C}^*+\boldsymbol{C}^*\times\boldsymbol{A}^*)-[\boldsymbol{A}^*, \boldsymbol{B}^*, \boldsymbol{C}^*]|/2\triangle_s A^*B^*C^* = |[\boldsymbol{D}, \boldsymbol{B}, \boldsymbol{C}]+[\boldsymbol{D}, \boldsymbol{C}, \boldsymbol{A}]+[\boldsymbol{D}, \boldsymbol{A}, \boldsymbol{B}]-[\boldsymbol{A}, \boldsymbol{B}, \boldsymbol{C}]|/4\triangle_s ABC \Rightarrow d_4 = 2d_{4*}$，同理

$d_4^* = |\boldsymbol{D}^*\cdot(\boldsymbol{A}\times\boldsymbol{B}+\boldsymbol{B}\times\boldsymbol{C}+\boldsymbol{C}\times\boldsymbol{A})-[\boldsymbol{A}, \boldsymbol{B}, \boldsymbol{C}]|/\triangle_s ABC = |[\boldsymbol{D}, \boldsymbol{B}, \boldsymbol{C}]+[\boldsymbol{D}, \boldsymbol{C}, \boldsymbol{A}]+[\boldsymbol{D}, \boldsymbol{A}, \boldsymbol{B}]-[\boldsymbol{A}, \boldsymbol{B}, \boldsymbol{C}]|/4\triangle_s ABC = d_4/2$。

$d_{4*}^* = |\boldsymbol{D}^*\cdot(\boldsymbol{A}^*\times\boldsymbol{B}^*+\boldsymbol{B}^*\times\boldsymbol{C}^*+\boldsymbol{C}^*\times\boldsymbol{A}^*)-[\boldsymbol{A}^*, \boldsymbol{B}^*, \boldsymbol{C}^*]|/2\triangle_s A^*B^*C^* = d_4$。

定理 63

按定理 62 所设，则空间 $\square_s A^*B^*C^*D^*$ = 空间 $\square_s ABCD$。

证 空间 $\square_s A^*B^*C^*D^* = |\boldsymbol{A}^*\times\boldsymbol{B}^*+\boldsymbol{B}^*\times\boldsymbol{C}^*+\boldsymbol{C}^*\times\boldsymbol{D}^*+\boldsymbol{D}^*\times\boldsymbol{A}^*|/2 = |(-\boldsymbol{A}+\boldsymbol{B}+\boldsymbol{C}+\boldsymbol{D})\times(\boldsymbol{A}-\boldsymbol{B}+\boldsymbol{C}+\boldsymbol{D})+(\boldsymbol{A}-\boldsymbol{B}+\boldsymbol{C}+\boldsymbol{D})\times(\boldsymbol{A}+\boldsymbol{B}-\boldsymbol{C}+\boldsymbol{D})+(\boldsymbol{A}+\boldsymbol{B}-\boldsymbol{C}+\boldsymbol{D})\times(\boldsymbol{A}+\boldsymbol{B}+\boldsymbol{C}-\boldsymbol{D})+(\boldsymbol{A}+\boldsymbol{B}+\boldsymbol{C}-\boldsymbol{D})\times(-\boldsymbol{A}+\boldsymbol{B}+\boldsymbol{C}+\boldsymbol{D})|/$

$8 = |\boldsymbol{A}\times\boldsymbol{B}+\boldsymbol{B}\times\boldsymbol{C}+\boldsymbol{C}\times\boldsymbol{D}+\boldsymbol{D}\times\boldsymbol{A}|/2 =$ 空间 $\square_s ABCD$。

定理 64

设$\square ABCD$ 的 $\boldsymbol{M}_0^*(\lambda, \mu, \nu, \tau) = (\lambda\boldsymbol{A}+\mu\boldsymbol{B}+\nu\boldsymbol{C}+\tau\boldsymbol{D})/(\lambda+\mu+\nu+\tau)$ 为$\square ABCD$ 的加权内心。

$\boldsymbol{A}^* \equiv \boldsymbol{A}^*(\lambda, \mu, \nu, \tau) = (-\lambda\boldsymbol{A}+\mu\boldsymbol{B}+\nu\boldsymbol{C}+\tau\boldsymbol{D})/(-\lambda+\mu+\nu+\tau)$,

$\boldsymbol{B}^* \equiv \boldsymbol{B}^*(\lambda, \mu, \nu, \tau) = (\lambda\boldsymbol{A}-\mu\boldsymbol{B}+\nu\boldsymbol{C}+\tau\boldsymbol{D})/(\lambda-\mu+\nu+\tau)$,

$\boldsymbol{C}^* \equiv \boldsymbol{C}^*(\lambda, \mu, \nu, \tau) = (\lambda\boldsymbol{A}+\mu\boldsymbol{B}-\nu\boldsymbol{C}+\tau\boldsymbol{D})/(\lambda+\mu-\nu+\tau)$,

$\boldsymbol{D}^* \equiv \boldsymbol{D}^*(\lambda, \mu, \nu, \tau) = (\lambda\boldsymbol{A}+\mu\boldsymbol{B}+\nu\boldsymbol{C}-\tau\boldsymbol{D})/(\lambda+\mu+\nu-\tau)$。

为$\square ABCD$ 的 4 个加权外心,其中 λ, μ, ν, τ 为实数,则

(1) $\square A^*B^*C^*D^*$ 的内重心也为 M_0^*。

(2) $\square_v AB^*C^*D^* = \varepsilon_A\square_v ABCD$, $\square_v A^*BC^*D^* = \varepsilon_B\square_v ABCD$,

$\square_v A^*B^*CD^* = \varepsilon_C\square_v ABCD$, $\square_v A^*B^*C^*D = \varepsilon_D\square_v ABCD$,

其中 $\varepsilon_A = m(-\lambda+\mu+\nu+\tau)/\lambda$,$\varepsilon_B = m(\lambda-\mu+\nu+\tau)/\mu$,$\varepsilon_C = m(\lambda+\mu-\nu+\tau)/\nu$,$\varepsilon_D = m(\lambda+\mu+\nu-\tau)/\tau$,

$m = 4\lambda\mu\nu\tau/(-\lambda+\mu+\nu+\tau)(\lambda-\mu+\nu+\tau)(\lambda+\mu-\nu+\tau)(\lambda+\mu+\nu-\tau) = \square_v ABCD/2$。

证 易验证 $\square_v A^*B^*C^*D = |[\boldsymbol{D}-\boldsymbol{A}^*, \boldsymbol{D}-\boldsymbol{B}^*, \boldsymbol{D}-\boldsymbol{C}^*]|/6 = \varepsilon_D\square_v ABCD$,其余类似。

定理 65

设$\square ABCD$,

(1) $\boldsymbol{A}_1^* = -\boldsymbol{B}+\boldsymbol{C}+\boldsymbol{D}$, $\boldsymbol{B}_1^* = -\boldsymbol{C}+\boldsymbol{D}+\boldsymbol{A}$, $\boldsymbol{C}_1^* = -\boldsymbol{D}+\boldsymbol{A}+\boldsymbol{B}$, $\boldsymbol{D}_1^* = -\boldsymbol{A}+\boldsymbol{B}+\boldsymbol{C}$,

$\boldsymbol{A}_2^* = \boldsymbol{B}-\boldsymbol{C}+\boldsymbol{D}$, $\boldsymbol{B}_2^* = \boldsymbol{C}-\boldsymbol{D}+\boldsymbol{A}$, $\boldsymbol{C}_2^* = \boldsymbol{D}-\boldsymbol{A}+\boldsymbol{B}$, $\boldsymbol{D}_2^* = \boldsymbol{A}-\boldsymbol{B}+\boldsymbol{C}$,

$\boldsymbol{A}_3^* = \boldsymbol{B}+\boldsymbol{C}-\boldsymbol{D}$, $\boldsymbol{B}_3^* = \boldsymbol{C}+\boldsymbol{D}-\boldsymbol{A}$, $\boldsymbol{C}_3^* = \boldsymbol{D}+\boldsymbol{A}-\boldsymbol{B}$, $\boldsymbol{D}_3^* = \boldsymbol{A}+\boldsymbol{B}-\boldsymbol{C}$, 则

① $\square_v A_j^*B_j^*C_j^*D_j^* = 5\square_v ABCD$ $(j = 1, 2, 3)$;

② 空间 $\square_s A_j^*B_j^*C_j^*D_j^* = 5$ 空间 $\square_s ABCD$ $(j = 1, 2, 3)$。

(2) $\boldsymbol{A}_0^* = (\boldsymbol{B}+\boldsymbol{C}+\boldsymbol{D})/3$, $\boldsymbol{B}_0^* = (\boldsymbol{C}+\boldsymbol{D}+\boldsymbol{A})/3$, $\boldsymbol{C}_0^* = (\boldsymbol{D}+\boldsymbol{A}+\boldsymbol{B})/3$, $\boldsymbol{D}_0^* = (\boldsymbol{A}+\boldsymbol{B}+\boldsymbol{C})/3$,

① $\square_v A_0^*B_0^*C_0^*D_0^* = \square_v ABCD/27$;

② 空间 $\square_s A_0^* B_0^* C_0^* D_0^* =$ 空间 $\square_s ABCD/9$ ($j=1, 2, 3$)。

证　(1) ① $\square_v A_j^* B_j^* C_j^* D_j^* = |[\boldsymbol{D}_j^* - \boldsymbol{A}_j^*, \boldsymbol{D}_j^* - \boldsymbol{B}_j^*, \boldsymbol{D}_j^* - \boldsymbol{C}_j^*]|/6 = 5|[\boldsymbol{D}-\boldsymbol{A}, \boldsymbol{D}-\boldsymbol{B}, \boldsymbol{D}-\boldsymbol{C}]|/6 = 5\square_v ABCD$ ($j=1, 2, 3$)；

② 空间 $\square_s A_j^* B_j^* C_j^* D_j^* = |\boldsymbol{A}_j^* \times \boldsymbol{B}_j^* + \boldsymbol{B}_j^* \times \boldsymbol{C}_j^* + \boldsymbol{C}_j^* \times \boldsymbol{D}_j^* + \boldsymbol{D}_j^* \times \boldsymbol{A}_j^*|/2 = 5|\boldsymbol{A}\times\boldsymbol{B}+\boldsymbol{B}\times\boldsymbol{C}+\boldsymbol{C}\times\boldsymbol{D}+\boldsymbol{D}\times\boldsymbol{A}|/2 = 5$(空间 $\square_s ABCD$) ($j=1, 2, 3$)。

(2) ① $\square_v A_0^* B_0^* C_0^* D_0^* = |[\boldsymbol{D}_0^* - \boldsymbol{A}_0^*, \boldsymbol{D}_0^* - \boldsymbol{B}_0^*, \boldsymbol{D}_0^* - \boldsymbol{C}_0^*]|/6 = |[\boldsymbol{D}-\boldsymbol{A}, \boldsymbol{D}-\boldsymbol{B}, \boldsymbol{D}-\boldsymbol{C}]|/162 = \square_v ABCD/27$；

② 空间 $\square_s A_0^* B_0^* C_0^* D_0^* = |\boldsymbol{A}_0^* \times \boldsymbol{B}_0^* + \boldsymbol{B}_0^* \times \boldsymbol{C}_0^* + \boldsymbol{C}_0^* \times \boldsymbol{D}_0^* + \boldsymbol{D}_0^* \times \boldsymbol{A}_0^*|/2 = |\boldsymbol{A}\times\boldsymbol{B}+\boldsymbol{B}\times\boldsymbol{C}+\boldsymbol{C}\times\boldsymbol{D}+\boldsymbol{D}\times\boldsymbol{A}|/18 =$ 空间 $\square_s ABCD/9$。

第5章　应用，推广与猜想

本章将对三角形，四面体，**德扎格定理**与**棣美弗公式**等作若干应用与推广并提出一些问题的猜想供读者参考。

5.1　合理配比问题的几何解

5.1.1　例题

例1　有7类金属 $Q_i(i=1, 2, \cdots, 7)$，它们包含两种元素百分比和单价(见表5-1)，若需20公斤两种金属的混合物，使它含 A 为40%，含 B 为60%，问如何选取比例使其价值最便宜?

表5-1

名　　目	Q_1	Q_2	Q_3	Q_4	Q_5	Q_6	Q_7
A(%)	45	60	50	30	25	55	80
B(%)	55	40	50	70	75	45	20
单价(元/公斤)	10	8	12	5	6	8	9

例2　有若干每条长为4 000 mm的圆钢，问至少要用几根长为4 000 mm的圆钢才可以截成 m 根长698 mm和 n 根长为518 mm的两种圆钢(其中 $m=n$ 或 $m \neq n$)?

5.1.2　分析

例1　取 $Q_i(i=1, 2, \cdots, 7)$ 的数量比为

$$Q_1 : Q_2 : Q_3 : Q_4 : Q_5 : Q_6 : Q_7 = t_1 : t_2 : t_3 : t_4 : t_5 : t_6 : t_7,$$

有

$$45t_1+60t_2+50t_3+30t_4+25t_5+55t_6+80t_7=400 \tag{1}$$

$$55t_1 + 40t_2 + 50t_3 + 70t_4 + 75t_5 + 45t_6 + 20t_7 = 600$$

$$10t_1 + 8t_2 + 12t_3 + 5t_4 + 6t_5 + 8t_6 + 9t_7 = y^*$$

我们的目的是选取 $t_i \geqslant 0\ (i = 1, 2, \cdots, 7)$ 使达到最小值 y^*。

化(1)为(2)

$$\sum_{i=1}^{7} k_i = 1,\ \sum_{i=1}^{7} x_i k_i = x_8,\ \sum_{i=1}^{7} y_i k_i = y\ (k_i \geqslant 0;\ i = 1, 2, \cdots, 7) \tag{2}$$

需求 $k_i \geqslant 0\ (i = 1, 2, \cdots, 7)$ 使达到最小值 y,其中

$$k_1 = 9t_1/80,\ k_2 = 3t_2/20,\ k_3 = t_3/8,\ k_4 = 3t_4/40$$
$$k_5 = t_5/16,\ k_6 = 11t_6/80,\ k_7 = t_7/5$$

$$x_1 = 11/9,\ x_2 = 2/3,\ x_3 = 1,\ x_4 = 7/3$$
$$x_5 = 3,\ x_6 = 9/11,\ x_7 = 1/4,\ x_8 = 3/2 \tag{2}'$$

$$y_1 = 10/9,\ y_2 = 2/3,\ y_3 = 6/5,\ y_4 = 5/6$$
$$y_5 = 6/5,\ y_6 = 8/11,\ y_7 = 9/16,\ y = y^*/80$$

例 2　设需要 x 根长为 698 mm 和 y 根长为 518 mm 的圆钢,可得不等式 $698x + 518y \leqslant 4\,000$,若用 $t_i(i = 1, 2, \cdots, 6)$,对应的方法为 $Q_i(i = 1, 2, \cdots, 6)$(见表 5-2),则

有

$$t_2 + 2t_3 + 3t_4 + 4t_5 + 5t_6 \geqslant m \tag{3}$$

$$7t_1 + 6t_2 + 5t_3 + 3t_4 + 2t_5 \geqslant n$$

$$t_1 + t_2 + t_3 + t_4 + t_5 + t_6 = y^*$$

表 5-2

方　法	Q_1	Q_2	Q_3	Q_4	Q_5	Q_6
x	0	1	2	3	4	5
y	7	6	5	3	2	0

我们的目的是选取 $t_i \geqslant 0\ (i = 1, 2, \cdots, 6)$ 使达到最小值 y^*,化(3)为(4)

$$\sum_{i=1}^{6} k_i \geqslant 1,\ \sum_{i=1}^{6} x_i k_i \geqslant x_7,\ \sum_{i=1}^{6} y_i k_i = y\ (k_i \geqslant 0;\ i = 1, 2, \cdots, 6) \tag{4}$$

需求 $k_i \geqslant 0$ $(i=1, 2, \cdots, 6)$ 使达到最小值 y^*，其中

$$k_1=\varepsilon t_1/m,\ k_2=t_2/m,\ k_3=2t_3/m,\ k_4=3t_4/m,\ k_5=4t_5/m,\ k_6=5t_6/m$$

$$x_1=7/\varepsilon,\ x_2=6,\ x_3=5/2,\ x_4=1,\ x_5=1/2,\ x_6=0,\ x_7=n/m \quad (4)'$$

$$y_1=1/\varepsilon,\ y_2=1,\ y_3=1/2,\ y_4=1/3,\ y_5=1/4,\ y_6=1/5,\ y=y^*/m$$

（ε 是充分小的正数）。

5.1.3 定理

例 1 和例 2 是两类不同的数学模型（等式与不等式），

对二维集 $\{P_i(x_i, y_i);\ i=1, 2, \cdots, n\}$，则点集 $\Omega_n\{(x, y) \mid x=\sum_{i=1}^{n} k_i x_i,\ y=\sum_{i=1}^{n} k_i y_i,\ \sum_{i=1}^{n} k_i=1,\ k_i \geqslant 0;\ i=1, 2, \cdots, n\}$ 是由 n 个点 $P_i(x_i, y_i)$ $(i=1, 2, \cdots, n)$ 组成的凸 n 多边形 Ω_n。

图 5-1，图 5-2 和图 5-3 分别表示凸多边形 Ω_2，Ω_3 和 Ω_5。

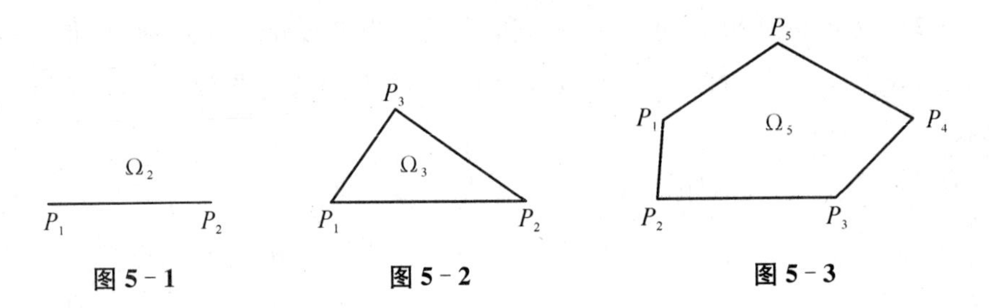

图 5-1　　图 5-2　　图 5-3

例 1 的数学模型

求最小值 y^* 按如下定理。

定理 1

设方程组为（见图 5-4）

$$\sum_{i=1}^{n} k_i=1,\ \sum_{i=1}^{n} x_i k_i=x_{n+1},$$

$$\sum_{i=1}^{n} y_i k_i=y\ (k_i \geqslant 0;\ i=1, 2, \cdots, n) \quad (5)$$

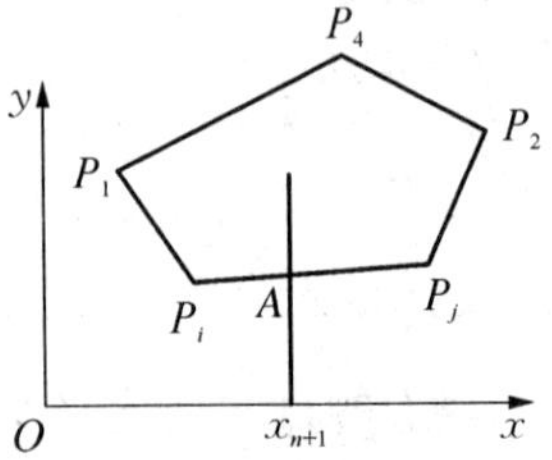

图 5-4

其中给定 $P_i(x_i, y_i)\ (i=1, 2, \cdots, n)$, x_{n+1};而 $k_i(i=1, 2, \cdots, n)$ 和 y 是未知量。则在(5)中存在 $k_i(i=1, 2, \cdots, n)$ 使 y 达到最小值,$\min y = y_A$, $k_i = AP_j/P_iP_j$, $k_j = P_iA/P_iP_j$,其余 $k_m = 0\ (m=1, 2, \cdots, n;\ m \neq i, j)$,其中区域 Ω_n 与直线 $x = x_{n+1}$ 的交点是在 P_iP_j 上的 A(见图5-4)。

对二维集 $\{P_i(x_i, y_i);\ i=1, 2, \cdots, n\}$,点集 $\Omega_n\{(x, y) \mid x = \sum_{i=1}^{n} k_i x_i,\ y = \sum_{i=1}^{n} k_i y_i,\ \sum_{i=1}^{n} k_i \geqslant 1,\ k_i \geqslant 0;\ i=1, 2, \cdots, n\}$,则点集 $\left\{\sum_{i=1}^{n} k_i P_i\right\}$ 是无穷区域 Ω_n^*,它由 n 个点 $P_i(x_i, y_i)\ (i=1, 2, \cdots, n)$ 组成,图5-5、图5-6分别表示区域 Ω_3^* 和 Ω_5^*。

例2的数学模型

求最小值 y^* 按如下定理。

定理2

设方程组为

$$\sum_{i=1}^{n} k_i \geqslant 1,\ \sum_{i=1}^{n} x_i k_i \geqslant x_{n+1},\ \sum_{i=1}^{n} y_i k_i = y\ (k_i \geqslant 0;\ i=1, 2, \cdots, n) \tag{6}$$

其中给定 $P_i(x_i, y_i)\ (i=1, 2, \cdots, n)$ 和 x_{n+1};而 $k_i(i=1, 2, \cdots, n)$ 和 y 是未知量。则 $\min y = y_A$, $k_i = AP_j/P_iP_j$, $k_j = P_iA/P_iP_j$,其余 $k_m = 0\ (m=1, 2, \cdots, n;\ m \neq i, j)$,其中区域 Ω_n^* 与直线 $x = x_{n+1}$ 的交点是在 P_iP_j 上的 A(见图5-5,图5-6,图5-7)。

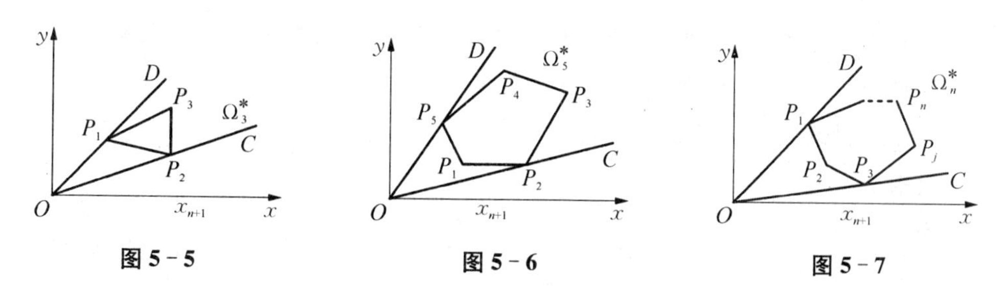

图5-5　　图5-6　　图5-7

其中 $P_i(x_i, y_i)\ (i=1, 2, \cdots, n)$ 和 x_{n+1} 给定;而 $k_i(i=1, 2, \cdots, n)$ 和 y 是未知量。

设在(6)中存在 $k_i(i=1, 2, \cdots, n)$,使 y 达到最小值,我们有如下三种情况:

① 若区域 Ω_n^* 与直线 $x = x_{n+1}$ 的交点是 $A \in P_iP_j$，其结果如同定理 1；

② 按上述的 $A \in P_jC$，则最小值 $y^* = y_A$，$k_j = x_{n+1}/x_j$，其余 $k_m = 0$ $(m = 1, 2, \cdots, n;\ m \neq j)$；

③ 若区域 Ω_n^* 与直线 $x = x_{n+1}$ 的无交点，则

$\min y = \min(y_t \mid t = 1, 2, \cdots, n)$，设最小值 $y = y_i$，$k_i = 1$，其余 $k_m = 0$ $(m = 1, 2, \cdots, n;\ m \neq i)$（证明省去）。

定理 1，定理 2 的证明可由下面几个引理得证。

引理 1

设 $P_i(x_i)$ $(i = 1, 2, 3)$ 为 x 实轴上三点，

联立方程组：

$$\begin{cases} k_1 + k_2 = 1, \\ x_1k_1 + x_2k_2 = x_3, \end{cases}$$

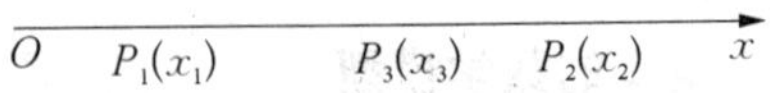

O $P_1(x_1)$ $P_3(x_3)$ $P_2(x_2)$ x

图 5-8

（见图 5-8）。

记 $c = k_2/k_1$，则 x_3 和 c 分别是线段 P_1P_2 的分点和分比。

按 c 的正和负表示 P_3 在线段 P_1P_2 内部和外部，当 c 在 0 与 -1 之中，则 P_3 在 P_1 左边；

当 c 在 $-\infty$ 与 -1 之中，则 P_3 在 P_2 右边。

$$-1 < c < 0(P_1)0 < c < \infty(P_2) - \infty < c < -1。$$

当 c 在 0 与 ∞ 之中，则 P_3 表示在 P_1，P_2 内部。

当 $c = 0, -\infty, \infty$ 或 -1 时，则 P_3 为 P_1，P_2，或以方向 P_1P_2 的无穷远点。

特别当 $c = 1$，则 P_3 为线段 P_1P_2 的中点。

下文均讨论 $c \geqslant 0$ 即 $k_i \geqslant 0$ $(i = 1, 2)$。

引理 2

设

$$k_1 + k_2 = 1,$$

$$x_1k_1 + x_2k_2 = x_3,$$

$$y_1k_1 + y_2k_2 = y,$$

其中已知 $P_i(x_i, y_i)$ $(i=1, 2)$，x_3；而 $k_i \geqslant 0$ $(i=1, 2)$ 和 y 是未知量，则 $y = y_1k_1 + y_2k_2$，其中 $k_1 = (x_2 - x_3)/(x_2 - x_1) = AP_2/P_1P_2$，$k_2 = (x_3 - x_1)/(x_2 - x_1) = P_1A/P_1P_2$。

$A(x_3, y)$ 在直线 P_1P_2 上：$(x - x_1)/(x_2 - x_1) = (y - y_1)/(y_2 - y_1)$。

由如下恒等式，即知 $(x_3 - x_1)/(x_2 - x_1) = (y_1k_1 + y_2k_2 - y_1)/(y_2 - y_1)$（见图 5-9）。

引理 3

设

$$k_1 + k_2 = 1,$$

$$x_1k_1 + x_2k_2 \geqslant x_3,$$

$$y_1k_1 + y_2k_2 = y,$$

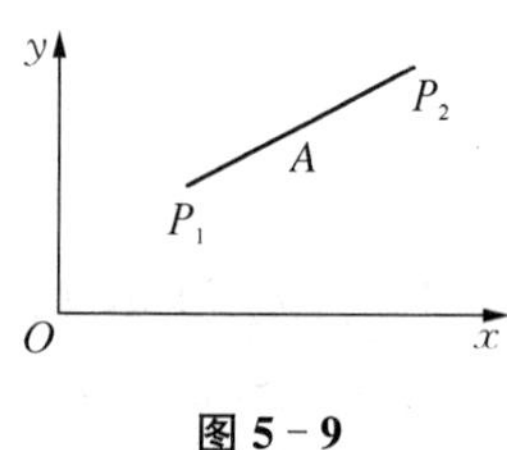

图 5-9

其中已知 $P_i(x_i, y_i)$ $(i=1, 2)$，x_3；而 $k_i \geqslant 0$ $(i=1, 2)$ 和 y 是未知量。则 $y_A = \min y = y_1k_1 + y_2k_2$，$A(x_3, y_A)$，

其中 $k_1 = (x_2 - x_3)/(x_2 - x_1) = AP_2/P_1P_2$，

$k_2 = (x_3 - x_1)/(x_2 - x_1) = P_1A/P_1P_2$。

证　反证法，若还存在另外解 $k_i^* \geqslant 0$ $(i=1, 2)$，$y_1k_1^* + y_2k_2^* = y_B < y_A$，$B(x^*, y_B)$，

$k_1^* = (x_2 - x^*)/(x_2 - x_1) = (y_2 - y_B)/(y_2 - y_1)$，$k_2^* = (x^* - x_1)/(x_2 - x_1) = (y_B - y_1)/(y_2 - y_1)$，

$k_1^* + k_2^* = 1$，添线段 AA_0，BB_0，P_1P_0 平行于 x 轴，由 $A_0(x_2, y_A)$，$B_0(x_2, y_B)$，

得 $x_1k_1^* + x_2k_2^* = x^* < x_3$ 不合，即得证（见图 5-10）。

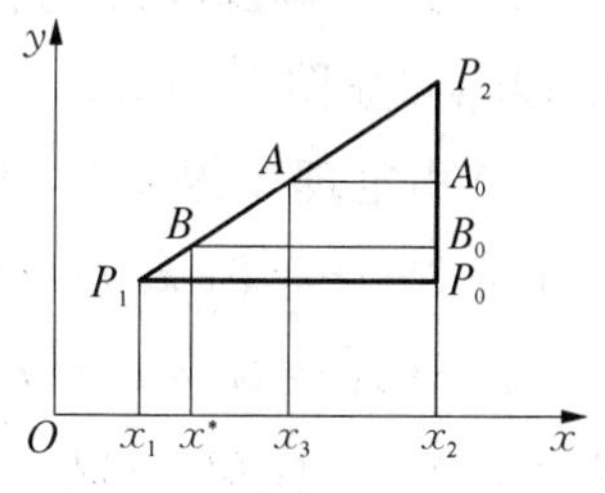

图 5-10

引理 4

设

$$k_1 + k_2 \geqslant 1,$$

$$x_1k_1 + x_2k_2 \geqslant x_3,$$

$$y_1k_1 + y_2k_2 = y,$$

其中已知 $P_i(x_i, y_i)$ $(i = 1, 2)$, x_3;而 $k_i \geqslant 0$ $(i = 1, 2)$ 和 y 是未知量,则 $y_A = \min y = y_1k_1 + y_2k_2$ $A(x_3, y_A)$,其中有 $k_1, k_2 \geqslant 0$。

证 令 $k_2' = k_2 - \varepsilon \geqslant 0$, $\varepsilon \geqslant 0$,

$$k_1 + k_2' = 1,$$

$$x_1k_1 + x_2k_2' \geqslant x_3' = x_3 - \varepsilon x_2,$$

$$y_1k_1 + y_2k_2' = y' = y - \varepsilon y_2,$$

对 $k_1, k_2' \geqslant 0$, $P_i(x_i, y_i)$ $(i = 1, 2)$, x_3', y',

取 $k_1 = (x_2 - x_3')/(x_2 - x_1) \geqslant 0$, $k_2' = (x_3' - x_1)/(x_2 - x_1) \geqslant 0$。

利用引理 2 得

$\min y - \varepsilon y_2 = \min(y - \varepsilon y_2) = \min y' = y_1k_1 + y_2k_2' = y_1k_1 + y_2(k_2 - \varepsilon)$, $\min y = y_1k_1 + y_2k_2$(见图 5-11)。

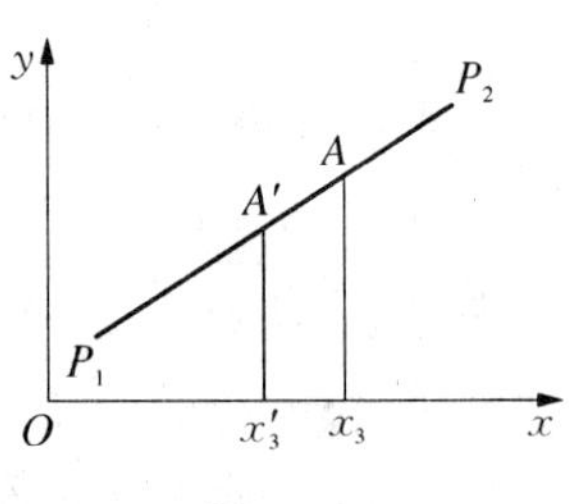

图 5-11

5.1.4 例题的解

例 1 的解 1

区域 Ω_7 与直线 $x = x_8 = 3/2$ 的交点是在 P_iP_j 上的 A(图 5-4)。

① 由(2)画区域 Ω_7 与直线 $x = x_8 = 3/2$ 的交点,使 y_A 最小值, y^* 在平面坐标系 $\{Oxy\}$(见图 5-12);

② 由定理 1 得 $k_1 = k_2 = k_3 = k_5 = k_6 = 0$, $k_4 = P_7A/P_7P_4 = 3/5$, $k_7 = AP_4/P_7P_4 = 2/5$, $y_A = 29/40$;

③ 有 $t_1 = t_2 = t_3 = t_5 = t_6 = 0$, $t_4 = 8$, $t_7 = 2$, $Q_4/Q_7 = t_4/t_7 = 4$, $Q_4 + Q_7 = 20$,即取 $Q_4 = 16$ 公斤, $Q_7 = 4$ 公斤, $Q_1 = Q_2 = Q_3 = Q_5 = Q_6 = 0$,其价值最便宜 $y^* = 5 \cdot 16 + 9 \cdot 4 = 116$ (元)。

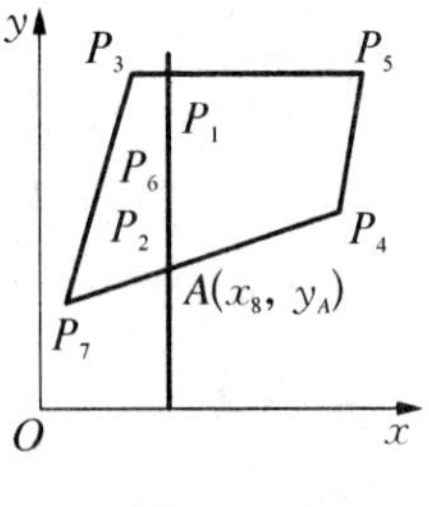

图 5-12

解 2

$k_1 = 11t_1/120$, $k_2 = t_2/15$, $k_3 = t_3/12$, $k_4 = 7t_4/60$, $k_5 = t_5/8$, $k_6 = 3t_6/40$,

$k_7 = t_7/30$；

$x_1 = 9/11$，$x_2 = 3/2$，$x_3 = 1$，$x_4 = 3/7$，$x_5 = 1/3$，$x_6 = 11/9$，$x_7 = 4$，$x_8 = 2/3$；　(2)″

$y_1 = 2/11$，$y_2 = 1/5$，$y_3 = 6/25$，$y_4 = 1/14$，$y_5 = 2/25$，$y_6 = 8/45$，$y_7 = 9/20$，$y = y^*/600$，

$k_4 = 1/4$，$k_7 = 3/4$，$k_4 = P_7A/P_7P_4 = 14/15$，$k_7 = AP_4/P_7P_4 = 1/15$，

$t_4 = 8$，$t_7 = 2$，$Q_4/Q_7 = t_4/t_7 = 4$，$Q_4 + Q_7 = 20$，即取 $Q_4 = 16$ 公斤，$Q_7 = 4$ 公斤，

$Q_1 = Q_2 = Q_3 = Q_5 = Q_6 = 0$，其价值最便宜 $y^* = 5 \cdot 16 + 9 \cdot 4 = 116$（元）。

例2的解

由(4)画区域 Ω_6^* 的交点 A，有两种情况：

（图5-13）

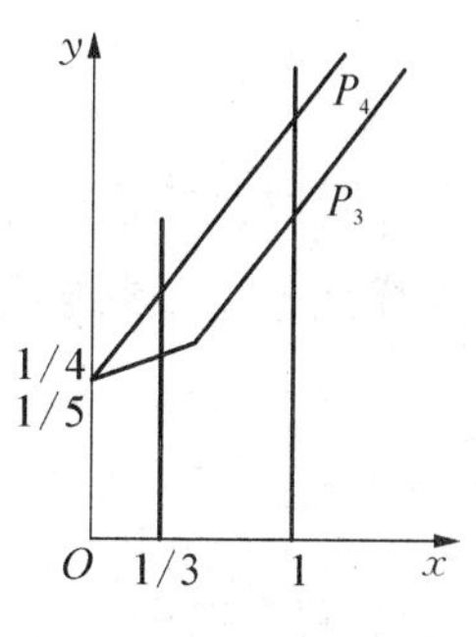

图5-13

① 若 $m = n$，则

$x_7 = 1$，$y_A = y_3k_3 + y_5k_5 = 5/16$，$k_1 = k_2 = k_4 = k_6 = 0$，$k_3 = 1/4$，$k_5 = 3/4$，

(a) 若 $n = 16$，则 $t_3 = 2$，$t_5 = 3$，$\min y = 5$。

(b) 若 $n = 22$，因 t_3 和 t_5 非正整数

可比较如下四种情况

（其中 t_1，t_2，t_4，$t_6 = 0$）：

(i) $t_3 = [11/4] + 1 = 3$，$t_5 = [33/8] + 1 = 5$，

(ii) $t_3 = [11/4] + 1 = 3$，$t_5 = [33/8] = 4$，

(iii) $t_3 = [11/4] = 2$，$t_5 = [33/8] + 1 = 5$，

(iv) $t_3 = [11/4] = 2$，$t_5 = [33/8] = 4$，

记号$[x]$表示整数函数。

(i) $t_3 + t_5 = 8$，可得26根长698 mm和25根长为518 mm的两种圆钢，太浪费，不合。

(iii) $t_3 + t_5 = 7$，可得24根长698 mm和20根长为518 mm的两种圆钢，不合要求。

(iv) $t_3 + t_5 = 6$，可得20根长698 mm和18根长为518 mm的两种圆钢，不合要求。

(ii) $t_3+t_5=7=\min y^*$，可得 22 根长 698 mm 和 23 根长为 518 mm 的两种圆钢，最佳方案。

$k_3=2t_3/m,\ k_5=4t_5/m,\ k_3+k_5=(2t_3+4t_5)/m=(2\cdot 3+4\cdot 4)/22=1$。

② 若 $m\neq n$ 设 $m=30,\ n=10$，取 $\min y^*=y_{A^*}=(1/5)(1/3)+(1/4)(2/3)=7/30$，则 $k_1=k_2=k_3=k_4=0,\ k_5=2/3,\ k_6=1/3$，即 $t_5=mk_5/4=5,\ t_6=mk_6/5=2$，若 $\min y^*=7$，取 $m=4\cdot 5+5\cdot 2=30,\ n=2\cdot 5+0\cdot 2=10$。

5.2 一类线性规划问题的几何解

5.2.1 模型

"线性规划"是实际生活中经常遇到的问题，下面考虑它的一类数学模型。

模型 1　二维线性规划数学模型

$$k_1+k_2=1,$$

$$x_ik_1+y_ik_2\leqslant M\ (i=1,\ 2,\ \cdots,\ n),$$

其中 $x_i,\ y_i\geqslant 0\ (i=1,\ 2,\ \cdots,\ n)$ 为给定数。我们要求解 $k_j\geqslant 0\ (j=1,\ 2)$，使 M 达到最小值。

模型 2　三维线性规划数学模型

$$k_1+k_2+k_3=1,$$

$$x_ik_1+y_ik_2+z_ik_3\leqslant M\ (i=1,\ 2,\ \cdots,\ n),$$

其中 $x_i,\ y_i,\ z_i\geqslant 0\ (i=1,\ 2,\ \cdots,\ n)$ 为给定数，我们要求解 $k_j\geqslant 0\ (j=1,\ 2,\ 3)$，使 M 达到最小值。

5.2.2 定义

在**模型 1** 中，设平面直角坐标系 $\{Ouv\}$，给定 $2n$ 个数 $x_i,\ y_i\geqslant 0\ (i=1,\ 2,\ \cdots,\ n)$ 使其坐标 $(x_i,\ 0)$ 和 $(y_i,\ 1)\ (i=1,\ 2,\ \cdots,\ n)$ 对应 $2n$ 个点分别落在直线 $v=0$ 和 $v=1$ 上。为方便起见，直接用 $x_i,\ y_i(i=1,\ 2,\ \cdots,\ n)$ 表示它们点的位置。连接直线对 $x_iy_i,\ x_jy_j$，它们的交点记为 M_{ij}（包括无穷远点）$(i,\ j=1,\ 2,\ \cdots,\ n;$

$i < j$) 共有 $n(n-1)/2$ 个。

定义 1

$m_1^* = \min[\max(x_1, x_2, \cdots, x_n), \max(y_1, y_2, \cdots, y_n)]$ 称为**关于 $2n$ 个数 x_i, $y_i(i=1, 2, \cdots, n)$ 的第一值。**

定义 2

直线对 x_iy_i, x_jy_j 的交点 M_{ij} 若在 $v=0$ 和 $v=1$ 之间,且两个角 $\angle M_{ij}x_ix_j$, $\angle M_{ij}x_jx_i$ 都不大于 $\pi/2$,称 M_{ij} **为关于直线对 x_iy_i, x_jy_j 的实交点**,其坐标为 (m_{ij}, v_{ij}), m_{ij} 称为**直线对 x_iy_i, x_jy_j 的实交距**(见图 5-14)。

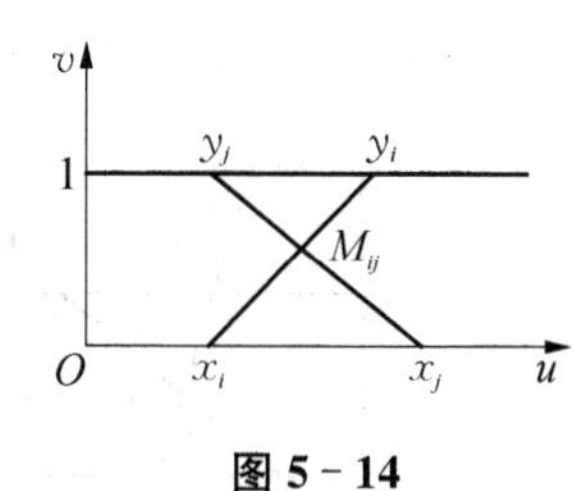

图 5-14

定义 3

直线对 x_iy_i, x_jy_j 的交点 M_{ij} 若在 $v=0$ 和 $v=1$ 之间,但两个角 $\angle M_{ij}x_ix_j$, $\angle M_{ij}x_jx_i$ 中有一个大于 $\pi/2$ 或不在 $v=0$ 和 $v=1$ 之间(见图 5-15,图 5-16)。M_{ij} 称为**直线对 x_iy_i, x_jy_j 的内虚交点或外虚交点**,其坐标为 (m_{ij}, v_{ij}),此时(**外或内)虚交距** m_{ij} 视为消失。

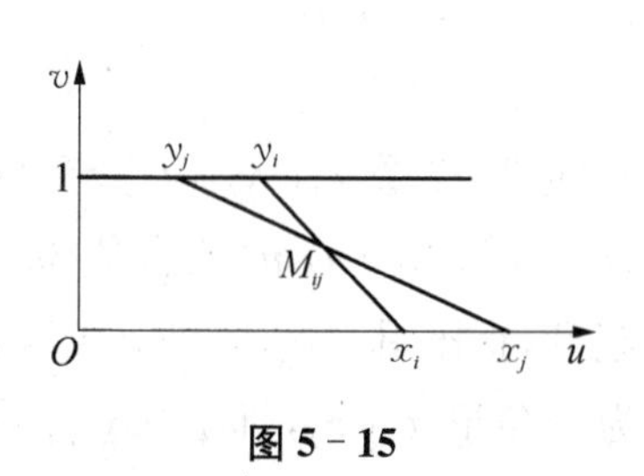

图 5-15

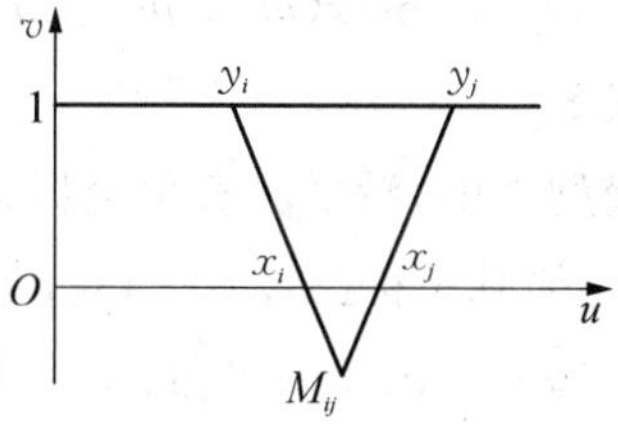

图 5-16

定义 4

已知数 x_i, $y_i \geqslant 0$ $(i=1, 2, \cdots, n)$,直线对 x_iy_i, x_jy_j 共有 $n(n-1)/2$ 个交点(实交点或虚交点)M_{ij} $(i, j=1, 2, \cdots, n; i<j)$, $m_2^* = \max(m_{ij}; i, j=1, 2, \cdots, n; i<j) = m_{i^*j^*}$,其中 i^*, j^* 是取自 $i, j=1, 2, \cdots, n; i<j$ 的一对确定的数(实交距),若在对应的实交点 $M_{i^*j^*}$ 右边不存在其他任何直线 x_iy_i $(i=1, 2, \cdots, n; i\neq i^*, j^*)$,则 m_2^* 称为**已知数 x_i, $y_i(i=1, 2, \cdots, n)$ 的第二值。**

若在其右边存在其他任何直线 x_iy_i $(i=1, 2, \cdots, n; i\neq i^*, j^*)$,则 m_2^* 消失。

例 1

(1) 设 $n=4$（见图 5-17），两个实交点 M_{12}，M_{13}；外虚交点 M_{23} 以及图中未显示的另外三个外虚交点 M_{14}，M_{24}，M_{34}，由于在 M_{13} 点右边存在直线 x_4y_4，所以 m_2^* 消失。

$m_1^* = \min[\max(x_1, x_2, x_3, x_4), \max(y_1, y_2, y_3, y_4)] = \min[x_4, y_4] = y_4$。

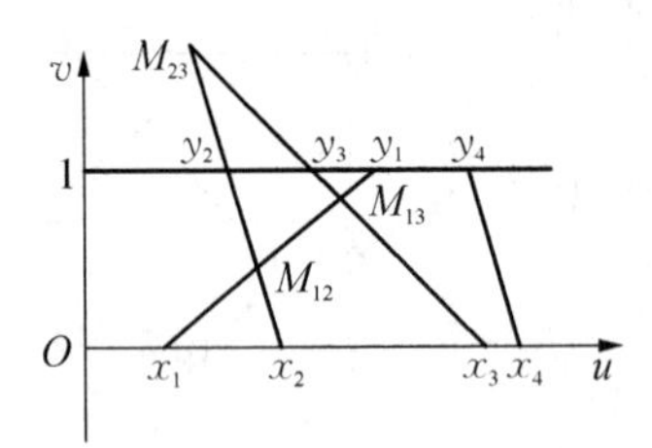

图 5-17

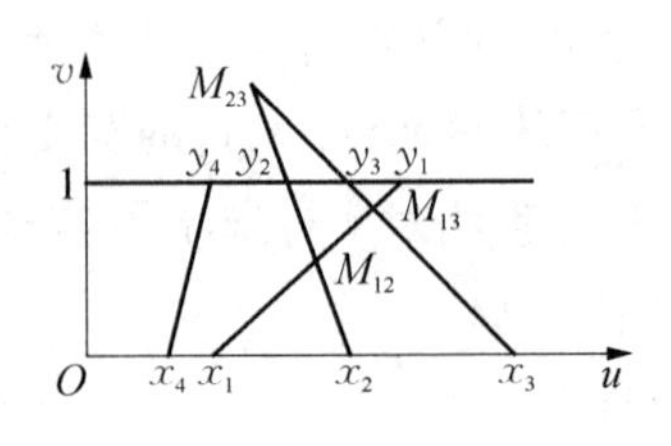

图 5-18

(2) 设 $n=4$（见图 5-18），两个实交点 M_{12}，M_{13}；外虚交点 M_{23} 以及图中未显示的另外 3 个外虚交点 M_{14}，M_{24}，M_{34}。由于在 M_{13} 点右边不存在任何直线，直线 x_4y_4 在 M_{13} 点左边。

所以 $m_2^* = \max(m_{12}, m_{13}, m_{23}) = m_{13}$。

定义 5

在**模型 2** 中，设平面直角坐标系 $\{Ouv\}$，给定 $3n$ 个数 x_i，y_i，$z_i \geqslant 0$ $(i=1, 2, \cdots, n)$ 使其坐标 $(x_i, 0)$，$(y_i, 1)$ 和 $(z_i, 2)$ $(i=1, 2, \cdots, n)$ 对应的 $3n$ 个点分别落在直线 $v=0$，$v=1$ 和 $v=2$ 上. 为方便起见，直接用 x_i，y_i，z_i $(i=1, 2, \cdots, n)$ 表示它们点的位置（见图 5-19），记 $\triangle_i$ 为三角形 $x_iy_iz_i$，即 $\triangle x_iy_iz_i$ $(i=1, 2, \cdots, n)$，每两个三角形 $\triangle_i$，$\triangle_j$ 所对应的三组对边 y_iz_i 与 y_jz_j，z_ix_i 与 z_jx_j 和 x_iy_i 与 x_jy_j 相交的三点落在一直线 $L_{ij}=L_{ij}(\triangle_i, \triangle_j)$ 上[见第 1 章定理 77（**德扎格定理 Ⅰ**）]称其为**两个 $\triangle_i$，$\triangle_j$ 的内蕴线。**（下文将说明它的几何性质）对于 $\triangle x_iy_iz_i$ $(i=1, 2, \cdots, n)$，共有 $n(n-1)/2$ 条内蕴线 L_{ij} $(i, j=1, 2, \cdots, 3;\ i<j)$。每三条直线 L_{ij}，L_{ik} 和 L_{jk} $(i<j<k)$ 相交一点 $P_{ijk}(\triangle_i, \triangle_j, \triangle_k)$（见第 1 章定理 84（**德扎格定理 Ⅱ**），定理 85（**德扎格**

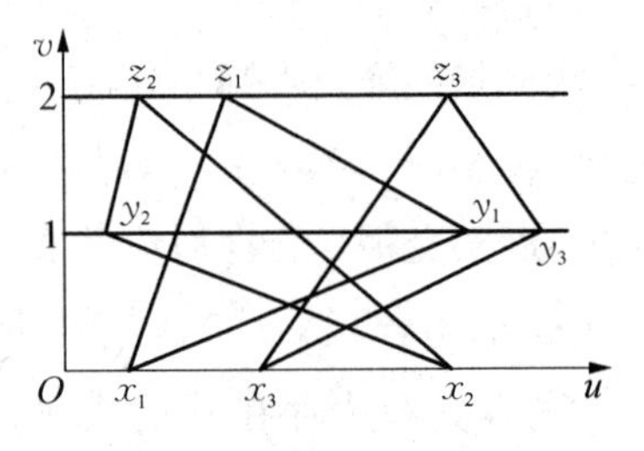

图 5-19

定理 Ⅲ)),称其为三个 $\triangle_t (t = i < j < k)$ 的**内蕴点**[(下文将说明它的几何性质)。对于 $\triangle x_i y_i z_i \ (i = 1, 2, \cdots, n)$,共有 $n(n-1)(n-2)/6$ **内蕴点**,记 P_{ijk} 的坐标为 (p_{ijk}, v_{ijk}),p_{ijk} 称为**三个 $\triangle_i (t = i < j < k)$ 的交距**](可由平面几何证得)。

5.2.3 引理

引理 1

设

$$k_1 + k_2 + k_3 = 1,$$

$$x_1 k_1 + x_2 k_2 + x_3 k_3 = x_4,$$

$$y_1 k_1 + y_2 k_2 + y_3 k_3 = y_4,$$

其中,已知 $P_i(x_i, y_i) \ (i = 1, 2, 3, 4)$,则存在 $(k_j \geqslant 0; \ j = 1, 2, 3)$ 的充分必要条件是 $P_4 \in \triangle P_1 P_2 P_3$,

记 $P_i' \ (i = 1, 2, 3)$ 分别是直线 $P_4 P_1$ 与 $P_2 P_3$;$P_4 P_2$ 与 $P_3 P_1$ 和 $P_4 P_3$ 与 $P_1 P_2$ 交点,

$k_i = P_4 P_i' / P_i P_i' \ (i = 1, 2, 3)$

(见图 5-20)。

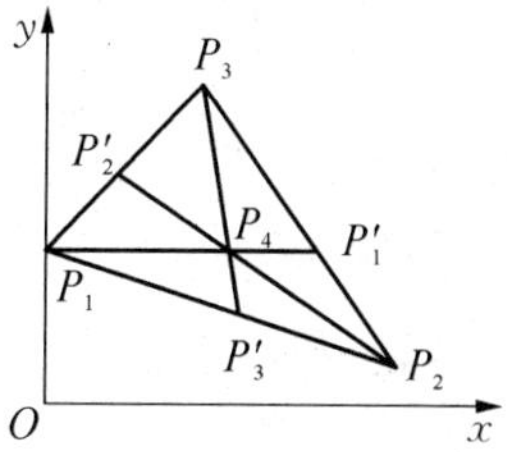

图 5-20

证 $\triangle_s P_1 P_2 P_3$为$\triangle P_1 P_2 P_3$的面积

$$D_0 = 2\triangle_s P_1 P_2 P_3 = \begin{vmatrix} 1 & 1 & 1 \\ x_1 & x_2 & x_3 \\ y_1 & y_2 & y_3 \end{vmatrix}, \ D_1 = 2\triangle_s P_4 P_2 P_3 = \begin{vmatrix} 1 & 1 & 1 \\ x_4 & x_2 & x_3 \\ y_4 & y_2 & y_3 \end{vmatrix},$$

由线性方程组理论得 $k_1 = D_1 / D_0 = P_4 P_1' / P_1 P_1'$,

同理 $k_2 = P_4 P_2' / P_2 P_2'$,$k_3 = P_4 P_3' / P_3 P_3'$。

引理 2

设

$$k_1 + k_2 + k_3 = 1,$$

$$x_1 k_1 + x_2 k_2 + x_3 k_3 = x_4,$$

$$y_1k_1 + y_2k_2 + y_3k_3 = y,$$

其中,已知 $P_i(x_i, y_i)$ $(i = 1, 2, 3)$, x_4,而 $k_j \geqslant 0$ $(j = 1, 2, 3)$ 和 y 是未知量,则经过 $(x_4, 0)$ 点作直线平行于正向 y 轴。不妨假设此直线首先相交于 $\triangle P_1P_2P_3$ 的边 P_1P_2,其交点 $A(x_4, y_A)$, $k_1 = AP_2/P_1P_2$, $k_2 = P_1A/P_1P_2$, $k_3 = 0$ 使 $y_A = \min y$(见图 5-21)。

证 由引理 1 得知 $y_A = \min y$, 即证。

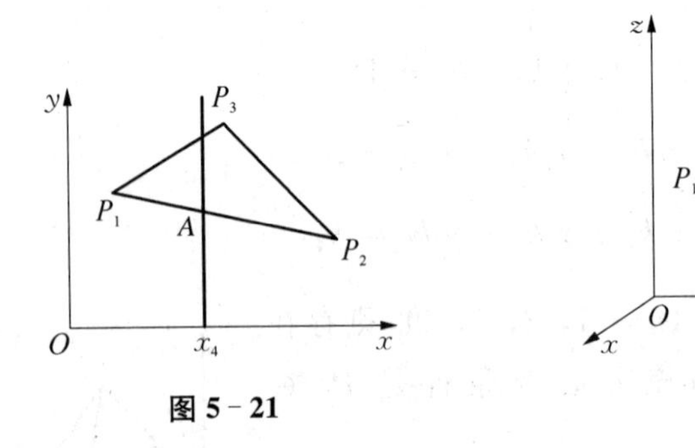

图 5-21 **图 5-22**

引理 3

设 $k_1 + k_2 + k_3 + k_4 = 1$(见图 5-22),

$$x_1k_1 + x_2k_2 + x_3k_3 + x_4k_4 = x_5,$$

$$y_1k_1 + y_2k_2 + y_3k_3 + y_4k_4 = y_5,$$

$$z_1k_1 + z_2k_2 + z_3k_3 + z_4k_4 = z_5,$$

其中,已知 $P_i(x_i, y_i, z_i)$ $(i = 1, 2, 3, 4, 5)$,则存在 $(k_j \geqslant 0;\ j = 1, 2, 3, 4)$ 的充分必要条件是 P_5 属于四面体$\square P_1P_2P_3P_4$。

记 P_i' $(i = 1, 2, 3, 4)$ 分别是直线 P_5P_i 与 $\triangle P_jP_kP_m$ 的交点,$(j, k, m = 1, 2, 3, 4;\ j < k < m;\ j, k, m \neq i)$,

$$k_i = P_5P_i'/P_iP_i' \ (i = 1, 2, 3, 4)。$$

$$V_0(6\square_v P_1P_2P_3P_4) = \begin{vmatrix} 1 & 1 & 1 & 1 \\ x_1 & x_2 & x_3 & x_4 \\ y_1 & y_2 & y_3 & y_4 \\ z_1 & z_2 & z_3 & z_4 \end{vmatrix}, V_1(6\square_v P_5P_2P_3P_4) = \begin{vmatrix} 1 & 1 & 1 & 1 \\ x_5 & x_2 & x_3 & x_4 \\ y_5 & y_2 & y_3 & y_4 \\ z_5 & z_2 & z_3 & z_4 \end{vmatrix}。$$

由线性方程组理论得 $k_1 = V_1/V_0 = P_5P_1'/P_1P_1'$,同理 $k_i = P_5P_i'/P_1P_i'$ $(i = 1, 2, 3, 4)$。

引理 4

设
$$k_1 + k_2 + k_3 + k_4 = 1,$$
$$x_1k_1 + x_2k_2 + x_3k_3 + x_4k_4 = x_5,$$
$$y_1k_1 + y_2k_2 + y_3k_3 + y_4k_4 = y_5,$$
$$z_1k_1 + z_2k_2 + z_3k_3 + z_4k_4 = z,$$

其中,已知 $P_i(x_i, y_i, z_i)$ $(i = 1, 2, 3, 4)$, x_5, y_5,

而 $k_j \geqslant 0$ $(j = 1, 2, 3, 4)$ 和 z 是未知量,则取 $A(x_5, y_5, z_A)$。

经过 $P_5'(x_5, y_5, 0)$点作直线平行于正向 z 轴,不妨假设此直线首先相交于四面体 $P_1P_2P_3P_4$的面为$\triangle P_1P_2P_3$,其交点 $A(x_5, y_5, z_A)$(线段 P_5P_5'与$\triangle P_1P_2P_3$的交点),记 P_1A 与 P_2P_3交点为 P_1''; P_2A 与 P_1P_3交点为 P_2''; P_3A 与 P_1P_2交点为 P_3'';则 $k_1 = AP_i''/P_iP_i''$ $(i = 1, 2, 3)$, $k_4 = 0$ 使 $z_A = \min z$。(见图 5-10)由引理 3 得知。

5.2.4 定理

定理 1

按模型 1 设 $n = 2$ 存在解 $k_j \geqslant 0$ $(j = 1, 2)$ 使 M 达到最小值,则

$\min M = \min(m_1^*, m_2^*)$,其中

(1) $m_2^* = m_{12}$, $k_1 = M_{12}y_1/x_1y_1 = M_{12}y_2/x_2y_2$, $k_2 = x_1M_{12}/x_1y_1 = x_2M_{12}/x_2y_2$

(见图 5-23);

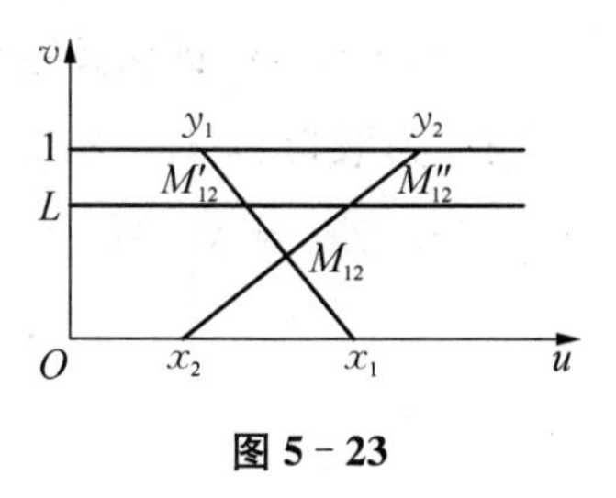

图 5-23

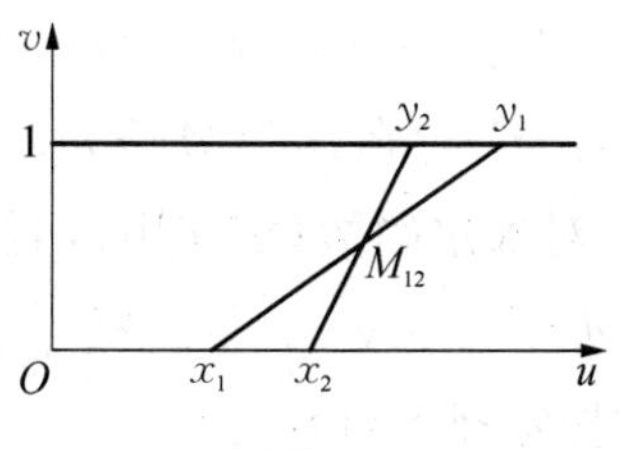

图 5-24

(2) ① $m_1^* = \min[\max(x_1, x_2), \max(y_1, y_2)] = \min[x_2, y_1] = x_2$, $k_1 = 1$,

$k_2=0$

（见图 5-24）。

或② $m_1^*=\min[\max(x_1, x_2), \max(y_1, y_2)]=\min[x_2, y_2]=y_2$，$k_1=0$，$k_2=1$（见图 5-25）。

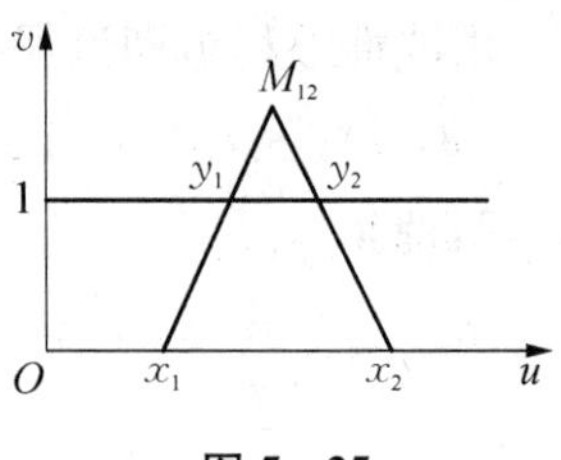

图 5-25

证 (1)任取平行于 Ou 轴的一直线 L，其相交两直线 x_1y_1 与 x_2y_2 分别为两点 $M_{12}'(m_{12}', v_{12}')$ 与 $M_{12}''(m_{12}'', v_{12}'')$，

记 $k_1'=M_{12}'y_1/x_1y_1=M_{12}''y_2/x_2y_2$，$k_2'=x_1M_{12}'/x_1y_1=x_2M_{12}''/x_2y_2$，$k_1'+k_2'=1$，

$x_1k_1'+y_1k_2'=m_{12}'\leqslant m_{12}=x_ik_1+y_ik_2\leqslant m_{12}''=x_2k_1'+y_2k_2'$ $(i=1, 2)$，

$k_1=M_{12}y_1/x_1y_1=M_{12}y_2/x_2y_2$，$k_2=x_1M_{12}/x_1y_1=x_2M_{12}/x_2y_2$，即证。

(2) ① $x_ik_1+y_ik_2\leqslant x_2=m_1^*=\min M\leqslant x_ik_1'+y_ik_2'$ $(i=1, 2)$，$k_1=1$，$k_2=0$ 按(1)方法，任意 $k_i'\geqslant 0$ $(i=1, 2)$，$k_1'+k_2'=1$；

② $x_ik_1+y_ik_2\leqslant y_2=m_1^*=\min M\leqslant x_ik_1'+y_ik_2'$ $(i=1, 2)$，$k_1=0$，$k_2=1$ 按(1)方法，任意 $k_i'\geqslant 0$ $(i=1, 2)$，$k_1'+k_2'=1$。

定理 2

按**模型 1** 所设，则有下面两者之一解 $k_j\geqslant 0$ $(j=1, 2)$ 使 M 达到最小值，

(1) 若 m_2^* 消失，则 $\min M=m_1^*=\min[\max(x_1, x_2, \cdots, x_n), \max(y_1, y_2, \cdots, y_n)]$，且

① 若 $m_1^*=x_{i^*}$，i^* 为取自 $1, 2, \cdots, n$ 的一个确定的数，则 $k_1=1$，$k_2=0$，

$k_1x_i+k_2y_i=x_i\leqslant x_{i^*}=m_1^*=\min M$ $(i=1, 2, \cdots, n)$。证法按定理 1(1)；

② 若 $m_1^*=y_{i^*}$，i^* 为取自 $1, 2, \cdots, n$ 的一个确定的数，则 $k_1=0$，$k_2=1$，

$k_1x_i+k_2y_i=y_i\leqslant y_{i^*}=m_1^*=\min M$ $(i=1, 2, \cdots, n)$。证法按定理 1(1)；

(2) 若 m_2^* 存在，$\min M=m_2^*=m_{i^*j^*}$，i^*，j^* 为取自 $i, j=1, 2, \cdots, n$；$i<j$ 的一对确定的数(实交距)，且 $k_1=y_{i^*}M_{i^*j^*}/x_{i^*}y_{i^*}=y_{j^*}M_{i^*j^*}/x_{j^*}y_{j^*}$，$k_2=x_{i^*}M_{i^*i^*}/x_{i^*}y_{i^*}=x_{j^*}M_{i^*j^*}/x_{j^*}y_{j^*}$。

证法按定理 1 (1)。

例 2

在**模型 1** 中取 $n=3$。

(1) 设 M_{12}, M_{23} 是两个实交点; M_{13} 是内虚交点(见图 5 - 26),

$m_2^* = \max(m_{12}, m_{13}, m_{23}) = \max(m_{12}, m_{23}) = m_{12}$, ($m_{13}$ 消失)$k_1 = M_{12}y_1/x_1y_1$, $k_2 = x_1M_{12}/x_1y_1$,

$k_1x_3 + k_2y_3 < k_1x_2 + k_2y_2 = k_1x_1 + k_2y_1 = \min M = m_{12}$。

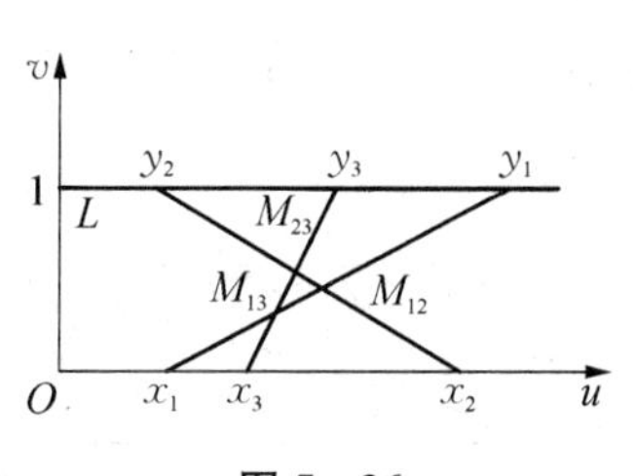

图 5 - 26

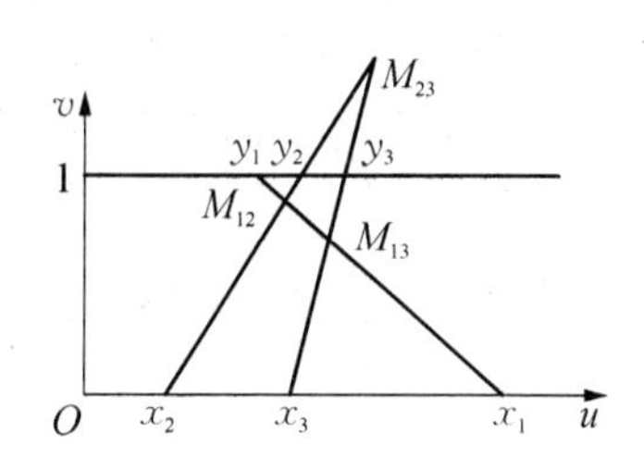

图 5 - 27

(2) 设 M_{12}, M_{13} 是两个实交点;M_{23} 是外虚交点(见图 5 - 27),

$m_2^* = \max(m_{12}, m_{13}, m_{23}) = m_{13}$, ($m_{12}$, m_{23} 消失)$k_1 = M_{12}y_1/x_1y_1$, $k_2 = x_1M_{12}/x_1y_1$,

$k_1x_2 + k_2y_2 < k_1x_3 + k_2y_3 = k_1x_1 + k_2y_1 = \min M = m_{13}$。

(3) 设 M_{12} 是实交点;M_{13} 是内虚交点, M_{23} 是外虚交点(见图 5 - 28),

$m_2^* = \max(m_{12}, m_{13}, m_{23}) = m_{12}$, ($m_{13}$, m_{23} 消失)$k_1 = M_{12}y_1/x_1y_1$, $k_2 = x_1M_{12}/x_1y_1$,

$k_1x_3 + k_2y_3 < k_1x_2 + k_2y_2 = k_1x_1 + k_2y_1 = \min M = m_{12}$。

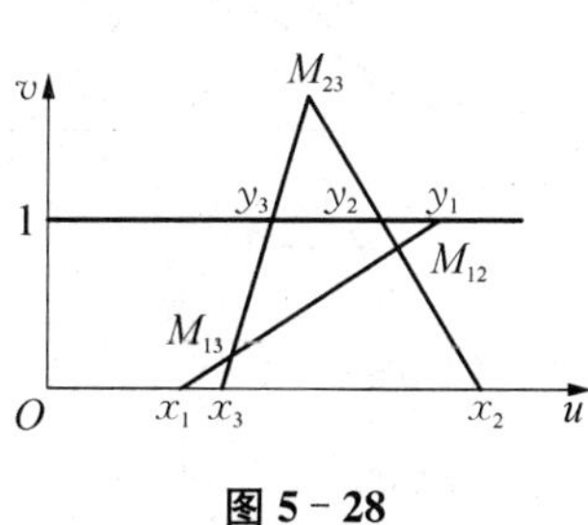

图 5 - 28

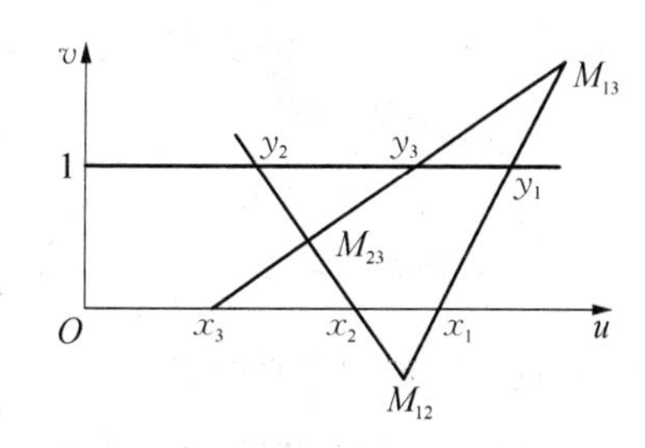

图 5 - 29

(4) 设 M_{23} 是实交点;M_{12}, M_{13} 是两个外虚交点(见图 5 - 29),

$\min M = m_1^* = \min[\max(x_1, x_2, x_3), \max(y_1, y_2, y_3)] = \min[x_1, y_1] = x_1$,

$k_1 = 1,\ k_2 = 0,\ k_1 x_i + k_2 y_i = x_i \leqslant x_1 = m_1^* = \min M\ (i,\ j = 1,\ 2,\ 3)$。

(5) M_{12}, M_{13}, M_{23}是三个外虚交点(见图 5-30),

$\min M = m_1^* = \min[\max(x_1,\ x_2,\ x_3),\ \max(y_1,\ y_2,\ y_3)] = \min[x_1,\ y_1] = x_1$,

$k_1 = 1,\ k_2 = 0,\ k_1 x_i + k_2 y_i = x_i \leqslant x_1 = m_1^* = \min M\ (i,\ j = 1,\ 2,\ 3)$。

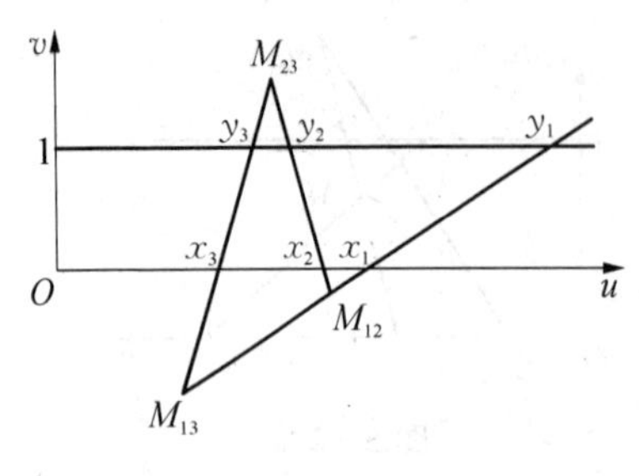

图 5-30

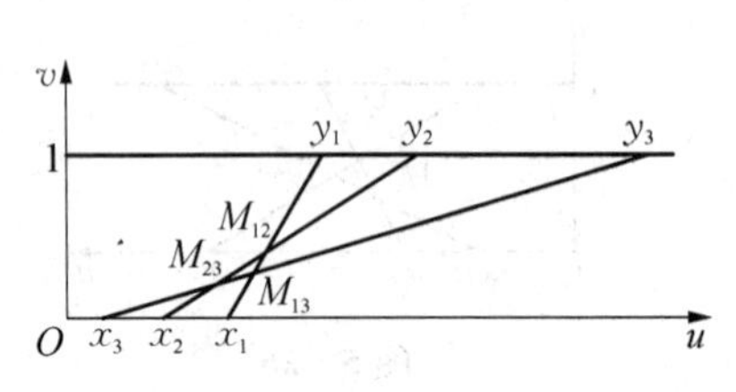

图 5-31

(6) M_{12}, M_{13}, M_{23}是三个内虚交点(见图 5-31),

$\min M = m_1^* = \min[\max(x_1,\ x_2,\ x_3),\ \max(y_1,\ y_2,\ y_3)] = \min[x_1,\ y_1] = x_1$,

$k_1 = 1,\ k_2 = 0,\ k_1 x_i + k_2 y_i = x_i \leqslant x_1 = m_1^* = \min M\ (i,\ j = 1,\ 2,\ 3)$。

(7) M_{13}, M_{23}是两个虚交点, M_{12}外虚交点(见图 5-32),

$\min M = m_1^* = \min[\max(x_1,\ x_2,\ x_3),\ \max(y_1,\ y_2,\ y_3)] = \min[x_1,\ y_1] = x_1$,

$k_1 = 1,\ k_2 = 0,\ k_1 x_i + k_2 y_i = x_i \leqslant x_1 = m_1^* = \min M\ (i,\ j = 1,\ 2,\ 3)$。

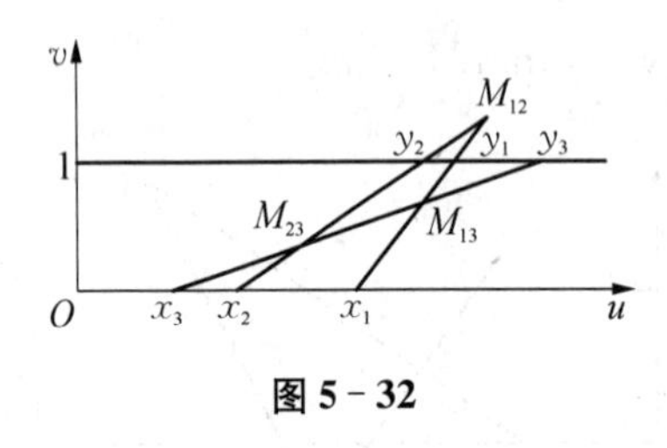

图 5-32

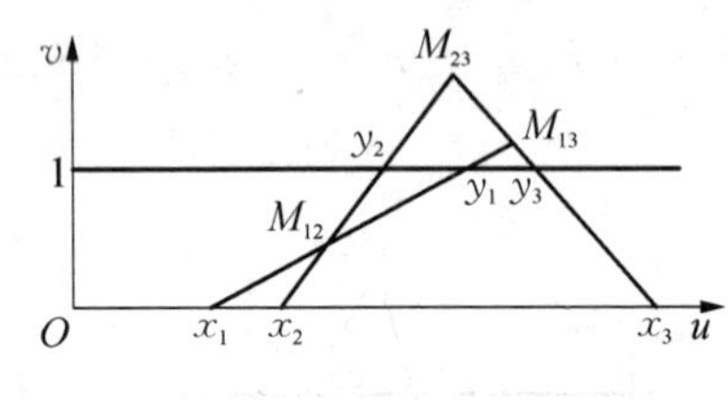

图 5-33

(8) M_{13}, M_{23}是两个外虚交点, M_{12}是内虚交点(见图 5-33),

$\min M = m_1^* = \min[\max(x_1,\ x_2,\ x_3),\ \max(y_1,\ y_2,\ y_3)] = \min[x_3,\ y_3] = y_3$,

$k_1 = 0,\ k_2 = 1,\ k_1 x_i + k_2 y_i = y_i \leqslant y_3 = m_1^* = \min M\ (i,\ j = 1,\ 2,\ 3)$。

例 3 一个工厂生产两种产品 A 和 B,生产每公斤产品 A 所需要的燃料 9 t,电力4 kW 和原料 3 t,生产每公斤产品 B 所需要的燃料 4 t,电力 5 kW 和原料 10 t。已知每吨产品 A 和每吨产品 B 的经济价值分别为 7 万元和 12 万元,现可用于生产的燃料为 360 t,电力为 200 kW 和原料为 300 t。问应分别生产多少产品 A 和产品 B,使工厂达到最大的经济价值?

解　设工厂生产 x 公斤产品 A 和 y 公斤产品 B,得

$$9x+4y\leqslant 360,\ 4x+5y\leqslant 200,\ 3x+10y\leqslant 300,\ x,\ y\geqslant 0 \tag{1}$$

工厂达到最大的经济价值目标函数为

$$S=7x+12y \tag{2}$$

在(1)的条件下,求 x 和 y 使目标函数达到最大值。

取
$$x=Sk_1/7,\ y=Sk_2/12,\ S=151\ 200/M \tag{3}$$

由(1),(2),(3)有

$$k_1+k_2=1,\ x_ik_1+y_ik_2\leqslant M\ (i=1,\ 2,\ 3)(\text{模型 }1,\ n=3)。$$

其中 $x_1=540$, $x_2=432$, $x_3=216$, $y_1=140$, $y_2=315$, $y_3=420$,

由于 M_{13}, M_{23} 为两个实交点, M_{12} 为一个虚交点(见图 5-34),

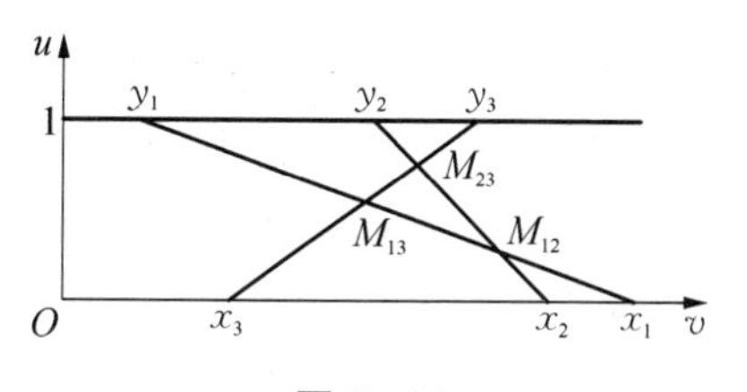

图 5-34

$\min M=m_2^*=\max(m_{13},\ m_{23})=\max(216.315,\ 353.271)=353.271=m_{23}$ (m_{12} 消失)。

$k_1=M_{23}y_2/x_2y_2=0.327\ 1$, $k_2=x_2M_{23}/x_2y_2=0.672\ 9$,

$271.262=k_1x_1+k_2y_1<k_1x_3+k_2y_3=k_1x_2+k_2y_2=\min M=m_{23}$。

得 $x=20$, $y=24$, $S=428$。

定理 3

在**模型 2** 中,当 $n=1$ 时,

$$k_1+k_2+k_3=1,$$

$$x_1k_1+y_1k_2+z_1k_3\leqslant M,$$

其中 x_1, y_1, $z_1\geqslant 0$ 为给定数,我们的目的是求 $k_j\geqslant 0$ $(j=1,\ 2,\ 3)$,使 M 达到最小值,

则 $\min M = m_1^* = \min(x_1, y_1, z_1)$,

当 $m_1^* = x_1$,取 $k_1 = 1, k_2 = k_3 = 0$,

当 $m_1^* = y_1$,取 $k_2 = 1, k_1 = k_3 = 0$,

当 $m_1^* = z_1$,取 $k_3 = 1, k_1 = k_2 = 0$。

定理 4

在模型 **2** 中取 $n = 3$ 时,

$$k_1 + k_2 + k_3 = 1,\ k_j \geqslant 0\ (j = 1, 2, 3),$$

$$x_i k_1 + y_i k_2 + z_i k_3 \leqslant M\ (i = 1, 2, 3),$$

其中 $x_i, y_i, z_i \geqslant 0\ (i = 1, 2)$ 为给定数。求 $k_1, k_2, k_3 \geqslant 0$ 使 M 达到最小值,则

$$\min M = \min(m_1^*, m_2^{*\prime}, m_2^{*\prime\prime}, m_2^{*\prime\prime\prime}, p_{123})。$$

其中

(1) $m_1^{*\prime} = \max(x^*, y^*, z^*)$, $x^* = \max(x_1, x_2, x_3)$, $y^* = \max(y_1, y_2, y_3)$, $z^* = \max(z_1, z_2, z_3)$,

(2) $m_2^{*\prime} = \max(m_{23}', m_{31}', m_{12}')$, $m_2^{*\prime\prime} = \max(m_{23}'', m_{31}'', m_{12}'')$, $m_2^{*\prime\prime\prime} = \max(m_{23}''', m_{31}''', m_{12}''')$,

而 m_{23}''', m_{31}''', m_{12}'''分别是 m_{23}, m_{31}, m_{12},当 z_1, z_2, z_3 消失;

同理 m_{23}', m_{31}', m_{12}'分别是 m_{23}, m_{31}, m_{12},当 x_1, x_2, x_3 消失;m_{23}'', m_{31}'', m_{12}''分别是 m_{23}, m_{31}, m_{12},当 y_1, y_2, y_3 消失。其中 $k_j \geqslant 0\ (j = 1, 2, 3)$ 按定理 1。

(3) 按定义 5

① 若 P_{123} 同时属于$\triangle_1$,$\triangle_2$,$\triangle_3$,则

$k_1 = P_{123}x_1'/x_1x_1'$, $k_2 = P_{123}y_1'/y_1y_1'$, $k_3 = P_{123}z_1'/z_1z_1'$,其中 x_1', y_1', z_1'是分别延长直线 $P_{123}x_1$, $P_{123}y_1$ 和 $P_{123}z_1$ 与直线 y_1z_1, z_1x_1 和 x_1y_1 的 3 个交点。

设 $x_i'(x_i', x_{iv}')$, $y_i'(y_i', y_{iv}')$与 $z_i'(z_i', z_{iv}')$分别为直线 x_iP_{123} 和直线 y_iz_i 的交点,直线 y_iP_{123} 和直线 z_ix_i 的交点与直线 z_iP_{123} 和直线 x_iy_i 的交点 $(i = 1, 2, 3)$,

则 $k_1 + k_2 + k_3 = 1$, $k_i > 0\ (i = 1, 2, 3)$,其中

$k_1 = x_1'P_{123}/x_1x_1' = x_2'P_{123}/x_2x_2' = x_3'P_{123}/x_3x_3''$,

$k_2 = y_1'P_{123}/y_1y_1' = y_2'P_{123}/y_2y_2' = y_3'P_{123}/y_3y_3''$,

$k_3 = z_1'P_{123}/z_1z_1' = z_2'P_{123}/z_2z_2' = z_3'P_{123}/z_3z_3''$。

② 若 P_{123} 不同时属于 $\triangle_1$，$\triangle_2$，$\triangle_3$，

(a) 当 $\min M = \max(m_{23}''', m_{31}''', m_{12}''')$，$k_3 = 0$,按定理1的 k_1，k_2；

(b) 当 $\min M = \max(m_{23}', m_{31}', m_{12}')$，$k_1 = 0$,按定理1的 k_2，k_3；

(c) 当 $\min M = \max(m_{23}'', m_{31}'', m_{12}'')$，$k_2 = 0$,按定理1的 k_1，k_3（见图5-35）。

证明从略。

例4

设 $k_1 + k_2 + k_3 = 1$，$x_ik_1 + y_ik_2 + z_ik_3 \leqslant M\ (i = 1, 2, 3)$，

其中 $x_1 = 43$，$x_2 = 79$，$x_3 = 31$，$y_1 = 100$，$y_2 = 39$，$y_3 = 90$，$z_1 = 47$，$z_2 = 56$，$z_3 = 85$，

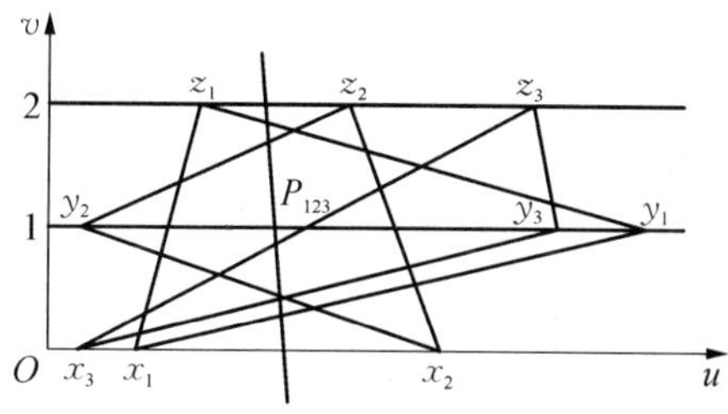

图5-35

求 $k_j \geqslant 0\ (j = 1, 2, 3)$ 使 M 达到最小值。

由定理4计算得

$x^* = \max(x_1, x_2, x_3) = \max(43, 79, 31) = 79$,

$y^* = \max(y_1, y_2, y_3) = \max(100, 39, 90) = 100$,

$z^* = \max(z_1, z_2, z_3) = \max(47, 56, 85) = 85$,

$m_1^* = \min(x^*, y^*, z^*) = \min(79, 0, 85) = 79$,

$m_2^{*\prime} = \max(m_{23}', m_{31}', m_{12}') = \max(m_{12}') = m_{12}' = 53.81$,

$m_2^{*\prime\prime} = \max(m_{23}'', m_{31}'', m_{12}'') = \max(m_{23}'') = m_{23}'' = 64.66$,

$m_2^{*\prime\prime\prime} = \max(m_{23}''', m_{31}''', m_{12}''') = \max(59.6, 43, 64.15) = 64.15$,

$p_{123} = 61.452\,877$,

$\min M = \min(m_1^*, m_2^{*\prime}, m_2^{*\prime\prime}, m_2^{*\prime\prime\prime}, p_{123}) = p_{123} = 61.452\,877$,

$k_1 = P_{123}x_1'/x_1x_1' = 0.46$，$k_2 = P_{123}y_1'/y_1y_1' = 0.31$，$k_3 = P_{123}z_1'/z_1z_1' = 0.23$。

5.3 矢量的拟代数和

现在对矢量概念和运算作如下约定：

(1) 给定 m 个方向 $n_i(i=1, 2, \cdots, m)$；

(2) 设 $k(\geqslant m)$ 个矢量 $\mathbf{A}_j(j=1, 2, \cdots, k)$，平行于 m 个方向 $n_i(i=1, 2, \cdots, m)$；

(3) 凡矢量 $\mathbf{A}_j$ 与 n_i 同方向者为**正矢量**；凡矢量 $\mathbf{A}_j$ 与 n_i 反方向者为**负矢量**；

(4) 矢量的加法运算按数量的代数和法则，用记号 $\oplus$ 表示。

矢量加法的结果是数量称为矢量的拟代数和，它仅表示正矢量，负矢量或零矢量，有正、负符号，大小，但无方向；

(5) 运算法则(分配律，结合律和交换律)与数量运算法则相同；

(6) 一个几何命题若存在若干个方向，使若干矢量的拟代数和为常正(或负或零)矢量，则称此命题为**拟常量**。

例 1 取 $m=2$, $n_i(i=1, 2)$；$k=5$, $\mathbf{A}_j(j=1, 2, 3, 4, 5)$，

其中 $\mathbf{A}_1$，$\mathbf{A}_2$，$\mathbf{A}_3$，n_1 相互平行；$\mathbf{A}_4$，$\mathbf{A}_5$，n_2 相互平行(见图 5-36)。

$\mathbf{A}_1$，$\mathbf{A}_2$，$\mathbf{A}_4$ 为**正矢量**；$\mathbf{A}_3$，$\mathbf{A}_5$ 为**负矢量**。

$\mathbf{A}_1 \oplus \mathbf{A}_2$，$\mathbf{A}_1 \oplus \mathbf{A}_4$，$\mathbf{A}_2 \oplus \mathbf{A}_4$，$\mathbf{A}_1 \oplus \mathbf{A}_2 \oplus \mathbf{A}_4$ 为**正矢量**；

$\mathbf{A}_3 \oplus \mathbf{A}_5$ 为**负矢量**。

$\mathbf{A}_1 \oplus \mathbf{A}_2 \oplus \mathbf{A}_3 \oplus \mathbf{A}_4 \oplus \mathbf{A}_5$ 为**正矢量**(因为 $|\mathbf{A}_1|+|\mathbf{A}_2|+|\mathbf{A}_4|>|\mathbf{A}_3|+|\mathbf{A}_5|$)。

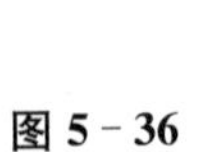

图 5-36

$\mathbf{A}_2 \oplus \mathbf{A}_3 \oplus \mathbf{A}_5$ 为**负矢量**(因为 $|\mathbf{A}_2|<|\mathbf{A}_3|+|\mathbf{A}_5|$)。

例 2 平面上的任意点到正三角形的三条边距离和是拟常量的。

证 取三个方向 $n_i(i=1, 2, 3)$ (见图 5-37)和正$\triangle ABC$ 内的任意点 P 到三条边正距矢量 PA^*，PB^*，PC^*，由平面几何得知 $PA^* \oplus PB^* \oplus PC^*=$ 正$\triangle ABC$ 高的长度 h，当取正$\triangle ABC$ 外的任意点 P(见图 5-38)，由于 PA^* 为负矢量。所以不难证明(过 P 点作平行于 BC 直线分别交 AB，AC 于直线交 B'，C'点)，得

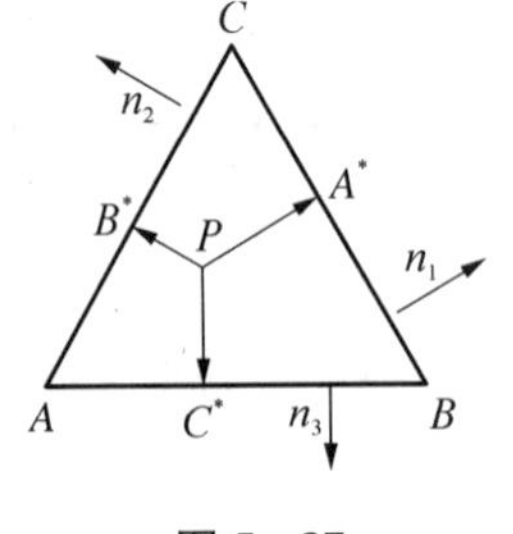

图 5-37

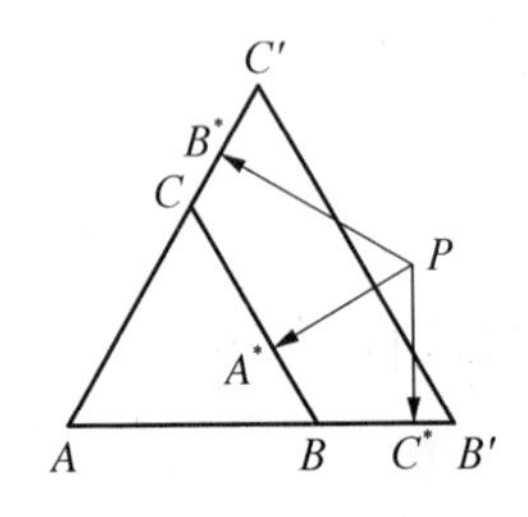

图 5-38

$PA^{*} \oplus PB^{*} \oplus PC^{*} =$ 正 $\triangle ABC$ 高的长度 h。

例 3　平面上的任意点到正 n 多边形的 n 条边距离和是拟常量。

例 4　平面上的任意点到平行四边形的四条边距离和是拟常量。

例 5　平面上的任意两点到给定平行直线距离和是拟常量。

例 6　空间中任意点到正 $n(>3)$ 面体的 $n(>3)$ 面的距离和是拟常量（见图 5－39）。

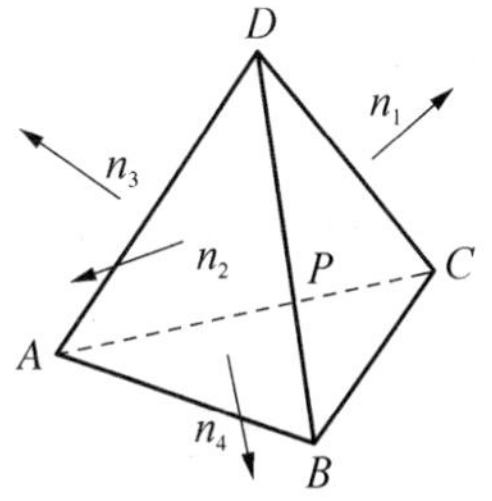

证　取 $n=4$，四面体 $ABCD$，

其顶点坐标 $A\ (0,\ 12^{-1/2},\ 0)$，$B\ (-1,\ -3^{-1/2},\ 0)$，$C(1,\ -3^{-1/2},\ 0)$，$D\ (0,\ 0,\ 24^{1/2}/3)$，

平面 ABC：$z=0$，

平面 ACD：$-18^{1/2}x-6^{1/2}y-3^{1/2}z+8^{1/2}=0$，

平面 ABD：$18^{1/2}x-6^{1/2}y-3^{1/2}z+8^{1/2}=0$，

平面 BCD：$24^{1/2}y-3^{1/2}z+8^{1/2}=0$。

图 5－39

易计算正四面体 $ABCD$ 的四角顶点到对应的平面距离均为 $24^{1/2}/3$，

约定四个方向 $n_i(i=1,\ 2,\ 3,\ 4)$ 为正四面体四个面的外法线方向。

设 $P\ (x_0,\ y_0,\ z_0)$为正四面体内任意点。

易计算 $P\ (x_0,\ y_0,\ z_0)$点到正四面体四个面的距离为：

P 到平面 BCD 的正距矢量为：$PA^{*}=(24^{1/2}y_0-3^{1/2}z_0+8^{1/2})/27^{1/2}$，

P 到平面 ACD 的正距矢量为：$PB^{*}=(-18^{1/2}x_0-6^{1/2}y_0-3^{1/2}z_0+8^{1/2})/27^{1/2}$，

P 到平面 ABD 的正距矢量为：$PC^{*}=(18^{1/2}x_0-6^{1/2}y_0-3^{1/2}z_0+8^{1/2})/27^{1/2}$，

P 到平面 ABC 的正距矢量为：$PD^{*}=z_0$。

其中 A^{*}，B^{*}，C^{*} 与 D^{*} 的四点分别是 P 点正交于四平面 BCD，ACD，ABD 与 ABC 上的垂足。

$PA^{*} \oplus PB^{*} \oplus PC^{*} \oplus PD^{*}=24^{1/2}/3$，不难证得当取 P 为空间中任意点时，命题也成立。

例 7　梯形的中位线等于上，下底和之半（见图 5－40，图 5－41）。

证　取方向 n，

$2EF=AB \oplus CD$。

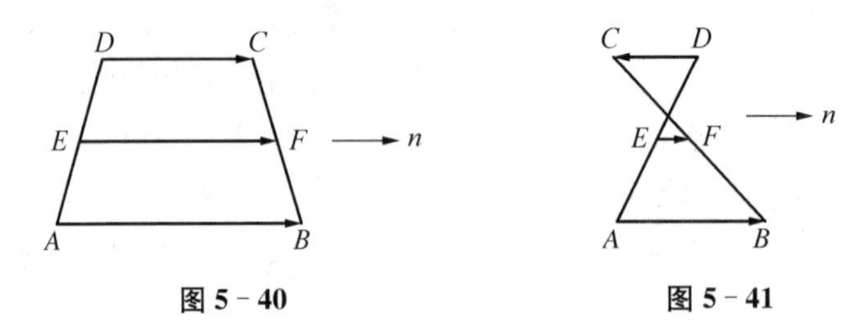

图 5-40　　图 5-41

5.4 棣美弗公式的两种推广

5.4.1 超复数

定义 1

$A=a_0+a_1\mathrm{i}+a_2\mathrm{j}+a_3\mathrm{k}$ 是一个**超复数** $a=|A|=(a_0^2+a_1^2+a_2^2+a_3^2)^{1/2}$，称为 A 的模；i，j，k 称为 A 的第一，第二和第三维虚单位。

定义 2

设两个超复数 $A=a_0+a_1\mathrm{i}+a_2\mathrm{j}+a_3\mathrm{k}$ 和 $B=b_0+b_1\mathrm{i}+b_2\mathrm{j}+b_3\mathrm{k}$，

(1) $A=B\Leftrightarrow a_n=b_n(n=0,1,2,3)$；

(2) $m(a_0+a_1\mathrm{i}+a_2\mathrm{j}+a_3\mathrm{k})=ma_0+ma_1\mathrm{i}+ma_2\mathrm{j}+ma_3\mathrm{k}$，$m$ 为实数。

定义 3

设超复数 $A=a_0+a_1\mathrm{i}+a_2\mathrm{j}+a_3\mathrm{k}$，$\bar{A}=a_0-a_1\mathrm{i}-a_2\mathrm{j}-a_3\mathrm{k}$ 是 A 的共轭超复数。

$|A|=|\bar{A}|$，$\bar{A}=\bar{B}\Leftrightarrow a_n=b_n(n=0,1,2,3)$。

定义 4(乘法法则)

两个超复数 $A=a_0+a_1\mathrm{i}+a_2\mathrm{j}+a_3\mathrm{k}$ 和 $B=b_0+b_1\mathrm{i}+b_2\mathrm{j}+b_3\mathrm{k}$ 的积

$AB=[a_0+a_1\mathrm{i}+a_2\mathrm{j}+a_3\mathrm{k}][b_0+b_1\mathrm{i}+b_2\mathrm{j}+b_3\mathrm{k}]=[(a_0+a_1\mathrm{i}+a_2\mathrm{j})+a_3\mathrm{k}][(b_0+b_1\mathrm{i}+b_2\mathrm{j})+b_3\mathrm{k}]=(a_0+a_1\mathrm{i}+a_2\mathrm{j})(b_0+b_1\mathrm{i}+b_2\mathrm{j})+(a_0+a_1\mathrm{i}+a_2\mathrm{j})b_3\mathrm{k}+(b_0+b_1\mathrm{i}+b_2\mathrm{j})a_3\mathrm{k}+a_3b_3\mathrm{k}^2=(a_0+a_1\mathrm{i}+a_2\mathrm{j})(b_0+b_1\mathrm{i}+b_2\mathrm{j})+(a_0^2+a_1^2+a_2^2)^{1/2}b_3\mathrm{k}+(b_0^2+b_1^2+b_2^2)^{1/2}a_3\mathrm{k}-a_3b_3(a_0+a_1\mathrm{i}+a_2\mathrm{j})(b_0+b_1\mathrm{i}+b_2\mathrm{j})/(a_0^2+a_1^2+a_2^2)^{1/2}(b_0^2+b_1^2+b_2^2)^{1/2}$，

$[a_0+a_1\mathrm{i}+a_2\mathrm{j}][b_0+b_1\mathrm{i}+b_2\mathrm{j}]=[(a_0+a_1\mathrm{i})+a_2\mathrm{j}][(b_0+b_1\mathrm{i})+b_2\mathrm{j}]=(a_0+$

$a_1\mathrm{i})(b_0+b_1\mathrm{i})+(a_0+a_1\mathrm{i})b_2\mathrm{j}+(b_0+b_1\mathrm{i})a_2\mathrm{j}+a_2b_2\mathrm{j}^2=(a_0+a_1\mathrm{i})(b_0+b_1\mathrm{i})+(a_0^2+a_1^2)^{1/2}b_2\mathrm{j}+(b_0^2+b_1^2)^{1/2}a_2\mathrm{j}-a_2b_2(a_0+a_1\mathrm{i})(b_0+b_1\mathrm{i})/(a_0^2+a_1^2)^{1/2}(b_0^2+b_1^2)^{1/2}$,

$(a_0+a_1\mathrm{i})(b_0+b_1\mathrm{i})=a_0b_0+a_0(b_1\mathrm{i})+b_0(a_1\mathrm{i})-(a_1b_1)(a_0b_0)/(a_0^2)^{1/2}(b_0^2)^{1/2}=a_0b_0-a_1b_1+(a_0b_1+b_0a_1)\mathrm{i}$

(即常规复数乘积)。

超复数的三角表示式

设超复数 $A=a_0+a_1\mathrm{i}+a_2\mathrm{j}+a_3\mathrm{k}$ 称 u, v, w 为 A 的第一,第二和第三角。

$a_0=a\cos u\cos v\cos w$, $a_1=a\cos u\cos v\sin w$, $a_2=a\cos u\sin v$, $a_3=a\sin u$,

$A=a_0+a_1\mathrm{i}+a_2\mathrm{j}+a_3\mathrm{k}=(a,u,v,w)=a(\cos u\cos v\cos w+\cos u\cos v\sin w\mathrm{i}+\cos u\sin v\,\mathrm{j}+\sin u\,\mathrm{k})$。

若干结果

设两超复数 $A=a_0+a_1\mathrm{i}+a_2\mathrm{j}+a_3\mathrm{k}=(a,u_1,v_1,w_1)=a(\cos u_1\cos v_1\cos w_1+\cos u_1\cos v_1\sin w_1\mathrm{i}+\cos u_1\sin v_1\mathrm{j}+\sin u_1\mathrm{k})$。

$B=b_0+b_1\mathrm{i}+b_2\mathrm{j}+b_3\mathrm{k}=(b,u_2,v_2,w_2)=b(\cos u_2\cos v_2\cos w_2+\cos u_2\cos v_2\sin w_2\mathrm{i}+\cos u_2\sin v_2\mathrm{j}+\sin u_2\mathrm{k})$ 实数 m,则

(1) $m(a,u_1,v_1,w_1)=(ma,mu_1,mv_1,mw_1)$。

(2) $(a,u_1,v_1,w_2)(b,u_2,v_2,w_2)=(ab,u_1+u_2,v_1+v_2,w_1+w_2)$。

(3) $(a,u_2,v_1,w_1)/(b,u_2,v_2,w_2)=(a/b,u_1-u_2,v_1-v_2,w_1-w_2)$。

(4) $(a,u_1,v_1,w_1)^n=(a^n,nu_1,nv_1,nw_1)$。

(5) 设超复数 $A=(a,u,v,w)$ 的共轭超复数 $\overline{A}=(a,-u,-v,-w)$,则 $(\overline{A})^n$ 是 A^n 的共轭超复数

(约定 $A^n=AA\cdots A$ 为 A 的 n 次乘积)。

(6) 设超复数 $A=(a,u,v,w)$, $f(A)=c_0+c_1A+\cdots+c_nA^n[c_j(j=0,1,\cdots,n)$ 为实数],则 $f(\overline{A})$是 $f(A)$的共轭超复数。

证 我们仅证(2)

$(a,u_1,v_1)(b,u_2,v_2)=a(\cos u_1\cos v_1+\cos u_1\sin v_1\mathrm{i}+\sin u_1\mathrm{j})b(\cos u_2\cos v_2+\cos u_2\sin v_2\mathrm{i}+\sin u_2\mathrm{j})=ab\{(\cos u_1\cos v_1+\cos u_1\sin v_1\mathrm{i})(\cos u_2\cos v_2+\cos u_2\sin v_2\mathrm{i})+(\cos u_1\sin u_2+\cos u_2\sin u_1)\mathrm{j}-\sin u_1\sin u_2(\cos u_1\cos v_1+\cos u_1\sin v_1\mathrm{i})(\cos u_2\cos v_2+\cos u_2\sin v_2\mathrm{i})/\cos u_1\cos u_2\}=ab\{(\cos u_1\cos u_2-\sin u_1\sin u_2)\cos(v_1+v_2)+$

$(\cos u_1 \cos u_2 - \sin u_1 \sin u_2)\sin(v_1 + v_2)\mathrm{i} + (\cos u_1 \sin u_2 + \cos u_2 \sin u_1)\mathrm{j}\} = ab\{\cos(u_1 + u_2)\cos(v_1 + v_2) + \cos(u_1 + u_2)\sin(v_1 + v_2)\mathrm{i} + \sin(u_1 + u_2)\mathrm{j}\} = (ab, u_1 + u_2, v_1 + v_2)$,

同理可得 $(a, u_1, v_1, w_1)(b, u_2, v_2, w_2) = (ab, u_1 + u_2, v_1 + v_2, w_1 + w_2)$

$(1, u, v, w)^n = \cos nu \cos nv \cos nw + \cos nu \cos nv \sin nw\,\mathrm{i} + \cos nu \sin nv\,\mathrm{j} + \sin nu\,\mathrm{k}$（超复数棣美弗公式）。

5.4.2 平面矢量的新积

定义 1

设两平面矢量 $\boldsymbol{M}_j = p_j + \sigma\mathbf{N}_j$，其中 p_j 为实数，$\mathbf{N}_j$ 为矢量 $(j = 1, 2)$，记号“σ”，仅表示第一分量 p_j 与第二分量 $\mathbf{N}_j$ 部位的区分

（参见《**矢量新说**》的广矢量）。

$\boldsymbol{M}_1 \odot \boldsymbol{M}_2 = p_1 p_2 - 3^{-1}\mathbf{N}_1 \cdot \mathbf{N}_2 + \sigma(p_1\mathbf{N}_2 + p_2\mathbf{N}_1 + 3^{-1/2}\mathbf{N}_1 \times \mathbf{N}_2)$ 称为两个平面矢量 $\boldsymbol{M}_j (j = 1, 2)$ 的**新积**，

$\boldsymbol{M}_1 \odot \boldsymbol{M}_2$ 仍为平面矢量，$k \odot \boldsymbol{M}_1 = k\boldsymbol{M}_1$（$k$ 为实数）。

定义 2

设平面矢量 $\boldsymbol{M} = p + \sigma\mathbf{N}$，$|\boldsymbol{M}| = (3^{-1} + p^2)^{1/2}$ 称为平面矢量 $\boldsymbol{M}$ 的**模**。$\boldsymbol{M} = p - \sigma\mathbf{N}$ 称为 $\boldsymbol{M}$ 的共轭平面矢量。

定理 1

设三平面矢量 $\boldsymbol{M}_j = p_j + \sigma\mathbf{N}_j (j = 1, 2, 3)$，则

(1) $\boldsymbol{M}_1 \odot \boldsymbol{M}_2 \neq \boldsymbol{M}_2 \odot \boldsymbol{M}_1$；

(2) $(\boldsymbol{M}_1 \odot \boldsymbol{M}_2) \odot \boldsymbol{M}_3 = \boldsymbol{M}_1 \odot (\boldsymbol{M}_2 \odot \boldsymbol{M}_3)$；

(3) $\overline{\boldsymbol{M}_1 \odot \boldsymbol{M}_2} = \overline{\boldsymbol{M}}_2 \odot \overline{\boldsymbol{M}}_1$；

(4) $\boldsymbol{M}_1 \odot \overline{\boldsymbol{M}}_1 = \overline{\boldsymbol{M}}_1 \odot \boldsymbol{M}_1 = 3^{-1} + p_1^2$。

证 (1) 由于 $\mathbf{N}_1 \times \mathbf{N}_2 = -\mathbf{N}_2 \times \mathbf{N}_1$；

(2) $(\boldsymbol{M}_1 \odot \boldsymbol{M}_2) \odot \boldsymbol{M}_3 = [p_1 p_2 - 3^{-1}\mathbf{N}_1 \cdot \mathbf{N}_2 + \sigma(p_1\mathbf{N}_2 + p_2\mathbf{N}_1 + 3^{-1/2}\mathbf{N}_1 \times \mathbf{N}_2)](p_3 + \sigma\mathbf{N}_3) = p_1 p_2 p_3 - 3^{-1}p_3\mathbf{N}_1 \cdot \mathbf{N}_2 - 3^{-1}p_1\mathbf{N}_2 \cdot \mathbf{N}_3 - 3^{-1}p_2\mathbf{N}_1 \cdot \mathbf{N}_3 - 3^{-3/2}[\mathbf{N}_1, \mathbf{N}_2, \mathbf{N}_3] + \sigma\{p_1 p_2\mathbf{N}_3 + p_1 p_3\mathbf{N}_2 + p_2 p_3\mathbf{N}_1 - 3^{-1}(\mathbf{N}_1 \cdot \mathbf{N}_2)\mathbf{N}_3 + 3^{-1/2}p_3\mathbf{N}_1 \times \mathbf{N}_2 + 3^{-1/2}p_1\mathbf{N}_2 \times \mathbf{N}_3 + 3^{-1/2}p_2\mathbf{N}_1 \times \mathbf{N}_3 + 3^{-1}(\mathbf{N}_1 \times \mathbf{N}_2) \times \mathbf{N}_3\}$，

$\boldsymbol{M}_1 \odot (\boldsymbol{M}_2 \odot \boldsymbol{M}_3) = (p_1 + \sigma\mathbf{N}_1) \odot [p_2 p_3 - 3^{-1}\mathbf{N}_2 \cdot \mathbf{N}_3 + \sigma(p_2\mathbf{N}_3 + p_3\mathbf{N}_2 +$

$3^{-1/2}\boldsymbol{N}_2\times\boldsymbol{N}_3)] = p_1p_2p_3 - 3^{-1}p_3\boldsymbol{N}_1\cdot\boldsymbol{N}_2 - 3^{-1}p_1\boldsymbol{N}_2\cdot\boldsymbol{N}_3 - 3^{-1}p_2\boldsymbol{N}_1\cdot\boldsymbol{N}_3 - 3^{-3/2}[\boldsymbol{N}_1, \boldsymbol{N}_2, \boldsymbol{N}_3] + \sigma\{p_1p_2\boldsymbol{N}_3 + p_2p_3\boldsymbol{N}_1 + p_3p_1\boldsymbol{N}_2 - 3^{-1}(\boldsymbol{N}_2\cdot\boldsymbol{N}_3)\boldsymbol{N}_1 + 3^{-1/2}p_3\boldsymbol{N}_1\times\boldsymbol{N}_2 + 3^{-1/2}p_1\boldsymbol{N}_2\times\boldsymbol{N}_3 + 3^{-1/2}p_2\boldsymbol{N}_1\times\boldsymbol{N}_3 + 3^{-1}\boldsymbol{N}_1\times(\boldsymbol{N}_2\times\boldsymbol{N}_3)\}$,

利用$(\boldsymbol{N}_1\times\boldsymbol{N}_2)\times\boldsymbol{N}_3 = (\boldsymbol{N}_1\cdot\boldsymbol{N}_3)\boldsymbol{N}_2 - (\boldsymbol{N}_2\cdot\boldsymbol{N}_3)\boldsymbol{N}_3$,左式 = 右式;

(3) 左式 $= p_1p_2 - 3^{-1}\boldsymbol{N}_1\cdot\boldsymbol{N}_2 - \sigma(p_1\boldsymbol{N}_2 + p_2\boldsymbol{N}_1 + 3^{-1/2}\boldsymbol{N}_1\times\boldsymbol{N}_2) = p_2p_1 - 3^{-1}\boldsymbol{N}_2\cdot\boldsymbol{N}_1 - \sigma(p_1\boldsymbol{N}_2 + p_2\boldsymbol{N}_1 - 3^{-1/2}\boldsymbol{N}_2\times\boldsymbol{N}_1) = (p_2 - \sigma\boldsymbol{N}_2)(p_1 - \sigma\boldsymbol{N}_1) =$ 右式;

(4) 显然的。

定理 2

设两平面矢量 $\boldsymbol{M}_j = p_j + \sigma\boldsymbol{N}_j (j = 1, 2)$,则

(1) $|\boldsymbol{M}_1| = |\overline{\boldsymbol{M}}_1|$;

(2) $(\boldsymbol{M}_1\odot\overline{\boldsymbol{M}}_1) = (\overline{\boldsymbol{M}}_1\odot\boldsymbol{M}_1) = |\boldsymbol{M}_1|^2$;

(3) $|\boldsymbol{M}_1\odot\boldsymbol{M}_2| = |\boldsymbol{M}_1||\boldsymbol{M}_2|$。

证 (3) $|\boldsymbol{M}_1\odot\boldsymbol{M}_2|^2 = (\boldsymbol{M}_1\odot\boldsymbol{M}_2)\odot(\overline{\boldsymbol{M}_1\odot\boldsymbol{M}_2}) = \boldsymbol{M}_1\odot[\boldsymbol{M}_2\odot(\overline{\boldsymbol{M}_1\odot\boldsymbol{M}_2})] = \boldsymbol{M}_1\odot[\boldsymbol{M}_2\odot(\overline{\boldsymbol{M}}_1\odot\overline{\boldsymbol{M}}_2)] = \boldsymbol{M}_1\odot[(\boldsymbol{M}_2\odot\overline{\boldsymbol{M}}_2)\odot\overline{\boldsymbol{M}}_1] = \boldsymbol{M}_1\odot[|\boldsymbol{M}_2|^2]\odot\overline{\boldsymbol{M}}_1 = (\boldsymbol{M}_1\odot\overline{\boldsymbol{M}}_1)|\boldsymbol{M}_2|^2 = |\boldsymbol{M}_1|^2|\boldsymbol{M}_2|^2$。

定义 3

设平面矢量 $\boldsymbol{M} = p + \sigma\boldsymbol{N}$,

(1) $\boldsymbol{M}^{-1} = \boldsymbol{M}/|\boldsymbol{M}|$ 称为平面矢量 $\boldsymbol{M}$ 的逆;

(2) $\boldsymbol{M} = |\boldsymbol{M}|(\cos t + \boldsymbol{J}\sin t)$, $\boldsymbol{J} = \sigma 3^{1/2}\boldsymbol{N}$, $\cos t = p/|\boldsymbol{M}|$, $\sin t = (1 - \cos^2 t)^{1/2}$, $(0\leqslant t\leqslant \pi)$。

定理 3

设平面矢量 $\boldsymbol{M} = p + \sigma\boldsymbol{N}$,则

(1) $\boldsymbol{M}^n = \boldsymbol{M}\odot\boldsymbol{M}\odot\cdots\odot\boldsymbol{M}$($n$ 次) $= |\boldsymbol{M}|^n(\cos nt + \boldsymbol{J}\sin nt)$;

(2) $\boldsymbol{J}^2 = \boldsymbol{J}\odot\boldsymbol{J} = -1$, $\boldsymbol{J}^3 = \boldsymbol{J}\odot\boldsymbol{J}\odot\boldsymbol{J} = -\boldsymbol{J}$, $\boldsymbol{J}^4 = \boldsymbol{J}\odot\boldsymbol{J}\odot\boldsymbol{J}\odot\boldsymbol{J} = 1, \cdots$

$\boldsymbol{J}^2 = \boldsymbol{J}\odot\boldsymbol{J} = (\sigma 3^{1/2}\boldsymbol{N})\odot(\sigma 3^{1/2}\boldsymbol{N}) = -(3^{1/2}\boldsymbol{N})\cdot(3^{1/2}\boldsymbol{N})/3 = -1$, $\boldsymbol{J}^3 = (-1)\odot\boldsymbol{J} = -\boldsymbol{J}$, $\boldsymbol{J}^4 = -\boldsymbol{J}\odot\boldsymbol{J} = 1, \cdots$

定义 4

设两平面矢量 $\boldsymbol{M}_j = |\boldsymbol{M}_j|(\cos t_j + \boldsymbol{J}\sin t_j)$ $(j = 1, 2)$,

$\boldsymbol{M}_1/\boldsymbol{M}_2 = [|\boldsymbol{M}_1|/|\boldsymbol{M}_2|][\cos(t_1 - t_2) + \boldsymbol{J}\sin(t_1 - t_2)]$ 称为两平面矢量

$\boldsymbol{M}_j(j=1, 2)$ 的**新商**。

定理 4

设平面矢量 $\boldsymbol{M}=|\boldsymbol{M}|(\cos t+\boldsymbol{J}\sin t)$,则 $\cos t=(\mathrm{e}^{Jt}+\mathrm{e}^{-Jt})/2$, $\sin t=(\mathrm{e}^{Jt}-\mathrm{e}^{-Jt})/2\boldsymbol{J}$, $\mathrm{e}^{Jt}=\cos t+\boldsymbol{J}\sin t$。

定理 5(棣美弗公式)

$(\cos t+\boldsymbol{J}\sin t)^n=\cos nt+\boldsymbol{J}\sin nt$。

定理 6

设两平面矢量 $\boldsymbol{M}_j=p_j+\sigma\boldsymbol{N}_j(j=1, 2)$,则

(1) $\boldsymbol{M}_1^{-1}\odot\boldsymbol{M}_1=\boldsymbol{M}_1\odot\boldsymbol{M}_1^{-1}=1$;

(2) $\boldsymbol{M}_1^{-1}=\boldsymbol{M}_1$,当 $|\boldsymbol{M}_1|=1$;

(3) $(\boldsymbol{M}_1\odot\boldsymbol{M}_2)^{-1}=\boldsymbol{M}_2^{-1}\odot\boldsymbol{M}_1^{-1}$。当 $\boldsymbol{M}_1, \boldsymbol{M}_2\neq\boldsymbol{0}$ ($\boldsymbol{M}=p+\sigma\boldsymbol{N}=\boldsymbol{0}\Leftrightarrow p=0, \boldsymbol{N}=\boldsymbol{0}$)。

利用平面矢量和点矢量的**对偶原理**,类似地可以定义点矢量的**新积**。

5.5 对称图形区域和边界的相关性

5.5.1 例题

例 1 设 R, $S=\pi R^2$ 与 $C=2\pi R$ 分别是圆的半径,面积与周长,则 $\mathrm{d}S/\mathrm{d}R=C$。

例 2 设 R, $V=4\pi R^3/3$ 与 $S=4\pi R^2$ 分别是球的半径,体积与面积,则 $\mathrm{d}V/\mathrm{d}R=S$。

例 3 设 R, $V_n=\pi^{n/2}R^n/\Gamma(n/2+1)$ 与 $S_n=2\pi^{n/2}R^{n-1}/\Gamma(n/2)$ 分别是 n 维球的半径,体积与面积,则 $\mathrm{d}V_n/\mathrm{d}R=S_n$。其中,$\Gamma(x)=\int_{[0,\infty)}\mathrm{e}^{-t}t^{x-1}\mathrm{d}t$, $(x>0)$, $\Gamma(x+1)=x\Gamma(x)$。

例 4 设 T_n 是正 n 多边形,其面积与周长分别为 $S(T_n)$ 与 $C(T_n)$,则 $\mathrm{d}S(T_n)/\mathrm{d}R=C(T_n)$,其中 R 为正多边形的内切圆半径,当

$n=3$, $S(T_3)=3^{3/2}R^2$, $C(T_3)=6\cdot 3^{1/2}R$;

$n=4$, $S(T_4)=4R^2$, $C(T_4)=8R$;

$n=5$, $S(T_5)=5(5-2\cdot 5^{1/2})^{1/2}R^2$, $C(T_5)=10(5-2\cdot 5^{1/2})^{1/2}R$;

$n=6$, $S(T_6)=2\cdot 3^{1/2}R^2$, $C(T_6)=4\cdot 3^{1/2}R$;

$n=8$, $S(T_8)=8(2^{1/2}-1)R^2$, $C(T_8)=16(2^{1/2}-1)R$;

$n=10$, $S(T_{10})=2(25-10\cdot 5^{1/2})^{1/2}R^2$, $C(T_{10})=4(25-10\cdot 5^{1/2})^{1/2}R$;

$n=12$, $S(T_{12})=12(2-3^{1/2})R^2$, $C(T_{12})=24(2-3^{1/2})R$, …

例5　设H_n是正n多面体,其体积与表面积分别为$V(H_n)$与$S(H_n)$,则$\mathrm{d}V(H_n)/\mathrm{d}R=S(H_n)$,其中$R$为正$n$多面体内切球的半径,如

$n=4$, $V(H_4)=8\cdot 3^{1/2}R^3$, $S(H_4)=24\cdot 3^{1/2}R^2$;

$n=6$, $V(H_6)=8R^3$, $S(H_6)=24R^2$;

$n=8$, $V(H_8)=4\cdot 3^{1/2}R^3$, $S(H_8)=12\cdot 3^{1/2}R^2$;

$n=12$, $V(H_{12})=80\cdot 3^{1/2}R^3/(3+5^{1/2})$, $S(H_{12})=240\cdot 3^{1/2}R^2/(3+5^{1/2})$, …

例6　设两个圆柱面分别为$x^2+y^2=R^2$与$x^2+z^2=R^2$,它们公共部位的体积与表面积分别为V和S,则$\mathrm{d}V/\mathrm{d}R=S$。

证　记$D(x,y)=\{(x,y)\mid 0\leqslant y\leqslant (R^2-x^2)^{1/2},\ 0\leqslant x\leqslant R\}$,

$V/8=\iint_{D(x,y)}(R^2-x^2)^{1/2}\mathrm{d}x\mathrm{d}y=\int_{[0,R)}\mathrm{d}x\int_{[0,\sigma)}(R^2-x^2)^{1/2}\mathrm{d}y=\int_{[0,R)}(R^2-x^2)^{1/2}\mathrm{d}x=2R^3/3$,其中$\sigma=(R^2-x^2)^{1/2}$, $V=16R^3/3$,

$\partial z/\partial x=-x/z$, $\partial z/\partial y=0$, $[1+(\partial z/\partial x)^2]^{1/2}=[1+(x/z)^2]^{1/2}=R/(R^2-x^2)^{1/2}$,

$S=16\iint_{D(x,y)}R\mathrm{d}x\mathrm{d}y/(R^2-x^2)^{1/2}=16\int_{[0,R)}R\mathrm{d}x\int_{[0,\sigma)}\mathrm{d}y=16R^2$, $\mathrm{d}V/\mathrm{d}R=S$。

5.5.2　牛顿二项式的有趣性质

例7　设K_n为n维正方体的边长为$2R$,则

$$[2(R+\mathrm{d}R)]^n=\sum_{i=0}^{n}S_i(2R)^i\mathrm{d}R^{n-i},$$

其中$S_i=2^{n-i}n!/i!\,(n-i)!$为区域的个数;$S_i(2R)^i$为区域的尺度,记$m(S_i)=S_i(2R)^i$,

$n=1$, $S_1=1$, $m(S_1)=2R$, $S_0=2$, $m(S_0)=2$;

$n=2$, $S_2=1$, $m(S_2)=4R^2$, $S_1=4$, $m(S_1)=8R$, $S_0=4$, $m(S_0)=4$;

$n=3$, $S_3=1$, $m(S_3)=8R^3$, $S_2=6$, $m(S_2)=24R^2$, $S_1=12$, $m(S_1)=$

$24R$, $S_0 = 8$, $m(S_0) = 8$,…

几何意义

记 N_n 为所有的 n 个区域

$N_n = S_1 + S_2 + \cdots + S_n$,则 $N_n = 3^n$: $N_0 = 1 = 3^0$, $N_1 = 1 + 2 = 3^1$, $N_2 = 1 + 4 + 4 = 3^2$, $N_3 = 1 + 6 + 12 + 8 = 3^3$, …

$N_n = S_1 + S_2 + \cdots + S_n = 2^n + 2^{n-1} n!/1!(n-1)! + \cdots + 2^{n-i} n!/i!(n-i)! + \cdots + 2^0 = (2+1)^n = 3^n$。

$\forall n$ 得

$\mathrm{d}m(S_n)/\mathrm{d}R = m(S_{n-1})$, $\mathrm{d}^2 m(S_n)/\mathrm{d}R^2 = (1/2!)m(S_{n-2})$, …, $\mathrm{d}^i m(S_n)/\mathrm{d}R^i = (1/i!)m(S_{n-i})$, …, $\mathrm{d}^n m(S_n)/\mathrm{d}R^n = (1/n!)m(S_0)$,得 $\mathrm{d}V/\mathrm{d}R = S$。

例 8 设 T_n 是正 n 多边形,其面积与周长分别为 $S(T_n)$ 与 $C(T_n)$(见例 4),

则 $\forall n$, $S(T_n)/C(T_n) = R/2$,如 $S(T_n) = nR^2 \tan(\pi/n)$, $C(T_n) = 2nR\tan(\pi/n)$, $\operatorname*{Lim}_{n\to\infty} S(T_n) = \pi R^2$, $\operatorname*{Lim}_{n\to\infty}(T_n) = 2\pi R$, $\operatorname*{Lim}_{n\to\infty}[S(T_n)/C(T_n)] = R/2$。

例 9 设 H_n 是正 n 多面体,其体积与表面积分别为 $V(H_n)$ 与 $S(H_n)$(见例 5),则 $\forall n$, $V(H_n)/S(H_n) = R/3$。

例 10 设 $V_n = \pi^{n/2} R^n / \Gamma(n/2+1)$ 与 $S_n = 2\pi^{n/2} R^{n-1}/\Gamma(n/2)$ 分别是 n 维球的体积与表面积,

$\Gamma(x) = \int_{[0,\infty)} \mathrm{e}^{-t} t^{x-1} \mathrm{d}t (x > 0)$, $\Gamma(x+1) = x\,\Gamma(x)$, 则 $\forall n \geqslant 1$, $V(H_n)/S(H_n) = R/n$。

结论: 对称图形区域与边界的相关性(猜测)设 V, S 和 R 分别为体积(或面积)表面积(或周长)与内径,则 $S = \mathrm{d}V/\mathrm{d}R$。

5.5.3 圆率与球率

(1) 正多边形的圆率。

设正多边形 T_n,则 $r_n = \pi R^2/S(T_n) = 2\pi R/C(T_n)$ $(n \geqslant 3)$ 称为**正多边形的圆率**,得 $r_n = (\pi/n)\tan(\pi/n) \to 1 (n \to \infty)$ (见例 4)。

(2) 正多面体的球率。

设正多面体 H_n,则 $R_n = (4\pi R^3/3)/V(H_n) = 4\pi R^2/S(H_n)$ $(n = 4, 6, 8, \cdots)$ 称为**正多面体的球率**,

得 $R_4=\pi/6\cdot 3^{1/2}$, $R_6=\pi/6$, $R_8=\pi/3^{3/2}$, $R_{12}=(3+5^{1/2})\pi/60\cdot 3^{1/2}$(见例5)。

5.6　椭球表面积界限的猜测

5.6.1　问题提出

(1) 设椭圆 K_2,其两个半轴长与面积分别为 a, b, $S(K_2)=\pi ab$,求椭圆周长 $C(K_2)=?$

(2) 设椭球 K_3,其三个半轴长与体积分别为 a, b, c, $V(K_3)=4\pi abc/3$,求椭球表面积 $S(K_3)=?$

已知结果:

(1) 设圆 C_2 的半径为 R,其面积与周长分别为 $S(C_2)=\pi R^2$ 与 $C(C_2)=2\pi R$(见例1)。

(2) 设球 C_3 的半径为 R,其体积与表面积分别为 $V(C_3)=4\pi R^3/3$ 与 $S(C_3)=4\pi R^2$(见例2)。

5.6.2　思路

思路1

(1) ① 设正方形 T_4,其边长,面积与周长分别为 $2R$, $S(T_4)=4R^2$ 与 $C(T_4)=8R$(见例4),则

$S(C_2)/C(C_2)=S(T_4)/C(T_4)=R/2$。

② 设矩形 T_4^*,其两条边长,面积与周长分别为 $2a$, $2b$, $S(T_4^*)=4ab$ 与 $C(T_4^*)=4a+4b$,则

$\pi ab/C(K_2)=S(K_2)/C(K_2)\leqslant S(T_4^*)/C(T_4^*)$(猜测)$=4ab/(4a+4b)\Rightarrow C(K_2)=\pi(a+b)$。

(2) ① 设立方体 H_6,其边长、体积与表面积分别为 $2R$, $V(H_6)=8R^3$ 与 $S(H_6)=24R^2$(见例5),则

$V(C_3)/S(C_3)=V(H_6)/S(H_6)=R/3$。

② 设长方体 H_6^*，其三条边长，体积与表面积分别为 $2a$, $2b$, $2c$, $V(H_6^*) = 8abc$ 与 $S(H_6^*) = 8(ab+bc+ca)$，则

$4\pi abc/3S(K_3) = V(K_3)/S(K_3) \leqslant V(H_6^*)/S(H_6^*)$（猜测）$= abc/(ab+bc+ca) \Rightarrow S(K_3) = 4\pi(ab+bc+ca)/3$。

思路 2

(1) ① 设矩形 T_4^*，其两条边长，面积与周长分别为 $2a$, $2b$, $S(T_4^*) = 4ab$ 与 $C(T_4^*) = 4a+4b$，记 $\mathrm{d}R = \mathrm{d}a = \mathrm{d}b$，则 $\mathrm{d}S(T_4^*)/\mathrm{d}R = C(T_4^*)$

[因 $\mathrm{d}S = (\partial S/\partial a)\mathrm{d}a + (\partial S/\partial b)\mathrm{d}b = 4b\mathrm{d}a + 4a\mathrm{d}b = 4(a+b)\mathrm{d}R$]。

② 设椭圆 K_2，其两个半轴长，面积与周长分别为 a, b, $S(K_2) = \pi ab$ 与 $C(K_2)$。

$\mathrm{d}S = (\partial S/\partial a)\mathrm{d}a + (\partial S/\partial b)\mathrm{d}b \geqslant \pi b\mathrm{d}a + \pi a\mathrm{d}b = \pi(a+b)\mathrm{d}R$。

$C(K_2) = \mathrm{d}S(K_2)/\mathrm{d}R \geqslant \pi(a+b)$。

(2) ① 设长方体 H_6^*，其三条边长、体积与表面积分别为 $2a$, $2b$, $2c$, $V(H_6^*) = 8abc$ 与 $S(H_6^*) = 8(ab+bc+ca)$，记 $\mathrm{d}R = \mathrm{d}a = \mathrm{d}b = \mathrm{d}c$，则 $\mathrm{d}V(H_6^*)/\mathrm{d}R = S(H_6^*)$。

[因 $\mathrm{d}V = (\partial V/\partial a)\mathrm{d}a + (\partial V/\partial b)\mathrm{d}b + (\partial V/\partial c)\mathrm{d}c \geqslant 8bc\mathrm{d}a + 8ac\mathrm{d}b + 8ab\mathrm{d}c = 8(ab+bc+ca)\mathrm{d}R$。]

② 设椭球 K_3，其三个半轴长，体积与表面积分别为 a, b, c, $V(K_3) = 4\pi abc/3$ 与 $S(K_3)$，

$\mathrm{d}V = (\partial V/\partial a)\mathrm{d}a + (\partial V/\partial b)\mathrm{d}b + (\partial V/\partial c)\mathrm{d}c \geqslant 4\pi bc\mathrm{d}a/3 + 4\pi ca\mathrm{d}b/3 + 4\pi ab\mathrm{d}c/3 = 4\pi(ab+bc+bc)\mathrm{d}R/3$，

$S(K_3) = \mathrm{d}V(K_3)/\mathrm{d}R \geqslant (4\pi/3)(ab+bc+bc)$。

思路 3

(1) 设椭圆 K_2：$(x, y) = (a\cos t, b\sin t)(0 \leqslant t \leqslant 2\pi)$，

单位外法矢量：$\boldsymbol{N} = [(1/aD)\cos t, (1/bD)\sin t]$，其中 $D = [(1/a^2)\cos t, (1/b^2)\sin t]^{1/2}$，

此椭圆的平行椭圆线：$\boldsymbol{R}^* = \boldsymbol{R} + \mathrm{d}p\boldsymbol{N} = (x^*, y^*) = [(a+\mathrm{d}p/aD)\cos t, (b+\mathrm{d}p/bD)\sin t] = (a^*\cos t, b^*\sin t)$，其中 $a^* = a+\mathrm{d}a$, $b^* = b+\mathrm{d}b$, $\mathrm{d}a = b\mathrm{d}p/(\mathrm{d}s/\mathrm{d}t)$, $\mathrm{d}b = a\mathrm{d}p/(\mathrm{d}s/\mathrm{d}t)$，

$\triangle S = S^* - S = \pi a^* b^* - \pi ab = \pi(a^2 + b^2)\mathrm{d}p/(\mathrm{d}s/\mathrm{d}t) + o(\mathrm{d}p)$，

或 $\mathrm{d}S = (\partial S/\partial a)\mathrm{d}a + (\partial S/\partial b)\mathrm{d}b$，$\mathrm{d}a = \mathrm{d}p/aD$，$\mathrm{d}b = \mathrm{d}p/bD$，$(\mathrm{d}s/\mathrm{d}t)(\mathrm{d}S/\mathrm{d}p) = \pi(a^2 + b^2)$，$\mathrm{d}S/\mathrm{d}p \geqslant C$，

其中 C 为椭圆周长 $C^2 = \int_{[0,2\pi)}(\mathrm{d}s/\mathrm{d}t)C\mathrm{d}t \leqslant \int_{[0,2\pi)}(\mathrm{d}s/\mathrm{d}t)(\mathrm{d}S/\mathrm{d}t)\mathrm{d}t = \int_{[0,2\pi)}\pi(a^2 + b^2)\mathrm{d}t$，

即 $C^2 \leqslant 2\pi^2(a^2 + b^2)$，$C \leqslant \pi(2a^2 + 2b^2)^{1/2}$。

得 $\pi(a+b) \leqslant C \leqslant \pi(2a^2 + 2b^2)^{1/2}$（常规微积分教材已证）。

当左边等于右边，可得 $\pi(a+b) = \pi(2a^2 + 2b^2)^{1/2}$，$(a-b)^2 = 0$ 得 $a = b = R$，椭圆为圆。

(2) 设椭球 K_3：$(x, y, z) = (a\sin u\cos v, b\sin u\sin v, c\cos u)$，$(0 \leqslant u \leqslant \pi, 0 \leqslant v \leqslant 2\pi)$。

单位外法矢量：$\boldsymbol{N} = [(1/aD)\sin u\cos v, (1/bD)\sin u\sin v, (1/cD)\cos u]$，

其中 $D = [(1/a^2)\sin^2 u\cos^2 v, (1/b^2)\sin^2 u\sin^2 v, (1/c^2)\cos^2 u]^{1/2}$，

此椭球的平行椭球面为：$\boldsymbol{R}^* = \boldsymbol{R} + \mathrm{d}p\boldsymbol{N} = (x^*, y^*) = (a^*\sin u\cos v, b^*\sin u\sin v, c^*\cos u)$，

其中 $a^* = a + \mathrm{d}a$，$b^* = b + \mathrm{d}b$，$c^* = c + \mathrm{d}c$，$\mathrm{d}a = \mathrm{d}p/aD$，$\mathrm{d}b = \mathrm{d}p/bD$，$\mathrm{d}c = \mathrm{d}p/cD$，

$\triangle V = V^* - V = (4\pi/3)a^*b^*c^* - (4\pi/3)abc = (4\pi/3)(bc/a + ca/b + ab/c)\mathrm{d}p/D$

（或 $\mathrm{d}V = (\partial V/\partial a)\mathrm{d}a + (\partial V/\partial b)\mathrm{d}b + (\partial V/\partial c)\mathrm{d}c = (4\pi/3)(bc\mathrm{d}a + ca\mathrm{d}b + ab\mathrm{d}c) = (4\pi/3)(bc/a + ca/b + ab/c)\mathrm{d}p/D$）

$\iint_{D^*(u,v)} abcD(\mathrm{d}V/\mathrm{d}p)\sin u\mathrm{d}u\mathrm{d}v = \iint_{D^*(u,v)}(4\pi/3)abc(bc/a + ca/b + ab/c)\sin u\mathrm{d}u\mathrm{d}v$，由 $\mathrm{d}V/\mathrm{d}p \geqslant S$，

则 $S^2 \leqslant (4\pi/3)(b^2c^2 + c^2a^2 + a^2b^2)\iint_{D^*(u,v)}\sin u\mathrm{d}u\mathrm{d}v = (16\pi^2/3)(b^2c^2 + c^2a^2 + a^2b^2)$，$S \leqslant (4\pi/3)[3(b^2c^2 + c^2a^2 + a^2b^2)]^{1/2}$，得

$(4\pi/3)(bc + ca + ab) \leqslant S \leqslant (4\pi/3)[3(b^2c^2 + c^2a^2 + a^2b^2)]^{1/2}$。

当左边等于右边，可得 $(4\pi/3)(bc + ca + ab) = (4\pi/3)[3(b^2c^2 + c^2a^2 +$

$a^2b^2)]^{1/2}$，

得 $a^2(b-c)^2+b^2(c-a)^2+c^2(a-b)^2=0$，$(b-c)^2=(c-a)^2=(a-b)^2=0$，$a=b=c$，即椭球为球。

(3) 设 n 维椭球面：$\sum_{i=1}^{n}(x_i/a_i)^2=1$，记椭球表面积为 $S(K_n)$，则

$$[2\pi^{n/2}/n\Gamma(n/2)]\left(\sum_{i=1}^{n}\prod_{j=1;\ j\neq i}^{n}a_j\right)\leqslant S(K_n)\leqslant[2\pi^{n/2}/n\Gamma(n/2)]\left[n\sum_{i=1}^{n}\prod_{j=1;\ j\neq i}^{n}a_j^2\right]^{1/2}。$$

当左边等于右边，可得

$$\left(\sum_{i=1}^{n}\prod_{j=1;\ j\neq i}^{n}a_i\right)^2=n\sum_{i=1}^{n}\prod_{j=1;\ j\neq i}^{n}a_i^2，即\sum_{i=1}^{n}\prod_{j,\ k=1;\ i<j;\ k\neq i,\ j}^{n}a_k^2(a_i-a_j)^2=0，$$

$a_1=a_2=\cdots=a_n$，n 维椭球面为 n 维球面。

如 $n=4$，取 $a_1=a$，$a_2=b$，$a_3=c$，$a_4=d$，则 $(bcd+cda+dab+abc)^2=4(b^2c^2d^2+c^2d^2a^2+d^2a^2b^2+a^2b^2c^2)$，

$a^2b^2(c-d)^2+a^2c^2(d-b)^2+a^2d^2(b-c)^2+b^2c^2(a-d)^2+c^2d^2(a-b)^2+d^2b^2(a-c)^2=0$，

$(c-d)^2=(d-b)^2=(b-c)^2=(a-d)^2=(a-b)^2=(a-c)^2=0$，得 $a=b=c=d$（四维球面）。

5.6.3 例题

例 1 设圆环 U_1，其外径、内径、面积与周长分别为 R，r，S 与 C，$S=\pi(R^2-r^2)$，$\mathrm{d}R=-\mathrm{d}r=\mathrm{d}p$，则 $\mathrm{d}S=2\pi(R\mathrm{d}R-r\mathrm{d}r)$，得 $C=\mathrm{d}S/\mathrm{d}p=2\pi(R+r)$，其中 $2\pi R$ 与 $2\pi r$ 分别为外环周长与内环周长。

例 2 设球环 U_2，其外径、内径、体积与表面积分别为 R，r，V 与 S，记 $V=4\pi(R^3-r^3)/3$，$\mathrm{d}R=-\mathrm{d}r=\mathrm{d}p$，则 $\mathrm{d}V=4\pi(R^2\mathrm{d}R-r^2\mathrm{d}r)$，得 $S=\mathrm{d}V/\mathrm{d}p=4\pi(R^2+r^2)$，其中 $4\pi R^2$ 和 $4\pi r^2$ 分别为外环球面积和内环球面积。

例 3 设圆柱 U_3，其半径、高、体积与表面积分别为 R，h，V 与 S，则 $S=2\pi Rh+2\pi R^2$，$V=\pi R^2h$，$\mathrm{d}V=(\partial V/\partial R)\mathrm{d}R+(\partial V/\partial h)\mathrm{d}h=2\pi Rh\mathrm{d}R+\pi R^2\mathrm{d}h=S\mathrm{d}p$，$\mathrm{d}V/\mathrm{d}p=S$，其中 $\mathrm{d}R=\mathrm{d}h/2=\mathrm{d}p$。

例 4 设梯形 U_4，其上底、下底、腰、高、周长与面积分别为 $2a$，$2b$，m，$2h$，C

与 S 得，$S = 2h(a+b)$，$C = 2(a+b+m)$。设 $\mathrm{d}h = \mathrm{d}p$，$\tan u = \mathrm{d}p/\mathrm{d}b$，$\tan v = \mathrm{d}p/\mathrm{d}a$，其中 u，v 两个角，则 $\mathrm{d}S = (\partial S/\partial a)\mathrm{d}a + (\partial S/\partial b)\mathrm{d}b + (\partial S/\partial h)\mathrm{d}h = 2(a+b+m)\mathrm{d}p$，$\mathrm{d}S/\mathrm{d}p = C$。

例 5　设摆线 C：$x = a(t-\sin t)$，$y = a(1-\cos t)$，$(0 \leqslant t \leqslant 2\pi)$，

其长 $= \int_{[0,\,2\pi)} [x'^2(t) + y'^2(t)]^{1/2}\mathrm{d}t = 8a$，$S$(面积) $= \int_{[0,\,2\pi a)} y\mathrm{d}x = 3\pi a^2$，

摆线 C 的切线矢量：$\boldsymbol{T} = (\mathrm{d}x/\mathrm{d}t,\ \mathrm{d}y/\mathrm{d}t) = a(1-\cos t,\ \sin t)$。摆线 C 的外法矢量：$\boldsymbol{N} = [-\cos(t/2),\ \sin(t/2)]$。

设摆线 C 的平行摆线 C^*：$\boldsymbol{R}^* = \boldsymbol{R} + \mathrm{d}p\boldsymbol{N} = (x^*,\ y^*)$，因此得 $\mathrm{d}S/\mathrm{d}p = C$。

第6章　四维矢量与四维角

6.1　四维矢量

6.1.1　概念

$\boldsymbol{A}=a_1\boldsymbol{i}+a_2\boldsymbol{j}+a_3\boldsymbol{k}+a_4\boldsymbol{l}=(a_1, a_2, a_3, a_4)$ 称为**四维矢量**。

其中 $\boldsymbol{i}=(1, 0, 0, 0)$，$\boldsymbol{j}=(0, 1, 0, 0)$，$\boldsymbol{k}=(0, 0, 1, 0)$，$\boldsymbol{l}=(0, 0, 0, 1)$ 为4个**基矢量**。

一个四维矢量的大小称为四维矢量的**模**，记作 $|\boldsymbol{A}|=\tau(a)$，$\tau^2(a)=a_1^2+a_2^2+a_3^2+a_4^2$。

若 $|\boldsymbol{A}|=1$，称 $\boldsymbol{A}$ 为**单位四维矢量**；若 $|\boldsymbol{A}|=0$，称 $\boldsymbol{A}=\boldsymbol{0}=0\boldsymbol{i}+0\boldsymbol{j}+0\boldsymbol{k}+0\boldsymbol{l}=(0, 0, 0, 0)$ 为没有长度和方向的**零四维矢量**；四维矢量的运算法则类似于三维矢量的运算法则。

6.1.2　四维矢量的积

设四个四维矢量 $\boldsymbol{A}=(a_1, a_2, a_3, a_4)$，$\boldsymbol{B}=(b_1, b_2, b_3, b_4)$，$\boldsymbol{C}=(c_1, c_2, c_3, c_4)$，$\boldsymbol{D}=(d_1, d_2, d_3, d_4)$。

记 θ 为两个四维矢量 $\boldsymbol{A}$，$\boldsymbol{B}$ 之夹角 $0\leqslant\theta\leqslant\pi$，

(1) $\boldsymbol{A}\cdot\boldsymbol{B}=|\boldsymbol{A}||\boldsymbol{B}|\cos\theta=a_1b_1+a_2b_2+a_3b_3+a_4b_4$ 称为两个四维矢量 $\boldsymbol{A}$ 与 $\boldsymbol{B}$ 的**数量积**，表示一个数量。

$\cos\theta=\boldsymbol{A}\cdot\boldsymbol{B}/|\boldsymbol{A}||\boldsymbol{B}|=(a_1b_1+a_2b_2+a_3b_3+a_4b_4)/\tau(a)\tau(b)$ 称为两个四维矢量 $\boldsymbol{A}$ 与 $\boldsymbol{B}$ **夹角的余弦**。

$\boldsymbol{i}\cdot\boldsymbol{i}=\boldsymbol{j}\cdot\boldsymbol{j}=\boldsymbol{k}\cdot\boldsymbol{k}=\boldsymbol{l}\cdot\boldsymbol{l}=1$，$\boldsymbol{u}\cdot\boldsymbol{v}=0$ ($\boldsymbol{u}, \boldsymbol{v}=\boldsymbol{i}, \boldsymbol{j}, \boldsymbol{k}, \boldsymbol{l}$; $\boldsymbol{u}\neq\boldsymbol{v}$)。

(2) $\sin\theta=(\boldsymbol{A}\odot\boldsymbol{B})/|\boldsymbol{A}||\boldsymbol{B}|=\boldsymbol{A}\odot\boldsymbol{B}/\tau(a)\tau(b)$ 称为两个四维矢量 $\boldsymbol{A}$ 与 $\boldsymbol{B}$ **夹角的正弦**。

$\boldsymbol{A}\odot\boldsymbol{B}=[(a_1b_2-a_2b_1)^2+(a_1b_3-a_3b_1)^2+(a_1b_4-a_4b_1)^2+(a_2b_3-a_3b_2)^2+(a_2b_4-a_4b_2)^2+(a_3b_4-a_4b_3)^2]^{1/2}$ 称为两个四维矢量 **A** 与 **B** 的**面矢积**，表示一个数量。

(3) $\boldsymbol{A}\times\boldsymbol{B}=(a_2b_3-a_3b_2,\ a_3b_4-a_4b_3,\ a_4b_1-a_1b_4,\ a_1b_2-a_2b_1)$ 称为两个四维矢量 **A** 与 **B** 的**矢量积**，表示一个四维矢量。

$\boldsymbol{i}\times\boldsymbol{i}=\boldsymbol{j}\times\boldsymbol{j}=\boldsymbol{k}\times\boldsymbol{k}=\boldsymbol{l}\times\boldsymbol{l}=\boldsymbol{0}$, $\boldsymbol{i}\times\boldsymbol{j}=-\boldsymbol{j}\times\boldsymbol{i}=\boldsymbol{l}$, $\boldsymbol{i}\times\boldsymbol{k}=-\boldsymbol{k}\times\boldsymbol{i}=\boldsymbol{0}$, $\boldsymbol{l}\times\boldsymbol{i}=-\boldsymbol{i}\times\boldsymbol{l}=\boldsymbol{k}$, $\boldsymbol{j}\times\boldsymbol{k}=-\boldsymbol{k}\times\boldsymbol{j}=\boldsymbol{i}$, $\boldsymbol{j}\times\boldsymbol{l}=-\boldsymbol{l}\times\boldsymbol{j}=\boldsymbol{0}$, $\boldsymbol{k}\times\boldsymbol{l}=-\boldsymbol{l}\times\boldsymbol{k}=\boldsymbol{j}$。

(4) $\boldsymbol{AB}=(a_1b_1,\ a_2b_2,\ a_3b_3,\ a_4b_4)$ 称为两个四维矢量 **A** 和 **B** 的**倍积**，表示一个四维矢量。

$\boldsymbol{ii}=\boldsymbol{i}$, $\boldsymbol{jj}=\boldsymbol{j}$, $\boldsymbol{kk}=\boldsymbol{k}$, $\boldsymbol{ll}=\boldsymbol{l}$, $\boldsymbol{ij}=\boldsymbol{ji}=\boldsymbol{ik}=\boldsymbol{ki}=\boldsymbol{il}=\boldsymbol{li}=\boldsymbol{jk}=\boldsymbol{kj}=\boldsymbol{jl}=\boldsymbol{lj}=\boldsymbol{kl}=\boldsymbol{lk}=\boldsymbol{0}$,

若 $\mathcal{L}\boldsymbol{A}\equiv a_1a_2a_3a_4\neq 0$, **A** 称为**无零矢量**。$\boldsymbol{A}^n\equiv\boldsymbol{AA}\cdots\boldsymbol{A}=(a_1^n,\ a_2^n,\ a_3^n,\ a_4^n)$（$n$ 个 **A** 的倍积）。

(5) $$(\boldsymbol{A},\ \boldsymbol{B},\ \boldsymbol{C})=\left(\begin{vmatrix}a_2&a_3&a_4\\b_2&b_3&b_4\\c_2&c_3&c_4\end{vmatrix},\ \begin{vmatrix}a_3&a_4&a_1\\b_3&b_4&b_1\\c_3&c_4&c_1\end{vmatrix},\ \begin{vmatrix}a_4&a_1&a_2\\b_4&b_1&b_2\\c_4&c_1&c_2\end{vmatrix},\ \begin{vmatrix}a_1&a_2&a_3\\b_1&b_2&b_3\\c_1&c_2&c_3\end{vmatrix}\right)$$

$$=(a_2b_3c_4+a_3b_4c_2+a_4b_2c_3-a_2b_4c_3-a_3b_2c_4-a_4b_3c_2,\ a_3b_4c_1+a_4b_1c_3+a_1b_3c_4-a_3b_1c_4-a_4b_3c_1-a_1b_4c_3,\ a_4b_1c_2+a_1b_2c_4+a_2b_4c_1-a_4b_2c_1-a_1b_4c_2-a_2b_1c_4,\ a_1b_2c_3+a_2b_3c_1+a_3b_1c_2-a_1b_3c_2-a_2b_1c_3-a_3b_2c_1),$$

称为三个四维矢量 **A**, **B** 与 **C** 的**超面矢**，表示一个四维矢量。

$(\boldsymbol{i},\ \boldsymbol{j},\ \boldsymbol{k})=\boldsymbol{l}$, $(\boldsymbol{j},\ \boldsymbol{k},\ \boldsymbol{l})=\boldsymbol{i}$, $(\boldsymbol{k},\ \boldsymbol{l},\ \boldsymbol{i})=\boldsymbol{j}$, $(\boldsymbol{l},\ \boldsymbol{i},\ \boldsymbol{j})=\boldsymbol{k}$。

(6) $$|(\boldsymbol{A},\ \boldsymbol{B},\ \boldsymbol{C})|=\left(\begin{vmatrix}a_2&a_3&a_4\\b_2&b_3&b_4\\c_2&c_3&c_4\end{vmatrix}^2+\begin{vmatrix}a_3&a_4&a_1\\b_3&b_4&b_1\\c_3&c_4&c_1\end{vmatrix}^2+\begin{vmatrix}a_4&a_1&a_2\\b_4&b_1&b_2\\c_4&c_1&c_2\end{vmatrix}^2+\begin{vmatrix}a_1&a_2&a_3\\b_1&b_2&b_3\\c_1&c_2&c_3\end{vmatrix}^2\right)^{1/2},$$

称为三个四维矢量 **A**, **B** 与 **C** 的**超面矢模**，表示一个数量。

(7) $[\boldsymbol{A}, \boldsymbol{B}, \boldsymbol{C}, \boldsymbol{D}]=\begin{vmatrix} a_1 & a_2 & a_3 & a_4 \\ b_1 & b_2 & b_3 & b_4 \\ c_1 & c_2 & c_3 & c_4 \\ d_1 & d_2 & d_3 & d_4 \end{vmatrix}$ 的 $|[\boldsymbol{A}, \boldsymbol{B}, \boldsymbol{C}, \boldsymbol{D}]|$ 称为四个四维矢量 $\boldsymbol{A}, \boldsymbol{B}, \boldsymbol{C}$ 与 $\boldsymbol{D}$ 的**体积**,表示一个数量。$[\boldsymbol{i}, \boldsymbol{j}, \boldsymbol{k}, \boldsymbol{l}]=1$ 上面的四维矢量的**模**,**面矢积**,**超面矢模**和**体积**(见作者著作《**矢量新说**》)。

设实数 λ,则 $\lambda(\boldsymbol{A}\cdot\boldsymbol{B})=(\lambda\boldsymbol{A})\cdot\boldsymbol{B}$; $\lambda(\boldsymbol{A}\times\boldsymbol{B})=(\lambda\boldsymbol{A})\times\boldsymbol{B}$; $\lambda(\boldsymbol{A}, \boldsymbol{B}, \boldsymbol{C})=(\lambda\boldsymbol{A}, \boldsymbol{B}, \boldsymbol{C})$; $\lambda[\boldsymbol{A}, \boldsymbol{B}, \boldsymbol{C}, \boldsymbol{D}]=[\lambda\boldsymbol{A}, \boldsymbol{B}, \boldsymbol{C}, \boldsymbol{D}]$。

四维矢量乘法有如下性质:

① 交换律 $\boldsymbol{A}\cdot\boldsymbol{B}=\boldsymbol{B}\cdot\boldsymbol{A}$。

② 反交换律 $\boldsymbol{A}\times\boldsymbol{B}=-\boldsymbol{B}\times\boldsymbol{A}$。

③ 分配律 $(\boldsymbol{A}+\boldsymbol{B})\cdot\boldsymbol{C}=\boldsymbol{A}\cdot\boldsymbol{C}+\boldsymbol{B}\cdot\boldsymbol{C}$; $(\boldsymbol{A}+\boldsymbol{B})\times\boldsymbol{C}=\boldsymbol{A}\times\boldsymbol{C}+\boldsymbol{B}\times\boldsymbol{C}$。

④ $(\boldsymbol{A}, \boldsymbol{B}, \boldsymbol{C})=(\boldsymbol{B}, \boldsymbol{C}, \boldsymbol{A})=(\boldsymbol{C}, \boldsymbol{A}, \boldsymbol{B})=-(\boldsymbol{A}, \boldsymbol{C}, \boldsymbol{B})=-(\boldsymbol{B}, \boldsymbol{A}, \boldsymbol{C})=-(\boldsymbol{C}, \boldsymbol{B}, \boldsymbol{A})$。

⑤ $[\boldsymbol{A}, \boldsymbol{B}, \boldsymbol{C}, \boldsymbol{D}]=-[\boldsymbol{B}, \boldsymbol{C}, \boldsymbol{D}, \boldsymbol{A}]=[\boldsymbol{C}, \boldsymbol{D}, \boldsymbol{A}, \boldsymbol{B}]=-[\boldsymbol{D}, \boldsymbol{A}, \boldsymbol{B}, \boldsymbol{C}]$。

6.1.3 轮换四维矢量

(1) $\boldsymbol{A}'=(a_2, a_3, a_4, a_1)$, $\boldsymbol{A}''=(a_3, a_4, a_1, a_2)$ 和 $\boldsymbol{A}'''=(a_2, a_3, a_4, a_1)$ 分别称为四维矢量 $\boldsymbol{A}=(a_1, a_2, a_3, a_4)$ 的**一次轮换四维矢量**,**二次轮换四维矢量**和**三次轮换四维矢量**。

$\boldsymbol{A}^{(n)}$ 称为 $\boldsymbol{A}=(a_1, a_2, a_3, a_4)$ 的 **n 次轮换四维矢量**。

$\boldsymbol{A}^{(4k)}=\boldsymbol{A}$, $\boldsymbol{A}^{(4k+1)}=\boldsymbol{A}'$, $\boldsymbol{A}^{(4k+2)}=\boldsymbol{A}''$, $\boldsymbol{A}^{(4k+3)}=\boldsymbol{A}'''(k=0, 1, 2, \cdots)$。

(2) $\boldsymbol{I}=(1, 1, 1, 1)$ 称为**幺矢量**,$\bar{\boldsymbol{I}}=(1, -1, 1, -1)$ 称为**共轭幺矢量**。

$\bar{\boldsymbol{I}}\bar{\boldsymbol{I}}=\boldsymbol{I}$, $\bar{\boldsymbol{I}}\boldsymbol{I}=\bar{\boldsymbol{I}}$, $k\boldsymbol{I}=k\bar{\boldsymbol{I}} \Leftrightarrow k=0$ (k 为实数)。

$\bar{\boldsymbol{A}}=\boldsymbol{A}\bar{\boldsymbol{I}}$, $|\bar{\boldsymbol{A}}|=|\boldsymbol{A}|$, $\bar{\boldsymbol{A}}+\bar{\boldsymbol{B}}=\overline{\boldsymbol{A}+\boldsymbol{B}}$, $|\bar{\boldsymbol{A}}+\bar{\boldsymbol{B}}|=|\boldsymbol{A}+\boldsymbol{B}|$,

$\overline{\boldsymbol{A}'}=-(\bar{\boldsymbol{A}})'$, $\bar{\boldsymbol{A}}$ 称为 $\boldsymbol{A}$ 的**共轭矢量**。$\overline{\boldsymbol{A}''}=(\bar{\boldsymbol{A}})''$, $\overline{\boldsymbol{A}'''}=-(\bar{\boldsymbol{A}})'''$, …

(3) $\|\boldsymbol{A}\|$ 称为四维矢量 $\boldsymbol{A}$ 的**均数**,是一个数量,$4\|\boldsymbol{A}\|=\boldsymbol{A}\cdot\boldsymbol{I}=a_1+a_2+a_3+a_4$,

$\|\boldsymbol{A}\|$ 的意义是四维矢量 $\boldsymbol{A}$ 的四个分量代数和的四分之一。$\boldsymbol{A}\cdot\bar{\boldsymbol{I}}=a_1-a_2+a_3-a_4$(**共轭均数**)。

(4) $\boldsymbol{A}\wedge\boldsymbol{B}\equiv\boldsymbol{A}\times\boldsymbol{B}\equiv\begin{vmatrix}\boldsymbol{A}' & \boldsymbol{A}''\\ \boldsymbol{B}' & \boldsymbol{B}''\end{vmatrix}=\boldsymbol{A}'\boldsymbol{B}''-\boldsymbol{A}''\boldsymbol{B}'=(a_2b_3-a_3b_2,\ a_3b_4-a_4b_3,$ $a_4b_1-a_1b_4,\ a_1b_2-a_2b_1)$，称为两个四维矢量 $\boldsymbol{A}$ 与 $\boldsymbol{B}$ 的**矢量积**,矢量积是一个四维矢量。

(5) $(\boldsymbol{A},\boldsymbol{B},\boldsymbol{C})\equiv\begin{vmatrix}\boldsymbol{A}' & \boldsymbol{A}'' & \boldsymbol{A}'''\\ \boldsymbol{B}' & \boldsymbol{B}'' & \boldsymbol{B}'''\\ \boldsymbol{C}' & \boldsymbol{C}'' & \boldsymbol{C}'''\end{vmatrix}=\boldsymbol{A}'(\boldsymbol{B}'\times\boldsymbol{C}')+\boldsymbol{B}'(\boldsymbol{C}'\times\boldsymbol{A}')+\boldsymbol{C}'(\boldsymbol{A}'\times\boldsymbol{B}')=$ $\boldsymbol{A}'(\boldsymbol{B}'\wedge\boldsymbol{C}')+\boldsymbol{B}'(\boldsymbol{C}'\wedge\boldsymbol{A}')+\boldsymbol{C}'(\boldsymbol{A}'\wedge\boldsymbol{B}')$，称为三个四维矢量 $\boldsymbol{A}$，$\boldsymbol{B}$ 与 $\boldsymbol{C}$ 的**超面矢**，表示一个四维矢量。

(6) $\begin{vmatrix}\boldsymbol{A} & \boldsymbol{A}' & \boldsymbol{A}'' & \boldsymbol{A}'''\\ \boldsymbol{B} & \boldsymbol{B}' & \boldsymbol{B}'' & \boldsymbol{B}'''\\ \boldsymbol{C} & \boldsymbol{C}' & \boldsymbol{C}'' & \boldsymbol{C}'''\\ \boldsymbol{D} & \boldsymbol{D}' & \boldsymbol{D}'' & \boldsymbol{D}'''\end{vmatrix}=\boldsymbol{A}(\boldsymbol{B},\boldsymbol{C},\boldsymbol{D})-\boldsymbol{A}'(\boldsymbol{B},\boldsymbol{C},\boldsymbol{D})'+\boldsymbol{A}''(\boldsymbol{B},\boldsymbol{C},\boldsymbol{D})''-$ $\boldsymbol{A}'''(\boldsymbol{B},\boldsymbol{C},\boldsymbol{D})'''=\boldsymbol{A}(\boldsymbol{B},\boldsymbol{C},\boldsymbol{D})-\boldsymbol{B}(\boldsymbol{C},\boldsymbol{D},\boldsymbol{A})+\boldsymbol{C}(\boldsymbol{D},\boldsymbol{A},\boldsymbol{B})-\boldsymbol{D}(\boldsymbol{A},\boldsymbol{B},\boldsymbol{C})=[\boldsymbol{A},\boldsymbol{B},$ $\boldsymbol{C},\boldsymbol{D}]\bar{\boldsymbol{I}}$。

(7) $\boldsymbol{A}\vee\boldsymbol{B}=\begin{vmatrix}\boldsymbol{A}' & \boldsymbol{A}''\\ \boldsymbol{B}' & \boldsymbol{B}''\end{vmatrix}^*=\boldsymbol{A}'\boldsymbol{B}''+\boldsymbol{A}''\boldsymbol{B}'=(a_2b_3+a_3b_2,\ a_3b_4+a_4b_3,\ a_4b_1+a_1b_4,$ $a_1b_2+a_2b_1)$，称为两个四维矢量 $\boldsymbol{A}$ 与 $\boldsymbol{B}$ 的**共轭矢量积**,表示一个四维矢量。

(8) $(\boldsymbol{A},\boldsymbol{B},\boldsymbol{C})^*\equiv\begin{vmatrix}\boldsymbol{A}' & \boldsymbol{A}'' & \boldsymbol{A}'''\\ \boldsymbol{B}' & \boldsymbol{B}'' & \boldsymbol{B}'''\\ \boldsymbol{C}' & \boldsymbol{C}'' & \boldsymbol{C}'''\end{vmatrix}^*=\boldsymbol{A}'(\boldsymbol{B}'\vee\boldsymbol{C}')+\boldsymbol{B}'(\boldsymbol{C}'\vee\boldsymbol{A}')+\boldsymbol{C}'(\boldsymbol{A}'\vee\boldsymbol{B}')$，称为三个四维矢量 $\boldsymbol{A}$，$\boldsymbol{B}$ 与 $\boldsymbol{C}$ 的**共轭超面矢**,表示一个四维矢量。

(9) $\begin{vmatrix}\boldsymbol{A} & \boldsymbol{A}' & \boldsymbol{A}'' & \boldsymbol{A}'''\\ \boldsymbol{B} & \boldsymbol{B}' & \boldsymbol{B}'' & \boldsymbol{B}'''\\ \boldsymbol{C} & \boldsymbol{C}' & \boldsymbol{C}'' & \boldsymbol{C}'''\\ \boldsymbol{D} & \boldsymbol{D}' & \boldsymbol{D}'' & \boldsymbol{D}'''\end{vmatrix}^*=\boldsymbol{A}(\boldsymbol{B},\boldsymbol{C},\boldsymbol{D})^*+\boldsymbol{B}(\boldsymbol{C},\boldsymbol{D},\boldsymbol{A})^*+\boldsymbol{C}(\boldsymbol{D},\boldsymbol{A},\boldsymbol{B})^*+$ $\boldsymbol{D}(\boldsymbol{A},\boldsymbol{B},\boldsymbol{C})^*$，称为四个四维矢量 $\boldsymbol{A}$，$\boldsymbol{B}$，$\boldsymbol{C}$ 与 $\boldsymbol{D}$ 的**共轭体矢量**,表示一个四维矢量。

类似于数量行列式,可约定类似的四维矢量行列式及两个四维矢量行列式的积的克莱姆法则。

6.1.4 定理

设四个四维矢量 $\boldsymbol{A}, \boldsymbol{B}, \boldsymbol{C}, \boldsymbol{D} \neq \boldsymbol{0}$，则

(1) $(\boldsymbol{A} \odot \boldsymbol{B})^2 = |\boldsymbol{A}|^2 |\boldsymbol{B}|^2 - (\boldsymbol{A} \cdot \boldsymbol{B})^2$。

(2) $|\boldsymbol{A} + \boldsymbol{B}| \leqslant |\boldsymbol{A}| + |\boldsymbol{B}|$。

(3) $\boldsymbol{A}, \boldsymbol{B}$ 垂直的充分必要的条件是 $\boldsymbol{A} \cdot \boldsymbol{B} = 0$。

(4) $\boldsymbol{A}, \boldsymbol{B}$ 平行的充分必要的条件是 $\boldsymbol{A} \odot \boldsymbol{B} = 0$。

(5) 设 $|\boldsymbol{A}| = |\boldsymbol{B}|$，则 $\boldsymbol{A} = \pm \boldsymbol{B}$ 的充分必要的条件是 $\boldsymbol{A}, \boldsymbol{B}$ 平行。

(6) 若 $[\boldsymbol{A}, \boldsymbol{B}, \boldsymbol{C}, \boldsymbol{D}] \neq 0$，对于任意四维矢量 $\boldsymbol{V}$

① 可用四个四维矢量 $\boldsymbol{A}, \boldsymbol{B}, \boldsymbol{C}, \boldsymbol{D}$ 唯一的线性表示，

即存在四个实数 $\lambda_1, \mu_1, \nu_1, \omega_1$ 使 $\boldsymbol{V} = \lambda_1 \boldsymbol{A} + \mu_1 \boldsymbol{B} + \nu_1 \boldsymbol{C} + \omega_1 \boldsymbol{D}$。

$\lambda_1 = [\boldsymbol{V}, \boldsymbol{B}, \boldsymbol{C}, \boldsymbol{D}]/[\boldsymbol{A}, \boldsymbol{B}, \boldsymbol{C}, \boldsymbol{D}], \mu_1 = [\boldsymbol{A}, \boldsymbol{V}, \boldsymbol{C}, \boldsymbol{D}]/[\boldsymbol{A}, \boldsymbol{B}, \boldsymbol{C}, \boldsymbol{D}]$,

$\nu_1 = [\boldsymbol{A}, \boldsymbol{B}, \boldsymbol{V}, \boldsymbol{D}]/[\boldsymbol{A}, \boldsymbol{B}, \boldsymbol{C}, \boldsymbol{D}], \omega_1 = [\boldsymbol{A}, \boldsymbol{B}, \boldsymbol{C}, \boldsymbol{V}]/[\boldsymbol{A}, \boldsymbol{B}, \boldsymbol{C}, \boldsymbol{D}]$。

② 可用四个四维矢量 $(\boldsymbol{B}, \boldsymbol{C}, \boldsymbol{D})$，$(\boldsymbol{C}, \boldsymbol{A}, \boldsymbol{D})$，$(\boldsymbol{A}, \boldsymbol{B}, \boldsymbol{D})$，$(\boldsymbol{A}, \boldsymbol{B}, \boldsymbol{C})$ 唯一的线性表示

即存在四个实数 $\lambda_2, \mu_2, \nu_2, \omega_2$，使 $\boldsymbol{V} = \lambda_2(\boldsymbol{B}, \boldsymbol{C}, \boldsymbol{D}) + \mu_2(\boldsymbol{C}, \boldsymbol{A}, \boldsymbol{D}) + \nu_2(\boldsymbol{A}, \boldsymbol{B}, \boldsymbol{D}) - \omega_2(\boldsymbol{A}, \boldsymbol{B}, \boldsymbol{C})$。

$\lambda_2 = \boldsymbol{V} \cdot \overline{\boldsymbol{A}}/[\boldsymbol{A}, \boldsymbol{B}, \boldsymbol{C}, \boldsymbol{D}]$, $\mu_2 = \boldsymbol{V} \cdot \overline{\boldsymbol{B}}/[\boldsymbol{A}, \boldsymbol{B}, \boldsymbol{C}, \boldsymbol{D}]$,

$\nu_2 = \boldsymbol{V} \cdot \overline{\boldsymbol{C}}/[\boldsymbol{A}, \boldsymbol{B}, \boldsymbol{C}, \boldsymbol{D}]$, $\omega_2 = \boldsymbol{V} \cdot \overline{\boldsymbol{D}}/[\boldsymbol{A}, \boldsymbol{B}, \boldsymbol{C}, \boldsymbol{D}]$

或 $\boldsymbol{V} = \lambda_3 \overline{(\boldsymbol{B}, \boldsymbol{C}, \boldsymbol{D})} + \mu_3 \overline{(\boldsymbol{C}, \boldsymbol{A}, \boldsymbol{D})} + \nu_3 \overline{(\boldsymbol{A}, \boldsymbol{B}, \boldsymbol{D})} - \omega_3 \overline{(\boldsymbol{A}, \boldsymbol{B}, \boldsymbol{C})}$

$\lambda_3 = \boldsymbol{V} \cdot \boldsymbol{A}/[\boldsymbol{A}, \boldsymbol{B}, \boldsymbol{C}, \boldsymbol{D}]$, $\mu_3 = \boldsymbol{V} \cdot \boldsymbol{B}/[\boldsymbol{A}, \boldsymbol{B}, \boldsymbol{C}, \boldsymbol{D}]$,

$\nu_3 = \boldsymbol{V} \cdot \boldsymbol{C}/[\boldsymbol{A}, \boldsymbol{B}, \boldsymbol{C}, \boldsymbol{D}]$, $\omega_3 = \boldsymbol{V} \cdot \boldsymbol{D}/[\boldsymbol{A}, \boldsymbol{B}, \boldsymbol{C}, \boldsymbol{D}]$（证明见下文）。

6.1.5 公式

(1) $(\boldsymbol{A} \cdot \boldsymbol{B})\boldsymbol{I} = \boldsymbol{AB} + \boldsymbol{A}'\boldsymbol{B}' + \boldsymbol{A}''\boldsymbol{B}'' + \boldsymbol{A}'''\boldsymbol{B}'''$,

(2) $(\boldsymbol{A} \cdot \overline{\boldsymbol{B}})\overline{\boldsymbol{I}} = \boldsymbol{AB} - \boldsymbol{A}'\boldsymbol{B}' + \boldsymbol{A}''\boldsymbol{B}'' - \boldsymbol{A}'''\boldsymbol{B}'''$,

(3) ① $\overline{\boldsymbol{A}} \wedge \overline{\boldsymbol{B}} = -\boldsymbol{A} \wedge \boldsymbol{B}$; ② $\overline{\boldsymbol{A}} \vee \overline{\boldsymbol{B}} = -\boldsymbol{A} \vee \boldsymbol{B}$。

证 ① $\overline{\boldsymbol{A}} \wedge \overline{\boldsymbol{B}} = [\overline{\boldsymbol{A}}]'[\overline{\boldsymbol{B}}]'' - [\overline{\boldsymbol{B}}]'[\overline{\boldsymbol{A}}]'' = -\overline{\boldsymbol{A}'}\,\overline{\boldsymbol{B}''} + \overline{\boldsymbol{B}'\boldsymbol{A}''} = -\boldsymbol{A} \wedge \boldsymbol{B}$。

② $\bar{\boldsymbol{A}} \vee \bar{\boldsymbol{B}} = [\bar{\boldsymbol{A}}]'[\bar{\boldsymbol{B}}]'' + [\bar{\boldsymbol{B}}]'[\bar{\boldsymbol{A}}]'' = -\overline{\boldsymbol{A}'}\,\overline{\boldsymbol{B}''} - \overline{\boldsymbol{B}'\boldsymbol{A}''} = -\boldsymbol{A} \vee \boldsymbol{B}$。

(4) $\bar{\boldsymbol{A}} \cdot (\boldsymbol{B}, \boldsymbol{C}, \boldsymbol{D}) = \boldsymbol{A} \cdot \overline{(\boldsymbol{B}, \boldsymbol{C}, \boldsymbol{D})} = [\boldsymbol{A}, \boldsymbol{B}, \boldsymbol{C}, \boldsymbol{D}]$,

$\overline{(\boldsymbol{A}, \boldsymbol{B}, \boldsymbol{C})}$ 分别与 $\boldsymbol{A}$, $\boldsymbol{B}$, $\boldsymbol{C}$ 正交,即 $\boldsymbol{A} \cdot \overline{(\boldsymbol{A}, \boldsymbol{B}, \boldsymbol{C})} = 0$, $\boldsymbol{B} \cdot \overline{(\boldsymbol{A}, \boldsymbol{B}, \boldsymbol{C})} = 0$, $C \cdot \overline{(\boldsymbol{A}, \boldsymbol{B}, \boldsymbol{C})} = 0$

(证明由 6.1.2(7), 6.1.3(6)得证。)

(5) $(\bar{\boldsymbol{A}}, \bar{\boldsymbol{B}}, \bar{\boldsymbol{C}}) = \overline{(\boldsymbol{A}, \boldsymbol{B}, \boldsymbol{C})}$。

(6) $[\bar{\boldsymbol{A}}, \bar{\boldsymbol{B}}, \bar{\boldsymbol{C}}, \bar{\boldsymbol{D}}] = [\boldsymbol{A}, \boldsymbol{B}, \boldsymbol{C}, \boldsymbol{D}]$。

证 $[\bar{\boldsymbol{A}}, \bar{\boldsymbol{B}}, \bar{\boldsymbol{C}}, \bar{\boldsymbol{D}}] = \bar{\boldsymbol{A}} \cdot \overline{(\bar{\boldsymbol{B}}, \bar{\boldsymbol{C}}, \bar{\boldsymbol{D}})} = \boldsymbol{A} \cdot \overline{(\boldsymbol{B}, \boldsymbol{C}, \boldsymbol{D})} = [\boldsymbol{A}, \boldsymbol{B}, \boldsymbol{C}, \boldsymbol{D}]$。

(7) 设 n 个四维矢量 $\boldsymbol{A}_j (j = 1, 2, \cdots, n)$。

$$① \ (\boldsymbol{A}_1, \boldsymbol{A}_2, \boldsymbol{A}_3) = \begin{vmatrix} \boldsymbol{A}_1' & \boldsymbol{A}_1'' & \boldsymbol{A}_1''' \\ \boldsymbol{A}_2' & \boldsymbol{A}_2'' & \boldsymbol{A}_2''' \\ \boldsymbol{A}_3' & \boldsymbol{A}_3'' & \boldsymbol{A}_3''' \end{vmatrix}, (\boldsymbol{A}_1, \boldsymbol{A}_2, \boldsymbol{A}_3)^{\mathrm{T}} = \begin{vmatrix} \boldsymbol{A}_1' & \boldsymbol{A}_2' & \boldsymbol{A}_3' \\ \boldsymbol{A}_1'' & \boldsymbol{A}_2'' & \boldsymbol{A}_3'' \\ \boldsymbol{A}_1''' & \boldsymbol{A}_2''' & \boldsymbol{A}_3''' \end{vmatrix}。$$

$$② \ (\boldsymbol{A}_1, \boldsymbol{A}_2, \cdots, \boldsymbol{A}_n) = \begin{vmatrix} \boldsymbol{A}_1 & \boldsymbol{A}_1' & \boldsymbol{A}_1'' & \cdots\cdots & \boldsymbol{A}_1^{(n-1)} \\ \boldsymbol{A}_2 & \boldsymbol{A}_2' & \boldsymbol{A}_2'' & \cdots\cdots & \boldsymbol{A}_2^{(n-1)} \\ \cdots\cdots & & & & \\ \boldsymbol{A}_n & \boldsymbol{A}_n' & \boldsymbol{A}_n'' & \cdots\cdots & \boldsymbol{A}_n^{(n-1)} \end{vmatrix}, (\boldsymbol{A}_1, \boldsymbol{A}_2, \cdots, \boldsymbol{A}_n)^{\mathrm{T}} =$$

$$\begin{vmatrix} \boldsymbol{A}_1 & \boldsymbol{A}_2 & \cdots\cdots & \boldsymbol{A}_n \\ \boldsymbol{A}_1' & \boldsymbol{A}_2' & \cdots\cdots & \boldsymbol{A}_n' \\ \cdots\cdots & & & \\ \boldsymbol{A}_1^{(n-1)} & \boldsymbol{A}_2^{(n-1)} & \cdots & \boldsymbol{A}_n^{(n-1)} \end{vmatrix},$$

$(n = 2, 4, 5, \cdots)$。

则 $(\boldsymbol{A}_1, \boldsymbol{A}_2, \cdots, \boldsymbol{A}_n) = \boldsymbol{0} \ (n \geqslant 5)$。

(8) $[\boldsymbol{B}, \boldsymbol{C}, \boldsymbol{D}, \boldsymbol{E}]\boldsymbol{A} + [\boldsymbol{C}, \boldsymbol{D}, \boldsymbol{E}, \boldsymbol{A}]\boldsymbol{B} + [\boldsymbol{D}, \boldsymbol{E}, \boldsymbol{A}, \boldsymbol{B}]\boldsymbol{C} + [\boldsymbol{E}, \boldsymbol{A}, \boldsymbol{B}, \boldsymbol{C}]\boldsymbol{D} + [\boldsymbol{A}, \boldsymbol{B}, \boldsymbol{C}, \boldsymbol{D}]\boldsymbol{E} = \boldsymbol{0}$

[因为 $(\boldsymbol{A}, \boldsymbol{B}, \boldsymbol{C}, \boldsymbol{D}, \boldsymbol{E}) = \boldsymbol{0}$]。

(9) $(\boldsymbol{A} \times \boldsymbol{B})[\boldsymbol{C}, \boldsymbol{D}, \boldsymbol{E}, \boldsymbol{F}] - (\boldsymbol{A} \times \boldsymbol{C})[\boldsymbol{B}, \boldsymbol{D}, \boldsymbol{E}, \boldsymbol{F}] + (\boldsymbol{A} \times \boldsymbol{D})[\boldsymbol{B}, \boldsymbol{C}, \boldsymbol{E}, \boldsymbol{F}] - (\boldsymbol{A} \times \boldsymbol{E})[\boldsymbol{B}, \boldsymbol{C}, \boldsymbol{D}, \boldsymbol{F}] + (\boldsymbol{A} \times \boldsymbol{F})[\boldsymbol{B}, \boldsymbol{C}, \boldsymbol{D}, \boldsymbol{E}] + (\boldsymbol{B} \times \boldsymbol{C})[\boldsymbol{A}, \boldsymbol{D}, \boldsymbol{E}, \boldsymbol{F}] - (\boldsymbol{B} \times \boldsymbol{D})[\boldsymbol{A}, \boldsymbol{C}, \boldsymbol{E}, \boldsymbol{F}] + (\boldsymbol{B} \times \boldsymbol{E})[\boldsymbol{A}, \boldsymbol{C}, \boldsymbol{D}, \boldsymbol{F}] - (\boldsymbol{B} \times \boldsymbol{F})[\boldsymbol{A}, \boldsymbol{C}, \boldsymbol{D}, \boldsymbol{E}] + (\boldsymbol{C} \times$

$D)[A, B, E, F]-(C\times E)[A, B, D, F]+(C\times F)[A, B, D, E]+(D\times E)[A, B, C, F]-(D\times F)[A, B, C, E]+(C\times F)[A, B, D, E]=0$

[因为$(A, B, C, D, E, F)=0$]。

(10) $(A, B, C)[D, E, F, G]-(A, B, D)[C, E, F, G]+(A, B, E)[C, D, F, G]-(A, B, F)[C, D, E, G]+(A, B, G)[C, D, E, F]+(A, C, D)[B, E, F, G]-(A, C, E)[B, D, F, G]+(A, C, F)[B, D, E, G]-(A, C, G)[B, D, E, F]+(A, D, E)[B, C, F, G]-(A, D, F)[B, C, E, G]+(A, D, G)[B, C, E, F]+(A, E, F)[B, C, D, G]-(A, E, G)[B, C, D, F]+(A, F, G)[B, C, D, E]-(B, C, D)[A, E, F, G]+(B, C, E)[A, D, F, G]-(B, C, F)[A, D, E, G]+(B, C, G)[A, D, E, F]-(B, D, E)[A, C, F, G]+(B, D, F)[A, C, E, G]-(B, D, G)[A, C, E, F]-(B, E, F)[A, B, C, G]+(B, E, G)[A, C, D, F]-(B, F, G)[A, C, D, E]+(C, D, E)[A, B, F, G]-(C, D, F)[A, B, E, G]+(C, D, G)[A, B, E, F]+(C, E, F)[A, B, D, G]-(C, E, G)[A, B, D, F]+(C, F, G)[A, B, D, E]-(D, E, F)[A, B, C, G]+(D, E, G)[A, B, C, F]-(D, F, G)[A, B, C, E]+(E, F, G)[A, B, C, D]=0$

[因为$(A, B, C, D, E, F, G)=0$]。

(11) $[A, B, C, H][D, E, F, G]-[A, B, D, H][C, E, F, G]+[A, B, E, H][C, D, F, G]-[A, B, F, H][C, D, E, G]+[A, B, G, H][C, D, E, F]+[A, C, D, H][B, E, F, G]-[A, C, E, H][B, D, F, G]+[A, C, F, H][B, D, E, G]-[A, C, G, H][B, D, E, F]+[A, D, E, H][B, C, F, G]-[A, D, F, H][B, C, E, G]+[A, D, G, H][B, C, E, F]+[A, E, F, H][B, C, D, G]-[A, E, G, H][B, C, D, F]+[A, F, G, H][B, C, D, E]-[B, C, D, H][A, E, F, G]+[B, C, F, H][A, D, E, G]+[B, C, G, H][A, D, E, F]-[B, C, E, H][A, D, F, G]-[B, D, E, H][A, C, F, G]+[B, D, F, H][A, C, E, G]-[B, D, G, H][A, C, E, F]-[B, E, F, H][A, B, C, G]+[B, E, G, H][A, C, D, F]-[B, F, G, H][A, C, D, E]+[C, D, E, H][A, B, F, G]-[C, D, F, H][A, B, E, G]+[C, D, G, H][A, B, E, F]+[C, E, F, H][A, B, D, G]-[C, E, G, H][A, B, D, F]+[C, F, G, H][A, B, D, E]-[D, E, F, H][A, B, C, G]+[D, E, G, H][A, B, C, F]-[D, F, G, H][A, B, C, E]+[E, F, G, H][A, B, C, D]=0$。

利用(10)・$\overline{\boldsymbol{H}}$ 因为$(\boldsymbol{A},\boldsymbol{B},\boldsymbol{C})\cdot\overline{\boldsymbol{H}}=[\boldsymbol{A},\boldsymbol{B},\boldsymbol{C},\boldsymbol{H}]$ 即证。

(12) **(拉格朗日定理的推广)**设 $\boldsymbol{A}_j$，$\boldsymbol{B}_j(j=1,2,\cdots,n)$ 为 $2n$ 个四维矢量，

$$D(\boldsymbol{A}_1,\boldsymbol{A}_2,\cdots,\boldsymbol{A}_n;\boldsymbol{B}_1,\boldsymbol{B}_2,\cdots,\boldsymbol{B}_n)=\begin{vmatrix}\boldsymbol{A}_1\cdot\boldsymbol{B}_1 & \boldsymbol{A}_1\cdot\boldsymbol{B}_2 & \cdots\cdots & \boldsymbol{A}_1\cdot\boldsymbol{B}_n\\ \boldsymbol{A}_2\cdot\boldsymbol{B}_1 & \boldsymbol{A}_2\cdot\boldsymbol{B}_2 & \cdots\cdots & \boldsymbol{A}_2\cdot\boldsymbol{B}_n\\ \cdots\cdots & & & \\ \boldsymbol{A}_n\cdot\boldsymbol{B}_1 & \boldsymbol{A}_n\cdot\boldsymbol{B}_2 & \cdots\cdots & \boldsymbol{A}_n\cdot\boldsymbol{B}_n\end{vmatrix}$$

则

① $(\boldsymbol{A}_1,\boldsymbol{A}_2,\boldsymbol{A}_3)(\boldsymbol{B}_1,\boldsymbol{B}_2,\boldsymbol{B}_3)$

$$=\begin{vmatrix}(\boldsymbol{A}_1\cdot\boldsymbol{B}_1)\boldsymbol{I}-\boldsymbol{A}_1\boldsymbol{B}_1 & (\boldsymbol{A}_1\cdot\boldsymbol{B}_2)\boldsymbol{I}-\boldsymbol{A}_1\boldsymbol{B}_2 & (\boldsymbol{A}_1\cdot\boldsymbol{B}_3)\boldsymbol{I}-\boldsymbol{A}_1\boldsymbol{B}_3\\ (\boldsymbol{A}_2\cdot\boldsymbol{B}_1)\boldsymbol{I}-\boldsymbol{A}_2\boldsymbol{B}_1 & (\boldsymbol{A}_2\cdot\boldsymbol{B}_2)\boldsymbol{I}-\boldsymbol{A}_2\boldsymbol{B}_2 & (\boldsymbol{A}_2\cdot\boldsymbol{B}_3)\boldsymbol{I}-\boldsymbol{A}_2\boldsymbol{B}_3\\ (\boldsymbol{A}_3\cdot\boldsymbol{B}_1)\boldsymbol{I}-\boldsymbol{A}_3\boldsymbol{B}_1 & (\boldsymbol{A}_3\cdot\boldsymbol{B}_2)\boldsymbol{I}-\boldsymbol{A}_3\boldsymbol{B}_2 & (\boldsymbol{A}_3\cdot\boldsymbol{B}_3)\boldsymbol{I}-\boldsymbol{A}_3\boldsymbol{B}_3\end{vmatrix}$$

② $(\boldsymbol{A}_1,\boldsymbol{A}_2,\boldsymbol{A}_3)\cdot(\boldsymbol{B}_1,\boldsymbol{B}_2,\boldsymbol{B}_3)=\begin{vmatrix}\boldsymbol{A}_1\cdot\boldsymbol{B}_1 & \boldsymbol{A}_1\cdot\boldsymbol{B}_2 & \boldsymbol{A}_1\cdot\boldsymbol{B}_3\\ \boldsymbol{A}_2\cdot\boldsymbol{B}_1 & \boldsymbol{A}_2\cdot\boldsymbol{B}_2 & \boldsymbol{A}_2\cdot\boldsymbol{B}_3\\ \boldsymbol{A}_3\cdot\boldsymbol{B}_1 & \boldsymbol{A}_3\cdot\boldsymbol{B}_2 & \boldsymbol{A}_3\cdot\boldsymbol{B}_3\end{vmatrix}=D(\boldsymbol{A}_1,\boldsymbol{A}_2,$ $\boldsymbol{A}_3;\boldsymbol{B}_1,\boldsymbol{B}_2,\boldsymbol{B}_3)$。

③ $D(\boldsymbol{A}_1,\boldsymbol{A}_2,\boldsymbol{A}_3,\boldsymbol{A}_4;\boldsymbol{B}_1,\boldsymbol{B}_2,\boldsymbol{B}_3,\boldsymbol{B}_4)=[\boldsymbol{A}_1,\boldsymbol{A}_2,\boldsymbol{A}_3,\boldsymbol{A}_4][\boldsymbol{B}_1,\boldsymbol{B}_2,$ $\boldsymbol{B}_3,\boldsymbol{B}_4]$。

④ $D(\boldsymbol{A}_1,\boldsymbol{A}_2,\cdots,\boldsymbol{A}_n;\boldsymbol{B}_1,\boldsymbol{B}_2,\cdots,\boldsymbol{B}_n)=0,(n\geqslant 5)$。

证　① $(\boldsymbol{A}_1,\boldsymbol{A}_2,\boldsymbol{A}_3)(\boldsymbol{B}_1,\boldsymbol{B}_2,\boldsymbol{B}_3)=(\boldsymbol{A}_1,\boldsymbol{A}_2,\boldsymbol{A}_3)(\boldsymbol{B}_1,\boldsymbol{B}_2,\boldsymbol{B}_3)^{\mathrm{T}}=$

$$\begin{vmatrix}(\boldsymbol{A}_1\cdot\boldsymbol{B}_1)\boldsymbol{I}-\boldsymbol{A}_1\boldsymbol{B}_1 & (\boldsymbol{A}_1\cdot\boldsymbol{B}_2)\boldsymbol{I}-\boldsymbol{A}_1\boldsymbol{B}_2 & (\boldsymbol{A}_1\cdot\boldsymbol{B}_3)\boldsymbol{I}-\boldsymbol{A}_1\boldsymbol{B}_3\\ (\boldsymbol{A}_2\cdot\boldsymbol{B}_1)\boldsymbol{I}-\boldsymbol{A}_2\boldsymbol{B}_1 & (\boldsymbol{A}_2\cdot\boldsymbol{B}_2)\boldsymbol{I}-\boldsymbol{A}_2\boldsymbol{B}_2 & (\boldsymbol{A}_2\cdot\boldsymbol{B}_3)\boldsymbol{I}-\boldsymbol{A}_2\boldsymbol{B}_3\\ (\boldsymbol{A}_3\cdot\boldsymbol{B}_1)\boldsymbol{I}-\boldsymbol{A}_3\boldsymbol{B}_1 & (\boldsymbol{A}_3\cdot\boldsymbol{B}_2)\boldsymbol{I}-\boldsymbol{A}_3\boldsymbol{B}_2 & (\boldsymbol{A}_3\cdot\boldsymbol{B}_3)\boldsymbol{I}-\boldsymbol{A}_3\boldsymbol{B}_3\end{vmatrix}$$

② 利用 $(k\boldsymbol{I})\cdot\boldsymbol{I}=4k$，$(\boldsymbol{A}\cdot\boldsymbol{B})\boldsymbol{I}=\boldsymbol{A}\boldsymbol{B}+\boldsymbol{A}'\boldsymbol{B}'+\boldsymbol{A}''\boldsymbol{B}''+\boldsymbol{A}'''\boldsymbol{B}'''$，$(\boldsymbol{A}\boldsymbol{B})\cdot\boldsymbol{I}=$ $\boldsymbol{A}\cdot\boldsymbol{B}$。

由 ①$(\boldsymbol{A}_1,\boldsymbol{A}_2,\boldsymbol{A}_3)(\boldsymbol{B}_1,\boldsymbol{B}_2,\boldsymbol{B}_3)$

$$=\begin{vmatrix}\boldsymbol{A}_1\cdot\boldsymbol{B}_1 & \boldsymbol{A}_1\cdot\boldsymbol{B}_2 & \boldsymbol{A}_1\cdot\boldsymbol{B}_3\\ \boldsymbol{A}_2\cdot\boldsymbol{B}_1 & \boldsymbol{A}_2\cdot\boldsymbol{B}_2 & \boldsymbol{A}_2\cdot\boldsymbol{B}_3\\ \boldsymbol{A}_3\cdot\boldsymbol{B}_1 & \boldsymbol{A}_3\cdot\boldsymbol{B}_2 & \boldsymbol{A}_3\cdot\boldsymbol{B}_3\end{vmatrix}\boldsymbol{I}-\begin{vmatrix}(\boldsymbol{A}_1\cdot\boldsymbol{B}_1)\boldsymbol{I} & (\boldsymbol{A}_1\cdot\boldsymbol{B}_2)\boldsymbol{I} & \boldsymbol{A}_1\boldsymbol{B}_3\\ (\boldsymbol{A}_2\cdot\boldsymbol{B}_1)\boldsymbol{I} & (\boldsymbol{A}_2\cdot\boldsymbol{B}_2)\boldsymbol{I} & \boldsymbol{A}_2\boldsymbol{B}_3\\ (\boldsymbol{A}_3\cdot\boldsymbol{B}_1)\boldsymbol{I} & (\boldsymbol{A}_3\cdot\boldsymbol{B}_2)\boldsymbol{I} & \boldsymbol{A}_3\boldsymbol{B}_3\end{vmatrix}-$$

$$\begin{vmatrix} (\boldsymbol{A}_1\cdot\boldsymbol{B}_1)\boldsymbol{I} & \boldsymbol{A}_1\boldsymbol{B}_2 & (\boldsymbol{A}_1\cdot\boldsymbol{B}_3)\boldsymbol{I} \\ (\boldsymbol{A}_2\cdot\boldsymbol{B}_1)\boldsymbol{I} & \boldsymbol{A}_2\boldsymbol{B}_2 & (\boldsymbol{A}_2\cdot\boldsymbol{B}_3)\boldsymbol{I} \\ (\boldsymbol{A}_3\cdot\boldsymbol{B}_1)\boldsymbol{I} & \boldsymbol{A}_3\boldsymbol{B}_2 & (\boldsymbol{A}_3\cdot\boldsymbol{B}_3)\boldsymbol{I} \end{vmatrix} - \begin{vmatrix} \boldsymbol{A}_1\boldsymbol{B}_1 & (\boldsymbol{A}_1\cdot\boldsymbol{B}_2)\boldsymbol{I} & (\boldsymbol{A}_1\cdot\boldsymbol{B}_3)\boldsymbol{I} \\ \boldsymbol{A}_2\boldsymbol{B}_1 & (\boldsymbol{A}_2\cdot\boldsymbol{B}_2)\boldsymbol{I} & (\boldsymbol{A}_2\cdot\boldsymbol{B}_3)\boldsymbol{I} \\ \boldsymbol{A}_3\boldsymbol{B}_1 & (\boldsymbol{A}_3\cdot\boldsymbol{B}_2)\boldsymbol{I} & (\boldsymbol{A}_3\cdot\boldsymbol{B}_3)\boldsymbol{I} \end{vmatrix} +$$

$$\begin{vmatrix} \boldsymbol{A}_1\boldsymbol{B}_1 & \boldsymbol{A}_1\boldsymbol{B}_2 & (\boldsymbol{A}_1\cdot\boldsymbol{B}_3)\boldsymbol{I} \\ \boldsymbol{A}_2\boldsymbol{B}_1 & \boldsymbol{A}_2\boldsymbol{B}_2 & (\boldsymbol{A}_2\cdot\boldsymbol{B}_3)\boldsymbol{I} \\ \boldsymbol{A}_3\boldsymbol{B}_1 & \boldsymbol{A}_3\boldsymbol{B}_2 & (\boldsymbol{A}_3\cdot\boldsymbol{B}_3)\boldsymbol{I} \end{vmatrix} + \begin{vmatrix} \boldsymbol{A}_1\boldsymbol{B}_1 & (\boldsymbol{A}_1\cdot\boldsymbol{B}_2)\boldsymbol{I} & \boldsymbol{A}_1\boldsymbol{B}_3 \\ \boldsymbol{A}_2\boldsymbol{B}_1 & (\boldsymbol{A}_2\cdot\boldsymbol{B}_2)\boldsymbol{I} & \boldsymbol{A}_2\boldsymbol{B}_3 \\ \boldsymbol{A}_3\boldsymbol{B}_1 & (\boldsymbol{A}_3\cdot\boldsymbol{B}_2)\boldsymbol{I} & \boldsymbol{A}_3\boldsymbol{B}_3 \end{vmatrix} +$$

$$\begin{vmatrix} (\boldsymbol{A}_1\cdot\boldsymbol{B}_1)\boldsymbol{I} & \boldsymbol{A}_1\boldsymbol{B}_2 & \boldsymbol{A}_1\boldsymbol{B}_3 \\ (\boldsymbol{A}_2\cdot\boldsymbol{B}_1)\boldsymbol{I} & \boldsymbol{A}_2\boldsymbol{B}_2 & \boldsymbol{A}_2\boldsymbol{B}_3 \\ (\boldsymbol{A}_3\cdot\boldsymbol{B}_1)\boldsymbol{I} & \boldsymbol{A}_3\boldsymbol{B}_2 & \boldsymbol{A}_3\boldsymbol{B}_3 \end{vmatrix} - \begin{vmatrix} \boldsymbol{A}_1\boldsymbol{B}_1 & \boldsymbol{A}_1\boldsymbol{B}_2 & \boldsymbol{A}_1\boldsymbol{B}_3 \\ \boldsymbol{A}_2\boldsymbol{B}_1 & \boldsymbol{A}_2\boldsymbol{B}_2 & \boldsymbol{A}_2\boldsymbol{B}_3 \\ \boldsymbol{A}_3\boldsymbol{B}_1 & \boldsymbol{A}_3\boldsymbol{B}_2 & \boldsymbol{A}_3\boldsymbol{B}_3 \end{vmatrix}$$

{因为$(\boldsymbol{A}_1, \boldsymbol{A}_2, \boldsymbol{A}_3)\cdot(\boldsymbol{B}_1, \boldsymbol{B}_2, \boldsymbol{B}_3) = [(\boldsymbol{A}_1, \boldsymbol{A}_2, \boldsymbol{A}_3)(\boldsymbol{B}_1, \boldsymbol{B}_2, \boldsymbol{B}_3)]\cdot\boldsymbol{I}$}

$$= \begin{vmatrix} \boldsymbol{A}_1\cdot\boldsymbol{B}_1 & \boldsymbol{A}_1\cdot\boldsymbol{B}_2 & \boldsymbol{A}_1\cdot\boldsymbol{B}_3 \\ \boldsymbol{A}_2\cdot\boldsymbol{B}_1 & \boldsymbol{A}_2\cdot\boldsymbol{B}_2 & \boldsymbol{A}_2\cdot\boldsymbol{B}_3 \\ \boldsymbol{A}_3\cdot\boldsymbol{B}_1 & \boldsymbol{A}_3\cdot\boldsymbol{B}_2 & \boldsymbol{A}_3\cdot\boldsymbol{B}_3 \end{vmatrix} \boldsymbol{I}\cdot\boldsymbol{I} - \begin{vmatrix} \boldsymbol{A}_1\cdot\boldsymbol{B}_1 & \boldsymbol{A}_1\cdot\boldsymbol{B}_2 & \boldsymbol{A}_1\boldsymbol{B}_3 \\ \boldsymbol{A}_2\cdot\boldsymbol{B}_1 & \boldsymbol{A}_2\cdot\boldsymbol{B}_2 & \boldsymbol{A}_2\boldsymbol{B}_3 \\ \boldsymbol{A}_3\cdot\boldsymbol{B}_1 & \boldsymbol{A}_3\cdot\boldsymbol{B}_2 & \boldsymbol{A}_3\boldsymbol{B}_3 \end{vmatrix} \cdot\boldsymbol{I} -$$

$$\begin{vmatrix} \boldsymbol{A}_1\cdot\boldsymbol{B}_1 & \boldsymbol{A}_1\boldsymbol{B}_2 & \boldsymbol{A}_1\cdot\boldsymbol{B}_3 \\ \boldsymbol{A}_2\cdot\boldsymbol{B}_1 & \boldsymbol{A}_2\boldsymbol{B}_2 & \boldsymbol{A}_2\cdot\boldsymbol{B}_3 \\ \boldsymbol{A}_3\cdot\boldsymbol{B}_1 & \boldsymbol{A}_3\boldsymbol{B}_2 & \boldsymbol{A}_3\cdot\boldsymbol{B}_3 \end{vmatrix} \cdot\boldsymbol{I} - \begin{vmatrix} \boldsymbol{A}_1\boldsymbol{B}_1 & \boldsymbol{A}_1\cdot\boldsymbol{B}_2 & \boldsymbol{A}_1\cdot\boldsymbol{B}_3 \\ \boldsymbol{A}_2\boldsymbol{B}_1 & \boldsymbol{A}_2\cdot\boldsymbol{B}_2 & \boldsymbol{A}_2\cdot\boldsymbol{B}_3 \\ \boldsymbol{A}_3\boldsymbol{B}_1 & \boldsymbol{A}_3\cdot\boldsymbol{B}_2 & \boldsymbol{A}_3\cdot\boldsymbol{B}_3 \end{vmatrix} \cdot\boldsymbol{I} +$$

$$\begin{vmatrix} \boldsymbol{A}_1\boldsymbol{B}_1 & \boldsymbol{A}_1\boldsymbol{B}_2 & (\boldsymbol{A}_1\cdot\boldsymbol{B}_3)\boldsymbol{I} \\ \boldsymbol{A}_2\boldsymbol{B}_1 & \boldsymbol{A}_2\boldsymbol{B}_2 & (\boldsymbol{A}_2\cdot\boldsymbol{B}_3)\boldsymbol{I} \\ \boldsymbol{A}_3\boldsymbol{B}_1 & \boldsymbol{A}_3\boldsymbol{B}_2 & (\boldsymbol{A}_3\cdot\boldsymbol{B}_3)\boldsymbol{I} \end{vmatrix} \cdot\boldsymbol{I} + \begin{vmatrix} \boldsymbol{A}_1\boldsymbol{B}_1 & (\boldsymbol{A}_1\cdot\boldsymbol{B}_2)\boldsymbol{I} & \boldsymbol{A}_1\boldsymbol{B}_3 \\ \boldsymbol{A}_2\boldsymbol{B}_1 & (\boldsymbol{A}_2\cdot\boldsymbol{B}_2)\boldsymbol{I} & \boldsymbol{A}_2\boldsymbol{B}_3 \\ \boldsymbol{A}_3\boldsymbol{B}_1 & (\boldsymbol{A}_3\cdot\boldsymbol{B}_2)\boldsymbol{I} & \boldsymbol{A}_3\boldsymbol{B}_3 \end{vmatrix} \cdot\boldsymbol{I} +$$

$$\begin{vmatrix} (\boldsymbol{A}_1\cdot\boldsymbol{B}_1)\boldsymbol{I} & \boldsymbol{A}_1\boldsymbol{B}_2 & \boldsymbol{A}_1\boldsymbol{B}_3 \\ (\boldsymbol{A}_2\cdot\boldsymbol{B}_1)\boldsymbol{I} & \boldsymbol{A}_2\boldsymbol{B}_2 & \boldsymbol{A}_2\boldsymbol{B}_3 \\ (\boldsymbol{A}_3\cdot\boldsymbol{B}_1)\boldsymbol{I} & \boldsymbol{A}_3\boldsymbol{B}_2 & \boldsymbol{A}_3\boldsymbol{B}_3 \end{vmatrix} \cdot\boldsymbol{I} - \begin{vmatrix} \boldsymbol{A}_1\boldsymbol{B}_1 & \boldsymbol{A}_1\boldsymbol{B}_2 & \boldsymbol{A}_1\boldsymbol{B}_3 \\ \boldsymbol{A}_2\boldsymbol{B}_1 & \boldsymbol{A}_2\boldsymbol{B}_2 & \boldsymbol{A}_2\boldsymbol{B}_3 \\ \boldsymbol{A}_3\boldsymbol{B}_1 & \boldsymbol{A}_3\boldsymbol{B}_2 & \boldsymbol{A}_3\boldsymbol{B}_3 \end{vmatrix} \cdot\boldsymbol{I}$$

$$= \begin{vmatrix} \boldsymbol{A}_1\cdot\boldsymbol{B}_1 & \boldsymbol{A}_1\cdot\boldsymbol{B}_2 & \boldsymbol{A}_1\cdot\boldsymbol{B}_3 \\ \boldsymbol{A}_2\cdot\boldsymbol{B}_1 & \boldsymbol{A}_2\cdot\boldsymbol{B}_2 & \boldsymbol{A}_2\cdot\boldsymbol{B}_3 \\ \boldsymbol{A}_3\cdot\boldsymbol{B}_1 & \boldsymbol{A}_3\cdot\boldsymbol{B}_2 & \boldsymbol{A}_3\cdot\boldsymbol{B}_3 \end{vmatrix} \boldsymbol{I}\cdot\boldsymbol{I} - \begin{vmatrix} \boldsymbol{A}_1\cdot\boldsymbol{B}_1 & \boldsymbol{A}_1\cdot\boldsymbol{B}_2 & (\boldsymbol{A}_1\boldsymbol{B}_3)\cdot\boldsymbol{I} \\ \boldsymbol{A}_2\cdot\boldsymbol{B}_1 & \boldsymbol{A}_2\cdot\boldsymbol{B}_2 & (\boldsymbol{A}_2\boldsymbol{B}_3)\cdot\boldsymbol{I} \\ \boldsymbol{A}_3\cdot\boldsymbol{B}_1 & \boldsymbol{A}_3\cdot\boldsymbol{B}_2 & (\boldsymbol{A}_3\boldsymbol{B}_3)\cdot\boldsymbol{I} \end{vmatrix} -$$

$$\begin{vmatrix} \boldsymbol{A}_1\cdot\boldsymbol{B}_1 & (\boldsymbol{A}_1\boldsymbol{B}_2)\cdot\boldsymbol{I} & \boldsymbol{A}_1\cdot\boldsymbol{B}_3 \\ \boldsymbol{A}_2\cdot\boldsymbol{B}_1 & (\boldsymbol{A}_2\boldsymbol{B}_2)\cdot\boldsymbol{I} & \boldsymbol{A}_2\cdot\boldsymbol{B}_3 \\ \boldsymbol{A}_3\cdot\boldsymbol{B}_1 & (\boldsymbol{A}_3\boldsymbol{B}_2)\cdot\boldsymbol{I} & \boldsymbol{A}_3\cdot\boldsymbol{B}_3 \end{vmatrix} - \begin{vmatrix} (\boldsymbol{A}_1\boldsymbol{B}_1)\cdot\boldsymbol{I} & \boldsymbol{A}_1\cdot\boldsymbol{B}_2 & \boldsymbol{A}_1\cdot\boldsymbol{B}_3 \\ (\boldsymbol{A}_2\boldsymbol{B}_1)\cdot\boldsymbol{I} & \boldsymbol{A}_2\cdot\boldsymbol{B}_2 & \boldsymbol{A}_2\cdot\boldsymbol{B}_3 \\ (\boldsymbol{A}_3\boldsymbol{B}_1)\cdot\boldsymbol{I} & \boldsymbol{A}_3\cdot\boldsymbol{B}_2 & \boldsymbol{A}_3\cdot\boldsymbol{B}_3 \end{vmatrix} +$$

$$\boldsymbol{B}_1\boldsymbol{B}_2\begin{vmatrix}\boldsymbol{A}_1 & \boldsymbol{A}_1 & (\boldsymbol{A}_1\cdot\boldsymbol{B}_3)\boldsymbol{I}\\ \boldsymbol{A}_2 & \boldsymbol{A}_2 & (\boldsymbol{A}_2\cdot\boldsymbol{B}_3)\boldsymbol{I}\\ \boldsymbol{A}_3 & \boldsymbol{A}_3 & (\boldsymbol{A}_3\cdot\boldsymbol{B}_3)\boldsymbol{I}\end{vmatrix}\cdot\boldsymbol{I}+\boldsymbol{B}_1\boldsymbol{B}_3\begin{vmatrix}\boldsymbol{A}_1 & (\boldsymbol{A}_1\cdot\boldsymbol{B}_2)\boldsymbol{I} & \boldsymbol{A}_1\\ \boldsymbol{A}_2 & (\boldsymbol{A}_2\cdot\boldsymbol{B}_2)\boldsymbol{I} & \boldsymbol{A}_2\\ \boldsymbol{A}_3 & (\boldsymbol{A}_3\cdot\boldsymbol{B}_2)\boldsymbol{I} & \boldsymbol{A}_3\end{vmatrix}\cdot\boldsymbol{I}+$$

$$\boldsymbol{B}_2\boldsymbol{B}_3\begin{vmatrix}(\boldsymbol{A}_1\cdot\boldsymbol{B}_1)\boldsymbol{I} & \boldsymbol{A}_1 & \boldsymbol{A}_1\\ (\boldsymbol{A}_2\cdot\boldsymbol{B}_1)\boldsymbol{I} & \boldsymbol{A}_2 & \boldsymbol{A}_2\\ (\boldsymbol{A}_3\cdot\boldsymbol{B}_1)\boldsymbol{I} & \boldsymbol{A}_3 & \boldsymbol{A}_3\end{vmatrix}\cdot\boldsymbol{I}-\boldsymbol{B}_1\boldsymbol{B}_2\boldsymbol{B}_3\begin{vmatrix}\boldsymbol{A}_1 & \boldsymbol{A}_1 & \boldsymbol{A}_1\\ \boldsymbol{A}_2 & \boldsymbol{A}_2 & \boldsymbol{A}_2\\ \boldsymbol{A}_3 & \boldsymbol{A}_3 & \boldsymbol{A}_3\end{vmatrix}\cdot\boldsymbol{I}$$

$= 4D(\boldsymbol{A}_1, \boldsymbol{A}_2, \boldsymbol{A}_3; \boldsymbol{B}_1, \boldsymbol{B}_2, \boldsymbol{B}_3) - D(\boldsymbol{A}_1, \boldsymbol{A}_2, \boldsymbol{A}_3; \boldsymbol{B}_1, \boldsymbol{B}_2, \boldsymbol{B}_3) -$

$D(\boldsymbol{A}_1, \boldsymbol{A}_2, \boldsymbol{A}_3; \boldsymbol{B}_1, \boldsymbol{B}_2, \boldsymbol{B}_3) - D(\boldsymbol{A}_1, \boldsymbol{A}_2, \boldsymbol{A}_3; \boldsymbol{B}_1, \boldsymbol{B}_2, \boldsymbol{B}_3) +$

$(\boldsymbol{B}_1\boldsymbol{B}_2\boldsymbol{0})\cdot\boldsymbol{I} + (\boldsymbol{B}_1\boldsymbol{B}_3\boldsymbol{0})\cdot\boldsymbol{I} + (\boldsymbol{B}_2\boldsymbol{B}_3\boldsymbol{0})\cdot\boldsymbol{I} - (\boldsymbol{B}_1\boldsymbol{B}_2\boldsymbol{B}_3\boldsymbol{0})\cdot\boldsymbol{I}$

$= D(\boldsymbol{A}_1, \boldsymbol{A}_2, \boldsymbol{A}_3; \boldsymbol{B}_1, \boldsymbol{B}_2, \boldsymbol{B}_3) + \boldsymbol{0} + \boldsymbol{0} + \boldsymbol{0} + \boldsymbol{0}$

$= D(\boldsymbol{A}_1, \boldsymbol{A}_2, \boldsymbol{A}_3; \boldsymbol{B}_1, \boldsymbol{B}_2, \boldsymbol{B}_3)$。

③ $[\boldsymbol{A}_1, \boldsymbol{A}_2, \boldsymbol{A}_3, \boldsymbol{A}_4][\boldsymbol{B}_1, \boldsymbol{B}_2, \boldsymbol{B}_3, \boldsymbol{B}_4]\boldsymbol{I}$

$= (\boldsymbol{A}_1, \boldsymbol{A}_2, \boldsymbol{A}_3, \boldsymbol{A}_4)(\boldsymbol{B}_1, \boldsymbol{B}_2, \boldsymbol{B}_3, \boldsymbol{B}_4)^{\mathrm{T}} = D(\boldsymbol{A}_1, \boldsymbol{A}_2, \boldsymbol{A}_3, \boldsymbol{A}_4; \boldsymbol{B}_1, \boldsymbol{B}_2, \boldsymbol{B}_3, \boldsymbol{B}_4)\,\boldsymbol{I}$。

④ 设 $\varphi_n = (n-3)^{-1/2}$

令

$$E(\boldsymbol{A}_1, \boldsymbol{A}_2, \cdots, \boldsymbol{A}_n) \equiv \begin{vmatrix}\varphi_n\boldsymbol{A}_1\cdots\varphi_n\boldsymbol{A}_1 & \boldsymbol{A}_1' & \boldsymbol{A}_1'' & \boldsymbol{A}_1''' \\ \varphi_n\boldsymbol{A}_2\cdots\varphi_n\boldsymbol{A}_2 & \boldsymbol{A}_2' & \boldsymbol{A}_2'' & \boldsymbol{A}_2''' \\ \cdots\cdots\cdots & & & \\ \varphi_n\boldsymbol{A}_n\cdots\varphi_n\boldsymbol{A}_n & \boldsymbol{A}_n' & A_n'' & A_n'''\end{vmatrix}$$

$D(\boldsymbol{A}_1, \boldsymbol{A}_2, \cdots, \boldsymbol{A}_n; \boldsymbol{B}_1, \boldsymbol{B}_2, \cdots, \boldsymbol{B}_n)\boldsymbol{I} = E(\boldsymbol{A}_1, \boldsymbol{A}_2, \cdots, \boldsymbol{A}_n)E(\boldsymbol{B}_1, \boldsymbol{B}_2, \cdots, \boldsymbol{B}_n)^{\mathrm{T}} = \boldsymbol{0}$。

(13) $[\boldsymbol{A}, \boldsymbol{B}, \boldsymbol{C}, \boldsymbol{D}]^3 = [(\boldsymbol{B}, \boldsymbol{C}, \boldsymbol{D}), (\boldsymbol{C}, \boldsymbol{A}, \boldsymbol{D}), (\boldsymbol{A}, \boldsymbol{B}, \boldsymbol{D}), (\boldsymbol{A}, \boldsymbol{C}, \boldsymbol{B})]$。

证　$[\boldsymbol{A}, \boldsymbol{B}, \boldsymbol{C}, \boldsymbol{D}]\bar{\boldsymbol{I}} = (\boldsymbol{A}, \boldsymbol{B}, \boldsymbol{C}, \boldsymbol{D})$

$[(\boldsymbol{B}, \boldsymbol{C}, \boldsymbol{D}), (\boldsymbol{C}, \boldsymbol{A}, \boldsymbol{D}), (\boldsymbol{A}, \boldsymbol{B}, \boldsymbol{D}), (\boldsymbol{A}, \boldsymbol{C}, \boldsymbol{B})]\bar{\boldsymbol{I}} = ((\boldsymbol{B}, \boldsymbol{C}, \boldsymbol{D}), (\boldsymbol{C}, \boldsymbol{A}, \boldsymbol{D}), (\boldsymbol{A}, \boldsymbol{B}, \boldsymbol{D}), (\boldsymbol{A}, \boldsymbol{C}, \boldsymbol{B}))$。

$[\bar{\boldsymbol{A}}, \bar{\boldsymbol{B}}, \bar{\boldsymbol{C}}, \bar{\boldsymbol{D}}][(\boldsymbol{B}, \boldsymbol{C}, \boldsymbol{D}), (\boldsymbol{C}, \boldsymbol{A}, \boldsymbol{D}), (\boldsymbol{A}, \boldsymbol{B}, \boldsymbol{D}), (\boldsymbol{A}, \boldsymbol{C}, \boldsymbol{B})]\boldsymbol{I}$

$$(1, 2, 3, 4) = \begin{vmatrix}[\boldsymbol{A}, \boldsymbol{B}, \boldsymbol{C}, \boldsymbol{D}] & 0 & 0 & 0\\ 0 & [\boldsymbol{A}, \boldsymbol{B}, \boldsymbol{C}, \boldsymbol{D}] & 0 & 0\\ 0 & 0 & [\boldsymbol{A}, \boldsymbol{B}, \boldsymbol{C}, \boldsymbol{D}] & 0\\ 0 & 0 & 0 & [\boldsymbol{A}, \boldsymbol{B}, \boldsymbol{C}, \boldsymbol{D}]\end{vmatrix}\boldsymbol{I} =$$

$[\boldsymbol{A}, \boldsymbol{B}, \boldsymbol{C}, \boldsymbol{D}]^4 \boldsymbol{I}$

① $[\boldsymbol{A}, \boldsymbol{B}, \boldsymbol{C}, \boldsymbol{D}] \neq 0$,即得证。

② $[\boldsymbol{A}, \boldsymbol{B}, \boldsymbol{C}, \boldsymbol{D}] = 0$,不妨设 $\boldsymbol{D} \neq \boldsymbol{0}$,得 $\boldsymbol{D} = \lambda\boldsymbol{A} + \mu\boldsymbol{B} + \nu\boldsymbol{C}$,即证等式成立。

(14) $$\begin{vmatrix} [\boldsymbol{A}_1, \boldsymbol{B}_1, \boldsymbol{C}_1, \boldsymbol{D}_1] & [\boldsymbol{A}_1, \boldsymbol{B}_1, \boldsymbol{C}_1, \boldsymbol{D}_2] & \cdots\cdots & [\boldsymbol{A}_1, \boldsymbol{B}_1, \boldsymbol{C}_1, \boldsymbol{D}_n] \\ [\boldsymbol{A}_2, \boldsymbol{B}_2, \boldsymbol{C}_2, \boldsymbol{D}_1] & [\boldsymbol{A}_2, \boldsymbol{B}_2, \boldsymbol{C}_2, \boldsymbol{D}_2] & \cdots\cdots & [\boldsymbol{A}_2, \boldsymbol{B}_2, \boldsymbol{C}_2, \boldsymbol{D}_n] \\ \cdots\cdots & & & \\ [\boldsymbol{A}_n, \boldsymbol{B}_n, \boldsymbol{C}_n, \boldsymbol{D}_1] & [\boldsymbol{A}_n, \boldsymbol{B}_n, \boldsymbol{C}_n, \boldsymbol{D}_2] & \cdots\cdots & [\boldsymbol{A}_n, \boldsymbol{B}_n, \boldsymbol{C}_n, \boldsymbol{D}_n] \end{vmatrix} =$$

$0, (n = 4, 5, \cdots)$。

证 令 $\boldsymbol{U}_i = (\boldsymbol{A}_i, \boldsymbol{B}_i, \boldsymbol{C}_i)\ (i = 1, 2, \cdots, n)$ 及 $\boldsymbol{A} \cdot \overline{(\boldsymbol{B}, \boldsymbol{C}, \boldsymbol{D})} = [\boldsymbol{A}, \boldsymbol{B}, \boldsymbol{C}, \boldsymbol{D}]$,由 6.1.5(4),(12)④得证。

(15) $$\begin{vmatrix} [\boldsymbol{B}, \boldsymbol{C}, \boldsymbol{D}, \boldsymbol{E}] & [\boldsymbol{B}, \boldsymbol{C}, \boldsymbol{D}, \boldsymbol{F}] & [\boldsymbol{B}, \boldsymbol{C}, \boldsymbol{D}, \boldsymbol{G}] & [\boldsymbol{B}, \boldsymbol{C}, \boldsymbol{D}, \boldsymbol{H}] \\ [\boldsymbol{C}, \boldsymbol{D}, \boldsymbol{A}, \boldsymbol{E}] & [\boldsymbol{C}, \boldsymbol{D}, \boldsymbol{A}, \boldsymbol{F}] & [\boldsymbol{C}, \boldsymbol{D}, \boldsymbol{A}, \boldsymbol{G}] & [\boldsymbol{C}, \boldsymbol{D}, \boldsymbol{A}, \boldsymbol{H}] \\ [\boldsymbol{D}, \boldsymbol{A}, \boldsymbol{B}, \boldsymbol{E}] & [\boldsymbol{D}, \boldsymbol{A}, \boldsymbol{B}, \boldsymbol{F}] & [\boldsymbol{D}, \boldsymbol{A}, \boldsymbol{B}, \boldsymbol{G}] & [\boldsymbol{D}, \boldsymbol{A}, \boldsymbol{B}, \boldsymbol{H}] \\ [\boldsymbol{A}, \boldsymbol{B}, \boldsymbol{C}, \boldsymbol{E}] & [\boldsymbol{A}, \boldsymbol{B}, \boldsymbol{C}, \boldsymbol{F}] & [\boldsymbol{A}, \boldsymbol{B}, \boldsymbol{C}, \boldsymbol{G}] & [\boldsymbol{A}, \boldsymbol{B}, \boldsymbol{C}, \boldsymbol{H}] \end{vmatrix} =$$

$[\boldsymbol{E}, \boldsymbol{F}, \boldsymbol{G}, \boldsymbol{H}][\boldsymbol{A}, \boldsymbol{B}, \boldsymbol{C}, \boldsymbol{D}]^3$。

证 $(\boldsymbol{E}, \boldsymbol{F}, \boldsymbol{G}, \boldsymbol{H})((\boldsymbol{B}, \boldsymbol{C}, \boldsymbol{D}), (\boldsymbol{C}, \boldsymbol{A}, \boldsymbol{D}), (\boldsymbol{A}, \boldsymbol{B}, \boldsymbol{D}), (\boldsymbol{A}, \boldsymbol{C}, \boldsymbol{B}))^{\mathrm{T}} = [\boldsymbol{E}, \boldsymbol{F}, \boldsymbol{G}, \boldsymbol{H}][((\boldsymbol{B}, \boldsymbol{C}, \boldsymbol{D}), (\boldsymbol{C}, \boldsymbol{A}, \boldsymbol{D}), (\boldsymbol{A}, \boldsymbol{B}, \boldsymbol{D}), (\boldsymbol{A}, \boldsymbol{C}, \boldsymbol{B}))^{\mathrm{T}}]\boldsymbol{I} =$

$$\begin{vmatrix} [\boldsymbol{B}, \boldsymbol{C}, \boldsymbol{D}, \boldsymbol{E}] & [\boldsymbol{B}, \boldsymbol{C}, \boldsymbol{D}, \boldsymbol{F}] & [\boldsymbol{B}, \boldsymbol{C}, \boldsymbol{D}, \boldsymbol{G}] & [\boldsymbol{B}, \boldsymbol{C}, \boldsymbol{D}, \boldsymbol{H}] \\ [\boldsymbol{C}, \boldsymbol{A}, \boldsymbol{D}, \boldsymbol{E}] & [\boldsymbol{C}, \boldsymbol{A}, \boldsymbol{D}, \boldsymbol{F}] & [\boldsymbol{C}, \boldsymbol{A}, \boldsymbol{D}, \boldsymbol{G}] & [\boldsymbol{C}, \boldsymbol{A}, \boldsymbol{D}, \boldsymbol{H}] \\ [\boldsymbol{A}, \boldsymbol{B}, \boldsymbol{D}, \boldsymbol{E}] & [\boldsymbol{A}, \boldsymbol{B}, \boldsymbol{D}, \boldsymbol{F}] & [\boldsymbol{A}, \boldsymbol{B}, \boldsymbol{D}, \boldsymbol{G}] & [\boldsymbol{A}, \boldsymbol{B}, \boldsymbol{D}, \boldsymbol{H}] \\ [\boldsymbol{A}, \boldsymbol{C}, \boldsymbol{B}, \boldsymbol{E}] & [\boldsymbol{A}, \boldsymbol{C}, \boldsymbol{B}, \boldsymbol{F}] & [\boldsymbol{A}, \boldsymbol{C}, \boldsymbol{B}, \boldsymbol{G}] & [\boldsymbol{A}, \boldsymbol{C}, \boldsymbol{B}, \boldsymbol{H}] \end{vmatrix} \boldsymbol{I},$$

得证。

(16) $$\begin{vmatrix} [\boldsymbol{B}, \boldsymbol{C}, \boldsymbol{D}, (\boldsymbol{F}, \boldsymbol{G}, \boldsymbol{H})] & [\boldsymbol{B}, \boldsymbol{C}, \boldsymbol{D}, (\boldsymbol{G}, \boldsymbol{E}, \boldsymbol{H})] & [\boldsymbol{B}, \boldsymbol{C}, \boldsymbol{D}, (\boldsymbol{E}, \boldsymbol{F}, \boldsymbol{H})] & [\boldsymbol{B}, \boldsymbol{C}, \boldsymbol{D}, (\boldsymbol{E}, \boldsymbol{G}, \boldsymbol{F})] \\ [\boldsymbol{C}, \boldsymbol{A}, \boldsymbol{D}, (\boldsymbol{F}, \boldsymbol{G}, \boldsymbol{H})] & [\boldsymbol{C}, \boldsymbol{A}, \boldsymbol{D}, (\boldsymbol{G}, \boldsymbol{E}, \boldsymbol{H})] & [\boldsymbol{C}, \boldsymbol{A}, \boldsymbol{D}, (\boldsymbol{E}, \boldsymbol{F}, \boldsymbol{H})] & [\boldsymbol{C}, \boldsymbol{A}, \boldsymbol{D}, (\boldsymbol{E}, \boldsymbol{G}, \boldsymbol{F})] \\ [\boldsymbol{A}, \boldsymbol{B}, \boldsymbol{D}, (\boldsymbol{F}, \boldsymbol{G}, \boldsymbol{H})] & [\boldsymbol{A}, \boldsymbol{B}, \boldsymbol{D}, (\boldsymbol{G}, \boldsymbol{E}, \boldsymbol{H})] & [\boldsymbol{A}, \boldsymbol{B}, \boldsymbol{D}, (\boldsymbol{E}, \boldsymbol{F}, \boldsymbol{H})] & [\boldsymbol{A}, \boldsymbol{B}, \boldsymbol{D}, (\boldsymbol{E}, \boldsymbol{G}, \boldsymbol{F})] \\ [\boldsymbol{A}, \boldsymbol{B}, \boldsymbol{C}, (\boldsymbol{F}, \boldsymbol{G}, \boldsymbol{H})] & [\boldsymbol{A}, \boldsymbol{B}, \boldsymbol{C}, (\boldsymbol{G}, \boldsymbol{E}, \boldsymbol{H})] & [\boldsymbol{A}, \boldsymbol{B}, \boldsymbol{C}, (\boldsymbol{E}, \boldsymbol{F}, \boldsymbol{H})] & [\boldsymbol{A}, \boldsymbol{B}, \boldsymbol{C}, (\boldsymbol{E}, \boldsymbol{G}, \boldsymbol{F})] \end{vmatrix} =$$

$[\boldsymbol{A}, \boldsymbol{B}, \boldsymbol{C}, \boldsymbol{D}]^3[\boldsymbol{E}, \boldsymbol{F}, \boldsymbol{G}, \boldsymbol{H}]^3$,

由(13),(15)即证。

(17) $\{[\boldsymbol{A}_2, \boldsymbol{A}_3, \boldsymbol{A}_4, \boldsymbol{A}_5] - [\boldsymbol{A}_3, \boldsymbol{A}_4, \boldsymbol{A}_5, \boldsymbol{A}_1] + [\boldsymbol{A}_4, \boldsymbol{A}_5, \boldsymbol{A}_1, \boldsymbol{A}_2] - [\boldsymbol{A}_5, \boldsymbol{A}_1,$

$\boldsymbol{A}_2, \boldsymbol{A}_3] + [\boldsymbol{A}_1, \boldsymbol{A}_2, \boldsymbol{A}_3, \boldsymbol{A}_4]\} \cdot$

$$\{[\boldsymbol{B}_2, \boldsymbol{B}_3, \boldsymbol{B}_4, \boldsymbol{B}_5] - [\boldsymbol{B}_3, \boldsymbol{B}_4, \boldsymbol{B}_5, \boldsymbol{B}_1] + [\boldsymbol{B}_4, \boldsymbol{B}_5, \boldsymbol{B}_1, \boldsymbol{B}_2] - [\boldsymbol{B}_5, \boldsymbol{B}_1, \boldsymbol{B}_2, \boldsymbol{B}_3] +$$

$$[\boldsymbol{B}_1, \boldsymbol{B}_2, \boldsymbol{B}_3, \boldsymbol{B}_4]\} = \begin{vmatrix} 1+\boldsymbol{A}_1\cdot\boldsymbol{B}_1 & 1+\boldsymbol{A}_1\cdot\boldsymbol{B}_2 & 1+\boldsymbol{A}_1\cdot\boldsymbol{B}_3 & 1+\boldsymbol{A}_1\cdot\boldsymbol{B}_4 & 1+\boldsymbol{A}_1\cdot\boldsymbol{B}_5 \\ 1+\boldsymbol{A}_2\cdot\boldsymbol{B}_1 & 1+\boldsymbol{A}_2\cdot\boldsymbol{B}_2 & 1+\boldsymbol{A}_2\cdot\boldsymbol{B}_3 & 1+\boldsymbol{A}_2\cdot\boldsymbol{B}_4 & 1+\boldsymbol{A}_3\cdot\boldsymbol{B}_5 \\ 1+\boldsymbol{A}_3\cdot\boldsymbol{B}_1 & 1+\boldsymbol{A}_3\cdot\boldsymbol{B}_2 & 1+\boldsymbol{A}_3\cdot\boldsymbol{B}_3 & 1+\boldsymbol{A}_3\cdot\boldsymbol{B}_4 & 1+\boldsymbol{A}_3\cdot\boldsymbol{B}_5 \\ 1+\boldsymbol{A}_4\cdot\boldsymbol{B}_1 & 1+\boldsymbol{A}_4\cdot\boldsymbol{B}_2 & 1+\boldsymbol{A}_4\cdot\boldsymbol{B}_3 & 1+\boldsymbol{A}_4\cdot\boldsymbol{B}_4 & 1+\boldsymbol{A}_4\cdot\boldsymbol{B}_5 \\ 1+\boldsymbol{A}_5\cdot\boldsymbol{B}_1 & 1+\boldsymbol{A}_5\cdot\boldsymbol{B}_2 & 1+\boldsymbol{A}_5\cdot\boldsymbol{B}_3 & 1+\boldsymbol{A}_5\cdot\boldsymbol{B}_4 & 1+\boldsymbol{A}_5\cdot\boldsymbol{B}_5 \end{vmatrix}。$$

注：上述(12)～(17)是三维矢量相应结果的推广(见笔者著作《矢量新说》)。

(18) $|(\boldsymbol{A}, \boldsymbol{B}, \boldsymbol{C})| \leqslant |\boldsymbol{A}||\boldsymbol{B}||\boldsymbol{C}|$。

证　$|(\boldsymbol{A}, \boldsymbol{B}, \boldsymbol{C})|^2 = D(\boldsymbol{A}, \boldsymbol{B}, \boldsymbol{C}; \boldsymbol{A}, \boldsymbol{B}, \boldsymbol{C}) = |\boldsymbol{A}|^2|\boldsymbol{B}|^2|\boldsymbol{C}|^2 + 2(\boldsymbol{A}\cdot\boldsymbol{B})(\boldsymbol{B}\cdot\boldsymbol{C})(\boldsymbol{C}\cdot\boldsymbol{A}) - |\boldsymbol{A}|^2(\boldsymbol{B}\cdot\boldsymbol{C})^2 - |\boldsymbol{B}|^2(\boldsymbol{C}\cdot\boldsymbol{A})^2 - |\boldsymbol{C}|^2(\boldsymbol{A}\cdot\boldsymbol{B})^2 \leqslant |\boldsymbol{A}|^2|\boldsymbol{B}|^2|\boldsymbol{C}|^2$，

利用 $2(\boldsymbol{A}\cdot\boldsymbol{B})(\boldsymbol{B}\cdot\boldsymbol{C})(\boldsymbol{C}\cdot\boldsymbol{A}) - |\boldsymbol{A}|^2(\boldsymbol{B}\cdot\boldsymbol{C})^2 - |\boldsymbol{B}|^2(\boldsymbol{C}\cdot\boldsymbol{A})^2 - |\boldsymbol{C}|^2(\boldsymbol{A}\cdot\boldsymbol{B})^2 \leqslant 0$，

因为令 $\boldsymbol{B}\cdot\boldsymbol{C} = |\boldsymbol{B}||\boldsymbol{C}|\cos\alpha$, $\boldsymbol{C}\cdot\boldsymbol{A} = |\boldsymbol{C}||\boldsymbol{A}|\cos\beta$, $\boldsymbol{A}\cdot\boldsymbol{B} = |\boldsymbol{A}||\boldsymbol{B}|\cos\gamma$，$(0 \leqslant \cos\alpha, \cos\beta, \cos\gamma \leqslant 1)$，

利用 $2\cos\alpha\cos\beta(\cos\gamma - 1) - \cos^2\gamma - (\cos\alpha - \cos\beta)^2 \leqslant 0$，即证。

(19) $|[\boldsymbol{A}, \boldsymbol{B}, \boldsymbol{C}, \boldsymbol{D}]| \leqslant |\boldsymbol{A}||\boldsymbol{B}||\boldsymbol{C}||\boldsymbol{D}|$。

证　$|[\boldsymbol{A}, \boldsymbol{B}, \boldsymbol{C}, \boldsymbol{D}]| = |\boldsymbol{D}\cdot\overline{(\boldsymbol{A}, \boldsymbol{B}, \boldsymbol{C})}| = |\boldsymbol{D}||\overline{(\boldsymbol{A}, \boldsymbol{B}, \boldsymbol{C})}|\cos\delta = |\boldsymbol{D}||(\boldsymbol{A}, \boldsymbol{B}, \boldsymbol{C})|\cos\delta \leqslant |\boldsymbol{A}||\boldsymbol{B}||\boldsymbol{C}||\boldsymbol{D}|\cos\delta \leqslant |\boldsymbol{A}||\boldsymbol{B}||\boldsymbol{C}||\boldsymbol{D}|$ $(0 \leqslant \cos\delta \leqslant 1)$。

(20) $\boldsymbol{A}\cdot(\boldsymbol{B}\wedge\boldsymbol{C}) + \boldsymbol{B}\cdot(\boldsymbol{C}\wedge\boldsymbol{A}) + \boldsymbol{C}\cdot(\boldsymbol{A}\wedge\boldsymbol{B}) = 4\|(\boldsymbol{A}, \boldsymbol{B}, \boldsymbol{C})\|$(均数)。

(21) ① $(\boldsymbol{A}\wedge\boldsymbol{B})(\boldsymbol{C}\wedge\boldsymbol{D}) = (\boldsymbol{AC})\vee(\boldsymbol{BD}) - (\boldsymbol{AD})\vee(\boldsymbol{BC})$。

② $(\boldsymbol{A}\wedge\boldsymbol{B})(\boldsymbol{C}\wedge\boldsymbol{D}) + (\boldsymbol{A}\wedge\boldsymbol{C})(\boldsymbol{D}\wedge\boldsymbol{B}) + (\boldsymbol{A}\wedge\boldsymbol{D})(\boldsymbol{B}\wedge\boldsymbol{C}) = \boldsymbol{0}$。

③ $(\boldsymbol{A}\vee\boldsymbol{B})(\boldsymbol{C}\vee\boldsymbol{D}) = (\boldsymbol{AC})\vee(\boldsymbol{BD}) + (\boldsymbol{AD})\vee(\boldsymbol{BC})$。

④ $(\boldsymbol{A}\wedge\boldsymbol{B})(\boldsymbol{C}\vee\boldsymbol{D}) = (\boldsymbol{AC})\wedge(\boldsymbol{BD}) + (\boldsymbol{AD})\wedge(\boldsymbol{BC})$。

⑤ $(\boldsymbol{A}\wedge\boldsymbol{B})(\boldsymbol{C}\wedge\boldsymbol{D}) = (\boldsymbol{A}\vee\boldsymbol{D})(\boldsymbol{B}\vee\boldsymbol{C}) - (\boldsymbol{A}\vee\boldsymbol{C})(\boldsymbol{B}\vee\boldsymbol{D})$。

⑥ $(\boldsymbol{A}\wedge\boldsymbol{B})(\boldsymbol{D}\wedge\boldsymbol{C}) - (\boldsymbol{A}\wedge\boldsymbol{D})(\boldsymbol{B}\wedge\boldsymbol{C}) = (\boldsymbol{A}\vee\boldsymbol{B})(\boldsymbol{C}\vee\boldsymbol{D}) - (\boldsymbol{A}\vee\boldsymbol{D})(\boldsymbol{B}\vee\boldsymbol{C})$。

证 仅证① $(\boldsymbol{A}\wedge\boldsymbol{B})(\boldsymbol{C}\wedge\boldsymbol{D})=(\boldsymbol{A}'\boldsymbol{B}''-\boldsymbol{A}''\boldsymbol{B}')(\boldsymbol{C}'\boldsymbol{D}''-\boldsymbol{C}''\boldsymbol{D}')=\boldsymbol{A}'\boldsymbol{B}''\boldsymbol{C}'\boldsymbol{D}''-\boldsymbol{A}'\boldsymbol{B}''\boldsymbol{C}''\boldsymbol{D}'-\boldsymbol{A}''\boldsymbol{B}'\boldsymbol{C}'\boldsymbol{D}''+\boldsymbol{A}''\boldsymbol{B}'\boldsymbol{C}''\boldsymbol{D}'=(\boldsymbol{AC})'(\boldsymbol{BD})''-(\boldsymbol{AD})'(\boldsymbol{BC})''-(\boldsymbol{AD})''(\boldsymbol{BC})'+(\boldsymbol{AC})''(\boldsymbol{BD})'=(\boldsymbol{AC})\vee(\boldsymbol{BD})-(\boldsymbol{AD})\vee(\boldsymbol{BC})$。

6.1.6 矢量的牛顿二项式

(1) 当 n 为奇数时,则 $(\boldsymbol{A}\vee\boldsymbol{B})^n=\boldsymbol{A}^n\vee\boldsymbol{B}^n+C_n^1(\boldsymbol{A}^{n-1}\boldsymbol{B}\vee\boldsymbol{A}\boldsymbol{B}^{n-1})+\cdots+C_n^{(n-1)/2}(\boldsymbol{A}^{(n+1)/2}\boldsymbol{B}^{(n-1)/2}\vee\boldsymbol{A}^{(n-1)/2}\boldsymbol{B}^{(n+1)/2})$。

(2) 当 n 为偶数时,则 $(\boldsymbol{A}\vee\boldsymbol{B})^n=\boldsymbol{A}^n\vee\boldsymbol{B}^n+C_n^1(\boldsymbol{A}^{n-1}\boldsymbol{B}\vee\boldsymbol{A}\boldsymbol{B}^{n-1})+\cdots+C_n^{n/2-1}(\boldsymbol{A}^{n/2+1}\boldsymbol{B}^{n/2-1}\vee\boldsymbol{A}^{n/2-1}\boldsymbol{B}^{n/2+1})+C_n^{n/2}(\boldsymbol{A}^{n/2}\boldsymbol{B}^{n/2}\vee\boldsymbol{A}^{n/2}\boldsymbol{B}^{n/2})/2$。

(3) 当 n 为奇数时,则 $(\boldsymbol{A}\wedge\boldsymbol{B})^n=\boldsymbol{A}^n\wedge\boldsymbol{B}^n-C_n^1(\boldsymbol{A}^{n-1}\boldsymbol{B}\wedge\boldsymbol{A}\boldsymbol{B}^{n-1})+\cdots+(-1)^iC_n^i(\boldsymbol{A}^{n-i}\boldsymbol{B}^i\wedge\boldsymbol{A}^i\boldsymbol{B}^{n-i})+\cdots+(-1)^{(n-1)/2}C_n^{(n-1)/2}(\boldsymbol{A}^{(n+1)/2}\boldsymbol{B}^{(n-1)/2}\wedge\boldsymbol{A}^{(n-1)/2}\boldsymbol{B}^{(n+1)/2})$。

(4) 当 n 为偶数时,则 $(\boldsymbol{A}\wedge\boldsymbol{B})^n=\boldsymbol{A}^n\vee\boldsymbol{B}^n-C_n^1(\boldsymbol{A}^{n-1}\boldsymbol{B}\vee\boldsymbol{A}\boldsymbol{B}^{n-1})+\cdots+(-1)^{n/2-1}C_n^{n/2-1}(\boldsymbol{A}^{n/2+1}\boldsymbol{B}^{n/2-1}\vee\boldsymbol{A}^{n/2-1}\boldsymbol{B}^{n/2+1})+(-1)^{n/2}C_n^{n/2}(\boldsymbol{A}^{n/2}\boldsymbol{B}^{n/2}\vee\boldsymbol{A}^{n/2}\boldsymbol{B}^{n/2})/2$。

如由(21)③得

$(\boldsymbol{A}\vee\boldsymbol{B})^2=(\boldsymbol{A}\vee\boldsymbol{B})(\boldsymbol{A}\vee\boldsymbol{B})=(\boldsymbol{AA})\vee(\boldsymbol{BB})+(\boldsymbol{AB})\vee(\boldsymbol{BA})=\boldsymbol{A}^2\vee\boldsymbol{B}^2+\boldsymbol{AB}\vee\boldsymbol{AB}=\boldsymbol{A}^2\vee\boldsymbol{B}^2+C_2^{2/2}(\boldsymbol{A}^{2/2}\boldsymbol{B}^{2/2}\vee\boldsymbol{A}^{2/2}\boldsymbol{B}^{2/2})/2$

$(\boldsymbol{A}\vee\boldsymbol{B})^3=(\boldsymbol{A}\vee\boldsymbol{B})(\boldsymbol{A}\vee\boldsymbol{B})^2=(\boldsymbol{A}\vee\boldsymbol{B})(\boldsymbol{A}^2\vee\boldsymbol{B}^2+\boldsymbol{AB}\vee\boldsymbol{AB})=(\boldsymbol{A}\vee\boldsymbol{B})(\boldsymbol{A}^2\vee\boldsymbol{B}^2)+(\boldsymbol{A}\vee\boldsymbol{B})(\boldsymbol{AB}\vee\boldsymbol{AB})=(\boldsymbol{A}^3\vee\boldsymbol{B}^3)+(\boldsymbol{AB}^2\vee\boldsymbol{BA}^2)+(\boldsymbol{A}^2\boldsymbol{B}\vee\boldsymbol{AB}^2)+(\boldsymbol{A}^2\boldsymbol{B}\vee\boldsymbol{AB}^2)=\boldsymbol{A}^3\vee\boldsymbol{B}^3+3\boldsymbol{A}^2\boldsymbol{B}\vee\boldsymbol{AB}^2=\boldsymbol{A}^3\vee\boldsymbol{B}^3+C_3^1(\boldsymbol{A}^{3-1}\boldsymbol{B}\vee\boldsymbol{AB}^{3-1})$。

若视“$\vee$”,“$\wedge$”为“+”,“−”即得代数的牛顿二项式。

利用矢量的倍积和轮换矢量的概念可得到类似常规数量阵的矢量阵结果,为我们带来许多方便,处理矢量问题是简单和有效的。

6.1.7 几何应用

记 $\{\boldsymbol{I},\boldsymbol{R},\boldsymbol{R}_1,\boldsymbol{R}_2,\cdots,\boldsymbol{R}_n\}=\begin{vmatrix}\boldsymbol{I} & \boldsymbol{R} & \boldsymbol{R}' & \boldsymbol{R}'' & \cdots & \boldsymbol{R}^{(n-1)}\\ \boldsymbol{I} & \boldsymbol{R}_1 & \boldsymbol{R}_1' & \boldsymbol{R}_1'' & \cdots & \boldsymbol{R}_1^{(n-1)}\\ & & \cdots\cdots & & & \\ \boldsymbol{I} & \boldsymbol{R}_n & \boldsymbol{R}_n' & \boldsymbol{R}_n'' & \cdots & \boldsymbol{R}_n^{(n-1)}\end{vmatrix}(\boldsymbol{R}=\boldsymbol{R}^{(0)})$。

(1) 点 $\boldsymbol{R}_1$ 的表示：

$\{\boldsymbol{I}, \boldsymbol{R}, \boldsymbol{R}_1\} = \boldsymbol{0} \Leftrightarrow \boldsymbol{\varphi}_1(\boldsymbol{R}, \boldsymbol{R}_1) \equiv \boldsymbol{R} - \boldsymbol{R}_1 = \boldsymbol{0} \Leftrightarrow x = x_1, y = y_1, z = z_1, w = w_1$，$\boldsymbol{R} = (x, y, z, w)$，$\boldsymbol{R}_1 = (x_1, y_1, z_1, w_1)$。

(2) 过两点 $\boldsymbol{R}_j = (x_1, y_1, z_1, w_1)$ $(j = 1, 2)$ 的直线 L 可表示为：

$\{\boldsymbol{I}, \boldsymbol{R}, \boldsymbol{R}_1, \boldsymbol{R}_2\} = \boldsymbol{0} \Leftrightarrow \boldsymbol{\varphi}_2(\boldsymbol{R}, \boldsymbol{R}_1, \boldsymbol{R}_2) = \boldsymbol{0}$，其中 $\boldsymbol{\varphi}_2(\boldsymbol{R}, \boldsymbol{R}_1, \boldsymbol{R}_2) \equiv \boldsymbol{R}_1 \wedge \boldsymbol{R}_2 + \boldsymbol{R}_2 \wedge \boldsymbol{R} + \boldsymbol{R} \wedge \boldsymbol{R}_1$（四维矢量）$\Leftrightarrow \boldsymbol{R} \times (\boldsymbol{R}_2 - \boldsymbol{R}_1) = \boldsymbol{R}_1 \times \boldsymbol{R}_2$。

左式 $= \boldsymbol{\varphi}_2(\boldsymbol{R}, \boldsymbol{R}_1, \boldsymbol{R}_2) = \boldsymbol{0}$ 即证，可得三点 $\boldsymbol{R}_j = (x_1, y_1, z_1, w_1)$ $(j = 1, 2, 3)$ 共线的充分必要条件是 $\boldsymbol{\varphi}_2(\boldsymbol{R}_1, \boldsymbol{R}_2, \boldsymbol{R}_3) = \boldsymbol{0} \Leftrightarrow \begin{vmatrix} 1 & y & z \\ 1 & y_1 & z_1 \\ 1 & y_2 & z_2 \end{vmatrix} = \begin{vmatrix} 1 & z & w \\ 1 & z_1 & w_1 \\ 1 & z_2 & w_2 \end{vmatrix} = \begin{vmatrix} 1 & w & x \\ 1 & w_1 & x_1 \\ 1 & w_2 & x_2 \end{vmatrix} = \begin{vmatrix} 1 & x & y \\ 1 & x_1 & y_1 \\ 1 & x_2 & y_2 \end{vmatrix} = 0$。$\Leftrightarrow x - x_1 : y - y_1 : z - z_1 : w - w_1 = x_2 - x_1 : y_2 - y_1 : z_2 - z_1 : w_2 - w_1$；

$\boldsymbol{R} = (x, y, z, w)$，$\boldsymbol{R}_1 = (x_1, y_1, z_1, w_1)$，$\boldsymbol{R}_2 = (x_2, y_2, z_2, w_2)$。

(3) 过三点 $\boldsymbol{R}_j = (x_1, y_1, z_1, w_1)$ $(j = 1, 2, 3)$ 的平面可表示为 M：

$\{\boldsymbol{I}, \boldsymbol{R}, \boldsymbol{R}_1, \boldsymbol{R}_2, \boldsymbol{R}_3\} = \boldsymbol{0} \Leftrightarrow \boldsymbol{\varphi}_3(\boldsymbol{R}, \boldsymbol{R}_1, \boldsymbol{R}_2, \boldsymbol{R}_3) \equiv \boldsymbol{0}$

其中 $\boldsymbol{\varphi}_3(\boldsymbol{R}, \boldsymbol{R}_1, \boldsymbol{R}_2, \boldsymbol{R}_3) \equiv (\boldsymbol{R}_1, \boldsymbol{R}_2, \boldsymbol{R}_3) - (\boldsymbol{R}, \boldsymbol{R}_1, \boldsymbol{R}_2) - (\boldsymbol{R}, \boldsymbol{R}_2, \boldsymbol{R}_3) - (\boldsymbol{R}, \boldsymbol{R}_3, \boldsymbol{R}_1) \Leftrightarrow \begin{vmatrix} 1 & y & z & w \\ 1 & y_1 & z_1 & w_1 \\ 1 & y_2 & z_2 & w_2 \\ 1 & y_3 & z_3 & w_3 \end{vmatrix} = \begin{vmatrix} 1 & z & w & x \\ 1 & z_1 & w_1 & x_1 \\ 1 & z_2 & w_2 & x_2 \\ 1 & z_3 & w_3 & x_3 \end{vmatrix} = \begin{vmatrix} 1 & w & x & y \\ 1 & w_1 & x_1 & y_1 \\ 1 & w_2 & x_2 & y_2 \\ 1 & w_3 & x_3 & y_3 \end{vmatrix} = \begin{vmatrix} 1 & x & y & z \\ 1 & x_1 & y_1 & z_1 \\ 1 & x_2 & y_2 & z_2 \\ 1 & x_3 & y_3 & z_3 \end{vmatrix} = 0$。

(4) 过四点 $\boldsymbol{R}_j = (x_1, y_1, z_1, w_1)$ $(j = 1, 2, 3, 4)$ 的超平面可表示为 M^*：

$\{\boldsymbol{I}, \boldsymbol{R}, \boldsymbol{R}_1, \boldsymbol{R}_2, \boldsymbol{R}_3, \boldsymbol{R}_4\} = \boldsymbol{0} \Leftrightarrow \boldsymbol{\varphi}_4(\boldsymbol{R}, \boldsymbol{R}_1, \boldsymbol{R}_2, \boldsymbol{R}_3, \boldsymbol{R}_4) = \boldsymbol{0}$。其中 $\boldsymbol{\varphi}_4(\boldsymbol{R}, \boldsymbol{R}_1, \boldsymbol{R}_2, \boldsymbol{R}_3, \boldsymbol{R}_4) \equiv [\boldsymbol{R}_1, \boldsymbol{R}_2, \boldsymbol{R}_3, \boldsymbol{R}_4] - [\boldsymbol{R}, \boldsymbol{R}_2, \boldsymbol{R}_3, \boldsymbol{R}_4] + [\boldsymbol{R}, \boldsymbol{R}_1, \boldsymbol{R}_3, \boldsymbol{R}_4] - [\boldsymbol{R}, \boldsymbol{R}_1,$

$$\boldsymbol{R}_2, \boldsymbol{R}_4] + [\boldsymbol{R}, \boldsymbol{R}_1, \boldsymbol{R}_2, \boldsymbol{R}_3] \Leftrightarrow \begin{vmatrix} 1 & x & y & z & w \\ 1 & x_1 & y_1 & z_1 & w_1 \\ 1 & x_2 & y_2 & z_2 & w_2 \\ 1 & x_3 & y_3 & z_3 & w_3 \\ 1 & x_4 & y_4 & z_4 & w_4 \end{vmatrix} = 0。$$

(5) 过五点 $\boldsymbol{R}_j = (x_j, y_j, z_j, w_j)$ $(j = 1, 2, 3, 4, 5)$ 的球面可表示为 S：

$$\begin{vmatrix} \boldsymbol{I} & \boldsymbol{R} & \boldsymbol{R}' & \boldsymbol{R}'' & \boldsymbol{R}''' & \boldsymbol{R}\boldsymbol{R} \\ \boldsymbol{I} & \boldsymbol{R}_1 & \boldsymbol{R}_1' & \boldsymbol{R}_1'' & \boldsymbol{R}_1''' & \boldsymbol{R}_1\boldsymbol{R}_1 \\ \boldsymbol{I} & \boldsymbol{R}_2 & \boldsymbol{R}_2' & \boldsymbol{R}_2'' & \boldsymbol{R}_2''' & \boldsymbol{R}_2\boldsymbol{R}_2 \\ \boldsymbol{I} & \boldsymbol{R}_3 & \boldsymbol{R}_3' & \boldsymbol{R}_3'' & \boldsymbol{R}_3''' & \boldsymbol{R}_3\boldsymbol{R}_3 \\ \boldsymbol{I} & \boldsymbol{R}_4 & \boldsymbol{R}_4' & \boldsymbol{R}_4'' & \boldsymbol{R}_4''' & \boldsymbol{R}_4\boldsymbol{R}_4 \\ \boldsymbol{I} & \boldsymbol{R}_5 & \boldsymbol{R}_5' & \boldsymbol{R}_5'' & \boldsymbol{R}_5''' & \boldsymbol{R}_5\boldsymbol{R}_5 \end{vmatrix} = \boldsymbol{0}。$$

(6) 过两点 $\boldsymbol{R}_i (i = 1, 2)$ 的直线 L_1 与过两点 $\boldsymbol{R}_j (j = 3, 4)$ 的直线 L_2 都在 $f_i(\boldsymbol{R}) = \boldsymbol{0}$ $(i = 1, 2)$ 上，其中

$$f_1(\boldsymbol{R}) = \begin{vmatrix} \boldsymbol{I} & \boldsymbol{I}+\boldsymbol{R}\wedge\boldsymbol{R}_3 & \boldsymbol{I}+\boldsymbol{R}\wedge\boldsymbol{R}_4 \\ \boldsymbol{I}+\boldsymbol{R}_1\wedge\boldsymbol{R} & \boldsymbol{I}+\boldsymbol{R}_1\wedge\boldsymbol{R}_3 & \boldsymbol{I}+\boldsymbol{R}_1\wedge\boldsymbol{R}_4 \\ \boldsymbol{I}+\boldsymbol{R}_2\wedge\boldsymbol{R} & \boldsymbol{I}+\boldsymbol{R}_2\wedge\boldsymbol{R}_3 & \boldsymbol{I}+\boldsymbol{R}_2\wedge\boldsymbol{R}_4 \end{vmatrix},$$

$$f_2(\boldsymbol{R}) = \begin{vmatrix} \boldsymbol{I} & \boldsymbol{I}+\boldsymbol{R}\vee\boldsymbol{R}_3 & \boldsymbol{I}+\boldsymbol{R}\vee\boldsymbol{R}_4 \\ \boldsymbol{I}+\boldsymbol{R}_1\vee\boldsymbol{R} & \boldsymbol{I}+\boldsymbol{R}_1\vee\boldsymbol{R}_3 & \boldsymbol{I}+\boldsymbol{R}_1\vee\boldsymbol{R}_4 \\ \boldsymbol{I}+\boldsymbol{R}_2\vee\boldsymbol{R} & \boldsymbol{I}+\boldsymbol{R}_2\vee\boldsymbol{R}_3 & \boldsymbol{I}+\boldsymbol{R}_2\vee\boldsymbol{R}_4 \end{vmatrix},$$

因为 $f_1(\boldsymbol{R}) = \{\boldsymbol{I}, \boldsymbol{R}, \boldsymbol{R}_1, \boldsymbol{R}_2\}\{\boldsymbol{I}, \boldsymbol{R}, \boldsymbol{R}_3, \boldsymbol{R}_4\}^{\mathrm{T}} = -f_2(\boldsymbol{R})$。

(7) 过四点 $\boldsymbol{R}_i = (x_1, y_1, z_1, w_1)$ $(i = 1, 2, 3, 4)$ 的超平面 M_1^* 与过四点 $\boldsymbol{R}_j = (x_1, y_1, z_1, w_1)$ $(j = 5, 6, 7, 8)$ 的超平面 M_2^* 都在 $f_3(\boldsymbol{R}) = \boldsymbol{0}$ 上，其中

$$f_3(\boldsymbol{R}) = \begin{vmatrix} 1+\boldsymbol{R}\cdot\boldsymbol{R} & 1+\boldsymbol{R}\cdot\boldsymbol{R}_5 & 1+\boldsymbol{R}\cdot\boldsymbol{R}_6 & 1+\boldsymbol{R}\cdot\boldsymbol{R}_7 & 1+\boldsymbol{R}\cdot\boldsymbol{R}_8 \\ 1+\boldsymbol{R}_1\cdot\boldsymbol{R} & 1+\boldsymbol{R}_1\cdot\boldsymbol{R}_5 & 1+\boldsymbol{R}_1\cdot\boldsymbol{R}_6 & 1+\boldsymbol{R}_1\cdot\boldsymbol{R}_7 & 1+\boldsymbol{R}_1\cdot\boldsymbol{R}_8 \\ 1+\boldsymbol{R}_2\cdot\boldsymbol{R} & 1+\boldsymbol{R}_2\cdot\boldsymbol{R}_5 & 1+\boldsymbol{R}_2\cdot\boldsymbol{R}_6 & 1+\boldsymbol{R}_2\cdot\boldsymbol{R}_7 & 1+\boldsymbol{R}_2\cdot\boldsymbol{R}_8 \\ 1+\boldsymbol{R}_3\cdot\boldsymbol{R} & 1+\boldsymbol{R}_3\cdot\boldsymbol{R}_5 & 1+\boldsymbol{R}_3\cdot\boldsymbol{R}_6 & 1+\boldsymbol{R}_3\cdot\boldsymbol{R}_7 & 1+\boldsymbol{R}_3\cdot\boldsymbol{R}_8 \\ 1+\boldsymbol{R}_4\cdot\boldsymbol{R} & 1+\boldsymbol{R}_4\cdot\boldsymbol{R}_5 & 1+\boldsymbol{R}_4\cdot\boldsymbol{R}_6 & 1+\boldsymbol{R}_4\cdot\boldsymbol{R}_7 & 1+\boldsymbol{R}_4\cdot\boldsymbol{R}_8 \end{vmatrix}$$

因为 $f_3(\boldsymbol{R})=\{\boldsymbol{I},\boldsymbol{R},\boldsymbol{R}_1,\boldsymbol{R}_2,\boldsymbol{R}_3,\boldsymbol{R}_4\}\{\boldsymbol{I},\boldsymbol{R},\boldsymbol{R}_5,\boldsymbol{R}_6,\boldsymbol{R}_7,\boldsymbol{R}_8\}^{\mathrm{T}}=-f_4(\boldsymbol{R})$。

(8) 过五点 $\boldsymbol{R}_i(i=1,2,3,4,5)$ 的超平面 S_1 与过五点 $\boldsymbol{R}_j(j=6,7,8,9,10)$ 的超平面 S_2 都在 $f_4(\boldsymbol{R})=\boldsymbol{0}$ 上,其中

$$f_4(\boldsymbol{R})=\begin{vmatrix} \boldsymbol{I}+(\boldsymbol{R}\cdot\boldsymbol{R})\boldsymbol{I}+\boldsymbol{RRRR} & \boldsymbol{I}+(\boldsymbol{R}\cdot\boldsymbol{R}_1)\boldsymbol{I}+\boldsymbol{RRR}_1\boldsymbol{R}_1 & \cdots\cdots & \boldsymbol{I}+(\boldsymbol{R}\cdot\boldsymbol{R}_5)\boldsymbol{I}+\boldsymbol{RRR}_5\boldsymbol{R}_5 \\ \boldsymbol{I}+(\boldsymbol{R}_6\cdot\boldsymbol{R})\boldsymbol{I}+\boldsymbol{R}_6\boldsymbol{R}_6\boldsymbol{RR} & \boldsymbol{I}+(\boldsymbol{R}_6\cdot\boldsymbol{R}_1)\boldsymbol{I}+\boldsymbol{R}_6\boldsymbol{R}_6\boldsymbol{R}_1\boldsymbol{R}_1 & \cdots\cdots & \boldsymbol{I}+(\boldsymbol{R}_6\cdot\boldsymbol{R}_5)\boldsymbol{I}+\boldsymbol{R}_6\boldsymbol{R}_6\boldsymbol{R}_5\boldsymbol{R}_5 \\ \cdots\cdots & & & \\ \boldsymbol{I}+(\boldsymbol{R}_9\cdot\boldsymbol{R})\boldsymbol{I}+\boldsymbol{R}_9\boldsymbol{R}_9\boldsymbol{RR} & \boldsymbol{I}+(\boldsymbol{R}_9\cdot\boldsymbol{R}_1)\boldsymbol{I}+\boldsymbol{R}_9\boldsymbol{R}_9\boldsymbol{R}_1\boldsymbol{R}_1 & \cdots\cdots & \boldsymbol{I}+(\boldsymbol{R}_9\cdot\boldsymbol{R}_5)\boldsymbol{I}+\boldsymbol{R}_9\boldsymbol{R}_9\boldsymbol{R}_5\boldsymbol{R}_5 \\ \boldsymbol{I}+(\boldsymbol{R}_{10}\cdot\boldsymbol{R})\boldsymbol{I}+\boldsymbol{R}_{10}\boldsymbol{R}_{10}\boldsymbol{RR} & \boldsymbol{I}+(\boldsymbol{R}_{10}\cdot\boldsymbol{R}_1)\boldsymbol{I}+\boldsymbol{R}_{10}\boldsymbol{R}_{10}\boldsymbol{R}_1\boldsymbol{R}_1 & \cdots\cdots & \boldsymbol{I}+(\boldsymbol{R}_{10}\cdot\boldsymbol{R}_5)\boldsymbol{I}+\boldsymbol{R}_{10}\boldsymbol{R}_{10}\boldsymbol{R}_5\boldsymbol{R}_5 \end{vmatrix}。$$

6.1.8 平面方程

经过三点 $\boldsymbol{A}=(a_1,a_2,a_3,a_4)$,$\boldsymbol{B}=(b_1,b_2,b_3,b_4)$,$\boldsymbol{C}=(c_1,c_2,c_3,c_4)$ 的平面 M 方程:

$\{\boldsymbol{I},\boldsymbol{R},\boldsymbol{A},\boldsymbol{B},\boldsymbol{C}\}=0$ 或 $(\boldsymbol{R},\boldsymbol{B},\boldsymbol{C})+(\boldsymbol{R},\boldsymbol{C},\boldsymbol{A})+(\boldsymbol{R},\boldsymbol{A},\boldsymbol{B})\}=(\boldsymbol{A},\boldsymbol{B},\boldsymbol{C})$。

6.1.9 点与超平面

(1) 点到超平面距离

经过四点 $\boldsymbol{A}=(a_1,a_2,a_3,a_4)$,$\boldsymbol{B}=(b_1,b_2,b_3,b_4)$,$\boldsymbol{C}=(c_1,c_2,c_3,c_4)$,$\boldsymbol{D}=(d_1,d_2,d_3,d_4)$ 的超平面 M^* 方程:

$\{\boldsymbol{I},\boldsymbol{R},\boldsymbol{A},\boldsymbol{B},\boldsymbol{C},\boldsymbol{D}\}=0$

即 $\boldsymbol{R}\cdot\{\overline{(\boldsymbol{B},\boldsymbol{C},\boldsymbol{D})}+\overline{(\boldsymbol{C},\boldsymbol{A},\boldsymbol{D})}+\overline{(\boldsymbol{A},\boldsymbol{B},\boldsymbol{D})}-\overline{(\boldsymbol{A},\boldsymbol{B},\boldsymbol{C})}\}=[\boldsymbol{A},\boldsymbol{B},\boldsymbol{C},\boldsymbol{D}]$;

或 $\overline{\boldsymbol{R}}\cdot(\boldsymbol{D}-\boldsymbol{A},\boldsymbol{D}-\boldsymbol{B},\boldsymbol{D}-\boldsymbol{C})=[\boldsymbol{A},\boldsymbol{B},\boldsymbol{C},\boldsymbol{D}]$;

或 $\boldsymbol{R}\cdot(\overline{\boldsymbol{D}}-\overline{\boldsymbol{A}},\overline{\boldsymbol{D}}-\overline{\boldsymbol{B}},\overline{\boldsymbol{D}}-\overline{\boldsymbol{C}})=[\boldsymbol{A},\boldsymbol{B},\boldsymbol{C},\boldsymbol{D}]$;

或 $\begin{vmatrix} 1 & x & y & z & w \\ 1 & a_1 & a_2 & a_3 & a_4 \\ 1 & b_1 & b_2 & b_3 & b_4 \\ 1 & c_1 & c_2 & c_3 & c_4 \\ 1 & d_1 & d_2 & d_3 & d_4 \end{vmatrix}=0$。

设 M^* 上任意两点 $\boldsymbol{R}_i(i=1,2)$,$\boldsymbol{R}_i\cdot(\overline{\boldsymbol{D}}-\overline{\boldsymbol{A}},\overline{\boldsymbol{D}}-\overline{\boldsymbol{B}},\overline{\boldsymbol{D}}-\overline{\boldsymbol{C}})=[\boldsymbol{A},\boldsymbol{B},\boldsymbol{C},\boldsymbol{D}]\ (i=1,2)$,

令 $\boldsymbol{R}_1-\boldsymbol{R}_2=\lambda(\boldsymbol{D}-\boldsymbol{A})+\mu(\boldsymbol{D}-\boldsymbol{B})+\nu(\boldsymbol{D}-\boldsymbol{C})$，则

$(\boldsymbol{R}_1-\boldsymbol{R}_2)\cdot(\bar{\boldsymbol{D}}-\bar{\boldsymbol{A}},\ \bar{\boldsymbol{D}}-\bar{\boldsymbol{B}},\ \bar{\boldsymbol{D}}-\bar{\boldsymbol{C}})$

$(\boldsymbol{R}_1-\boldsymbol{R}_2)\cdot\{\overline{(\boldsymbol{B},\boldsymbol{C},\boldsymbol{D})}+\overline{(\boldsymbol{C},\boldsymbol{A},\boldsymbol{D})}+\overline{(\boldsymbol{A},\boldsymbol{B},\boldsymbol{D})}-\overline{(\boldsymbol{A},\boldsymbol{B},\boldsymbol{C})}\}=[\lambda(\boldsymbol{D}-\boldsymbol{A})+\mu(\boldsymbol{D}-\boldsymbol{B})+\nu(\boldsymbol{D}-\boldsymbol{C})]\cdot\{\overline{(\boldsymbol{B},\boldsymbol{C},\boldsymbol{D})}+\overline{(\boldsymbol{C},\boldsymbol{A},\boldsymbol{D})}+\overline{(\boldsymbol{A},\boldsymbol{B},\boldsymbol{D})}-\overline{(\boldsymbol{A},\boldsymbol{B},\boldsymbol{C})}\}=0$。

所以 $(\bar{\boldsymbol{D}}-\bar{\boldsymbol{A}},\ \bar{\boldsymbol{D}}-\bar{\boldsymbol{B}},\ \bar{\boldsymbol{D}}-\bar{\boldsymbol{C}})$ 为超平面 M^* 的法矢。

$\boldsymbol{R}_0$ 至 M^* 的距离为

$d=|[\boldsymbol{R}_0,\boldsymbol{A},\boldsymbol{B},\boldsymbol{C}]+[\boldsymbol{R}_0,\boldsymbol{D},\boldsymbol{C},\boldsymbol{B}]+[\boldsymbol{R}_0,\boldsymbol{D},\boldsymbol{A},\boldsymbol{C}]+[\boldsymbol{R}_0,\boldsymbol{D},\boldsymbol{B},\boldsymbol{A}]-[\boldsymbol{A},\boldsymbol{B},\boldsymbol{C},\boldsymbol{D}]|/|(\boldsymbol{D},\boldsymbol{B},\boldsymbol{C})+(\boldsymbol{D},\boldsymbol{C},\boldsymbol{A})+(\boldsymbol{D},\boldsymbol{A},\boldsymbol{B})-(\boldsymbol{A},\boldsymbol{B},\boldsymbol{C})|$

(2) 四个超平面的交点

设四个超平面 M_i^*：$\boldsymbol{R}\cdot\boldsymbol{N}_i=p_i(i=1,2,3,4)([\boldsymbol{N}_1,\boldsymbol{N}_2,\boldsymbol{N}_3,\boldsymbol{N}_4]\neq 0)$，则它们的交点为

$\boldsymbol{R}_0=\{p_1\overline{(\boldsymbol{N}_2,\boldsymbol{N}_3,\boldsymbol{N}_4)}+p_2\overline{(\boldsymbol{N}_3,\boldsymbol{N}_1,\boldsymbol{N}_4)}+p_3\overline{(\boldsymbol{N}_1,\boldsymbol{N}_2,\boldsymbol{N}_4)}-p_4 d\overline{(\boldsymbol{N}_1,\boldsymbol{N}_2,\boldsymbol{N}_3)}\}/[\boldsymbol{N}_1,\boldsymbol{N}_2,\boldsymbol{N}_3,\boldsymbol{N}_4]$。

6.2 四维角

读者容易将三维空间的三维角，三面三维角，与正弦三面三维角类似地移植到四维空间的四维角，四超面四维角与正弦四超面四维角。这里不再详述，下面借用正弦三面三维角的记号表示正弦四超面四维角为(特殊的正弦四维角)：

定义

$\sin\boldsymbol{\varepsilon}=[\boldsymbol{A},\boldsymbol{B},\boldsymbol{C},\boldsymbol{D}]^3/|(\boldsymbol{B},\boldsymbol{C},\boldsymbol{D})||(\boldsymbol{C},\boldsymbol{D},\boldsymbol{A})||(\boldsymbol{D},\boldsymbol{A},\boldsymbol{B})||(\boldsymbol{A},\boldsymbol{B},\boldsymbol{C})|=4!^3\square_v^3 ABCDE/3!^4 A_sB_sC_sD_s=32\square_v^3 ABCDE/3A_sB_sC_sD_s$。

其中 A_s, B_s, C_s, D_s 与 $\square_v ABCDE$ 分别表示五超面体 $\square ABCDE$ 的四超面四维角 $\boldsymbol{\varepsilon}$，其被围的 4 个超平面 $\square BCDE$，$\square CDEA$，$\square DEAB$，$\square EABC$ 的面积与 $\square ABCDE$ 的体积。

理由：

(1) $\triangle_s ABC=|\boldsymbol{A}\times\boldsymbol{B}|/2!$，$\square_v ABCD=|[\boldsymbol{A},\boldsymbol{B},\boldsymbol{C}]|/3!$，$\square_v ABCDE=|[\boldsymbol{A},\boldsymbol{B},\boldsymbol{C},\boldsymbol{D}]|/4!$。

(2) 由第1章定理5(3)得 $\sin\gamma=|\boldsymbol{A}\times\boldsymbol{B}|/|\boldsymbol{A}||\boldsymbol{B}||=2!^1\triangle_s ABC/1^2ab=2S/ab$，$S=\triangle_s ABC$，

由第3章3.4定义10得 $\sin\boldsymbol{\gamma}=|[\boldsymbol{A},\boldsymbol{B},\boldsymbol{C}]|^2/|\boldsymbol{B}\times\boldsymbol{C}||\boldsymbol{C}\times\boldsymbol{A}||\boldsymbol{A}\times\boldsymbol{B}|=3!^2\square_v^2 ABCD/2!^3 D_sA_sB_s=9\square_v^2 ABCD/2D_sA_sB_s$。

(3) $\sin\boldsymbol{\varepsilon}$ 与起点,矢量长度无关

$[p\boldsymbol{A},q\boldsymbol{B},r\boldsymbol{C},t\boldsymbol{D}]^3/|(q\boldsymbol{B},r\boldsymbol{C},t\boldsymbol{D})||(r\boldsymbol{C},t\boldsymbol{D},p\boldsymbol{A})||(t\boldsymbol{D},p\boldsymbol{A},q\boldsymbol{B})||(p\boldsymbol{A},q\boldsymbol{B},r\boldsymbol{C})|=[\boldsymbol{A},\boldsymbol{B},\boldsymbol{C},\boldsymbol{D}]^3/|(\boldsymbol{B},\boldsymbol{C},\boldsymbol{D})||(\boldsymbol{C},\boldsymbol{D},\boldsymbol{A})||(\boldsymbol{D},\boldsymbol{A},\boldsymbol{B})||(\boldsymbol{A},\boldsymbol{B},\boldsymbol{C})|$。

(4) $|\sin\boldsymbol{\varepsilon}|\leqslant 1$

证　$\sin\boldsymbol{\varepsilon}=[\boldsymbol{A},\boldsymbol{B},\boldsymbol{C},\boldsymbol{D}]^3/|(\boldsymbol{B},\boldsymbol{C},\boldsymbol{D})||(\boldsymbol{C},\boldsymbol{D},\boldsymbol{A})||(\boldsymbol{D},\boldsymbol{A},\boldsymbol{B})||(\boldsymbol{A},\boldsymbol{B},\boldsymbol{C})|=[(\boldsymbol{B},\boldsymbol{C},\boldsymbol{D}),(\boldsymbol{C},\boldsymbol{D},\boldsymbol{A}),(\boldsymbol{D},\boldsymbol{A},\boldsymbol{B}),(\boldsymbol{A},\boldsymbol{B},\boldsymbol{C})]/|(\boldsymbol{B},\boldsymbol{C},\boldsymbol{D})||(\boldsymbol{C},\boldsymbol{D},\boldsymbol{A})||(\boldsymbol{D},\boldsymbol{A},\boldsymbol{B})||(\boldsymbol{A},\boldsymbol{B},\boldsymbol{C})|\leqslant 1$

(见6.1.5公式(13)(17)。)

6.3　定理

定理1(正弦四超面四维角定理)

设五超面体$\square ABCDE$,则

$\sin\boldsymbol{\alpha}:\sin\boldsymbol{\beta}:\sin\boldsymbol{\gamma}:\sin\boldsymbol{\delta}:\sin\boldsymbol{\varepsilon}=A_s:B_s:C_s:D_s:E_s$。

其中 $\boldsymbol{\alpha}$, $\boldsymbol{\beta}$, $\boldsymbol{\gamma}$, $\boldsymbol{\delta}$ 与 $\boldsymbol{\varepsilon}$ 的5个四超面四维角分别对应于5个四超面的面积 A_s，B_s，C_s，D_s与E_s。

定理2(直角五超面体体积)

设直角五超面体$\square ABCDE$ 中的顶角 E 的四超面四维角 $\boldsymbol{\varepsilon}=\pi/2$，[即$E(ABCD)$的四个分角分别都为直角三面三维角]。

则直角五超面体体积的立方等于四个直角超面面积之积的3/32倍(由定义可证)。

定理3(四维勾股定理)

设直角五超面体$\square ABCDE$ 中的顶角 E 的四超面四维角 $\boldsymbol{\varepsilon}=\pi/2$[即$E(ABCD)$的四个分角分别都为直角三面三维角]。

则四个直角超面面积平方之和等于斜超面面积平方

$$E_s^2=A_s^2+B_s^2+C_s^2+D_s^2。$$

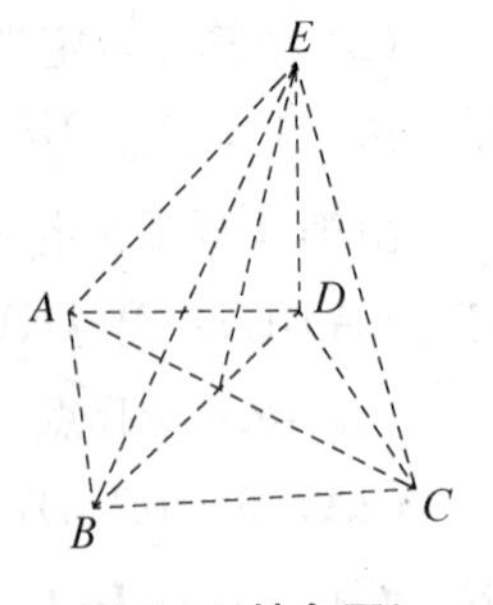

图 6-1(抽象图)

证 令 $BC = a$, $CA = b$, $AB = c$, $DA = a'$, $DB = b'$, $DC = c'$(见图 6-1),

$EA = a^*$, $EB = b^*$, $EC = c^*$, $ED = d^*$,

四个直角超面面积$\square_s EBCD$, $\square_s ECDA$, $\square_s EDAB$, $\square_s EABC$,

分别为 $A_s = b^* c^* d^* /6$, $B_s = c^* d^* a^* /6$,

$C_s = d^* a^* b^* /6$, $D_s = a^* b^* c^* /6$,

$a'^2 = a^{*2} + d^{*2}$, $b'^2 = b^{*2} + d^{*2}$, $c'^2 = c^{*2} + d^{*2}$,

$a^2 = b^{*2} + c^{*2}$, $b^2 = c^{*2} + a^{*2}$, $c^2 = a^{*2} + b^{*2}$

($\angle AEB$, $\angle BEC$, $\angle CEA$; $\angle BEC$, $\angle CED$, $\angle DEB$; $\angle CED$, $\angle DEA$, $\angle AEC$; $\angle DEA$, $\angle AEB$, $\angle BED$,都为直角)。

利用第 4 章公式 4(三维海因公式)

若已知$\square ABCD$ 的六边长 a, b, c, a', b', c',则

$\square_v ABCD = V(a, b, c; a', b', c') \equiv [4a'^2 b'^2 c'^2 + (b'^2 + c'^2 - a^2)(c'^2 + a'^2 - b^2)(a'^2 + b'^2 - c^2) - a'^2(b'^2 + c'^2 - a^2)^2 - b'^2(c'^2 + a'^2 - b^2)^2 - c'^2(a'^2 + b'^2 - c^2)^2]^{1/2}/12$。

即证 $E_s^2 = \square_s^2 ABCD = \square_s^2 EBCD + \square_s^2 ECDA + \square_s^2 EDAB + \square_s^2 EABC = A_s^2 + B_s^2 + C_s^2 + D_s^2$。

6.4 对照表

	二维空间	三维空间	四维空间
矢量	$\mathbf{V} = (v_1, v_2)$	$\mathbf{V} = (v_1, v_2, v_3)$	$\mathbf{V} = (v_1, v_2, v_3, v_4)$
角	C A B	C B D A	D C E B A

（续　表）

	二维空间	三维空间	四维空间
图形	C A B	D C A B	E D C A B
数量积	$\boldsymbol{A}\cdot\boldsymbol{B}=a_1b_1+a_2b_2$	$\boldsymbol{A}\cdot\boldsymbol{B}=a_1b_1+a_2b_2+a_3b_3$	$\boldsymbol{A}\cdot\boldsymbol{B}=a_1b_1+a_2b_2+a_3b_3+a_4b_4$
夹角余弦	$\cos\theta=\boldsymbol{A}\cdot\boldsymbol{B}/\lvert\boldsymbol{A}\rvert\lvert\boldsymbol{B}\rvert$	$\cos\boldsymbol{\delta}=[\boldsymbol{A},\boldsymbol{B},\boldsymbol{C}]^2/\lvert\boldsymbol{B}\times\boldsymbol{C}\rvert\lvert\boldsymbol{C}\times\boldsymbol{A}\rvert\lvert\boldsymbol{A}\times\boldsymbol{B}\rvert$	$\sin\boldsymbol{\varepsilon}=\lvert[\boldsymbol{A},\boldsymbol{B},\boldsymbol{C},\boldsymbol{D}]\rvert^3/\lvert(\boldsymbol{B},\boldsymbol{C},\boldsymbol{D})\rvert\lvert(\boldsymbol{C},\boldsymbol{D},\boldsymbol{A})\rvert\lvert(\boldsymbol{D},\boldsymbol{A},\boldsymbol{B})\rvert\lvert(\boldsymbol{A},\boldsymbol{B},\boldsymbol{C})\rvert$
矢量积		$\boldsymbol{A}\times\boldsymbol{B}=\boldsymbol{A}'\boldsymbol{B}''-\boldsymbol{A}''\boldsymbol{B}'=(a_2b_3-a_3b_2,\ a_3b_1-a_1b_3,\ a_1b_2-a_2b_1)$	$\boldsymbol{A}\times\boldsymbol{B}=\boldsymbol{A}'\boldsymbol{B}''-\boldsymbol{A}''\boldsymbol{B}'=(a_2b_3-a_3b_2,\ a_3b_4-a_4b_3,\ a_4b_1-a_1b_4,\ a_1b_2-a_2b_1)$
幺矢		$\boldsymbol{I}=(1,1,1)$	$\boldsymbol{I}=(1,1,1,1)$ $\bar{\boldsymbol{I}}=(1,-1,1,-1)$(共轭幺矢)
混合积		$(\boldsymbol{A}\times\boldsymbol{B})\cdot\boldsymbol{C}=[\boldsymbol{A},\boldsymbol{B},\boldsymbol{C}]$	$\boldsymbol{A}\cdot\overline{(\boldsymbol{B},\boldsymbol{C},\boldsymbol{D})}=[\boldsymbol{A},\boldsymbol{B},\boldsymbol{C},\boldsymbol{D}]$
倍积		$\boldsymbol{AB}=(a_1b_1,\ a_2b_2,\ a_3b_3)$	$\boldsymbol{AB}=(a_1b_1,\ a_2b_2,\ a_3b_3,\ a_4b_4)$
数量积矢		$(\boldsymbol{A}\cdot\boldsymbol{B})\boldsymbol{I}=\boldsymbol{AB}+\boldsymbol{A}'\boldsymbol{B}'+\boldsymbol{A}''\boldsymbol{B}''$	$(\boldsymbol{A}\cdot\boldsymbol{B})\boldsymbol{I}=\boldsymbol{AB}+\boldsymbol{A}'\boldsymbol{B}'+\boldsymbol{A}''\boldsymbol{B}''+\boldsymbol{A}'''\boldsymbol{B}'''$ $(\boldsymbol{A}\cdot\bar{\boldsymbol{B}})\bar{\boldsymbol{I}}=\boldsymbol{AB}-\boldsymbol{A}'\boldsymbol{B}'+\boldsymbol{A}''\boldsymbol{B}''-\boldsymbol{A}'''\boldsymbol{B}'''$
正交标架		$\boldsymbol{A}\times\boldsymbol{B}$正交于$\boldsymbol{A}$，$\boldsymbol{B}$	$\overline{(\boldsymbol{A},\boldsymbol{B},\boldsymbol{C})}$正交于$\boldsymbol{A}$，$\boldsymbol{B}$，$\boldsymbol{C}$
超平面方程	$\boldsymbol{R}\times\boldsymbol{E}=\boldsymbol{A}$	$\boldsymbol{R}\cdot\boldsymbol{N}=p$ $\boldsymbol{N}=\boldsymbol{B}\times\boldsymbol{C}+\boldsymbol{C}\times\boldsymbol{A}+\boldsymbol{A}\times\boldsymbol{B}$, $p=[\boldsymbol{A},\boldsymbol{B},\boldsymbol{C}]$	$\boldsymbol{R}\cdot\boldsymbol{N}=p$ $\boldsymbol{N}=\overline{(\boldsymbol{B},\boldsymbol{C},\boldsymbol{D})}+\overline{(\boldsymbol{C},\boldsymbol{A},\boldsymbol{D})}+\overline{(\boldsymbol{A},\boldsymbol{B},\boldsymbol{D})}-\overline{(\boldsymbol{A},\boldsymbol{B},\boldsymbol{C})}$ $p=[\boldsymbol{A},\boldsymbol{B},\boldsymbol{C},\boldsymbol{D}]$
超平面交点	$\boldsymbol{R}\times\boldsymbol{E}_i=\boldsymbol{A}_i(i=1,2)$，$\boldsymbol{E}_1\neq\boldsymbol{E}_2$ $\boldsymbol{R}_0=\boldsymbol{A}_1\times\boldsymbol{E}_2/\boldsymbol{A}_1\cdot\boldsymbol{E}_2$	$\boldsymbol{R}\cdot\boldsymbol{N}_i=p_i(i=1,2,3)$，$[\boldsymbol{N}_1,\boldsymbol{N}_2,\boldsymbol{N}_3]\neq\boldsymbol{0}$ $\boldsymbol{R}_0=\{p_1\boldsymbol{N}_2\times\boldsymbol{N}_3+p_2\boldsymbol{N}_3\times\boldsymbol{N}_1+p_3\boldsymbol{N}_1\times\boldsymbol{N}_2\}/[\boldsymbol{N}_1,\boldsymbol{N}_2,\boldsymbol{N}_3]$	$\boldsymbol{R}\cdot\boldsymbol{N}_i=p_i(i=1,2,3,4)$，$[\boldsymbol{N}_1,\boldsymbol{N}_2,\boldsymbol{N}_3,\boldsymbol{N}_4]\neq\boldsymbol{0}$ $\boldsymbol{R}_0=\{p_1\overline{(\boldsymbol{N}_2,\boldsymbol{N}_3,\boldsymbol{N}_4)}+p_2\overline{(\boldsymbol{N}_3,\boldsymbol{N}_1,\boldsymbol{N}_4)}+p_3\overline{(\boldsymbol{N}_1,\boldsymbol{N}_2,\boldsymbol{N}_4)}-p_4\overline{(\boldsymbol{N}_1,\boldsymbol{N}_2,\boldsymbol{N}_3)}\}/[\boldsymbol{N}_1,\boldsymbol{N}_2,\boldsymbol{N}_3,\boldsymbol{N}_4]$

（续 表）

	二维空间	三维空间	四维空间
超平面内法矢之和	$\boldsymbol{N}_A+\boldsymbol{N}_B+\boldsymbol{N}_C=\boldsymbol{0}$ 其中 $\boldsymbol{N}_A=\boldsymbol{C}-\boldsymbol{B}$ $\boldsymbol{N}_B=\boldsymbol{A}-\boldsymbol{C}$ $\boldsymbol{N}_C=\boldsymbol{B}-\boldsymbol{A}$	$\boldsymbol{N}_A+\boldsymbol{N}_B+\boldsymbol{N}_C+\boldsymbol{N}_D=\boldsymbol{0}$ 其中 $\boldsymbol{N}_A=\boldsymbol{C}\times\boldsymbol{B}+\boldsymbol{B}\times\boldsymbol{D}+\boldsymbol{D}\times\boldsymbol{C}$ $\boldsymbol{N}_B=\boldsymbol{A}\times\boldsymbol{C}+\boldsymbol{C}\times\boldsymbol{D}+\boldsymbol{D}\times\boldsymbol{A}$ $\boldsymbol{N}_C=\boldsymbol{B}\times\boldsymbol{A}+\boldsymbol{A}\times\boldsymbol{D}+\boldsymbol{D}\times\boldsymbol{B}$ $\boldsymbol{N}_D=\boldsymbol{B}\times\boldsymbol{C}+\boldsymbol{C}\times\boldsymbol{A}+\boldsymbol{A}\times\boldsymbol{B}$	$\boldsymbol{N}_A+\boldsymbol{N}_B+\boldsymbol{N}_C+\boldsymbol{N}_D+\boldsymbol{N}_E=\boldsymbol{0}$ 其中 $\boldsymbol{N}_A=\overline{(\boldsymbol{E},\boldsymbol{C},\boldsymbol{B})}+\overline{(\boldsymbol{E},\boldsymbol{B},\boldsymbol{D})}+\overline{(\boldsymbol{E},\boldsymbol{D},\boldsymbol{C})}-\overline{(\boldsymbol{B},\boldsymbol{C},\boldsymbol{D})}$ $\boldsymbol{N}_B=\overline{(\boldsymbol{E},\boldsymbol{C},\boldsymbol{D})}+\overline{(\boldsymbol{E},\boldsymbol{D},\boldsymbol{A})}+\overline{(\boldsymbol{E},\boldsymbol{A},\boldsymbol{C})}-\overline{(\boldsymbol{D},\boldsymbol{C},\boldsymbol{A})}$ $\boldsymbol{N}_C=\overline{(\boldsymbol{E},\boldsymbol{A},\boldsymbol{D})}+\overline{(\boldsymbol{E},\boldsymbol{D},\boldsymbol{B})}+\overline{(\boldsymbol{E},\boldsymbol{B},\boldsymbol{A})}-\overline{(\boldsymbol{D},\boldsymbol{A},\boldsymbol{B})}$ $\boldsymbol{N}_D=\overline{(\boldsymbol{E},\boldsymbol{A},\boldsymbol{B})}+\overline{(\boldsymbol{E},\boldsymbol{B},\boldsymbol{C})}+\overline{(\boldsymbol{E},\boldsymbol{C},\boldsymbol{A})}-\overline{(\boldsymbol{B},\boldsymbol{A},\boldsymbol{C})}$ $\boldsymbol{N}_E=\overline{(\boldsymbol{D},\boldsymbol{B},\boldsymbol{A})}+\overline{(\boldsymbol{D},\boldsymbol{A},\boldsymbol{C})}+\overline{(\boldsymbol{D},\boldsymbol{C},\boldsymbol{B})}-\overline{(\boldsymbol{A},\boldsymbol{B},\boldsymbol{C})}$
正弦定理	$\sin\alpha:\sin\beta:\sin\gamma=a:b:c$	$\sin\boldsymbol{\alpha}:\sin\boldsymbol{\beta}:\sin\boldsymbol{\gamma}:\sin\boldsymbol{\delta}=A_s:B_s:C_s:D_s$	$\sin\boldsymbol{\alpha}:\sin\boldsymbol{\beta}:\sin\boldsymbol{\gamma}:\sin\boldsymbol{\delta}:\sin\boldsymbol{\varepsilon}=A_s:B_s:C_s:D_s:E_s$
余弦定理	$\cos\gamma=(a^2+b^2-c^2)/2ab$	$\cos\boldsymbol{\gamma}=\lvert T_s^2+D_s^2-C_s^2\rvert/2T_sD_s$， $T_s^2=A_s^2+B_s^2$	
正弦和定理	$\sin(\beta_1+\beta_2)=\sin\gamma\sin\beta_1+\sin\delta\sin\beta_2$	$\sin(\boldsymbol{\beta}_1+\boldsymbol{\beta}_2)=\sin\boldsymbol{\gamma}\sin\boldsymbol{\beta}_1+\sin\boldsymbol{\delta}\sin\boldsymbol{\beta}_2$	
海因公式	$\triangle_sABC=[l(l-a)(l-b)(l-c)]^{1/2}$ $[l=(a+b+c)/2]$	$\square_vABCD=V(a,b,c;a',b',c')$ $\equiv[4a'^2b'^2c'^2+(b'^2+c'^2-a^2)(c'^2+a'^2-b^2)\cdot(a'^2+b'^2-c^2)-a'^2(b'^2+c'^2-a^2)^2-b'^2(c'^2+a'^2-b^2)^2-c'^2(a'^2+b'^2-c^2)^2]^{1/2}/12$	
勾股定理	$c^2=a^2+b^2$	$D_s^2=A_s^2+B_s^2+C_s^2$	$E_s^2=A_s^2+B_s^2+C_s^2+D_s^2$
内重心	$(\boldsymbol{A}+\boldsymbol{B}+\boldsymbol{C})/3$	$(\boldsymbol{A}+\boldsymbol{B}+\boldsymbol{C}+\boldsymbol{D})/4$	$(\boldsymbol{A}+\boldsymbol{B}+\boldsymbol{C}+\boldsymbol{D}+\boldsymbol{E})/5$

(续 表)

	二维空间	三维空间	四维空间
外重心	$-\mathbf{A}+\mathbf{B}+\mathbf{C}$, $\mathbf{A}-\mathbf{B}+\mathbf{C}$, $\mathbf{A}+\mathbf{B}-\mathbf{C}$	$(-\mathbf{A}+\mathbf{B}+\mathbf{C}+\mathbf{D})/2$, $(\mathbf{A}-\mathbf{B}+\mathbf{C}+\mathbf{D})/2$, $(\mathbf{A}+\mathbf{B}-\mathbf{C}+\mathbf{D})/2$, $(\mathbf{A}+\mathbf{B}+\mathbf{C}-\mathbf{D})/2$	$(-\mathbf{A}+\mathbf{B}+\mathbf{C}+\mathbf{D}+\mathbf{E})/3$, $(\mathbf{A}-\mathbf{B}+\mathbf{C}+\mathbf{D}+\mathbf{E})/3$, $(\mathbf{A}+\mathbf{B}-\mathbf{C}+\mathbf{D}+\mathbf{E})/3$, $(\mathbf{A}+\mathbf{B}+\mathbf{C}-\mathbf{D}+\mathbf{E})/3$, $(\mathbf{A}+\mathbf{B}+\mathbf{C}+\mathbf{D}-\mathbf{E})/3$
内切(圆)球内心	$(a\mathbf{A}+b\mathbf{B}+c\mathbf{C})/(a+b+c)$	$(A_s\mathbf{A}+B_s\mathbf{B}+C_s\mathbf{C}+D_s\mathbf{D})/(A_s+B_s+C_s+D_s)$	$(A_s\mathbf{A}+B_s\mathbf{B}+C_s\mathbf{C}+D_s\mathbf{D}+E_s\mathbf{E})/(A_s+B_s+C_s+D_s+E_s)$
内切(圆)球外心	$(-a\mathbf{A}+b\mathbf{B}+c\mathbf{C})/(-a+b+c)$ $(a\mathbf{A}-b\mathbf{B}+c\mathbf{C})/(a-b+c)$, $(a\mathbf{A}+b\mathbf{B}-c\mathbf{C})/(a+b-c)$	$(-A_s\mathbf{A}+B_s\mathbf{B}+C_s\mathbf{C}+D_s\mathbf{D})/(-A_s+B_s+C_s+D_s)$, $(A_s\mathbf{A}-B_s\mathbf{B}+C_s\mathbf{C}+D_s\mathbf{D})/(A_s-B_s+C_s+D_s)$, $(A_s\mathbf{A}+B_s\mathbf{B}-C_s\mathbf{C}+D_s\mathbf{D})/(A_s+B-C_s+D_s)$, $(A_s\mathbf{A}+B_s\mathbf{B}+C_s\mathbf{C}-D_s\mathbf{D})/(A_s+B_s+C_s-D_s)$	$(-A_s\mathbf{A}+B_s\mathbf{B}+C_s\mathbf{C}+D_s\mathbf{D}+E_s\mathbf{E})/(-A_s+B_s+C_s+D_s+E_s)$, $(A_s\mathbf{A}-B_s\mathbf{B}+C_s\mathbf{C}+D_s\mathbf{D}+E_s\mathbf{E})/(A_s-B_s+C_s+D_s+E_s)$, $(A_s\mathbf{A}+B_s\mathbf{B}-C_s\mathbf{C}+D_s\mathbf{D}+E_s\mathbf{E})/(A_s+B_s-C_s+D_s+E_s)$, $(A_s\mathbf{A}+B_s\mathbf{B}+C_s\mathbf{C}-D_s\mathbf{D}+E_s\mathbf{E})/(A_s+B_s+C_s-D_s+E_s)$, $(A_s\mathbf{A}+B_s\mathbf{B}+C_s\mathbf{C}+D_s\mathbf{D}-E_s\mathbf{E})/(A_s+B_s+C_s+D_s-E_s)$
线,面,体比内点	$(b\mathbf{B}+c\mathbf{C})/(b+c)$ 在 $\triangle ABC$ 的 BC 上 $(c\mathbf{C}+a\mathbf{A})/(c+a)$ 在 $\triangle ABC$ 的 CA 上 $(a\mathbf{A}+b\mathbf{B})/(a+b)$ 在 $\triangle ABC$ 的 AB 上	$(B_s\mathbf{B}+C_s\mathbf{C}+D_s\mathbf{D})/(B_s+C_s+D_s)$ 在 $\square ABCD$ 的 $\triangle BCD$ 上 $(A_s\mathbf{A}+C_s\mathbf{C}+D_s\mathbf{D})/(A_s+C_s+D)$ 在 $\square ABCD$ 的 $\triangle CDA$ 上 $(A_s\mathbf{A}+B_s\mathbf{B}+D_s\mathbf{D})/(A_s+B_s+D_s)$ 在 $\square ABCD$ 的 $\triangle DAB$ 上 $(A_s\mathbf{A}+B_s\mathbf{B}+C_s\mathbf{C})/(A_s+B_s+C_s)$ 在 $\square ABCD$ 的 $\triangle ABC$ 上	$(B_s\mathbf{B}+C_s\mathbf{C}+D_s\mathbf{D}+E_s\mathbf{E})/(B_s+C_s+D_s+E_s)$ 在超平面 $\square EBCD$ 上 $(A_s\mathbf{A}+C_s\mathbf{C}+D_s\mathbf{D}+E_s\mathbf{E})/(A_s+C_s+D_s+E_s)$ 在超平面 $\square ECDA$ 上 $(A_s\mathbf{A}+B_s\mathbf{B}+D_s\mathbf{D}+E_s\mathbf{E})/(A_s+B_s+D_s+E_s)$ 在超平面 $\square EDAB$ 上 $(A_s\mathbf{A}+B_s\mathbf{B}+C_s\mathbf{C}+E_s\mathbf{E})/(A_s+B_s+C_s+E_s)$ 在超平面 $\square EABC$ 上 $(A_s\mathbf{A}+B_s\mathbf{B}+C_s\mathbf{C}+D_s\mathbf{D})/(A_s+B_s+C_s+D_s)$ 在超平面 $\square ABCD$ 上

(续 表)

	二维空间	三维空间	四维空间
内积心	$P_0^* = (bc\mathbf{A} + ca\mathbf{B} + ab\mathbf{C})/(bc+ca+ab)$，$a\triangle_s BCP_0^* = b\triangle_s CAP_0^* = c\triangle_s ABP_0^*$	$F_0^* = (B_sC_sD_s\mathbf{A} + C_sA_sD_s\mathbf{B} + A_sB_sD_s\mathbf{C} + A_sB_sC_s\mathbf{D})/(B_sC_sD_s + C_sD_sA_s + D_sA_sB_s + A_sB_sC_s)$ $A_s\square_v BCDF_0^* = B_s\square_v CDAF_0^* = C_s\square_v DABF_0^* = D_s\square_v ABCF_0^*$	类似三维空间
外积心	$(-bc\mathbf{A} + ca\mathbf{B} + ab\mathbf{C})/(-bc+ca+ab)$，$(bc\mathbf{A} - ca\mathbf{B} + ab\mathbf{C})/(bc-ca+ab)$，$(bc\mathbf{A} + ca\mathbf{B} - ab\mathbf{C})/(bc+ca-ab)$，	$(-B_sC_sD_s\mathbf{A} + C_sD_sA_s\mathbf{B} + D_sA_sB_s\mathbf{C} + A_sB_sC_s\mathbf{D})/(-B_sC_sD_s + C_sD_sA_s + D_sA_sB_s + A_sB_sC_s)$ $(B_sC_sD_s\mathbf{A} - C_sD_sA_s\mathbf{B} + D_sA_sB_s\mathbf{C} + A_sB_sC_s\mathbf{D})/(B_sC_sD_s - C_sD_sA_s + D_sA_sB_s + A_sB_sC_s)$ $(B_sC_sD_s\mathbf{A} + C_sD_sA_s\mathbf{B} - D_sA_sB_s\mathbf{C}_s + A_sB_sC_s\mathbf{D})/(B_sC_sD_s + C_sD_sA_s - D_sA_sB_s + A_sB_sC_s)$ $(B_sC_sD_s\mathbf{A} + C_sD_sA_s\mathbf{B} + D_sA_sB_s\mathbf{C} - A_sB_sC_s\mathbf{D})/(B_sC_sD_s + C_sD_sA_s + D_sA_sB_s - A_sB_sC_s)$	类似三维空间

类似可有四超面四维角的平分面等。得到的类似于第 3,4 章结果，在此不再详述。

作者主要著作与论文

著作

［1］ 高等数学归纳，思考与探索（八册），上海交通大学出版社，1986 年。（获 1990 年上海交通大学优秀教材奖）

［2］ 微积分新探（New Exploration on Calculus）——“数学新论”系列著作之一，上海交通大学出版基金资助，上海交通大学出版社 2004 年 2 月第一版第一次印刷，2004 年 6 月第一版第二次印刷。

［3］ 矢量新说（A New View on Vectors）——“数学新论”系列著作之二，上海交通大学学术出版基金资助，上海交通大学出版社，2009 年 4 月第一版第一次印刷。

论文

［1］ 再论数目变更的加与减，数学通讯，1955 年。

［2］ 关于黎曼空间阶数的一个定理，数学进展，1965，1。

［3］ 分角尺，数学教学，1974 年。

［4］ 三次参数样条曲线的曲率的连续性，上海交通大学学报，1979，3。

［5］ The Intrinsic Conditions of Riemann Spaces of Class Two，Proceedings of the 1981 Shanghai Symposium on Differential Geometry and Differential Equations。

［6］ 一阶黎曼空间的内蕴条件，上海交通大学学报，1982，3。

［7］ 阶数为二的黎曼空间的内蕴条件，上海交通大学学报，1983，5。

［8］ 合理配比问题的几何解法，数学实践与认识，1984，2。

［9］ 黎曼空间的子法空间的型数及其应用，上海交大科技，1984，4。

［10］ 关于黎曼空间的基本方程完全可积条件相关性，上海交大科技，1985，1.

［11］ 关于多项式罗氏求根法改进，上海交通大学八十五周年校庆学术报告选集，1985

[12] 矢量的倍积及其应用,工科数学,1985,1。

[13] 再论一阶黎曼空间的内蕴条件,上海交大科技,1985,2。

[14] 三阶黎曼空间的内蕴条件,上海交通大学学报,1985,5。

[15] 关于黄金分割法最优化定理的新证,上海交大科技,1986,2。

[16] 关于内燃机凸轮运动的一种数学模型,上海交大科技,1986,4。

[17] 拉贝判别法的推广,数学学习,1987,1。

[18] 多重曲积分,高等数学通报,1987,15。

[19] 一类线性规划问题的几何解法,上海交大科技,1987,3。

[20] 用格林公式,奥-高公式计算弧长与面积,高等数学通报,1989,19。

[21] 一类无理函数的积分,高等数学通报,1991,23。

[22] 达朗倍儿法与柯西法的推广,高等数学通报,1991,23。

[23] 常曲率黎曼流形中共形平坦平均常曲率曲面,上海交大科技,1991,4。

[24] 关于可分共形循环黎曼流形,上海交大科技,1991,4。

[25] 达朗倍儿,柯西,拉贝混合型判别法,高等数学通报,1992,25。

[26] 拉贝判别法的一个注记,高等数学通报,1992,25。

[27] 二阶线性非齐次微分方程的几种解法,高等数学通报,1992,25。

[28] 曲面积分的研究,上海交大科技,1992,3。

[29] 多中心泰勒定理和有理函数积分直接解,上海交大科技,1992,4。

[30] 奥斯特拉格拉斯基公式和积分中值定理的改进,上海交大科技,1992,30。

[31] 再谈无理函数的积分,高等数学通报,1992,26。

[32] 格拉斯曼法则在积分中的应用,高等数学通报,1992,26。

[33] 轮换矢量及其应用,上海交大科技,1993,3。

[34] 曲面积分的研究(续),上海交大科技,1993,4。

[35] 常微分方程的研究,上海交大科技,1993,66。

[36] 多元函数的罗必塔法则,高等数学通报,1993,28。

[37] 线,面积分与路径无关的一个注,高等数学通报,1993,28。

[38] 有理函数积分的公式解,应用数学和力学,1994,1。

[39] A Formula of Solution to the Integral of Rational Function, Applied Mathematics and Mechanics, January, 1994(1)。

[40] 多中心泰勒定理及其应用,上海交通大学学报,1995,2。

[41] 高阶导数的插值公式,应用数学和力学,1995,1。

[42] 高阶导数的插值公式,中国力学文摘,1995,4。

[43] An Interpolation Formula of the Derivatives of Higher Order,Applied Mathematics and Mechanics,January,1995,16(1)。

[44] 关于极值的一个解释,高等数学通报,1995,27。

[45] 隐函数曲线积分的充分条件,高等数学通报,1995,27。

[46] 隐函数曲面积分的充分条件,高等数学通报,1995,27。

[47] 无穷个中心泰勒定理,第六届现代数学和力学会议文集,1995。

[48] Taylor's Theorem with respect to Complex Centers,Proceeding of the International Mathematics Education Conference of the Australia Mulben Monash University,1995.10。

[49] 多中心牛顿定理及其应用,应用数学和力学,1996,7。

[50] 又一类无理函数的积分,高等数学通报,1996,30。

[51] 莱布尼茨判别法的推广,高等数学通报,1996,30。

[52] 级数 $\sum_{n=0}^{\infty} P_k(n)/(2n)!$,与 $\sum_{n=0}^{\infty} P_k(n)/(2n-1)!$ 的求和公式,高等数学通报,1996,30。

[53] 泰勒公式的余项又一种表示,高等数学通报,1996,30。

[54] Newton's Theorem with respect A Lot of Centers and Their Applications. Applied Mathematics and Mechanics,July,1996。(1997 年被选入 SCI 类杂志发表)

[55] 平行截面曲线为已知的曲面积分,高等数学通报,1997,31。

[56] 泰勒多项式的新表示及其应用,高等数学通报,1997,31。

[57] 差商与导数的若干关系,高等数学通报,1998,33。

[58] 牛顿多项式的新表示及其应用,高等数学通报,1998,33。

[59] 积分的新方法(上),高等数学通报,1998,33。

[60] 积分的新方法(下),高等数学通报,1999,35。

[61] 轮换矢量及其应用,高等数学通报,1999,36。

[62] 轮换矢量在几何上的应用,高等数学通报,1999,36。

[63] 微积分边值定理,高等数学通报,2000,37。

[64] 罗必塔逆法则,高等数学通报,2000,37。

[65] 新著"微积分新探"介绍,高等数学通报,2003,47。

[66] 桂祖华专著"微积分新探"出版,高等数学通报,2004,49。

[67] 专著"矢量新说"介绍,高等数学通报,2006,60。

[68] 桂祖华专著"矢量新说"出版,高等数学通报,2009,75。

[69] 享受研究数学的乐趣,美国新世界时报(New World Times USA)2011年3月18日(第706期)。